建筑电气及
智能化工程设计

马誌溪 ——————— 主 编
秦运雯　陈汝鹏　毛 远 ——————— 副主编
陈才俊　范同顺 ——————— 主 审

U0230491

化学工业出版社

·北京·

本书以建筑电气、建筑智能化与工程设计基础知识开篇后，以百余幅工程图纸为实例，配以文字剖析，介绍了变配电、电气动力、电气照明、防雷与接地、消防监控、安全技术防范、建筑设备监控、通信与信息、建筑智能化综合工程、机房及电气总体规划共十一类工程设计，涵盖了建筑电气及智能化工程设计的各方面。

配套资源：提供了三大类"法律、规程、规范及标准图集目录"，列出了十五类本专业常用的数据资料，然后给出了《建筑电气及智能化工程设计》中设计案例涉及的全部十四组百余张工程图，最后展示了"电气成套"及"电力自动化仪表制造"两组电气设备制造现场掠影。

适用于建筑电气、建筑智能化、工厂供电、电气自动化类的设计、施工、建造、物管等相应专业技术人员自学提高、集中培训。使用时应根据自身条件和工作需要、目的及要求，对套书的广度和深度作合理取舍，分阶段进行。

图书在版编目（CIP）数据

建筑电气及智能化工程设计/马諁溪主编. —北京：化学工业出版社，2018.10（2022.10重印）
ISBN 978-7-122-33090-1

Ⅰ.①建⋯ Ⅱ.①马⋯ Ⅲ.①智能化建筑-电气设备-建筑设计 Ⅳ.①TU855

中国版本图书馆 CIP 数据核字（2018）第 220913 号

责任编辑：廉　静　　　　　　　　　　装帧设计：王晓宇
责任校对：宋　夏

出版发行：化学工业出版社（北京市东城区青年湖南街 13 号　邮政编码 100011）
印　　装：北京科印技术咨询服务有限公司数码印刷分部
787mm×1092mm　1/16　印张 31　字数 829 千字　2022 年 10 月北京第 1 版第 4 次印刷

购书咨询：010-64518888　　　　　　　　售后服务：010-64518899
网　　址：http://www.cip.com.cn
凡购买本书，如有缺损质量问题，本社销售中心负责调换。

定　　价：98.00 元　　　　　　　　　　　　　　　　版权所有　违者必究

编写人员名单

主　　编：马誌溪
副主编：秦运雯　陈汝鹏　毛　远
主　　审：陈才俊　范同顺
顾　　问：何劲松
参　　编：梁海龙　秦运贵　王　晨　苏　军

资源制作人员名单

策　　　划：马誌溪
制　　　作：毛　远
计算机支持：秦运贵　梁海龙
资　　　料：王　晨　苏　军

前言

《建筑电气及智能化工程设计》（ISBN：978-7-122-33090-1）与《建筑电气及智能化工程实施》（ISBN：978-7-122-33505-0）建筑为编者长期从事工程设计、施工、监理、审查及现场教学多方面的积累和体会，具有三个特点。

实用性：作为一门工程学科，在人们"认识与了解世界；建设与改造世界"的两大任务中，承担了后者的任务。素材来自于工程中的应用，内容立足于当前的工程，实例遵从于现行的规范，现实的工程性成就了套书的实用性；

综合性：横向——涉及多个相关专业；纵向——从构思立项、设计施工到运行管理经历多门学科，从"纵"、"横"多角度、多层面、立体地对此专业进行阐述；

易学性：以文字及工程图为中心，配以图、表、算例、实例展示了全书内容的通俗性，光盘以视频、照片弥补书本脱离工程现场的缺陷，又以技术数据、工程 CAD 图辅佐、充实了工程意识。所以不论自我进修还是集中的专业培训，均易于理解、易于掌握、易于运用。

《建筑电气及智能化工程设计》以建筑电气、建筑智能化与工程设计三项的工程设计基础开篇后，以百余幅工程图纸为实例，配以文字剖析，介绍了变配电、电气动力、电气照明、防雷与接地、消防监控、安全技术防范、建筑设备监控、通信与信息、建筑智能化综合工程、机房及电气总体规划共十一类工程设计，涵盖了建筑电气及智能化工程设计的各方面。

配套资源（扫描封面二维码获取）：提供了三大类"法律、规程、规范及标准图集目录"，列出了十五类本专业常用的数据资料，然后给出了《建筑电气及智能化工程设计》中设计案例涉及的全部十四组百余张工程图，最后展示了"电气成套"及"电力自动化仪表制造"两组电气设备制造现场掠影。

本套书及配套资源一气呵成，相辅相成，共同完成了"建筑电气及智能化工程"的全面、综合、文图表影并茂、理论联系实际的表述。适用于建筑电气、建筑智能化、工厂供电、电气自动化类的设计、施工、建造、物管等相应专业技术人员自学提高、集中培训，亦适用于电气类、建筑类的硕士、本科中立志投身本专业学生的深入学习。使用时应根据自身条件和工作需要、目的及要求，对套书的广度和深度作合理取舍，分阶段进行。

《建筑电气及智能化工程设计》主笔人为四川智亮电力工程设计有限公司秦运雯；《建筑电气及智能化工程实施》主笔人为广西苏中达科智能工程有限公司陈汝鹏；套书配套资源主制人为成都城电电力工程设计有限公司毛远；套书主审为中国汽车工业工程公司第四设计研究院陈才俊及北京联合大学范同顺；顾问为广西苏中达科智能工程有限公司何劲松。同时厦门海麟建筑装饰设计工程有限公司杨靖宇执笔了项目管理中成本控制内容；广西建筑科学研究院梁海龙、四川通达铁路工程有限公司秦运贵为光盘制作提供了计算机技术的支持；而广西苏中达科智能工程有限公司郑建新、建发房地产集团有限公司王晨、广西建工集团第二建筑工程有限公司南宁北部湾分部苏军共同提供了工程案例、负责工程图纸部分工作。

虽尽众人之力编写，然时间仓促、条件不足、水平有限，不当之处在所难免，望理解，联系请电邮：mzx704@163.com。

于上海·万邦

目录

第三章 03
工程设计基础
231

第四章 04
目录、说明、材料表
296

07 第七章

电气照明工程设计

339 ————————

08 第八章

防雷与接地工程设计

365 ————————

第九章　09

消防监控工程设计

373 ——————

第十章　10

安全技术防范工程设计

385 ——————

第十一章　11

建筑设备监控工程设计

401 ——————

14

第十四章

机房工程设计

462 ——

15

第十五章

电气总体规划设计

470 ——

配套资源目录

01

第一章

建筑电气基础

第一节　供配电系统

一、按负荷重要性的分级供电

供电负荷的重要性决定了对供电连续性——不间断供电的要求程度。规范要求对供电负荷的重要性进行分级，以此采取对应的供电方案。

1. 各类建筑工程负荷的重要性分级

（1）民用建筑

民用建筑中各类建筑物的主要用电负荷分级见表 1-1。

表 1-1　民用建筑中各类建筑物的主要用电负荷分级

序号	建筑物名称	用电负荷名称	负荷级别
1	国家级会堂、国宾馆、国家级国际会议中心	主会场、接见厅、宴会厅照明,电声、录像、计算机系统用电	一级*
		客梯、总值班室、会议室、主要办公室、档案室用电	一级
2	国家及省部级政府办公建筑	客梯、主要办公室、会议室、总值班室、档案室及主要通道照明用电	一级
3	国家及省部级计算中心	计算机系统用电	一级*
4	国家及省部级防灾中心、电力调度中心、交通指挥中心	防灾、电力调度及交通指挥计算机系统用电	一级*
5	地、市级办公建筑	主要办公室、会议室、总值班室、档案室及主要通道照明用电	二级
6	地、市级及以上气象台	气象业务用计算机系统用电	一级*
		气象雷达、电报及传真收发设备、卫星云图接收机及语言广播设备、气象绘图及预报照明用电	一级
7	电信枢纽、卫星地面站	保证通信不中断的主要设备用电	一级*

续表

序号	建筑物名称	用电负荷名称	负荷级别
8	电视台、广播电台	国家及省、市、自治区电视台、广播电台的计算机系统用电,直接播出的电视演播厅、中心机房、录像室、微波设备及发射机房用电	一级*
		语音播音室、控制室的电力和照明用电	一级
		洗印室、电视电影室、审听室、楼梯照明用电	二级
9	剧场	特、甲等剧场的调光用计算机系统用电	一级*
		特、甲等剧场的舞台照明、贵宾室、演员化妆室、舞台机械设备、电声设备、电视转播用电	一级
		甲等剧场的观众厅照明、空调机房及锅炉房电力和照明用电	二级
10	电影院	甲等电影院的照明与放映用电	二级
11	博物馆、展览馆	大型博物馆及展览馆安防系统用电;珍贵展品展室照明用电	一级*
		展览用电	二级
12	图书馆	藏书量超过100万册及重要图书馆的安防系统、图书检索用计算机系统用电	一级*
		其他用电	二级
13	体育建筑	特级体育场(馆)及游泳馆的比赛场(厅)、主席台、贵宾室、接待室、新闻发布厅、广场及主要通道照明、计时记分装置、计算机房、电话机房、广播机房、电台和电视转播及新闻摄影用电	一级*
		甲级体育场(馆)及游泳馆的比赛场(厅)、主席台、贵宾室、接待室、新闻发布厅、广场及主要通道照明、计时记分装置、计算机房、电话机房、广播机房、电台和电视转播及新闻摄影用电	一级
		特级及甲级体育场(馆)及游泳馆中非比赛用电、乙级及以下体育建筑比赛用电	二级
14	商场、超市	大型商场及超市的经营管理用计算机系统用电	一级*
		大型商场及超市营业厅的备用照明用电	一级
		大型商场及超市的自动扶梯、空调用电	二级
		中型商场及超市营业厅的备用照明用电	二级
15	银行、金融中心、证交中心	重要的计算机系统和安防系统用电	一级*
		大型银行营业厅及门厅照明、安全照明用电	一级
		小型银行营业厅及门厅照明用电	二级
16	民用航空港	航空管制、导航、通信、气象、助航灯光系统设施和台站用电,边防、海关的安全检查设备用电,航班预报设备用电,三级以上油库用电	一级*
		候机楼、外航驻机场办事处、机场宾馆及旅客过夜用房、站坪照明、站坪机务用电	一级
		其他用电	二级
17	铁路旅客站	大型站和国境站的旅客站房、站台、天桥、地道用电	一级

续表

序号	建筑物名称	用电负荷名称	负荷级别
18	水运客运站	通信、导航设施用电	一级
		港口重要作业区、一级客运站用电	二级
19	汽车客运站	一、二级客运站用电	二级
20	汽车库（修车库）、停车场	Ⅰ类汽车库、机械停车设备及采用升降梯作车辆疏散出口的升降梯用电	一级
		Ⅱ、Ⅲ类汽车库和Ⅰ类修车库、机械停车设备及采用升降梯作车辆疏散出口的升降梯用电	二级
21	旅游饭店	四星级及以上旅游饭店的经营及设备管理用计算机系统用电	一级*
		四星级及以上旅游饭店的宴会厅、餐厅、厨房、康乐设施、门厅及高级客房、主要通道等场所的照明用电，厨房、排污泵、生活水泵、主要客梯用电，计算机、电话、电声和录像设备、新闻摄影用电	一级
		三星级旅游饭店的宴会厅、餐厅、厨房、康乐设施、门厅及高级客房、主要通道等场所的照明用电，厨房、排污泵、生活水泵、主要客梯用电，计算机、电话、电声和录像设备、新闻摄影用电，除上栏所述之外的四星级及以上旅游饭店的其他用电	二级
22	科研院所、高等院校	四级生物安全实验室等对供电连续性要求极高的国家重点实验室用电	一级*
		除上栏所述之外的其他重要实验室用电	一级
		主要通道照明用电	二级
23	二级以上医院	重要手术室、重症监护等涉及患者生命安全的设备（如呼吸机等）及照明用电	一级*
		急诊部、监护病房、手术部、分娩室、婴儿室、血液病房的净化室、血液透析室、病理切片分析、核磁共振、介入治疗用 CT 及 X 光机扫描室、血库、高压氧舱、加速器机房、治疗室及配血室的电力照明用电，培养箱、水箱、恒温箱用电，走道照明用电，百级洁净度手术室空调系统用电、重症呼吸道感染区的通风系统用电	一级
		除上栏所述之外的其他手术室空调系统用电，电子显微镜、一般诊断用 CT 及 X 光机用电、客梯用电、高级病房、肢体伤残康复病房照明用电	二级
24	一类高层建筑	走道照明、值班照明、警卫照明、障碍照明用电，主要业务和计算机系统用电，安防系统用电，电子信息设备机房用电，客梯用电，排污泵、生活水泵用电	一级
25	二类高层建筑	主要通道及楼梯间照明用电，客梯用电，排污泵、生活水泵用电	二级

注：1.本表引自《民用建筑电气设计规范 JGJ 16—2008》；

2.负荷分级表中"一级*"为一级负荷中特别重要负荷；

3.各类建筑物的分级见现行的有关设计规范；

4.本表未包含消防负荷分级，消防负荷分级见第 3.2.2 条及相关的国家标准、规范；

5.当序号 1～23 各类建筑物与一类或二类高层建筑用电负荷级别不相同时，负荷级别应按其中高者确定。

（2）工业建筑

工业建筑负荷的重要性分级见表1-2。

表 1-2　工业企业建筑常用重要用电设备负荷分级表

厂房或车间名称	用电设备名称	负荷级别	备注
热煤气站	鼓风机、发生炉传动机构	二级	
冷煤气站	鼓风机、排风机、冷却通风机发生炉传动机构、中央仪表室计器屏、冷却塔风扇、高压整流器、双皮带系统的机械化输煤系统	二级	
重点企业中总蒸发量超过 10t/h 的锅炉房	给水泵、软化水泵、鼓风机、引风机、二次鼓风机、炉算机构	二级	
重点企业中总排气量超过 40m³/min 的压缩空气站	压缩机、独立励磁机	二级	
铸钢车间	平炉气化冷却水泵、平炉循环冷却水泵、平炉加料起重机、平炉所用的 75t 及以上浇铸起重机、平炉鼓风机、平炉用其他用电设备（换向机构、炉门卷扬机构、计器屏）、5t、10t 电弧炼钢炉低压用电设备（电极升降机构、倾炉机构）及其浇铸起重机	二级	
铸铁车间	30t 及以上的浇铸起重机、重企业冲天炉鼓风机	二级	
热处理车间	井式炉专用淬火起重机、井式炉油槽油泵	二级	
3000t 及以上的水压机车间	锻造专用设备：起重机、水压机、高压水泵	二级	
水泵房	供二级负荷用电设备的水泵	二级	
大型电机实验站	主要机组、辅助机组	二级	20×10⁴kW 及以上发电机的试验站
刚玉冶炼车间	刚玉冶炼电炉变压器、低压用电设备（循环冷却水泵、电极提升机构、电炉传动机构、卷扬机构）	二级	
磨具成型车间	隧道窑鼓风机、卷扬机构	二级	
油漆树脂车间	反应釜及其供热锅炉	二级	2500L 及以上
层压制品车间	压机及其供热锅炉	二级	
动平衡试验站	动平衡试验装置的润滑油系统	二级	
线缆车间	熔炼炉的冷却水泵、鼓风机、连铸机的冷却水泵、连轧机的水泵及润滑泵压铅机、压铅机的熔化炉、高压水泵、水压机交联聚乙烯加工设备的挤压交联、冷却、收线用电设备、漆包机的传动机构、鼓风机、漆泵干燥浸油缸的连续电加热、真空泵、液压泵	二级	
熔烧车间	隧道窑鼓风机、排风机、窑车推进机、窑门关闭系统；油加热器、油泵及其供热锅炉	二级	

注：事故停电将在经济上造成重大损失的多台大型电热装置，应属于一级负荷。

2. 按负荷重要性分级的供电方案

① 原则——三级负荷单电源供，二级负荷双电源供，一级负荷彼此独立的双电源供，

一级中特别重要的负荷彼此独立的双电源及应急电源供。

② 重要负荷供电要求

重要负荷供电要求见表1-3。

表 1-3 重要负荷供电要求

负荷级别	对供电电源的要求
一级负荷	一级负荷应由两个电源供电,当一个电源发生故障时,另一个电源不应同时受到损坏
特别重要的一级负荷	特别重要的一级负荷,除上述两个电源外,还应设应急电源。为保证对特别重要负荷的供电,严禁将其他级别的负荷接入应急供电系统。 应急电源方式的选用可参照下列原则: ①蓄电池包括静态交流不间断电源装置:适用于允许中断供电时间为毫秒(ms)级的负荷供电; ②供电网络中有效地独立于正常电源的专用配电线路:适用于允许中断供电时间为1.5s以上的负荷供电; ③独立于正常电源的快速自启动发电机组:适用于允许中断供电时间为15s以上的负荷供电
二级负荷	①二级负荷的供电系统应当做到当发生电力变压器故障或线路常见故障时不致中断供电或中断供电能迅速恢复; ②对二级负荷宜由两个电源供电,或用两回路送到适宜的配电点; ③当变电系统低压侧为单母线分段,且母联断路器采用自动投入方式时,亦可选用线路可靠独立出线的单回路供电

二、系统的主接线形式

一般中、小型企业及高层建筑多用10kV供配电,少数用到35kV。此电压等级电力部门称为中压。

1. 按接线分布方式分类

按接线分布方式供配电网分为放射式、树干式、链式、环式,见表1-4。

表 1-4 配电网接线分布方式

方式 种类	接线简图		特点		
	高压	低压	结构	功能	适用
放射式	K1-3 H1-3	DX9 DX8 DX7 DX6 DX5 ZDX供给 DX7-9 为放射式;	自源头分散,各支干线控制、保护	①互不影响:可靠性高,继保易,自动化易,整定易,投切易;②一路多出:线路数多,屏箱多,恢复故障难,总投资多	容量大,稳定性好,负荷重要、环境恶劣,有冲击负荷的系统
树干式	K4 H4-6	DX4 DX3 DX2 ZDX供给 DX4-6 为树干式	公共主干线引出再分散,主干线即控制、保护	(与放射式相反)	(与放射式相反)
链式		DX1 ZDX ZDX供给 DX1-3 为链式	自前级引入,向后级引出,前后串接成链(树干式中的一种)	敷设方便、投资下降,余同树干式	小容量,近距离,可靠性要求不高的系统(链限制在3~5台)

续表

方式 种类	接线简图		特点		
	高压	低压	结构	功能	适用
环式	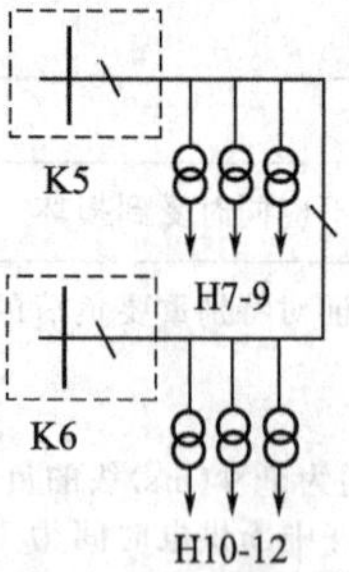 K5 H7-9 K6 H10-12 K5、K6 进线间设 K7，作开/闭环控制（图中未画）	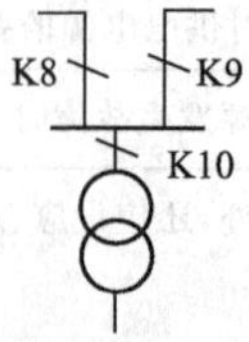 K8 K9 K10 左图的详图（H7～12 各环网节点细部，图中：K8/9 为环路开/闭控制；K10 为本路负荷投入/退环控制）	引入前级，引出后级，彼此连接成环（树干式的一种）	常规运行多开环，特殊情况才闭环。机动性好，稳定可靠，继保难度大	城市供电、重要负荷供电（环网柜专适用此方式使用）
工程 首选	放射式：可靠性高，管理难度高，投资费用高	树干式：投资费用低，经验积累多			

2. 从母线角度分类

从母线角度供配电网分为单母线（不分段、分段及带旁路）、双母线（每回路一个断路器及每回路一个半断路器）、无母线（单元式、桥式及角式），见表 1-5。

表 1-5　从母线角度的主接线方式分类

连接类型		连接示意图（未表示隔离关系）	断路器数（n 为线路回路数）	适用范围
单母线接线	单母线	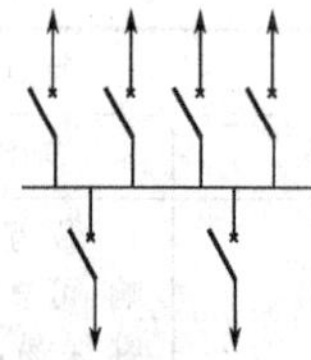	n	一般只适用于一台主变压器的以下三种情况：①6～10kV 配电装置的出线回路数不超过 5 回；②35～63kV 配电装置的出线回路数不超过 3 回；③110～220kV 配电装置的出线回路数不超过 2 回
	单母线分段	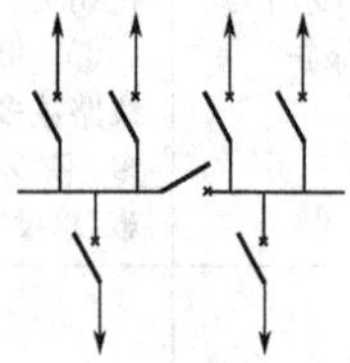	$n+1$	变电所装有两台主变压器时：①6～10kV 配电装置宜采用本接线；②35～63kV 配电装置出线回路数为 4～8 回时；③110～220kV 配电装置出线回路数为 3～4 回时可采用本接线
	单母线分段加旁路	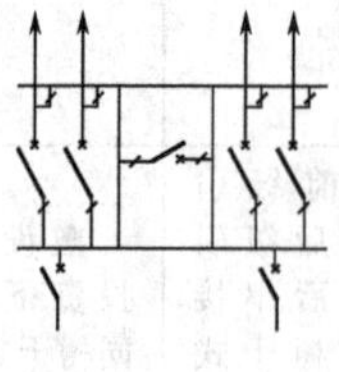	$n+1$	①110～220kV 配电装置中，当断路器为少油断路器时，断路有条件检修外，应设置旁路母线；②当 110kV 出线回路 6 回，220kV 出线回路 4 回，可设专用旁路断路器；③在 35～63kV 主线中，当不允许停电检修断路器时，亦可设置旁路母线，出线回路 8 回时可设置专用旁路断路器，6～10kV 配电装置一般不设旁路母线

续表

连接类型		连接示意图 （未表示隔离关系）	断路器数 （n 为线路回路数）	适用范围
有母线接线	双母线接线 双母线(不分段)		$n+1$	①出线带电抗器的 6～10kV 配电装置出线≥12 回； ②35～63kV 配电装置出线回路≥8 时； ③110kV 配电装置，出线≥6 回； ④220kV 配电装置，当出线≥4 回时，均可采用本接线
	双母线分段		$n+4$	①330～500kV 配电装置进出线回路数为 6～7 回时一般采用单分段，≥8 回时宜采用双分段； ②220kV 配电装置，进出线回路数为 10～14 回时采用单分段，15 回及以上时采用双分段；为了限制 220kV 母线短路电流或系统解列运行的要求，可根据需要将母线分段
	双母线(分段)加旁路		$n+2$	①110kV 配电装置采用双母线时，除断路器有条件停电检修以及部分户内配电装置等外，应设置旁路设备； ②220kV 配电装置采用双母线时，一般均可设置旁路母线，当进出线回路≥4 回时，可设专业旁路断路器； ③330～550kV 配电装置采用双母线时，均设置旁路设施
	母线变压器组接线		$n+n$	①330～500kV 配电装置最终出线回路为 3～4 回时，若出线＞4 回，且条件适合，采用本接线； ②750kV 配电装置也有采用一个半断路器与母线-变压器相结合的接线； 本接线也可作发展成一个半断路器接线过渡接线

连接类型			连接示意图（未表示隔离关系）	断路器数（n 为线路回路数）	适用范围
无母线接线	桥式接线	内桥		$n+1$	适用于较小容量的变电所,且变压器不经切换或线路较长,故障率较高的情况
		外桥		$n+1$	①适用于较小容量的变电所,且变压器的切换频繁或线路较短,故障率较少的情况; ②此外,线路有穿越功率时,也宜采用本接线
	角式接线	三角形		n	①适用于进出线回路数不多(3~5回路),而远景发展比较明确的110kV及以上配电装置; ②不宜用于有再扩建可能的变电所,本接线亦可作
		四角形		n	为发展成一个半断路器接线的过渡接线
		一个半断路器接线		$3n/2$	①750~1150kV配电装置一般采用本接线; ②330~500kV配电装置进出线回路≥6回时可采用,并宜把电源回路与负荷回路配对成串,同名回路配置在不同串时; ③重要变电所的220kV配电装置进出线在6回以上时也可采用
	单元接线	发电机变压器单元		n	适用于发电厂升压输送电接线
		线路变压器单元		n	适用于线路输送电到用户变压器或终端变电所

三、备用电源与应急电源

1. 二者区别

备用电源及应急电源统称为后备性质的电源。备用电源是当正常电源断电时,基于非安全因素维持电气装置或其某些部分用电所需的电源。而应急电源是为了人体和家畜的健康和安全、避免对环境或其他设备造成损失，对应急供电系统供电的电源，又称安全设施电源。为绝对保证应急供电系统的供电，防止应急电源超荷断电，规范不允许应急供电系统外其他负荷由应急电源供电。

2. 后备性电源

① 后备电源来自与被备电源不同的上一级　由于为原电源直接供电，与本级系非共用，故独立性好；

② 后备电源来自与被备电源相同的上一级　由于非原电源直接供电，与本级系共用。直接供电级断电，此电源也无备用能力，独立性更次；

③ 逆变电源　市电整流，对蓄电池充电，供电时直流逆变为交流，供后备用电。又分为：

UPS　始终接入市电，不间断地对蓄电池浮充，可无间断交-直-交逆变供电，功率较小；

EPS　市电对电池充满电后不接入市电，仅市电断电后，才通过切换瞬间应急直-交逆变供电。节能效率更高，功率可更大。

④ 柴油发电机　高层建筑广泛用柴油发电机作后备电源。通用型号含义如下：

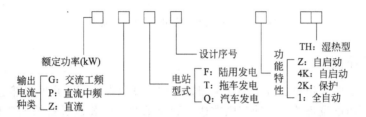

柴油发电机其构成及功能分别见图 1-1 及图 1-2。

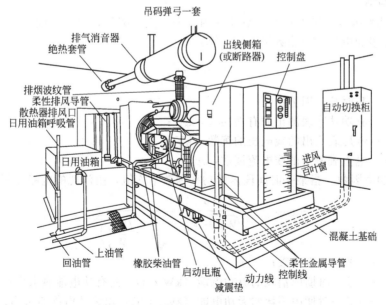

图 1-1　自启动柴油发电机组构成图

设计柴油发电机房时需注意柴油机的废气排放、新风补充、储油防火、防振降噪及蓄电池维护。

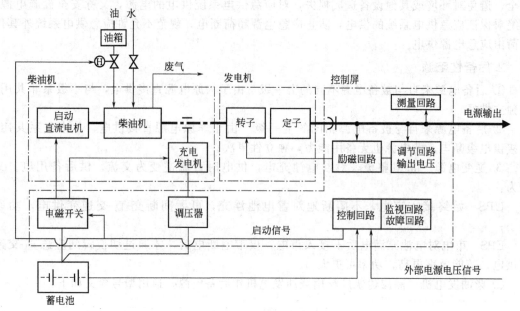

图 1-2   自启动柴油发电机功能概略图

四、无功功率补偿

供电部门一般要求用户的月平均功率因数达到 0.9 以上，当用户的自然总平均功率因数较低，单靠提高用电设备的自然功率因数达不到要求时，应装设必要的无功功率补偿设备，以提高用户的功率因数。

1. 功率因数

① 瞬时功率因数　可由功率因数表（相位表）直接测量，也可用同一时间测得的有功功率表、电流表和电压表的读数按下式计算：

$$\cos\varphi = \frac{P}{\sqrt{3}UI} \tag{1-1}$$

式中　$\cos\varphi$——瞬时功率因数；

　　　P——有功功率表测出的有功功率，kW；

　　　U——电压表测出的线电压的读数，kV；

　　　I——电流表测出的线电流读数，A。

② 平均功率因数　指某一时间段内的功率因数平均值，由消耗的电能按下式计算：

$$\cos\varphi_{av} = \frac{W_P}{\sqrt{W_P^2 + W_Q^2}} = \frac{1}{\sqrt{1 + \left(\frac{W_Q}{W_P}\right)^2}} \tag{1-2}$$

式中　$\cos\varphi_{av}$——平均功率因数；

　　　W_P——某一时期内消耗的有功电能（kW·h），由有功电能表求出；

　　　W_Q——某一时期内消耗的无功电能（kvar·h），由无功电能表求出。

供电部门根据约定平均功率因数调整用户的电费电价。

2. 补偿容量

补偿容量的 Q_c 取自无功负荷曲线或按下式计算确定：

$$Q_c = \alpha_{av} P_c (\tan\varphi_1 - \tan\varphi_2) \tag{1-3}$$

或

$$Q_c = \alpha_{av} P_c q_c \tag{1-4}$$

式中　α_{av}——考核电网高峰时的功率因数，按最不利条件（用户高峰与系统高峰同时出现），可取 $\alpha_{av}=1$；

Q_c——计算的无功补偿容量，kvar；

P_c——平均的有功计算负荷，kW；

$\tan\varphi_1$——补偿前计算负荷的功率因数角的正切值；

$\tan\varphi_2$——补偿后计算负荷的功率因数角的正切值；

q_c——无功功率补偿率，见表1-6。

表 1-6　无功功率补偿率

补偿前功率因数	补偿后功率因数												
	0.80	0.85	0.90	0.91	0.92	0.93	0.94	0.95	0.96	0.97	0.98	0.99	1
0.50	0.982	1.112	1.248	1.276	1.306	1.337	1.369	1.403	1.440	1.481	1.529	1.590	1.732
0.51	0.937	1.067	1.202	1.231	1.261	1.291	1.324	1.358	1.395	1.436	1.484	1.544	1.687
0.52	0.893	1.023	1.158	1.187	1.217	1.247	1.280	1.314	1.351	1.392	1.440	1.500	1.643
0.53	0.850	0.980	1.116	1.144	1.174	1.205	1.237	1.271	1.308	1.349	1.397	1.458	1.600
0.54	0.809	0.939	1.074	1.103	1.133	1.163	1.196	1.230	1.267	1.308	1.356	1.416	1.559
0.55	0.768	0.899	1.034	1.063	1.092	1.123	1.156	1.190	1.227	1.268	1.315	1.376	1.518
0.56	0.729	0.860	0.995	1.024	1.053	1.084	1.116	1.151	1.188	1.229	1.276	1.337	1.479
0.57	0.691	0.822	0.957	0.986	1.015	1.046	1.079	1.113	1.150	1.191	1.238	1.299	1.441
0.58	0.655	0.785	0.920	0.949	0.979	1.009	1.042	1.076	1.113	1.154	1.201	1.262	1.405
0.59	0.618	0.749	0.884	0.913	0.942	0.973	1.006	1.040	1.077	1.118	1.165	1.226	1.368
0.60	0.583	0.714	0.849	0.878	0.907	0.938	0.970	1.005	1.042	1.083	1.130	1.191	1.333
0.61	0.549	0.679	0.815	0.843	0.873	0.904	0.936	0.970	1.007	1.048	1.096	1.157	1.299
0.62	0.515	0.646	0.781	0.810	0.839	0.870	0.903	0.937	0.974	1.015	1.062	1.123	1.265
0.63	0.483	0.613	0.748	0.777	0.807	0.837	0.870	0.904	0.941	0.982	1.030	1.090	1.233
0.64	0.451	0.581	0.716	0.745	0.775	0.805	0.838	0.872	0.909	0.950	0.998	1.058	1.201
0.65	0.419	0.549	0.685	0.714	0.743	0.774	0.806	0.840	0.877	0.919	0.966	1.027	1.169
0.66	0.388	0.519	0.654	0.683	0.712	0.743	0.775	0.810	0.847	0.888	0.935	0.996	1.138
0.67	0.358	0.488	0.624	0.652	0.682	0.713	0.745	0.779	0.816	0.857	0.905	0.966	1.108
0.68	0.328	0.459	0.594	0.623	0.652	0.683	0.715	0.750	0.787	0.828	0.875	0.936	1.078
0.69	0.299	0.429	0.565	0.593	0.623	0.654	0.686	0.720	0.757	0.798	0.846	0.907	1.049
0.70	0.270	0.400	0.536	0.565	0.594	0.625	0.657	1.247	0.729	0.770	0.817	0.878	1.020
0.71	0.242	0.372	0.508	0.536	0.566	0.597	0.629	0.663	0.700	0.741	0.789	0.849	0.992
0.72	0.214	0.344	0.480	0.508	0.538	0.569	0.601	0.635	0.672	0.713	0.761	0.821	0.964
0.73	0.186	0.316	0.452	0.481	0.510	0.541	0.573	0.608	0.645	0.686	0.733	0.794	0.936
0.74	0.159	0.289	0.425	0.453	0.483	0.514	0.546	0.580	0.617	0.658	0.706	0.766	0.909
0.75	0.132	0.262	0.398	0.426	0.456	0.487	0.519	0.553	0.590	0.631	0.679	0.739	0.882

补偿前功率因数	补偿后功率因数												
	0.80	0.85	0.90	0.91	0.92	0.93	0.94	0.95	0.96	0.97	0.98	0.99	1
0.76	0.105	0.235	0.371	0.400	0.429	0.460	0.492	0.526	0.563	0.605	0.652	0.713	0.855
0.77	0.079	0.209	0.344	0.373	0.403	0.433	0.466	0.500	0.537	0.578	0.626	0.686	0.829
0.78	0.052	0.183	0.318	0.347	0.376	0.407	0.439	0.474	0.511	0.552	0.599	0.660	0.802
0.79	0.026	0.156	0.292	0.320	0.350	0.381	0.413	0.447	0.484	0.525	0.573	0.634	0.776
0.80	—	0.130	0.266	0.294	0.324	0.355	0.387	0.421	0.458	0.499	0.547	0.608	0.750
0.81	—	0.104	0.240	0.268	0.298	0.329	0.361	0.395	0.432	0.473	0.521	0.581	0.724
0.82	—	0.078	0.214	0.242	0.272	0.303	0.335	0.369	0.406	0.447	0.495	0.556	0.698
0.83	—	0.052	0.188	0.216	0.246	0.277	0.309	0.343	0.380	0.421	0.469	0.530	0.672
0.84	—	0.026	0.162	0.190	0.220	0.251	0.283	0.317	0.354	0.395	0.443	0.503	0.646
0.85	—		0.135	0.164	0.194	0.225	0.257	0.291	0.328	0.369	0.417	0.477	0.620
0.86	—		0.109	0.138	0.167	0.198	0.230	0.265	0.302	0.343	0.390	0.451	0.593
0.87	—		0.082	0.111	0.141	0.172	0.204	0.238	0.275	0.316	0.364	0.424	0.567
0.88	—		0.055	0.084	0.114	0.145	0.177	0.211	0.248	0.289	0.337	0.397	0.540
0.89	—		0.028	0.057	0.086	0.117	0.149	0.184	0.221	0.262	0.309	0.370	0.512
0.90	—		—	0.029	0.058	0.089	0.121	0.156	0.193	0.234	0.281	0.342	0.484
0.91	—			—	0.030	0.060	0.093	0.127	0.164	0.205	0.253	0.313	0.456
0.92	—				—	0.031	0.063	0.097	0.134	0.175	0.223	0.284	0.426
0.93	—					—	0.032	0.067	0.104	0.145	0.192	0.253	0.395
0.94	—						—	0.034	0.071	0.112	0.160	0.220	0.363
0.95	—							—	0.037	0.078	0.126	0.186	0.329
0.96	—								—	0.041	0.089	0.149	0.292
0.97	—									—	0.048	0.108	0.251
0.98	—										—	0.061	0.203
0.99	—											—	0.142

3. 补偿用电容器

① 电容器型号　由文字和数字两部分组成，各部分含义如下：

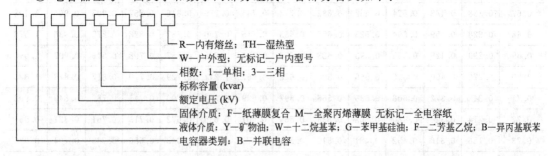

　　　　　　　　　　　　　　R—内有熔丝；TH—湿热型
　　　　　　　　　　　　W—户外型；无标记—户内型号
　　　　　　　　　　　相数：1—单相；3—三相
　　　　　　　　　标称容量 (kvar)
　　　　　　　额定电压 (kV)
　　　　　固体介质：F—纸薄膜复合 M—全聚丙烯薄膜 无标记—全电容纸
　　　　液体介质：Y—矿物油；W—十二烷基苯；G—苯甲基硅油；F—二芳基乙烷；B—异丙基联苯
　　　电容器类别：B—并联电容

例如，BW0.4-12-1 型为单相户内型十二烷基苯浸渍的并联电容器，额定电压为
0.4kV，额定容量为 12kvar。

② 电容器的数量　应根据无功补偿的容量及电容器额定铭牌容量来进行确定，计算式

如下：

$$n \geqslant \frac{Q_{CC}}{Q_{CN}} \tag{1-5}$$

式中　n——电容器的计算数量；

　　Q_{CC}——无功补偿容量，kvar；

　　Q_{CN}——电容器额定铭牌容量，kvar。

在实际工程中，无功补偿的容量可以根据负荷的功率因数计算得出。

4. 补偿方式

① 低压集中补偿　将低压电容器集中设置于小区或建筑变电所的低压母线上，此补偿方式只能补偿低压母线前变压器和高压配电线路的无功功率，对变电所低压母线后设备的无功功率不起补偿作用。但其补偿范围比高压集中补偿要大，且该补偿方式使得变压器的视在功率减小，从而使变压器的容量可选得较小，比较经济。低压集中无功补偿见图1-3。

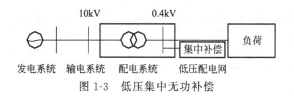

图 1-3　低压集中无功补偿

② 终端无功补偿　在低压配电线路末端负荷处进行补偿，直接为负载提供所需的无功功率，进而减小低压配电网络的无功流量，降低线路损耗和线路压降。终端无功补偿的优点在于：可减少线路电流 10%～15%，减少线路损耗 20%；可减少电压损失，改善电能质量，进而改善用电设备启动和运行条件；释放系统容量，提高线路供电能力；在相同供电能力下，可节约线路投资。另外，还有助于减轻上级开关和接触器负荷，降低其容量规格。

5. 补偿后的负荷容量计算

补偿后无功计算负荷和计算容量均会发生变化，在确定补偿装置装设点前的计算总负荷，应扣除无功补偿容量。若补偿装置点设在变压器二次侧，则还要考虑变压器的损耗，补偿后的计算负荷如下：

$$P_j = P_C + \Delta P_T \tag{1-6}$$
$$Q_j = Q_C + \Delta Q_T - Q_{CC} \tag{1-7}$$
$$S_j = \sqrt{P_j^2 + Q_j^2} \tag{1-8}$$

式中　P_j——有功功率，补偿前后有功功率不发生变换，kW；

　　Q_j——补偿容量 Q_{CC} 后的无功功率，kvar；

　　S_j——补偿后总的视在功率，kW；

　　P_C——补偿前有功计算负荷，kW；

　　Q_C——补偿前无功计算负荷，kvar；

　　ΔP_T——变压器有功功率损耗，kW；

　　ΔQ_T——变压器无功功率损耗，kvar；

　　Q_{CC}——无功补偿容量，kvar。

在变压器低压侧装设无功补偿装置后，其功率因数为补偿后的有功功率与补偿后的视在功率的比值，在装设了无功补偿装置后，低压侧的总的视在功率减小，变电所的主变容量也减小，同时提高了功率因数。

五、变压器的选用

1. 变压器类型

变压器类型的选择见表 1-7。

表 1-7　变压器类型的选择

变压器类型	适用场所	型号选择
油浸式	一般正常环境场所	应优先选用 S9 以上系列低损耗变压器
干式	多层或高层主体建筑内变电所、地下工程、城市地铁等需要使用防灾型设备场所	应优先选用 SCB9 以上系列低损耗变压器
密闭式	用于具有化学腐蚀性气体、蒸汽或具有导电、可燃粉尘、纤维会严重影响变压器安全运行的场所	BS7、BS9 等系列全密封式变压器,具有防振、防尘、防腐蚀性能,并可与爆炸性气体隔离
防雷式	用于多雷区及土壤电阻率较高的山区	SZ 系列防雷变压器,具有良好的防雷性能
有载调压式	用于电力系统供电电压偏低或电压波动严重而用电设备对电压质量又要求较高的场所	SZ9 等系列有载调压变压器,属低损耗变压器

2. 变压器的连接组

变压器的连接组别见表 1-8。

表 1-8　变压器的连接组别

连接组别	接线图	适用范围	备注
D,yn11	（接线图：A B C，x y z；c b a o，Z Y X）	①三相不平衡负荷超过变压器每相额定功率 15% 以上者 ②需要提高单相短路电流值,确保低压单相接地保护装置动作灵敏度者 ③需要阻止三次谐波含量者	当配电系统有左述三种情况之一时即应选用 D,yn11 联结组别
Y,yn0	（接线图：A B C；a b c o，X Y Z）	①三相负荷基本平衡,且不平衡负荷不超过变压器每相额定功率 15% ②供电系统中谐波干扰不严重	

3. 变压器的台数

变压器台数的选择见表 1-9。

表 1-9　变压器台数的选择

负荷等级	选用原则
带有一、二级负荷的变电所	①一、二级负荷较多时,应设两台或两台以上变压器 ②只有少量一、二级负荷,并能从邻近变电所取得低压备用电源时,可采用一台变压器
带有三级负荷的变电所	①负荷较小时采用一台变压器 ②负荷较大,一台变压器不能满足要求时,采用两台及以上变压器 ③昼夜负荷或季节性负荷变化大,选用一台变压器技术经济不合理时,宜选用两台变压器

4. 变压器的容量

单台变压器容量的选择见表 1-10。在选择变压器容量时，还可根据其负载运行特点，在满足绝缘散热、发热时间常数的情况下，适当利用过载能力，以减小变压器的安装容量。

表 1-10　单台变压器容量选择一般要求

一般场所	设在二层及以上时	小区变电所
≤1250kV·A	≤630kV·A	≤630kV·A

六、变电所的设置

1. 所址的选择的一般原则

① 尽量靠近负荷中心　以降低配电系统的电能损耗、电压损耗、有色金属消耗量及一次性建设投资。

② 进出线方便　与建筑或工厂企业规划相协调，提供足够的进出线走廊。

③ 靠近电源侧　进线侧布置可避免过大的功率倒送，产生不必要的电能损耗和电压损失。

④ 便于运输设备　变配电设备通常体积大，不宜拆卸，应考虑运输通道。

⑤ 避免有剧烈震动和高温的位置　剧烈震动会使变配电设备导电部分的连接螺栓变松，使得联接部位接触电阻变大，发热加剧，损坏设备；高温使电气设备正常运行时，超过其允许温度或不能达到额定功率，影响电气设备使用，且易造成设备损坏。

⑥ 不宜设在多尘、水雾（如大型冷却塔）或有腐蚀性气体的位置　电气元件在多尘或有腐蚀性气体的场所易受损坏。如无法远离时，不应设在污染源的下风侧。

⑦ 避免设在潮湿或易积水的位置　如厕所、浴室或经常积水场所的下方楼层或与上述场所相贴邻，或地势低洼和可能积水的场所，潮湿易导致设备绝缘损坏。

⑧ 不应设在爆炸危险场所以内和不宜设在有火灾危险的场所的正上方和正下方　如布置在爆炸危险场所范围以内和布置在与火灾危险场所的建筑物毗连时，应符合现行《爆炸和火灾危险环境电力装置设计规范》的规定。

⑨ 变配电所为独立建筑物时，不宜设在地势低洼和可能积水的场所　35kV 及其以上变电站应具有适宜的地质、地形和地貌条件（例如避开断层、滑坡、塌陷区、溶洞地带、山区风口和有危岩或易发生滚石的场所），所址宜避免选在有重要文物或开采后对变电所有影响的矿藏地点，否则应征得有关部门的同意。

⑩ 高层建筑地下层配电所的位置　宜选择在通风、散热条件较好的场所。

⑪ 变配电所位于高层建筑（或其他地下建筑）的地下室时不宜设在最底层，当地下仅有一层时，应采取适当抬高该所地面等防水措施，并应避免洪水或积水从其他渠道淹渍配变电所的可能性。35kV 及其以上的变电站所址标高宜在 50 年一遇高水位之上，否则，所区应有可靠的防洪措施或与地区（工业企业）的防洪标准相一致，但仍应高于内涝水位。

⑫ 装有可燃性油浸电力变压器的变电所　不应设在耐火等级为三、四级的建筑中。

⑬ 在无特殊防火要求的多层建筑中装有可燃性油的电气设备的配变电所　可设置在底层靠外墙的部位，但不应设在人员密集场所的正上方、正下方、贴邻或疏散出口的两旁。

⑭ 高层建筑的配变电所宜设置在地下或首层　当建筑物高度超过 100m 时，也可在高层区的避难层或是技术层内设置。

⑮ 可燃性油的电气设备　一类高、低层主体建筑内严禁设置装有可燃性油的电气设备的配变电所。二类高、低层主体建筑内，不宜设置装有可燃性油的电气设备的配变电所。

⑯ 民用建筑中不宜采用露天或半露天的变电所　大、中城市除居住小区的杆上变电所外，民用建筑中不宜采用露天或半露天的变电所，如确需设置时，宜选用带防护外壳的户外成套变电所。

⑰ 露天或半露天的变电所，不应设置在下列场所：

a. 有腐蚀性气体的场所；

b. 挑檐为燃烧体或难燃体和耐火等级为四级的建筑物旁；

c. 近有棉、粮及其他易燃物品集中的露天堆场；

d. 容易沉积可燃粉尘、可燃纤维、灰尘或导电尘埃且严重影响变压器安全运行的场所。

⑱ 应考虑变电所与周围环境、邻近设施的相互影响。变电所位置的选择参见图1-4，见表1-11。

2. 变电所的设置

（1）变电所位置设置的类型

见图1-4、表1-11。

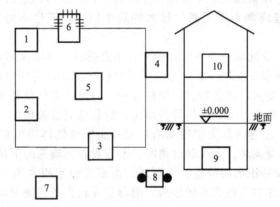

图1-4　变电所位置设置的类型

1,2—内附式；3,4—外附式；5—建筑内式；6—露天（或半露天）式；
7—独立式；8—杆上式；9—地下式；10—楼上式

表1-11　变电所位置设置的类型

类型	位置	适用	特点
独立式	建筑外(图1-4中7)	负荷过于分散；建筑内环境（消防、爆炸、尘埃、腐蚀）限制	费用高，线损大
外附设式	共用建筑1-2面墙(图1-4中3、4为外附，1、2为内附)	环境特殊，面积有限，工艺常变（与上行情况相反）	位置应偏于电源侧，平行于建筑长边
内附设式			
建筑内式	建筑内(图1-4中5、10)	建筑跨度大，设备稳定，环境许可	多用于小型干式变压器
地下式	地下1层(图1-4中9)	民用高层，多用干式变压器	通风差，投资大，不占关键地区
梁架式/杆式	架空(图1-4中8)	生产面窄，运输不便，又要接近负荷中心	占地很少
露天/半露天式	落地/抬高(图1-4中6，外面为变压器围栏)	分为有栅栏/无栅栏两种	通风良，投资少

（2）变电所位置设置的综合考虑

以用电负荷的状况和周围的环境情况为出发点：

① 负荷较大的建筑，一般宜用附设式或半露天式；

② 负荷较大的多跨建筑，负荷中心在建筑中部，且环境许可时，宜用建筑内式或预装式；

③ 高层或大型建筑，一般宜用建筑内式或预装式；

④ 负荷小而分散的居民小区，一般设独立变电站，也可设附设式或预装式；

⑤ 环境允许的居民小区，变压器容量在 315kV·A 以下时，可设杆上或高台式；

⑥ 工业建筑的高压变电所：尽可能与邻近的中压变电所合建，以节约建筑费用。

第二节 动力电气

建筑电气最终的电力负荷就是动力与照明两大类，工业建筑无疑是动力远多于照明，随工艺而异。民用建筑中一般住宅和办公用电的动力（多以插座回路提供，多数按照明考虑）相对照明回路更为简单。而民用建筑中高层、公共建筑中动力负荷占用电负荷的主要地位，照明通常仅占 20%～30% 左右，且动力负荷多集中在建筑的下层和顶层。

一、主要负荷——电动机

建筑工程中主要的动力负荷就是电动机，多为中、小型交流异步电动机，型号以 Y 取代 J2 系列。

1. 电动机类型的选择

（1）电动机型号含义

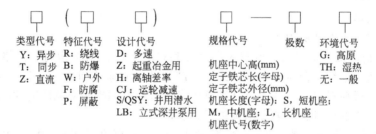

类型代号	特征代号	设计代号	规格代号	极数	环境代号
Y：异步	R：绕线	D：多速	机座中心高(mm)		G：高原
T：同步	B：防爆	Z：起重冶金用	定子铁芯长(字母)		TH：湿热
Z：直流	W：户外	H：离轴差率	定子铁芯外径(mm)		无：一般
	F：防腐	CJ：运轮减速	机座长度(字母)：S，短机座		
	P：屏蔽	S/QSY：井用潜水	M，中机座；L，长机座		
		LB：立式深井泵用	机座代号(数字)		

例如：Y160L-2 三相异步电动机，中心高 160mm，长机座（L），2 极；

　　　T2S-84 同步发电机（T），三次谐波励磁（S），84kW；

　　　Z2-81 直流电动机，设计序号 2，机座代号 8，铁芯长度代号 1。

（2）防护等级

标志由字母 IP 和两个防护等级的表征数字组成：第一位表达防止人或固体异物进入的等级；第二位表达防止水进入的等级。详见表 1-12。

表 1-12 外壳防护等级的分类代号

项目	代号组成格式
代号含义说明	IP □□ 防水浸入的代号(第二位特征数字) 防固体浸入的代号(第一位特征数字) 外壳防护的代号(特征字母) 注：只用于单一防水或防固体时，则另一特征数字用字母 X 代替

续表

项目	代号组成格式	
	含义说明	
特征数字	第一位特征数字	第二位特征数字
0	无防护	无防护
1	防大于 50mm 的固体异物	防滴（垂直滴水对设备无有害影响）
2	防大于 12mm 的固体异物	15°防滴（倾斜 15°，垂直滴水无有害影响）
3	防大于 2.5mm 的固体异物	防淋水（倾斜 60°以内淋水无有害影响）
4	防大于 1mm 的固体异物	防溅水（任何方向溅水无有害影响）
5	防尘（尘埃进入量不致妨碍正常运转）	防喷水（任何方向喷水无有害影响）
6	尘密（无尘埃进入）	防猛烈喷水（任何方向猛烈喷水无有害影响）
7		防短时浸水影响（浸入规定压力水中经规定时间后外壳进水量不致达到有害影响）
8		防持续潜水影响（持续潜水后外壳进水量不致达到有害影响）

（3）绝缘等级

以电机绝缘材料，绕组耐受的极限温度限定。详见表 1-13。

表 1-13　电机绝缘耐热等级

绝缘耐热等级	A	E	B	F	H
极限温度/℃	105	120	130	150	180

（4）选用原则

以三相笼式异步电动机为主。

① 类型　拖动载荷对启动、调速及制动无特殊要求时，用结构简、价格低、使用易的笼式；功率较大、连续工作时，用同步式；重载启动、调速范围不大，又低速运行短时者，用绕线转子式；载荷对启动、调速及制动有较高要求及故障易使交流停电的应急机组，宜用直流式；载荷变化的风机、泵类应用调速式、双速式。

② 额定电压　家用一般 220V；Y 系列大于 0.55kW 为 380V；大于 400kW 为 6kV；YR 系列 4kW 以上 380V；大于 400kW 为 6kV。

③ 额定功率 $P_{N \cdot M}$（kW）　按三种情况选定：

a. 连续工作

$$P_{N \cdot M} \geqslant P_L / \eta \tag{1-9}$$

式中，η 为电动机与载荷传动效率：直接传动 0.97～0.99；三角带传动 0.95；链条传动 0.93～0.96；圆柱齿轮传动 0.98～0.995。

$$P_L = \frac{M'_L n_L}{9550 \eta_L} = \frac{M_L n_L}{975 \eta_L} \tag{1-10}$$

式中，P_L 为载荷功率，kW；η_L 为工作载荷效率；n_L 为工作载荷转速，r/min；M'_L 为载荷转矩，N·m；M_L 为载荷转矩，kgf·m。

b. 短时工作　运行短停歇长，通断交替者。按运行时间 10/30/60/90min 选短时定额电机，或按允许过载选周期定额电机。

c. 断续工作　运行周而复始，周期一般不超过 10min 者。将暂载率等效为周期值，选长期工作电机。

选择时应考虑海拔高度、工作环境及介质予以修正。且按 $P_{N.M}=(1\sim1.3)P_L/\eta$ 留适当裕量。

④ **防护型式** 按安装运行的环境、使用条件选择。

⑤ **转速** 同类电机极数越少，转速越高，尺寸、重量、价格越低；但传动尺寸及投资增加；民用建筑多用 1000 和 1500r/min。

⑥ **传动**

a. **直接传动** 多用联轴器配套，高效、紧凑、无噪、损耗小，优先选用；

b. **间接传动** 主要用三角带轮及齿轮，使用前者多于后者。

2. 启动方式的选择

(1) 直接启动

按三个角度考虑，条件之一满足即可直接启动：

① 电网容量允许全压起动笼式异步电机容量：

小容量电厂供电时：其容量小于 10%～12% 电源容量；

单台变压器供电：电机频繁启动小于 20%；非频繁启动小于 30%；

多台变压器并供时：小于 $P_T/4(K_i-1)$（P_T：变压器总容量 kV·A 值，K_i：电机启动电流和额定电流比）；

市公用低压网时：11kW 及以下；

小区变电所供电时：15kW 及以下。

② 启动时产生的线路电压降

电机频启时：小于 10% 额定电压；

电机非频繁启动时：小于 15% 额定电压；

不设母线，未对电压波动敏感荷载时及电机极少启动、单独变压器供电时：小于 20% 额定电压。

③ **载荷及电机自身系统** 载荷能承受全压启动的冲击转矩：一般重载优于轻载；低压电机还要保证接触器线圈释放电压不低于启动时线路电压。

(2) 采用启动器的启动方式

如果上述要求均不满足，为降低电流冲击，则必须采用启动器的启动方式，把启动电流限制到允许的数值。

① **三相笼式异步电动机** 定子绕组中串电阻或电抗器、星-三角及延边星-三角、自耦降压、软启动四种。第一种：降压器件耗能；第二种：启动转矩较小；"自耦降压启动"广为应用，且由时间切换变为更合理的电流切换；最后一种"软启动"就是采用软件控制方式来平滑启动电动机，由于一方面控制方式以"软"件为中心控制双向晶闸管的导通角来控制电动机的工作电压，另一方面控制的结果是将电动机启动由"硬特性"平滑为"软特性"，故称此名。此方式又分为采用变频恒矩限流及采用晶闸管调压两大方案。软启动节能、平稳是发展方向，但谐波干扰重、价高。

② **绕线式异步电动机** 有转子电路串电阻、频敏变阻两种。前者：设备复杂，维护量大；后者：启动平稳，但功率因数低。

3. 保护方式的选择

(1) 相间短路保护

① **每台电机应分别装设相间保护** 符合下列条件时，才可以数台电动机共用一套短路保护电器。

a. 总计算电流不超过 20A，且允许无选择地切断；

b. 根据生产工艺要求，同时启停的一组电动机（如不同时切断将危及人身或设备的安全）。

② 短路保护器件 宜采用熔断器或低压断路器的瞬时过流脱扣器；必要时，可采用瞬动过电流继电器。保护器件的装设应符合下列规定：

a. 短路保护兼作接地故障保护——应在每个不接地的相线上装设；

b. 仅作相间短路保护——熔断器应在每个不接地的相线上装设，过电流脱扣器或继电器应至少在两相上装设；

c. 当只在两相上装设——在有直接电气联系的同一网络中，保护器件应装设在相同的两相上。

③ 为保证当交流电动机正常运行、正常启动或自动启动时，短路保护器件不发生误动作，故要求：

a. 保护器件的使用类别——熔断器、低压断路器和过电流继电器应正确选择，宜采用保护电动机型；

b. 熔断器熔体的额定电流 $I_{N.FE}$：应大于电动机的额定电流 $I_{N.M}$，且其安秒特性曲线计及偏差后要略高于电动机启动电流和启动时间的交点。当电动机频繁启动和制动时，熔体的额定电流应再加大 1～2 级；

c. 瞬时过电流脱扣器或过电流继电器瞬动元件的整定电流 $I_{OP(0)}$，应为电动机启动电流 $I_{N.M}$ 的 2～2.5 倍。

（2）接地故障保护

① 每台电动机应分别装设接地故障保护，但共用一套短路保护电器的数台电动机，可共用一套接地故障保护器件；

② 当电动机的短路保护器件满足接地故障保护灵敏度要求，应采用短路保护兼作接地故障保护。

（3）过载保护

① 应用场合 运行中容易过载的电动机、启动或自启动条件困难而要求限制启动时间的电动机，应装设过载保护；额定功率大于 3kW 的连续运行电动机宜装设过载保护；但断电导致损失比过载更大时，应只使过载保护仅动作于信号，而不切断电源；短时工作或断续周期工作的电动机，可不装设过载保护；当电动机运行中可能堵转时，应装设保护电动机堵转的过载保护。

② 过载保护器件 电动机过载保护器件，宜采用热继电器或具有反时限特性的过载脱扣器；对容量较大的重要电动机，也可采用反时限过电流继电器；有条件时，可采用温度保护等其他适当的保护。

③ 当交流电动机正常运行，正常起动或自启动时，过载保护不应误动作。故要求：

a. 热继电器或过载脱扣器的整定电流——应接近，但不小于电动机的额定电流；

b. 过载保护的动作时限——应躲过电动机的正常启动或自启动时间。

过电流继电器的整定电流应按下式确定：

$$I_{OP} = K_{rel} K_w \frac{I_{N.M}}{K_{re} K_i} \tag{1-11}$$

式中，I_{OP} 为过电流继电器的整定（动作）电流，A；$I_{N.M}$ 为电动机的额定电流，A；K_{rel} 可靠系数，动作于断电时取 1.2，动作于信号时取 1.05；K_w 为接线系数，两相两继电器式接线时取 1.0，两相一继电器式接线时取 $\sqrt{3}$；K_{re} 继电器返回系数，取为 0.85；K_i 为电流互感器的变流比。

必要时，可在启动过程的一定时限内短接或切除过载保护器件。

（4）断相保护

连续运行的三相交流电动机的断相保护应符合下列规定：

① 当采用熔断器保护时，应装设断相保护；

② 当采用低压断路器保护时，宜装设断相保护；

③ 当低压断路器兼作电动机的控制器时，可不装设断相保护；

④ 短时工作或断续周期工作的电动机，或额定功率不超过 3kW 的电动机，可不装设断相保护；

⑤ 断相保护器件宜采用断相保护热继电器，也可采用温度保护或专用的断相保护装置。

（5）低电压保护

① 按电动机运行的工艺要求或安全条件 不允许自启动的电动机，或为保证重要电动机自启动而需要切除的次要电动机，应装设低电压保护。

② 次要电动机 宜装设瞬时动作的低电压保护。

③ 不允许自启动的重要电动机 应装设短延时的低电压保护，其时限可取 0.5～1.5s。

④ 需要自启动的重要电动机 不宜装设低电压保护，但按工艺或安全条件在长时间停电后不允许自启动时，应装设长延时的低电压保护，其时限可取 9～20s。

⑤ 低电压保护器件 宜采用低压断路器的欠电压（失压）脱扣器，或接触器的电磁线圈。必要时（例如中、大型交流电动机），可采用低电压继电器和时间继电器相组合而成的电路保护。当采用电磁线圈做低电压保护时，其控制回路宜由电动机主回路供电；如由其他电源供电，则应保证主回路失压时应能自动断开控制电源。

⑥ 对于不装设低电压保护或装设延时低电压保护的重要电动机 当电源电压中断后而在规定时限内恢复供电时，其接触器应维持吸合状态或能重新吸合。

此外，同步电动机应装设失步保护；直流电动机应装设短路保护，并根据需要装设过载保护。

4. 电动机的调速

电动机调速方式很多，目前流行的为变频调速。图 1-5 为高压电动机变频调速可行方案的概略图。

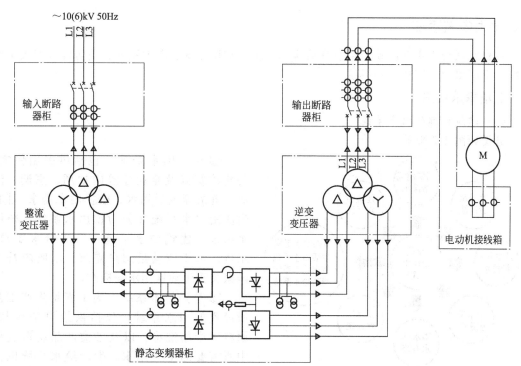

图 1-5 "高—低—高"变频方案的高压电动机变频调速概略图

图 1-5 中电压通过整流变压器将高压降压到低压，变频器变频，再经逆变变压器升至高电压后向电动机供电，实现"高—低—高"变频方案的高压电动机变频调速。变频调速适用于同步电动机或笼型异步电动机。

5. 电动机的节能

电动机的节能方式很多，图 1-6 为当前流行的智能型电动机节电器。图中点划线为边界线，电动机节电器通过内置计算机实时检测电动机的负荷情况，分析负荷大小和变化趋势，计算出供给电动机最佳电压、电流，通过控制双向晶闸管的导通角来控制电动机的供电电压，使电动机的输出功率与负载转矩匹配，使电动机可在空载和大多数负荷情况下保持较高恒定的电动机效率。适用于电动机从满载迅速变化到轻载、空载的运行方式。此节电器还具有软启动和软停车功能，并具有过载、限流、短路、缺相、欠压、过压等保护功能。

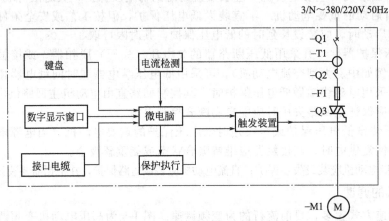

图 1-6　智能型电动机节电器概略图

二、动力电气系统

在建筑系统中主要的动力系统有给排水系统、空调系统、电梯系统、消防设备四大主要系统，下面将逐一简述每一系统。

1. 给排水系统

（1）建筑内部的给水系统

分类如图 1-7 所示。

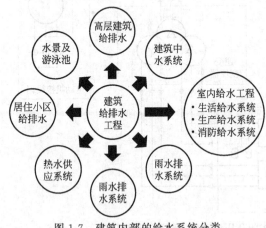

图 1-7　建筑内部的给水系统分类

① 生活给水系统　包括供民用住宅、公共建筑以及企业建筑内饮用、烹调、洗涤、淋浴等生活用水。根据用水需求不同，生活用给水系统又分为饮用水系统、杂用水系统、建筑中水系统。生活给水要求：水量、水压应满足用户需求，水质应符合国家关于生活饮用水的标准。

② 生产给水系统　为了满足生产工艺所设置的用水系统，包括供给设备冷却、原料和产品洗涤，以及各类产品制造过程中所需要的生产用水。生产给水系统也分为循环给水系统、复用水给水系统、软化

水给水系统、纯水给水系统等。生产给水要求主要以生产工艺要求为主，满足生产所需的水压、水质、水量以及其他要求。

③ 消防给水系统 指工业与民用建筑、公用建筑及企业建筑中消防设备的用水。一般高层、大型公共建筑、车间都需要设消防供水系统。消防给水系统可以划分为消火栓给水系统、自动喷水灭火系统、水喷雾灭火系统。消防给水要求：要保证充足的水量、水压，对水质要求不高。

（2）给水泵

水泵是给水系统中的主要增压设备，按照不同的分类方法，水泵的种类有以下几种：

① 按主轴方向分为卧式、立式、斜式；

② 按吸入方式分为单吸和双吸；

③ 按叶轮方式分为离心、混流、轴流；

④ 按级数分为单级和多级。

在建筑内部的给水系统中，一般采用离心式水泵。当采用水泵、水箱的给水方式时，通常水泵直接向水箱供水，水泵的扬程及出水量几乎不变，选用离心式恒速水泵。对于无水量调节设备的给水系统，可选用装有自动调速装置的离心式水泵，调节水泵的转速可以改变水泵的流量、扬程和功率，使水泵在大部分时间保持高效运行。给水泵的电功率与流量、扬程、口径等参数有关，需求的电功率范围一般小于 30kW。

（3）建筑内部排水系统

建筑排水工程包括的内容如图 1-8 所示。

建筑排水系统可分为重力流排水系统和压力流排水系统。重力流排水系统是利用重力势能作为排水动力，管系按一定充满度设计，管系内水压基本与大气压力相等的排水系统。压力流排水系统利用重力势能或其他机械动力满管排水设计，管系内整体水压大于（局部可小于）大气压的排水系统。

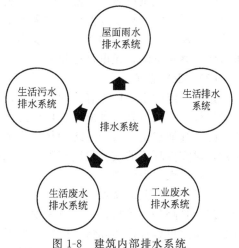

图 1-8 建筑内部排水系统

（4）污水泵

地下建筑物的污、废水不能自流排到室外时，应设置提升设备。常用潜水泵、液下泵和卧式离心泵，污水泵的电功率较小。

2. 空调系统

住宅建筑的空调系统应满足人类居住的舒适性、健康性为前提，以保护环境、提高能源利用率为原则，以系统的经济性为基础进行选择。

根据 GB 50176《民用建筑热工设计规范》的规定，按最冷月平均温度的高低，将全国分为严寒地区、寒冷地区、夏热冬冷地区、夏热冬暖地区、温和地区 5 个气候区域。不同的气候地区的空调承担的作用不同，具体见表 1-14。

表 1-14 不同气候地区的空调作用

地区	作用
严寒地区	以采暖为主,要求较高时应采用空调
寒冷地区	采暖及空调

地区	作用
夏热冬冷地区	空调及采暖
夏热冬暖地区	以空调为主,要求较高时应考虑采暖
温和地区	部分地区需要采暖或采暖/空调

　　不同的能源结构要求不同的空调方式。有条件的地区可以利用风能、太阳能、地热能等可再生能源,从而促进使空调冷热源的选择成为多元化。

　　住宅建筑空调的特点:采用分体式空调机组为主,使用效率低;建筑层高低、人员、新风负荷及冷热量指标相对较小。

　　目前,住宅建筑常用的空调方式有房间空调器、多联机或多联变频变冷媒流量热泵空调系统(即 VRV 系统)、户式中央空调系统和小区集中供冷供热系统。

　　(1) 房间空调器

　　目前我国常用的房间空调器主要有窗式空调器和分体空调器。房间空调器的优点主要有:性能好,质量可靠,维修率低,安装、使用方便;冷热调节方便,计量方便。缺点是:能效比较低,室内舒适度差;无法采集新风;冬季气温低、湿度高时供热量不足;室外机破坏建筑外观,房间空调器的热风、噪声、凝结水成为城市的新公害。城市的环境污染使室外机组效率逐年下降,耗电量逐年增加。

　　(2) VRV 系统

　　这类机组的主要优点有:使用灵活、计量简单。如果配上自控,则调节十分方便,实现节能运行;室内机有多种形式,可以适用于各种室内装修;管径小,便于埋墙敷设,节省建筑空间。其缺点是:由于系统的技术附加值高,价格昂贵;没有摆脱一般房间空调器的使用模式,对室内环境的改善程度有限;系统的效能比较低,维护仍较困难。

　　(3) 户式中央空调

　　户式中央空调的特点是:舒适性强,无氟利昂进户,便于计量;可节约建设锅炉房、空调机房及管路外网等投资,节省用地;供暖、制冷共用风机盘管末端装置,可节约暖气片的投资;用户可以根据实际情况确定室内温度或开关空调机,节约能源,只有一台室外机,对建筑外观影响小。缺点是价格高,室外机容量大,噪声大;冬季气温低、湿度高的时候供热量不足;机组属于空气源热泵,能效比较低;在恶劣环境下,室外机的机组效率逐年下降。

　　目前常用的户式中央空调有两种主要形式。

　　① 空气-空气热泵机组备冷(热)风的小型全空气系统　通过风管将冷(热)风送到每个房间,即风管型。由于有保温层,风管比较粗,所以对住宅建筑的层高有要求。该系统的突出优点是可以引入新风,获得高品质的室内空气,同时还可以利用室外新风系统实现过渡季节的全新风调节;风管型不易滴水;系统采用直接蒸发式,不需要水泵,能效比较高,耗电量较小。

　　② 空气-水热泵式冷热水机组系统　通过机组制备冷(热)水供应室内有多台风机盘管,即水管型。由于水管较细,容易拐弯和穿梁,适应于多数住宅的层高,但能耗大,且施工要求较高。

　　(4) 小区集中供热、供冷系统

　　小区集中供热、供冷系统在形式上与常规的集中空调基本相同,即小区集中空调系统。该系统符合"绿色建筑"的要求,是小区住宅建筑空调的发展趋势。该系统的优点是室内热舒适性好,风机盘管噪声低,无废热气、冷凝水排放,不破坏建筑立面;冷水机组的寿命大于热泵机组。缺点是分户计量与空调系统收费技术复杂,一次性投资高;系统的能耗与使用费、分户计量、冷热量调节等运行管理复杂，应有专业化管理。

不同住宅建筑空调方式的性能比较见表 1-15。

表 1-15　不同住宅建筑空调方式的性能比较

空调方式	初次投资	舒适性	能效比	运行管理	建筑外观影响
房间空调器	小	差	低	方便	大
VRV 系统	较大	较差	较低	方便	较小
户式中央空调	较小	较好	高	方便	较小
小区集中空调系统	大	好	较高	复杂	小

3. 电梯系统

（1）电梯的选择

① 如果只装一台电梯，电梯的额定载重量不得小于 630kg，额定速度不得低于 0.63m/s。在每一梯群中，所有电梯的额定速度均不得低于 1m/s，而且至少有一台电梯的额定载重量应是 1000kg。对于高层住宅、公寓，宜大于 1000kg；对于办公楼，宜大于 1350kg。

② 塔式住宅 70 户/台；板式住宅 100 户/台；超过 20 层宜设三台电梯。

③ 速度的提高可能会使得电梯的造价大幅提高。对于办公楼，75m 以下建筑考虑选择 2m/s 以下的低速电梯；75～100m 建筑可按高度每增加 20m 电梯速度增加 0.5m/s 考虑。

④ 对于住宅，多层住宅一般只考虑 1m/s 的电梯；10～16 层的塔式或板式考虑 1.5m/s；16～22 层考虑 2m/s 的电梯。

（2）参数

电梯设计应明确以下参数：

① 电梯的土建要求，如平面布置、机房位置、厅门尺寸、轿厢装饰等。

② 电梯的用途说明，包括停层、行程、服务楼层等。

③ 电梯的台数。

④ 电梯的额定参数，如额定速度、荷载、操作系统、控制系统、平层准确度等。

⑤ 电梯的电源要求、照明要求、通信要求等。

4. 消防系统

（1）水系统

建筑消防系统根据使用灭火剂的种类可分为水消防灭火系统（包括消火栓给水系统和自动喷水灭火系统）和非水灭火剂灭火系统（如干粉灭火系统、二氧化碳灭火系统、泡沫灭火系统等）。

① 消火栓　层数少于 10 层的住宅及建筑高度不超过 24m 的建筑为低层建筑。超过 7 层的单元住宅和超过 6 层的塔式、通廊式、底层设有商业网点的单元式住宅建筑应设置消火栓给水系统。

消火栓给水系统包括消火栓设备、消防卷盘、消防管道，消防水池、高位水箱、水泵接合器及增压水泵，如图 1-9 所示。

消火栓设备由水枪、水带和消火栓组成，均安装于消火栓箱内，水泵接合器是连接消防车向室内消防给水系统加压供水的装置，一端由消防给水管网水平干管引出，另一端设于消防车易于接近的地方。建筑物内消防管道是否与其他给水系统合并或独立设置，应根据建筑物的性质和使用要求，经技术经济比较后确定。

消防水池用于无室外消防水源的情况下，贮存火灾持续时间内的室内消防用水量。可设在室外地下或地面上，也可设在室内地下室，或与室内游泳池、水景水池兼用。消防水池应

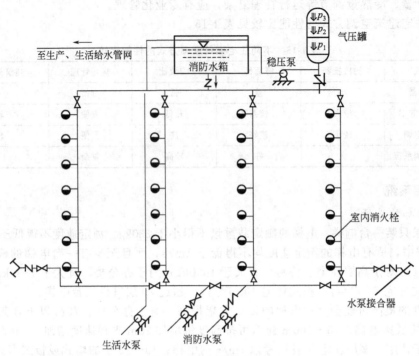

图 1-9　消火栓给水系统

设有水位控制阀的进水管和溢流管、通气管、泄水管、出水管及水位指示器等附属装置。根据各种用水系统的供水水质要求是否一致，可将消防水池与生活或生产贮水池合用，也可单独设置。

消防水箱对扑救初期火灾起着重要作用。为确保其自动供水的可靠性，消防水箱应采用重力自流供水方式；消防水箱宜与生活（或生产）高位水箱合用，以保持箱内贮水经常流动、防止水质变坏；水箱的安装高度应满足室内最不利点消火栓所需求的水压要求，且应贮存有室内 10min 的消防水量。

室内消火栓超过 10 个且室内消防用水量大于 15L/s 时，室内消防给水管道至少应有两条，引入管与室外环状管网的一条引入管发生故障时其余的引入管应能仍旧供应全部用水量。7～9 层的单元住宅，其室内外消防给水管道可为枝状，引入管可采用一条。超过 6 层的塔式（采用双出口消火栓者除外）和通廊式住宅，超过 5 层或体积超过 10000m³ 的其他民用建筑，如室内消防竖管为两条或两条以上时，应至少每两根竖管相连组成环状管道。每条竖管直径应按最不利点消火栓出水。

设有消防管网的住宅，超过 5 层的其他民用建筑，其室内消防管网应设消防水泵接合器。距接合器 15～40m 内应设室外消火栓或消防水池。结合器的数量应按室内消防用水量计算确定，每个接合器的流量应按 10～15L/s 计算。

消火栓设置要求：

a. 设有消防给水的建筑物，其各层均应设置消火栓，并应满足消防要求。

b. 消防电梯前室应设室内消火栓。

c. 室内消火栓应设在明显易于取用的地点，栓口离地面高度为 1.1m。

d. 高位水箱设置高度不能保证最不利点消火栓的水压要求时，应在每个室内消火栓处设置直接启动消防水泵的按钮，并应有保护措施。

② 给水系统　24m 以下的裙房，应以"外救"为主；24～50m 的部位应立足"自救"，

并借助"外救",两者同时发挥作用;50m以上的部位,应完全依靠"自救"灭火。

消防给水系统按消防给水压力的不同,可分为消火栓给水和临时高压消防给水系统。

消火栓给水系统的给水方式:

a.由室外给水管网直接供水的消防给水方式;

b.设水池、水泵的消火栓给水方式;

c.设水泵、水池、水箱的消火栓给水方式;

d.分区给水方式;

e.设水泵、水箱的消火栓给水方式;

f.设水箱的消火栓给水方式等。

临时高压给水系统有两种情况。一种是管网内最不利点周围平时水压和水量不满足灭火要求,火灾时需启动消防水泵,使管网压力、流量达到灭火要求;另一种是管网内经常保持足够的压力,压力由稳压泵或气压给水设备等增压设施来保证,在泵房内设消防水泵,火灾时需启动消防泵,使管网压力满足水压要求。

按消防给水系统供水范围的大小,可分为区域集中高压消防给水系统和独立高压消防给水系统。区域集中高压消防给水系统是指数栋建筑共用一套消防供水设施集中供水。独立高压(或临时高压)消防给水系统为每栋建筑单独设置消防给水系统。

按消防给水系统灭火方式不同,可分为消火栓给水系统和自动喷水灭火系统。

（2）消防电梯

GB 50045《高层民用建筑设计防火规范》规定塔式住宅、十二层及十二层以上的单元式住宅和通廊式住宅需要设置消防电梯。

高层建筑消防电梯的设置数量应符合下列规定:当每层建筑面积不大于 $1500m^2$ 时,应设 1 台;当大于 $1500m^2$ 但不大于 $4500m^2$ 时,应设 2 台;当大于 $4500m^2$ 时,应设 3 台。

消防电梯可与客梯或工作电梯兼用,但应符合消防电梯的要求。消防电梯的设置应符合下列规定:

a.消防电梯宜分别设在不同的防火分区内;

b.消防电梯间应设前室,居住建筑要求面积不应小于 $4.5m^2$,公用建筑应不小于 $6m^2$;

c.当与防烟楼梯间合用前室时,居住建筑要求面积应不小于 $6m^2$,公用建筑不应小于 $10m^2$。

（3）消防电梯间前室

消防电梯间前室宜靠外墙设置,在首层应设直通室外的出口或经过长度不超过30m的通道向室外;消防电梯间前室的门,应采用乙级防火门或具有停滞功能的防火卷帘;消防电梯的载重量应不小于800kg;消防电梯井、机房与相邻其他电梯井、机房之间,应采用耐火极限不低于2h的隔墙隔开,当在隔墙上开门时,应设甲级防火门;消防电梯的行驶速度应按从首层到顶层的运行时间不超过60s计算确定;消防电梯轿厢的内装修应设专用电话,并应在首层设供消防队员专用的操作按钮;消防电梯间前室门口宜设挡水措施。

三、电气控制线路

电气控制线路是用以对一次电路实现控制、指示、监测、保护及自动化的电路,俗称二次回路,以电路图的形式表示。按电源分:有直流和交流回路(又分为电流互感器供电的交流电流回路和电压互感器供电的交流电压回路);按用途分:有断路器操作控制、中央信号、测量监视、继电保护和自动装置回路。

电气控制线路相对一次是辅助系统,但它对电力系统的安全、优质、经济至关重要,也更为复杂。仅以建筑电气常用电路为例分析于下。

1. 水泵电路

图 1-10 为两台水泵一用一备（工作泵切除停机、备用泵自投运行）的电路。它以屋顶水箱的水位传感器控制：低位—启泵、高位—停泵，属最常见、最基本的方式。如将低位启泵按钮处并接上消防按钮，则还可用消防按钮联动启泵。

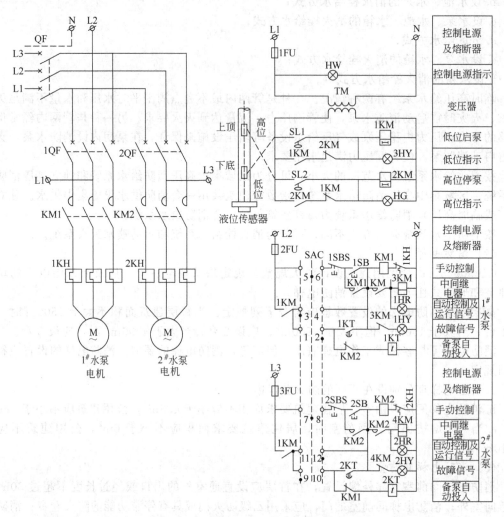

图 1-10 两台水泵一用一备运行控制原理图

QF、1QF、2QF—空气断路器；KM1、KM2—交流接触器；1HR、2HR—水泵运行信号灯；1KM～4KM—中间继电器；SAC—转换开关；1SBS、2SBS—停止按钮；1SB、2SB—启动按钮；HW—控制电源信号灯；1HY、2HY—水泵故障信号灯；1KT、2KT—时间继电器；3HY—低水位信号灯；HG—高水位信号灯；SL1、SL2—水位传感器信号触点；TM—控制变压器；1FU～3FU—熔断器；1KH、2KH—热继电器

（1）图中转换开关 SAC 手动控制运行状态

① 左向—#1 工作，#2 备用；

② 右向—#2 工作，#1 备用；

③ 居中—各泵独立手动控制。

（2）1/2HY 故障信号灯，水泵启停由 SL1/2 液位传感器通过 1/2KM 中间继电器控制：

① SAC 左向

a. 低水位：SL1 动合触点闭，1KM 线包得电并自保，KM1 闭使#1 泵运行供水；

b. 高水位：SL2 的动断触点断，2KM 线包得电动作，串联在 1KM 自保回路中的 2KM 动断触点断，1KM 线包断电释放，♯1 工作水泵停运；

c. 工作水泵发生故障：KM1 动断触点断，则时间继电器 2KT 得电，延时后 2KT 延时闭合触点动作，使交流接触器 KM2 线包得电吸合，♯2 备用水泵自动投入。

② SAC 右向

a. 2 号泵为工作水泵，1 号泵为备用水泵；

b. 2 号泵发生故障时，时间继电器 1KT 延时闭合触点动作，KM1 线包得电吸合，一号水泵自动投入运行。

2. 风机电路

现代高层建筑根据相关规范应设通风和排烟通道。当空气不好时，排风风机启动，进行通风，使空气清洁；排烟风机主要用于消防时排除地下室、走廊等处的浓烟；正压风机则用于消防时为楼梯间、电梯前室送风加压。故对风机的电气控制要求为：

① 应具有手动和自动功能

a. 自动时 能接收消防联动控制中心的指令，控制风机的动作，同时将风机的运行状态送给消防控制中心；

b. 手动时 应能多地控制。

② 排风风机允许单独启动，当需要排烟而启动排烟风机时，排风风机也允许同时启动。

③ 当发生较为严重的火灾时，应能自动切断排风、排烟风机的通电电路。

下面以两台排风、排烟风机和一个正压风机的电路为例分析。

（1）排风、烟风机（见图 1-11）

① 主电路（左侧） 采用两台电动机 M1、M2 分别拖动排风和排烟风机。两台电机的主电路相似，KM1 控制 M1 的启动与运行，KM2 控制 M2 的启动与运行。热继电器 KR1 和

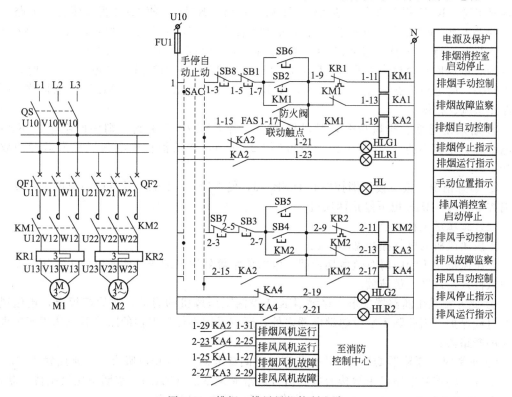

图 1-11 排烟、排风风机控制电路

KR2 分别对电动机 M1 和 M2 进行长期过载保护。两台电动机经电源开关 QS 再分别通过断路器 QF1 和 QF2 供电，同时断路器还对两台电动机及控制电路进行短路保护。为了增加电源供电的可靠性，两台风机的总供电开关不宜选用断路器 QF，而应选用刀开关 QS，否则当排风或排烟风机中任一出现故障使断路器 QF1 或 QF2 跳闸分断，可能使总供电的断路器 QF 跳闸，将会同时切断无故障正在工作的风机的电源。

②控制电路（右侧）　两风机控制电路彼此独立。分别合上 QS 与断路器 QF1 和 QF2，选择开关 SAC 位于停止位置。由于此时中间继电器 KA2 和 KA4 通电，故两风机停止指示灯 HLG1、HLG2 亮。

③选择开关 SAC

a. 通常置自动位置，以便消防时可自动启动；而手动位置只是在检修或自动位置已损坏的情况下才使用。

b. 置于手动位置时同，手动位置指示灯 HL 亮。

④排烟风机启动及运行　按下排烟启动按钮 SB2，接触器 KM1 通电吸合并自锁，排烟风机 M1 直接启动并运行。同时中间继电器 KA2 也通电吸合，KA2 的触头动作，使电路（1-21）断开，HLG1 灯灭，并使电路（1-23）接通，排烟风机运行指示灯 HLR1 亮。

⑤停止时　按下排烟停止按钮 SB1，KM1 断电释放，排烟风机 M1 断电停转；KA2 也同时断电释放，电路（1-21）接通，而（1-23）断开，所以排烟风机运行指示灯 HLR1 灭，而排烟风机停指示灯 HLG1 亮。

⑥排风机手动启动、运行和停止　与排烟风机相似，SB4 启动按钮，SB3 停止按钮，KM2 排风接触器，KA4 是排风运行与停止指示中间继电器，HLR2/G2 分别是排风运行/停止指示灯。

⑦SAC 置于自动　电路 1-15 与 1-17 间接入的火警系统 FAS 控制模块常开触头，火灾烟雾时接通，KM1 得电吸合，排烟机 M1 启动排烟；KM1 会使 KA2 得电吸合，电路节点 2-15 与 2-9 通，KM2 也得电吸合，排风机 M2 启动送；KA4 也通电吸合，加上 KA2 已吸合，使节点 1 与 1-23 及 1 与 2-21 通，排烟/排风运行灯亮，同时节点 1-29 与 1-31，2-23 与 2-25 通，也返回给消控中心两风机已运行信号。火势过大，烟温过高（超 280℃）时，排烟防火阀关，使电路节点 1-17 与 1-19 断，使 KM1/2 失电释放，也使 KM2/4 失电释放，两风机停止送风、排烟。

⑧若发出排烟、排风指令，两风机未动　若 KM1/2 坏引起，则中间继电器 KA1/3 得电吸合，电路节点 1-25 与 1-27 或 2-27 与 2-29 通，送给消控中心两风机未运行的故障信号。

⑨紧急情况　按下设于消控中心的 SB5/6，使 KM1/2 得电，紧急启动两风机；按下设于消控中心的 SB7/8 也可停止两风机。

（2）正压送风机

正压送风机的电气控制见图 1-12。

正压风机用于消防时对疏散楼梯间、电梯前室等处送风加压，使通道处于正压状态，免受浓烟侵入，以利人员疏散。

①此方案采用断路器供电，接触器 KM 控制正压风机的启动，按规范规定，正压风机不设过载保护，因此除不装设热继电器之外，还应采用不带热保护的断路器或选用额定电流较大的断路器；

②正常时，断路器 QF 处于闭合状态，中间继电器 KA3 得电吸合，其常闭触头（21 与 23）断开，将控制电路已正常接通电源信号送给火警系统（FAS），表明正压风机待令状态，同时 KA3 常开触头（1-1-1-9）接通，白色电源指示灯 HLW 亮；

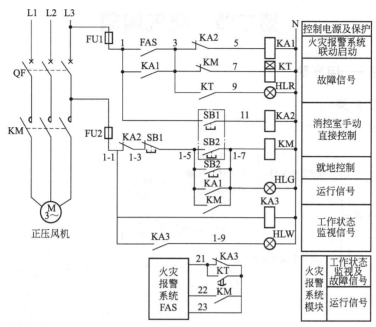

图 1-12 正压送风机控制电路

③ 当发生火灾时，火警系统（FAS）发出信号，即电路（1-3）接通，中间继电器 KA1 通电吸合并自锁，其常开触头使电路节点（1-5 与 1-7）接通，接触器 KM 通电吸合并自锁，KM 主触头闭合，正压风机电动机 M 通电启动运转，开始送风加压。KM 的常开触头（22 与 23）闭合，将正压风机已工作的信号送入 FAS；

④ 本控制电路在发生火灾时，也可以通过人工按下设在消防控制中心的启动按钮 SB2，使 KM 通电，启动正压风机；

⑤ 要使正压风机停转，可手工按下设在消防控制中心的停止按钮 SB1，中间继电器 KA2 得电闭合，两常闭触头断开，分别使 KA1/KM 断电，风机停。检修时也可直接按下控制箱启/停按钮，使 KM 得/失电，启/停风机；

⑥ 当发生火灾由 FAS 发出控制信号后，由于某种原因不能使 KM 动作，风机不能转动，时间继电器 KT 通电，其常开瞬动触头闭合，故障指示灯 HLR 亮；经过延时，KT 的常开延时闭合触头接通，将故障信号送给 FAS；

⑦ 该控制电路分为两组

a. 主控电路 包括熔断器 FU2、接触器 KM、中间继电器 KA3、指示灯 HLG 和 HLW 以及控制箱上的控制按钮等，它们组成风机的直接控制电路和工作状态监视信号电路，由熔断器 FU2 进行短路保护，电源接在断路器的负载侧；

b. 副控电路 包括熔断器 FU1、中间继电器 KA1 和 KA2、时间继电器 KT、故障指示灯 HR 以及 FAS 接入触头等，它们组成消防控制中心手动停风机电路和故障信号电路，由熔断器 FU1 短路保护，电源接于断路器的电源测。旨在提高控制电路的可靠性。若火灾时由 FAS 电路或者消防控制中心引来的手动停机电路发生接地故障时，主控电路仍能正常工作，消防控制中心可手动启动风机。

3. 继电保护

建筑电气中主要是变压器、线路和母线需设置继电保护。对于继电保护主要考虑：需设保护的配置规定、参数整定、保护灵敏度这三个方面。

第三节 电气照明

一、主要负荷——电光源

1. 电光源的分类

电光源的分类见图 1-13。

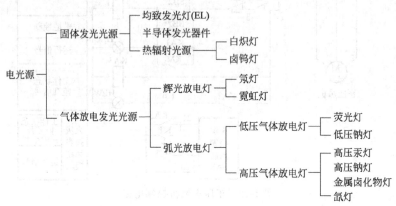

图 1-13 电光源的分类

2. 电光源的特性

电光源的特性决定其应用场所,详见表 1-16。

表 1-16 常用电光源特性及应用

序号	光源名称	发光原理	特征	应用场所
1	白炽灯	钨丝通过电流时被加热而发出热辐射光	结构简单、成本低、显色性好($Ra=95\sim99$)、使用方便、有良好的调光性能、光电转换率低、发热量大、瞬时点燃	原生活、工矿企业、剧院、舞台普通及应急照明广用。因不节能现仅限工地、农村、二次及特殊照明使用
2	卤钨灯	白炽灯充入微量的卤素蒸汽,利用卤钨循环提高发光效率	体积小、光线集中、显色性好($Ra=95\sim99$)、使用方便、较长寿	剧院、电视播放、摄影用,冷光束卤钨灯是商橱、舞厅、宾馆、博览的装饰用新光源
3	荧光灯	氩、汞蒸气放电,发出可见光和紫外线,后者激励管壁荧光粉发出接近日光的混合光	发光效率高(粗、细管分别为 $26.7\sim57.1\mathrm{lm/W}$、$58.3\sim83.3\mathrm{lm/W}$),显色性较好($Ra=70\sim80$),寿命长达 $1500\sim8000\mathrm{h}$,需配用启辉器、镇流器,电感镇流器有频闪、功率因数低	住宅、学校、商业楼、办公室、设计室、医院、图书馆等民用建筑广为应用;可瞬启、重启、无频闪的无极荧光灯为新型高效节能光源
4	紧凑型高效节能荧光灯	同荧光灯,但采用稀土三基色荧光粉	集中白炽灯和荧光灯的优点,发光效率高达 $35\sim81.1\mathrm{lm/W}$、寿命长达 $1000\sim5000\mathrm{h}$、显色性好($Ra=80$)、体积小、使用方便、配合电子镇流器性能更佳、价偏高	民用建筑推荐用于住宅、商业楼、宾馆等照明
5	荧光高压汞灯	同荧光灯,不需预热灯丝	发光效率较白炽灯高、寿命长达 $3500\sim6000\mathrm{h}$、耐振性较好、燃点需要启动时间	道路、广场、车站、码头、工地和高大建筑的室内外照明

续表

序号	光源名称	发光原理	特征	应用场所
6	自镇流高压汞灯	同荧光高压汞灯,但不需镇流器	发光效率较白炽灯高、耐振性较好、省去镇流器、使用方便	原用于广场、车间、工地等不便维修处,因效率低,已限制使用
7	金属卤化物灯	金属卤化物为添加剂充入高压汞灯内,高温分解为金属和卤素原子,金属原子参与发光。在管壁低温处,金属和卤素原子重新复合成金属卤化物分子	发光效率高(76.7～110lm/W)、显色性较好($Ra=63～65$)、寿命长(6000～9000h)、需配用触发器、镇流器,频闪明显对电压要求严	分为外带玻壳、不带玻壳、陶瓷电弧管及球形中短弧四种。主要用于:剧院、体育场馆、娱乐场所、道路、广场、停车场、车站、码头、工厂等
8	管形镝灯	同金属卤化物灯	发光效率高达44～80lm/W、显色性好($Ra=70～90$)、体积小、使用方便	机场、码头、车站、建筑工地、露天矿、体育场及电影外景摄制、电视(彩色)转播等
9	钪钠灯	同金属卤化物灯	发光效率高达60～80lm/W、显色性好$Ra=55～65$、体积小、使用方便	工矿企业、体育场馆、车站、码头、机场、建筑工地、电视(彩色)转播
10	普通高压钠灯	一种高压钠蒸气放电的灯泡,其放电管采用抗钠腐蚀的半透明多晶氧化铝陶瓷管制成,工作时发出金白色光	发光效率最高达64.3～140lm/W、寿命长达12000～24000h,透雾性好、显色性差、频闪明显、点燃需要启动时间	道路、机场、码头、车站、广场、体育馆及工矿企业、特殊摄影及光学仪器光源,不宜于繁华市区道路照明
11	中、高显色高压钠灯	在普通高压钠灯基础,适当提高电弧管内的钠分子,从而使平均显色指数和相关色温指数得到提高	发光效率最高达72～95lm/W、显色性较好$Ra=60$、寿命长、使用方便	高大厂房、商业楼、游泳池、体育馆、娱乐场所等室内照明
12	管形氙灯	电离的氙气激发而发光	功率大、发光效率高20～30lm/W、触发时间短、不需镇流器、使用方便、俗称小太阳、紫外线强	广场、港口机场、体育馆等和老化实验等要求有一定紫外线辐射的场所
13	LED光源	半导体芯片两端加电压,半导体载流子发生复合,发出过剩能量,引起光子发射出可见光	发光效率达30lm/W、辐射颜色为多元色彩,寿命达数万小时、半导体材料不同可发各色光。附件简单、结构紧凑、可控性好、色彩丰富纯正、高亮点、防潮防振、节能环保	采用排列等结构形成照明灯,在显示技术标志灯及带色彩装饰照明方面应用

3. 电光源的选用

① 电光源选用节能优先　当前常用电光源主要性能参数对比于表1-17。

表1-17　常用电光源主要性能参数对比

光源种类	额定功率范围/W	光效/(lm/W)	显色指数/Ra	色温/K	平均寿命/h
普通照明白炽灯	10～1500	>10	95～99	2400～2900	1000～2000
卤钨灯	60～5000	>20	95～99	2800～3300	1500～2000
普通直管型荧光灯	4～200	>70	60～72	全系列	6000～8000
三基色荧光灯	28～32	>90	80～98	全系列	12000～15000
紧凑型荧光灯	5～55	>60	80～85	全系列	5000～8000
荧光高压汞灯	50～1000	>40	35～40	3300～4300	5000～10000
金属卤化物灯	35～3500	>75	65～92	3000/4500/5600	5000～10000

续表

光源种类	额定功率范围/W	光效/(lm/W)	显色指数/Ra	色温/K	平均寿命/h
高压钠灯	35～1000	>100	23/60/85	1950/2200/2500	12000～24000
高频无极灯	55～85	>60	85	3000～4000	40000～80000

a. 室内外照明不采用白炽灯。白炽灯属第一代光源，光效低、寿命短，一般情况室内外照明不应采用。但白炽灯无电磁干扰、易调节、适合频繁开关，故局部照明、事故照明、投光照明、信号指示可使用。

b. 卤钨灯和白炽灯同属热辐射光源，但光效和寿命比普通白炽灯高一倍以上，在许多要求显色性高、高档冷光或聚光的场合（如商业橱窗、展览展示以及影视照明等），可用各种结构形式不同的卤钨灯取代白炽灯，既节约能源、又提高了照明质量。与紧凑型荧光灯相比，紧凑型卤钨灯的光效相对较低、寿命也相对较短、但颜色好、易实现调光。一般在对光束输出要求严格，只能采用反射式紧凑型卤钨灯。

c. 推荐采用紧凑型荧光灯。与白炽灯相比，紧凑型荧光灯每瓦产生的光通量是白炽灯的3～4倍以上，其额定寿命是白炽灯的10倍，显色指数可达80左右。紧凑型荧光灯可和镇流器（电感式或电子式）组成一体化的整体型灯，采用E27灯头，与普通白炽灯直接替换，十分方便。同时也可做成分离的组合式灯，灯管更换3次或4次而不必更换镇流器。故推荐采用紧凑型荧光灯取代白炽灯。

d. 推荐采用三基色T8、T5直管荧光灯。直管型荧光灯玻璃管直径应细型化，φ16mm为标准管型，其内壁优质荧光粉能够承受较大的辐射负载。T8、T5直管荧光灯的光效和寿命均为普通白炽灯的5倍以上，是取代普通白炽灯的最佳灯种之一。应用直管荧光灯时提倡以细代粗。直管荧光灯是除钠灯外光效最高、性价比最优的光源，应用最广泛的光源。新标准明确规定管径越细，光效更高。

e. 推荐采用钠灯和金属卤化物灯。高压钠灯和金属卤化物灯同属高强度气体放电灯，各种规格的高压钠灯和金属卤化物灯由于具有高光效和长寿命的特点，分别广泛应用于各种环境条件室内外照明，如机场、港口、码头、道路、城市街道、体育场馆、大型工业车间、庭院、展览展示大厅、地铁等场所。新设计中不应再选用比自镇式荧光高压汞灯光效更低的荧光高压钠灯，可以金卤灯取代。金卤灯是在汞灯基础上发展的，其光效比汞灯约提高60%（400W为例），显色指数高，寿命更长。

f. 因其光效低、寿命短，属高能耗产品，应淘汰碘钨灯。积极推广应用LED灯及其他节能光源。

g. 高度较高的场所（高大工业厂房、户外场地）：首选金卤灯，也可用中显色高压钠灯。显色性要求高的场所，可用陶瓷金卤灯（Ra>80）。无显色性要求的场所，可用光效更高、寿命更长的高压钠灯（Ra>20）。

h. 安装高度高、不易维护的场所（高厅堂、烟囱障碍灯、航标灯、桥的悬索灯）：宜选用高频无极荧光灯。其使用寿命长（达50000～60000h）、光效高（60～70lm/W）、显色性好（Ra达80）、启动快捷、可靠。

i. 高度较低的场所（办公室、商场、高度在4.5m内的厂房）：用荧光灯（包括直管荧光灯和紧凑型荧光灯CFL）。除有装饰性要求场所外，一般情况下（如办公、教室、阅览室、生产车间等）都应选用直管荧光灯、直管荧光灯中又提倡细管。

j. 住宅、旅馆、走廊等普通室内照明：推广应用紧凑型荧光灯，既节能又美观。

② 镇流器的选择　节能光源都是气体放电型，均需要镇流器才能工作。普通电感式镇流器功耗大、光闪烁严重。节能镇流器选择的总原则是安全、可靠、功耗低、能效高。它主

要从两方面发展。

a.低功耗节能电感型：自身功耗减小，可靠性高，无电磁污染，价格适中。使用时应作电容补偿（使每个灯具的功率因数在 0.9 以上）。但频闪、噪声、过热及维修方便性尚待改进。

b.高频电子型：通过高频化提高等效率、可瞬时燃点、无频闪、无噪声、自身功耗小、体积小、重量轻、可事先调光、功率因数高（0.92～0.99）、不用启动器、启动电压低、有预热启动、异常状态保护、耐电网瞬时过电压冲击、重量轻、可在环境温度－15～60℃、相对湿度大于 95％条件下正常工作。可提高光源光效，有利节能及改善视觉效果。但电子镇流器的大功率开关三极管和电容器质量影响其可靠性和稳定性，寿命长短难以控制，应从改善元器件质量入手进一步改进。

国产荧光灯用镇流器性能对比如表 1-18 所示。

表 1-18 镇流器性能对比

比较对象	自身功耗/W	系统光效比	价格比较	重量比	寿命/h	可靠性	电磁干扰	灯光闪烁度	系统功率因素
普通电感镇流器	8～9	1	低	1	30000	较好	较小	有	0.4～0.6(无补偿时)
节能型电感镇流器	5.5	1	中	1	60000	好	较小	有	无补偿:0.4～0.6 有补偿:0.9～0.93
电子镇流器	3～5	1.2	较高	1.2	18000	一般	允许范围内	无	0.9 以上

《照明设计标准》规定了照明设计时选择镇流器的配用原则：

a.连续紧张的视觉作业场所、视觉条件要求高的场所（如设计、绘图、打字等及.要求特别安静的场所（如病房、诊室、教室、阅览室等）和自镇流荧光灯（如紧凑型荧光灯）应配用电子镇流器；

b.T8 直管形荧光灯，应配用节能型电感镇流器或电子镇流器，不宜配用功耗大的传统电感镇流器。

c.T5 直管形荧光灯＞14W，应采用电子镇流器。

d.高压钠灯、金属卤化物灯，应配用节能型电感镇流器，功率较小者（≤150W）可配用电子镇流器。使用中注意此两类灯一般功率较大，电子镇流器制造难度大，还要有一个稳定提高过程，尚需试验改进，目前仍以节能电感镇流器为主。

e.自镇流荧光灯，自带紧凑型镇流器，且小功率（小于 25W）灯居多。目前我国产品几乎无选择地配套的是电子镇流器。但相关标准对 25W 以下产品的谐波限值很宽（规定 3 次谐波不超 86％），当产品满足限值要求，又临近限值时，使用量大时其谐波必将对中性线产生很大危害！

③ 其它附件的选用

a. 推荐采用深抛物面型灯光灯具，普通标准型荧光灯灯具光输出效率为 65％，而此型灯具光输出效率达 84％；

b. 反射式、折射式、折反组合式灯具，除正确选择材料、工艺、提高光能利用率的光学设计，尚需结合考虑眩光、光污染等其他方面的问题；

c. 多数情况下使用低压卤钨灯需附变压器，使用气体放电灯需附加镇流器、启动器、触发器等附件，因此须注意选用与光源相匹配的高效节能电器附件；

d. 补偿电容器　气体放电灯电流和电压间有相位差，加之串接的镇流器多为电感性，所以照明电路的功率因数较低（一般为 0.35～0.55）。为提高电路的功率因数，减少电路损耗，利用单灯补偿更为有效。措施是在镇流器的输入端接入一个适当容量的电容器，可将单灯功率因数提高到 0.85～0.9。

二、照明种类

1. 正常照明

正常生产和生活情况下所需的替代日光和辅助日光的照明为正常照明。

（1）按照明方式分

① 一般照明　全区域均等照明，与位置几无关系；

② 局部照明　针对特定位置高照度需要而设置的照明；

③ 混合照明　两者叠加，混合。

（2）按工作场所分

① 厂房照明　要注意特定工艺要求，特殊环境条件。如潮湿、粉尘、腐蚀、爆炸及火灾危险等。还要注意灯具配照曲线，布灯与设备冲突及控制，维护方便；

② 办公照明　注意通道和室内、办公区域和工作位置的不同照度要求，以及办公设施取用电源插座布设；

③ 教学照明　以桌面黑板为照度计算依据，荧光灯长轴垂直黑板及黑板灯设置，防光幕反射及暗光，理化及电化教室电源插座、通风等特殊要求，还须注意未成年人用电特殊安全措施；

④ 医院照明　门诊、病房、手术，按照不同的要求，尤以手术无影照明及不间断供电最为重要。同时病房医患监视及联系也是关键点；

⑤ 图书、博展照明　应区分图书陈设、平面、立体及活动展示的不同需要，采用一般、陈列及投射照明。还要考虑显色性、紫外线伤害等的图书及安保配置；

⑥ 居住照明　单元住宅及宿舍照明是照明量最大、也最普通，但突出"以人为本"，满足共同需求的同时，装修时顾及居室主人个性；

⑦ 高层建筑　除上述照明外尚需注意垂直交通——电梯、应急照明、消防及安控、备用电源的设置。干线多走管缆井，且预分支电缆及密集式母线已渐广泛使用；

⑧ 宾馆照明　既要满足视觉功能，也要满足疏导人流、划分空间、营造气氛、强化建筑美学等功能，包括客房、厅堂、台吧、廊梯、立面照明及应急照明；

⑨ 商业照明　分店前、门厅、橱窗、店内及外观照明。既注意营业品种分区，又突出商品特色，刺激购买欲望的同时还要节能、安全；

⑩ 影剧院、体育场　首先保证进出口及体育主场馆照度、无眩光及满足实况转播的要求，同时辅助用房（门厅、休息厅、化妆、更衣）的个性化要求。大面积强照度下限制眩光及广告声响、图像也应同时关注；

⑪ 道路照明　要保证路面照度达到车、人行交通安全指标，同时路灯外形对市容烘衬作用不可忽视；

⑫ 露天照明　广场、停车场多用高强气体放电灯作高杆照明，此时维护的条件要一并考虑；

⑬ 泛光照明　主照面、色调及艺术效果是主体照明的要点，又称景观照明。

2. 应急照明

应急照明为正常照明因故失电熄灭后，为人员疏散，保持安全及关键工作提供的应急措施，又称事故照明。分三种：

① 疏散照明　人员密集的公共场所，紧急情况下使人员准确无误疏散，撤离的照明。其在疏散道中心线上平均照度不能低于 0.5lx；

② 安全照明　事故紧急情况下，确保处在潜在危险的人员安全而设置，避免恐慌导致危险，照度在正常工作区不低于 5%，特危区不低于 10%，医院手术台应保持正常照度；

③ 备用照明　事故紧急情况下保证关键工作继续和暂时继续的照明。一般场所照度不低于正常 10%，重要场所（消防中心，发电机房，总机室）不低于正常照度。

应急照明光源应为瞬间燃点型，维持时间、疏散照明不小于 20～30min，疏散及备用照明不大于 15s，安全照明不大于 0.5s。

3. 警卫值班照明

警卫值班照明为重要的值班和警卫场所的照明，宜利用能单独控制的正常照明或事故照明。

4. 障碍照明

障碍照明为房屋顶端为飞行障碍，航道为水运障碍的标志照明。按有关部门规定装设能透雾的红灯，最好用单闪或联闪。

5. 立面照明

立面照明为建筑物泛光照明及节日彩灯、广告霓虹灯照明。建筑物景观照明形式上分为：外照光（投照光）、轮廓光、窗透光及装饰光四种。

三、电气灯具

灯具有将光源发出的光通进行再分配、保护光源、安全、美化环境等作用。光源必须配各种灯具，才能体现其实用价值。

1. 灯具的特性

（1）灯具效率

灯具输出光通与光源发出光通之比为灯具效率，它是反映光源发光利用程度的物理量，与灯罩所用材料、形状、光源光学中心位置有关，一般在 50%～90% 之间，可从产品手册查得。灯具的效率是一项重要的照明节能指标。表 1-19 是部分灯具的效率表，表 1-20 是荧光灯灯具的效率表。

表 1-19　部分灯具的效率

灯具类型	格栅式	幅翼式	嵌入式	筒式	铝合金拼装式	筒灯	吸顶式
效率	54.1%	82%	63.3%	84.2%	74.8%	57.8%	55.7%

表 1-20　荧光灯灯具的效率　　　　　　　　　　　　　　　　　　　　%

灯具出光口形式	开敞式	保护罩（玻璃或塑料）		格栅	高强度气体放电灯具	
		透明	磨砂、棱镜		开敞式	格栅或透光罩
灯具效率	75	65	55	60	75	60

可见在满足眩光限制的要求下，应选择直接型灯具，宽配光灯具的效率约为 75%～85%，窄配光灯具的效率约为 60%～75%。室内灯具的效率不宜低于 70%，尽量少采用格栅式灯具和带保护罩的灯具。且选择光通量维持率好（如涂二氧化硅保护膜、防尘密封式）

及利用系数高的灯具。

（2）遮光角

灯具出光边界与光源中心水平线间夹角为遮光角，又名保护角。在遮光角范围内看不到光源，避免了直射眩光。遮光角越大，眩光作用越小，但灯具效率越低，一般取 $15°\sim30°$ 间，见图1-14。其计算式为：

$$\tan\gamma=\frac{2h}{D+d} \qquad (1-12)$$

（3）光分布

光分布是以灯具在空间各方向的光强分布特性，即配光特性来表现。

2. 灯具的分类

（1）按配光特性分类

① 传统分类　传统分类如图1-15所示，以光强矢量的端点连线构成的配光曲线分5类。

a. 正弦分布型　发光强度是角度的正弦函数，并且在 $\theta=90°$ 时（水平方向）发光强度最大，如GC15-A/B-1散照防水防尘灯。

b. 广照型　最大的发光强度分布在较大的角度上，可在较广的面积上形成较为均匀的照度，如GC3-A/B-1广照型工厂灯。

c. 漫射型　各个角度（方向）的发光强度基本一致，如球形玻璃庭院灯。

d. 配照型　光强度是角度的余弦函数，并且在 $\theta=0°$ 时（垂直向下方向）发光强度最大，如GC1-A/B-1配照型工厂灯。

e. 深照型　光通量和最大发光强度集中在 $0°\sim30°$ 的狭小立体角内，如商店、住宅用筒灯。

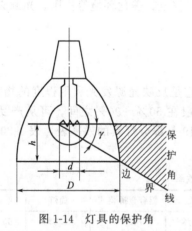

图1-14　灯具的保护角

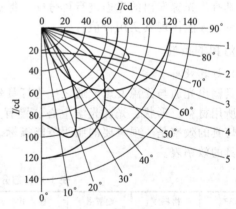

图1-15　灯具按配光曲线分类

1—正弦分布型；2—广照型；3—漫射型；
4—配照型；5—深照型

② 按上、下空间光通量分布分类　国际照明学会CIE以此方法分类，见表1-21。

表1-21　灯具配光分类（CIE分类）

类型		直接型	半直接型	漫射型	半间接型	间接型
光通量分布特性（占照明器总光通量）	上半球	0%～10%	10%～40%	40%～60%	60%～90%	90%～100%
	下半球	100%～90%	90%～60%	60%～40%	40%～10%	10%～0%

续表

类型	直接型	半直接型	漫射型	半间接型	间接型
特点	光线集中,工作面上可获得充分照度	光线能集中在工作面上,空间也能得到适当照度。比直接型眩光小	空间各个方向光强基本一致,可达到无眩光	增加了反射光的作用,使光线比较均匀柔和	扩散性好,光线柔和均匀,避免了眩光,但光的利用率低
配光曲线形状示意					

（2）按灯具结构分

① 开启式　开启式是无灯罩的光源,与灯具外界的空间相通,例如一般的配照灯、广照灯和深照灯等。

② 闭合式　闭合式的光源被透明灯罩包合,但内外空气仍能自由流通,例如圆球灯、双罩灯和吸顶灯等。

③ 封闭型　封闭型的灯罩固定处加以一般封闭,内外空气仍可作有限流通,如投光灯。

④ 密闭型　密闭型的光源被透明罩密封,内外空气不能对流,例如防潮灯、防水防尘灯等。

⑤ 防爆型

a.增安型　光源被高强度透明罩密封,灯具能承受足够的压力,能安全应用在有爆炸危险介质的场所。

b.隔爆型　其光源被高强度透明罩密封,但不是靠其密封性来防爆,而是在灯座的法兰与灯罩的法兰之间有一隔爆间隙。当气体在灯罩内部爆炸时,高温气体经过隔爆间隙被充分冷却,从而不致引起外部爆炸性混合气体爆炸,因此隔爆型灯亦能安全地应用在有爆炸危险介质的场所。

3. 灯具的选用

照明灯具应本着功能、安全、经济、协调及节能高效的原则选用。

（1）按使用环境

① 普通环境　普通环境为无特殊防尘、防潮等要求的一般环境,宜使用高效率的普通式灯具。

② 特殊环境　特殊环境是有特殊要求的场合,要使用专门防护结构及外壳的防护式灯具。如:

- 在潮湿的场所,应采用防水灯具或带防水灯头的开敞式灯具;
- 在有腐蚀性气体或蒸气的场所,宜采用防腐蚀性密闭式灯具或有防腐蚀或防水措施的开敞式灯具;
- 在高温场所,宜采用耐高温、散热性能好的灯具;
- 在有灰尘的场所,应按防尘的相应等级选择灯具;
- 在振动、摆动较大场所,使用的灯具应有防振和防脱落措施;
- 在易受机械损伤、光源脱落可能造成人员伤害或财物损失的场所,灯具应有相应防护措施;
- 在有洁净要求的场所,应采用不易积灰、易于擦拭的洁净灯具;

• 有爆炸和火灾危险场所 应遵循 GB 3638.1—2000 及 GB 50058—2014 的有关规定，选用灯具；

• 在需防止紫外线照射的场所，应采用隔紫灯具或无紫光源。

（2）按配光特性

① 窄配光类（深照型） 使光线在较小立体角内分布，保护角大，不易产生眩光，发出的光通量最大限度地直接落在被照面上，利用率高。像体育馆、企业的高大厂房、高速公路等，灯具悬挂高、照度要求较高的地方可采用。但灯具必须高密度排列，才能保证照度均匀。

② 中配光类（中照型） 的灯具使光线在中等立体角内分布，配光曲线要宽一些，直接照射面积较大，灯具高度和布局合理可以抑制眩光，适合用于中等照度的一般室内照明。

③ 宽配光类（广照型） 的灯具使光线在较大立体角内分布，适用于照明面积大、灯具悬挂低、照度要求低的场所。

④ 漫射配光灯具要求天棚和墙壁反射性能好。

（3）按高效节能原则

① 处理好装饰效果与照明效率的关系 不片面追求灯具的装饰效果，还要兼顾灯具照明效率和光的利用系数。尤其要注意：墙、顶棚颜色越深，反射率越低。

② 尽可能考虑选用反射面、漫射面、保护罩、格栅等材质及表面处理易清扫、耐腐蚀、不易积尘措施的灯具。以提高灯具效率及保持灯具光通的维护率。

（4）其他要求

① 灯具必须与光源种类和功率大小完全配套；

② 悬高确定后应根据限制眩光的要求选用灯具；

③ 灯具选用要充分考虑节约电能；

④ 按经济性原则选择时，主要考虑投资和年运行费；

⑤ 灯具选用还应充分适应建筑环境与安装条件的要求。

四、照明线路

照明供电线路的电气工程图为单线制表示的示意性简图，现将典型照明电路图介绍并剖析如下。

1. 荧光灯

荧光灯照明线路详见图 1-16。

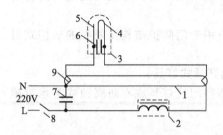

图 1-16 荧光灯接线图

1—灯管；2—电感镇流器；3—启辉器；4—双金属片（热变元件）；5—固定金属片；6—旁路电容（抑制辉光放电高频干扰）；7—补偿电容（改善功率因数）；8—单掷开关（开闭灯）；9—灯丝（点燃时通电加热）

① 接通电源启辉器辉光放电氖泡内部两金属片 4、5 间氖气在市电形成的冲击电压下电离，电火花放出辉光，泡内温度升高，使双金属片 4 热胀，与 5 闭合，辉光放电停，双金属片冷，4 与 5 分离，又放电，周而复始；

② 4 与 5 分离瞬间在镇流器 2 的自感电势瞬时高压叠加，市电作用在灯管两端；使灯管内含汞蒸气的气体电离击穿产生弧光放电；

③ 汞蒸气放电产生的紫外线激发管壁荧光粉，转换为可见光；

④ 点燃后，镇流器压降使灯管端压低于市电，相当于自动开光的启辉器停止辉光放电，不再工作；同时电感镇流器相当于感性阻抗，也使限流、稳流。

2. 高压钠灯（外启式）

高压钠灯（外启式）照明线路详见图 1-17。

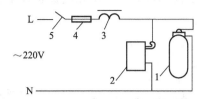

图 1-17　高压钠灯（外启式）接线图

1—外启式高压钠灯；2—启动器；3—镇压器；4—熔断器；5—开关

① 通市电后，启动器 2 端压 3kV 使灯点燃；
② 灯燃后，端压降到 130V 以下，启动器停止工作；
③ 熔断器为系统保护。

3. 氙灯（大功率长弧式）

氙灯（大功率长弧式）照明线路详见图 1-18。

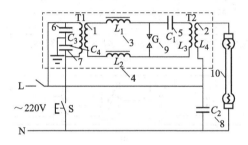

图 1-18　氙灯（大功率长弧式）接线圈

1—升压变压器；2—脉冲变压器；3,4—高频电流圈；5—谐振电容；6,7—旁路电容；8—高频
旁路电容（防止高频电压对电网影响）；9—可调火花放电器；10—灯管

① 按下启动按钮 S、变压器 T1 二次侧的 3.5～5kV 向电容 C 充电；
② 当 C_1 电压升高到火花间隙 G 的击穿电压时，C_1、G、L_3 构成的衰减式振荡回路在 T_2 二次侧 L_4 上感应出 20～30kV 高频电压，使灯管起弧。

4. 插座接线

图 1-19 为三相四线制内（TN-S）系统中各种插座的接线。

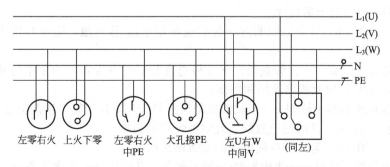

图 1-19　在 TN-S 供电系统中插座的接线图

① 两孔插座为单相，左孔接工作零线，右孔接相线（俗称"左零右火"）；

② 三孔插座也是单相，中间孔（或圆孔中的大孔）接保护线（PE）；

③ 三相四线系统的 TN-S 系统，有一专用保护线 PE。三根相线为 L_1、L_2、L_3，工作零线为 N。四孔插座为三相。面向插座时，上中孔接保护线 PE，下面三个孔从左起分别为 L_1、L_2、L_3 三相。

5. 楼梯开关接线

楼梯开关接线详见图 1-20。

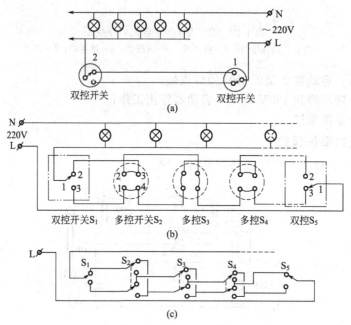

图 1-20 楼梯控制开关接线图

图（a）为两处控制楼道公共照明接线。图中当人进入楼门以后，在首层用开关 1 就可以将上层休息板上的灯点亮，人到二层以后，在二层用开关 2 也能将刚才开的灯关掉。反之，在楼上也可以先开灯，走到楼下再关灯，这样人走灯灭，有利于节约电能；

图（b）为多处控制楼道公共照明接线。图中的多控开关有两个动作位置，即 1、4 接通和 2、3 接通。用的都是双控开关，每一个开关都能把原来的状态（通或断）改变过来；

图（c）为便于理解，将图（b）中开关部分用另一种方法画出。

6. 应急照明接线

图 1-21 为各种应急照明接线。

① 图（a）、图（b）为应急照明灯不带直流备用电源-蓄电池，而由专用市电电源供电的系统。

图（a）为集中控制——火警联动时 KA 得电常开触电 KA 合，专用电源接入应急电源线，应急灯亮。QF 可对此线路保护和控制；

图（b）为就地和集中控制——S 就地控制应急灯开闭，KA 集中控制应急电源线得/失电。平时关闭的应急灯、S 接通应急线，此时亦能启动燃点。

② 图（c）、图（d）为自带备用电源的三线制接法：

图（c）为全部三线制——集中控制 QF1 常合，以向应急灯蓄电池充电。QF2 为应急灯的市电供电的受控电源线的开关，合时应急灯由市电供电照明；断时应急灯由蓄电池短暂供电，到耗尽蓄电；

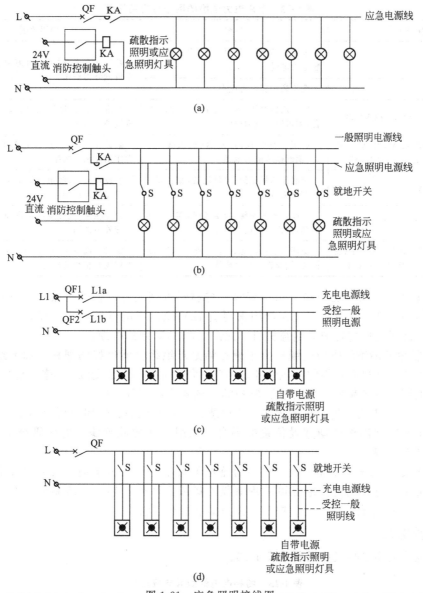

图 1-21 应急照明接线图

图（d）为部分三线制——分散控制 QF 集中控制，常合，保证各灯蓄电池充电。开关 S 将选择应急灯由市电供电，还是靠自身蓄电。

③ 另外应急照明平时也常亮（如地下室），用二线制。必须保证电源不断，否则应急灯将自动由蓄电池供电，耗尽蓄电量，应急时反倒不能亮。

第四节　供电线路

一、缆、线、母线槽

1. 电力电缆

常用电力电缆的型号与应用场所见表1-22。

表 1-22　常用电力电缆的型号与应用场所

规格型号	名称	使用范围
VV VLV	聚氯乙烯绝缘,聚氯乙烯(聚乙烯)护套电力电缆	敷设在室内、隧道及管道中,电缆不能承受机械外力作用
VY VLY	聚乙烯护套电力电缆	
VV22 VLV22 VV23 VLV23	聚氯乙烯绝缘,聚氯乙烯(聚乙烯)护套,钢带铠装电力电缆	敷设在室外、隧道内可直埋,电缆能承受机械外力作用
VV32 VLV32 VV33 VLV33 VV42 VLV42 VV43 VLV43	聚氯乙烯绝缘,聚氯乙烯(氯乙烯)护套,钢丝铠装电力电缆	敷设在高落差地区,电缆能承受机械外力作用及相当的拉力
YJV YJLV	交联聚乙烯绝缘,聚氯乙烯(聚乙烯)护套电力电缆	敷设在室内、隧道及管道中,电缆不能承受机械外力作用
YJV22 YJLV22 YJV23 YJLV23	交联聚乙烯绝缘,聚氯乙烯(聚乙烯)护套,钢带铠装电力电缆	敷设在室内、隧道内可直埋,电缆能承受机械外力作用
YJV32 YJLV32 YJV33 YJLV33 YLV42 YJLV42 YJV43 YJLV43	交联聚乙烯绝缘,聚氯乙烯(聚乙烯)护套,钢丝铠装电力电缆	敷设在高落差地区,电缆能承受机械外力作用及相当的拉力

① 聚氯乙烯绝缘电力电缆　由于聚氯乙烯材料价格便宜,物理机械性能较好,挤出工艺简单,但绝缘性能一般。因此大量用来制造 1kV 及以下的低压电力电缆,供低压配电系统使用。如加了电压稳定剂的绝缘材料,允许生产 6kV 级的电缆。

② 交联聚乙烯绝缘电力电缆　由于聚乙烯是点绝缘性能最好的塑料,加上经过高分子交联后成为热固性材料,因此其电性能、力学性能和耐热性好。近 20 年来,已成为我国中、高压电力电缆的主导品种,可适用于 6～33kV 的各个电压等级中。

③ 橡胶绝缘电力电缆　橡胶绝缘电力电缆是一种柔软的、使用中可以移动的电力电缆,主要用于企业经常需要变动敷设位置的场合。采用天然橡胶绝缘,电压等级主要是 1kV,也可以生产 6kV 级。

④ 架空绝缘电缆　实质上是一种带有绝缘的架空导线,由于仍架设在电杆上,其绝缘设计裕度可小于电力电缆。绝缘可采用聚氯乙烯或交联聚乙烯。一般制成单芯,但也可将 3～4 相绝缘芯绞合成一束,不加护套,称为集束型架空电缆。

2. 特种电缆

特种电缆的型号与应用场所见表 1-23。

表 1-23　特种电缆的型号与应用场所

分类	规格型号	名称	使用范围
阻燃性	ZR-X	阻燃电缆	敷设在对阻燃有要求的场所
	GZR-X GZR	隔氧层阻燃电缆	敷设在阻燃要求特别高的场所
	WDZR-X	低烟无卤阻燃电缆	电缆敷设在要求低烟无卤和阻燃有要求的场所
	GWDZR-X GWDZR-X	隔氧层低烟无卤阻燃电缆	电缆敷设在要求低烟无卤阻燃性能特别高的场所
耐火型	NH-X	耐火电缆	敷设在对耐火要求的室内、隧道及管道中
	GNH-X	隔氧层耐火电缆	除耐火外要求高阻燃的场所
	WDZH-X	低烟无卤耐火电缆	敷设在有低烟无卤耐火要求的室内、隧道及管道中
	GWDNH GWDNH-X	隔氧层低烟无卤耐火电缆	电缆除低烟无卤耐火特性要求外,对阻燃性能有更高要求的场所

续表

分类	规格型号	名称	使用范围
防水	FS-X	防水电缆	敷设在地下水位常年较高,对防水有较高要求的地区
耐寒	H-X	耐寒电缆	敷设在环境温度常年较低,对抗低温有较高要求的地区
环保	FYS-X	环保型防白蚁、防鼠电缆	用于白蚁和鼠害严重地区以及有阻燃要求地区的电力电缆、控制电缆

注：X代表电缆型号。

(1) 阻燃电缆

阻燃电缆指在规定试验条件下，试样被燃烧，在撤去实验火源后，火焰的蔓延仅在限定范围内，残焰或残灼在限定时间内能自行熄灭的电缆。其特性是在火灾情况下有可能被烧坏而不能运行，但可阻止火势的蔓延。根据电缆阻燃材料不同，阻燃电缆分为含卤阻燃电缆及无卤低烟阻燃电缆两大类。含卤阻燃电缆的绝缘层、护套、外护层以及辅助材料（包带及填充）全部或部分采用含卤的聚乙烯（PVC）阻燃材料，具有良好的阻燃特性。但是在电缆燃烧时会释放大量的浓烟和卤酸气体，卤酸气体对周围的电气设备有腐蚀性危害，救援人员需要戴上防毒面具才能接近现场进行灭火。电缆燃烧时给周围电气设备以及救援人员造成危害，不利于灭火救援工作，从而导致严重的"二次危害"。无卤低烟阻燃电缆的绝缘层、护套、外护层以及辅助材料（包带及填充）全部或部分采用的是不含卤的交联聚乙烯阻燃材料，不仅具有更好的阻燃特性，而且在电缆燃烧时没有卤酸气体放出，电缆的发烟量小，发烟量接近于公认的"低烟"水平。

(2) 耐火电缆

耐火电缆指在规定试验条件下，试样在火焰中被燃烧，在一定时间内仍能保持正常运行的性能。其特性是电缆在燃烧条件下仍能维持该线路一段时间的正常工作。耐火电缆与阻燃电缆的主要区别是：耐火电缆在火灾发生时能维持一段时间的正常供电，而阻燃电缆不具备这个特性。耐火电缆主要使用在应急电源至用户消防设备、火灾报警设备、通风排烟设备、疏散指示灯、紧急电源插座、紧急用电梯等供电回路。普通耐火电缆分为A类和B类：B类电缆能够在750～800℃的火焰中和额定电压下耐受燃烧至少90min而电缆不被击穿。在改进耐火层制造工艺和增加耐火层等方法的基础上又研制了A类耐火电缆，它能够在950～1000℃的火焰中和额定电压耐受燃烧至少90min而电缆不被击穿。A类耐火电缆的耐火性能优于B类。

(3) 防水电缆

防水电缆的绝缘层、填充层以及护套层均采用高密度防水橡皮，故具有很强的防水性能。适用于潜水泵、水下作业、喷水池、水中景观灯等水处理设备。JHS防水电缆允许工作温度不超过65℃，JHSB扁平型防水电缆长期允许工作温度不超过85℃。在长期浸水及较大的水压下，具有良好的电器绝缘性能，防水电缆弯曲性能良好，能承受经常的移动。防水电缆应用如表1-24所示。

表 1-24　电缆型号、规格

型号	名称	截面/ mm²	芯数	主要用途
JHS	300/500V 及以下潜水电机用防水橡胶套电缆	4、6、10、16、25、35、50、70、95	1、3、4	连接交流电压 300/500V 及以下潜水电机用,防水橡胶套电缆一端在水中,长期允许工作温度不超过65℃

型号	名称	截面/mm²	芯数	主要用途
JHSB	潜水电机用扁防水橡胶套电缆	16、25、35、50	3	适用于排水潜水电机输送电力用,长期允许工作温度不超过85℃

（4）耐寒电缆

广泛应用于恶劣的高寒环境,在高寒气候下仍保持良好的弹性和弯曲性能。导体采用多股细绞和精绞成束,一级无氧铜丝作导体,符合 DIN VDE 0295 等级。绝缘材料采用优质 TPU 耐寒料。

① 交流额定电压:0.6/1kV。

② 最高工作温度:105℃。

③ 最低环境温度:固定敷设-40℃。

④ 电缆安装敷设温度应不低于-25℃。

⑤ 电缆允许弯曲半径:最小为电缆外径的 12 倍。

⑥ 20℃时绝缘电阻不小于 $50M\Omega/km$。

⑦ 成品电缆受控交流 50Hz、3.5kV/5min 电压试验不击穿。

3. 环保电缆

环保电缆具有下述特点:

① 无卤素　采用绿色环保绝缘层、护套及特制的隔氧层材料,不仅具有良好的电、物理机械性能,并且保证了产品不含卤素,解决了其燃烧时形成的"二次污染",避免了传统的 PVC 电线燃烧时产生可致癌的物质。

② 高透光率　电缆燃烧时产生的烟雾极为稀薄,有利于人员的疏散和灭火工作的进行,产品透光率大于 60%,远远高于传统阻燃类别电缆透光率不到 20%的标准。

③ 高阻燃性　环保电缆完全保证其对消防要求高的建筑要求,火灾时电缆不易燃烧,并能阻止燃烧后火焰的蔓延和灾害的扩大。

④ 不产生腐蚀气体　采用对环境无污染的新型特种被覆材料,生产、使用过程和燃烧时不会产生 HCL 等有毒气体,排放的酸气极少,对人员和设备、仪器损害小,更显环保特色。

⑤ 防水、防紫外线　采用特殊分子结构的绿色环保材料,保证超低吸水率。特殊的紫外线吸水剂,使产品具有良好的防紫外线功能。保证了该类产品使用的安全性、延长了使用寿命。

⑥ 不含重金属　绝缘与护套材料中不含铅、汞、镉等对人体有害的重金属,在电缆使用过程中及废弃处理时不会对土壤、水源、空气产生污染。且经过苛刻的毒性实验,白鼠在规定的实验条件下安然无恙。

⑦ 可以回收再生利用　采用的材料应可以回收再生利用,高聚物材料应可以降解或者采用掩埋、焚烧等方式对废弃电缆处理时不会对土壤、水源、空气及人体造成危害。

4. 预分支电缆

预分支电缆是工厂在生产主干电缆时按用户设计图纸将分支线预先制造在主干电缆上,分支线截面大小和分支线长度等是根据设计要求决定。预分支电缆是高层建筑中母线槽供电的替代产品,具有供电可靠、安装方便、占建筑面积小、故障率低、价格便宜、免维修维护等优点,广泛应用于高中层建筑、住宅楼、商厦、宾馆、医院的电气竖井内垂直供电,也适用于隧道、机场、桥梁、公路等额定电压为 0.6/1kV 配电线路中。

预分支电缆按应用类型分为普通型、阻燃性和耐火性三种类型。

5. 穿刺预分支电缆

穿刺预分支电缆采用 IPC 绝缘穿刺线夹由主干电缆分接，不需剥去电缆的绝缘层即可做电缆分支，接头完全绝缘，且接头耐用，耐扭曲，防震、防水、防腐蚀老化，安装简便可靠，可以在现场带电安装，不需使用终端箱、分线箱，而且主干电缆从 $10\sim120\text{mm}^2$，分支电缆从 $10\sim95$ 任意组合选用。

6. 绝缘导线

常用的绝缘导线型号与应用场所见表 1-25。

表 1-25 常用绝缘导线型号与应用场所

敷设方式	导线型号	额定电压/kV	产品名称	最小截面	附注
吊灯用软线	RVS	0.25	铜芯聚氯乙烯绝缘绞型软线	0.5	
	FRS		铜芯丁腈聚氯乙烯复合物绝缘软线		
穿管线槽塑料线夹	BV	0.45/0.75	铜芯聚氯乙烯绝缘电线	1.5	
	BLV		铝芯聚氯乙烯绝缘电线	2.5	
	BX		铜芯橡胶绝缘线	1.5	
	BLX		铝芯橡胶绝缘线	2.5	
	BXF		铜芯氯丁橡胶绝缘电线	1.5	
	BLXF		铝芯氯丁橡胶绝缘电线	2.5	
架空进户线	BV	0.45/0.75	铜芯聚氯乙烯绝缘电线	10	距离应不超过25m
	BLV		铝芯聚氯乙烯绝缘电线		
	BXF		铜芯氯丁橡胶绝缘电线		
	BLXF		铝芯氯丁橡胶绝缘电线		
架空线	JKLY	0.6/1	交联聚乙烯绝缘架空电缆	16(25)	居民小区不小于35mm²
	JKLYJ	10	交联聚乙烯绝缘架空电缆		
	LJ		铝芯绞线	25(35)	
	LGJ		钢芯铝绞线		

一般常用绝缘导线以下几种：
① 橡皮绝缘导线的型号 BLX-铝芯橡胶绝缘线、BX-铜芯橡胶绝缘线。
② 聚氯乙烯绝缘导线（塑料线）的型号 BLV-铝芯塑料线、BV-铜芯塑料线。
③ 绝缘导线有铜芯、铝芯，用于屋内布线，工作电压一般不超过 500V。

7. 母线槽

随着现代化工程设施和装备的涌现，各行各业的用电量迅增，尤其是众多的高层建筑和大型厂房车间的出现，作为输电导线的传统电缆在大电流输送系统中已不能满足要求，多路电缆的并联使用给现场安装施工连接带来了诸多不便。插接式母线槽作为一种新型配电导线应运而生。与传统的电缆相比，在大电流输送时充分体现出它的优越性，同时由于采用了新技术、新工艺，大大降低了母线槽两端部连接处及分线口插接处的接触电阻和温升，并在母线槽中使用了高质量的绝缘材料，从而提高了母线槽的安全可靠性，使整个系统更加完善。

母线槽特点是具有系列配套、商品性生产、体积小、容量大、设计施工周期短、装拆方便、不会燃烧、安全可靠、使用寿命长。母线槽产品适用于交流 50Hz，额定电压 380V，额定电流 250～6300A 的三相四线（TN-C 制、TN-S 制）供配电系统工程中。封闭式母线槽（简称母线槽）是由金属板（钢板或铝板）为保护外壳、导电排、绝缘材料及有关附件组成的母线系统。它可制成每隔一段距离设有插接分线盒的插接型封闭母线，也可制成中间不带分线盒的馈电型封闭式母线。在高层建筑的供电系统中，动力和照明线路往往分开设置，母线槽作为供电主干线在电气竖井内沿墙垂直安装一路或多路。按用途一路母线槽一般由始端母线槽、直通母线槽（分带插孔和不带插孔两种）、L 型垂直（水平）弯通母线、Z 型垂直（水平）母线、T 型垂直（水平）三通母线、X 型垂直（水平）四通母线、变容母线槽、膨胀母线槽、终端封头、终端接线箱、插接箱、母线槽有关附件及紧固装置等组成。母线槽按绝缘方式可分为空气式插接母线槽、密集绝缘插接母线槽和高强度插接母线槽三种。按其结构及用途分为密集绝缘、空气绝缘、空气附加绝缘、耐火、树脂绝缘和滑触式母线槽；按其外壳材料分为钢外壳、铝合金外壳和钢铝混合外壳母线槽。

空气式插接母线槽（BMC）。由于母线之间接头用铜片软接过渡，在南方天气潮湿，接头之间容易产生氧化，形成接头与母线接触不良，使触头容易发热，故在南方极少使用。并且接头之间体积过大，水平母线段尺寸不一致，外形不够美观。

密集绝缘插接母线槽（CMC）。其防潮、散热效果较差。在防潮方面，母线在施工时，容易受潮及渗水，造成相间绝缘电阻下降。母线的散热主要靠外壳，由于线与线之间紧凑排列安装，各相热能散发缓慢，形成母线槽温升偏高。密集绝缘插接母线槽受外壳板材限制，只能生产不大于 3m 的水平段。由于母线相间气隙小，母线通过大电流时，产生强大的电动力，使磁振荡频率形成叠加状态，造成过大的噪声。

高强度封闭式母线槽（CFW）。其工艺制造不受板材限制，外壳做成瓦沟形式，使母线机械强度增加，母线水平段可生产至 13m 长。由于外壳做成瓦沟形式，坑沟位置有意将母线分隔固定，母线之间有 18mm 的间距，线间通风良好，使母线槽的防潮和散热功能有明显的提高，比较适应南方气候；由于线间有一定的空隙，使导线的温升下降，这样就提高了过载能力，并减少了磁振荡噪声。但它产生的杂散电流及感抗要比密集型母线槽大得多，因此在同规格比较时，它的导电排截面必须比密集绝缘插接母线槽大。

插接式母线槽属树干式系统，具有体积小、结构紧凑、运行可靠、传输电流大、便于分接馈电、维护方便、能耗小、动热稳定性好等优点，在高层建筑中得到广泛应用。

二、室外缆线

室外电缆敷设包括 10kV 及以下电力电缆敷设、电缆设施与电气设施相关的建（构）筑物、排水、火灾报警系统、消防等。按照城市道路规划要求，应具有符合相关规程要求的电缆敷设通道，电缆敷设分直埋、排管、隧道和电缆井等几种电缆敷设方式。

1. 电气部分

设计条件

① 路径　确定电缆线路路径通常应符合统一规划、安全运行、经济合理三个原则。电缆路径宜避开化学腐蚀较严重的地段。

② 环境条件　环境条件应包括如下：

- 海拔（m）。
- 最高环境温度（℃）。
- 最低环境温度（℃）。
- 日照强度（W/cm^2）。
- 年平均相对湿度（%）。

- 雷电日（日/年）。
- 最大风速（持续 2～3min）（m/s）。
- 抗震设防烈度（度）。

③ 电压等级　电缆敷设设计适用电压等级为 0.4kV、10kV。

2. 电缆选型

① 型号　根据使用环境来选择。

② 导体　10kV 及以下应选用铜芯电缆。

③ 绝缘　10kV 电缆应选用交联聚乙烯绝缘电缆，0.4kV 电缆可以采用交联聚乙烯绝缘电缆，两芯接户线电缆可采用聚氯乙烯绝缘电缆。

④ 护层　电缆护层常用金属护套、铠装、外护层三种，选择按表 1-26。

表 1-26　电缆金属护套、铠装、外护层选择

敷设方式	直埋	排管、电缆隧道、电缆工作井	排管、电缆工作井
电压等级	10kV 及以下	10kV	0.4kV
金属屏蔽层	铜带		铜带
加强层或铠装	钢带(3芯)非磁性金属带(单芯)	钢带或钢丝(3芯)	钢带
内护层	聚乙烯	聚乙烯	聚乙烯
外护层	聚氯乙烯	聚氯乙烯	聚氯乙烯

注：1. 在电缆夹层、电缆沟、电缆隧道、电缆工作井等防火要求高的场所宜采用阻燃外护层；
2. 有白蚁危害的场所应在非金属外护套采用防白蚁护层；
3. 有鼠害的场所宜在外护层外添加防鼠金属铠装，或采用硬质护层。

⑤ 截面

- 电缆导体截面的选择应结合当地的敷设环境。10kV 及以下常用电缆可根据制造厂提供的载流量结合当地敷设环境选用校正系数计算。
- 电缆导体最小截面的选择，应同时满足规划载流量和通过系统最大短路电流热稳定的要求。导体最高允许温度应根据敷设环境温度实际情况确定。
- 电缆芯线截面的选择，除按输送容量、经济电流密度、热稳定、敷设方式等一般条件校核外，10kV 及以下的主干线电缆截面应力求与城市电网一致，每个电压等级可选用 2～3 种，应预留容量。

3. 电缆附件

① 额定电压　电缆附件的额定电压为 U_o/U、U_m 表示，不得低于电缆的额定电压。

② 绝缘特性

- 电缆附件是将各种组件、部件和材料，按照一定设计工艺，在现场安装到电缆端部构成的，在绝缘结构上，与电缆本体结合成不可分割的整体。
- 电缆附件设计采用每一导体与屏蔽或金属护套之间的雷电冲击耐受电压之峰值，即基准绝缘水平 BIL。
- 户外电缆终端的外绝缘必须满足所设置环境条件（如污秽等级、海拔高度等）的要求，并有一个合适的泄漏比距。在一般环境条件下，外绝缘的泄漏比距应不小于 25mm/kV，并不低于架空线绝缘子的泄漏比距。

③ 机械保护　直埋于土壤中的接头宜加设保护盒。保护盒应做耐腐、防水、防潮处理，并能承受路面荷载的压力。

④ 电缆终端和接头装置的选择　外露与空气中的电缆终端装置类型应按下列条件选择。

• 不受阳光直接照射和雨淋的室外环境应选用户内终端，受阳光直接照射和雨淋的室外环境应选用户外终端。

• 电缆与其他电气设备通过一段连接线相连时，应选用敞开式终端。

4. 防雷、接地和护层保护

（1）过电压保护

为防止电缆和电缆附件的主绝缘遭受过电压损坏，应采取以下保护措施：

① 露天变电站内的电缆终端，必须在站内的接闪杆或接闪线保护范围以内；

② 电缆线路与架空线相连的一端应装设避雷器；

③ 电缆线路在下列情况下，应在两端分别装设避雷器。

• 电缆一端与架空线相连，而线路长度小于其冲击特性长度。

• 电缆两端均与架空线相连。

（2）电缆接地

电缆金属保护套、铠装和电缆终端支架必须可靠接地。

① 避雷器的特性参数　保护电缆线路的避雷器的主要特性参数应符合下列规定：

• 冲击放电电压应低于被保护的电缆线路的绝缘水平，并留一定裕度；

• 冲击电流通过避雷器时，两端子间的残压值应小于电缆线路的绝缘水平；

• 当雷电过电压侵袭电缆时，电缆上承受的电压为冲击放电电压和残压，两者间数值较大者称保护水平 U_p；

• 电缆线路的基准绝缘水平 BIL 为：

$$BIL = (120 \sim 130)\% U_p \tag{1-13}$$

• 避雷器的额定电压，对于 10kV 及以下中性点不接地和经消弧线圈接地系统，应分别取最大工作线电压的 110% 和 100%。

② 接地　电缆线路直埋时，接地应根据现场所敷设的现场环境确定，若敷设于变电站内或距电气设备的接地网较近处，电缆线路两端应与变电站内和电气设备的接地网可靠连接；若电缆线路全线敷设，且敷设长度较长、周围无接地网，电缆线路两端应分别设独立的接地装置，且接地电阻满足相关规范要求。电缆的金属屏蔽层和铠装、电缆支架和电缆附件的支架必须可靠接地。

③ 护层的过电压保护

• 三芯电缆的金属护层一般采用两端直接接地，如图 1-22 所示。

• 实行单端接地的单芯电缆线路，为防止护层绝缘遭受过电压的损坏，应按规定安装金属护套或屏蔽层电压限制器，并满足规范要求，如图 1-23 所示。

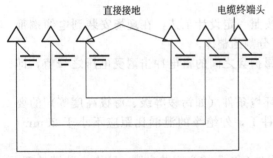

图 1-22　电缆护层的过压保护的两端直接接地

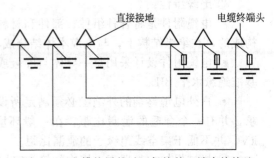

图 1-23　电缆护层的过压保护的一端直接接地

5. 土建部分

(1) 直埋敷设

① 当沿同一路径敷设的室外电缆小于或等于 8 根且场地有条件时，宜采用电缆直接埋地敷设。在人行道下或道路边，也可采用电缆直埋敷设。

② 埋地敷设的电缆宜采用有外护层的铠装电缆。在无机械损伤可能的场所，也可采用无铠装塑料护套电缆。在流沙层、回填土地带等可能发生位移的土壤中，应采用钢丝铠装电缆。

③ 在有化学腐蚀或杂散电流腐蚀的土壤中，不得采用直接埋地敷设电缆。

④ 电缆在室外直接埋地敷设时，电缆外皮至地面的深度应不小于 0.7m，并应在电缆上下分别均匀铺设 100mm 厚的细沙或软土，并覆盖混凝土保护板或类似的保护层。

⑤ 在寒冷地区，电缆宜埋设于冻土层以下。当无法深埋时，应采取措施，防止电缆受到损伤。

⑥ 电缆通过有振动和承受压力的下列各地段应穿导管保护，保护管的内径应不小于电缆外径的 1.5 倍。

- 电缆引入和引出建筑物和构筑物的基础、楼板和穿过墙体等处。
- 电缆通过道路和可能受到机械损伤等地段。
- 电缆引出地面 2m 至地下 0.2m 处的一段和人容易接触使电缆可能受到机械损伤的地方。

⑦ 埋地敷设的电缆严禁平行敷设于地下管道的正上方或下方。电缆与电缆及各种设施平行或交叉的净距离，应不小于表 1-27 的规定。

表 1-27 电缆与电缆或其他设施相互间允许最小距离

电缆直埋敷设时的周围设施状况		允许最小间距/m			
		平行	特殊条件	交叉	特殊条件
控制电缆之间		—	—	0.50	当采用隔板分隔或电缆穿管时，间距应大于或等于 0.25m
电力电缆之间或与控制电缆之间	10kV 及以下电力电缆	0.10	—	0.50	
	10kV 以上电力电缆	0.25	隔板分隔或穿管时，应大于或等于 0.10m	0.50	
不同部门使用的电缆		0.50		0.50	
电缆与地下管沟	热力管沟	2.00	特殊情况,可适当减小，但减小值不得大于 50%	0.50	
	油管或易(可)燃气管道	1.00	—	0.50	
	其他管道	0.50	—	0.50	
电缆与铁路	非直流电气化铁路路轨	3.00	—	1.00	交叉时电缆应穿于保护管，保护范围超出路基 0.50m 以上
	直流电气化铁路路轨	10.00	—	1.00	
电缆与树木的主干		0.70	—	—	—

续表

电缆直埋敷设时的周围设施状况	允许最小间距/m			
	平行	特殊条件	交叉	特殊条件
电缆与建筑物基础	0.60	特殊情况，可适当减小，但减小值不得大于 50%	—	交叉时电缆应穿于保护管，保护范围超出路、沟边 0.50m 以上
电缆与公路边	1.50		1.00	
电缆与排水沟边	1.00		0.50	
电缆与 1kV 以下架空线杆	1.00		—	—
电缆与 1kV 以上架空线杆塔基础	4.00		—	—
与弱电通信或信号电缆	按电力系统单相接地短路电流和平行长度计算决定		0.25	

⑧ 电缆与建筑物平行敷设时，电缆应埋设在建筑物的散水坡外。电缆进出建筑物时，所穿保护管应超出建筑物散水坡 200mm，且应对管口实施阻水堵塞。

（2）排管敷设

① 电缆排管内敷设方式宜用于电缆根数不超过 12 根，不宜采用直埋或电缆沟敷设的地段。

② 电缆排管可采用混凝土管、混凝土管块、玻璃钢电缆保护管及聚氯乙烯管等。

③ 敷设在排管内的电缆宜采用塑料护套电缆。

④ 电缆排管管孔数量应根据实际需要确定，并应根据发展预留备用管孔。备用管孔宜小于实际需要管孔数的 10%。

⑤ 当地面上均匀荷载超过 $100kN/m^2$ 时，必须采取加固措施，防止排管受到机械损伤。

⑥ 排管孔的内径应不小于电缆外径的 1.5 倍，且电力电缆的管孔内径应不小于 90mm，控制电缆的管孔内径应不小于 75mm。

⑦ 电缆排管敷设时应符合下列要求。

• 排管安装时，应有倾向人（手）孔侧不小于 0.5% 的排水坡度，必要时可采用人字坡，并在人（手）孔井内设集水坑。

• 排管顶部距地面不宜小于 0.7m，位于人行道下面的排管距地面应不小于 0.5m。

• 排管沟底部应垫平夯实，并应铺设不少于 80mm 厚的混凝土垫层。

⑧ 当线路转角、分支或变更敷设方式时，应设电缆人（手）孔井，在直线段上应设置一定数量的电缆人（手）孔井，人（手）孔井间的距离不宜大于 100m。电缆人孔井的净空高度应不小于 1.8m，其上部人孔的直径应不小于 0.7m。

（3）电缆沟和电缆隧道敷设

① 在电缆与地下管网交叉不多、地下水位较低或道路开挖不便且电缆需分期敷设的地段，当同一路径的电缆根数小于或等于 18 根时，宜采用电缆沟布线。当电缆多于 18 根时，宜采用电缆隧道布线。

电缆在电缆沟和电缆隧道内敷设时，其支架层间垂直距离和通道净宽应不小于表 1-28 和表 1-29 的规定。

表 1-28　电缆支架层间垂直距离的最小值　　　　　单位：mm

电缆电压等级和类型、敷设特征		普通支架、吊架	托盘
控制电缆明敷		120	200
电力电缆明敷	6kV 以下	150	250
	6~10kV 交联聚乙烯	200	300
	35kV 单芯	250	300
	35kV 三芯	300	350
	110kV 每层 1 根以上		

电缆电压等级和类型、敷设特征	普通支架、吊架	托盘
电缆敷设于槽盒中	$h+80$	$h+100$

注：1. h 为槽盒外壳高度。

2. 此表摘自《电力工程电缆设计规范》GB 50217—2007。

表 1-29　电缆沟、隧道中通道净宽允许最小值　　　　单位：mm

电缆支架配置方式	具有下列沟深的电缆沟			开挖式隧道或封闭式工作井	非开挖式隧道
	<600	$600\sim1000$	>1000		
两侧	300	500	700	1000	800
单侧	300	450	600	900	800

② 电缆水平敷设时，最上层支架距离电缆沟顶板或梁底的净距，应满足电缆引接至上侧托盘时允许弯曲半径要求。

③ 电缆在电缆沟或电缆隧道内敷设时，支架间或固定点间的距离应不大于表 1-30 的规定。

表 1-30　电缆支架间或固定点间的最大距离　　　　单位：mm

电缆种类		敷设方式	
		水平	垂直
电力电缆	全塑型	400	1000
	除全塑型外的中低压电缆	800	1500
	35kV 及以上高压电缆	1500	2000
控制电缆		800	100

注：1. 全塑型电力电缆水平敷设沿支架能把电缆固定时，支持点间的距离允许为 800。

2. 此表摘自《电气装置安装工程电缆线路施工及验收规范》GB 50168—2006。

- 电缆支架的长度，在电缆沟内不宜大于 0.35m；在隧道内不宜大于 0.50m；在盐雾地区或化学气体腐蚀地区，电缆支架应涂防腐漆、热镀锌或采用耐腐蚀刚性材料制作。
- 电缆沟和电缆隧道应采取防水措施，其底部应做不小于 0.5% 的坡度坡向集水坑（井），积水可经逆止阀直接接入排水管道或经集水坑（井）用泵排出。
- 在多层支架上敷设电力电缆时，电力电缆宜放在控制电缆的上层。1kV 及以下的电力电缆和控制电缆可并列敷设。当两侧均有支架时，1kV 及以下的电力电缆和控制电缆宜与 1kV 以上的电力电缆分别敷设在不同侧支架上。
- 电缆沟在进入建筑物处应设防火墙。电缆隧道进入建筑物及配变电所处，应设带门的防火墙，此门应为甲级防火门并应装锁。
- 隧道内采用电缆桥架、托盘敷设时，应符合电缆桥架布线的有关规定。
- 电缆沟盖板应满足可能承受荷载和适合环境且经久耐用的要求，可采用钢筋混凝土盖板或钢盖板，可开启的地沟盖板的单块重量不宜超过 50kg。
- 电缆隧道的净高不宜低于 1.9m。局部或与管道交叉处净高不宜小于 1.4m。隧道内应有通风设施，宜采取自然通风。
- 电缆隧道应每隔不大于 75m 的距离设安全孔（人孔）；安全孔距隧道的首、末端不宜超过 5m。安全孔的直径不得小于 0.7m。
- 电缆隧道内应设照明，其电压不宜超过 36V，当照明电压超过 36V 时，应采取安全措施。

· 与电缆隧道无关的其他管线不宜穿过电缆隧道。

（4）各种敷设方式的比较

各种室外电缆敷设的比较见表1-31。

表 1-31　各种室外电缆敷设的比较

敷设方式	应用	优点	缺点	问题
直埋式	用于电缆数量少、敷设距离短、地面荷载比较小的地方。路径应选择地下管网比较简单、不轻易开挖和没有腐蚀土壤的地段	电缆敷设后本体与空气不接触，防火性能好，有利于电缆散热。此敷设方式容易实施，投资少。便于施工，不影响整个小区的环境美观，投资少、工期短	此敷设方式抗外力破坏能力差，电缆敷设后如果更换电缆，则难度较大。电缆运行中出现故障检修维护困难，运行维护不利	
穿管式	适用于电缆与公路，铁路交叉处，通过广场区域，城市道路狭窄且交通繁忙，多种电压等级，电缆条数较多、敷设距离长，且电力负荷比较集中，道路少弯曲地段	受外力破坏的影响小，占地少，能承受大的荷重，电缆敷设无相互影响。电缆排管土建部分施工完毕后，电缆施放简单。容易于施工，遇到交叉管道时，灵活性较高，不影响小区内景观和整体布置。	电缆排管土建部分施工费用较大，不宜于弯曲，电缆热伸缩会引起金属护套的疲劳，电缆散热条件差，更换电缆困难，需要在电缆敷设拐弯处增设检修井，存在不安全因素	①大截面电缆穿管困难及弯曲半径不易保证②管内电缆一旦损坏，必须整根更换③须增加多根备用穿管
沟槽式（暗沟式）		无积水问题，电缆路径走向有明显标志，沟槽方向具有随意性，不影响小区内景观	不适合于道路和硬化地面处	
缆沟式（明沟式）	适用于不能直接埋入地下且无机动车负载的通道，如人行道、变(配)电所内等处所	电缆运行维护检修方便	缆沟建设的投资较大，影响小区整体布局，且需要可靠的排水系统和设备，维护费用较高	①必须有专用的排水系统，且常年处于良好状态，如多数小区采用明沟方式，排水设备运行维护费用将很高②缆沟密封不严，易受小动物损坏③因住宅区内车辆、人员集中沟盖板易破坏④如该缆沟属于电力部门专用缆沟，因盖板的丢失、损坏而导致人身伤害事故，易产生法律纠纷
隧道式	适用于敷设高压输电缆、电缆线路密集的城镇道路。同路径中压电缆敷设10根以上的情况	维护、检修及更换电缆方便，能可靠的防止外力破坏，敷设时受外界条件影响小，能纳大规模，多电压等级的电缆，寻找故障点，修复、恢复送电快	建设隧道工作量大，工程难度大，工期长，附属设施多。需要大量资金、材料来建设坚固的地下隧道和足够的管道布置空间，建设投资费用较高	不适合居民小区内采用

采用沟槽式（暗沟）与穿管式相结合的电缆敷设方式适合用于居民住宅生活小区，房地

产开发商也易接受。这种电缆敷设方式关键在于如何完善电缆走径的可靠、牢固、明显的标示和选择适当截面的电缆，以防止电缆的外力破坏和过负荷损坏。

根据地区的实际情况，采用沟槽式与穿管式相结合的方式，既减少投资，又方便维护和维修，但是在小区用电设施移交电力部门管理验收时应注意以下问题：

① 宜采用直埋式电缆敷设方式。

② 电缆走径的标志必须正确、清晰、牢固。

③ 电缆规格、截面应符合规定要求。

④ 过路受压力部分电缆必须穿保护管保护，并按规定埋设电缆标示桩。

⑤ 电缆暗沟敷设方式应砌砖墙并装设电缆支架，顶上盖板并高于硬化路面，盖板须承受 5t 以上的压力。

⑥ 小区内敷设的电缆线路，无论高电压还是低电压，应当沿绿地敷设。其线路走径上均不得进行硬化处理。以便于事故发生时进行开挖抢修。

6. 电缆工作井

（1）种类

① 电力电缆井分为直通型、三通型、四通型、转角型四种形式。

② 电力电缆井规格分为小号、中号、大（一）、大（二）、大（三）五种规格。

（2）设计原则

① 工作井长度根据敷设在同一工作井内最长的电缆接头以及能吸收来自排管内电缆的热伸缩量所需的伸缩弧尺寸决定，且伸缩弧的尺寸应满足电缆在寿命周期内电缆金属护套不出现疲劳现象。

② 工作井间距按计算牵引力不超过电缆容许牵引力来确定。

③ 工作井需设置集水坑，集水坑泄水坡度不小于 0.3%。

④ 每座工作井设人孔 1 个，用于采光、通风以及工作人员出入。人孔基座的具体预留尺寸及方式各地可根据实际运行情况适当调整。

⑤ 人孔的井盖材料可采用铸铁或复合高强度材料等，井盖应能承受实际荷载要求。

⑥ 在 10% 以上的斜坡排管中，在标高较高一端的工作井内设置防止电缆因热伸缩而滑落的构件。距住宅建筑外墙 3～5m 处设电缆井是为了解决室外高差，有时 3～5m 让不开住宅建筑的散水和设备管线，电缆井的位置可根据实际情况进行调整。

（3）附属设施

① 工作井内所有的金属构件均应作防腐处理并可靠接地。

② 常用的电缆吊架制作后，可在现场进行组装，根据电缆工作井内所敷设电缆的规模选择吊架长度，一般选 1.0m，1.6m，2.0m。

7. 防火设计

（1）电缆选型

敷设在电缆防火重要部位的电力电缆，应选用阻燃电缆。敷设在变、配电站电缆通道或电缆夹层内，自终端起到站外第一接头的一段电缆，宜选用阻燃电缆。一般条件下，建议均采用阻燃型电缆。

（2）电缆通道

① 总体布置。变电站二路及以上的进线电缆，应分别布置在相互独立或有防火分隔的通道内。变电站的出线电缆宜分流。电缆的通道数宜与变电站终期规模主变压器台数、容量相适应。电缆通道方向应综合负荷分布及周边道路、市政情况确定。在电缆夹层中的电缆应理顺并逐根固定在电缆支架上，所有电缆走向按出线仓位顺序排列，电缆相互之间应保持一

定间距，不得重叠，尽可能少交叉，如需交叉，则应在交叉处用防火隔板隔开。在电缆通道和电缆夹层内的电力电缆应有线路名称标识。

② 防火封堵。为了有效防止电缆因短路或外界火源造成电缆引燃或沿电缆延燃，应对电缆及其构筑物采取防火封堵分隔措施。

电缆穿越楼板、墙壁或盘柜孔洞以及电缆管道两端时，应用防火堵料封堵。防火封堵材料应密实无气孔，封堵材料厚度应不小于 100mm。

③ 电缆接头的表面阻燃处理。电缆接头应采用加装防火槽盒，进行阻燃处理。

（3）电缆隧道

对电缆可能着火导致严重事故的回路、易受外部影响波及火灾的电缆密集场所，应有适当的阻火分隔，并按工程的重要性、火灾概率及其特点和经济合理等因素，确定采取下列安全措施。

① 阻火分隔封堵。建筑阻火分隔包括设置防火门、防火墙、耐火隔板与封闭式耐火槽盒。防火门、防火墙用于电缆沟，电缆桥架以及上述通道分支处及出入口。

② 火灾监控报警和固定灭火装置。

在电缆进出线集中的隧道、电缆夹层和竖井中，如未全部采用阻燃电缆，为了把火灾事故限制在最小范围，尽量减小事故损失，可加设监控报警、测温和固定自动灭火装置。在电缆进出线，特别集中的电缆夹层和电缆通道中，可加设湿式自动喷水灭火、水喷雾灭火或气体灭火等固定灭火装置。

三、室内配线

1. 配电干线

（1）电力电缆

① 室内电缆敷设包括电缆在室内沿墙及建筑构件明敷设、电缆穿金属导管埋地暗敷设。

② 无铠装的电缆在室内明敷时，水平敷设时至地面的距离不宜小于 2.5m；垂直敷设时至地面的距离不宜小于 1.8m。除明敷在电气专用房间外，当不能满足上述要求时，应有防止机械损伤的措施。

③ 相同电压的电缆并列明敷时，电缆的净距应不小于 35mm，且不应小于电缆外径。1kV 及以下电力电缆及控制电缆与 1kV 以上电力电缆宜分开敷设。当并列明敷时，其净距应不小于 150mm。

④ 电缆明敷时，电缆支架间或固定点间的距离应符合电力电缆布线的规定。

⑤ 电缆明敷时，电缆与热力管道的净距不宜小于 1m。当不能满足上述要求时，应采取隔热措施。电缆与非热力管道的净距不宜小于 0.5m，当其净距小于 0.5m 时，应在与管道接近的电缆段上以及由接近段两端向外延伸不小于 0.5m 以内的电缆段上，采取防止电缆受机械损伤的措施。

⑥ 在有腐蚀性介质的房屋内明敷的电缆，宜采用塑料护套电缆。

⑦ 电缆水平悬挂在钢索上时固定点的间距，电力电缆应不大于 0.75m，控制电缆应不大于 0.6m。

⑧ 电缆在室内埋地穿导管敷设或电缆穿过墙、楼板穿导管时，导管的管内径应不小于电缆外径的 1.5 倍。

（2）预制分支电缆

① 预制分支电缆布线宜用于高层、多层及大型公共建筑物室内低压树干式配电系统。

② 预制分支电缆应根据使用场所的环境特征及功能要求，选用具有聚氯乙烯绝缘聚氯乙烯护套、交联聚乙烯绝缘聚氯乙烯护套或聚烯烃护套的普通、阻燃或耐火型的单芯或多芯

预制分支电缆。在敷设环境和安装条件允许时，宜选用单芯预制分支电缆。

③ 预制分支电缆布线，宜在室内及电气竖井内沿建筑物表面以支架或电缆桥架（梯架）等构件明敷设。预制分支电缆垂直敷设时，应根据主干电缆最大直径预留穿越楼板的洞口，同时，尚应在主干电缆最顶端的楼板上预留吊钩。

④ 预制分支电缆布线，除符合规定外，则应根据预制分支电缆布线所采取的不同敷设方法，分别符合电力电缆布线中相应敷设方法的相关规定。

⑤ 当预制分支电缆的主电缆采用单芯电缆用在交流电路时，电缆的固定用夹具应选用专用附件。严禁使用封闭导磁金属夹具。

⑥ 预制分支电缆布线，应防止在电缆敷设和使用过程中，因电缆自重和敷设过程中的附加外力等机械应力作用而带来的损害。

（3）封闭母线

母线槽安装示意见图 1-24。

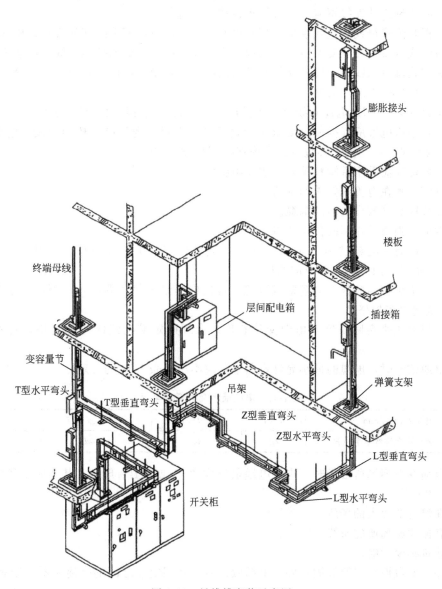

图 1-24　母线槽安装示意图

① 封闭式母线布线适用于干燥和无腐蚀气体的室内场所。

② 封闭式母线水平敷设时，底边至地面的距离不应小于2.2m。除敷设在电气专用房间内外，垂直敷设时，距离地面1.8m以下部分应采取防机械损伤的措施。

③ 封闭式母线不宜敷设在有腐蚀气体管道和热力管道的上方及腐蚀性液体管道下方。当不能满足以上要求时应采取防腐隔热措施。

④ 封闭式母线布线与各种管道平行或者交叉时，其最小净距应符合规定。

⑤ 封闭式母线水平敷设的支持点间距不宜大于2m，垂直敷设时，应在通过楼板处采用专用的附件支撑并以支架沿墙支持，支持点间距不大于2m。当进线盒及末端悬空时，垂直敷设的封闭式母线应采用支架固定。

⑥ 封闭式母线终端无引出线时，端头应封闭。

⑦ 当封闭式母线直线敷设超过80m时，每50～60m宜设置膨胀节。

⑧ 封闭式母线的插接分支点，应设置在安全及安装维护方便的地方。

⑨ 封闭式母线的连接不应在穿过楼板或墙壁处进行。

⑩ 多根封闭式母线垂直或水平并列敷设时，应考虑各相邻母线间的维护、检修距离。

⑪ 封闭式母线外壳及支架应可靠接地，全长应不少于2处与接地干线（PE）相连。

⑫ 封闭式母线随线路长度的增加和负荷的减少而需要变截面时，应采用变容量接头。

（4）矿物绝缘（MI）电缆

① 矿物绝缘（MI）电缆布线宜用于民用建筑中高温或有耐火要求的场所。

② 矿物绝缘电缆应根据使用要求和敷设条件，选择电缆沿电缆桥架敷设、电缆在电缆沟或隧道内敷设、电缆沿支架敷设或电缆穿导管敷设等方式。

③ 下列情况应采用带塑料护套的矿物绝缘电缆：

• 电缆明敷在有美观要求的场所。

• 穿金属导管敷设的多芯电缆。

• 对铜有强腐蚀作用的化学环境。

• 电缆最高温度超过70℃但低于90℃，同其他塑料护套电缆敷设在同一桥架、电缆沟、电缆隧道时，或人可能触及的场所。

④ 矿物绝缘电缆应根据电缆敷设环境，确定电缆最高使用温度，合理选择相应的电缆载流量，确定电缆规格。

⑤ 应根据线路实际长度及电缆交货长度，合理确定矿物绝缘电缆规格，宜避免中间接头。

⑥ 电缆敷设时，电缆的最小允许弯曲半径应不小于表1-32的规定。

表1-32　电缆最小允许弯曲半径

电缆外径 d/mm	$d<7$	$7\leqslant d<12$	$12\leqslant d<15$	$d\geqslant15$
电缆内侧最小允许弯曲半径 R	$2d$	$3d$	$4d$	$6d$

⑦ 电缆在下列场所敷设时，应将电缆敷设成"S"或"Ω"形弯，其弯曲半径应不小于电缆外径的6倍：

• 在温度变化大的场所。

• 有振动源场所的布线。

• 建筑物变形缝。

⑧ 除支架敷设在支架处固定外，电缆敷设时，其固定点之间的距离应不大于表1-33的规定。

表 1-33　电缆固定点或支架间的最大距离

电缆外径 d/mm		$d<9$	$9{\leqslant}d<15$	$15{\leqslant}d<20$	$d{\geqslant}20$
固定点间的最大距离/mm	水平	600	900	1500	2000
	垂直	800	1200	2000	2500

⑨ 单芯矿物绝缘电缆在进出配电柜（箱）处及支承电缆的桥架、支架及固定卡具，均应采取分隔磁路的措施。

⑩ 多根单芯电缆敷设时，应选择减少涡流影响的排列方式。

⑪ 电缆穿过墙、楼板时，应防止电缆遭受机械损伤，单芯电缆的钢质保护导管、槽，应采用分隔磁路措施。

⑫ 电缆敷设时，其终端、中间连接器（接头）、敷设配件应选用配套产品。

⑬ 矿物绝缘电缆的钢外套及金属配件应可靠接地。

2. 线路标注

（1）配电线路分类标注

住宅电气配电线路的分类标注见表 1-34。

表 1-34　住宅电气配电线路的分类标注

序号	标注	类别	序号	标注	类别
1	G 或 WPH	高压线路	5	WLE	应急照明线路
2	D 或 WPL	低压线路	6	WC	控制线路
3	WP	动力线路	7	WB	封闭母线槽
4	WL	照明线路	8	L1,L2,L3	线路相别

（2）敷设方式标注

室内配电线路的敷设方式见表 1-35。

表 1-35　室内配电线路的敷设方式

序号	标注	敷设方式	序号	标注	敷设方式
1	SC	穿焊接钢管敷设	13	FPC	穿阻燃半硬聚氯乙烯管敷设
2	MT	穿电线管敷设	14	CT	电缆桥架敷设
3	PC	穿硬塑料管敷设	15	MR	金属线槽敷设
4	PR	塑料线槽敷设	16	AC	沿或跨柱敷设
5	M	用钢索敷设	17	CLC	暗敷设在柱内
6	KPC	穿聚氯乙烯塑料波纹电力管敷设	18	WS	沿墙面敷设
7	CP	穿金属软管敷设	19	WC	暗敷设在墙内
8	DB	直接埋设	20	CE	沿天棚或顶版面敷设
9	TC	电缆沟敷设	21	CC	暗敷设在屋面或顶板内
10	CE	混凝土排管敷设	22	SCE	吊顶内敷设
11	AB	沿或跨梁(屋架)敷设	23	F	地板或地面下敷设
12	BC	暗敷在梁内			

3. 敷设方式

（1）敷设要求

① 符合场所环境特征，如环境潮湿程度、环境宽敞通风情况等。

② 符合建筑物和构筑物的特征，如采用预制还是现浇、框架结构、滑升模板施工等情况不同则管线的设计部位不同。

③ 人与布线之间可接近的程度，如机房、仓库、车间等人与布线之间可接近的程度显然不同。

④ 由于短路可能出现的机电应力，如总配电室和负荷末端用户显然不同。

⑤ 在安装期间或运行中布线可能遭受的其他应力和导线的自重。

（2）敷设环境

① 配电线路的敷设，应避免下列外部环境的影响。

② 应避免由外部热源产生热效应的影响。

③ 应防止在使用过程中因水的侵入或因进入固体物体而带来的影响。

④ 应防止外部机械性损伤而带来的影响。

⑤ 在有大量灰尘的场所，应避免由于灰尘聚集在布线上所带来的影响。

⑥ 应避免由于强烈日光辐射而带来的损害。

（3）直敷布线

① 直敷布线可用于正常环境室内场所和挑檐下的室外场所。

② 建筑物顶棚内、墙体及顶棚的抹灰层、保温层及装饰面板内，严禁采用直敷布线。

③ 直敷布线应采用护套绝缘电线，其截面不宜大于 $6mm^2$。

④ 直敷布线的护套绝缘电线，应采用线卡沿墙体、顶棚或建筑物构件表面直接敷设。

⑤ 直敷布线在室内敷设时，电线水平敷设至地面的距离应不小于 2.5m。垂直敷设至地面低于 1.8m 部分应穿导管保护。

⑥ 护套绝缘电线与接地导体及不发热的管道紧贴交叉时，宜加绝缘导管保护，敷设在易受机械损伤的场所应用钢导管保护。

（4）金属导管布线

① 金属导管布线宜用于室内、外场所，不宜用于对金属导管有严重腐蚀的场所。

② 明敷于潮湿场所或埋地敷设的金属导管，应采用管壁厚度不小于 2.0mm 的钢导管。明敷或暗敷于干燥场所的金属导管宜采用管壁厚度不小于 1.5mm 的电线管。

③ 穿导管的绝缘电线（两根除外），其总截面积（包括外护层）不应超过导管内截面积的 40%。

④ 穿金属导管的交流线路，应将同一回路的所有相导体和中性导体穿于同一根导管内。

⑤ 除下列情况外，不同回路的线路不宜穿于同一根金属导管内：

• 标称电压为 50V 及以下的回路。

• 同一设备或同一联动系统设备的主回路和无电磁兼容要求的控制回路。

• 同一照明灯具的几个回路。

⑥ 当电线管和热水管，蒸汽管同侧敷设时，宜敷设在热水管、蒸汽管的下面；当有困难时，也可敷设在其上面。相互间的净距宜符合下列规定。

• 当电线管路平行敷设在热水管下面时，净距不宜小于 200mm；当电线管路平行敷设在热水管上面时，净距不宜小于 300mm；交叉敷设时，净距不宜小于 100mm。

• 当电线管路敷设在蒸汽管下面时，净距不宜小于 500mm；当电线管路敷设在蒸汽管上面时，净距不宜小于 1000m。交叉敷设时，净距不宜小于 300mm。

⑦ 当不能符合上述要求时，应采取隔热措施。当蒸汽管有保温措施时，电线管与蒸汽

管间的净距可减至 200mm。

⑧ 电线管与其他管道（不包括可燃气体及易燃、可燃液体管道）的平行净距应不小于 100mm。交叉净距应不小于 50mm。

⑨ 当金属导管布线的管路较长或转弯较多时，宜加装拉线盒（箱），也可加大管径。

⑩ 暗敷于地下的管路不宜穿过设备基础，当穿过建筑物基础时，应加保护管保护；当穿过建筑物变形缝时，应设补偿装置。

⑪ 绝缘电线不宜穿金属导管在室外直接埋地敷设。必要时，对于次要负荷且线路长度小于 15m 的，可采用穿金属导管敷设，但应采用壁厚不小于 2mm 的钢导管并采用可靠的防水、耐腐蚀措施。

（5）可挠金属电线保护套管布线

① 可挠金属电线保护套管布线宜用于室内、外场所，也可用于建筑物顶棚内。

② 明敷或暗敷于建筑物顶棚内正常环境的室内场所时，可采用双层金属层的基本型可挠金属电线保护套管。明敷于潮湿场所或暗敷于墙体、混凝土地面、楼板垫层或现浇钢筋混凝土楼板内或直埋地下时，应采用双层金属层外覆聚氯乙烯护套的防水型可挠金属电线保护套管。

③ 对于可挠金属电线保护套管布线，其管内配线应符合金属管布线。

④ 对于可挠金属电线保护套管布线，其管路与热水管、蒸汽管或其他管路的敷设要求与平行、交叉距离，应符合金属管布线的规定。

⑤ 当可挠金属电线保护套管布线的线路较长或转弯较多时，应符合金属管布线的规定。

⑥ 对于暗敷于建筑物、构筑物内的可挠金属电线保护套管，其与建筑物、构筑物表面的外护层厚度应不小于 15mm。

⑦ 对可挠金属电线保护套管有可能承受重物压力或明显机械冲击的部位，应采取保护措施。

⑧ 可挠金属电线保护套管布线，其套管的金属外壳应可靠接地。

⑨ 暗敷于地下的可挠金属电线保护套管的管路不应穿过设备基础。当穿过建筑物基础时，应加保护管保护；当穿过建筑物变形缝时，应设补偿装置。

⑩ 可挠金属电线保护套管之间及其与盒、箱或钢导管连接时，应采用专用附件。

（6）金属线槽布线

① 金属线槽布线宜用于正常环境的室内场所明敷，有严重腐蚀的场所不宜采用金属线槽。

② 具有槽盖的封闭式金属线槽，可在建筑顶棚内敷设。

③ 同一配电回路的所有相导体和中性导体，应敷设在同一金属线槽内。

④ 同一路径无电磁兼容要求的配电线路，可敷设于同一金属线槽内。线槽内电线或电缆的总截面（包括外护层）应不超过线槽内截面的 20%，载流导体不宜超过 30 根。控制和信号线路的电线或电缆的总截面不应超过线槽内截面的 50%，电线或电缆根数不限。有电磁兼容要求的线路与其他线路敷设于同一金属线槽内时，应用金属隔板隔离或采用屏蔽电线、电缆。

注：a. 控制、信号等线路可视为非载流导体。

b. 三根以上载流电线或电缆在线槽内敷设，当乘以载流量校正系数时，可不限电线或电缆根数，其在线槽内的总截面不应超过线槽内截面的 20%。

⑤ 电线或电缆在金属线槽内不应有接头。当在线槽内有分支时，其分支接头应设在便于安装、检查的部位。电线、电缆和分支接头的总截面（包括外护层）应不超过该点线槽内截面的 75%。

⑥ 金属线槽布线的线路连接、转角、分支及终端处应采用专用的附件。

⑦ 金属线槽不宜敷设在腐蚀性气体管道和热力管道的上方及腐蚀性液体管道下方，当有困难时，应采取防腐、隔热措施。

⑧ 金属线槽布线与各种管道平行或交叉时，其最小净距应符合表 1-36 的规定。

表 1-36　金属线槽和电缆桥架与各种管道的最小净距　　　　　单位：m

管道类别	平行距离	交叉净距
一般工艺管道	0.4	0.3
具有腐蚀性气体管道	0.5	0.5
热力管道	0.5	0.3
	1	0.5

⑨ 金属线槽垂直或大于 45°倾斜敷设时，应采取措施防止电线或电缆在线槽内滑动。

⑩ 金属线槽敷设时，宜在下列部位设置吊架或支架：

* 直线段大于 2m 及线槽接头处。
* 线槽首端、终端及进出接线盒 0.5m 处。
* 线槽转角处。

⑪ 金属线槽不得在穿过楼板或墙体等处进行连接。

⑫ 金属线槽及其支架应可靠接地，且全长应不小于 2 处与接地干线（PE）相连。

⑬ 金属线槽布线的直线段长度超过 30m 时，宜设置伸缩节；跨越建筑物变形缝处宜设置补偿装置。

（7）刚性塑料导管（槽）布线

① 刚性塑料导管（槽）布线宜用于室内场所和有酸碱腐蚀性介质的场所，在高温和易受机械损伤的场所不宜采用明敷设。

② 暗敷于墙内或混凝土内的刚性塑料导管，应选用中型及以上管材。

③ 当采用刚性塑料导管布线时，绝缘电线总截面积与导管内截面积的比值，应符合金属管布线的规定。

④ 同一路径的无电磁兼容要求配电线路，可敷设于同一线槽内，线槽内电线或电缆的总截面积及根数应符合金属线槽的规定。

⑤ 不同回路的线路不宜穿于同一根刚性塑料管内，当符合金属管布线的规定时，可除外。

⑥ 电线、电缆在塑料线槽内不得有接头，分支接头应在接线盒内进行。

⑦ 刚性塑料管暗敷或埋地敷设时，引出地（楼）面的管道应采取防止机械损伤的措施。

⑧ 当刚性塑料管布线的管路较长或转弯较多时，宜加装拉线盒（箱）或加大管径。

⑨ 沿建筑的表面或支架上敷设的刚性塑料导管（槽），宜在线路直线段部分每隔 30m 加装伸缩接头或其他温度补偿装置。

⑩ 刚性塑料导管（槽）在穿过建筑物变形缝时，应装设补偿装置。

⑪ 刚性塑料导管（槽）布线在线路连接、转角、分支及终端处应采用专用附件。

（8）电缆桥架布线

① 电缆桥架布线适用于电缆数量较多或较集中的场所。

② 在有腐蚀或特别潮湿的场所采用电缆桥架布线时，应根据腐蚀介质的不同采取相应的防护措施，并宜选用塑料护套电缆。

③ 电缆桥架水平敷设时的距地高度不宜低于 2.5m，垂直敷设时距地高度不宜低于

1.8m。除敷设在电气专用房间内外，当不能满足要求时，应加金属盖板保护。

④ 电缆桥架水平敷设时，宜按荷载曲线选取最佳跨距进行支撑，跨距宜为 1.5～3m。垂直敷设时，其固定点间距不宜大于 2m。

⑤ 电缆桥架多层敷设时，其层间距离应符合下列规定：

- 电力电缆桥架间应不小于 0.3m。
- 电信电缆与电力电缆桥架间不宜小于 0.5m，当有屏蔽板时可减少到 0.3m。
- 控制电缆桥架间应不小于 0.2m。
- 桥架上部距顶棚、楼板或梁等障碍物不宜小于 0.3m。

⑥ 当两组或两组以上电缆桥架在同一高度平行或上下平行敷设时，各相邻电缆桥架间应预留维护、检修距离。

⑦ 在电缆托盘上可无间距敷设电缆。电缆总截面积与托盘内横断面积的比值，电力电缆不应大于 40%；控制电缆不应大于 50%。

⑧ 下列不同电压、不同用途的电缆，不宜敷设在同一层桥架上：

- 1kV 以上和 1kV 以下的电缆。
- 同向负荷供电的两回路电源电缆。
- 应急照明和其他照明的电缆。
- 电力和电信电缆。

⑨ 当受条件限制需安装在同一层桥架时，应用隔板隔开。

⑩ 电缆桥架不宜敷设在腐蚀性气体管道和热力管道的上方及腐蚀性液体管道的下方。当不能满足上述要求时，应采取防腐、隔热措施。

⑪ 电缆桥架与各种管道平行或交叉时，其最小净距应符合金属线槽布线的规定。

⑫ 电缆桥架转弯处的弯曲半径，应满足表 1-32 的要求。

⑬ 电缆桥架不得在穿过楼板或墙壁处进行连接。

⑭ 钢制电缆桥架直线段长度超过 30m、铝合金或玻璃钢制电缆桥架长度超过 15m 时，宜设置伸缩节。电缆桥架跨越建筑物变形缝处，应设置补偿装置。

⑮ 金属电缆桥架及其支架和引入或引出电缆的金属导管应可靠接地，全长应不少于 2 处与接地保护导体（PE）相连。

4. 电气竖井内布线

（1）适用范围

电气竖井内布线适用于多层和高层建筑内强电及弱电垂直干线的敷设。可采用金属导管、金属线槽、电缆、电缆桥架及封闭式母线等布线方式。

（2）竖井的位置和数量

竖井的位置和数量应根据建筑物规模、用电负荷性质、各支线供电半径及建筑物的变形缝位置和防火分区等因素确定，并应符合下列要求。

① 宜靠近用电负荷中心。

② 不应和电梯井、管道井公用同一竖井。

③ 临近不应有烟道、热力管道及其他散热量大或潮湿的设施。

④ 在条件允许时宜避免与电梯井及楼梯间相邻。

- 电缆在竖井内敷设时，应不采用易延燃的外护层。
- 竖井的井壁应是耐火极限不低于 1h 的非燃烧体。竖井在每层楼应设维护检修门并应开向公共走廊，其耐火等级应不低于丙级。楼层间钢筋混凝土楼板或钢结构楼板应做防火密封隔离，线缆穿过楼板应进行防火封堵。
- 竖井大小除应满足布线间隔及端子箱、配电箱布置所必需尺寸外，宜在箱体前留有不小于 0.8m 的操作、维护距离，当建筑平面受限制时，可利用公共走道满足维护距离的要求。

• 竖井内垂直布线时，应考虑下列因素：

顶部最大变位和层间变位对干线的影响。

电线、电缆及金属保护导管、罩等自重所带来的荷重影响及其固定方式。

（3）垂直干线与分支干线的连接

① 竖井内高压、低压和应急电源的电气线路之间应保持不小于 0.3m 的距离或采取隔离措施，并且高压线路应设有明显标志。

② 电力和电信线路宜分别设置竖井。当受条件限制必须合用时，电力与电信线路应分别布置在竖井两侧或采取隔离措施。

③ 竖井内应设电气照明及单相三孔电源插座。

④ 竖井内应敷有接地干线和接地端子。

⑤ 竖井内不应有与其无关的管道等通过。

第五节　安全防护

一、过电压防护

1. 概念

过电压指电气设备线路上出现的超过正常工作所要求的额定值，并对其绝缘构成威胁的异常高的电压。这种高电压如海浪、潮汐般瞬间涌现，故往往形象地称为"浪涌电压"。按产生原因过电压可分为两类：内部过电压和外部过电压。

（1）内部过电压

① 内部过电压是能量来自电力系统本身的过电压，它一般不超过系统正常运行时额定电压的 3~4 倍，对电力线路和电气设备绝缘的威胁不是很大。包括：

• 故障过电压　系统的开路、短路等严重故障所致；

• 操作过电压　大感性、容性负载的投切、大电流的通断等正常操作引起；

• 感应过电压　又可分为静电感应及电磁感应过电压。

② 限制措施

• 采用灭弧能力强的快速高压断路器；

• 装设磁吹或氧化锌避雷器；

• 对地电容电流大的线路，采用中性点经消弧线圈接地，以限制电弧接地电压；

• 增加母线对地感抗，从而减小固有自振频率，避免因系统扰动而产生的母线铁磁谐振过电压。

（2）外部过电压——雷电

雷电又称大气过电压，是由于电力系统的设备或建（构）筑物遭受来自大气中的雷击或雷电感应而引起的过电压。因其能量来自系统外部，故又称为外部过电压。它不经常发生，但却是最具破坏力的浪涌电压。

大量电荷积累达到一定电场强度而出现的云层间、云层对地面的瞬间击穿放电，伴随着大量正负电荷的中和与大电流泄放所产生的强烈弧光和巨大声响即为"电闪"与"雷鸣"，这种大气中的放电现象就是雷电，亦称雷击。

① 基本形式

• 直击雷　直击雷指雷云直接对电气设备或建筑物放电。这时，强大的雷电流通过这些物体导入大地，从而产生破坏性极大的热效应和机械效应，造成设备损坏、建筑物破坏。直击雷的形成过程见图1-25(a)，正、负雷云击穿、放电，形成导电的空气通道-雷电先导。大地的异性电荷集中于相对方位的尖端上方，在雷电先导下行到离地面100～300m时，也形成一个上行的"迎雷先导"。"雷电先导"和"迎雷先导"相互接近，正负电荷迅速中和，产生强大的"雷电流"，并伴有电闪和雷鸣，形成直击雷的"主放电阶段"。其主放电电流可高达几百千安，但持续时间极短，一般只有50～100μs。然后，雷云中的剩余电荷继续沿主放电通道向大地放电，形成直击雷的"余辉放电阶段"。这一阶段电流较小，几千安，持续时间约为0.03～0.15s。雷电流是一个幅值很大、陡度很高的冲击波电流。雷电流波形如图1-25(b) 所示。

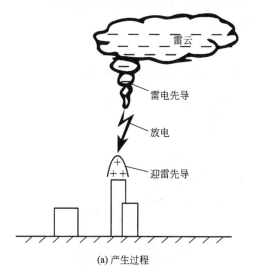

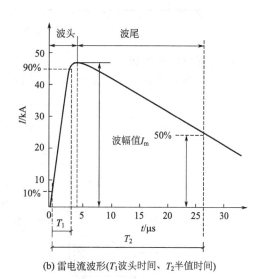

(a) 产生过程

(b) 雷电流波形(T₁波头时间、T₂半值时间)

图 1-25　直击雷示意图

雷电流由零增大到幅值的波形称为波头，这段波的幅值从10%到90%的时间称为波头时间 T_1。从幅值衰减到其一半的波形称为波尾，从幅值的10%至此这段时间称半值时间 T_2。陡度 a 用雷电流波头部分的增长速度 $a=\dfrac{di}{dt}$ 表示。雷电流的波陡度越大，则产生的过电压 $U=L\dfrac{di}{dt}$ 越高，对电气设备绝缘的破坏越严重。因此，应设法降低雷电流的波陡度。雷击到高层建筑侧面而不是屋顶时称为侧击。

• 闪电感应　闪电感应是指当架空线附近出现对地雷击时，在输电线路及相邻区域感应形成的瞬间高压的电磁场和静电的感应（分别称闪电电磁感应、闪电静电感应），其形成过程见图1-26。

雷云放电的起始阶段，雷云中的电荷形成的电场对线路发生静电感应，逐渐在线路上感应出大量异极的束缚电荷 Q。由于线路导线和大地之间有对地电容 C 存在，从而在线路上建立一个闪电感应电压 $U=Q/C$。当雷云对地放电后，线路上的束缚电荷被释放而形成自由电荷，向线路两端冲击流动，形成闪电感应过电压冲击波。高压线路上可达几十万伏，低压线路上感应过电压也可达几万伏，对供电系统危害很大。

闪电感应的基本防护措施是将金属体连通并接地，等电位就可消除彼此的电势差。

• 闪电电涌侵入　直击雷或闪电感应产生的过电压冲击波，即闪电电涌，沿架空线及金属管道侵入到建筑物，甚至机箱内，这种闪电电涌侵入约占雷电危害总数一半以上，其基本防护措施是将线缆入建筑物的屏蔽层接地及设置电涌保护器。

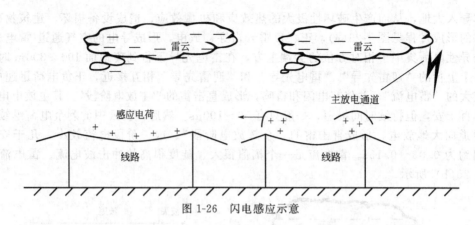

图 1-26   闪电感应示意

② 防雷分区及等级

• IEC 将其分为五个防雷区及三个防雷等级，分区划分示意图，见图 1-27。

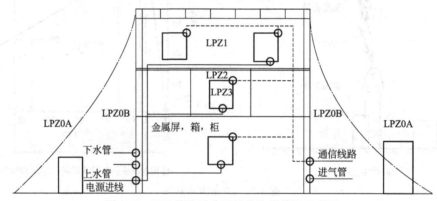

图 1-27   IEC 的防雷分区划分防雷等级示意图

• 防雷分区

LPZ0A：不在防雷体系统的防护范围；

LPZ0B：在防雷体系统的防护范围；

LPZ1：雷电场经初步衰减（如建筑的钢筋水泥框架结构）的后续防雷区域；

LPZ2：雷电场经进一步衰减（如建筑物内部屏蔽机房）的后续防雷区域；

LPZ3：雷电场经再次衰减（如屏蔽机房内金属机箱内）的后续防雷区域。

• 防雷等级

CLASS-Ⅰ：考虑 LPZ0 进入 LPZ1 区的直击雷及后续配电设备的耐压；

CLASS-Ⅱ：考虑从 LPZ1 进入 LPZ2 区的雷电波侵入、闪电感应，以及从 LPZ0B 埋地侵入雷和后续设备的耐压；

CLASS-Ⅲ：考虑从 LPZ2 进入 LPZ3 区的雷电波侵入、闪电感应及后续用电设备的耐压。

2. 防护设备

根据 GB 50057—2010《建筑物防雷设计规范》，用于减少闪击击于建（构）筑物上或建（构）筑物附近造成的物质性损害和人身伤亡的防雷装置由外部防雷装置及内部防雷装置组成。其外部防雷装置由接闪器、引下线和接地装置（接地体和接地线的总称）组成，内部防雷装置由防雷等电位连接和与外部防雷装置的间隔距离组成。下面就防雷装置中的关键设备做一分析。

（1）接闪器

① 接闪器是用来接受直接雷击的金属物体，其功能是利用其高出被保护物的突出地位，当雷电先导临近地面时，它使雷电场畸变，改变雷电先导的通道方向，将雷电引向自身，然后经与其相连的引下线和接地装置将雷电流安全地泄放到大地。从而使被保护的线路、设备、建筑物等免受雷击。

② 接闪杆主要用于保护露天变配电设备及建筑物。它由金属杆、管做成，安置在建筑物顶部最高点，利用尖端放电原理引雷泄放，保护周围一片区域免受雷击。能否对被保护物有效保护，取决于被保护物是否在其保护范围内。其保护范围，按新颁国家标准采用"滚球法"来确定。"滚球法"将雷体理想化为一个半径为 h_r（滚球半径）的滚球，沿需要防护直击雷的部分滚动，雷球在接闪器与地面限制下不能触及的空间范围即此接闪器的保护范围。滚球半径按建筑物防雷类别确定，见表 1-37。

表 1-37　各类防雷建筑物的滚球半径和避雷网格尺寸

建筑物防雷类别	滚球半径 h_r/m	避雷网格尺寸/m
第一类防雷建筑物	30	≤5×5 或≤6×4
第二类防雷建筑物	45	≤10×10 或≤12×8
第三类防雷建筑物	60	≤20×20 或≤24×16

③ 接闪线　金属线做的接闪器称接闪线，通常紧贴架设于架空输电线路上方，主要用于保护输电线路。

④ 接闪带和接闪网　金属带做的接闪器称接闪带，这种接闪带连成的金属网格称为接闪网，主要用于保护建筑物。金属屋面、屋面的金属构件可以用作接闪网。

（2）避雷器

避雷器与被保护设备并联安装，将可能引入室内、屏内的过电压旁路短接，防止雷电波侵入以及故障、操作引起的过电压所造成破坏。

① 分类　见表 1-38。

表 1-38　避雷器的分类及应用（未包括新型的压敏电阻避雷器及浪涌保护器）

类别与名称			产品系列	应用范围
阀式	碳化硅	低压阀式避雷器	FS	低压网络、保护交流电器、电表和配电变压器低压绕组
	交流型	配电普通阀式避雷器	FS	3kV、6kV、10kV 交流配电系统保护配电变压器和电缆头
		电站普通阀式避雷器	FZ	保护 3～220 kV 交流系统电站设备的绝缘
		保护旋转电机磁吹阀式避雷器	FCD	保护旋转电机的绝缘
		电站磁吹阀式避雷器	FCZ	保护 35～500kV 系统电站设备的绝缘
		线路磁吹阀式避雷器	FCX	保护 330kV 及以上交流系统线路设备的绝缘
	直流型	直流磁吹阀式避雷器	FCL	保护直流系统电气设备的绝缘
	金属氧化物	无间隙金属氧化物式避雷器	YW	包括 FS、FZ、FCD、FCZ、FCX 系列的全部应用范围，对碳化硅类有取而代之的趋势
	交流型	有串联间隙金属氧化物式避雷器	YC	3～10kV 交流系统，保护配电变压器、电缆头和电站设备，与 YW 系列相比各有特点
		有并联间隙金属氧化物式避雷器	YB	保护旋转电机和要求保护性能特别好的场合
	直流型	直流金属氧化物式避雷器	YL	保护直流电气设备

续表

	类别与名称	产品系列	应用范围
管式	纤维管式避雷器	GWX	电站进线和线路绝缘弱点保护
	无续流管式避雷器	GSW	电站进线、线路绝缘弱点及6kV、10kV交流配电系统电气设备的保护

② 常用避雷器保护间隙结构与接线　见图1-28。

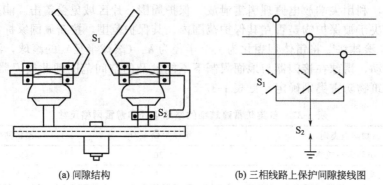

(a) 间隙结构　　　　　　　　(b) 三相线路上保护间隙接线图

图 1-28　常用避雷器保护间隙结构与接线

S_1—主间隙；S_2—辅助间隙

常用避雷器型号含义如下：

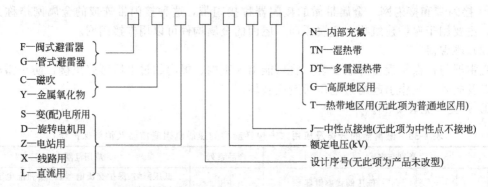

- 管型：它由产气管和内外两个间隙组成，具有较强的灭弧能力，但其保护特性较差，工频续流过高时还易引起爆炸，与变压器特性不易配合，因而只适于架空线路。
- 阀型：它由若干个火花间隙和阀片装在密封的瓷套管内所构成。火花间隙用铜片冲压而成，每对间隙之间用厚0.5～1mm的云母垫圈相隔，阀片用陶料粘结的碳化硅（金刚砂）颗粒制成。具有非线性特性：正常工作电压时，阀片电阻很大，火花间隙阻断工频电流通过；雷电过电压作用时，阀片电阻很小，火花间隙被击穿，雷电流经避雷器引下线向大地泄放，从而保护了被保护物；当雷电过电压消失时，线路恢复工频电压，阀片又恢复很大电阻，火花间隙绝缘恢复，切断工频续流，从而使线路恢复正常。它是运用最为广泛的避雷器，其额定电压有0.22kV、0.38kV、0.5kV、0.66kV、3kV、6kV、10kV、15kV、20kV、35kV等。
- 间隙式：它即与被保护物绝缘并联的空气间隙，又叫保护间隙、空气火花间隙。按结构形式分为棒形、球形和角形。目前3～35kV线路广泛应用的是角形间隙。角形间隙由两根ϕ10～12mm的镀锌圆钢弯成羊角形电极并固定在瓷瓶上，见图1-28(a)。

正常情况下，间隙对地绝缘。当线路遭雷击，就会在线路上产生一个正常绝缘所不能承受的高电压，使角形间隙击穿，将大量雷电流泄入大地。角形间隙击穿时会产生电弧，因空气受热上升，电弧转移到间隙上方，距离拉长而熄灭，使线路绝缘子或其他电气设备的绝缘不致发生闪络，从而起保护作用。主间隙 S1 暴露在空气中，易被外物（如鸟、鼠、虫、树枝）短接，所以对本身没有辅助间隙的保护间隙，一般在其接地引线中串联一个辅助间隙 S2。这样即使主间隙被外物短接，也不致造成接地或短路，见图 1-28（b）所示。

保护间隙结构简单，价格低廉，但灭弧能力较小，雷击后很可能切不断工频续流而造成接地短路故障，引起线路开关跳闸或熔断器熔断，造成停电，所以只适用于无重要负荷的线路。在装有保护间隙的线路上，一般要求装设自动重合闸装置或自复式熔断器，以提高供电可靠性。

（3）电涌保护器

电涌保护器（Surge Protective Device，SPD）又称浪涌保护器。一般有气体放电管、放电间隙、半导体放电管（SAD）、氧化锌压敏电阻（MOV）、齐纳二极管、滤波器、保险丝等原件单独或组合构成，但至少含有一个非线性原件。浪涌保护器是一种限制瞬态过电压并分走电源电流的器件。在低压配电系统和电子信息系统中，主要用于对雷电过电压、操作过电压、雷击电磁脉冲或干扰（Electro Magnetic Interference，EMI）脉冲的防护。SPD 与用于高压系统的避雷器有一定的可比性，但不完全相同。

① 电涌保护器的分类

• 按用途　可分为保护电源系统用 SPD、保护信号系统用 SPD 和保护天馈线系统用 SPD。保护电源用 SPD 用于低压交流电路和直线电路作浪涌保护，一般并联在系统中。保护信号线和天馈线的 SPD 通常串联在系统中，其内部有串接限流元件和无限流元件等类型。

• 按保护形式　可分为共模型和差模型。共模型 SPD 将在电源三个相线（L）与地之间接入 3 个 SPD，中性线与地之间接入一个 SPD。相线和中性线上的 SPD 都承担各自的对地电压。差模型 SPD 将在电源相线（L）与中性线之间接入 3 个 SPD，承担相线与中性线之间的电压之后，中性点与地之间接入 1 个 SPD，承担中性线的对地电压。

• 按功能　可分为电压开关型 SPD、限压型 SPD 和组合型 SPD 等类型。

② SPD 的工作特性

• 电压开关型 SPD　在无电涌出现时为高阻抗，当出现电涌电压时突变为低阻抗。通常采用放电间隙、充气放电管、闸流管和三端双向可控硅元件作这类 SPD 的组件。又称为"短路型 SPD"。电压开关型 SPD 的放电能力强，但残压较高，通常为 2000～4000V，测试该器件一般用 $10/350\mu s$ 的模拟雷电冲击电流波形。一般安装在建筑物 LPZ0 与 LPZ1 区的交界处，可最大限度地消除电网后续电流、疏导 $10/350\mu s$ 的雷电冲击电流，故常在建筑物屋顶设备的配电线路上装设此类 SPD。

• 限压型 SPD　在无电涌出现时为高阻抗，随着电涌电流和电压的增加，阻抗连续变小。通常采用压敏电阻、抑制二极管作这类 SPD 的组件，又称为"钳压型 SPD"。限压型 SPD 的残压较低，测试该器件一般采用 $8/20\mu s$ 的模拟雷电电磁感应冲击电流波形，它在过电压保护中能逐渐泄放雷电能量，可以影响雷电过电压的发展过程。一般安装在 LPZ1 及后续区域中，建筑物内的大部分 SPD 均采用这类 SPD。

• 组合型 SPD　是由电压开关型组件和限压型组件组合而成的，具有电压开关型或限压型或这两者都有的特性，这决定于所加电压的特性。组合型 SPD 利用其限压型组件响应快的特点，对一般雷电过电压进行防护，但它能承受的标称放电电流只能达 10～20kA，若遇到较大的雷电过电压，限压型组件可自行退出，由第二级开关型组件泄放的冲击电流，其承受冲击电流的能力一般不小于 100kA。

③ 电涌保护器的主要参数　电涌保护器是用来限制电压和泄放能量的，它的参数主要和这两者有关。但在工作中它会对系统造成一些负面影响，自身安全也可能受到过电压或过电流的威胁。

• 最大持续运行电压 U_c　指允许持续加在 SPD 上的最大电压的有效值或直流电压，它等于 SPD 的额定电压。U_c 与产品的使用寿命、电压保护水平有关。U_c 选择偏高，能延长使用寿命，但 SPD 的残压也相应提高，不利于保护设备的绝缘能力。

• 标称放电电流 I_n　指流过 SPD 的 8/20μs 波形的放电电流峰值。一般用于对 SPD 作 Ⅱ 级分类实验，也可作 Ⅰ、Ⅱ 级分类试验的预处理。

• 冲击电流 I_{imp}　电流峰值 I_p 和总电荷 Q 所规定的脉冲电流，一般用于 SPD 的 Ⅰ 级试验，其波形为 10/350μs。

• 最大放电电流 I_{max}　通过 SPD 的 8/20μs 雷电流波峰值电流。一般用于 SPD 作 Ⅱ 级分类试验，其值按 Ⅱ 级动作负载的试验程序确定，要求 $I_{max} > I_n$。

• 额定负载电流 I_L　能对串联在保护线路中的双端口 SPD 输出端所连接的负载，提供最大持续额定交流电流的有效值或直流电流。

• 电压保护水平 U_p　表征 SPD 限制接线端子间电压性能参数。对电压开关型 SPD 是指规定陡度下的最大放电电压，对电压限制型 SPD 是指对规定电流波形下的最大残压。

• 残压 U_{res}　冲击放电电压通过 SPD 时所呈现的最大电压峰值。其值与冲击电流的波形和峰值电流有关。

• 残流 I_{res}　SPD 不带负载，并施加最大持续工作电压 U_c 时，流过 PE 线端子的电流。值越小则待机功耗越小。

• 其它六项：

参考电压 $U_{re(1mA)}$　限压型 SPD 通过 1mA 直流参考电流时，其端子上的电压。

泄漏电流 I_L 在 $0.75U_{re(1mA)}$　直流电压作用下，流过限压型 SPD 的漏电流。泄漏的能量要在 SPD 中发热，过大的发热不仅影响 SPD 的寿命，还会使 SPD 的特性发生改变，进而影响其保护性能。其值越小则 SPD 的热稳定性越好。一般 SPD 的 I_L 被控制在 50～100μA。

额定断开续流值 I_f　SPD 能在冲击放电电流以后，断开由电源系统流入 SPD 的预期短路电流。

响应时间 t　在标准试验条件下，从电涌激励开始至 SPD 响应结束间的时间，值越小越好，一般为 ns 级。

冲击通流容量　SPD 不发生实质性破坏而能通过的规定次数、规定波形的最大冲击电流的峰值。

使用寿命　通过标称电流 I_n 而不致损坏的次数 N_1，和通过最大放电电流 I_{max} 而不致损坏的次数 N_2。如某型号 SPD，在通过标称电流时，可使用 20 次，而通过最大放电电流时，可使用 2 次。以上 20 次和 2 次就是其使用寿命。

④ SPD 冲击分类试验级别　SPD 的通流容量不是一个参数，而是一组参数，它是由一系列标准化试验确定出的 SPD 技术参数，这些试验有三个分类试验组成。标称放电电流和最大冲击电流属于 SPD 的通流容量的试验参数。

• Ⅰ 级分类试验　用标称放电电流 I_n、1.2/50μs 冲击电压、10/350μs 最大冲击电流（I_{imp}）做试验，最大冲击电流在 10ms 内通过的电荷 Q（A·s）等于幅值 I_{peak}（kA）电流的 1/2。这是规定用于安装在 $LPZO_A$ 区与 LPZ1 区界面处的雷电流型 SPD 的试验程序。

• Ⅱ 级分类试验　用标称放电电流 I_n、1.2/50μs 冲击电压和 8/20μs 最大冲击电流（I_{max}）做试验，这是规定用于限压型 SPD 的试验程序。

- Ⅲ级分类试验 对 SPD 用 $1.2/50\mu s$ 和 $8/20\mu s$ 复合波所做的试验。

不同类型的试验没有等级之分，也没有可比性，每个厂家可任选一类试验。

例如：某型号电源用 SPD 的参数如下：

最大持续工作电压 U_c：350V；

泄漏电流 I_L：$<10\mu A$；

续流：无；

标称放电电流：I_n（15 个 $8/20\mu s$ 脉冲）：20kA；

最大放电电流 I_{max}（1 个 $8/20\mu s$ 脉冲）：40kA；

冲击电流 I_{imp}（1 个 $10/350\mu s$ 脉冲）：715kA；

电压保护水平 U_p $<600V$；

符合标准：IEC 61643-1，VDE 0675-6。

⑤ SPD 的选择 配电系统用 SPD 应根据工程具体情况对 SPD 额定电压、电压保护水平、标称放电电流、冲击通流容量、残压等参数进行选择。

- 信息系统的信号传输线路 SPD 应根据线路的工作频率、传输介质、传输速率、工作电压、接口形式、阻抗特性等参数，选用电压驻波比和插入损耗小的适配产品。

- 各种计算机网络数据线路 应根据被保护设备的工作电压、接口形式、特性阻抗、信号传输速率或工作频率等参数，选用插入损耗低的适配产品。

- 一般情况 按性能选择 SPD 的参考项目及要求简述如下。

额定电压 U_N 应与安装处设备的额定电压相一致；

电压保护水平 U_p U_p 加上其两端引线的感应电压值和，应小于所在系统和设备的绝缘耐冲击电压值 U_{sh}，并不宜大于被保护设备耐压水平的 80%。220/380V 低压配电系统中各种设备绝缘耐冲击过电压额定值如表 1-39。

表 1-39 220/380V 低压配电系统中各种设备绝缘耐冲击过电压额定值

设备位置	电源处的设备	配电线路和最后分支线路的设备	用电设备	特殊需要保护的设备
耐冲击过电压类别	Ⅳ类	Ⅲ类	Ⅱ类	Ⅰ类
耐冲击电压额定值/kV	6	4	2.5	1.5
设备举例	电气计量仪表、过流保护设备等	配电柜、变压器、电动机、断路器等盒、开关、插座等	洗衣机、电冰箱、电动手提工具	计算机、电视等

最大持续运行电压 U_c 应不低于系统中可能出现的最大持续运行电压 $U_{s.max}$。220/380V 低压配电系统中 SPD 的最大持续工作电压如表 1-40 所示。

表 1-40 SPD 的最大持续工作电压 $U_{s.max}$

电涌保护器接于	配电网络的系统特征				
	TT 系统	TN-C 系统	TN-S 系统	引出中性线的 IT 系统	不引出中性线的 IT 系统
每一相线和中性线间	$1.1U_o$	NA	$1.1U_o$	$1.1U_o$	NA
每一相线和 PE 线间	$1.1U_o$	NA	$1.1U_o$	$\sqrt{3}U_o$[①]	线电压[①]
中性线和 PE 线间	U_o[①]	NA	U_o[①]	U_o[①]	NA
每一相线和 PEN 线间	NA	$1.1U_o$	NA	NA	NA

注：NA 不适用；U_o 是指低压系统中的相电压；此表基于 GB18802.1；①这些值对应于最严重的故障状况，因而没有考虑 10% 的余量。

电压保护水平 U_p 必须低于被保护设备的冲击耐压 U_{sh}，以确定被保护设备的绝缘不受损坏，同时 U_p 应高于系统可能出现的最高运行电压 $U_{s.max}$，即 $U_{s.max} < U_p < U_{sh}$。

由于电涌的变化速率很快，SPD 两端引线上的电感压降 $L\mathrm{d}i/\mathrm{d}t$ 会达到一定的数值。因此，U_p 加上两端引线电感压降之和，应不小于 U_sh 才能确保被保护设备不受损失。为使最大电涌电压足够低，SPD 的两端引线应做到最短。SPD 连接导线应平直，其长度不宜超过 0.5m。

标称放电电流应大于流过被保护设备及线路的最大雷电流分量及电磁感应电流。根据《建筑物电子信息系统防雷技术规范》GB 50343—2012 中的有关规定，配电线路 SPD 标称放电电流如表 1-41 所示。

表 1-41　配电线路 SPD 标称放电电流参数推荐值

雷电保护分级	LPZ0 区与 LPZ1 区交界处		LPZ1 与 LPZ2、LPZ2 与 LPZ3 区交界处				直流电源标称放电电流/kA
	第一级标称放电电流/kA		第二级标称放电电流/kA	第三级标称放电电流/kA	第四级标称放电电流/kA		
	$10/350\mu s$	$8/20\mu s$	$8/20\mu s$	$8/20\mu s$	$8/20\mu s$		$8/20\mu s$
A 级	≥20	≥80	≥40	≥20	≥10		≥10
B 级	≥15	≥60	≥40	≥20			直流配电系统中根据线路长度和工作电压选用标称放电电流≥10kA 适配的 SPD
C 级	≥12.5	≥50	≥20				
D 级	≥12.5	≥50	≥10				

注：配电线路用 SPD 应具有 SPD 损坏告警、热容和过流保护、保险跳闸告警、遥信等功能；SPD 的外封装材料应为阻燃材料。

熄灭工频续流能力　SPD 的额定断开续流值　不应小于安装处的预期短路电流。

泄流能力　通过 SPD 的正常泄漏电流要小，且不影响系统的正常运行。

⑥ 低压配电系统 SPD 的配置与配合

• SPD 的配置　应遵循以下原则。

入户为低压架空线和电缆线宜安装三相电压开关型 SPD 作为第一级保护。

分配电柜线路输出端宜安装限压型 SPD 作为第二级保护。

在电子信息设备电源进线端宜安装限压型 SPD 作为第三级保护。

对于使用直流电源的电子信息设备，视其工作电压需要，宜分别选用适配的直流电源 SPD 作为末级保护。

• SPD 的上下级配合　低压配电系统及电子信息系统信号传输线路在穿过各防雷区界面处，宜采用浪涌保护器（SPD）保护。

在一般情况下，上一级 SPD 的电压保护水平 U_p 和通流容量应大于下一级，为使上级 SPD 泄放更多的能量，必须延迟雷电波到达下级的时间，否则会使下级 SPD 启动过早，因遭受过多的雷电波能量降低保护能力，甚至烧毁自身。因此，上级 SPD 与下级 SPD 在启动时间上需要配合。由于雷电波是行波，上级和下级之间的距离决定了动作时间的先后级差。当上级浪涌保护器为开关型 SPD，下级 SPD 采用限压型 SPD 时，一般电压开关型 SPD 安装在雷电流较大的地方，启动时间应比限压型 SPD 长一些，上下级之间的距离也就长一些。当上级与下级浪涌保护器均采用限压型 SPD 时，因为这种类型 SPD 的性能要求，安装处的雷电流一般不会很大，可允许启动时间较短一些，距离相应也较短。

当在线路上多处安装 SPD 且无准确数据时，电压开关型 SPD 与限压型 SPD 之间的线路长度不宜小于 10m，限压型 SPD 之间的线路长度不宜小于 5m。当上级与下级浪涌保护器之间的线路长度不能满足要求时，应加装退耦装置。退耦元件可采用单独的器件或利用两级 SPD 之间线缆的自然电阻或电感。

3. 防护措施

（1）架空线路

① 架设接闪线是线路防雷的最有效措施，但成本很高，一般 66kV 及以上线路才沿全线装设。

② 提高线路本身的绝缘水平　在线路上采用瓷横担代替铁横担，改用高一绝缘等级的瓷瓶都可以提高线路的防雷水平，这是 10kV 及以下架空线路的基本防雷措施。

③ 利用三角形排列的顶线兼做防雷保护接闪线　3～10 kV 线路的中性点通常不接地，在三角形排列的顶线绝缘子上装设保护间隙。雷击时顶线承受雷击，保护间隙被击穿，通过引下线对地泄放雷电流，保护下面两根导线，一般不会引起线路断路器跳闸。

④ 加强对绝缘薄弱点的保护　线路上特别高的个别电杆、电缆头、开关等是全线路的防雷薄弱点，需装设管型避雷器或保护间隙加以保护。

⑤ 采用自动重合闸装置　遭雷击时，线路可能发生相间短路。在断路器跳闸后，电弧自行熄灭，经 0.5s 左右时间重合闸即恢复供电，对一般用户的影响不大。

⑥ 绝缘子铁脚接地　对于分布广而密的用户低压线路及接户线的绝缘子铁脚宜接地。绝缘子上落雷时，就能通过铁脚把雷电流泄入大地。

（2）变配电所

① 防直击雷　装设接闪杆以保护整个变配电所建（构）筑物免遭直击雷。当雷击接闪杆时，强大的雷电流通过引下线和接地装置泄入大地，接闪杆及引下线上的高电位可能对附近的建筑物和变配电设备发生"反击闪络"。为防"反击"，接闪杆与被保护物的接地装置应保持一定距离。

② 变配电所如下设备和建筑物还应有防直击雷措施：

- 户外的配电装置；
- 雷击后可导致火灾的建筑物；
- 有爆炸危险的建筑；
- 雷击后可能引起力学性能破坏的高大建筑物（如烟囱、冷却塔等）。

③ 电源进线

- 35kV 电力线路　一般不全线路装设接闪线防直击雷。但为防止附近线路受雷击，闪电电涌沿线路侵入，在进线 1～2km 段内和人口稠密区段装设接闪线，使该段线路免遭直接雷击。在接闪线两端处的线路上装设管型避雷器，保护段以外线路受雷击时，雷电波到管型避雷器 F_1 处，即对地放电，降低了雷击过电压值。管型避雷器 F_2 的作用是防止闪电电涌侵入波在断开的断路器 QF 处产生过电压击坏断路器，见图 1-29(a)。

- 3～10kV—3～10kV 电力线路　在每路进线终端装设 FZ 或 FS 型阀型避雷器，以保护线路断路器及隔离开关。如进线是电缆引入的架空线，则在架空线路终端靠近电缆头处装设避雷器，其接地端与电缆头外壳相连后接地，见图 1-29(b)。

- 绝缘薄弱、价格昂贵的关键设备——如变压器　在最靠近的母线上装设一组阀式避雷器以保护。离保护设备一般不大于 5m、避雷器的接地线与变压器低压侧接地中性点及金属外壳一起接地，见图 1-29(a)、(b) 的 F_3。

经变压器再与架空线路相接时，高压电动机一般不要求采取特殊的防雷措施。但如直接和架空线路连接的直配线电动机，由于其绝缘水平低于变压器，故防雷问题应予重视。

高压电动机绕组安全冲击耐压值低于磁吹阀型避雷器残压，又由于长期运行，受环境影响腐蚀、老化，其耐压水平会进一步降低，故不能采用普通的 FS 型和 FZ 型阀型避雷器作雷电侵入波的防护，而应采用性能较好的专用于保护旋转电机的 FCD 型磁吹阀型避雷器或采用具有串联间隙的金属氧化物避雷器，并尽可能靠近电动机安装。

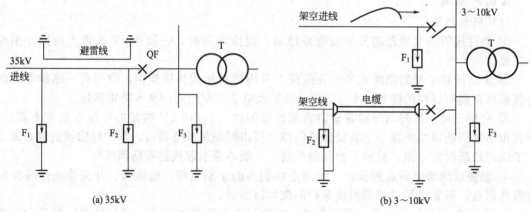

(a) 35kV   (b) 3～10kV

图 1-29 变配电所进线防雷保护接线

对于定子绕组的高压电动机，中性点能引出就在中性点装设避雷器；中性点不能引出的高压电动机，为降低侵入雷电波陡度，在电动机前加一段 100～150m 的引入电缆，并在电缆前的电缆头安装一组管型或阀型避雷器 F_1，在电动机电源端安装每相都并联电容器（0.25～0.5μF）的 FCD 型磁吹阀型避雷器 F_2，如图 1-30 所示。

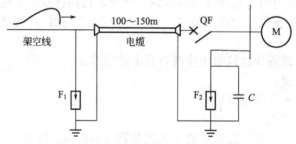

图 1-30 高压电动机的防雷保护接线

F_1—管型或普通阀型避雷器；F_2—磁吹阀型避雷器

F_1 与电缆联合作用，利用雷电流将 F_1 击穿后的集肤效应，大大减小流过电缆芯线的雷电流。F_2 的作用是防止中性点处比入口高一倍的折射电压对中性点绝缘的危害。

(3) 建筑物

① 建筑物的防雷分类 根据《建筑物防雷设计规范》（GB 50057—2010）规定，建筑物应根据其重要性、使用性质、发生雷电事故的可能性和后果，分为下列三类。

· 第一类防雷建筑物 应有防直击雷、闪电感应和雷电侵入波的措施。

凡制造、使用或贮存火炸药及其制品的建筑物，因电火花而引起爆炸，会造成巨大破坏和人身伤亡者；

具有 0 区或 20 区爆炸危险场所的建筑物；

具有 1 区或 21 区爆炸危险场所的建筑物，因电火花而引起爆炸，会造成巨大破坏和人身伤亡者。

· 第二类防雷建筑物 应有防直击雷和雷电侵入波的措施，有爆炸危险的也应有防闪电感应的措施。

国家级重点文物保护的建筑物；

国家级的会堂、办公建筑物、大型展览和博览建筑物、大型火车站和飞机场（不含停放飞机的露天场所和跑道）、国宾馆、国家级档案馆、大型城市的重要给水水泵房等特别重要的建筑物；

国家级计算中心、国际通信枢纽等对国民经济有重要意义的建筑物；

国家特级和甲级大型体育馆；

制造、使用或贮存火炸药及其制品的危险建筑物，且电火花不易引起爆炸或不致造成巨大破坏和人身伤亡者；

具有 1 区或 21 区爆炸危险场所的建筑物，且电火花不易引起爆炸或不致造成巨大破坏和人身伤亡者；

具有 2 区或 22 区爆炸危险场所的建筑物；

有爆炸危险的露天钢质封闭气罐；

预计雷击次数大于 0.05 次/a 的部、省级办公建筑物及其他重要或人员密集的公共建筑物，以及火灾危险场所；

预计雷击次数大于 0.25 次/a 的住宅、办公楼等一般性民用建筑物。

• 第三类防雷建筑物　省级重点文物保护的建筑物及省级档案馆。

预计雷击次数大于或等于 0.01 次/a 且小于或等于 0.05 次/a 的部、省级办公建筑物及其他重要或人员密集的公共建筑物以及火灾危险场所。

预计雷击次数大于或等于 0.05 次/a 且小于或等于 0.25 次/a 的住宅、办公楼等一般性民用建筑物或一般性工业建筑物。

在平均雷暴日大于 15d/a 的地区，高度在 15m 及以上的烟囱、水塔等孤立的高耸建筑物；在平均雷暴日小于或等于 15d/a 的地区，高度在 20m 及以上的烟囱、水塔等孤立的高耸建筑物。

② 建筑物防雷要求

• 各类防雷建筑物应设防直击雷的外部防雷装置，并应采取防闪电电涌侵入的措施。

• 第一类防雷建筑物和部分第二类防雷建筑物，尚应采取防闪电感应的措施。

• 各类防雷建筑物应设内部防雷装置，并应做到以下几点。

在建筑物的地下室或地面层处，建筑物金属体、金属装置、建筑物内系统及进出建筑物的金属管线应与防雷装置做防雷等电位连接。

外部防雷装置与建筑物金属体、金属装置、建筑物内系统之间如未做"防雷等电位连接"，尚应满足间隔距离的要求。

• 第二类防雷建筑物中第二至第四条，尚应采取防雷击电磁脉冲的措施。其他各类防雷建筑物，当其建筑物内系统所接设备的重要性高，以及所处雷击磁场环境和加于设备的闪电电涌无法满足要求时，也应采取防雷击电磁脉冲的措施。

③ 措施

• 防雷网笼　防雷网笼是根据古典电学法拉第笼原理，利用钢筋混凝土建筑的结构钢筋、钢结构建筑的钢结构，以下述部分构成笼体，保护网笼内建筑、设施及人员免遭雷击。

接闪器　建筑物的凸出部是屋面，其易受雷击部位见表 1-42。

表 1-42　建筑物易受雷击部位

建筑物屋面的坡度	易受雷击部位	示意图
平屋面或坡度不大于 1/10 的屋面	檐角，女儿墙，屋檐	平屋顶　　坡度≤1/10

建筑物屋面的坡度	易受雷击部位	示意图
坡度大于 1/10,小于 1/2 的屋面	屋角,屋脊,檐角,屋檐	1/10<坡度<1/2
坡度不小于 1/2 的屋面	屋角,屋脊,檐角	坡度≥1/2

注：屋面坡度为 a/b，a—屋脊高出屋檐的距离（m）；b—房屋的宽度（m）。

在屋面的屋脊、屋角、檐角、屋檐和平顶屋面四周的女儿墙等易受雷击部位敷设接闪带，中间再以同样材质的接闪带连成按要求尺寸的网格，组成接闪网。接闪器及引下线的材质及尺寸见表 1-43。

表 1-43　接闪器及引下线的材质及尺寸

材料	结构	最小截面/mm²	备注
铜,镀锡铜	单根扁铜	50	厚度 2mm
	单根圆铜	50	直径 8mm
	铜绞线	50	每股线直径 1.7mm
	单根圆铜	176	直径 15mm
铝	单根扁铝	70	厚度 3mm
	单根圆铝	50	直径 8mm
	铝绞线	50	每股线直径 1.7mm
铝合金	单根扁形导体	50	厚度 2.5mm
	单根圆形导体	50	直径 8mm
	绞线	50	每股线直径 1.7mm
	单根圆形导体	176	直径 15mm
	外表面镀铜的单根圆形导体	50	直径 8mm,径向镀铜厚度至少 70μm,铜纯度 99.9%
热浸镀锌钢	单根扁钢	50	厚度 2.5mm
	单根圆钢	50	直径 8mm
	绞线	50	每股线直径 1.7mm
	单根圆钢	176	直径 15mm
不锈钢	单根扁钢	50	厚度 2mm
	单根圆钢	50	直径 8mm
	绞线	70	每股线直径 1.7mm
	单根圆钢	176	直径 15mm
外表面镀铜的钢	单根圆钢(直径 8mm)	50	镀铜厚度至少 70μm,铜纯度 99.9%
	单根扁钢(厚 2.5mm)		

引下线　它是用于将雷电流从接闪器传导至接地装置而泄放电流的导体通道。

专设引下线不应少于 2 根，并应沿建筑物四周和内庭院四周均匀对称布置，其间距沿周长计算不应大于 18m。当建筑物的跨度较大，无法在跨距中间设引下线时，应在跨距端设引下线并减小其他引下线的间距，专设引下线的平均间距不应大于 18m。

利用建筑物钢筋混凝土中钢筋时，构件内有箍筋连接的钢筋或成网状的钢筋，其箍筋与钢筋、钢筋与钢筋应采用土建施工的绑扎法、螺钉、对焊或搭焊连接。单根钢筋、圆钢或外引预埋连接板、线与构件内钢筋应焊接或采用螺栓紧固的卡夹器连接。构件之间必须连接成电气通路。

接地体 GB 50057—2010 将埋入土壤中或混凝土基础中作散流用的导体定义为接地体，又将从引下线断接卡或换线处至接地体的连接导体；或从接地端子、等电位连接带至接地体的连接导体定义为接地线。

习惯中把二者统称为接地体，即将引来的雷电流安全无害地泄放到大地的部分。

优先利用建筑物钢筋混凝土内的钢筋作接地体。有地梁时，应将地梁连成环形接地装置。无地梁时，可在建筑物周边内无钢筋的闭合条形混凝土基础内用 40mm×4mm 镀锌扁钢直接敷设在槽坑外沿，形成环形接地。规范要求的接地电阻达不到时，在其四周地下焊出散流体以增强泄流能力，工程上多按屋面网格的大小亦用均压带连成网格。共用接地装置的接地电阻应按 50Hz 电气装置的接地电阻确定，不应大于按人身安全所确定的接地电阻值。

• 接闪杆系统接闪杆采用热镀锌圆钢或钢管制成时，其直径要求为：

杆长 1m 以下时——圆钢不应小于 12mm，钢管不应小于 20mm；

杆长 1～2m 时——圆钢不应小于 16mm，钢管不应小于 25mm；

独立烟囱顶上的杆——圆钢不应小于 20mm，钢管不应小于 40mm。

• 接闪端 接闪杆的接闪端宜做成半球状，其最小弯曲半径宜为 4.8mm，最大宜为 12.7mm。

• 接闪环 当独立烟囱上采用热镀锌接闪环时，其圆钢直径不应小于 12mm；扁钢截面不应小于 100mm^2，其厚度不应小于 4mm。

• 提高地电流泄放能力的措施 通常利用建筑结构部分的处于对角线位置主筋，上下电气贯通作雷电电流引下线。以建筑地圈梁及基础构成接地网，一般均能达到防雷接地对地电阻值的要求指标。个别要求高或者处于山冈、岩石、少水地域时，有如下三项新措施。

接地降阻剂 它含有混合型无机离子交换剂可与多种电解质离子形成稳定的双电层结构，提供良好导电的同时，有效限制离子大范围的迁移。

爆炸制裂法 对于山顶、少水、岩石结构这类地理情况，降阻剂不易扩散，不能充分发挥作用。可采用钻孔，埋入一定量的炸药，爆炸后在钻孔四周形成裂缝。此时降阻剂泄流可以此为脉络散开，大大扩大泄流面积和范围。

电解接地极 该产品以带呼吸排泄孔的铜管组成，管内填装无毒化合物晶体，埋地后吸入土中水分，晶体变为电解液，流入土壤中，形成导电率良好的片区。地电阻一年内降至谷值，使用寿命达十年以上。

4. SPD 在低压配电系统中的接线方式

根据低压配电系统的接地形式及剩余电流保护装置 RCD 的安装位置不同，SPD 的安装位置及个数也不相同。电源线路的各级浪涌保护器（SPD）应分别安装在被保护设备电源线路的前端。所有 SPD 都设置自己的过电流保护器，如断路器、熔断器等。这是因为 SPD 动作后，如果电流没能及时切断，工频续流会烧坏 SPD，过电流保护电器的作用就是及时切断 SPD 击穿短路电流。

图 1-31 所示为 SPD 在 TT 系统中的共模接线方式。

TT 系统中电涌保护器（SPD）安装在剩余电流保护器的负荷侧，在相线和中性线上的 SPD 都承担各自的对地电压。在共模接法中，只要保护中性线的 SPD 未被击穿，则相线与中性线的过

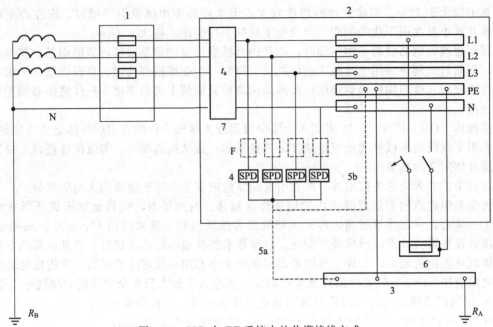

图 1-31   SPD 在 TT 系统中的共模接线方式

1—装置的电源；2—配电盘；3—总接地端子或棒；4—电涌保护器；5—SPD 的接地，5a 或 5b；6—被保护设备；
7—剩余电流装置（RCD）；F—SPD 制造厂要求装设的保护器（例如：熔断器、断路器、RCD）；
R_A—装置的地电极（接地电阻）；R_B—供电系统的地电极（接地电阻）

电压就不会加在保护相线的 SPD 上。安装在 RCD 的负荷侧的 SPD，当它们的泄漏电流相量和不为零时，RCD 将动作进行保护。图 1-32 所示为 SPD 在 TT 系统中的差模接线方式。

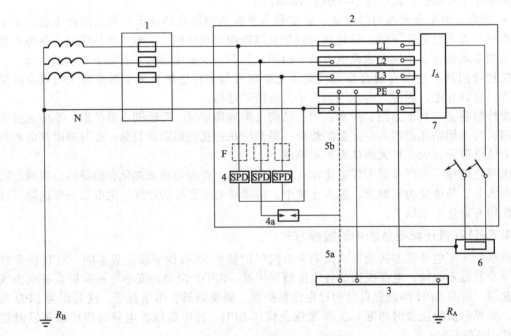

图 1-32   SPD 在 TT 系统中的差模接线方式

1—装置的电源；2—配电盘；3—总接地端子或棒；4—电涌保护器；4a—依照 GB 16895.4 所述的 SPD 或火花间隙；
5—SPD 的接地，5a 或 5b；6—被保护设备；7—剩余电流装置（RCD）；F—SPD 制造厂要求装设的保护器（例如：
熔断器、断路器、RCD）；R_A—装置的地电极（接地电阻）；R_B—供电系统的地电极（接地电阻）

　　TT 系统中电涌保护器（SPD）安装在剩余电流保护器的电源侧，电源相线与中性线之间的 3 个 SPD 承担相线与中性线之间的电压。中性线与地之间的 1 个 SPD 承担中性线的对地电压。在差模接法中，各相与中性点的电压直接反映在各自的 SPD 上，各相与地之间的电压要经过两个 SPD，只要中性线对地电位升高未达到击穿中性线 SPD 的程度，则相对地电压升高的电涌能量只能通过中性线泄放。安装在 RCD 的电源侧的 SPD，它们的泄漏电流只能靠自身的保护或专设的保护动作。一般情况下基本没有对地泄漏电流，也可用漏电断路器代替熔断器。如图 1-33 和图 1-34 所示为 TN 系统和 IT 系统典型的接线方式。

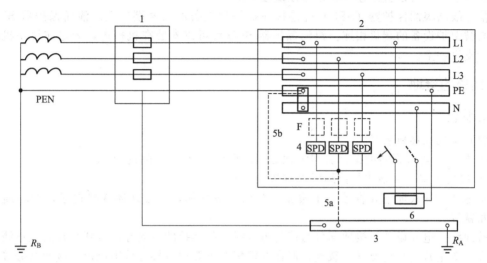

图 1-33　TN 系统中的电涌保护器

1—装置的电源；2—配电盘；3—总接地端子或棒；4—电涌保护器；5—SPD 的接地，5a 或 5b；
6—被保护设备；F—SPD 制造厂要求装设的保护器（例如：熔断器、断路器、RCD）；
R_A—装置的地电极（接地电阻）；R_B—供电系统的地电极（接地电阻）

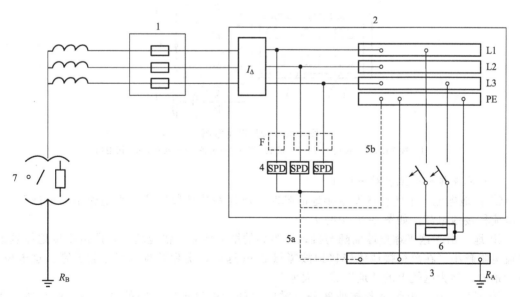

图 1-34　IT 系统中的电涌保护器

1—装置的电源；2—配电盘；3—总接地端子或棒；4—电涌保护器；5—SPD 的接地，5a 或 5b；6—被保护
设备；7—剩余电流保护装置（RCD）；F—SPD 制造厂要求装设的保护器（例如：熔断器、断路器、
RCD）；R_A—装置的地电极；R_B—供电系统的地电极；O/—开路或接

当采用 TN-C-S 或 TN-S 系统时，在 N 与 PE 线连接处电涌保护器用 3 个，在其以后 N 与 PE 线分开处安装电涌保护器时用 4 个，即在 N 与 PE 线间增加一个 SPD。除 TT 系统以外，在 TN-S 系统中也可以采用共模或差模接法，但 TN-C-S 系统和 IT 系统只能采用共模接法。

5. SPD 在信号系统中的接线位置

天馈线路浪涌保护器 SPD 应串接于天馈线与被保护设备之间，宜安装在机房内设备附近或机架上，也可以直接连接在设备馈线接口上。

信号线路浪涌保护器（SPD）应连接在被保护设备的信号端口上。浪涌保护器 SPD 输出端与被保护设备的端口相连。浪涌保护器 SPD 也可以安装在机柜内，固定在设备机架上或附近支撑物上。

二、系统的接地

1. 概念

（1）接地及接地装置

① 接地　电气设备的某部分与大地之间的良好的电气连接称接地。

② 接地装置　接地体与接地线总称接地装置。

接地体　埋入地中并直接与土壤相接触的金属导体，称接地体或接地极，如埋地的钢管、角铁等。

接地线　电气设备应接地部分与接地体（极）相连接的金属导体（线）称为接地线。接地线在设备正常运行情况下不载流，但在故障情况下要通过接地故障电流。接地线分接地干线和接地支线，如图 1-35 所示。接地干线一般应不少于两根导体，在不同地点与接地网连接。

接地网　由若干接地体在大地中用接地线相互连接起来的整体称为接地网。

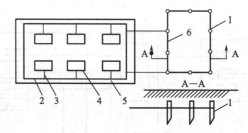

图 1-35　接地网示意图

1—接地体；2—接地干线；3—接地支线；4—设备；5—建筑；6—接地网

（2）地及接地电流、对地电压

① 接地电流　电气设备发生接地故障时，电流经接地装置流入大地作半球形散开，这一电流称接地电流，如图 1-36 中的 I_E。

② 地　由于这半球形球面随与接地体距离的增大成立方倍地增大，所以距接地体越远，散流电阻越小。在单根接地体或接地故障点 20m 远处，实际散流电阻已趋近零。这电位为零的地方，称为电气上的"地"或"大地"。

③ 对地电压　电气设备接地部分与零电位的"电气地"之间的电位差，称对地电压，如图 1-36 中的 U_E。

（3）接触电压和跨步电压

① 接触电压　当设备发生接地故障时，以接地点为中心的地表约 20m 半径的圆形范围

内，便形成了一个电位分布区。站在该设备旁，手接触带电外壳，手与脚间所呈现的电位差，即为接触电压 U_{tou}，如图 1-37 所示。

② 跨步电压　在接地故障点附近行走，人的双脚（或牲畜前后脚）间所呈现的电位差称跨步电压 U_{step}，如图 1-37。跨步电压的大小与离接地点的远近及跨步的长短有关：离接地点越近，跨步越长，跨步电压就越大。离接地点达 20m 时，跨步电压可视为零。

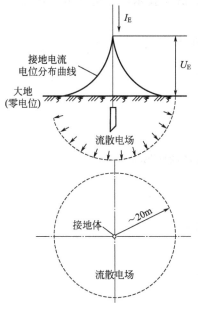

图 1-36　接地电流、对地电压
及接地电流电位分布曲线

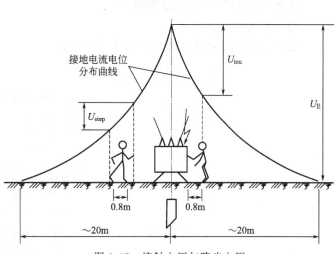

图 1-37　接触电压与跨步电压

（4）接地的分类

① 保护性接地

• 防雷接地　旨在将雷击瞬间的大电流导入大地泄放，防止雷电对人及物体造成伤害的接地。

• 保护接地　短路、绝缘损坏、漏电流过大将使正常的不带电的电气设备外露可导电部分异常带电。保护接地将此异常电压、泄漏电流接地，防止电击人身，亦称"防电击接地"。

• 重复接地　N 系统中为确保 PE、PEN 线的连接可靠，除电源中性点接地外的再次接地为"重复接地"。再次接地地点为：

架空线终端及沿线每隔 1km 处；

电缆和架空线引入建筑处。否则设备单相接壳短路，且 PE 或 PEN 断时，所有与其相连部分将带危险的接近相压的对地电压。重复接地将大大降低此电压，使危险降低。

• 防静电接地　将绝缘的带电体可能积累的静电荷泄放，以防静电的高电位击穿空气，产生火花致灾的接地。

• 防电蚀接地　将埋设相应电极电位的金属体，替代被保护物承受电化学腐蚀，以保证存在电化学腐蚀环境的管线，设施不受腐蚀。

② 功能性接地

• 工作接地　保证电力系统正常工作，运行以及取得单相电压的接地，如电源（发电机或变压器）的中性点直接或经消弧线圈的接地。

• **屏蔽接地**　将本设备屏蔽罩壳与大地连接成相同电位，抑制本设备对外产生或防止外来设备对本设备的电磁干扰的接地为"屏蔽接地"。

• **逻辑接地**　为确保基准参考电位的稳定，"逻辑接地"将电子设备的某部分（多为底板）接地，通常把它及模拟设备的接地称"直流地"。

• **信号接地**　为保证信号具有稳定的基准公共电位的接地。

不同的系统在 20m 的距离内彼此间的干扰影响仍存在。故从技术、经济两方面出发，均推荐采用"共用接地"，此时接地阻值取小值。

接地工程实施中，尽量利用自然接地，人工接地仅作为补充。

2. 低压配电网的保护接地体系

（1）表达形式

低压配电网保护接地体系的表达形式如下：

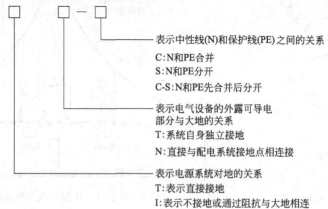

（2）各低压配电保护接地系统的特点

图 1-38 示出各低压配电保护接地系统及其系统中各类用电设备接法。

① IT 系统　中性点不接地的三相三线制低压系统，如图 1-38(a)。将电气设备正常情况下不带电的外露可导电部分（金属外壳和构架）自行接地，当设备单相碰壳、外壳带电、人触及时，均会因分流作用流经人体的电流大大减少，从而降低危险。

此方式供电距离不长时，供电可靠性高，安全性好。一般用于不允许停电及要求严格连续供电的场所，如电炉炼钢、大医院手术室、地下矿井等。如果地下矿井内供电条件比较差，电缆易受潮，即使电源中性点不接地，设备一旦漏电，单相对地漏电电流也很小，也不会破坏电源电压的平衡，所以比电源中性点接地的系统还安全。此 IT 系统发生接地故障时，接地故障电压不会超过 50V，不会引起间接电击的危险。但供电距离长时，供电线路对大地的分布电容就不能忽视，在负载发生短路故障或漏电使设备外壳带电时，经大地形成回路的漏电电流不一定达到使保护设备动作的值，则极危险。

② TT 系统　系统中性点与设备分别独立接地的三相四线制低压系统，如图 1-38(b)。TT 系统中电气设备金属外壳独立进行与工作接地无关的保护接地。相线碰壳、绝缘损坏而漏电使外壳带电时，漏电流不一定能使熔断器熔断，也不一定使断路器跳开，而漏电的外壳对地电压虽高于安全电压，但接地系统的分压作用降低了对地漏电流形成的原有电压，减少了触电危险。而各设备独自接地，耗材多，也可将设备接地点连起来，在端部（总配箱处）及末尾两处接地成为 PE 线，但此专用保护线与 N 线无电联系。此系统仅适用于接地保护点分散的场所。

③ TN 系统　系统中性点与设备连接共同接地的三相四线制低压系统，TN 系统中将电

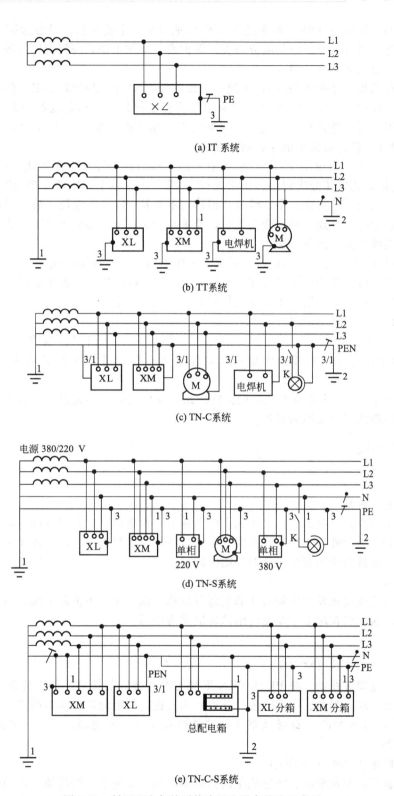

(a) IT 系统

(b) TT系统

(c) TN-C系统

(d) TN-S系统

(e) TN-C-S系统

图 1-38　低压配电保护系统中用电设备接法示意图

1—工作接地；2—重复接地；3—保护接地；XL—动力配电箱；XM—照明配电箱；M—电动机；K—台灯开关

注：各级色标为 L1 红；L2 黄；L3 绿；N 蓝；PE 黄、绿相间

气设备外壳的保护接地（PE）与系统的工作接地（N）连成一起。设备碰壳，外壳经此线构成短路回路，阻抗很小，短路电流很大，保护设备动作极快，瞬间切断故障。按中性线与保护线的组合方式又分为三种。

• TN-C 系统　如图 1-38(c)，系统中工作零线（N）与保护线（PE）自始至终共用一根，此线为"保护中性线—PEN 线"。"共用"节省了材料，三相负载不平衡时，PEN 线上有不平衡电流，所连外壳有一定电压，仅适用于三相平衡负荷。PEN 不允许中断，且不能与前述 IT 及 TT 设备直接接地保护系统混用。

• TN-S 系统　如图 1-38(d)，系统中工作零线（N）与专用保护线（PE）仅在始端（电源处）连接，此后便分线使用。正常时仅 N 线上才有不平衡电流，PE 线上没电流，对地亦无电压。相线对地短路，中性线电位偏移均不波及 PE 线的电位，故应用最广。三相不平衡或单相使用时，N 线上可出现高电位，要求总开关和末级在断开相线的同时断开 N 线。采用四级或两级开关，投资增加。

• TN-C-S 系统　如图 1-38(e)，系统中工作零线（N）与保护线（PE）前部共用一根为 TN-C 系统，后部便分线使用为 TN-S 系统。此前、后段的分段多在总配电箱或某一级配电箱的端子排上进行。此端子排应作重复接地，并与等电位电气连通。同时，N 线、PE 线分开后，任何情况下都不能再合并。

曾一度将"TN-C 系统"、"TN-S 系统"分别称为"三相四线制系统"、"三相五线制系统"。但因正常时 PE 线上没电流，只能视为电位连线，故两者均为"三相四线制系统"。

上述系统中 PE 线为电位连接的保护性线路，任何时候均不能断开。故 PE 线路中，不应安装可能切断的开关及熔断器等。

三、等电位连接

1. 概念

（1）等电位连接

电位差是造成人身电击、电气火灾、电气及电子设备损伤的重要原因。将电气装置各外露可导电部分、装置外导电部分及可能带电的金属体作电气连接，降低甚至消除电位差，这种保持人身、设备安全的安全措施即等电位连接。

（2）要求

虽然这种连接仅在发生故障时才通过部分故障电流，平时不流通电流，但电气连接的牢靠性要求高。这一点在施工中及临时维修时应尤为注意。

2. 分类

（1）总等电位连接（MEB）

在建筑物电源进线处，将 PE 或 PEN 干线与电气装置的接地干线、建筑物金属物体及各种金属管道（水、暖通、空调、燃气管道）相互进行使彼此电位相等的电气连接便是"总等电位联结"，简称 MEB。此接线端子排往往孤立于进线配电箱，另设一处或另装一个箱内，见图 1-39。

（2）辅助等电位连接（LEB）

在远离总箱、非常潮湿、触电危险高的局部区域（如浴室、游泳池）作的辅助、补充等电位连接便是"辅助等电位连接"，简称 LEB。辅助等电位端子排有设于分配电箱内的，也有单独另外设置的，见图 1-40。

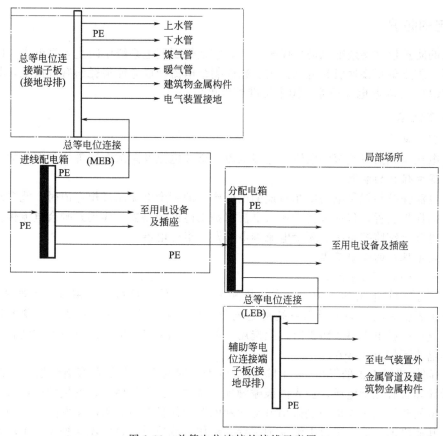

图 1-39　总等电位连接的接线示意图

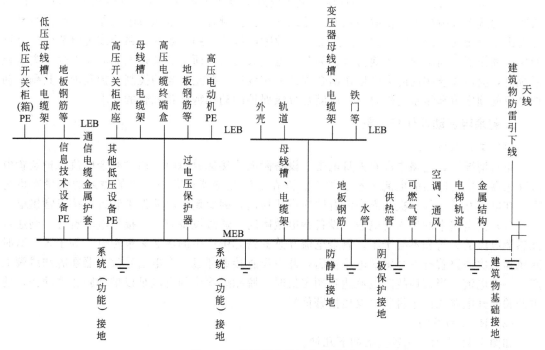

图 1-40　辅助等电位连接示意图

四、漏电的防护

漏电的防护依靠剩余电流动作保护装置，它是低压配电系统中防止人身电击、防止电气设备损坏、防止单相接地引起电气火灾、减少剩余电流造成电能损耗的有效措施，其英文名缩写为 RCD，原名漏电保护器，国家标准予以更名。

1. 基本概念

（1）剩余电流

剩余电流是包括对地短路电流、电容电流、谐波电流及杂散电流等多种电流的统称。

（2）漏电保护的装置

剩余电流保护装置是电路中相对地漏电所产生的剩余电流超过规定值时，能自动切断电源或报警的保护装置。包括各类带剩余电流保护功能的断路器、移动式剩余电流保护装置和剩余电流电气火灾监控系统、剩余电流继电器及其组合电器。

（3）漏电保护的保护范围

其保护范围分三种情况。

① 对直接接触电击的保护——直接接触电击指人体直接接触了带电体而造成的电击。此时被电击者受到电击的电压为系统对地电压，剩余电流直接流过人体，易发生致命的危险。用于直接接触电击事故防护时，应选用一般型（无延时）的剩余电流保护装置，其额定剩余动作电流不超过 30mA。

② 对间接接触电击的保护——间接接触电击一般为电气设备内部绝缘损坏，造成其外露可接近导体带有危险电压，当人体误碰触到设备的可接近导体时，发生的电击事故。间接接触电击事故防护的主要措施是采用自动切断电源的保护方式。当电路发生绝缘损坏造成接地故障，其故障电流值小于过电流保护装置的动作电流值时，过电流保护装置不动作。剩余电流保护装置用于间接接触电击事故防护时，应正确地与电网的系统接地型式相匹配。

③ 对电气火灾的防护——当低压配电系统发生接地故障时，其故障往往不能及时排除，长时间的接地故障电流，使故障点或接地线的不良接触处产生电弧或电火花，其高温极易引燃周围易燃物而引起火灾。此时产生的接地故障电流达不到一般的断路器或过电流保护电器的保护动作值，而不能有效地防范。为防止电气火灾发生而安装剩余电流动作电气火灾监控系统时，应对建筑物内防火区域作出合理的分布设计，确定适当的控制保护范围。其剩余动作电流的预定值和预定动作时间，应满足分级保护的动作特性相配合的要求。

2. 剩余电流动作保护装置

（1）工作原理

正常情况下，电路中没有人身电击、设备漏电或接地故障时，通过剩余电流保护装置电流互感器一次侧电路的电流矢量和为零。则在电流互感器铁芯中产生的磁通的矢量和也为零。在电流互感器的二次线圈中没有感应电压输出，因此剩余电流保护装置保持正常供电。

（2）当电路中发生人身电击、设备漏电故障时，通过设备有一个接地电流流过，则通过互感器电流的矢量和不等于零。剩余电流互感器铁芯中产生的磁通矢量和也不等于零。这时互感器二次回路就有一个感应电压输出，此电压直接或通过一个电信号放大器在脱扣线圈上产生一个电流。当接地故障电流达到额定值时，脱扣线圈中的电流足以推动脱扣器动作，使主开关断开电路或使报警装置发出报警信号。

（3）RCD 的结构

如图 1-41 所示，一般包括如下几种。

① 检测元件 W——即剩余电流互感器，主要功能是把检测到的剩余电流施加到剩余电

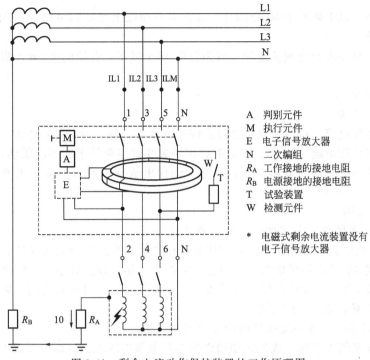

图 1-41　剩余电流动作保护装置的工作原理图

流脱扣器的脱扣线圈上，推动脱扣器动作，或通过信号放大装置将信号放大以后施加到脱扣线圈上，使脱扣器动作。

② 判别元件 A——即剩余电流脱扣器，用以判别剩余电流是否达到预定值，从而确定剩余电流保护装置是否应该动作。剩余电流保护装置的脱扣器一般有两种，一种是电磁式，另一种是电子式。

③ 执行元件 M——即机械开关电器或报警装置。对剩余电流断路器，其执行元件是一个可开断主电路的机械开关电器。对剩余电流继电器，其执行元件一般是一对或几对控制触头，输出机械开闭信号。

④ 电子信号放大器 E——在剩余电流互感器和脱扣器之间增加一个信号放大装置，大大地缩小互感器的重量和体积，使剩余电流保护装置的成本降低。信号放大装置一般采用电子式放大器。

⑤ 试验装置 T——以按键方式人为地接入剩余电流预定值，以试验其工作状态是否正常。

（4）RCD 的分类

① 按动作机理分——RCD 按动作机理分为两类。

电压型：以电压值作为动作阈值，不如后者适用，已少见。

电流型：分为电磁式 ELM 及电子式 ELE 两种。前者不要辅助电源、不受电源电压影响、抗干扰、结构复杂、要求精度高、价昂，后者经电子线路放大、特性反之、价廉、广用。

② 按结构方式分——RCD 按结构分为四类。

漏电开关：RCD 与手控开关连接在一起，达漏电值，直接切断开关。开关复位，RCD投入。

漏电断路器：微型或塑壳断路器附上 RCD，原有保护功能上增添 RCD 漏电时断开断路器的功能。

漏电继电器：继电器附上 RCD 附件，在其原有功能上增加漏电时的声光报警，而不具开闭主回路功能。

漏电插座：与插座组合成插座板，成为提供 16A 以下，保护电流 6mA 以下的便携式安全移动电源。

（5）RCD 的应用

① 动作特性参数

额定剩余动作电流（$I_{\Delta n}$）：制造时设定装置在规定条件下的必需动作值；

额定剩余不动作电流（$I_{\Delta no}$）：制造时设定装置在规定条件下的不应误动作值；

剩余电流动作断路器的分断时间：从施加动作电流到所有极电弧熄灭所经过的短瞬时间段。

② RCD 的选用

• 按电气设备的供电方式选用分为三种情况：

单相 220V 电源供电的电气设备，应优先选用二极二线式剩余电流保护装置；

三相三线式 380V 电源供电的电气设备，应选用三相三线式剩余电流保护装置；

三相四线式 380V 电源供电的电气设备，三相设备与单相设备共用的电路应选用三极四线或四极四线式剩余电流保护装置。

• 按电气设备的工作环境条件选用分为四种情况：

电源电压偏差较大地区：优先选用动作功能与电源电压无关，即电磁式 RCD；

高温或特低温环境：选用非电子型，亦即电磁式 RCD；

家用电器：可选用满足过电压保护的 RCD；

易燃、易爆、潮湿或有腐蚀性气体等恶劣环境，根据有关标准选用特殊防护条件的 RCD。

• 动作参数的选择分为四种情况。

RCD 的额定动作电流要充分考虑电气线路和设备的对地泄漏电流值，应不小于被保护电气线路和设备的正常运行时泄漏电流最大值的 2 倍。必要时可通过实际测量取得被保护线路或设备的对地泄漏电流。因季节性变化引起对地泄漏电流值变化时，应考虑用动作电流可调试的 RCD。

手持式电动工具、移动电器、家用电器：优先选用额定剩余动作电流不大于 30mA、一般（无延时）的 RCD。

单台电气机械设备：可根据其容量大小选用额定剩余动作电流 30mA 以上、100mA 以下、一般型（无延时）的剩余电流保护装置。

电气线路或多台电气设备（或多住户）的电源端：为防止接地故障电流引起电气火灾，RCD 的动作电流和动作时间应按被保护线路和设备的具体情况及其泄漏电流值确定，必要时应选用动作电流可调和延时动作型。

（6）RCD 的接线

剩余电流保护装置安装时，必须严格区分 N 线和 PE 线，三极四线式或四极四线式剩余电流保护装置的 N 线应接入保护装置。通过剩余电流保护装置的 N 线，不得作为 PE 线，不得重复接地或接设备外露可接近导体。PE 线不得接入剩余电流保护装置。TN-C 系统需改造为 TN-C-S 或局部 TT 接地系统 N 线接入装置，PE 不接入装置。各种 RCD 在低压配电线路中的接线见图 1-42。

（7）RCD 的分级保护

低压供用电系统中为了缩小发生人身电击事故和接地故障切断电源时引起的停电范围，

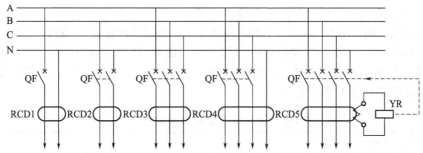

图 1-42　各种 RCD 在低压配电线路中的接线示意图
RCD1—单极 2 线；RCD2—双极 2 线；RCD3—3 极 3 线；RCD4—3 极 4 线；
RCD5—4 极 4 线；QF—断路器；YR—漏电脱扣器

剩余电流保护装置应采用分级保护。分级保护应根据用电负荷和线路具体情况的需要，一般可分为两级或三级。各级 RCD 的动作电流值与动作时间应协调配合，实现动作的选择性。

分级保护应以末端保护为基础，住宅和末端用电设备必须安装 RCD。配电线路电源端或分支线路上的 RCD 的动作特性应与线路末端保护协调配合。末端保护上一级保护的保护范围应根据负荷分布的具体情况确定其保护范围，上一级剩余保护电流装置的极限不驱动时间应大于下一级剩余电流保护装置的动作时间，上下级剩余电流保护装置的动作时间差值不得小于 0.2s。除末端保护外，各级剩余电流保护装置应选用低灵敏度延时型的 RCD。电源端的剩余电流保护装置应满足防接地故障引起电气火灾的要求。

五、触电的预防及急救

1. 预防触电

① 电流
- 安全电流——通常人体允许通过电流：工频 30mA，直流 50mA（时间不超过 1s），此时可自主摆脱电源；
- 危险电流——50mA（时间为 1s），又称 50mA·s；
- 致命电流——100mA·s。

② 通电时间　通电时间越长，越容易引起心室颤动，电击危险越大。

③ 电流种类
- 直流电流、高频电流和冲击电流对人体的伤害比工频电流要轻；
- 电流频率为 25～300Hz 的交流电流对人体的伤害最为严重，所以特别预防工频触电；
- 雷电和静电都能对人产生冲击电流，引起肌肉强烈的收缩，给人体以冲击的感觉。冲击电流对人体的伤害程度与冲击放电时间及能量有关。

④ 人体状况
- 女性——感知电流和摆脱电流约比男性低三分之一；
- 小孩——摆脱电流较低，遭受电击时比成年人更危险；
- 体弱、有心血管病症者——危险程度将增加。

⑤ 电流途径
- 电流通过心脏——会引起心室颤动，更大的电流还会使心脏停止跳动，导致血流循环中断而死亡。电流通过人体时，通过心脏的电流比重按电流途径不同危险程度依次为：左手-脚；右手-脚；手-手；脚-脚，故电气试验中强调尽可能右手单手操作；
- 电流通过神经中枢——会引起中枢神经强烈失调而导致死亡；
- 电流通过头部——会使人昏迷，电流大时引起的脑损坏将致命；

- 电流通过脊髓——可能导致半截肢体瘫痪。

⑥ 天气因素　晴天或干燥季节，人体电阻增加，在相同接触电压 U_t 或跨步电压 U_s 作用下，通过人体的电流稍小。再加上雨雪造成漏电可能增大，故雨雪中施工电气安全尤为重要。

⑦ 电压　安全电压指当人体不用任何防护设备时接触带电体，而不致直接致死或致残的电压。规定的安全电压等级见表 1-44。

表 1-44　安全电压等级 （GB 3805—83）

安全电压(交流有效值)/V		选用举例
额定值 U_N	空载上限值 $U_{0.max}$	
42	50	在有触电危险的场所使用的手持式电动工具等
36	43	在矿井、多导电粉尘等场所使用的行灯，建筑工地
24	29	
12	15	可供某些具有人体可能偶然触及的带电体设备选用
6	8	

50V 安全电压并不是绝对安全的，它因人而异，与触电时间、所处环境与带电体接触的皮肤面积、压力大小等因素有关。

⑧ 跨步电压　人体接近高压电网接地点或防雷接地点附近时，由于两脚之间的电位差而产生的跨步电压会使人触电。步子越大、离接地点越近，越危险。所以，不能在接地点附近避雨，高压设备接地点不可靠近。当误入接地点而两脚发麻时，千万不能逃跑，而应该单脚或双脚并拢跳出危险区 （10m 外就没有危险，20m 电位近为零）。

2. 触电保护

① 直接触电保护　指防止人与带电体直接接触时发生触电危险的保护（这时人所接触的电压是电源系统电压），如加隔离遮栏、围墙、防护罩等。

② 间接触电防护　是在电气设备绝缘遭到破坏致使外露可导电部分带电的情况下，防止人触及这些部位发生触电危险的保护，如正常时电气设备外露平时不带电，而故障时可能带电的可导电部分，如电气设备金属外壳、框架、构架等，将其外露可导电部分接地，并装设接地故障保护，一旦发生接地故障时，便切断电源或发出警报信号（前已细述）。

3. 触电急救

① 首先使触电者脱离电源，此时要防止施救者同时触电，也要防止被救者次生伤害。

② 对症救治

- 触电轻微，神志清醒，但有心慌、四肢麻木　通风、放松、躺下休息 $1\sim2h$、不要行走，防止其突然惊厥狂奔，导致心竭而死亡；
- 触电严重，神志丧失，无知觉，有心跳　呼吸停止者应立即人工呼吸；如有呼吸但心脏停止跳动，则马上施行心脏胸外挤压法；
- 触电极严重，心跳、呼吸全停止　用人工氧合并法急救，即用人工呼吸和胸外心脏按压法同时或交替进行；
- 一定要迅速就地抢救　分秒必争，即使在送往医院的途中也不能停止。

③ 注意事项

- 急救要迅速及时，分秒必争，耐心而不间断地持之以恒，即使有一线希望也不能轻易停止。严重触电急救时间会长达 3h 或更长；
- 严禁打强心针；

- 复活和死亡要由医师判断；

触电者由假死而复活时，面色好转，口唇渐红，瞳孔缩小，心跳、呼吸都恢复正常功能，神志清醒，四肢可以活动。

由假死到死亡则有五个征象出现；无呼吸和心跳，瞳孔放大，身体冰凉僵直，出现尸斑，血管硬化。未经医师正式认定死亡，都应以"假死"对待而继续不断进行抢救。

- 触电者复活后要注意休息、观察。复活后并不等于已救治结束。

六、电、磁的兼容

随着社会、经济的发展，科学与技术的进步，强电与微电在有限空间、有限时间、有限的大资源下彼此协调，共同工作的兼顾性问题日渐突出。目前它属于前沿技术领域。

1. 概念

国家标准定义为："设备或系统在其电磁环境中能正常工作，且不对该环境中任何事物构成不能承受的电磁骚扰的能力"。可见它指的是同一电磁环境中电气、电子设备及系统。一方面正常工作——抵抗它方干扰，另一方面不破坏环境——不致产生对它方的干扰两个方面。

2. 干扰的产生

按频谱分为窄带、宽带；按幅度分为确定与随机；按波形出现分为周期与非周期；按频率高低分为远场与近场；就其产生源有以下几种：

① 工业、科学、医疗的感应加热设备辐射；
② 架空电力/牵引线系统；
③ 汽车，内燃机点火及日光灯，气体放电启动系统；
④ 共用电源的静电放电、电磁脉冲；
⑤ 广电、雷达、导航信号发射；
⑥ 抗干扰抵制措施；
⑦ 电场屏蔽、磁场屏蔽、电磁屏蔽；
⑧ 设备接地、系统接地；
⑨ 设备之间、系统之间、设备与系统之间低阻抗电气连接（等电位连接）；
⑩ 滤波器滤波。

3. 防电气干扰的措施

根据电气干扰的来源和干扰途径，常用的抗干扰措施有：科学布局、滤波、隔离、屏蔽、接地、合适的信号传递方式。

① 科学布局　科学布局的方法包含通过选择合适的安装地点降低设备所受的外界干扰，合理对设备进行布局来增强设备的抗干扰能力。由于离干扰源越远所受到辐射的能量越小，导线越短时所受到的辐射干扰越小，所以可通过远离干扰源的方式在条件允许的情况下远离干扰源；也可尽量缩短设备见的连线，信号线越短越不容易收到外界的干扰。

② 滤波　滤波是利用滤波器来抑制传导干扰，大部分用于抑制低频或中频干扰，抑制的频率可达 300MHz。

滤波器是由集中参数的电阻、电感和电容，或者是分布参数的电阻、电容和电感构成的一种网络，这种网络只允许某些频率通过，而阻止其它的频率通过以达到抑制电磁干扰的目的。常用的滤波器有 T 型滤波器、π 型滤波器、L 型滤波器、C 型滤波器、电容低通滤波器和电感低通滤波器等。在采用滤波方法抑制传导干扰时，首先要了解干扰源的频谱，干扰源在频带中的分布情况、干扰波的幅值等，可以通过干扰仪器来检测，获得干扰源的频带分布和幅值，有针对性地选择滤波器的种类或者针对性地设计滤波器。

③ 隔离　经导线传输是干扰传输的主要方式，经导线引入表现为干扰经电源线、信号线、控制线入侵。当干扰经信号线和控制线入侵时，一般可以采用光电器件隔离或脉冲变压器隔离来防止电气干扰。对模拟输入信号还可采用专门隔离放大器隔离，即将信号的输入回路与主回路在电气上隔离。

④ 屏蔽　屏蔽是限制内部的电磁能量越出某一区域和防止外来的能量进入某一区域。一般常用于限制隔离和衰减辐射干扰，屏蔽的实质是由具有良好导电性能的金属材料制成的一个全封闭的壳体。常见的措施有将器件装入软磁材料（如铁板）制成的金属壳内。还有广泛采用屏蔽电缆传递电信号。

屏蔽电缆传递电信号时主要方式有以下几种。

- 单层屏蔽　屏蔽体单端接地，有时也称为静电屏蔽。
- 双层屏蔽　当干扰电场很强而电路灵敏度又高时，可采用双层屏蔽。采用此方法时要注意内外屏蔽层之间只能一点连接，且要加滤波电路，两层之间距离应尽可能大。
- 三层屏蔽　传输线用电缆进行可采用编织、包扎、金属皮屏蔽三种屏蔽方式。编织电缆柔性好、易弯曲、寿命长、直流电阻少，在低频应用较好；包扎电缆由螺线组成，适合在视频使用，缺点是有电感；金属屏蔽电缆外加料层，隔离性强、作用距离长、柔性小，适用于射频。这几种评比方式也可根据实际情况组合选用。

⑤ 接地　接地的作用概括起来只有两种：保护人和设备不受损害的保护接地和为了抑制电磁干扰的接地，即工作接地，本部分只讨论工作接地。

工作接地是为了使变频控制系统及与之相连的仪表均能可靠运行并保证测量和控制精度而设的接地。在高压变频器信号传递中需要考虑信号回路接地、屏蔽接地，高压变频器用于石化或其他防爆系统中还有本安接地的问题。

- 信号回路接地　如各变频器的负端接地，开关信号的负端接地等。信号地的处理原则上不允许各变送器和其他的传感器在现场接地，而应都将其负端在变频器端子处一点接地。但在有些场合，现场必须接地，这时必须注意原信号的输入端子（上双端）绝对不允许和变频控制系统的接地线有任何电气连线，而变频控制系统在处理这类信号时，必须在前端采用有效的隔离措施。

- 屏蔽接地（模拟信号的屏蔽接地）　模拟地是所有的接地中要求最高的一种，高压变频器要求接地电阻小于 0.1Ω，需在变频器机柜内部安装模拟地汇流排或其他设施。用户在接线时将屏蔽线分别接到模拟地汇流排上，在机柜底部，用绝缘多股铜线连接到一点，然后将各机柜的汇流排用绝缘多股铜导线或铜条以辐射状连接到接地点。注意各机柜之间的连接电阻需小于 1Ω。

- 本安接地　是本安仪表或安全栅的接地。这种接地除了可抑制干扰外，还是使仪表和系统具有本质安全性质的措施之一。本安接地会因采用的设备不同而不同，安全栅的作用是使危险现场端永远处于安全电源和安全电压范围之内。如果现场端短路，由于负载电阻和安全栅电阻 R 的限流作用，会将导线上的电流限制在安全范围之内，使现场端不至于产生很高的温度，引起燃烧。如果变频器——端产生故障，则高压信号加入信号回路，则由于齐纳二极管的作用，也使电压处于安全范围。

⑥ 合适的信号传递方式　在设计系统时选择抗干扰性强的信号传递技术，如优先考虑数字型与电流型信号。数字信号的抗干扰能力远远强于模拟信号。恶劣的电磁环境对信号电缆的影响主要是产生共模电压干扰，电流型信号在传输通路中不会出现在同一回路中各点电流大小不一致的问题，有很强的抗感应式干扰的能力，推荐采用工业上常用的 $4\sim20\text{mA}$ 信号。

当传递数字信号或电平信号时，采用光纤作为传输介质传递信号，当以光波的形式传递信号时，可以从根本上杜绝信号在传输过程中所受干扰，同时光纤传输信号速度快，也可以节省有色金属——铜，比电缆传输信号经济。

七、防火、防爆、防静电

1. 电气防火与防爆的主要措施

针对电气火灾与爆炸的特点，必须采用综合性的防护措施。

① 合理选用电气设备　应根据使用场所的环境特点和技术安全要求选用相应的电气设备。

• 设备选用　按爆炸危险场所要求分别选用防爆安全型（标志 A）、隔爆型（标志 B）、防爆充油型（标志 C）、防爆通风充气型（标志 F）、防爆安全火花型（标志 H）、防爆特殊型（标志 T）以及防尘型、防水型、密封型、保护型（包括封闭式、防溅式和防滴式）；按火灾危险场所等级 H-1、H-2、H-3 级选用相应的电气设备。

• 电动机选用　在潮湿场所要选用有耐湿绝缘的防滴式电动机；在水土飞溅场所应选用防溅型；多尘多屑场所要选用封闭式；有腐蚀气体或蒸汽的场所应选用有耐酸绝缘的封闭式电动机。

• 导线选择　潮湿、特别潮湿或多尘的场所应选用有保护的绝缘导线（如铅包）或一般绝缘导线穿管敷设；高温场所应用瓷管、石棉、瓷珠等敷设耐热绝缘的耐燃线；有腐蚀性气体或蒸汽的场所可用铅皮线或耐腐蚀的穿管线；移动电气设备应用橡套的软线或软电缆。

② 保持电气设备的正常运行

• 运行中要保持电压、电流、温升等不超过允许值，以防止电气设备过热，特别要注意防止线路或电气设备接头处接触不良引起的过热。

• 在爆炸危险场所，导线的允许载流量不低于线路熔断器额定电流的 1.25 倍。

• 在有气体或蒸汽爆炸性混合物爆炸危险的场所，电气设备的极限温度和极限温升不得超过规定值。电气设备和导线电缆的绝缘应良好、连接可靠，采用铜铝过渡接头，铝导线连接时应采用压接、焊接，而不能用缠绕接法。

③ 保持防火间距

• 易产生电火花或危险温度的电气设备应避开易燃物或可燃构件；

• 室外变、配电装置要保持与其他物体的间距，必要时可加防火墙；

• 10kV 及以下架空线路与火灾和爆炸危险场所接近时，水平距离不得小于杆高 1.5 倍，严禁跨越危险场所。

④ 保持通风良好　通风良好不仅有利于电气设备和线路的散热，而且能减低爆炸性气体混合物或其他有害气体的浓度，从而减少火灾爆炸的可能。

⑤ 加设并良好接地

• 一般场所可不要求接地或接零的，在有爆炸危险的场所则要接地或接零。

• 所有设备的金属外露可导电部分、管道、结构都接地或接零并且要联成整体。

⑥ 合理应用保护装置、电源及报警设备

• 有火灾爆炸危险的场所，过电流保护装置的动作电流应尽量整定得小一些，单相线路应采用双极开关。

• 突然停电可能引起爆炸危险的场所，应有双电源供电，并装有自动切换的联锁装置，启动时应先通风。

• 对通风要求高的场所，应装有联锁装置，开动时先通风后启动设备，停机时先停设备后停通风机。还可设置自动检测爆炸性混合物的报警装置，及时发出报警信号，以采取相应措施消除隐患。

　　⑦ 采用耐火材料及设施

　　• 变压器室、高低压配电室及电容器、蓄电池室应为防火相应等级的耐火建筑；

　　• 靠近室外的变配电装置的建筑物外墙也应达到耐火要求；

　　• 为防止火灾蔓延，室内贮油量在 600kg 以上、室外贮油量为 1000kg 及以上的电气设备，应有贮油、挡油、排油设施。

2. 电气灭火

　　(1) 电气灭火方法

　　① 断电灭火　发生电气火灾，首先迅速切断电源。

　　• 室内应尽快拉下开关切断电源，及时用电气灭火器灭火；

　　• 室外或街道的高压线路或杆上配电变压器起火时，要迅速通知供电局拉断电源；

　　• 如果就近无电源开关或电源开关无法拉断，则要采取切断、剪断电源的措施。切断电源时要防触电，伤人和引起电源短路。

　　② 带电灭火　在危急的情况下，或电源一时无法切断时，为了抢时机，防止火势蔓延扩大，或者断电后将严重影响生产，这时就要进行带电灭火。

　　• 带电灭火一般在 10kV 及以下的电气设备上进行；

　　• 带电灭火应用不导电的灭火剂，如：二氧化碳（CO_2）、干粉、1211（二氟一氯甲烷）、四氯化碳（CCl_4）；

　　• 带电灭火须在确保人身安全的前提下进行，严禁用导电的水及泡沫灭火机喷射，以防触电，灭火人员要穿绝缘靴、鞋，不要接触断落在地上的电线，防止身体或消防器材触机及带电体，使用灭火机时要站在上风方向。

　　③ 充油设备的灭火

　　• 如果是充油设备容器外部着火　可用二氧化碳、1211、干粉、四氯化碳灭火；

　　• 如充油设备容器内部着火　除应切断电源外，要设法将油排入事故贮油池，并用喷雾水灭火，不得已时可用砂子、泥土灭火；

　　• 当盛油桶着火　用浸湿的棉被覆盖在桶上灭火。

　　④ 旋转电机灭火　发电机、电动机着火时，要切断电源。

　　• 为防止轴和轴承变形，可使其慢慢转动，用喷雾水流补救，并使它均匀冷却；

　　• 可用二氧化碳、1211、四氯化碳灭火；

　　• 不宜用干粉、黄砂、泥土灭火，以免损坏电机绝缘。

　　(2) 电气灭火器械

　　① 1211 灭火器　目前，变配电所及家庭普遍应用。

　　• 手提式　只要拔掉保险红圈，压下把手，灭火剂即喷出；定期检查，总重量不可低于 90%；

　　• 推车式　使用时要取出喷管，伸展胶管，逆时针转动钢瓶手轮，便可喷射灭火剂。定期检查氮气压力，当低于 15kgf/cm^2（$1\text{kgf/cm}^2 = 98.0665\text{kPa}$，下同）时应充氮。

　　② 二氧化碳灭火器

　　• 适用于电压 600V 以下的带电灭火，600V 以上必须停电灭火；

　　• 适用于仪器设备、油类的火灾，不适用于钾钠等化学品的灭火；

　　• 使用时，一手提喷筒对准着火物，另一手拧开梅花轮（手轮式）或握紧"鸭舌"（鸭嘴式），气体即可喷出；

　　• 液态喷出后强烈扩散吸热降温形成雪花状干冰，隔绝氧气；使用时要打开门窗，人离火区 2～3m，防冻伤；

• 二氧化碳灭火剂怕高温，存放处环境温度不可超过 40℃，也不可存放在潮湿的地方；每 3 个月查一次 CO_2 重量，不可少于额定重量的 90%。

③ 干粉灭火器

• 手提式干粉灭火剂在距火 3~4m 处，拔去保险销，喷嘴对准火焰根部，一手握导杆提环，压下顶针，即可喷出干粉。使用时打开怕高温 CO_2 气瓶开关保持 15~20s，即可扳动喷轮扳手进行喷射；

• 干粉灭火器可用于液体、仪器、油类、气体的灭火；

• 保存干燥、密封，避免暴晒，半年检查一次干粉是否结块，3 个月查一次 CO_2 气量，总有效期达 4~5 年。

④ 四氯化碳灭火器

• 使用时将喷嘴对准着火物，拧开"梅花"手轮即可喷射。使用时要注意防止中毒，打开门窗，站在上风侧，有条件时要戴上防毒面具。

• 定期检查灭火筒、阀门、喷嘴有无损坏及漏气、腐蚀、堵塞现象，气压要保持在 $5.5~7kgf/cm^2$，灭火器不可放在潮湿或高温处。

3. 防静电

（1）产生

① 接触、分离 包括剥离、破裂、电解、受热和感应；

② 摩擦 包括挤压、撞击、切割、搅拌、喷溅、流动、过滤，甚至穿脱衣物。

（2）危害

静电虽电量不大，不直接致命，但电压极高，易放电，引起系列危害：

① 火灾和爆炸 放电的静电火花，会引燃易燃物品，引爆易爆物品，造成火灾和爆炸；

② 电击 极高的静电电压，会引起人体摔倒、坠落等二次间接事故；

③ 危及电气设备 静电放电通过电磁感应、静电感应、传导耦合和放电辐射危及高精电气设备；

④ 妨碍生产 静电电压会引起纤维缠结、粉尘吸附、物体粘连，从而妨碍生产、降低产品质量，甚至损伤设备、造成停产。

（3）防护措施

① 静电接地 这是最基本、最有效的措施，其接地电阻一般为 1000Ω，可结合"等电位连接"一并处理；

② 增湿 使带静电非导体表面电阻降低，形成静电泄漏，限制电荷积累；

③ 加抗静电添加剂 大大降低带静电非导体的表面电阻，但对彼此绝缘的悬浮粉尘、蒸汽静电无效；

④ 静电中和 借助静电中和器提供电子、离子，以中和异性静电；

⑤ 工艺控制 从生产工艺采取适当方法，限制静电电荷的产生和积累。

八、安全施工

工程施工用电安全措施有七方面。

1. 配电线路

① 电线采用三相五线制供电，进总箱电缆埋地敷设，其余进电箱电缆均埋地敷设。

② 电缆干线采用埋地，选择的埋设地点保证电缆不受损伤。

③ 直埋电缆的深度不小于 0.7m，做好保护措施和防水处理。

④ 电缆穿越建筑物、构筑物、道路或易受机械损伤的场所时应加设防护套管。

2. 配电箱及开关箱

① 配电箱采用符合规范的安全型铁制电箱，并做好防雨及防砸措施，箱门加锁。

② 配电箱箱体及门均设接连保护，做重复接地。

③ 进线口从电箱箱底进入，并分路成束加护套保护，不得与箱体接触，先进隔离开关，再进断路器，配电箱做到"一机、一闸、一漏、一箱"。各级电箱内漏电保护器动作电流按下列设置：总箱 75mA，分箱 50mA，开关箱 30mA。各插座注明用电设备名称等。

3. 接地体设置

① 电箱及机械接地体采用钢管，$L = 2000$，埋深 1.7m，保护接地电阻不大于 4Ω。

② 保护零线采用统一标志的绿、黄双色线，截面采用 $16mm^2$。

③ 各分箱底采用多股铜芯线重复接地，箱体接地体与电箱门应采用多股软铜线贯通，接地体露出地面 5cm。

4. 现场照明

① 照明灯具和器具必须绝缘良好，照明线路应布线整齐，固定牢固。

② 灯具安装：室内安装照明灯具，悬挂不得低于 2.5m，室外不得低于 3m，大功率的金属卤化物灯及钠灯应大于 5m，室外照明灯具选用防水型灯头。

③ 照明灯具及易燃物之间，普通灯具不宜小于 3m，聚光灯、碘钨灯等高热灯具不宜小于 5m，并不得直接照射易燃物。

5. 电器装置

① 设备容量大于 5.5kW 的动力设备必须采用自动开关电器或降压启动装置控制。

② 熔断器及闸刀开关内的熔丝选择必须与设备容量相匹配，不得用多股熔丝绞接，每根熔丝的粗细应一致。各台机械设备应使用按钮控制开关或带熔芯的隔离开关。

③ 电气设备的装置、安装、使用和维修必须符合 JGJ46-2005《施工现场临时用电安全技术规范》的要求。

6. 安全用电技术措施

① 在总配、分配和移动开关箱分别设置相对应的漏电保护器，开关箱中漏电保护器的额定漏电动作电流不应大于 30mA，额定漏电动作时间不应大于 0.1s。使用于潮湿或有腐蚀介质场所的漏电保护器应采用防溅型产品，其额定漏电动作电流不应大于 15mA，额定漏电动作时间不应大于 0.1s。总配电箱中漏电保护器的额定漏电动作电流应大于 30mA，额定漏电动作时间应大于施工现场临时用电安全技术规范 0.1s，但其额定漏电动作电流与额定漏电动作时间的乘积不应大于 30mA·s。总配电箱和开关箱中漏电保护器的极数和线数必须与其负荷侧负荷的相数和线数一致。

② 外架四角、井字架均设有防雷接地装置。

③ 采用 TN-S 系统供电，在线路末端设置重复接地桩，其接地电阻值均小于 4Ω。

④ 电气设备应符合以下要求。

• 配电系统实行总配、分配、开关箱分级配电。

• 分配箱与开关箱之间不得超 30m，大于 30m 作重复接地，开关箱与固定用电设备水平距离不宜超过 3m。配电箱应设在干燥通风及常温场所。

• 配电箱安装应牢固、平整并装在固定支架上，有防雨措施。

• 导线进出箱体必须由箱底部位进出。

⑤ 电气设备安装

• 配电箱内各元件应安装牢固、平整。

- 配电箱内零线、保护线均通过端子板连接。
- 箱内连接导线截面为 $6mm^2$、$4mm^2$ 铜芯两种规格配线。
- 各种箱体的构架、底座等正常不带电的金属体均作保护接零。

⑥ 现场在电气设备处悬挂醒目的警告标志。

⑦ 电气设备的维护和安装均由持证上岗的专业电工完成，而且初级电工不允许进行中、高级电工的作业。

⑧ 电气设备的使用与维护

- 施工现场的所有配电箱，每七天由现场专业维修电工进行一次检查、维护，总配电室内每年按季度分四次进行停电清扫、检查。
- 检查、维护配电箱时严禁带电作业，并挂有"有人工作，严禁合闸"标志牌。
- 配电箱盘面上标明回路名称、用途并作分路标记。
- 施工现场停止作业 1h 以上应在相应配电箱内实施停电并上锁。
- 严禁使用不符合规格的熔丝。

⑨ 施工用碘钨灯必须用三芯电缆，做好保护接零。

⑩ 施工现场严禁使用花线、塑料护套线，照明回路必须穿 PVC 保护管。

7. 预防电气火灾制度

① 电气操作人员应认真执行规范，正确连接各种导线，接线柱要压接牢固。

② 配电室的耐火等级大于三级，室内配置砂箱、绝缘灭火器。

③ 严禁超载使用电动机，电机周围不得堆放易燃物。

④ 施工现场严禁使用电炉、使用碘钨灯时，灯与易燃物间距离地大于 300mm，严禁使用床头灯和床头开关，室内灯泡不得超过 100W。

⑤ 使用焊机要执行用火制度，并备齐防火设备。

⑥ 配电箱、开关箱内严禁堆放杂物、易燃物，并由专人清扫。

⑦ 严格防火制度，建立防火队伍。

⑧ 一旦发生电气火灾时，应立即拉闸，配电室内应配备绝缘保护用品，并配备干粉灭火器等绝缘灭火器，严禁使用导电灭火剂灭火。

第六节 规划及总体布局

一、概述

1. 概念

它是对一个区域、范围内电力供配的总体布局和安排。这个区域可以是学校、工厂、生活区，更多的是指网小区——城市小区电力网的简称。城市小区规划是城市规划的一个重要组成部分。城市小区供电规划与城市小区的发展规划密切配合。

2. 要求

① 可靠性 加强电网结构，特别防止大面积停电事故。

- 首先应满足小区内重要负荷对供电可靠性的要求；
- 对于较大的城市电网：可考虑当一个变电所停电时通过切换操作能继续供电，且不过负荷，不必限电；
- 对于城市中心区的低压配电线路：当一台变压器或一条低压干线停电时，能由邻近的线路接替上全部或大部分负荷。

② 经济性　经济效益包括供电部门的财务性经济效益和小区用户的社会性经济效益。相同可比条件下需多方案比较。

- 各个规划时期的综合供电能力，以及新增每千瓦供电能力所需要的投资；
- 各规划时期网架结构预期达到的供电可靠性水平（如能减少用户年停电的小时数）；
- 充分利用和改造旧设备可取得的经济效益；
- 城网改造后，提高电压质量和降低线损所带来的经济效益；
- 改造后的城网与系统电力网相互配合所获得的经济效益；
- 促进城市建设和环境保护而产生的综合社会经济效益（如加速市政建设、节约用地、美化城市）等。

在经济性对比中尚需注意两点：

- 时间因素　将不同时期产生的费用和效率按规定的贴现率折算为现值；
- 综合性　费用中还应包括可能发生的各项费用（如建设和改造的征地、拆迁、环保、设施、施工等建筑费，如维护、电耗等运行费）。

③ 适应性　作为城市规划的重要组成部分，应与城市各项发展规划相互配合，同步适应。同时还得与电力部门供电规划密切适应。应根据小区发展阶段的负荷预测和电力平衡的原则，对电力部门提出具体的供电需要。城网小区规划应从实际出发，调查分析供电现状，研究负荷增长规律，按照新建与改造相结合、近期与远期相结合的原则，与电力发展规划统一规划，分步实施。

一般而言，规划年限分为三段。

- 近期规划　为 5 年。主要解决当前存在的问题，为年度计划的依据；
- 中期规划　10 年。着重于向规划网架的过渡，并对大型建设项目作可行性研究，具有承上启下的作用，应注意与近期及远期规划之间的过渡和衔接；
- 远期规划　20 年。远期中的不确定因素较多，宜建立一个适应性较好的规划网架。如：线路走向、变/配电所占地和土建设施等宜一次规划到位，而主变压器、线路回数等则可分期建设。这样做，即使负荷速增，也只影响网架建设的进度，网架格局仍适应。

3. 内容

① 网架现状分析，存在的问题，改造和发展的重点；

② 各项用电指标的预测，确定全区的负荷和负荷密度；

③ 选择供电电源点，进行电力负荷平衡；

④ 进行网络结构设计、方案比较及有关的计算（包括：供电可靠性水平，无功功率补偿、电压调整及自动化程度等）；

⑤ 估算材料、设备、资金需要量；

⑥ 确定变电所位置、线路走廊及分期建设步骤；

⑦ 综合经济效益分析；

⑧ 编制城网小区规划说明书，绘制现状和规划总平面图。

二、基本做法

1. 资料和文件

① 基础资料　进行规划应取得下列基础资料：

- 城市规划资料；
- 当地自然资料　包括气象、地质、水文、地形等；
- 当地动力资料　包括当地电力系统现状及其发展资料，水力及热力资源状况等。

② 规划文件　由两部分组成。
- 说明书　介绍电网的具体供电范围、负荷密度和建设高度等控制指标；
- 图纸　工程管线规划、总平面布置图（包括现状和规划，各种电压供电走廊）。

2. 步骤

① 确定远期电网的初步布局　根据分区分块的远期负荷预算，按远期目标和当地技术原则和供电设备及设施的标准化，粗略推定：
- 待建高压变电所位置和容量；
- 现有/待建变电所供电范围区域；
- 各级高压的路径和走廊；
- 各变电所中压电网布置和出线回数；
- 对电力部门提出协商的电源容量和布局。

② 编制近期规划　根据现有电网结构及下一年的负荷预测，将预测负荷分配到已有电网中进行电力潮流、电压降、短路容量，环流及故障分析各项验算，检查电网适应度。针对不适应问题反复调整。最终从远期电网初步布局中选取目前最先进的改进方案。
- 编制中期规划　以近期几年规划的电网基础作中期预测负荷。将其分配到电网，类似上面做法调查电网适应度，选定中期方案。
- 编制远期规划　以中期布局为基础，依据远期负荷预测，计算后编制远期规划。有可能此时还需反过来对近/中期的规划作相应调整。

3. 负荷预测

① 作用
- 是搞好供、用电工程规划计划的基础和依据；
- 对变配电所的设备容量、供配电线路的电压等级及线路的选择等都至关重要；
- 也是搞好系统能量平衡和电能节约的前提；
- 有助于供电部门正确指导用电单位科学合理地使用电能。

② 需收集的资料　应在调查分析的基础上进行，充分研究本地区负荷用电量的历史和发展规律，并可在参考同类城市或地区的相关资料的基础上进行预测：
- 城市建设总体规划中有关人口、产值或产量、收入和消费水平等方面的资料；
- 市计委等有关部门提供的发电、用电发展规划，特别是重点工程的有关资料；
- 过去和现在的用电资料（如典型的负荷曲线及大用户的产品产量和单耗等）；
- 用户的用电申请，计划新增用电情况；
- 现有供电设备过荷的情况，限电所造成的损失情况；
- 当地的气候情况及其他相关资料。

③ 电力负荷预测的方法　常用方法为：
- 单产耗电法　将企业产量 A 乘单位产品耗电量 a，即得到企业全年的需用电量：

$$W_a = Aa \tag{1-14}$$

各类工厂的单位产品耗电量 a，可由有关设计单位根据实测统计资料定，也可查有关设计手册。

- 负荷密度法　将建筑面积 B（m^2）乘负荷密度 b（W/m^2），即得

有功计算负荷：　　　$$P_{30} = Bb \times 10^{-3}(kW) \tag{1-15}$$

全年的用电量：　　　$$W_a = P_{30} \cdot T_{max}(kW \cdot h) \tag{1-16}$$

式中，T_{max} 为年有功负荷利用小时。

各类建筑的负荷密度 b 可由有关设计单位根据实测统计资料确定，也可查有关设计

手册。

- 人均用电法　应根据所在城市的性质、地理位置、人口规模、产业结构、经济发展水平、居民生活水平以及当地动力资源和能源消费结构、电力供应条件、节能措施等因素，以该城市的人均综合电量现状水平为基础，参照表 1-45（据 GB/50293—2014 城市电力规划规范）中相应的规划人均综合用电量赋值范围，综合研究分析，规划出人均综合用电量指标。

表 1-45　规划出人均综合用电量指标

城市用电水平分类	人均综合用电量[kW·h/(人·a)]	
	现状	规划
用电水平较高城市	4501~6000	8000~10000
用电水平中上城市	3001~4500	5000~8000
用电水平中等城市	1501~3000	3000~5000
用电水平较低城市	701~1500	1500~3000

注：当城市人均综合用电量现状水平高于或低于表中规定的现状指标最高或最低限值的城市。其规划人均综合用电量指标的选取应视其城市具体情况因地制宜确定。

- 大用户调查分析法　又称横向比较法。就是调查同行业中具有一定用电水平的代表性大用户，逐一横向分析比较，预测 5~10 年后的用电水平和所需要电量。通常，大用户都有自己的 5~10 年发展规划，其中将规划预测用电量。此法是一种深入实际，掌握第一手材料的方法。

- 年均增长率法　设 W_m 为第 m 年的用电量（kW·h）或最大负荷（kW）；W_n 为第 n 年的用电量（kW·h）或最大负荷（kW）；K 为从 n 年到 m 年即 $m-n$ 年间的年平均增长率。K 按下式计算：

$$K(\%)=\left[\sqrt[m-n]{\frac{W_m}{W_n}}-1\right]\times100 \tag{1-17}$$

按上式计算出 K 后，应再根据地区的发展情况进行修正，得到一个修正后的年平均增长率 K'，即可按下式计算（预测）今后第 p 年的用电量（kW·h）或最大负荷（kW）：

$$W_p=W_n(1+K')^{p-n} \tag{1-18}$$

- 回归分析法　回归分析法是一种数理统计方法，它对大量的数据进行统计运算，从而找出描述变量间复杂关系的定量表达式。只考虑一个或几个因素的影响，并假设在预测期内用电量与各因素之间的关系不发生质的变化，所需信息较少。一般用于近期和中期预测。有以下三种形式。

时间序列预测法：又称时间序列回归分析模拟法，将用电量视为与时间有关的预测对象，常用的数字模型有直线型、指数型、抛物线型等。

经济指标相关分析法：又称经济指标回归分析模拟法，根据用电量与国民经济指标之间的相关关系来进行用电量预测。

回归分析模拟法：将用电量视为与时间和国民经济指标都有关的预测对象。

- 电力弹性系数法　电力弹性系数即电力消费弹性系数，是反映电能消费与国民经济发展水平之间关系的一个宏观指标。是指电量消费的年平均增长率与国民经济的年平均增长率的比值，即：

电力弹性系数 ε＝电量消费的年平均增长率 γ/国民经济的年平均增长率 β

首先需要掌握今后一段时期国民经济发展计划的国民生产总值的年平均增长速度，然后参考过去各个时期的电力弹性系数值，分析变化规律和趋势，确定一个适当的电力消费弹性

系数值 ε，即可计算今后第 n 年的需电量：

$$W_n = W_0(1 + \varepsilon \cdot \beta)^n \tag{1-19}$$

式中，W_0 为预测期初的年需电量；ε 为电力弹性系数；β 为当地国民经济的年平均增长率。

4. 技术原则

① 电压等级　标称电压应符合国家标准：送电（一次）电压为 220kV；高压配电（二次）电压为 110、63、35kV；中压配电电压多为 10kV；低压配电电压为 220/380V。

城网电压等级和最高一级电压　应根据现有实际情况和远景发展慎重确定，且尽量简化变压层次，一般不宜超过四级。老城在简化变压层次中可分区进行，可采取升压措施。

一个地区同级电压电网相位和相序应相同。

② 容载比　同电压等级变电容量 kV·A 值与对应供电总荷的 kW 值之比，是反映供电能力的重要技术指标之一。按下式估算：

$$R_s = \frac{K_1 \times K_4}{K_2 \times K_3} \tag{1-20}$$

式中，K_1，K_2，K_3，K_4 分别为负荷分散系数、平均功率因数、变压器运行率、储备系数。

- 容载比与计算参数、布点位置、数量及相互转供能力均与电网结构有关。一般电网电压 220kV：1.6～1.9；35～110kV：1.8～2.1。
- 应加强和改善电网结构，既满足可靠性又降低容载比，以提高投资经济效益。
- 发电站升压供电容量计入电源变电容量，但用户专用变压器主变容量及所供负荷均扣除。

③ 中性点运行方式

- 一般规定

220kV　直接接地（必要时可经电阻/电抗接地）；

110kV　直接接地（必要时可经电阻/电抗/消弧线圈接地）；

63/35/10kV　不接地或经电阻/电抗/消弧线圈接地；

380/220V　直接接地。

- 同一电压等级电网　应采用统一的中性点运行方式。如电网改造过程中，出现两种不同方式时，应在继保方式及电气设备选择上采取相应措施；
- 确定中性点接地方式，应结合下述方面：

供电可靠性；

单相接地时，非故障相最大工频升压尽可能小；

单相接地时，短路故障电流应不致干扰通信线路；

单相接地时，继保系统应有足够的灵敏度和选择性。

④ 短路容量

- 从网络设计、电压等级、变压器的容量、阻抗选择及运行方式控制使分断电流与设备动、热稳定性配合，以取得合理的经济效益。取值为：220kV、40kA；110kV、30kA；63kV、25kA；35/10kV、16kA；
- 最高一级电压母线短路容量应减小受端系统的电源阻抗，即使系统振荡，也能维持电压不至过低；
- 其他电压的短路容量在技术合理基础上应采取限制措施。

网络分片开环，母线分段运行；

妥选变压器容量、接线方式或采用高阻抗变压器；

变压器低压侧加装电抗器或分裂电抗器，出线断路器出口侧加电抗器。

⑤ 电压损失

• GB 12325《电能质量　供电电压允许偏差》规定各类用户允许最大压损为：

35kV（含）以上供电电压等级——正负误差绝对值和不大于 10%；

10kV（含）以下三相供电电压等级——允许偏差 ±7%；

220V 单相供电电压——允许偏差 +7%～−10% 间。

• 各级电压损失　参考表 1-46。

表 1-46　城网各级电压的电压损失分配

城网电压/kV	电压损失分配/%		城网电压/kV	电压损失分配/%	
	变压器	线路		变压器	线路
110、63	2～5	4.5～7.5	其中 10kV 线路；		2～5
35	2～4.5	2.5～5	配电变压器；	2～4	
10 及以下	2～4	8～10	低压线路（接户线）		4～6

⑥ 通讯干扰

• 规划时应尽可能减少对通讯的危害和干扰，且在规划年限内适留裕度。

• 市区内送电/高压配电线路和变电所，应按城市规划，且与有关通讯部门共同研究措施，必要时强、弱电部门共同计算及现场试验，商讨经济可行方法解决。

• 强电对电信线路及设备影响允许值为：

危险影响　强电线路发生单相接地时，对电信架空明线产生磁感应电动势允许值为：

一般强电线路：430V

高可靠强电线路：650V

对电信电缆线路：$E_s \leqslant 0.6U_{Dr}$

电信电缆线路用远源供电，输出端一端直接接地，电缆芯允值：

$$E_s \leqslant 0.6U_{Dr} \cdot \frac{U_{rs}}{2(2)^{1/2}} \tag{1-21}$$

式中，E_s，U_{Dr}，U_{rs} 分别为电信电缆上磁感生总电动势允值、缆芯对外皮直流实验电压、影响计算的后段远供电压（单位为 V）。

电网单相故障　接地装置地电位升高时，传递至通信设施接地装置上电位应小于 250V；

干扰影响　参照 CCITT（国际电缆电话咨询委员会）1988 年规定的干扰杂音电动势允值执行。

• 无线电干扰　用干扰场强仪实测，无实测资料时，以干扰水平、频率特性及横向特性三方面估算；

• 城市屏蔽效应是解决电磁干扰的重要因素　城市各金属管道及钢结构建筑的环境屏蔽效应以城市屏蔽系数表示。该系数应通过实测确定，国内在 0.3～0.6 之间。具体值应根据实际情况定。

⑦ 无功补偿　城网无功补偿容量应保证各种运行方式时都具足够的无功容量，以维持电压在应有水平：

$$K = \frac{\theta_M}{P_M} \tag{1-22}$$

式中，P_M，θ_M 为城网中最大有功负荷、对应的无功总量。K 一般取 1.1～1.3，达不到时，可采取以下措施。

- **按就地平衡** 便于调整电压的原则,采用分段/集中相结合的方式配置无功补偿;
- 一次变电所应有较多的无功调整能力,二次变电所安装电容的补偿,应使高峰负荷时功率因数达 0.9～0.95;
- 补偿无功电源基础上,应适当采取调压措施。

5. 有关规定

城网规划应根据城市规模、负荷密度等实际情况合理选择电压等级、接线方式、点线配置外,尚要做到新站与改造站、近期与远期、技术与经济相结合,并慎重采用新技术、新设备,在发展中供电容量留有必要裕量,能适应各种正常运行方式下的潮流变化。城市小区电力网推荐采用多分段、多联络、架空/单环/双环/沿道路(新区)等网络方式。

规划中应符合城市防火、防爆、防洪(含泥石流)和治安、交管、人防等各项要求,并应符合电力部门对一般用户/高层用户/重要用户的系列各项规定和要求。

小结

本章是整个建筑电气工程专业基础的重心所在,是全书专业基础的重中之重。内容涵盖面众多,以表和图为主介绍。

首先从"分级供电"入手,接着以"系统主接线、备用与应急电源、无功补偿、变压器的选用及变电所的设置"介绍了"供配电系统"。

接着对以电动机为主要负荷的"动力供电"和以灯具为主要负荷的"电气照明"供电进行了重点介绍。

"供电线路"以"缆、线、母线槽"为器材,实现"室内外配线"达到"电源与负荷间的连接"。

"安全防护"都包揽了强电范围不可忽视的八方面"防护措施"。

"规划及总体布局"简介了涉及强电的该专业方向的基本概要。

本章即强电的基本内容,其中涉及的不少概念和技术措施是建筑电气工程中频繁应用的知识构成,必须作为首要知识予以学习,并结合本套书后续相关章节掌握其运用。

第二章

建筑智能化基础

智能建筑是指利用系统集成方法，将计算机技术、通信技术、控制技术、多媒体技术和现代建筑有机结合，通过对设备的自动监控，对信息资源的综合管理，对使用者的信息服务及对建筑环境的优化组合，所获得的投资合理、适合信息技术需要，并且具有安全、高效、舒适、便利和灵活特点的智能型建筑物。

第一节　火灾自动报警

一、概述

火灾自动报警系统是由触发装置、火灾报警装置、联动输出装置以及具有其他辅助功能的装置组成，它在火灾初期，将燃烧产生的烟雾、热量、火焰等物理量，通过火灾探测器变成电信号，传输到火灾报警控制器，并同时以声、光的形式通知相应楼层按序疏散，控制器记录火灾发生的部位、时间等，使人们能够及时发现火灾，并及时采取有效措施，扑灭初期火灾，最大限度地减少因火灾造成的生命和财产的损失，是人们同火灾做斗争的有力工具。

智能建筑中的火灾自动报警系统设计首先必须符合 GB 50116《火灾自动报警系统设计规范》的要求，同时也要适应智能建筑的特点，合理选配产品，做到安全适用、技术先进、经济合理。下列民用建筑应设置火灾自动报警系统。

1. 高层建筑

① 有消防联动控制要求的一、二类高层住宅的公共场所；

② 建筑高度超过 24m 的其它高层民用建筑，以及与其相连的建筑高度不超过 24m 的裙房。

2. 多层及单层建筑

① 九层及九层以下的设有空气调节系统，建筑装修标准高的住宅；

② 建筑高度不超过 24m 的单层及多层公共建筑；

③ 单层主体建筑高度超过 24m 的体育馆、会堂、影剧院等公共建筑；

④ 设有机械排烟的公共建筑；

⑤ 除敞开式汽车库以外的Ⅰ类汽车库，高层汽车库、机械式立体汽车库、复式汽车库，采用升降梯作汽车疏散口的汽车库。

3. 地下及民用建筑

① 铁道、车站、汽车库（Ⅰ、Ⅱ类）；

② 影剧院、礼堂；

③ 商场、医院、旅馆、展览厅、歌舞娱乐、放映游艺场所；

④ 重要的实验室、图书库、资料库、档案库。

民用建筑按其高度分为高层、多层和单层及地下三类。按其使用功能则分为人员密集流动场所（如剧场、百货楼等）；人员工作场所（如写字楼、教学楼等）；物件、物品存储场所（如建筑内各种库房、汽车库等）。高层民用建筑，分为一类高层民用建筑和二类高层民用建筑；中国 GB 50352《民用建筑设计通则》将住宅建筑依层数划分为：一层至三层为低层住宅，四层至六层为多层住宅，七层至九层为中高层住宅，十层及十层以上为高层住宅。除住宅建筑之外的民用建筑高度不大于 24m 者为单层和多层建筑，大于 24m 者为高层建筑（不包括建筑高度大于 24m 的单层公共建筑）；建筑高度大于 100m 的民用建筑为超高层建筑。对于建筑高度超过 250m 的高层建筑，对其消防系统，要求很高，应由消防主管部门组织相关行业各方面的专家对消防系统的设置标准、原则、方法等进行专门的论证，形成具有效力的共识。根据专家论证会的决议要求、标准等，进行设计、施工、验收、维护和管理。

二、系统保护对象的分级与分区

1. 系统保护对象分级

民用建筑火灾自动报警系统根据其保护对象的使用性质、火灾危险性、疏散和扑救难度等分为特级、一级、二级。民用建筑的火灾自动报警系统保护对象分级按表 2-1。

表 2-1　民用建筑火灾自动报警系统保护对象分级

等级	保 护 对 象
一级	电子计算中心 省(市)级档案馆 省(市)级博物馆、展览馆 4 万以上座位大型体育场 星级以上旅游饭店 大型及以上铁路旅客站 省(市)级及重要开放城市的航空港 一级汽车及码头客运站
二级	大、中型电子计算站 2 万以上座位体育场

2. 报警、探测区域的划分

(1) 报警区域划分的规定

① 报警区域应根据防火分区或楼层划分，可将一个防火分区或一个楼层划分为一个报警区域，也可将发生火灾时需要同时联动消防设备的相邻几个防火分区或楼层划分为一个报警区域。

② 电缆隧道的一个报警区域宜由一个封闭长度区间组成，一个报警区域不应超过相连的 3 个封闭长度区间；道路隧道的报警区域应根据排烟系统或灭火系统的联动需要确定，且不宜超过 150m。

③ 甲、乙、丙类液体储罐区的报警区域应由一个储罐区组成，每个 50000m³ 及以上的

外浮顶储罐应单独划分为一个报警区域。

（2）探测区域划分的规定

① 探测区域应按独立房（套）间划分。一个探测区域的面积不宜超过 500m²；从主要入口能看清其内部，且面积不超过 1000m² 的房间，也可划为一个探测区域。

② 红外光束感烟火灾探测器和缆式线型感温火灾探测器的探测区域的长度，不宜超过 100m；空气管差温火灾探测器的探测区域长度宜为 20～100m。

（3）应单独划分探测区域的场所

① 敞开或封闭楼梯间、防烟楼梯间。

② 防烟楼梯间前室、消防电梯前室、消防电梯与防烟楼梯间合用的前室、走道、坡道。

③ 电气管道井、通信管道井、电缆隧道。

④ 建筑物闷顶、夹层。

三、消防体系

1. 发展

第一代　多线制开关量火灾探测报警　20 世纪 50 年代的温感，20 世纪 50 年代出现的离子式烟感，70 年代光电烟感使探测器逐步发展，而逐渐淘汰多线制式。

第二代　总线制可寻址开关量式火灾探测报警　每个探测器单独的地址编码和控制器的巡检方式使火灾信息的位置确定性大为提高，现正大量使用。

第三代　模拟量传输式智能火灾报警　又分为集中智能和分布智能两种：前者由控制器集中智能化地处理探测器送入的信息；后者智能化的探测器将处理过的信息与智能控制器双向信息交流。分布智能化大大降低火灾误报率，提高系统的可靠性。

第四代　现代火灾报警体系　无线火灾报警、空气样本分析及智能网络技术的应用，使发展方向具以下特点：

① 模拟量探测取代传统开关量（监测参数超设定值判断），可将现场参数及时、准确、可靠探测后与有关数据分析、比较，对测量环境实施补偿，滤除干扰影响，解决"误报"及"漏报"问题；

② 采用大容量控制矩阵和交叉查寻软件包，以软件替代硬件组合，提高系统灵活性和可改性；

③ 采用主-从结构网络，解决不同工程适应性，同时又提高系统运行可靠性；

④ 全总线计算机通信既完成总线报警，又实现总线联动控制，功耗低，用线缆少，甚至方便无线技术施工；

⑤ 丰富的自诊断功能，提供系统维护及正常运行的有利条件；

⑥ 模块化硬件结构，方便扩容、方便维修、低功耗、线缆少，还具有与其他管理系统连接的丰富接口。

2. 组成

根据需要及规模大小，消防体系分为：火灾监测及消防两大类。前者体系中无联动部分，后者以联动灭火为中心。各部分详细情况分述如下。

① 发讯器件

火灾探测器　对火灾发生过程不同理化信号（烟、温、光、焰辐射等）自动产生响应，达到阈值时发出信号，不同场合广为应用；

手警按钮　火灾紧急情况手动报警的开关，最广应用的是消防栓箱内玻璃面压着的常开按钮。火警时击碎玻璃即自动闭合，发出信号。

② 控制装置　火灾报警控制器用于接收、显示和传递火警信号，并发出控制信号及其它辅助控制信号，同区域显示器、火灾显示屏、中继器等构成报警、消防的核心。

③ 警报装置　区别于环境的异样声响和闪光报警（声光报警器、警笛、警铃），警示人们采取措施，灭火扑救，疏散离开。

④ 联动装置　接收到火警信号后系统自动或手动启动一系列相关消防设备，并显示其运行状态，实现消防联动。

⑤ 消防电源　根据建筑不同类别，提供不同的双路电源在末端切换，并能保证可靠的应急工作时间。

四、火灾探测

火灾报警探测器多由理化敏感元件、电路（转换、保护、抗干扰、指示和接口）、固定件及外壳组成。它的作用是监视环境中有没有火灾的发生，一旦有火情，就将火灾的特征物理量，如温度、烟雾、气体和辐射光强等转换成电信号，并立即动作向火灾报警控制器发送报警信号。

1. 分类

火灾报警探测器的分类（见表 2-2）。

① 感烟火灾探测器　火灾初期阴燃阶段产生大量的烟和少量的热，很少或没有火焰辐射（如棉、麻织物）的场合，作为前期、早期报警非常有效。正常情况下有烟、粉尘及水蒸气等固体与液体微粒的场所，发火迅速、生烟极少及爆炸性场合等，则不适于使用。

② 感温火灾探测器　工作稳定，不受非火灾性烟雾汽尘等干扰，能有效对早期、中期火灾进行报警。在无法应用感烟探测器、允许有一定的物质损失、非爆炸性的场合都可采用，特别适用于经常存在大量粉尘、烟雾水蒸气的场所及相对湿度常高于 95％ 的房间。

其中定温型探测器允许环境温度有较大的变化，但火灾造成损失较大，在 0℃ 以下的场所不宜选用；差温型适用于火灾早期报警，火灾造成损失较小，但火灾温度升高过慢时会漏报；差定温复合型探测器具有差温型的优点，而又比差温型更可靠，所以最好选用差定温复合型探测器。

③ 感光火灾探测器　对于有强烈的火焰辐射而仅有少量烟和热产生的火灾（如轻金属及其化合物的火灾），宜选用。但不宜在火焰出现前有浓烟扩散（探测器的镜头易被污染）及有电焊光、X 射线的场所中使用，属"中期探测"。

④ 气体火灾探测器　对人眼看不到的微粒敏感，油漆味、烤焦味等都能引发探测器动作，但风速大于 6m/s 将引起工作不稳定。属"极早预报"型，还能对气体中毒预报，极具发展前途，尚属开发中。

⑤ 复合式火灾探测器　系多种探测器的组合，现多为两种，简称为双鉴式。大大提高预测的准确性，大大降低误报发生率。如感烟与感温探测器的组合，宜用于大中型计算机房、洁净厂房以及防火卷帘设施的部位等。对于蔓延迅速、有大量的烟和热产生、有火焰辐射的火灾，如油品燃烧等，宜选用感烟、感温、感光探测器配合的三鉴式。

⑥ 其它类型　往往在特定环境使用，或对上述方式的补充措施。

2. 型号标识

国标以汉语拼音大写字母标识品种繁多的火灾报警产品，含义见表 2-3。

表 2-2　火灾报警探测器的分类

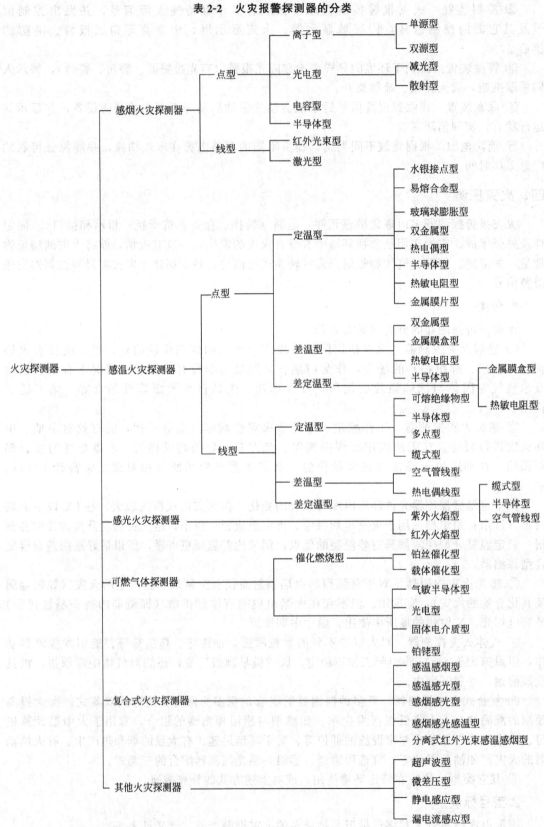

表 2-3　火灾报警探测器型号标识

J(警)——火灾报警设备
T(探)——火灾探测器代号

主要参数

表示灵敏度等级(Ⅰ、Ⅱ、Ⅲ级)
对感烟感温探测器标注(灵敏度:
对被测参数的敏感程度)

敏感元件特征

火灾探测器分类

Y(烟)——感烟火灾探测器
W(温)——感温火灾探测器
G(光)——感光火灾探测器
Q(气)——可燃气体探测器
F(复)——复合式火灾探测器

LZ(离子)——离子
GD(光、电)——光电
SD(双、定)——双金属定温
SC(双、差)——双金属差温
GY(光、烟)——感光感烟
MD(膜、定)——膜盒定温
MC(膜、差)——膜盒差温
MCD(膜、差、定)——膜盒差定温
GW(光、温)——感光感温
YW(烟、温)——感烟感温
BD(半、定)——半导体定温
BC(半、差)——半导体差温
BCD(半、差、定)——半导体差定温
HW(红、外)——红外感光
ZD(阻、定)——热敏电阻定温
ZC(阻、差)——热敏电阻差温
ZCD(阻、差、定)——热敏电阻差定温
ZW(紫、外)——紫外感光
YW—HS(烟温-红束)——红外光束感烟感温

应用范围

B(爆)——防爆型
C(船)——船用型
非防爆型或非船用型可省略

3. 选型

（1）选择火灾探测器的规定

① 对火灾初期有阴燃阶段，产生大量烟和少量热、很少或没有火焰辐射的场所，应选感烟火灾探测器。

② 对火灾发展迅速，可产生大量热、烟和火焰辐射的场所，可选感温火灾探测器、感烟火灾探测器、火焰探测器或其组合。

③ 对火灾发展迅速，有强烈的火焰辐射和少量烟、热的场所，应选火焰探测器。

④ 对火灾初期有阴燃阶段，且需要早期探测的场所，宜增设一氧化碳火灾探测器。

⑤ 对使用、生产可燃气体或可燃蒸气的场所，应选可燃气体探测器。

⑥ 应根据保护场所可能发生火灾的部位和燃烧材料的分析，以及火灾探测器的类型、灵敏度和响应时间等选择相应的火灾探测器，对火灾形成特征不可预料的场所，可根据模拟试验的结果选择火灾探测器。

⑦ 同一探测区域内设置多个火灾探测器时，可选择具有复合判断火灾功能的火灾探测器和火灾报警控制器。

（2）点型火灾探测器的选择

① 对不同高度的房间，按表 2-4 选择。

表 2-4   对不同高度的房间点型火灾探测器的选择

房间高度 h/m	点型感烟火灾探测器	点型感温火灾探测器			火焰探测器
		A1、A2	B	C、D、E、F、G	
$12<h\leqslant20$	不适合	不适合	不适合	不适合	适合
$8<h\leqslant12$	适合	不适合	不适合	不适合	适合
$6<h\leqslant8$	适合	适合	不适合	不适合	适合
$4<h\leqslant6$	适合	适合	适合	不适合	适合
$h\leqslant4$	适合	适合	适合	适合	适合

注：表中 A1、A2、B、C、D、E、F、G 为点型感温探测器的不同类别。

② 下列场所宜选择点型感烟火灾探测器：

饭店、旅馆、教学楼、办公楼的厅堂、卧室、办公室、商场、列车载客车厢等；

计算机房、通信机房、电影或电视放映室等；

楼梯、走道、电梯机房、车库等。

书库、档案库等。

③ 符合下列条件之一的场所，不宜选择点型离子感烟火灾探测器：

相对湿度经常大于 95%；

气流速度大于 5m/s；

有大量粉尘、水雾滞留；

可能产生腐蚀性气体；

在正常情况下有烟滞留；

产生醇类、醚类、酮类等有机物质。

④ 符合下列条件之一的场所，不宜选择点型光电感烟火灾探测器：

有大量粉尘、水雾滞留；

可能产生蒸气和油雾；

高海拔地区；

在正常情况下有烟滞留。

⑤ 符合下列条件之一的场所，宜选择点型感温火灾探测器；且应根据使用场所的典型应用和最高应用温度选择适当类别的感温火灾探测器：

相对湿度经常大于 95%；

可能发生无烟火灾；

有大量粉尘；

吸烟室等在正常情况下有烟或蒸气滞留的场所；

厨房、锅炉房、发电机房、烘干车间等不宜安装感烟火灾探测器的场所；

需要联动熄灭"安全出口"标志灯的安全出口内侧；

其他无人滞留且不适合安装感烟火灾探测器，但发生火灾时需要及时报警的场所。

⑥ 可能产生阴燃火或发生火灾、不及时报警将造成重大损失的场所，不宜选择点型感温火灾探测器；温度在 0℃ 以下的场所，不宜选择定温探测器；温度变化较大的场所，不宜选择具有差温特性的探测器。

⑦ 符合下列条件之一的场所，宜选择点型火焰探测器或图像型火焰探测器：

火灾时有强烈的火焰辐射；

可能发生液体燃烧等无阴燃阶段的火灾；

需要对火焰做出快速反应。

⑧ 符合下列条件之一的场所，不宜选择点型火焰探测器和图像型火焰探测器：

在火焰出现前有浓烟扩散；

探测器的镜头易被污染；

探测器的"视线"易被油雾、烟雾、水雾和冰雪遮挡；

探测区域内的可燃物是金属和无机物；

探测器易受阳光、白炽灯等光源直接或间接照射。

⑨ 探测区域内正常情况下有高温物体的场所，不宜选择单波段红外火焰探测器。

⑩ 正常情况下有明火作业，探测器易受 X 射线、弧光和闪电等影响的场所，不宜选择紫外火焰探测器。

⑪ 下列场所宜选择可燃气体探测器：

使用可燃气体的场所；

燃气站和燃气表房以及存储液化石油气罐的场所；

其他散发可燃气体和可燃蒸气的场所。

⑫ 在火灾初期产生一氧化碳的下列场所可选择点型一氧化碳火灾探测器：

烟不容易对流或顶棚下方有热屏障的场所；

在棚顶上无法安装其他点型火灾探测器的场所；

需要多信号复合报警的场所。

⑬ 污物较多且必须安装感烟火灾探测器的场所，应选择间断吸气的点型采样吸气式感烟火灾探测器或具有过滤网和管路自清洗功能的管路采样吸气式感烟火灾探测器。

（3）线型火灾探测器的选择

① 无遮挡的大空间或有特殊要求的房间，宜选择线型光束感烟火灾探测器。

② 符合下列条件之一的场所，不宜选择线型光束感烟火灾探测器：

有大量粉尘、水雾滞留；

可能产生蒸气和油雾；

在正常情况下有烟滞留；

固定探测器的建筑结构由于振动等原因会产生较大位移的场所。

③ 下列场所或部位，宜选择缆式线型感温火灾探测器：

电缆隧道、电缆竖井、电缆夹层、电缆桥架；

不易安装点型探测器的夹层、闷顶；

各种皮带输送装置。

其他环境恶劣不适合点型探测器安装的场所。

④ 下列场所或部位，宜选择线型光纤感温火灾探测器：

除液化石油气外的石油储罐；

需要设置线型感温火灾探测器的易燃易爆场所；

需要监测环境温度的地下空间等场所宜设置具有实时温度监测功能的线型光纤感温火灾探测器；

公路隧道、敷设动力电缆的铁路隧道和城市地铁隧道等。

⑤ 线型定温火灾探测器的选择，应保证其不动作温度符合设置场所的最高环境温度的要求。

（4）吸气式感烟火灾探测器的选择

① 下列场所宜选择吸气式感烟火灾探测器：

具有高速气流的场所；

点型感烟、感温火灾探测器不适宜的大空间、舞台上方、建筑高度超过 12m 或有特殊要求的场所；

低温场所；

需要进行隐蔽探测的场所；

需要进行火灾早期探测的重要场所；

人员不宜进入的场所。

② 灰尘比较大的场所，不应选择没有过滤网和管路自清洗功能的管路采样式吸气感烟火灾探测器。

五、火灾报警

火灾报警装置是指在火灾自动报警系统中，用以接收、显示和传递火灾报警信号，并能发出控制信号和具有其它辅助功能的控制指示设备。火灾报警控制器担负着为火灾探测器提供稳定的工作电源，监视探测器及系统自身的工作状态，接收、转换、处理火灾探测器输出的报警信号，进行声光报警，指示报警的具体部位及时间，同时执行相应辅助控制等任务，是火灾报警系统中的核心组成部分。

1. 声光报警

① 光亮报警　前述控制器中红色信号灯（闪与不闪两类）及后述火灾疏散诱导系统均属此范畴。另外各防火分区设置的重复显示屏，显示火灾发生部位及现场报警。消防中心接到报警信号，还可驱动屏内部件向现场人员发出警报。通常置于人经常出入的消防电梯前室，二总线负责显示与控制的联络，多为 24V 不间断供电。

② 警铃报警　与光亮报警同步，合称"声光报警"。尤其在背景音乐切换为警示广播而不易引起足够重视的情况下，以特异音响能起警示作用。它采取分区报警，一般先开启着火层及上、下关联层，以免引起大范围混乱。控制方式与火警广播相同。

2. 火警广播

分单独设置及与背景音乐/业务广播共用（平时音乐或节目，火灾时强切紧急广播）两种形式。目前后者为多，且与智能化综合布线一并考虑。应注意以下方面。

（1）设置

① 凡设有控制中心报警系统的场所应设置火灾事故广播，设有集中报警系统的场所宜设置火灾事故广播。重要的公共娱乐场所和人员密集场所应考虑设置；

② 工业/民用建筑高噪声背景场合，最远点播放声压应高于噪声 15dB；

③ 民用建筑喇叭安置在走道、大厅等公共场所，本层任何部位到最近喇叭的步行距离不超过 25m，在走廊布置间距不小于 10m；走道交叉、拐弯处均应设喇叭。喇叭功率不小于 3W；客房内不小于 1W，且均有关闭音乐时的强切播放功能。

（2）设备

① 扩音功率应按扬声器 1.3～1.5 倍确定，设备用扩音器，功率要大于三层扬声器容量的总和；

② 消防中心能监控和开启事故广播，火灾时能将背景音乐强切到消防广播，或直接使用传声器播音。

（3）控制及线路

① 分区广播，关联相邻上、下层先行接通；各路输出应有显示和保护功能；

② 任一分路故障，不应影响其它分路；

③ 喇叭的开关、音量调节在消防广播时一律短接；

④ 广播线路与火警信号联动控制不能同管、同槽敷设。

3. 紧急通信

设置在各层或各分区的消防专用电话或分机插孔，可直接与消防中心专用总机联系，能迅速确认火情，以便及时采取措施。

（1）设置原则

① 应与普通电话分开的独立通信系统；

② 宜选用共电式总机或对讲通信，用户摘机即可呼叫，且中心能显示位置编码；

③ 建筑物主要场所设置紧急消防电话插孔（虽无编码也与同区相邻编码分机共享一个地址编码），底边距地 1.3～1.5m 高；

④ 消控中心、值班室应备公安消防直接报警外线电话及消防专用电话总机；

⑤ 供电应选用带蓄电池电源装置，要求不间断供电；

⑥ 布线不应与其它线路同管、同槽布线。

（2）设置部位

① 工业建筑　总变/配、车间变/配电所，厂消控及总调度室，保卫值班，车间送、排风/空调机房，消防泵/电梯机房；

② 民用建筑　消防水泵/排烟/电梯/发电机房、变/配电所、消控值班、灭火探/控室和现场各避难层一定距离应设分机；手动报警及避难层未设分机处宜设电话插孔。

六、消防控制

消防控制系统是火灾自动报警系统中的一个重要组成部分。通常包括消防联动控制器、消防控制室图形显示装置、传输设备、消防电气控制装置（防火卷帘控制器、气体灭火控制器等）、消防设备应急电源、消防电动装置、消防联动模块、消火栓按钮、消防应急广播设备、消防电话等设备和组件。

消防联动控制设备的构成如图 2-1 所示。

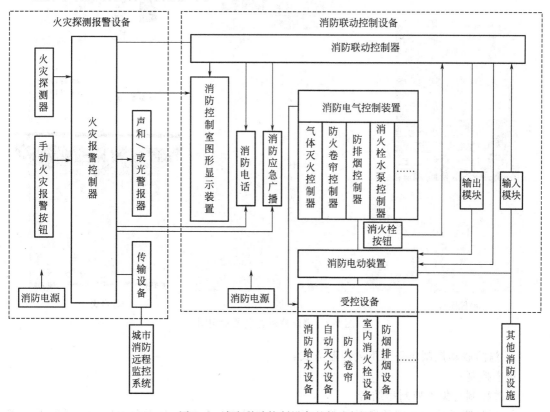

图 2-1　消防联动控制设备的构成框图

1. 消防联动控制器

消防联动控制器是消防联动控制设备的核心组件。它通过接收火灾报警控制器发出的火灾报警信息，按预设逻辑对自动消防设备实现联动控制和状态监视。消防联动控制器可直接发出控制信号，通过驱动装置控制现场的受控设备。对于控制逻辑复杂，在消防联动控制器上不便实现直接控制的情况，通过消防电气控制装置（如防火卷帘控制器、气体灭火控制器等）间接控制受控设备。

① 分类

消防联动控制器可按结构形式、使用环境和防爆性能进行分类；

按结构形式可分为柜式消防联动控制器、台式消防联动控制器和壁挂式消防联动控制器（见图 2-2）；

按使用环境可分为陆用型消防联动控制器和船用型消防联动控制器；

按防爆性能可分为防爆型消防联动控制器和非防爆型消防联动控制器。

② 消防联动控制对象应包括下列设施：

各类自动灭火设施；

通风及防、排烟设施；

防火卷帘、防火门、水幕；

电梯；

非消防电源的断电控制；

火灾应急广播、火灾警报、火灾应急照明、疏散指示标志的控制等。

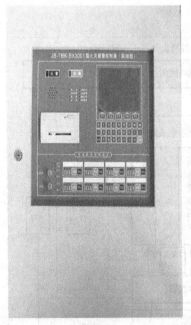 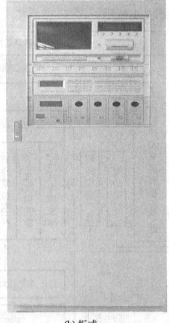 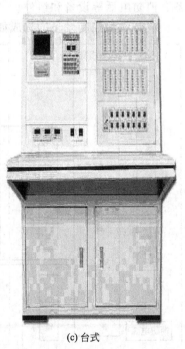

(a) 壁挂式　　　　　　(b) 柜式　　　　　　(c) 台式

图 2-2　消防联动控制器示例图

③ 消防联动控制应采取下列控制方式：

集中控制；

分散控制与集中控制相结合。

④ 消防联动控制系统的联动信号，其预设逻辑应与各被控制对象相匹配，并应将被控

对象的动作信号送至消防控制室。

2. 消控中心消防监控系统

原理框图见图 2-3。

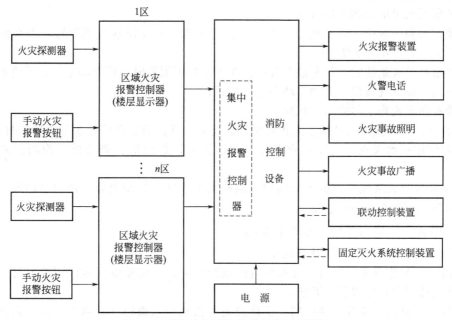

图 2-3　消控中心消防监控系统原理框图

　　适用于特级和一级保护对象，主要用于大型宾馆、饭店、商场、公寓、办公楼等。此外也用在大型建筑群和大型综合楼工程。控制中心报警系统的设计，应符合下列要求。

　　① 系统中至少应设置一台集中火灾报警控制器、一台专用消防联动控制设备和两台及以上区域火灾报警控制器，或至少设置一台火灾报警、一台消防联动控制设备和两台及以上区域显示器。

　　② 系统中设置的集中火灾报警控制器或火灾报警控制器和消防联动控制设备在消防控制室内的布置，应符合"消防联动控制设计"的有关规定。

　　③ 系统应能集中显示火灾报警部位信号和联动控制状态信号。

七、消防联动

1. 有消火栓按钮的消火栓灭火系统的联动

　　① 消火栓按钮直接接于消防水泵控制回路时，应采用 50V 以下的安全电压；

　　② 消防控制室内，对消火栓灭火系统应有下列控制、显示功能：

消火栓按钮总线自动控制消防水泵的启、停；

直接手动控制消防水泵的启、停；

消防水泵的工作、故障状态；

显示消火栓按钮的工作部位。当有困难时可按防火分区或楼层显示。

2. 自动喷水灭火系统的联动

　　① 当需早期预报火警时，设有自动喷水灭火喷头的场所，宜同时设置感烟探测器；

　　② 湿式自动喷水灭火系统中设置的水流指示器，不应作自动启动喷淋水泵的控制设备。报警阀压力开关应控制喷淋水泵自动启动。气压罐压力开关应控制加压泵自动启动；

③ 消防控制室内，对自动喷淋灭火系统应有下列控制、监测功能：

总线自动控制系统的启、停；

直接手动控制喷淋泵的启、停；

系统的控制阀开启状态；

喷淋水泵电源供应和工作状况；

水池、水箱的水位。对于重力式水箱，在严寒地区宜安设水温探测器，当水温降低达5℃以下时，应发出信号报警；

干式喷水灭火系统的最高和最低气压。在压力的下限值时，应启动空气压缩机充气，并在消防控制室设空气压缩机手动启动和停止按钮；

报警阀和水流指示器的动作状况。

④ 设有充气装置的自动喷水灭火管网，应将高、低压力报警信号送至消防控制室；

⑤ 预作用喷水灭火系统中，应设置由感烟探测器组成的控制电路，控制管网预作用充水；

⑥ 水喷雾灭火系统中宜设置由感烟定温探测器组成的控制电路，控制电磁阀。电磁阀的工作状态应反馈至消防控制室。

3. 二氧化碳气体自动灭火系统的联动

应由气体灭火控制其工作状态联动：

① 设有二氧化碳等气体自动灭火装置的场所或部位，应设感烟定温探测器与灭火控制装置配套组成的火灾报警控制系统；

② 管网灭火系统应有自动控制、手动控制和机械应急操作三种启动方式；无管网灭火装置应有自动控制和手动控制两种启动方式；

③ 自动控制应在接到两个独立的探测器发出的火灾信号后才能启动；

④ 在被保护对象主要出入口门外，设手动紧急控制按钮并应有防误操作措施和特殊标志；

⑤ 机械应急操作装置应设在贮瓶间或防护区外便于操作的地方，并应能在一个地点完成释放灭火剂的全部动作；

⑥ 应在被保护对象主要出入口外门框上方，设放气灯并应有明显标志；

⑦ 被保护对象内，应设有在释放气体前30s内人员疏散的声警报器；

⑧ 被保护区域常开的防火门，应设有门自动释放器，并应在释放气体前能自动关闭；

⑨ 应在释放气体前，自动切断被保护区的送、排风风机和关闭送排风阀门；

⑩ 对于组合分配系统，宜在现场适当部位设置气体灭火控制室。独立单元系统可根据系统规模及功能要求设控制室。无管网灭火装置宜在现场设控制盘（箱），且装设位置应接近被保护区，控制盘（箱）应采取误操作防护措施。

4. 灭火控制室对泡沫和干粉灭火系统的联动

应有下列控制、显示功能：

① 在火灾危险性较大，且经常没有人停留场所内的灭火系统，应采用自动控制的启动方式。在采用自动控制方式的同时，还应设置手动启动控制环节；

② 在火灾危险性较小，有人值班或经常有人停留的场所，防护区宜设火灾自动报警装置，灭火系统可采用手动控制方式；

③ 在灭火控制室应能做到，控制系统的启、停和显示系统的工作状态。

5. 电动防火卷帘、电动防火门的联动

① 电动防火卷帘应由电动防火卷帘控制器控制其工作状态，并应符合下列要求：

疏散通道或防火分隔的电动防火卷帘两侧，宜设置专用的感烟及感温探测器组、警报装置及手动控制按钮，并应有防误操作措施；

疏散通道的电动防火卷帘应采取两次控制下落方式，第一次应由感烟探测器控制下落距地 1.8m 处停止，第二次应由感温探测器控制下落到底，并应分别将报警及动作信号送至消防控制室；

仅用作防火分隔的电动防火卷帘，在相应的感烟探测器报警后，应采取一次下落到底的控制方式；

电动防火卷帘宜由消防控制室集中控制。对于采用由探测器组、防火卷帘控制器控制的防火卷帘，也可就地联动控制，并应将其工作状态信号传送到消防控制室；

当电动防火卷帘采用水幕保护时，宜用定温探测器与防火卷帘到底信号开启水幕电磁阀，再用水幕电磁阀开启信号启动水幕泵。

② 电动防火门的控制，宜符合下列要求：

门两侧应装设专用的感烟探测器组成控制装置，当门任一侧的探测器报警时，防火门应自动关闭；

电动防火门宜选用平时不耗电的释放器。

6. 防烟、排烟设施的联动

① 排烟阀、送风口应由消防联动控制器控制其工作状态，并应符合下列要求：

排烟阀、送风口宜由其所在排烟分区内设置的感烟探测器的联动信号控制开启；

排烟阀动作后应启动相关的排烟风机。排烟阀可采用接力控制方式开启，且不宜多于 5 个，并应由最后动作的排烟阀发送动作信号；

送风口动作后，应启动相关的正压送风机。

② 设在排烟风机入口处的防火阀在 280℃ 关断后，应联动停止排烟风机；

③ 挡烟垂壁应由其附近的专用感烟探测器组成的电路控制；

④ 设于空调通风管道出口的防火阀，应采用定温保护装置，并应在风温达到 70℃ 时直接动作阀门关闭。关闭信号应反馈至消防控制室，并应停止相关部位空调机；

⑤ 消防控制室应能对防烟、排烟风机进行手动、自动控制。

7. 火灾自动报警系统与安全技术防范系统的联动

① 火灾确认后，应自动打开疏散通道上由门禁系统控制的门，并应自动开启门厅的电动旋转门和打开庭院的电动大门；

② 火灾确认后，应自动打开收费汽车库的电动栅杆；

③ 火灾确认后，宜开启相关层安全技术防范系统的摄像机监视火灾现场。

8. 非消防电源及电梯的应急联动

① 火灾确认后，应在消防控制室自动切除相关区域的非消防电源；

② 火灾发生后，应根据火情强制所有电梯依次停于首层或电梯转换层。除消防电梯外，应切断客梯电源。

第二节　安全技术防范

一、概述

随着社会的进步和经济的发展，安全保障及防范系统不仅要保障人身和财产的安全，还要保护图纸、票据、文件、资料的安全。此系统中以采用了电子、传感器、通信、自动控制及计算机等技术的安全防范器材与设备构成的技术手段来实现安全防范的方法即安全技术防范，简称为"技防"。

保护党政机关、军事、科研、文物、银行、金融、商店、办公、展览等单位与场所的人身、财产与各类机密的安全，是安全防范工作的重点。安全防范系统对犯罪分子有威慑作用，发现入侵、盗窃等犯罪活动及时报警，自动记录犯罪现场、过程，为及时破案节省大量的人力、物力。而且在为人们提供安全保障和安全、舒适、快捷服务的同时，也提升了物业管理和服务的水平。

安全技术防范系统宜由安全管理系统和若干个相关子系统组成。相关子系统宜包括入侵报警系统、视频安防监控系统、出入口控制系统、电子巡查系统、停车库（场）管理系统及住宅（小区）安全防范系统等。

1. 设防区域及部位

① 周界，宜包括建筑物、建筑群外层周界、楼外广场、建筑物周边外墙、建筑物地面层、建筑物顶层等；

② 出入口，宜包括建筑物、建筑群周界出入口、建筑物地面层出入口、办公室门、建筑物内和楼群间通道出入口、安全出口、疏散出口、停车库（场）出入口等；

③ 通道，宜包括周界内主要通道、门厅（大堂）、楼内各楼层内部通道、各楼层电梯厅、自动扶梯口等；

④ 公共区域，宜包括会客厅、商务中心、购物中心、会议厅、酒吧、咖啡厅、功能转换层、避难层、停车库（场）等；

⑤ 重要部位，宜包括重要工作室、重要厨房、财务出纳室、集中收款处、建筑设备监控中心、信息机房、重要物品库房、监控中心、管理中心等。

2. 系统构成

① 安全防范系统一般由安全管理系统和若干个相关子系统组成。

② 安全防范系统的结构模式按其规模大小、复杂程度可有多种构建模式。按照系统集成度的高低，安全防范系统分为集成式、组合式、分散式三种类型。

③ 各相关子系统的基本配置，包括前端、传输、信息处理/控制/管理、显示/记录四大单元。不同（功能）的子系统，其各单元的具体内容有所不同。

④ 现阶段较常用的子系统主要包括：入侵报警系统、视频安防监控系统、出入口控制系统、电子巡查系统、停车库（场）管理系统以及以防爆安全检查系统为代表的特殊子系统等。

3. 系统构建方式

（1）集成式安全防范系统

① 系统应设置在禁区内（监控中心）。应能通过统一的通信平台和管理软件将监控中心设备与各子系统设备联网，实现由监控中心对各子系统的自动化管理与监控。安全管理系统的故障应不影响各子系统的运行；某一子系统的故障应不影响其它子系统的运行。

② 应能对各系统的运行状态进行监测和控制，应能对系统运行状况和报警信息数据等进行记录和显示。应设置足够容量的数据库。

③ 应建立以有线传输为主、无线传输为辅的信息传输系统。应能对信息传输系统进行检验，并能与所有重要部位进行有线和/或无线通信联络。

④ 应设置紧急报警装置。应留有向接处警中心联网的通信接口。

⑤ 应留有多个数据输入、输出接口，应能连接各子系统的主机，应能连接上位管理计算机，以实现更大规模的系统集成。

（2）组合式安全防范系统

① 系统应设置在禁区内（监控中心）。应能通过统一的管理软件实现监控中心对各子系统的联动管理与控制。安全管理系统的故障应不影响各子系统的运行；某一子系统的故障应不影响其它子系统的运行。

② 应能对各子系统的运行状态进行监测和控制，应能对系统运行状况和报警信息数据等进行记录和显示。可设置必要的数据库。

③ 应能对信息传输系统进行检验，并能与所有重要部位进行有线和/或无线通信联络。

④ 应设置紧急报警装置。应留有向接处警中心联网的通信接口。

⑤ 应留有多个数据输入、输出接口，应能连接各子系统的主机。

（3）分散式安全防范系统

① 相关子系统独立设置，独立运行。系统主机应设置在禁区内（值班室），系统应设置联动接口，以实现与其它子系统的联动。

② 各子系统应能单独对其运行状态进行监测和控制，并能提供可靠的监测数据和管理所需要的报警信息。

③ 各子系统应能对其运行状况和重要报警信息进行记录，并能向管理部门提供决策所需的主要信息。

④ 应设置紧急报警装置，应留有向接处警中心报警的通信接口。

二、入侵报警

入侵报警系统利用传感器技术和电子信息技术探测并指示非法进入或试图非法进入设防区域（包括主观判断面临被劫持或遭抢劫或其他危急情况时，故意触发紧急报警装置）的行为、处理报警信息、发出报警信息的电子系统或网络。

1. 基本组成

① 入侵报警系统通常由前端设备（包括探测器和紧急报警装置）、传输设备、处理/控制/管理设备和显示/记录设备部分构成。

② 前端探测部分由各种探测器组成，是入侵报警系统的触觉部分，相当于人的眼睛、鼻子、耳朵、皮肤等，感知现场的温度、湿度、气味、能量等各种物理量的变化，并将其按照一定的规律转换成适于传输的电信号。

③ 操作控制部分主要是报警控制器。

④ 监控中心负责接收、处理各子系统发来的报警信息、状态信息等，并将处理后的报警信息、监控指令分别发往报警接收中心和相关子系统。

2. 前端探测器

（1）典型探测器原理

① 磁控开关　安于门、窗与框两者上的磁铁和干簧管（封装于充惰性气体玻管内的磁性金属簧片的触点对）组成，也有以电磁方式替代，俗称窗磁、门磁。

② 位置开关　几何位移产生机械推力使微动触点对产生通、断。

③ 遮断探测　发射器发出可见光、激光、声波、微波、红外光束，正常时被接收器接收，异常时被异物遮挡，接收信号减弱、变化或消失。因本身产生探测能量，属主动式红外探测。

④ 被动红外探测　人的体表温度使其向外辐射 $10\mu m$ 左右波长红外光波，探测器接收此能量产生信号，又称热感式。因本身不产生探测能量，属被动式红外探测。

⑤ 多普勒探测　布防中的微波、超声波场中物体的移动使接收器接收的频率发生变化——多普勒效应，触发信号。

⑥ 压电探测　具压电效应的材料能把施于其上的压力的变化转换成压/电的变化，或者反之——电/压转换，此原理又称为霍尔效应。

⑦ 玻璃破碎探测　贴于玻璃隐秘处的超声传感器，接收玻璃破碎特有的声响，以计算机软件识别技术辨识其真伪，作出报警与否的处理。

⑧ 视频移动探测　视野内物体移动引起摄像机摄取的视频信号对比度发生变化，通过设定时间间隔内图像间的对比，判断正常/异常。

⑨ 电磁场探测　平行并列或泄漏感应的电缆的空间电磁场分布受到场中入侵物干扰而改变，以触发警报。

⑩ 驻极体振动探测　充电而带电的驻极体间介以电介质构成"驻极体话筒"，机械振动或受压会改变产生于驻极体上的电压信号，故又称此探测电缆为"麦克风电缆"。

⑪ 光纤探测　发射器发出红外光沿细、软、便于隐蔽的光纤传送到接收器，光纤破坏便使探测器感知。

⑫ 接近探测　通过接近被保护对象的近距离异物（几～几十厘米）引起的电磁振荡、电容量变化、光线强度变化来感应探测，分别为电磁式、电容式和光电式。后者又俗称为"侦光式"。

⑬ 脉动回波探测　超声波发射后在空间多次反射形成均匀分布的立体场，运动物体进入将破坏这一相对的稳定，带来原立体场的空间波腹、波节点分布的改变可反应探测。

（2）探测器选用

探测器选用见表2-5。

表 2-5　探测器选用

警戒范围	名称	适应场所	主要特点	适宜工作环境	不适宜工作环境	宜选含如下技术器材
点	磁开关入侵探测器	各种门、窗、抽屉等	体积小，可靠性好	非强磁场存在情况；门窗缝不能过大	强磁场存在环境；门窗缝隙过大的建筑物	在铁制门窗使用时，宜选用铁制门窗专用磁开关
线	主动红外入侵探测器	室内、室外（一般室内机不能用于室外）	红外线，便于隐蔽	室内周界控制；室外"静态"干燥气候	室外恶劣气候；收发机视线内有可能遮挡物	双光束或四光束鉴别技术
	遮挡式微波探测器	室内、室外周界控制	受气候影响较小	无高频电磁场存在场所；收发机间不能有可能遮挡物	收发机间有可能遮挡物；高频电磁波（微波段）存在场所	报警控制器宜加智能鉴别技术
	振动电缆探测器	室内、室外均可	可与室内外各种实体周界配合使用	非嘈杂振动环境	嘈杂振动环境	报警控制器宜加智能鉴别技术
	泄漏电缆探测器	室内、室外均可	可随地形变化埋设	两探测电缆间无活动物体；无高频电磁场存在场所	高频电磁场干扰环境	报警探测器宜加智能鉴别技术

续表

警戒范围	名称	适应场所	主要特点	适宜工作环境	不适宜工作环境	宜选含如下技术器材
面	电动式振动探测器	室内、室外均可，主要用于地面控制	灵敏度高；被动式	远离振源	地质板结的冻土地或土质松软的泥土地	所选用报警控制器需有信号比较和鉴别技术
	压电式振动探测器	室内、室外均可；多用于墙壁或天花板上	被动式	远离振源	时常引起振动或环境过于嘈杂的场所	智能鉴别技术
	声波-振动式玻璃破碎双鉴器	室内；用于各种可能产生玻璃破碎场所	与单技术玻璃破碎探测器比，误报少	日常环境噪声	环境过于嘈杂的场所	双-单转换型；智能鉴别技术
体	被动红外入侵探测器	室内空间型：有吸顶式、壁挂式、楼道式、幕帘式等	被动式（多台交叉使用互不干扰），功耗低，可靠性较好	日常环境噪声；温度在15～25℃时探测效果最佳	背景有热变化，如：冷热气流，强光间歇照射等；背景温度接近人体温度；强电磁场干扰场合；小动物频繁出没场合	宜加：自动温度补偿技术；抗小动物干扰技术；防遮挡技术；抗强光干扰技术；智能鉴别技术
	微波-被动红外双鉴器	室内空间型：有吸顶式、壁挂式、楼道式等	误报警少（与被动红外入侵探测器相比）；可靠性较好	日常环境噪声；温度在15～25℃时探测效果最佳	现场温度接近人体温度时，灵敏度下降；强电磁场干扰情况；小动物出没频繁场合	双-单转换型；自动温度补偿技术；防遮挡技术；抗小动物干扰技术；智能鉴别技术
	声控单技术式玻璃破碎探测器	室内空间型：有吸顶型、壁挂式等	被动式；仅对玻璃破碎等高频声响敏感	日常环境噪声	环境嘈杂，附近有金属打击声、汽笛声、电铃声等高频声响	智能鉴别技术
	微波多普勒探测器	室内空间型：壁挂式	不受声、光、热的影响	可在环境噪声较强、光变化、热变化较大的条件下工作	不适宜简易房间或临时展厅使用，不适宜高频（微波段）电磁场环境使用，防范现场不宜有活动物和可能活动物	平面天线技术；智能鉴别技术
	声控-次声波式玻璃破碎双鉴器	室内空间型（警戒空间要有较好的密封性）	与单技术玻璃破碎探测器相比误报少；可靠性较高	密封性较好的室内	简易或密封性不好的室内	智能鉴别技术

探测器均面对降低漏检和误报两大问题，一方面采用自身硬件、软件技术措施；另一方面采用两种及以上技术的双鉴或多鉴式探测。

3. 入侵探测器的设置与选择

① 入侵探测器盲区边缘与防护目标间的距离不应小于5m；

② 入侵探测器的设置宜远离影响其工作的电磁辐射、热辐射、光辐射、噪声、气象方面等不利环境，当不能满足要求时，应采取防护措施；

③ 被动红外探测器的防护区内，不应有影响探测的障碍物；

④ 入侵探测器的灵敏度应满足设防要求，并应可进行调节；

⑤ 复合入侵探测器，应被视为一种探测原理的探测装置；

⑥ 采用室外双束或四束主动红外探测器时，探测器最远警戒距离不应大于其最大射束

距离的 2/3；

⑦ 门磁、窗磁开关应安装在普通门、窗的内上侧。无框门、卷帘门可安装在门的下侧；

⑧ 紧急报警按钮的设置应隐蔽、安全并便于操作。并应具有防误触发、触发报警自锁、人工复位等功能。

4. 组建模式

根据信号传输方式的不同，入侵报警系统组建模式分为：

① 分线制 探测器、紧急报警装置通过多芯电缆与报警控制主机间采用一对一专线相连，见图 2-4。

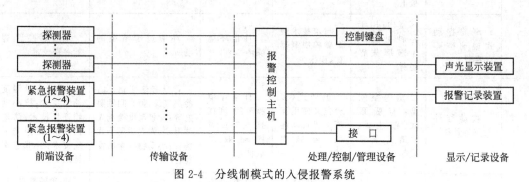

图 2-4 分线制模式的入侵报警系统

② 总线制 探测器、紧急报警装置通过相应的编址模块与报警控制主机间采用报警总线（专线）相连，见图 2-5。

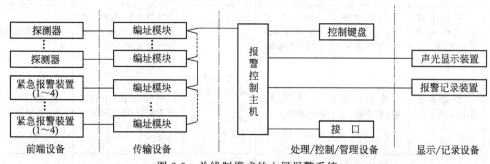

图 2-5 总线制模式的入侵报警系统

③ 无线制 探测器、紧急报警装置通过其相应的无线设备与报警控制主机通讯，其中一个防区内的紧急报警装置不得大于 4 个。

④ 公共网络 探测器、紧急报警装置通过现场报警控制设备和/或网络传输接入设备与报警控制主机之间采用公共网络相连。公共网络可以是有线网络，也可以是有线-无线-有线网络。

5. 传输线缆的选择

系统的控制信号电缆可采用铜芯绝缘导线或电缆，其芯线截面积一般不小于 0.50mm^2，当采用多芯电缆，传输距离在 150m 以内时，其芯线截面积最小可放宽至 0.30mm^2。电源线传输距离在 150m 以内时，其芯线截面积最小可放宽至 0.75mm^2。

系统中信号传输电缆，因为信号电流太小，不需计算导线截面，只需考虑机械强度即可。但对于多个探测器共用一条信号线时，仍需要计算。

对集中供电的电源线，一定要根据这对导线上所承受的总负荷和供电距离，铜线可按式（2-1）计算：

$$S = IL/54.4\Delta U \tag{2-1}$$

式中　I——导线中通过的最大电流，A；

　　L——导线的长度，m；

　　ΔU——允许的电压降，V；

　　S——导线截面，mm^2。

ΔU 电压降可由整个系统（或某个回路）中所用的探测器的工作电压范围和供电电源电压额定值综合起来考虑选定，一般选取工作电压范围最窄的那个值。假如系统中一对电源线带有多个探测器，其中有的探测器的工作电压范围为 10.5~16V；有的为 11~13V；有的为 8.5~15V 等。而电源电压额定值为 12V，所以 ΔU 应为 1V。

如：有一个系统，最远的探测器距监控中心的供电距离 L 为 200m，传输线上所带的负荷为 0.75A，综合起来选取的电压降 ΔU 为 2V，则 $S = IL/54.4\Delta U = (0.75 \times 200)/(54.4 \times 2) = 1.37mm^2$，故应选取标称截面为 $1.5mm^2$ 的铜线。

三、访客对讲

访客对讲是在多层或高层建筑中实现访客、住户和物业管理中心相互通话、进行信息交流并实现对小区安全出入通道控制的管理系统，俗称门禁系统。

楼门平时总处于闭锁状态，避免非本楼人员在未经允许的情况下进入楼内，本楼内的住户可以用钥匙自由地出入大楼。当有客人来访时，客人需在楼门外的对讲主机键盘上按出欲访住户的房间号，呼叫欲访住户的对讲分机。被访住户的主人通过对讲设备与来访者进行双向通话或可视通话，通过来访者的声音或图像确认来访者的身份。确认可以允许来访者进入后，住户的主人利用对讲分机上的开锁按键，控制大楼入口门上的电控门锁打开，来访客人方可进入楼内。来访客人进入楼后，楼门自动闭锁。

楼宇对讲技术由最早的楼宇对讲产品发展而来。早期的楼宇对讲产品功能单一，只有单元对讲功能，随着国内人们的需求逐步提升，原来没有联网和不可视的要求已经不能满足，于是进入联网阶段。随着 Internet 的应用普及和计算机技术的迅猛发展，基于 ARM 或 DSP 技术的局域网技术开发用网络传输数据，模糊了距离的概念，可无限扩展；当今市场上已出现了数字可视对讲系统产品。广域网可视对讲系统是在 internet 广域网的基础上构成的，数字室内机作为小区网络中的终端设备，实现小区多方互通的可视对讲，通过小区以太网或互联网同网上任何地方的可视 IP 电话或 PC 之间实现通话。

1. 分类

① 从基本性质上可分为可视对讲系统、非可视对讲系统；

② 从传输方式上可分为总线制对讲系统、网络对讲系统、无线对讲系统；

③ 从使用场所上可分为 IP 数字网络对讲系统、IP 数字网络楼宇可视对讲系统、监狱对讲系统、医院对讲系统（医护对讲系统）、电梯对讲系统、学校对讲系统、银行对讲系统（银行窗口对讲机）等等。

2. 组成

系统基于网络传输方式，门口机、室内机、管理软件之间通过局域网连接。室内机可外接两线制门铃按钮和八路报警输入的报警设备。门口机、室内机可通过电源箱集中供电或配专用电源单独供电。可实现一键呼叫、可视对讲、智能开锁、户户通、留影留言、音乐门铃、信息发布、电梯联动等功能。

3. 功能

小区门口、单元门口设置门口机，物业管理中心设置管理软件，各住户室内设置室内机，实现以下功能：

  ① 一键呼叫 住户可一键呼叫管理中心，便于及时解决问题，使社区服务更加便捷；

  ② 可视对讲 门口机与室内机及住户与住户之间可相互呼叫、双工可视对讲；

  ③ 留影留言 当来客访问但家里无人接听时，访客可直接留影留言，方便查询；

  ④ 监视功能 住户室内机可监视单元门口机的周围实况；

  ⑤ 开锁功能 门口机支持密码开锁和 IC 卡开锁，也可呼叫住户给予开锁；

  ⑥ 信息发布 监控中心可向住户发布社区通知、电子公告、广告宣传等信息；

  ⑦ 安防报警 住户室内机可外接报警设备，实现居家安防报警；

  ⑧ 电梯联动 住户室内机支持与电梯联动；

  ⑨ 防拆报警 单元或小区门口机遭到人为非法强拆时，可及时向监控中心报警，以最大限度保护住户安全。

4. 系统构建

  数字对讲系统应用 TCP/IP 数字联网技术实现社区智能化功能，具有极强的功能拓展能力，除标准的可视对讲、门禁开锁、紧急求助、安防报警、安防监控、信息接收、图像存储、免打扰、物业综合管理等基本应用功能外，同时支持扩展智能家居控制、电梯联动、手机联动等功能。图 2-6 为系统原理图。

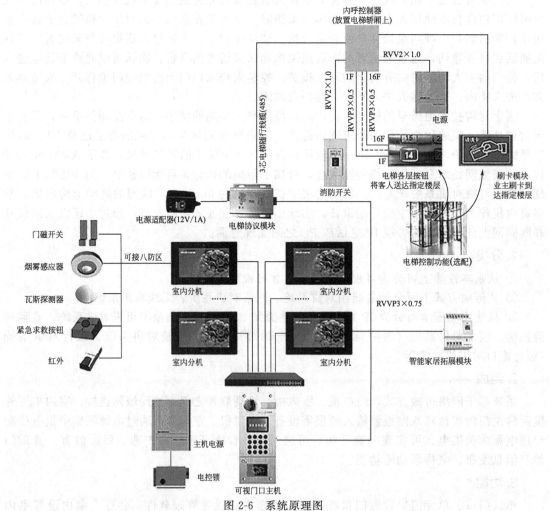

图 2-6 系统原理图

四、停车场管理

系统基于现代化电子与信息技术、集感应式智能卡技术、计算机网络、视频监控、图像识别与处理及自动控制技术于一体，对停车场内的车辆进行自动化管理，包括车辆身份判断、出入控制、车牌自动识别、车位检索、车位引导、会车提醒、图像显示、车型校对、时间计算、费用收取及核查、语音对讲、自动取（收）卡等系列科学、有效的操作。这些功能可根据用户需要和现场实际灵活删减或增加，形成不同规模与级别的豪华型、标准型、节约型停车场管理系统和车辆管制系统。

1. 组成

停车场管理系统配置包括停车场控制机、自动吐卡机、远程遥控、远距离感应读卡器、感应卡（有源卡和无源卡）、自动道闸、车辆感应器、地感线圈、通讯适配器、摄像机、传输设备、停车场系统管理软件等。

2. 功能

① 基本功能刷卡（扫描条形码票据）出入、计时收费、中文（英文）显示、语音提示、出入口对讲、出入口图像对比、实时监控、出入口自动吞卡、吐卡、防砸车、车牌识别、空位数量提示、车位引导。

② 高级功能无卡管理系统、手机刷卡系统、区域车位引导系统、防撞系统、自动区分车型收费、自定义系统功能（分时区区别收费，高峰期不落闸等）、远程监控与控制功能、控制车辆进入权限、记录及限制停车时间、防止人员收费漏洞、车位满时限制进入、单通道系统，可防止通道内堵车、实现不停车过通道、全视频收费系统、停车场找车系统。

3. 分类

① 按功能齐全性分
简易停车场管理系统；
标准停车场管理系统；
车牌识别型管理系统；
自定义管理系统。

② 按读卡距离远近分
近距离停车场管理系统（读卡距离在 10cm 以内）；
中距离停车场管理系统（读卡距离在 80cm 左右）；
远距离停车场管理系统（读卡距离 1~50m 可调，可实现不停车收费）。

③ 按使用的卡片种类分
ID 卡停车场管理系统；
IC 卡停车场管理系统；
ID/IC 兼容式停车场管理系统；
手机卡停车场系统；
动态视频无卡停车场系统。

④ 按出入口的数量分
一进一出停车场系统；
多进多出停车场系统；
一进多出停车场系统；
多进少出停车场系统。

⑤ 按停车场类型分

取卡式停车场管理系统；

免取卡停车场管理系统。

4. 工作流程

① 入口部分　主要由入口票箱（内含感应式 ID 卡读写器、自动出卡机、车辆感应器、语音提示系统、语音对讲系统）、自动路闸、车辆检测线圈、入口摄像系统等组成。

临时车进入停车场时，系统检测到车辆，语音提示司机取卡，汉字显示屏自动显示车场内剩余车位数，司机按键，票箱内发卡器即发送一张 ID 卡，经输卡机芯传送至入口票箱出卡口，并同时读卡。司机取卡后，自动路闸起栏放行车辆，图像系统自动摄录一幅车辆进场图像于电脑，播放欢迎词，并放行车辆。

月租卡车辆进入停车场时，系统检测和语言提示，司机把月租卡在入口票箱感应区距离内掠过，判断有效性（月卡使用期限、卡类、卡号合法性），若有效，后续流程同临时车。

特殊卡车辆进入停车场时，设在车道下的车辆检测线圈检测车到，入口处的票箱语音提示司机读卡，司机把特殊卡在入口票箱感应区距离内掠过，入口票箱内 ID 卡读写器读取该卡的特征和有关信息，判断其有效性（指的是特殊卡使用期限、卡类、卡号合法性），后续流程同月租车。

② 出口部分　主要由出口票箱（内含感应式 ID 卡读写器、语音提示系统、语音对讲系统）、自动路闸、车辆检测线圈、出口摄像系统等组成。

临时车驶出停车场出口时，在出口处，司机将非接触式 ID 卡交给收费员，司机把月租卡在出口票箱感应器感应距离内掠过，收费电脑根据 ID 卡记录信息自动计算出应交费，提示司机交费，同时系统自动显示该车进场图像，收费员确认无误后收费，按确认键，图像系统自动摄录一幅车辆出场图像于电脑，语音系统提示"谢谢，祝您一路平安！"等声音，电动栏杆升起。车辆通过埋在车道下的车辆检测线圈后，电动栏杆自动落下。

月租卡车辆驶出停车场时，司机把月租卡在出口票箱感应器感应距离内掠过，出口票箱内 ID 卡读卡器读取该卡的特征和有关 ID 卡信息，判别其有效性，同时系统自动显示该车进场图像，若有效图像和进场时自动摄录的图像一致，语音系统提示"谢谢，祝您一路平安！"等声音，自动路闸起栏放行车辆，车辆感应器检测车辆通过后，栏杆自动落下；若无效则报警，不放行。

特殊卡车辆驶出停车场时，司机把月租卡在出口票箱感应器感应距离内掠过，出口票箱内 ID 卡读卡器读取该卡的特征和有关 ID 卡信息，判别其有效性。无效则不允许放行并提示。

③ 收费控制　由收费控制电脑、UPS、报表打印机、操作台、入口手动按钮、出口手动按钮、语音提示系统、语音对讲系统组成。

操作员通过收费控制电脑负责对临时卡、月租卡、特殊卡进行管理和收费，通过图像对比识别功能减少车型及车牌的识别和读写时间，提高车辆出入的车流速度。图像对比与 ID 卡配合使用，彻底达到防盗车的目的。进出图像存档，杜绝了谎报免费车辆。"一车一卡"：严密控制持卡者进出停车场的行为，对出入口进行智能管理，还负责对报表打印机发出相应控制信号，同时完成车场数据采集下载、查询打印报表、统计分析、系统维护和月租卡发售功能。

④ 出、入口手动按钮　主要对出入口道闸的智能控制，可进行抬闸、放闸、停止三个功能。语音提示系统、语音对讲系统只是操作员和司机之间的交流和收费时的友好提示，使系统的服务功能达到了更加周全。早在 2004 年，蓝牙停车场早就已经在中国内陆相继问世。蓝牙停车场系统，读卡速度快，读卡距离远，具有良好的方向性，读卡距离可控制（1～5m、5～10m、10～20m 可调）。10～60km/s 可不停车读卡。

停车场系统进出工作流程见图 2-7。

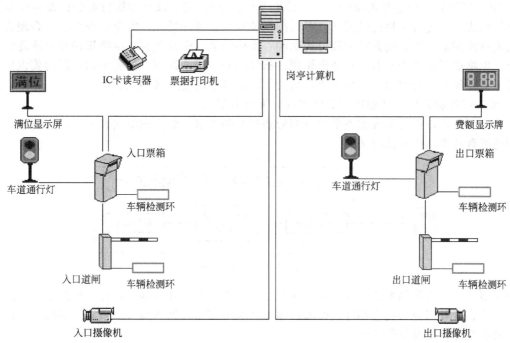

图 2-7　停车场系统进出工作流程

进场时，驾驶员驱车到入口控制机处，如果是固定卡用户，直接刷卡就能进出，对于远距离卡片，进入读卡范围立即读卡，不用刷卡。固定卡读卡后，系统会判断是否在有限期内，是否有余额够用，并且判断是否有在停车场内部未出的记录，如果满足上面条件，则开闸放行，否则语音提示不放行。

进场时，如果是临时卡，则驾驶员自己取卡，道闸开启，车辆通行。

出场时，固定卡，直接刷卡进出。

出场时，临时卡，收费员收费后，开闸放行。

车辆不论是进或者出，在开启道闸的瞬间，摄像头拍照保存留为记录。

车辆通过道闸后，道闸自动落杆。

五、出入口控制

出入口控制系统是采用现代电子设备与软件信息技术，在出入口对人或物的进出进行放行、拒绝、记录和报警等操作的控制系统，系统同时对出入人员编号、出入时间、出入门编号等情况进行登录与存储，从而成为确保区域的安全，实现智能化管理的有效措施。

1. 出入口控制区域

① 主要出入口宜设置出入口控制装置，出入口控制系统中宜有非法进入报警装置；

② 重要通道宜设置出入口控制装置，系统应具有非法进入报警功能；

③ 设置在安全疏散口的出入口控制装置，应与火灾自动报警系统联动。在紧急情况下应自动释放出入口控制系统，安全疏散门在出入口控制系统释放后应能随时开启；

④ 重要工作室应设置出入口控制装置。集中收款处、重要物品库房宜设置出入口控制装置。

2. 组成

① 出入口控制系统主要由识读部分、传输部分、管理/控制部分和执行部分以及相应的系统软件组成。系统有多种构建模式，可根据系统规模、现场情况、安全管理要求等合理选择。出入口控制系统的识别方式大致分为四种：密码钥匙、卡片识别、生物识别及上述几种的组合。生物识别的方法较多，有掌形识别、指纹识别、语音识别、虹膜识别、视网膜识别等，若再与智能卡组合使用，就可能更好解决智能卡被非法使用者利用的问题。

② 出入口控制系统按其硬件构成模式可分为以下型式。

一体型　出入口控制系统的各个组成部分通过内部连接；组合或集成在一起，实现出入口控制的所有功能，构成见图 2-8。

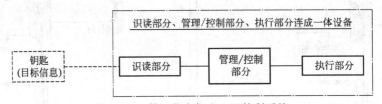

图 2-8　一体型停车场出入口控制系统

分体型　出入口控制系统的各个组成部分，在结构上有分开的部分，也有通过不同方式组合的部分。分开部分与组合部分之间通过电子、机电等手段连成为一个系统，实现出入口控制的所有功能，构成见图 2-9。

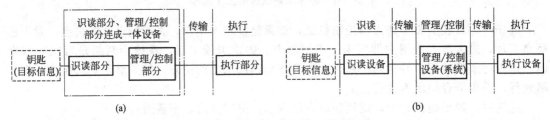

图 2-9　分体型停车场出入口控制系统

③ 出入口控制系统按其管理/控制方式可分为以下型式。

独立控制型　出入口控制系统，其管理与控制部分的全部显示/编程/管理/控制等功能均在一个设备（出入口控制器）内完成，构成见图 2-10。

联网控制型　出入口控制系统，其管理与控制部分的全部显示/编程/管理/控制功能不在一个设备（出入口控制器）内完成。其中，显示/编程功能由另外的设备完成。设备之间的数据传输通过有线和/或无线数据通道及网络设备实现，构成见图 2-11。

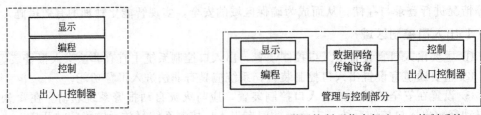

图 2-10　独立控制型停车场出入口控制系统　　图 2-11　联网控制型停车场出入口控制系统

数据载体传输控制型　出入口控制系统与联网型出入口控制系统区别仅在于数据传输的方式不同，其管理与控制部分的全部显示/编程/管理/控制等功能不是在一个设备（出入口控制器）内完成。其中，显示/编程工作由另外的设备完成。设备之间的数据传输通过对可移动的、可读写的数据载体的输入/导出操作完成，构成见图 2-12。

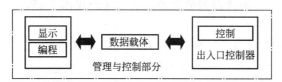

图 2-12　数据载体传输控制型出入口控制系统

④ 出入口控制系统　按现场设备连接方式分为以下几种。

单出入口控制设备　仅能对单个出入口实施控制的单个出入口控制器所构成的控制设备，构成见图 2-13。

多出入口控制设备　能同时对两个以上出入口实施控制的单个出入口控制器所构成的控制设备，构成见图 2-14。

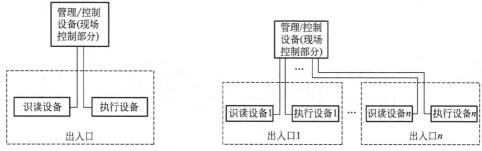

图 2-13　单出入口控制设备出入口控制系统　　　图 2-14　多出入口控制设备出入口控制系统

⑤ 出入口控制系统按联网模式　可分为以下型式。

总线制　出入口控制系统的现场控制设备通过联网数据总线与出入口管理中心的显示、编程设备相连，每条总线在出入口管理中心只有一个网络接口，构成见图 2-15。

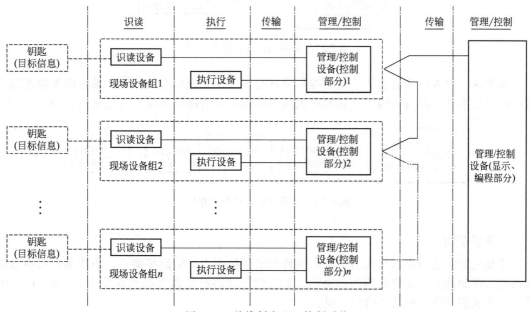

图 2-15　总线制出入口控制系统

　　环线制　出入口控制系统的现场控制设备通过联网数据总线与出入口管理中心的显示、编程设备相连，每条总线在出入口管理中心有两个网络接口，当总线有一处发生断线故障时，系统仍能正常工作，并可探测到故障的地点，构成见图 2-16。

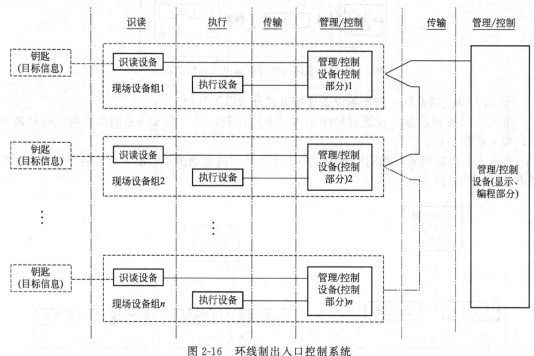

图 2-16　环线制出入口控制系统

　　单级网　出入口控制系统的现场控制设备与出入口管理中心的显示、编程设备的连接采用单一联网结构，构成见图 2-17。

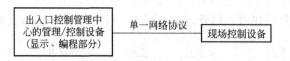

图 2-17　单级网出入口控制系统

　　多级网　出入口控制系统的现场控制设备与出入口管理中心的显示、编程设备的连接采用两级以上串联的联网结构，且相邻两级网络采用不同的网络协议，构成见图 2-18。

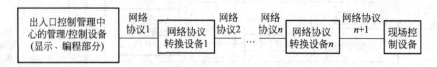

图 2-18　多级网出入口控制系统

3. 防护等级

　　系统的防护能力由所用设备的防护面外壳的防护能力、防破坏能力、防技术开启能力以及系统的控制能力、保密性等因素决定。系统设备的防护能力由低到高分为 A、B、C 三个等级，系统识读部分的防护等级，见表 2-6。

表 2-6　系统识读部分的防护等级

等级＼要求	外壳防护能力	保密性（采用电子编码作为密钥信息的）	保密性（采用图形图像、人体生物特征、物品特征、时间等作为密钥信息的）	防复制和破译	防破坏（有防护面的设备 抵抗时间/min）	防技术开启
普通防护级别（A级）	外壳应符合 GB 12663 的有关要求；识读现场装置外壳应符合 GB 4208—1993 中 IP42 的要求；室外型的外壳还应符合 GB 4208—1993 中 IP53 的要求	密钥量 $>10^4 \times n_{max}$	密钥差异 $>10 \times n_{max}$；误识率不大于 $1/n_{max}$	使用的个人信息识别载体应能防复制	防钻 10；防锯 3；防撬 10；防拉 10	防误识开启 1500；防电磁场开启 1500
中等防护级别（B级）	外壳应符合 GB 4208—1993 中 IP42 的要求；室外型的外壳还应符合 GB 4208—1993 中 IP53 的要求	密钥量 $>10^4 \times n_{max}$，且至少采用以下一项：1. 连续输入错误的钥匙信息时有限制操作的措施；2. 采用自行变化编码；3. 采用可更改编码（限制无授权人员更改）	密钥差异 $>10^2 \times n_{max}$；误识率不大于 $1/n_{max}$	使用的个人信息识别载体应能防复制；无线电传输密钥信息的，则至少经 24h 扫描时间（改变不少于 5000 种编码组合）获得正确密钥的概率小于 4%，或每次操作钥匙后自行变级编码	防钻 20；防锯 6；防撬 20；防拉 20	防误识开启 3000；防电磁场开启 3000
高防护级别（C级）	外壳应符合 GB 4208—1993 中 IP43 的要求；室外型的外壳还应符合 GB 4208—1993 中 IP55 的要求	密钥量 $>10^6 \times n_{max}$，且至少采用以下一项：1. 连续输入错误的钥匙信息时有限制操作的措施；2. 采用自行变化编码；3. 采用可更改编码（限制无授权人员更改）。不能采用在空间可传输密钥信息的方式	密钥差异 $>10^3 \times n_{max}$；误识率不大于 $0.1/n_{max}$	制造的所有钥匙应能防未授权的读取信息，防复制	防钻 30；防锯 10；防撬 30；防拉 30；防冲击 30	防误识开启 5000；防电磁场开启 5000；防冲击 60

4. 系统功能及要求

① 系统管理主机宜对系统中的有关信息自动记录、打印、存储，并有防篡改和防销毁等措施。

② 当系统管理主机发生故障、检修或通信线路故障时，各出入口现场控制器应脱机正常工作。现场控制器应具有备用电源，当正常供电电源失电时，应可靠工作 24h，并保证信息数据记忆不丢失。

③ 系统宜独立组网运行，并宜具有与入侵报警系统、火灾自动报警系统、视频安防监控系统、电子巡查系统等集成或联动的功能。

④ 系统应具有对强行开门、长时间门不关、通信中断、设备故障等非正常情况，实时报警功能。

⑤ 系统宜具有纳入"一卡通"管理的功能：

"一卡通"是以 IC 卡技术为核心，以计算机和通信技术为手段，将建筑物内某些管理设施连成一个有机的整体，使用者通过一张 IC 卡便完成日常的出入、消费、结算和某些控制操作。

目前在智能建筑中应用的一卡通系统，基本覆盖了人员身份识别、宾客资料管理、员工考勤、电子门锁管理、出入口控制管理、水电气多表数据远传和收费管理、车场收费及车辆进出管理、员工食堂售饭管理、员工工资及福利管理、人事档案及人员调度管理、商场及餐厅娱乐场所的电子消费管理、图书资料卡及保健卡管理、电话收费管理等。

智能一卡通系统配置包括控制器、感应器、感应卡、制卡机、收款机、接口转换器、网络传输设备、系统管理软件和通信软件等。

该系统网络结构由两部分组成：实时控制域和信息管理域。低速、实时控制域采用传统的控制网 RS-485 或先进的 LonWork 控制网络作为分散的控制设备、数据采集设备之间的通信连接；各智能卡分系统的工作站和上位机则居于系统的高速管理信息域，这里涉及了大量的数据传递，可满足各种管理的需要，构造了高级的数据网络环境，系统主干采用 Ethernet 网，通过路由器、主干光缆、电缆或双绞线连接局域网和广域网。

六、电子巡查

电子巡更系统是管理者考察巡更者是否在指定时间按巡更路线到达指定地点的一种手段。巡更系统帮助管理者了解巡更人员的表现，而且管理人员可通过软件随时更改巡逻路线，以配合不同场合的需要。

1. 组成

巡更器（数据采集器）—由巡逻人员在巡更巡检工作中随身携带，将到达每个巡更点的时间及情况记录下来。

巡更点（信息标识器）—安置在巡逻路线上需要巡更巡检地方的电子标识。

通讯座（数据下载转换器）—用来将巡更器中存储的巡更数据通过它下载到 PC。

管理软件—单机版/局域版/网络版，巡更系统软件安装于计算机上，用于设定巡逻计划、保存巡逻记录，并根据计划对记录进行分析，从而获得正常、漏检、误点等统计报表。

2. 工作原理

将巡更点安放在巡逻路线的关键点上，保安在巡逻的过程中用随身携带的巡更棒读取自己的人员点，然后按线路顺序读取巡更点，在读取巡更点的过程中，如发现突发事件可随时读取事件点，巡更棒将巡更点编号及读取时间保存为一条巡逻记录。定期用通讯座（或通讯线）将巡更棒中的巡逻记录上传到计算机中。管理软件将事先设定的巡逻计划同实际的巡逻记录进行比较，就可得出巡逻漏检、误点等统计报表，通过这些报表可以真实地反映巡逻工作的实际完成情况。

3. 分类

电子巡更系统分为有线和无线两种。

无线巡更系统 由信息钮扣、巡更手持记录器、下载器、电脑及其管理软件等组成。信息钮扣安装在现场，如各住宅楼门口附近、车库、主要道路旁等处；巡更手持记录器由巡更人员值勤时随身携带；下载器是联接手持记录器和电脑进行信息交流的部件，它设置在电脑房。无线巡更系统具有安装简单，不需要专用电脑，而且系统扩容、修改、管理非常方便。构成见图2-19。

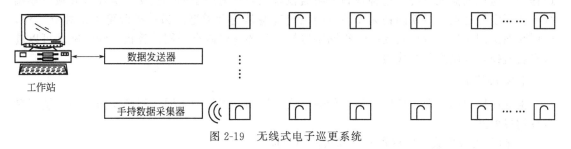

图2-19 无线式电子巡更系统

有线巡更系统 巡更人员在规定的巡更路线上，通过手持的卡片到指定的按指定巡更读卡点上刷卡，刷卡成功后，通过中继将该条记录的时间和地点位置向服务器发回信号以表示正常，如果在规定的时间段、班次和线路中未进行读卡操作，有漏巡的情况，后台服务器和客户端软件会出现报警状态，提醒该点未正常巡更。如图2-20（图中1B2B……mB为巡更开关）所示。

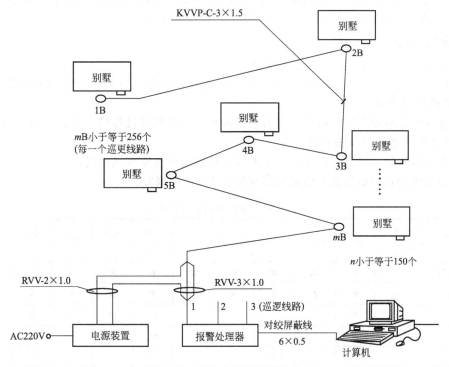

图2-20 在线式电子巡更系统

七、视频安防监控

视频安防监控系统是利用视频技术探测、监视设防区域并实时显示、记录现场图像的电子系统或网络。视频安防监控系统一般由前端、传输、控制及显示记录四个主要部分组成。前端部分包括一台或多台摄像机以及与之配套的镜头、云台、防护罩、解码驱动器等;传输部分包括电缆和/或光缆,以及可能的有线/无线信号调制解调设备等;控制部分主要包括视频切换器、云台镜头控制器、操作键盘、种类控制通信接口、电源和与之配套的控制台、监视器柜等;显示记录设备主要包括监视器、录像机、多画面分割器等。

视频安防监控系统类型基本上可以分为两种,一种是本地独立工作,不支持网络传输、远程网络监控的监控系统。这种视频安防监控系统通常适用于内部应用,监控端和被监控端都需要固定好地点,早期的视频安防监控系统普遍是这种类型。另一种既可本地独立工作,也可联网协同工作,特点是支持远程网络监控,只要有密码有联网计算机,随时随地可以进行安防监控,以网络人为代表。

1. 构成模式

根据使用目的、保护范围、信息传输方式,控制方式等的不同,视频安防监控系统可有多种构成模式。

① 简单对应模式:监视器和摄像机简单对应。

② 时序切换模式:视频输出中至少有一路可进行视频图像的时序切换。

③ 矩阵切换模式:可以通过任一控制键盘,将任意一路前端视频输入信号切换到任意一路输出的监视器上,并可编制各种时序切换程序。

④ 数字视频网络虚拟交换/切换模式:模拟摄像机增加数字编码功能,被称作网络摄像机,数字视频前端也可以是别的数字摄像机。数字交换传输网络可以是以太网和 DDN、SDH 等传输网络。数字编码设备可采用具有记录功能的 DVR 或视频服务器,数字视频的处理、控制和记录措施可以在前端、传输和显示的任何环节实施。

2. 设防区域

① 重要建筑物周界宜设置监控摄像机;

② 地面层出入口、电梯轿厢宜设置监控摄像机。停车库(场)出入口和停车库(场)内宜设置监控摄像机;

③ 重要通道应设置监控摄像机,各楼层通道宜设置监控摄像机。电梯厅和自动扶梯口,宜预留视频监控系统管线和接口;

④ 集中收款处、重要物品库房、重要设备机房应设置监控摄像机;

⑤ 通用型建筑物摄像机的设置部位应符合表 2-7 的规定。

表 2-7　摄像机的设置部位

部 位 ＼ 建设项目	饭店	商 场	办公楼	商住楼	住宅	会议展览	文化中心	医院	体育场馆	学校
主要出入口	★	★	★	★	☆	★	★	★	★	☆
主要通道	★	★	★	★	△	★	★	★	★	☆
大 堂	★	☆	☆	☆	☆	☆	☆	☆	☆	△
总服务台	★	☆	△	△	—	☆	☆	△	☆	—
电梯厅	△	☆	☆	△	—	☆	☆	☆	☆	△

续表

部 位＼建设项目	饭店	商场	办公楼	商住楼	住宅	会议展览	文化中心	医院	体育场馆	学校
电梯轿厢	★	★	☆	△	△	★	☆	☆	☆	△
财务、收银	★	★	★	—	—	★	☆	☆	★	☆
卸货处	☆	★	—	—	—	★	—	☆	—	—
多功能厅	☆	△	△	△	—	☆	☆	△	△	△
重要机房或其出入口	★	★	★	☆	☆	★	★	★	★	☆
避难层	★	—	★	★	—	—	—	—	—	—
贵重物品处	★	★	☆	—	—	☆	☆	☆	—	—
检票、检查处	—	—	—	—	—	☆	—	—	★	—
停车库(场)	★	★	★	☆	△	☆	☆	☆	☆	△
室外广场	☆	☆	☆	△	—	☆	☆	△	☆	☆

注：★ 应设置摄像机的部位；☆ 宜设置摄像机的部位；△ 可设置或预埋管线部位。

3. 图像质量和技术指标

① 图像质量可按五级损伤制评定，图像质量不应低于 4 分；

② 峰值信噪比（PSNR）不应低于 32dB；

③ 数字视频安防监控系统应按其清晰度由低到高分为 A、B、C 三级，相应的系统清晰度要求如下：

A 级：系统水平分辨力应≥400TVL；

B 级：系统水平分辨力应≥600TVL；

C 级：系统水平分辨力应≥800TVL。

④ 图像画面的灰度应≥8 级；

⑤ 视音频记录失步应≤1s。

前端布控应用案例参考表 2-8。

表 2-8　前端布控应用案例参考

	点（纵深）	线（水平）		面（区域）	周界（纵深）
A 级	≤15m	≤40m	≤4m	≤60m²	≤100m
B 级	≤17m	≤50m	≤7m	≤120m²	≤300m
C 级	≤20m	≤60m	≤10m	≤180m²	≤500m
图像内容	体貌特征及活动情况	车辆活动情况	脸部特征及车辆牌照	人员及车辆活动情况	物体穿越等
应用举例	走廊、通道	停车场通道及道路主干道	出入口等	停车场、广场、大厅等	周界、围栏
测试说明	前端采集设备：采用定焦、固定光圈且≥系统分级的标准镜头，数字摄像机为 16：9 低照度彩色摄像机				

注1：摄像机及镜头：推荐采用定焦、固定/自动光圈镜头；摄像机的图像尺寸应适合监视画面的纵深、水平及区域，对纵深较远（如周界）的监视画面应选用 4：3 的图像尺寸。

2：布点设计原则：室外以 1080P 为主，室内视实际情况而定。

4. 摄像机的选型

① 为确保系统总体功能和总体技术指标，摄像机选型要充分满足监视目标的环境照度、

安装条件、传输、控制和安全管理需求等因素的要求。

②监视目标的最低环境照度不应低于摄像机靶面最低照度的50倍。

③监视目标的环境照度不高，而要求图像清晰度较高时，宜选用黑白摄像机；监视目标的环境照度不高，且需安装彩色摄像机时，需设置附加照明装置。附加照明装置的光源光线宜避免直射摄像机镜头，以免产生晕光，并力求环境照度分布均匀，附加照明装置可由监控中心控制。

④在监视目标的环境中可见光照明不足或摄像机隐蔽安装监视时，宜选用红外灯作光源。

⑤应根据现场环境照度变化情况，选择适合的宽动态范围的摄像机；监视目标的照度变化范围大或必须逆光摄像时，宜选用具有自动电子快门的摄像机。

⑥摄像机镜头安装宜顺光源方向对准监视目标，并宜避免逆光安装；当必须逆光安装时，宜降低监视区域的光照对比度或选用具有帘栅作用等具有逆光补偿的摄像机。

⑦摄像机的工作温度、湿度应适应现场气候条件的变化，必要时可采用适应环境条件的防护罩。

⑧摄像机应有稳定牢固的支架；摄像机应设置在监视目标区域附近不易受外界损伤的位置，设置位置不应影响现场设备运行和人员正常活动，同时保证摄像机的视野范围满足监视的要求。设置的高度，室内距地面不宜低于2.5m；室外距地面不宜低于3.5m。室外如采用立杆安装，立杆的强度和稳定度应满足摄像机的使用要求。

⑨电梯轿厢内的摄像机应设置在电梯轿厢门侧顶部左或右上角，并能有效监视乘员的体貌特征。

5. 镜头的选型与设置

①镜头像面尺寸应与摄像机靶面尺寸相适应，镜头的接口与摄像机的接口配套。

②用于固定目标监视的摄像机，可选用固定焦距镜头，监视目标离摄像机距离较大时可选用长焦镜头；在需要改变监视目标的观察视角或视场范围较大时应选用变焦距镜头；监视目标离摄像机距离近且视角较大时可选用广角镜头。

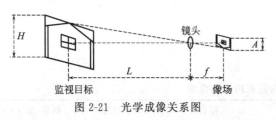

图2-21　光学成像关系图

③镜头焦距的选择根据视场大小和镜头到监视目标的距离等来确定，可参照图2-21，按式（2-2）计算：

$$f = \frac{A \times L}{H} \tag{2-2}$$

式中　　f——焦距，mm；

A——像场高/宽，mm；

L——镜头到监视目标的距离，mm；

H——视场高/宽，mm。

④监视目标环境照度恒定或变化较小时宜选用手动可变光圈镜头。

⑤监视目标环境照度变化范围高低相差达到100倍以上，或昼夜使用的摄像机应选用自动光圈或遥控电动光圈镜头。

⑥变焦镜头应满足最大距离的特写与最大视场角观察需求，并宜选用具有自动光圈、自动聚焦功能的变焦镜头。变焦镜头的变焦和聚焦响应速度应与移动目标的活动速度和云台的移动速度相适应。

⑦摄像机需要隐蔽安装时应采取隐蔽措施，镜头宜采用小孔镜头或棱镜镜头。

6. 云台／支架的选型与设置

① 根据使用要求选用云台/支架，并与现场环境相协调。

② 监视对象为固定目标时，摄像机宜配置手动云台即万向支架。

③ 监视场景范围较大时，摄像机应配置电动遥控云台，所选云台的负荷能力应大于实际负荷的 1.2 倍；云台的工作温度、湿度范围应满足现场环境要求。

④ 云台转动停止时应具有良好的自锁性能，水平和垂直转角回差不应大于 1°。

⑤ 云台的运行速度（转动角速度）和转动的角度范围，应与跟踪的移动目标和搜索范围相适应。

⑥ 室内型电动云台在承受最大负载时，机械噪声声强级不应大于 50dB。

⑦ 根据需要可配置快速云台或一体化遥控摄像机（含内置云台等）。

7. 显示设备的选择

① 显示设备可采用专业监视器、电视接收机、大屏幕投影、背投或电视墙。一个视频安防监控系统至少应配置一台显示设备；

② 宜采用 12～25 寸黑白或彩色监视器，最佳视距宜在 5～8 倍显示屏尺寸之间；

③ 宜选用比摄像机清晰度高一档（100TVL）的监视器；

④ 显示设备的配置数量，应满足现场摄像机数量和管理使用的要求，合理确定视频输入、输出的配比关系；

⑤ 电梯轿厢内摄像机的视频信号，宜与电梯运行楼层字符叠加，实时显示电梯运行信息；

⑥ 当多个连续监视点有长时间录像要求时，宜选用多画面处理器（分割器）或数字硬盘录像设备。当一路视频信号需要送到多个图像显示或记录设备上时，宜选用视频分配器。

8. 记录设备的配备与功能

① 录像设备输入、输出信号，视、音频指标均应与整个系统的技术指标相适应。一个视频安防监控系统，至少应配备一台录像设备；

② 录像设备应具有自动录像功能和报警联动实时录像功能，并可显示日期、时间及摄像机位置编码；

③ 当具有长时间记录、即时分析等功能要求时，宜选用数字硬盘录像设备。小规模视频安防监控系统可直接以其作为控制主机；

④ 数字硬盘录像设备应选用技术成熟、性能稳定可靠的产品，并应具有同步记录与回放、宕机自动恢复等功能。对于重要场所，每路记录速度不宜小于 25 帧/秒；对于其它场所，每路记录速度不应小于 6 帧/秒；

⑤ 数字硬盘录像机硬盘容量可根据录像质量要求、信号压缩方式及保存时间确定；

⑥ 与入侵报警系统联动的监控系统，宜单独配备相应的图像记录设备；

⑦ 硬盘录像机所需硬盘容量可按下面方法估算：

每路每小时占用空间×每天录像时间×硬盘路数×天数/1024，如某 16 路硬盘录像机，采用 MPEG4 格式，每天开机 12h，资料需保存 30 天，共需硬盘容量：120×12×16×30/1024＝675G。其中 120M 是采用 MPEG4 压缩格式时，一般画面质量（相当于 VCD 画质，CIF 格式－352×288）按照 25 帧方式，每路每小时所占用的磁盘空间的一个估计数据。该数据不具有绝对意义，因为不同的场景变化会导致较大的数据差异。

9. 供电、防雷与接地设备选择及应用

① 摄像机供电宜由监控中心统一供电或由监控中心控制的电源供电（摄像机距控制端

较远，一般指距离在 300m 以上。此时可根据供电电压、所带设备容量、供电距离等选择导线截面积。一般来说，导线截面积不宜超过 4mm²)。

② 异地的本地供电，摄像机和视频切换控制设备的供电宜为同相电源，或采取措施以保证图像同步。

③ 电源供电方式应采用 TN-S 制式。

④ 前端摄像机、解码器等，宜由控制中心专线集中供电。前端摄像设备距控制中心较远时，可就地供电。就地供电时，当控制系统采用电源同步方式，应是与主控设备为同相位的可靠电源。

⑤ 采取相应隔离措施，防止地电位不等引起图像干扰。

⑥ 室外安装的摄像机连接电缆宜采取防雷措施。

八、安防集成

安防系统集成是指以搭建组织机构内的安全防范管理平台为目的，利用综合布线技术、通信技术、网络互联技术、多媒体应用技术、安全防范技术、网络安全技术等将相关设备、软件进行集成设计、安装调试、界面定制开发和应用支持。安全防范系统集成管理平台是以 TCP/IP 网络为支撑，实现子系统自治、总体集成的综合性管理，融入建筑楼宇管理平台（BMS）之中。它全面提高建筑楼宇的综合防范能力，为管理者提供有力保障，实现一个安全、便捷、高效、舒适的环境。

智能安防管控平台以场所智能化的安防综合管理为核心设计理念，覆盖安防综合管理中的监控、门禁、灯光、风扇、巡更、报警按钮、周界报警、智能图像分析报警、对讲监听、应急广播等安防子系统，提供智能化的动态平面图、事务时间轴、安全指标检测、设备控制中心、统计分析、防爆锁定和紧急逃生等功能，达到智能化安防综合管理的目的。

智能安防管控平台以模块化方式设计，使平台具有可扩展、通用性，可广泛应用于司法行业、公安行业、学校、小区和科研场所。

1. 系统架构

系统架构就是系统软件的体系结构，是说明智能安防管控平台软件的层次计算架构。系统采用集中式管理、分布式应用的 B/S 架构，在技术架构上，基于 SOA 设计理念，采用三层体系架构，由基础平台层、应用服务层、展现层构成。对于新版的安防集成系统，系统的质量来自于架构，系统的灵活性来自于架构，系统的可靠性也来自于架构，系统的适用性还是来自于架构，甚至系统的开发过程、系统建设的成败都取决于系统的架构，好的架构是好的系统最重要的前提。系统架构见图 2-22。

视频智能分析活动目标跟踪、警戒线报警、闯入报警、遗留物报警、双警戒线报警；门禁系统门禁状态监控、门禁开关控制、双门互锁、布防控制；

① 报警系统布防、拆防、报警接收、联动控制、联动输出、联动 110；

② 周界防范联动报警、联动录像；

③ 巡更联动图像抓拍、联动录像；

④ 车牌识别车辆录像、车辆图像抓拍；

⑤ 环境数据采集系统数据阈值报警、联动录像、联动报警；

⑥ 短消息报警、短消息报警控制。

2. 功能模块

① 日常管控　管控中心值班人员通过日常管控动态平面图直观地了解管控场所各层的

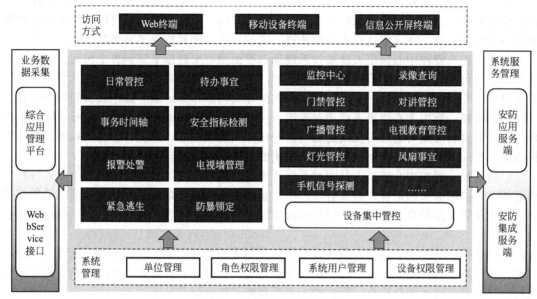

图 2-22　安防系统的集成架构

走廊区域和房间的总体情况，包括房间、走廊的门禁状态，绿色代表关门正常状态，红色代表门禁开启异常状态，直观提醒值班民警留意异常情况；可通过点击区域快速地打开房间关联的监控画面以及获取到关押的人员信息，可快速地通过功能推送对房间进行监听、对讲、灯光控制、广播控制、门禁控制操作，同时也扩展支持人员定位系统接入，实时显示人员的位置信息。

② 待办事宜　平台提供值班人员根据待办事宜的提醒对日常事务与报警信息进行处置，日常事务的待办信息（如开门申请、心理预约谈话、心情异常登记情况）与各项待处理报警处警信息将显示于主页右下方信息栏中，值班民警可通过待办事宜快速处理相关事件。

③ 集中统一管控　平台实现以物联网技术对各安防子系统集中统一调度管控，实现批量数据管控与运用，通过触摸拖拉式的操作可快速调度安防子系统设备。

④ 事务时间轴　根据监管场所内部值班工作管理规范与日常事务，平台自动地根据要求定制生成每天所需工作事务，到时间点自动通过 LED 屏与语音提示提醒值班民警，值班民警通过系统直观地了解到当天的工作事务计划以及通过监控和对讲了解到现场的各项任务执行情况。

⑤ 安全指标检测　平台通过对事务时间轴、日清查情况、设备在线情况、报警处警情况进行检测分析，平台每小时对监管场所各类安全系数进行检测，当安全系数低于一定分值时，系统会自动通过语音方式提醒值班民警，督促值班民警快速处置异常情况，同时值班民警可通过系统快速地了解到场所当前的安全指标分析情况；利用信息化手段计算出用于参考的安全指标，辅助值班民警决策分析，提高场所整体的安全防控水平。

⑥ 设备管控中心　通过设备管控中心实现对所有安防子系统设备的管控操作，设备控制中心可快速地对监控、门禁、广播、对讲、电视安防子系统进行管控；同时控制中心可展现当前执行中设备运行状态。

监控中心　监控中心主要提供值班人员预览查看监控，通过监控浏览来控制显示登录用户所拥有的操作权限，提供多级监控，上级单位可以查看操作下级单位中的监控视频信息，同级或下级单位只能查看操作自主相应权限的监控视频；监控中心提供本地录像、本地回放、本地截图功能项。

　　录像查询　　录像查询功能提供针对 DVR、NVR、IPSAN 等存储设备所保存的录像，提供摄像枪名称、录像类型和录像时间等多条件组合查询，录像查询结果可提供给予拥有权限的用户下载与回放，在回放过程中提供快进、慢放、暂停和播放等多种控制方式。

　　门禁管控　　管控中心值班人员通过系统动态平面图可实时地了解到各个房间、走廊的门禁状态，并可实时地对单个或批量门禁进行开、关门操作，同时门禁管控实现日常民警带工收工过程中开、关门申请统一管控功能；每次的开关门操作都记录下操作人员的相关信息。

　　对讲管控　　管控中心值班人员通过系统可实时地对各个房间和走廊进行监听，同时可与现场进行对讲；罪犯可通过房间或走廊对讲按钮呼叫管控中心，系统将会自动联动出现场监控画面、房间罪犯信息、房间动态信息；每次的对讲/监听操作都会记录日志。

　　广播管控　　管控中心值班人员通过系统可实时地对单个房间、走廊或者多个区域进行广播管控，广播内容包括语音广播和音频广播；系统提供广播计划的定制功能，值班民警通过制定广播计划，系统自动在指定的时间段内播放制定的音频内容；每次的人工手动操作都会记录日志。

　　灯光管控　　管控中心值班人员通过系统可实时地对单个区域、多个区域进行灯光管控；系统提供灯光管控计划的定制功能，值班民警通过制定灯光管控计划，系统自动在指定的时间段内进行开灯或者关灯操作；每次的人工手动操作都会记录日志。

　　风扇管控　　管控中心值班人员通过系统可实时地对单个房间、多个房间进行风扇管控；系统提供风扇管控计划的定制功能，值班民警通过制定风扇管控计划，系统自动在指定的时间段内进行开风扇或者关风扇操作；每次的人工手动操作都会记录日志。

　　⑦ 报警出警　　当有警情发生时，系统自动地将该区域中管理民警信息、关押罪犯信息相关资料显示，并把相关的报警处警流程显示出来，指引值班民警如何处理，值班民警可根据事件情况确定是否需要上报上一级指挥中心进行协同处置；当值班民警上报警情时，系统自动把警情上报到上一级指挥中心安防集成平台联动处置。

　　⑧ 电视墙管理　　电视墙管理是日常管控中心管理的重点功能，日常用于重点区域监控轮巡，当出现收工、出工、安检、手机信号检测、报警事件时自动把监控画面、动态平面图调上大屏，使值班民警可快速地对现场情况进行多维度的了解，及时对问题进行分析处置。

　　⑨ 业务信息管理　　管控中心值班人员通过系统可实时地了解到监管场所内罪犯分布信息以及关押情况，业务信息管理中可实现对罪犯床位信息管理，可通过系统对罪犯床位分配或调换房间管理。

　　⑩ 一键通　　管控中心值班人员通过一键通可实时地了解到监管场所罪犯的详细资料，包括所政（狱政）、生活卫生、教育矫治、会见、亲情电话业务信息。

　　⑪ 统计分析　　统计分析管理模块主要提供系统各项信息报表统计内容，清晰展现各项信息统计情况，主要包括在线巡更统计报表、报警统计报表、报警日志报表、门禁管控日志报表、日清监日志报表。

　　⑫ 防暴锁定　　防暴锁定主要实现对监管场所内所有门禁关闭死锁的统一管控，当启动防暴锁定时平台将会自动地把所有门禁进行死锁，所有控制都无效，只有通过钥匙或解除防暴锁定才能重新控制。

　　⑬ 紧急逃生　　紧急逃生主要实现对监管场所内所有门禁开启的统一管制，当启动紧急逃生时平台将会自动地开启所有配置紧急逃生管控的门禁；为了确保场所安全性启动紧急逃生时必须输入管理员密码方可启动。

　　⑭ 系统管理　　系统管理是管控平台的数据支撑基础，对管控平台的所有数据进行集中管理，主要包括用户管理、单位管理、权限管理、设备权限管理、电视墙管理模块；实现对日常业务信息管理、各安防子系统数据管理。

3. 接口管理

① 管控平台实现与综合应用管理平台接口对接，获取罪犯的各项统计信息与警察信息，同时可预览查看罪犯的所政（狱政）、生卫、教育矫治、会见、亲情电话业务信息；

② 管控平台与智能监舍系统实现大整合，实现智能监舍系统设备控制，包括对讲、门禁、广播、电视、灯光、风扇；

③ 管控平台实现与各大知名品牌监控产品接口连接。

第三节　建筑设备监控

一、概述

建筑设备监控系统是将建筑物或建筑群内的电力、照明、空调、给排水、消防、运输、保安、车库管理设备或系统，以集中监视、控制和管理为目的而构成的综合系统。系统通过对建筑（群）的各种设备实施综合自动化监控与管理，为业主和用户提供安全、舒适、便捷高效的工作与生活环境，并使整个系统和其中的各种设备处在最佳的工作状态，从而保证系统运行的经济性和管理的现代化、信息化和智能化。

建筑设备自动化系统的基本功能可以归纳如下。

① 自动监视并控制各种机电设备的启、停，显示或打印当前运转状态。

② 自动检测、显示、打印各种机电设备的运行参数及其变化趋势或历史数据。

③ 根据外界条件、环境因素、负载变化情况自动调节各种设备，使之始终运行于最佳状态。

④ 监测并及时处理各种意外、突发事件。

⑤ 实现对大楼内各种机电设备的统一管理、协调控制。

⑥ 能源管理：水、电、气等的计量收费、实现能源管理自动化。

⑦ 设备管理：包括设备档案、设备运行报表和设备维修管理等。

楼宇设备自动化系统到目前为止已经历了四代产品。

第一代：CCMS 中央监控系统（20 世纪 70 年代产品）

BAS 从仪表系统发展成计算机系统，采用计算机键盘和 CRT 构成中央站，打印机代替了记录仪表，散设于建筑物各处的信息采集站 DGP（连接着传感器和执行器等设备）通过总线与中央站连接在一起组成中央监控型自动化系统。DGP 分站的功能只是上传现场设备信息，下达中央站的控制命令。一台中央计算机操纵着整个系统的工作。中央站采集各分站信息，作出决策，完成全部设备的控制，中央站根据采集的信息和能量计测数据完成节能控制和调节。

第二代：DCS 集散控制系统（20 世纪 80 年代产品）

随着微处理机技术的发展和成本降低，DGP 分站安装了 CPU，发展成直接数字控制器 DDC。配有微处理机芯片的 DDC 分站，可以独立完成所有控制工作，具有完善的控制、显示功能，进行节能管理，可以连接打印机、安装人机接口等。BAS 由 4 级组成，分别是现场、分站、中央站、管理系统。集散系统的主要特点是只有中央站和分站两类接点，中央站完成监视，分站完成控制，分站完全自治，与中央站无关，保证了系统的可靠性。

第三代：开放式集散系统（20 世纪 90 年代产品）

随着现场总线技术的发展，DDC 分站连接传感器、执行器的输入输出模块，应用 LON 现场总线，从分站内部走向设备现场，形成分布式输入输出现场网络层，从而使系统的配置更加灵活，由于 LonWorks 技术的开放性，也使分站具有了一定程度的开放规模。BAS 控制网络就形成了 3 层结构，分别是管理层（中央站）、自动化层（DDC 分站）和现场网络层（ON）。

第四代：网络集成系统（21 世纪产品）

随着企业网 Intranet 建立，建筑设备自动化系统必然采用 Web 技术，并力求在企业网中占据重要位置，BAS 中央站嵌入 Web 服务器，融合 Web 功能，以网页形式为工作模式，使 BAS 与 Intranet 成为一体系统。

网络集成系统（EDI）是采用 Web 技术的建筑设备自动化系统，它有一组包含保安系统、机电设备系统和防火系统的管理软件。

EBI 系统从不同层次的需要出发提供各种完善的开放技术，实现各个层次的集成，从现场层、自动化层到管理层。EBI 系统完成了管理系统和控制系统的一体化。

规模和影响较大的楼宇设备供应公司有美国霍尼韦尔公司、江森公司、KMC 公司、德国西门子公司等。

二、空调及通风

1. 空调及通风系统组成

（1）通风系统的组成

通风系统的组成一般包括：进气处理设备，如空气过滤器、热湿处理设备和空气净化设备等；送风机或排风机；风道系统，如风管、阀部件、送排风口、排气罩等；排气处理设备，如除尘器、有害物体净化设备、风帽等。

（2）空调系统的组成

空气处理设备：是对空气进行加热或冷却，加湿或除湿、空气净化处理等功能的设备。主要包括组合式空调机组、新风机组、风机盘管、空气热回收装置、变风量末端装置、单元式空调机等。组合式空调机组一般由新回风混合段、过滤段、冷却段、加热段、加湿段、送风段等组成。风机盘管主要由风机、换热盘管和过滤装置等组成。变风量末端装置目前国内常采用串联与并联风机动力型和单风管节流型几种类型。

空调冷源及热源：常用热源一般包括热水、蒸汽锅炉、电锅炉、热泵机组、电加热器串联等。空调冷源包括天然冷源及人工冷源，天然冷源利用自然界的冰、低温深井水等来制冷。目前常用的冷源设备包括电动压缩式和溴化锂吸收式制冷机组两大类。

空调冷热源的附属设备：包括冷却塔、水泵、换热装置、蓄热蓄冷装置、软化水装置、集分水器、净化装置、过滤装置、定压稳压装置等。

空调风系统：由风机、风管系统组成。风机包括送风、回风、排风风机，常用的风机有离心式和轴流式。世纪星介绍风管系统包括：通风管道（含软接风管）、各类阀部件（调节阀、防火阀、消声器、静压箱、过滤器等）、末端风口等。

空调水系统：由冷冻水、冷凝水、冷却水系统的管道，软连接，各类阀部件（阀门、电动阀门、安全阀、过滤器、补偿器等），仪器仪表等组成。

控制、调节装置：包括压力传感器、温度传感器、温湿度传感器、空气质量传感器、流量传感器，执行器等。

2. 空调系统监控功能

智能大厦中的空调系统是指空调机组、新风机组，变风量机组，风机盘管等设备。其控制主要是指温、湿度调节、预定时间表和自动启停控制。如果大厦内的空调系统已经有很高的自动化控制时，也可以采用只监不控的方式。

① 制冷站系统监控功能见图 2-23。

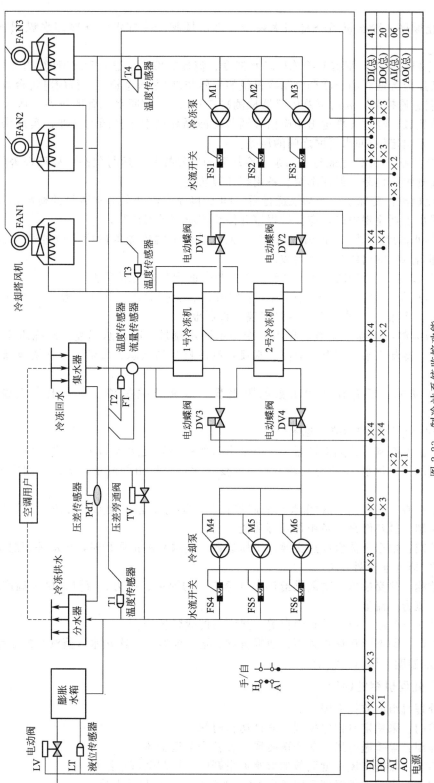

图 2-23　制冷站系统监控功能

DI	DO	AI	AO	电源
DI(总)	DO(总)	AI(总)	AO(总)	
41	20	06	01	

②　启动顺序：冷却塔风机→冷却水蝶阀→冷却水泵→冷冻水蝶阀→冷冻水泵→冷水机组。

③　停止顺序：冷水机组→冷冻水泵→冷冻水蝶阀→冷却水泵→冷却水蝶阀→冷却塔风机。

④　冷冻机组启停：根据对冷冻循环水温度、流量的检测，送入 DDC 计算出冷负荷；根据冷负荷及压差旁通阀的开度调整制冷机组的启停和供/回水总管上运行的电机台数。

⑤　压差旁通控制：利用压差传感器检测冷冻循环水供/回水总管的压差，送入 DDC 与压差设定值比较，经过计算送出相应信号调节冷冻循环供水比例阀的开度，实现供/回水之间的旁通，来恒定供/回水管网之间的压差。

⑥　水泵控制：DDC 完成对冷冻泵、冷却泵的启停控制、运行状态、故障报警信号的管理。自动实现恒压控制、循环倒泵、备用替开等功能。

⑦　水流检测：冷冻泵、冷却泵运行后，DDC 接收水流开关对水流量的检测信号，当水流量很小或出现断流现象时，应提供报警并停止相应的机组运行。

⑧　冷却水温度控制：将冷却循环水供/回水总管上温度差值的检测信号送入 DDC，实时控制冷却塔风机的启停和运行台数。

⑨　联锁控制：冷冻水供/回水温差、压差与旁通调节阀实现联动。

⑩　显示打印：动态运行流程画面、数据查询、运行曲线，冷冻水温度、冷却水温度、冷冻水流量、冷冻供/回水压差。故障报表、数据报表。

⑪　参数监测：冷冻水温度、压力，冷冻水回水流量，冷却水温度，冷冻水泵的状态、故障、水流，冷却水泵的状态、故障、水流，制冷机组的状态、故障，冷却塔风扇的状态、故障。

⑫　报警功能：所有检测的参数超限报警、水流开关报警、所有上述设备故障的报警。

⑬　制热站系统监控功能　见图 2-24。

供热水温度控制：将热交换器二次热水出口的检测温度送入 DDC 与设定值比较，控制热交换器上的一次热水/蒸汽电动调节阀，改变一次热源供给的流量，使二次侧热水出口的温度得到调节。

热水泵控制：DDC 完成对热水泵的启停控制、运行状态、故障报警信号的管理。自动实现恒压控制、循环倒泵、备用替开等功能。

联锁控制：根据负荷启动热交换器工作参数。热水泵停止运行时，自动关闭热交换器一次侧的热水/蒸汽电动调节阀。

参数监测：热交换器一次侧供给热水（蒸汽）的温度、压力、流量，供水温度、压力，回水温度、压力、流量。

报警功能：温度、压力的超限报警，热水泵的故障报警。

显示打印：动态运行流程画面、数据查询、运行曲线、一次热水（蒸汽）的温度、二次侧出水/回水温度、压力、流量。

3. 空气处理机组的监控

空气处理机组的监控见图 2-25。

风机控制：采用定时程序控制，累计运行时间。

温度控制：夏季送冷风、冬季送暖风、春秋季节送新风。

湿度控制：根据回风湿度调节加湿阀流量开度，控制蒸汽送给量。

风阀控制：根据室外温度和回风中 CO_2 的焓值，调整风阀开度。

联锁控制：风机启停和冷/热水电动阀、加湿阀、新风风阀、回风风阀实施联动。

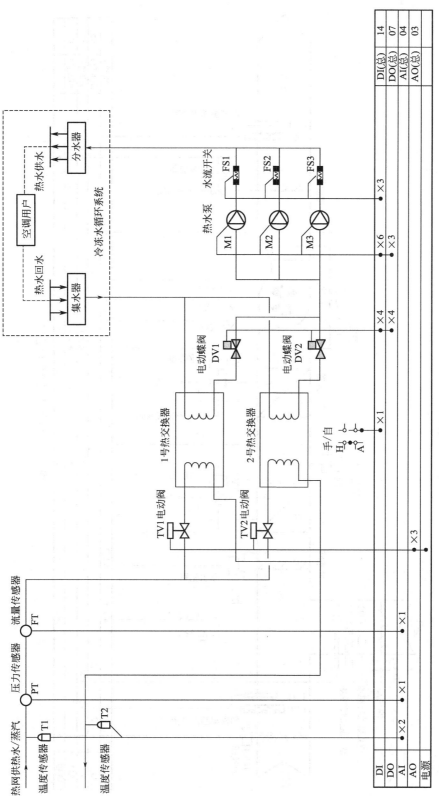

图 2-24　制热站系统的监控功能

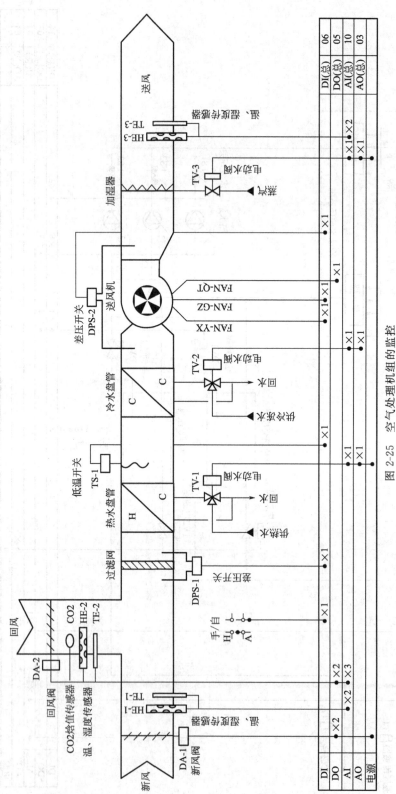

图 2-25 空气处理机组的监控

DI(总)	06
DO(总)	05
AI(总)	10
AO(总)	03

参数监测：送风温度、湿度、回风温度、湿度，室内温度，室外温度，手动/自动转换，风机运行状态，电动水阀阀位反馈，加湿阀阀位反馈，过滤网压差开关，风机压差开关，防霜冻保护开关，室内空气质量（CO_2）等。

报警功能：过滤网压差超限（过滤网堵塞）报警、风机故障报警、防霜冻低温报警、参数越限报警等。

显示打印：动态流程画面、数据查询、运行曲线、送风温湿度、回风温湿度、新风温湿度、阀位置显示、故障报表、数据报表。

4. 新风机组的监控 见图 2-26

风机控制：采用定时程序控制，累计运行时间。

温度控制：采用定时送新风。根据新风温度调节冷/热水电动阀。

湿度控制：采用定时送蒸气。以此来改善房间的湿度。

风阀控制：冬季低温保护时，关闭新风风阀。

联锁控制：风机启停和冷/热水电动阀、加湿阀、新风风阀、实施联动。

参数监测：新风温度、新风湿度、室外温度、手动/自动转换、风机运行状态、过滤网压差开关、风机压差开关、防霜冻保护开关。

报警功能：过滤网两端的压差超限（过滤网堵塞）报警、风机故障报警、防霜冻低温报警、参数越限报警等。

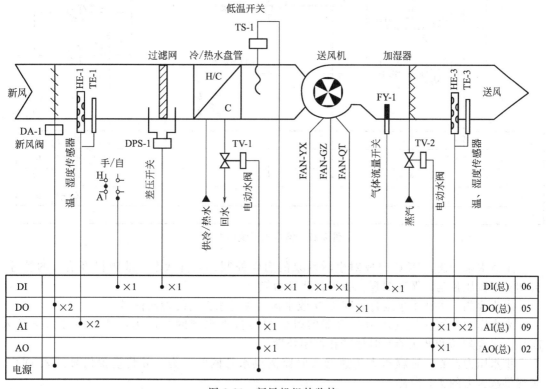

	新风阀	温湿度传感器	手/自	差压开关	电动水阀TV-1	FAN-YX	FAN-GZ	FAN-QT	气体流量开关	电动水阀TV-2	温湿度传感器	总
DI			×1	×1		×1	×1	×1	×1			DI(总) 06
DO	×2							×1				DO(总) 05
AI		×2			×1					×1	×2	AI(总) 09
AO					×1					×1		AO(总) 02
电源	●				●					●		

图 2-26 新风机组的监控

三、给排水

给排水是由生活供水（冷水、热水）和污水排放等环节组成。给排水系统是任何建筑都必不可少的重要组成部分。一般建筑物的给排水系统包括生活给水系统、生活排水系统和消防系统，这几个系统都是楼宇自动化系统重要的监控对象。由于消防水系统与火灾自动报警系统、消防自动灭火系统密切，国家技术规范规定消防给水应由消防系统统一控制管理，因此，消防给水系统由消防联动控制系统进行控制。在供水方面主要是实施恒压供水，污水池液位的指示和报警，以及各种供水、排水泵的定时循环工作。恒压供水技术通常是由变频器、软启动器等组成的电气控制系统。在用户用水量比较少时，由变频器通过调节频率来适应供水流量。用户用水量增加后，可通过增加工频泵来满足供水流量。给排水系统的监控见图 2-27。

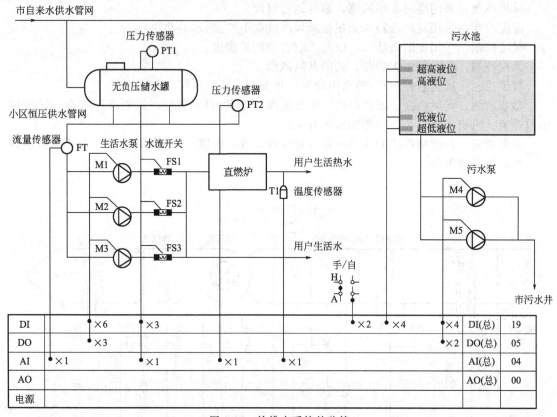

图 2-27 给排水系统的监控

生活水泵控制：DDC 完成对生活水泵的启停控制、运行状态、故障报警信号的管理。自动实现恒压控制、循环倒泵、备用替开等功能。

水流检测：生活水泵运行，DDC 接收水流开关对水流量的检测信号。

来水压力监测：远程压力传感器实时监测市自来水管网的压力，并将模拟信号送入DDC，实现超压和低压的及时报警和控制处理。

供水压力监测：远程压力传感器实时监测供水管网的压力，并将模拟信号送入 DDC，实现供水压力的实时监测。

频率监测：变频器输出频率的当前值，并将模拟信号送入 DDC，实现频率的实时监测。

污水泵控制：DDC 完成对污水泵的启停控制、运行状态、故障报警信号的监控。自动实现循环倒泵、备用替开等功能。

污水液位监测：DDC 接收污水液位的检测信号，完成对超低液位、低液位、高液位、超高液位的实时显示。

报警功能：所有检测的参数故障报警、水流开关报警、超低液位报警、超高液位报警。

显示打印：动态运行流程画面、数据查询、运行曲线、来水压力、供水压力、变频器频率。故障报表、数据报表。

四、变配电

1. 变配电 DDC 监控管理系统

采用变配电监控系统进行监测管理，可连接智能电力监控仪表、带有智能接口的低压断路器、中压综合保护继电器、变压器、直流屏等，实现遥控、遥测、遥信功能，对系统各种运行开关量状态和电量参数进行实时采集和显示，可完整地掌握变配电系统的实时运行状态，及时发现故障并做出相应的决策和处理，同时可以使值班管理人员根据变配电系统的运行情况进行负荷分析、合理调度、远控合分闸、躲峰填谷，实现对变配电系统的现代化运行管理。变配电监控系统具有电气参数实时监测、事故异常报警、事件记录和打印、统计报表的整理和打印、电能量成本管理和负荷监控等综合功能，使设备按最佳工况运行，节约能源。采用智能变配电监控管理系统，使供电系统更安全、合理、经济地运行，提高供配电系统可靠性。适用于中低压变电站、工厂、楼宇、小区的变电、配电系统的监控和管理。变配电系统的监控见图 2-28。

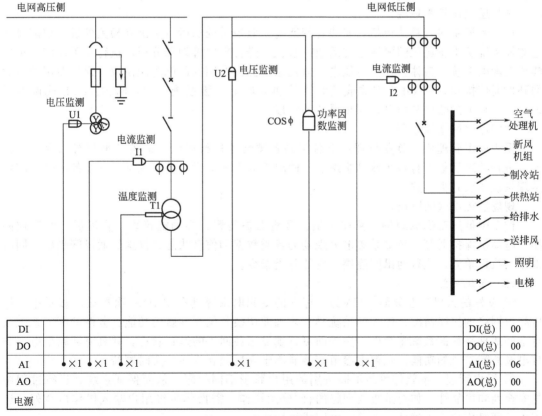

图 2-28　变配电系统的监控

变压器温度监测：实时监测供电变压器的温度，将采集的温度值存入数据库中，为数据查询和曲线输出提供依据。

供电高压侧监测：对供电高压侧的电压、电流进行实时监测，将采集数值存入数据库，为数据查询和曲线输出提供依据。

供电低压侧监测：对供电低压侧的电压、电流、功率因数进行实时监测，将采集数值存入数据库，为数据查询和曲线输出提供依据。

报警功能：变压器超温、高、低压侧过电压、过电流时输出故障报警。

显示打印：动态运行流程画面、数据查询、运行曲线、故障报表、数据报表。

2. 智能变配电监控系统

智能变配电监控系统是利用现代计算机控制技术、通信技术和网络技术等，采用抗干扰能力强的通信设备及智能电力仪表，经电力监控管理软件组态，实现系统的监控和管理。智能变配电监控系统借助了计算机、通信设备、计量保护装置等，为系统的实时数据采集、开关状态检测及远程控制提供了基础平台。该电力监控系统可以为企业提供"监控一体化"的整体解决方案，主要包括实时历史数据库 AcrSpace、工业自动化组态软件 AcrControl、电力自动化软件 AcrNetPower、"软"控制策略软件 AcrStrategy、通信网关服务器 AcrField-Comm、OPC 产品、Web 门户工具等，可以广泛地应用于企业信息化、DCS 系统、PLC 系统、SCADA 系统。

（1）系统结构

Acrel-2000 智能变配电监控系统是基于 10kV 及以下变配电系统的监测与管理，该系统由管理层（站控层）、通信层（中间层）、间隔层（现场监控层）三部分组成。

站控层（站控管理层）

位于监控室内，具体包括：安装有智能电力监控系统的后台主机等相关外设。智能变配电监控系统负责将通讯间隔层上传的数据解包，进行集中管理和分析，执行相关操作，负责整个变配电系统的整体监控。智能电力监控系统提供专用的通讯功能模块，通过专用的以太网硬件通信接口，以 OPC 方式或其它通信协议向上一级系统（如：BAS、DCS 或调度系统）发送相关的数据和信息，实现系统的集成。

中间层（网络通信层）

采用通讯管理机，负责与现场设备层的各类装置进行通讯，采集各类装置的数据、参数，进行处理后集中打包传输到主站层，同时作为中转单元，接受主站层下发的指令，转发给现场设备层各类装置。

现场监控层（间隔层）

位于中低压变配电现场，具体包括：微机保护装置、多功能仪表、直流屏、温湿控制器、电动机保护器等。负责采集电力现场的各类数据和信息状态，发送给通讯间隔层，同时也作为执行单元，执行通讯间隔层下发的各类指令。

（2）系统功能

① 友好的人机交互界面（HMI）　标准的变配电系统具有 CAD 一次单线图显示中、低压配电网络的接线情况；庞大的系统具有多画面切换及画面导航的功能；分散的配电系统具有空间地理平面的系统主画面。主画面可直观显示各回路的运行状态，并具有回路带电、非带电及故障着色的功能。主要电参量直接显示于人机交互界面并实时刷新。

② 用户管理　本软件可对不同级别的用户赋予不同权限，从而保证系统在运行过程中的安全性和可靠性。如对某重要回路的合/分闸操作，需操作员级用户输入操作口令外，还需工程师级用户输入确认口令后方可完成该操作。

③ 数据采集处理　Acrel-2000 智能变配电监控系统可实时和定时采集现场设备的各电参量及开关量状态（包括三相电压、电流、功率、功率因数、频率、电能、温度、开关位置、设备运行状态等），将采集到的数据或直接显示、或通过统计计算生成新的直观的数据

信息再显示（总系统功率、负荷最大值、功率因数上下限等），并对重要的信息量进行数据库存储。

④ 趋势曲线分析　系统提供了实时曲线和历史趋势两种曲线分析界面，通过调用相关回路实时曲线界面分析该回路当前的负荷运行状况。如通过调用某配出回路的实时曲线可分析该回路的电气设备所引起的信号波动情况。系统的历史趋势即系统对所有已存储数据均可查看其历史趋势，方便工程人员对监测的配电网络进行质量分析。

⑤ 报表管理　系统具有标准的电能报表格式并可根据用户需求设计符合其需要的报表格式，系统可自动统计。可自动生成各种类型的实时运行报表、历史报表、事件故障及告警记录报表、操作记录报表等，可以查询和打印系统记录的所有数据值，自动生成电能的日、月、季、年度报表，根据复费率的时段及费率的设定值生成电能的费率报表，查询打印的起点、间隔等参数可自行设置；系统设计还可根据用户需求量身定制满足不同要求的报表输出功能。

⑥ 事件记录和故障报警　系统对所有用户操作、开关变位、参量越限及其它用户实际需求的事件均具有详细的记录功能，包括事件发生的时间位置，当前值班人员事件是否确认等信息，对开关变位、参量越限等信息还具有声音报警功能，同时自动对运行设备发送控制指令或提示值班人员迅速排除故障。

⑦ 五遥功能　Acrel-2000 智能变配电监控系统不仅能实现常规的"遥信"、"遥控"、"遥测"、"遥调"功能，还可以实现"遥设"功能。

遥信：实时对开关运行状态、保护工作等开关量进行监视。计算机实时显示和自动报警。

遥控：通过计算机屏幕选择相应的站号、开关号、合/分闸等信息，并在屏幕上将选择的开关状态反馈出来，确认后执行，实时记录操作时间、类型、合开关号等。

遥测：通过计算机实时对系统电压、电流、有功功率、无功功率、功率因数、超限报警、频率进行不断地采集、分析、处理、记录、显示曲线、棒图，自动生成报表。

遥调：用于有载变压器的调压升/降。

遥设：用于远方修改分散继电保护装置的定值、控制字；以及调整各种仪表的工作状态。

五、照明

在智能大厦中照明系统是提供良好的舒适环境的重要手段。照明控制能提供良好的光环境并有节电效果，光环境就是按照不同的时间和用途对环境的光照进行控制，给以符合工作或娱乐休息所需要的照明，产生特定的视觉效果，通过改善工作环境来提高工作效率。通过智能照明控制器将大厦内外照明设备按需要分成若干组别，以一定的程序来设定设备的开启，从而建立舒适合理的照明环境并达到节能效果。智能照明控制器可通过网络与中央监控室交换各种监控信息，当大厦内有事件发生时，照明设备可做出相应的联动配合。

1. 功能

（1）集中控制和多点操作功能

在任何一个地方的终端均可控制不同回路灯具；或者是在不同地方的终端可以控制同一回路具。

（2）灯光明暗调节功能

可以按照意愿调整场景模式以及灯光明暗程度。可以按住本地开关来进行光的调亮和调暗，也可以利用集中控制器或者是遥控器调节光的明暗亮度。

（3）软启功能

开灯时，灯光由暗渐渐变亮，关灯时，灯光由亮渐渐变暗，避免亮度的突然变化刺激人眼，给人眼一个缓冲，保护眼睛。而且避免大电流和高温的突变对灯丝的冲击，保护灯泡，延长使用寿命，还可以人走近是灯光慢慢变亮，随着人的离开灯光亮度慢慢变暗，有效节约用电。

（4）定时控制功能

可以自由调节灯光开关的时间，进行节能管理。

（5）全开全关和记忆功能

整个照明系统的灯可以实现一键全开和一键全关的功能。不用一个按键一个按键的去关闭或者开启灯光。

2. 照明 DDC 监控管理系统

智能楼宇 DDC 照明控制系统由 DDC 控制器、LonWorks 网卡、组态监控软件、照明控制设备、光控开关等组成。照明系统的监控见图 2-29。

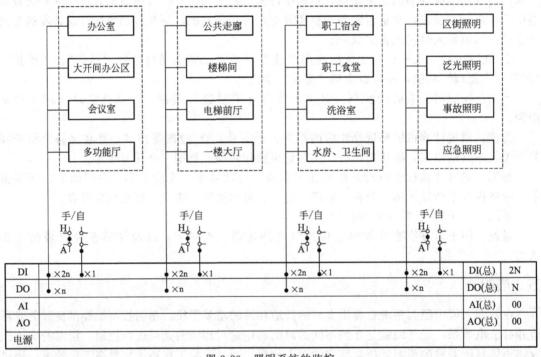

图 2-29　照明系统的监控

办公区照明监控：对正常工作日、双休日、节假日采用不同的时间控制，根据照度传感器采集的数据进行调光控制，实施启停控制、运行状态、故障报警、累计运行时间。

公共区照明监控：采用定时程序控制，实施启停控制、运行状态、故障报警、累计运行时间。

生活区照明监控：采用定时程序控制，实施启停控制（其中泛光照明只是在节假日中投入）、运行状态、故障报警、累计运行时间。

区街和泛光照明：采用定时程序控制，实施启停控制、运行状态、故障报警、累计运行时间。

事故照明：出现紧急事故时自动启动事故照明，并发出报警。

报警功能：各个区域的照明故障报警，紧急事故的报警（启动事故照明）。

显示打印：动态运行流程画面、数据查询、运行曲线、故障报表、数据报表。

3. 智能照明控制系统

智能照明控制系统是利用先进电磁调压及电子感应技术，以公共照明统一格智能为平台，对供电进行实时监控与跟踪，自动平滑地调节电路的电压和电流幅度，改善照明电路中不平衡负荷所带来的额外功耗，提高功率因数，降低灯具和线路的工作温度，达到优化供电目的的照明控制系统。智能照明系统通过计算机主机或 PC 监控器编程设计出各种不同的照明方案，如需集中管理的，可在控制室中设置一台主机。每个输入输出单元设置唯一的地址并用软件设定其功能。输入单元一般为安全电压。输入信号在通信网络上传送，所有的输出单元接收并作出判断，控制相应的输出回路。系统中的每个单元均内设微处理器（CPU）和数据存储器，所有的参数被分散存储在各个单元中，即使系统断电或某一单元损坏，也不影响其它单元的正常使用，整个系统则通过总线连接成网。

（1）组成

系统单元：用于提供工作电源，源系统时钟及各种系统的接口如 PC、以太网、电话等；

输入单元：主要功能是将外部控制信号换成网络上的传输信号，具体有开关、红外接收开关、红外遥控器、多功能的控制板、传感器；

输出单元：智能系统的输出单元是用于接收来自网络传输的信号，控制相应回路的输出以实现实时控制。

（2）功能

① 智能系统设有中央监控装置，对整个系统实施中央监控，以便随时调节照明的现场效果，例如系统设置开灯方案模式，并在计算机屏幕上仿真照明灯具的布置情况，显示各灯组的开灯模式和开/关状态；

② 具有灯具异常启动和自动保护的功能；

③ 具有灯具启动时间，累计记录和灯具使用寿命的统计功能；

④ 在供电故障情况下，具有双路受电柜自动切换并启动应急照明灯组的功能；

⑤ 系统设有自动/手动转换开关，以便必要时对各灯组的开、关进行手动操作；

⑥ 系统设置与其他系统连接的接口，如建筑楼宇自控系统（BA 系统），以提高综合管理水平；

⑦ 具有场景预设、亮度调节、定时、时序控制及软启动、软关断的功能。随着智能系统的进一步开发与完善，其功能将进一步得到增强。

六、电梯

电梯是大楼内的主要垂直交通工具，它肩负着人员和货物的运输。根据人员流动情况，合理投入电梯的运行台数。电梯在出现火警时，应与消防保持可靠的联动，进入到手动控制状态。电梯包括普通客梯、观光梯、货物电梯和自动扶梯等。在楼宇监控中，主要是对普通客梯和自动扶梯实施监控。监控范围通常包括电梯启停控制、运行状态、电梯门状态、楼层指示、故障报警、应急报警等。

电梯的启停控制：对于自动化控制程度很高的电梯实施只监不控的原则，监控运行状态、故障报警、累计运行时间。

电梯的状态监控：对电梯的运行方向、电梯门的状态、楼层位置等进行实时的监测。并将采集的数据存入数据库，为数据查询和曲线输出提供依据。

电梯的联动控制：出现火灾时，应将消防电梯外的所有电梯迅速迫降到一楼，打开电梯门，切断自动运行方式而投入到手动控制。

应急管理：出现应急呼叫时，应及时采取措施，自动向维修人员发送短信。

报警功能：电梯故障时报警，应急呼叫时报警，消防联动时报警。

显示打印：动态运行流程画面、数据查询、运行曲线、故障报表、数据报表。

电梯系统的监控见图 2-30。

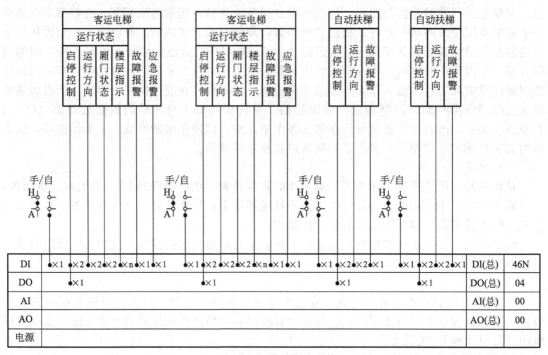

图 2-30　电梯系统的监控

第四节　通信与信息

一、计算机网络

计算机网络是指以能够相互共享资源或协同工作为目的互连起来的独立计算机的互联集合。组建计算机网络需要三要素：可独立自主工作的计算机、连接计算机的介质、通信协议（protocol）。

可独立自主工作的计算机，是指装有操作系统的完整的计算机系统。如果一台计算机脱离了网络或其它计算机就不能工作，则不认为它是独立自主的。介质可以是电缆、光缆或无线电波。通信协议为一种通信双方预先约定的共同遵守的格式和规范，同一网络中的两台设备之间要通信必须使用互相支持的共同协议。如果任何一台设备不支持用于网络互联的协议，它就不能与其它设备通信。

1. 标准

标准化、可靠性、安全性和可扩展性是计算机网络系统设计的基本要求。

标准化主要是指设计选择的网络设备应符合国际标准；可靠性、安全性主要是指在设计网络体系结构、数据链路和设备配置时应根据网络应用的重要性和数据流量等因素合理设计，使设计的网络满足其应用在可靠性、安全性方面的要求；可扩展性是指软硬件的配置应留有适当的裕量，以适应未来网络用户增加的需要，如布线、交换机端口、机柜和软件容量等。

以下为民用建筑计算机网络系统设计时应了解的标准化组织、网络标准和通信标准。

① 网络的根本是实现互相通信，一个网络中使用的软硬件产品可能由多家生产商提供，因此计算机网络系统中使用的软硬件标准应遵循国际标准，如国际标准化组织（ISO）的开放系统互联标准（OSI）、美国电气与电子工程师协会（IEEE）的局域网标准（IEEE 802.x）、Internet 工业标准传输控制/网络互连协议栈（TCP/IP）等。

② 网络标准的特性与组织　标准定义了网络软硬件的物理和操作特性：个人计算机环境、网络和通信设备、操作系统、软件。目前计算机工业主要来自有数的几个组织，这些组织中的每一家定义了不同网络活动领域中的标准。

OSI 参考模型　网络最基本的规范，其分层结构及各层主要功能与网络活动如表 2-9 所示。

表 2-9　OSI 参考模型

OSI 分层结构	各层主要功能与网络活动
7　应用层	应用层是 OSI 模型的最高层，该层的服务是直接支持用户应用程序,如用于文件传输、数据库访问和电子邮件的软件
6　表示层	表示层定义了在联网计算机之间交换信息的格式,可将其看作是网络的翻译器。表示层负责协议转换、数据格式翻译、数据加密、字符集的改变或转换;表示层还管理数据压缩
5　会话层	会话层负责管理不同的计算机之间的对话,它完成名称识别及其它两个应用程序网络通信所必需的功能,如安全性。会话层通过在数据流中设置检查点来提供用户间的同步服务
4　传输层	传输层确保在发送方与接收方计算机之间正确无误、按顺序、无丢失或无重复地传输数据包,并提供流量控制和错误处理功能
3　网络层	网络层负责处理消息并将逻辑地址翻译成物理地址,网络层还根据网络状况、服务优先级和其它条件决定数据的传输路径,它还管理网络中的数据流问题,如分组交换及路由和数据拥塞控制
2　数据链路层	①负责将数据帧从网络层发送到物理层,它控制进出网络传输介质的电脉冲; ②负责将数据帧通过物理层从一台计算机无差错地传输到另一台计算机
1　物理层	物理层是 OSI 模型的最底层,又称"硬件层",其上各层的功能相对第一层也可被看作软件活动。 ①负责网络中计算机之间物理链路的建立,还负责运载由其上各层产生的数据信号; ②定义了传输介质与 NIC 如何连接,如:定义了连接器有多少针以及每个针的作用,还定义了通过网络传输介质发送数据时所用的传输技术; ③提供数据编码和位同步功能,因为不同的介质以不同的物理方式传输,物理层定义每个脉冲周期以及每一位是如何转换成网络传输介质的电或光脉冲的

IEEE 802.x　主要标准的描述参见表 2-10。

表 2-10　IEEE 802.x 主要标准

标准	描述
802.1	与网络管理相关的网络标准
802.2	定义用于数据链路层的一般标准。IEEE 将该层分为两个子层:LLC 和 MAC 层,MAC 层随不同的网络类型而变化,它由 IEEE802.3、802.4、802.5 分别定义
802.3	定义使用带冲突检测的载波侦听多路访问的总线型网络的 MAC 层,这是一种传统的以太网标准,在802.3 标准的基础上,近年又扩展出快速以太网和千兆位以太网标准: ①802.3u:快速以太标准,作为 100Base-T4(4 对 3、4 或 5 类 UTP)、100BaseTX(2 对 5 类 UTP 或STP)和 100BaseFX(2 股光缆)以太网的规范。 ②802.3ab:千兆位以太标准,作为 1000Base-T(4 对 5 类 UTP)以太网的规范。 ③802.3z:千兆位以太标准,作为 1000Base-LX($50\mu m$ 或 $62.5\mu m$ 多模光缆或 $9\mu m$ 单模光缆)、1000Base-SX($50\mu m$ 或 $62.5\mu m$ 多模光缆)以太网的规范。 ④802.3ae:万兆以太标准,作为 10GBase-S、10GBase-L、10GBase-E、10GBase-LX4 的规范。 ⑤802.3ak:万兆以太标准,作为 10GBase-CX4 以太网的规范

标准	描述
802.4	定义使用令牌传送机制(令牌总线局域网)的总线型网络的 MAC 层
802.5	定义使用令牌环网络(令牌环局域网)的 MAC 层
802.9	定义集成语音/数据网络
802.10	定义网络安全性
802.11	定义无线网络标准
802.12	定义需求优先级访问局域网 100BaseVG-AnyLAN
802.15	定义无线个人区域网(WPAN)
802.16	定义宽带无线标准

TCP/IP 传输控制/网络互连协议栈 传输控制协议/Internet 协议（TCP/IP）是一种开放式工业标准的协议栈，它已经成为不同类型计算机（由完全不同的元件构成）间互相通信的网际协议标准。此外，TCP/IP 还提供可路由的企业网络协议，可访问 Internet 及其资源。

Internet 协议（IP）是一种包交换协议，它完成寻址和路由选择功能；传输控制协议（TCP）负责数据从某个节点到另一节点的可靠传输，它是一种基于连接的协议。由于 TCP/IP 的开发早于 OSI 模型的开发，它与七层 OSI 模型的各层不完全匹配，TCP/IP 分为四层，各层的功能以及与 OSI 模型的对应关系参见表 2-11。

表 2-11 TCP/IP 各层功能以及与 OSI 模型的对应关系

TCP/IP 分层	TCP/IP 各层的功能	TCP/IP 相当于 OSI 模型的分层
网络接口层	提供网络体系结构(如以太网、令牌环)和 Internet 层间的接口,可直接与网络进行通信	物理层和数据链路层
Internet 层	使用几种协议用来路由和传输数据,工作于 Internet 层的协议有:网际协议(IP)、地址解析协议(ARP)、逆向解析协议(RARP)和 Internet 信报控制协议(ICMP)	网络层
传输层	负责建立和维护两台计算机之间端到端的通信,进行接收确认、流量控制和序列数据包。它还处理数据包的重新传输。传输层可根据传输要求使用 TCP 或 UDP。TCP 是基于连接的协议,UDP 是一种无连接协议,UDP 与 TCP 使用不同的端口,它们可使用相同的号码而不会发生冲突	传输层
应用层	应用层将应用程序连接到网络中。两种应用程序编程接口(API)提供对 TCP/IP 传输协议的访问:WinSock 和 NetBIOS	会话层、表示层和应用层

2. 分类

① 网络作用分类

广域网（WAN）作用范围几十到几千千米；

局域网（LAN）一般用微型计算机或工作站通过高速通信线路相连（10MB/s 以上），但在地理上局限在较小的范围（1km 左右）；

城域网（MAN）作用范围在 WAN 和 LAN 之间。一般是一个城市；

接入网 AN 本地接入网或居民接入网。

② 按使用者分类

公用网，如电信公司，只要愿意按电信公司的规定交纳费用的人都可以使用。也叫"公众网"；

专用网，单个部门或单位因业务需要而建造的网络，这种网络不向本单位以外提供服务。如水利系统所建立的水利广域网。

3. 网络体系结构

① 网络体系结构宜采用基于铜缆的快速以太网（100Base-T）；基于光缆的千兆位以太网（1000Base-SX、1000Base-LX）；基于铜缆的千兆位以太网（1000Base-T、1000Base-TX）和基于光缆的万兆位以太网 10GBase-X；

② 在需要传输大量视频和多媒体信号的主干网段，宜采用千兆位（1000Mbps）或万兆位（10Gbps）以太网，也可采用异步传输模式 ATM。

4. 网络的组成

硬件构成：服务器、主机或端系统设备、通信链路；

软件构成：网络操作系统、网络协议软件。

5. 网络的拓扑结构

网络拓扑是网络形状，或者是网络在物理上的连通性。网络拓扑结构是指用传输媒体互连各种设备的物理布局，即用什么方式把网络中的计算机等设备连接起来。拓扑图给出网络服务器、工作站的网络配置和相互间的连接。网络的拓扑结构有很多种，主要有星型结构、环型结构、总线型结构、分布式结构、树型结构、网状结构、蜂窝状结构等。

① 星型拓扑结构　它是指各工作站以星型方式连接成网。网络有中央节点，其他节点（工作站、服务器）都与中央节点直接相连，这种结构以中央节点为中心，因此又称为集中式网络。星型拓扑结构便于集中控制，因为端用户之间的通信必须经过中心站。由于这一特点，也带来了易于维护和安全等优点。端用户设备因为故障而停机时也不会影响其它端用户间的通信。同时星型拓扑结构的网络延迟时间较小，系统的可靠性较高。在星型拓扑结构中，网络中的各节点通过点到点的方式连接到一个中央节点（又称中央转接站，一般是集线器或交换机）上，由该中央节点向目的节点传送信息。中央节点执行集中式通信控制策略，因此中央节点相当复杂，负担比各节点重得多。在星型网中任何两个节点要进行通信都必须经过中央节点控制。计算机网络的星型拓扑结构见图 2-31。

② 环型拓扑结构　它在 LAN 中使用较多。这种结构中的传输媒体从一个端用户到另一个端用户，直到将所有的端用户连成环

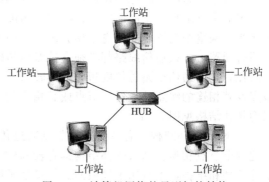

图 2-31　计算机网络的星型拓扑结构

型。数据在环路中沿着一个方向在各个节点间传输，信息从一个节点传到另一个节点。这种结构显而易见消除了端用户通信时对中心系统的依赖性。

环行结构的特点是：每个端用户都与两个相邻的端用户相连，因而存在着点到点链路，但总是以单向方式操作，于是便有上游端用户和下游端用户之称；信息流在网中是沿着固定方向流动的，两个节点仅有一条道路，故简化了路径选择的控制；环路上各节点都是自举控制，故控制软件简单；由于信息源在环路中是串行地穿过各个节点，当环中节点过多时，势必影响信息传输速率，使网络的响应时间延长；环路是封闭的，不便于扩充；可靠性低，一

个节点故障，将会造成全网瘫痪；维护难，对分支节点故障定位较难。计算机网络的环型拓扑结构见图 2-32。

③ 总线型拓扑结构　采用一个信道作为传输媒体，所有站点都通过相应的硬件接口直接连到这一公共传输媒体上，该公共传输媒体即称为总线。任何一个站发送的信号都沿着传输媒体传播，而且能被所有其它站所接收。计算机网络的总线型拓扑结构见图 2-33。

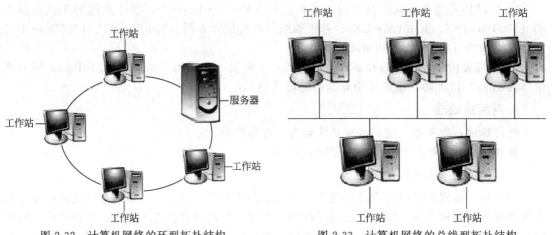

图 2-32　计算机网络的环型拓扑结构　　　　图 2-33　计算机网络的总线型拓扑结构

因为所有站点共享一条公用的传输信道，所以一次只能由一个设备传输信号。通常采用分布式控制策略来确定哪个站点可以发送。发送时，发送站将报文分成分组，然后逐个依次发送这些分组，有时还要与其它站来的分组交替地在媒体上传输。当分组经过各站时，其中的目的站会识别到分组所携带的目的地址，然后复制下这些分组的内容。

④ 树型拓扑结构　可以认为是多级星形结构组成的，只不过这种多级星形结构自上而下呈三角形分布的，就像一棵树一样，最顶端的枝叶少些，中间的多些，而最下面的枝叶最多。树的最下端相当于网络中的边缘层，树的中间部分相当于网络中的汇聚层，而树的顶端则相当于网络中的核心层。它采用分级的集中控制方式，其传输介质可有多条分支，但不形成闭合回路，每条通信线路都必须支持双向传输。树型结构是分级的集中控制式网络，与星型相比，它的通信线路总长度短，成本较低，节点易于扩充，寻找路径比较方便，但除了叶节点及其相连的线路外，任一节点或其相连的线路故障都会使系统受到影响。计算机网络的树型拓扑结构见图 2-34。

⑤ 网状拓扑结构　它主要指各节点通过传输线互联连接起来，并且每一个节点至少与其他两个节点相连。网状拓扑结构具有较高的可靠性，但其结构复杂，实现起来费用较高，不易管理和维护，不常用于局域网。将多个子网或多个网络连接起来构成网状拓扑结构。在一个子网中，集线器、中继器将多个设备连接起来，而桥接器、路由器及网关则将子网连接起来。计算机网络的树型拓扑结构见图 2-35。

⑥ 混合型拓扑结构　将两种或几种网络拓扑结构混合起来构成的一种网络拓扑结构称为混合型拓扑结构（也有的称之为杂合型结构）。这种网络拓扑结构是由星型结构和总线型结构的网络结合在一起的网络结构，这样的拓扑结构更能满足较大网络的拓展，解决星型网络在传输距离上的局限，而同时又解决了总线型网络在连接用户数量的限制。这种网络拓扑结构同时兼顾了星型网与总线型网络的优点，在缺点方面得到了一定的弥补。

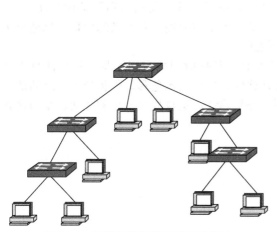

图 2-34　计算机网络的树型拓扑结构

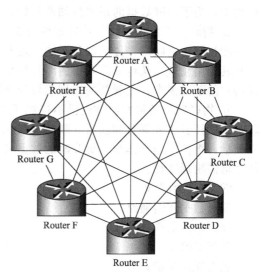

图 2-35　计算机网络的树型拓扑结构

二、物联网

1. 定义

物联网指的是将无处不在（Ubiquitous）的末端设备（Devices）和设施（Facilities），包括具备"内在智能"的传感器、移动终端、工业系统、楼控系统、家庭智能设施、视频监控系统等和"外在使能"（Enabled）的［如贴上 RFID 的各种资产（Assets）、携带无线终端的个人与车辆等］"智能化物件或动物"或"智能尘埃（智能尘埃又名智能微尘 Smart Dust。是一个具有电脑功能的超微型传感器，它由微处理器、双向无线电接收装置和能够组成一个无线网络的软件共同组成。）"（Mote），通过各种无线和/或有线的长距离和/或短距离通信网络连接物联网域名实现互联互通（M2M）、应用大集成（Grand Integration）以及基于云计算的 SaaS 营运等模式，在内网（Intranet）、专网（Extranet）、和/或互联网（Internet）环境下，采用适当的信息安全保障机制，提供安全可控乃至个性化的实时在线监测、定位追溯、报警联动、调度指挥、预案管理、远程控制、安全防范、远程维保、在线升级、统计报表、决策支持、领导桌面（集中展示的 Cockpit Dashboard）等管理和服务功能，实现对"万物"的"高效、节能、安全、环保"的"管、控、营"一体化。见图 2-36。

图 2-36　物联网的定义

2. 典型特征

① 它是各种感知技术的广泛应用。物联网上部署了海量的多种类型传感器，每个传感器都是一个信息源，不同类别的传感器所捕获的信息内容和信息格式不同。传感器获得的数据具有实时性，按一定的频率周期性地采集环境信息，不断更新数据。

② 它是一种建立在互联网上的泛在网络。物联网技术的重要基础和核心仍旧是互联网，通过各种有线和无线网络与互联网融合，将物体的信息实时准确地传递出去。在物联网上的传感器定时采集的信息需要通过网络传输，由于其数量极其庞大，形成了海量信息，在传输

过程中，为了保障数据的正确性和及时性，必须适应各种异构网络和协议。

③ 物联网不仅仅提供了传感器的连接，其本身也具有智能处理的能力，能够对物体实施智能控制。物联网将传感器和智能处理相结合，利用云计算、模式识别等各种智能技术，扩充其应用领域。从传感器获得的海量信息中分析、加工和处理出有意义的数据，以适应不同用户的不同需求，发现新的应用领域和应用模式。

④ 物联网的精神实质是提供不拘泥于任何场合、任何时间的应用场景与用户的自由互动，它依托云服务平台和互通互联的嵌入式处理软件，弱化技术色彩，强化与用户之间的良性互动，更佳的用户体验，更及时的数据采集和分析建议，更自如的工作和生活，是通往智能生活的物理支撑。

⑤ "物"的含义

要有数据传输通路；

要有一定的存储功能；

要有 CPU；

要有操作系统；

要有专门的应用程序；

遵循物联网的通信协议；

在世界网络中有可被识别的唯一编号。

3. 关键应用

① 传感器技术　这也是计算机应用中的关键技术。大家都知道，到目前为止绝大部分计算机处理的都是数字信号。自从有计算机以来就需要传感器把模拟信号转换成数字信号计算机才能处理。

② RFID 标签　也是一种传感器技术，RFID 技术是融合了无线射频技术和嵌入式技术为一体的综合技术，RFID 在自动识别、物品物流管理方面有着广阔的应用前景。

③ 嵌入式系统技术　是综合了计算机软硬件、传感器技术、集成电路技术、电子应用技术为一体的复杂技术。经过几十年的演变，以嵌入式系统为特征的智能终端产品随处可见：小到人们身边的 MP3，大到航天航空的卫星系统。嵌入式系统正在改变着人们的生活，推动着工业生产以及国防工业的发展。如果把物联网用人体做一个简单比喻，传感器相当于人的眼睛、鼻子、皮肤等感官，网络就是神经系统用来传递信息，嵌入式系统则是人的大脑，在接收到信息后要进行分类处理。这个例子很形象地描述了传感器、嵌入式系统在物联网中的位置与作用。

④ 关键应用领域　见表 2-12。

表 2-12　物联网关键应用领域

序号	关键应用领域	序号	关键应用领域
1	智能家居	9	智慧城市
2	智能交通	10	智能汽车
3	智能医疗	11	智能建筑
4	智能电网	12	智能水务
5	智能物流	13	商业智能
6	智能农业	14	智能工业
7	智能电力	15	平安城市
8	智能安防		

4. 技术及架构

物联网架构可分为三层。

① 感知层 由各种传感器构成，包括温湿度传感器、二维码标签、RFID 标签和读写器、摄像头、红外线、GPS 等感知终端。感知层是物联网识别物体、采集信息的来源；

② 网络层 由各种网络，包括互联网、广电网、网络管理系统和云计算平台等组成，是整个物联网的中枢，负责传递和处理感知层获取的信息；

③ 应用层 是物联网和用户的接口，它与行业需求结合，实现物联网的智能应用。

其核心技术又可细分为六层，如图 2-37 所示。

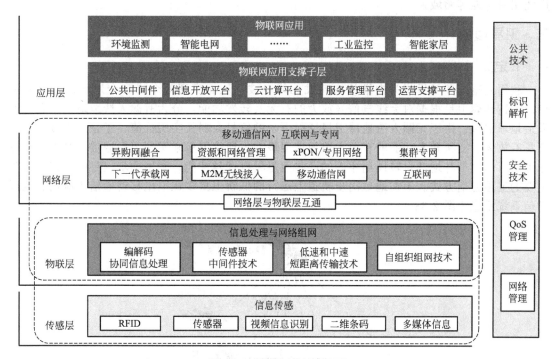

图 2-37 物联网技术与架构

5. 应用模式

物联网主要有三种服务模式。

① 智能标签 从字面理解就是每一个事物都有一个自己的标签，可以通过设备进行智能识别。通过 NFC、二维码等功能对事物进行识别或者感知。例如现在最流行的手机 NFC 功能。例如：具有 NFC 功能的手机可以识别公交卡内的数据信息，并且也可以通过 NFC 功能将公交卡的数据信息写入到手机中，乘客乘车时只需要用手机进行刷卡就可完成支付。现在热议的移动支付功能也是同样的道理，都是利用物联网中的智能标签模式来识别用户的不同身份，并且可以进行支付与消费等动作。

② 环境监控与智能追踪 利用多种类型的传感器对周边环境与事物进行监控，同时可以做出分析和判断。例如：在气象领域中，通过广泛分布的探测器，对周围的气象数据进行收集，并且通过网络传递到数据中心进行汇总计算，最终得出一张完整的地区气象数据图。

③ 智能控制 这也是物联网的终极服务。基于云计算平台与智能网络的，通过对传感器所收集数据的分析做出最终判断，改变对象的行为动作。

6. 分类

① 私有物联网　一般面向单一机构内部提供服务；

② 公有物联网　基于互联网向公众或大型用户群体提供服务；

③ 社区物联网　向一个关联的"社区"或机构群体（如一个城市政府下属的各委办局：如公安局、交通局、环保局、城管局等）提供服务；

④ 混合物联网　上述的两种或以上的物联网的组合，但后台有统一运维实体；

⑤ 医学物联网　将物联网技术应用于医疗、健康管理、老年健康照护等领域；

⑥ 建筑物联网　将物联网技术应用于路灯照明管控、景观照明管控、楼宇照明管控、广场照明管控等领域。

三、卫星通信

1. 定义

利用人造地球卫星作为中继站来转发无线电波，从而实现两个或多个地球站之间的通信。人造地球卫星根据对无线电信号放大的有无及转发功能，分为有源人造地球卫星和无源人造地球卫星。由于无源人造地球卫星反射下来的信号太弱无实用价值，于是人们致力于研究具有放大、变频转发功能的有源人造地球卫星——通信卫星来实现卫星通信。其中绕地球赤道运行的周期与地球自转周期相等的同步卫星具有优越性能，利用同步卫星的通信已成为主要的卫星通信方式。不在地球同步轨道上运行的低轨卫星多在卫星移动通信中应用。卫星通信系统示意于图2-38。

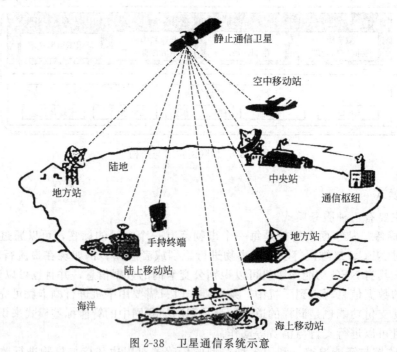

图 2-38　卫星通信系统示意

2. 基本概念及应用

卫星通信具有覆盖面积大、受地理条件限制少、通信频带宽等特点，因此成为现代信息传输方式不可缺少的一种手段。卫星通信应用非常广泛，几乎可应用于所有公用和专用通信中远距离的中继传输。

3. 基本组成

卫星通信系统包括通信和保障通信的全部设备。一般由通信卫星、通信地球站、跟踪遥测及指令分系统和监控管理分系统等四部分组成。静止卫星配置的几何关系见图 2-39。

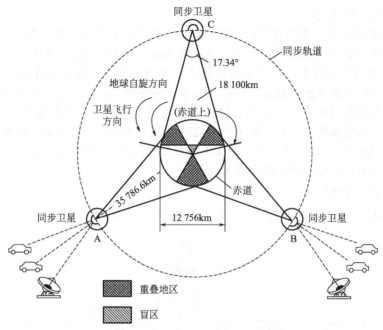

图 2-39 静止卫星配置的几何关系图

① 跟踪遥测及指令分系统　主要负责对卫星进行跟踪测量，控制其准确进入静止轨道上的指定位置。待卫星正常运行后，要定期对卫星进行轨道位置修正和姿态保持。

② 监控管理分系统　主要负责对定点的卫星在业务开通前、后进行通信性能的检测和控制，以保证正常通信。

③ 通信卫星　主要包括通信系统、遥测指令装置、控制系统和电源装置等几个部分。通信卫星的主要作用就是中继站。

④ 通信地球站　通信地球站是微波无线电收、发信站，用户通过它接入卫星线路，进行通信。

4. 特点

① 通信距离远，且通信成本与通信距离无关　由图 2-38 可见，利用一颗静止卫星进行通信，其最大通信距离可达 18000km。而地球站的建站费用和维护费用并不因地球站之间的距离远近、地理环境恶劣而有所变化。

② 覆盖面积大，可进行多址通信　由于静止卫星离地面很高，卫星天线波束的覆盖区域很大，因而只要在卫星天线波束覆盖的区域内，都可设置地球站，共用同一颗卫星在这些地球站间进行双边或多边通信，或者说多址通信；亦可同时在多处接收，能经济地实现广播，便于实现多方向多地点的多址连接，组网灵活。

③ 通信频带宽，传输容量大　由于卫星通信可用频段从 150MHz～30GHz，并且开始开发 Q、V 波段（30～50GHz）。因而可用频带宽、传输容量大，目前，卫星通信的传输带宽可达 500MHz，适应的通信业务类型多。

④ 通信机动灵活　不受地理条件的限制，只要设置地球站电路即可开通（开通电路迅

速）。卫星通信不仅能作为大型固定地球站之间的远距离通信而且还可以用于安装在移动中的汽车、飞机、船舶等地球站间进行的通信，甚至能直接为个人终端提供通信服务。

⑤ 通信质量好 由于卫星通信的无线电波主要是在大气层以上的宇宙空间中传播，因而不易受自然条件干扰和陆地灾害的影响，可靠性高。

卫星通信的不足之处在于：

• 信号传输时延大 卫星通常位于距离地面几百千米、几千千米甚至上万千米的高空，双向传输时时延可能达到秒级，对于实时交互性应用会带来明显的中断感；

• 外界干扰或噪声较多 虽然卫星链路质量相对较好，但由于其依然是无线链路，而且一般来说通信距离非常远，显然受到的外界干扰和噪声也很多，主要包括宇宙噪声、自然噪声、太阳噪声等自然噪声，也包括系统本身各组成部分噪声、其他系统干扰、人为噪声等，因此在卫星通信系统中，对于噪声和干扰的消除或抑制依然是需要非常重视的；

• 控制较为复杂 由于卫星通信系统中所有链路均是无线链路，而且卫星的位置还可能处于不断变化中，因此控制系统也较为复杂。

5. 卫星通信的应用

① 卫星在数据传输业务中的应用 图 2-40 为局域/城域网互联中的卫星。

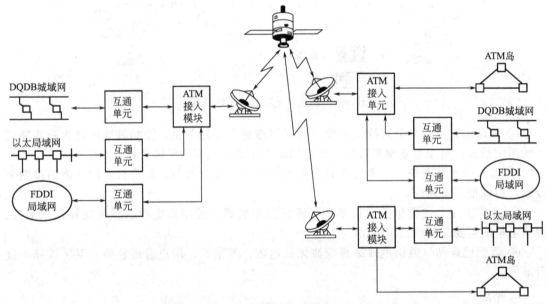

图 2-40 局域/城域网互联中的卫星

② 卫星在移动通信系统中的应用 图 2-41 为 Iridium 卫星移动通信系统的基本组成。三类移动卫星通信系统。

第一类 低轨道（LEO）移动卫星通信系统，如美国 Motorola 公司提出的"铱（Iridi-un）"系统和美国 Loral Qualcomm 公司提出的"全球星"（Globalstar）系统；

第二类 中轨道和（MEO）移动卫星通信系统，如全球个人卫星通信公司（ICO）提出的国际个人卫星通信系统；

第三类 静止轨道（GEO）移动卫星通信系统，如加拿大 TMI 与美国 AMSC 合作开发的北美 MSAT 系统以及亚洲蜂窝系统（Aees）。图 2-42 为 Globalstar 系统结构。

③ 卫星在视频广播业务传输中的应用 目前，世界上运行的 GEO 卫星转发器中，三分之二是用于电视和视频广播。利用卫星广播系统传送数字化视频信号的方式有三种。

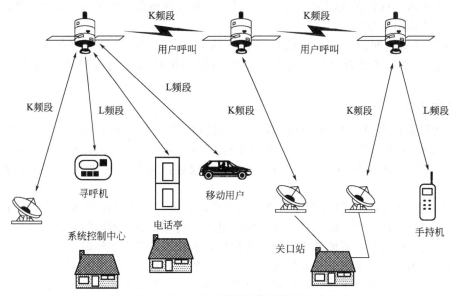

图 2-41 Iridium 卫星移动通信系统的基本组成

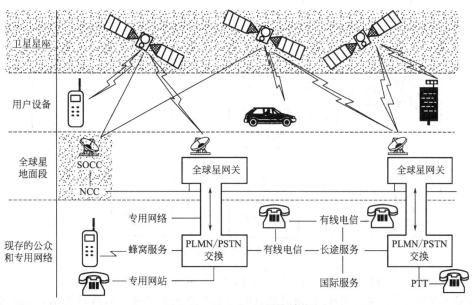

图 2-42 Globalstar 系统结构

• 点对多点的 TV 节目分配 数字视频信号从演播室通过卫星系统传送到地区广播站或地区电缆 TV 系统接收站，从而完成节目的分配。通常所传送的信号是宽带的多路数据流。

• 点到点的传输 用于数字视频信号从实况直播现场到演播室，或从一个演播室到另一个演播室的卫星传输。

• 点对多点的直接到户（DTH）广播 在卫星直播系统中，家庭用户用天线口径为 0.5m 左右的接收机，可接收 5～8 路视频信号。

④ 卫星在电话等交互式业务传输中的应用 电话业务是卫星通信系统支持的重要业务之一，但与地面光缆支持的 PSTN 电话网相比较，其经济性是考虑问题的焦点。卫星信道

容量小、成本高，只有在地面网无法覆盖（或建立相应的地面投资极高而效益甚低）的乡村地区的用户才使用卫星电话。

GEO 卫星离地面高，信号传输延时长（约 250ms）。如果系统用来支持电话业务，会晤双方会有脱离接触的感觉。另外，卫星通信系统长的传播延时还会带来回波干扰的问题。

6. 工作原理

卫星通信系统包括空间段和地面段，空间段的组成包括通信卫星（空间分系统）、跟踪遥测与指令分系统（TT&C、Tracking、Telemetry and Command Station）和卫星控制中心（SCC、Satellite Control Center），地面段包括所有的地球站，又称为地球站分系统。

① 卫星通信地面段　包括支持用户访问卫星转发器，并实现用户间通信的所有地面设施。用户可以是电话用户、电视观众和网络信息供应商等。卫星地球站是地面段的主体，它提供与卫星的连接链路，其硬件设备与相关协议均适合卫星信道的传输。

地球站是卫星传输系统的主要组成部分，所有的用户终端将通过它接入卫星通信线路。根据地球站的大小和用途不同，它的组成也有所不同。作为典型的标准地球站一般包括天线分系统、收、发信机分系统、信道终端设备分系统、信道控制分系统、终端接口设备和电源分系统六个分系统，如图 2-43 所示。

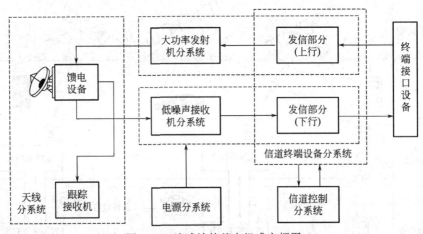

图 2-43　地球站的基本组成方框图

② 卫星通信空间段　包括通信卫星、TT&C 和 SCC，如图 2-44 所示。

SCC（卫星控制中心）的任务是对定点的卫星在业务开通前、后进行通信性能的监测和控制，例如对卫星转发器功率、卫星天线增益以及各地球站发射的功率、射频频率和带宽等基本通信参数进行监控，以保证正常通信。

TCC（测控站）是受卫星控制中心直接管辖的、卫星测控系统的附属部分。它与卫星控制中心结合，其任务是：检测和控制火箭并对卫星进行跟踪测量；控制其准确进入静止轨道上的指定位置；待卫星正常运行后，定期对卫星进行轨道修正和位置保持；测控卫星的通信系统及其他部分的工作状态，使其正常工作；必要时，控制卫星的退役。

SCC 和 TCC 构成了卫星测控系统，一个测控系统一般以卫星控制中心为主体，加上分布在不同地区的多个测控站组成。

7. 卫星通信线路及工作过程

卫星通信线路的组成见图 2-45。

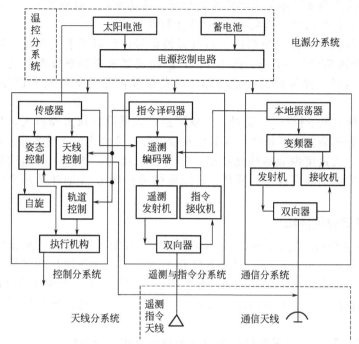

图 2-44　卫星通信的组成方框图

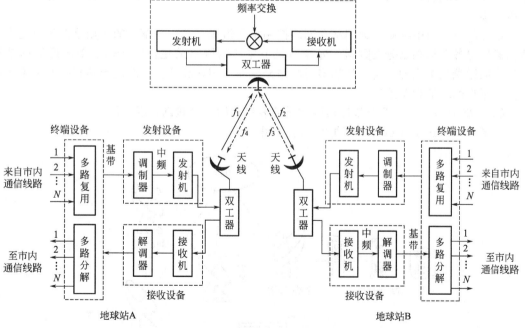

图 2-45　卫星通信线路的组成

假如 A 地球站用户要与 B 地球站用户通电话。其通话过程如下。

A 地球站用户的电话信号经地面通信线路送至 A 地球站终端，与其他用户电话信号进行复用合路，得到多路电话基带信号（该信号少则几十路，多则几万路），再送至调制器对载波进行调制，形成已调中频信号，经上变频器变成微波信号。

然后，进一步由微波功率放大器放大到足够大的功率后，以双工器由天线向卫星发射出去。这个信号为上行线信号，其频率 f_1 称为上行线频率。

卫星天线接收到 A 地球站发来的上行线微波信号，经双工器送到放大器放大，再经变频器变为 f_2 的微波信号（一般 f_2 低于 f_1），经转发器末级功率放大器放大到一定的电平之后，送到双工器经卫星天线发向地球站，称此微波信号为下行线路信号，f_2 为下行线频率。

B 地球站收到卫星下行线 f_2 信号，经双工器进入低噪声放大器放大，又经下变频器变到中频，然后送到解调器进行解调，恢复出基带信号，再由终端机的多路电话复用设备分离出各个话路信号，通过市内通信线路将电话信号传给用户。这样，A 地球站用户传送给 B 地球站用户的单向电话就完成了。同样，B 地球站用户传给 A 地球站用户的单向电话，其过程与上述类似。

8. VSAT 卫星通信系统

VSAT（Very Small Aperture Terminal）甚小口径卫星终端站。利用 VSAT 此系统进行通信具有灵活性强、可靠性高、使用方便及小站可直接装在用户端等特点，利用 VSAT 用户数据终端可直接和计算机联网，完成数据传递、文件交换、图像传输等通信任务，从而摆脱了远距离通信地面中断站的问题。使用 VSAT 作为专用远距离通信系统是一种很好的选择。

① 结构组成 VSAT 卫星通信系统由空间和地面两部分组成。

空间部分 就是卫星，一般使用地球静止轨道通信卫星，卫星可以工作在不同的频段，如 C、ku 和 Ka 频段。卫星上转发器的发射功率应尽量大，以使 VSAT 地面终端的天线尺寸尽量小。

地面部分 由中枢站、远端站和网络控制单元组成，其中中枢站的作用是汇集卫星来的数据然后向各个远端站分发数据，远端站是卫星通信网络的主体，VSAT 卫星通信网就是由许多的远端站组成的，这些站越多每个站分摊的费用就越低。一般远端站直接安装于用户处，与用户的终端设备连接。

② 网络结构 VSAT 卫星通信网常见的有星形网、网状网、混合网。

星形网（Star network） 其组网示意于图 2-46。

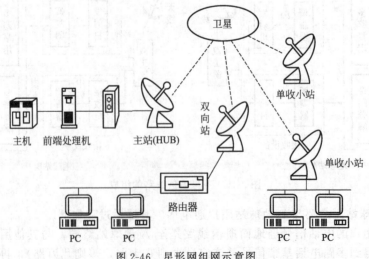

图 2-46 星形网组网示意图

入站链路　传输速率较低，一般为 64kbit/s 或 128kbit/s；

出站链路　传输速率较高，且为 64kbit/s 的整数倍；

小站间的通话　需"两跳"传输，传输时延长（约 500ms，另外加上话音编码器的话还有约 20～50ms 的延时）。

网状网（Mesh network）　其组网示意于图 2-47。

网状网允许任何两个 VSAT 地球站之间进行直接通信。它是无中心的分散的网络结构，但一般会选一个站作为主控站，对全网进行监控和管理，主控站不作业务转接。

网状网是以话音通信为主的系统。适合于话务量较大、各远端站之间通信业务较多的情况。在这种网络结构中，任何两站之间的通信不会出现"两跳"问题，避免了双跳时延。

混合网（Hybrid architecture）　星形网与网状网的混合体，其组网示意于图 2-48。

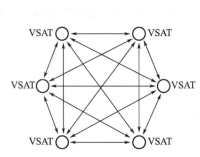
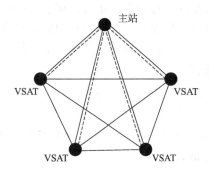

图 2-47　网状网组网示意图
注：VSAT 直译为"甚小孔径终端"，
意译应是"甚小天线地球站"

图 2-48　混合网组网示意图

星形结构针对实时性要求不高的业务，如数据点对多点通信。系统的信道分配，设备性能的监控、计费等由主站来完成（集中控制）。星形网最适合于广播、收集等进行点到多点的通信应用环境，主要用于数据传输。小站天线口径比较小，但网络时延比较大。

网形结构针对实时性要求高的业务，如话音点对点通信。网形网适合于点到点之间进行实时性通信的应用环境，主要用于话音传输。没有双跳时延，但 VSAT 小站天线口径很难进一步缩小。

混合网最适合于点到点或点到多点之间进行综合业务传输的应用环境。对卫星资源的利用率比较高，网络比较大，传输业务范围比较广，适合于既有话音业务又有数据业务的情形。但网络结构比较复杂。

③ VSAT 业务类型及应用　除了个别宽带业务外，VSAT 卫星通信网几乎可支持所有现有业务，包括话音、数据、传真、LAN 互连、会议电话、可视电话、低速图像、可视电话会议、采用 RF 接口的动态图像和电视、数字音乐等。

VSAT 网可对各种业务分别采用广播（点→多点）、收集（多点→点）、点-点双向交互、点-多点双向交互等多种传递方式，充分说明了 VSAT 的灵活性。

④ 按通信业务性质分类　数据传输系统主要以传输数据为主，例如证券公司用的信息发布系统、银行系统用的资金结算系统等，它们都是以传送数据为主，通常是分组交换网。典型的小型地球站为美国休斯公司的 PES 系统。数据速率异步最大 19.2kbit/s，同步 1.2～64kbit/s。

话音传输系统　主要以传输话音为主，例如稀路由电话系统、专用电话通信网等，它们都是以传送话音为主，通常是电路交换网。典型的话音 VSAT 系统为美国休斯公司的 TES 系统。它采用频分多址的单载波单路（SCPC）体制，按需分配多址（DAMA）方式，话音速率为 9.6kbit/s、16kbit/s、32bit/s，数据传输速率为 4.8～64kbit/s。

综合卫星业务网系统　主要以综合业务为主的 VSAT 系统，该类 VSAT 系统可以用作数据传输、语音传输、会议图像传输、图文传输等。典型的综合业务 VSAT 系统为日本 NEC 公司的 NEXTAR 系统。数据传输速率 9.6kbit/s～2Mbit/s。分为多种系统，适合话音传输、交互式数据传输、数据广播等多种业务。

四、移动通信

移动通信（mobile communications）指有一方或两方处于运动中的通信用户双方间的通信方式。

通信包括陆、海、空移动通信，采用的频段遍及低频、中频、高频、甚高频和特高频。移动通信系统由移动台、基台、移动交换局组成。若要同某移动台通信，移动交换局通过各基台向全网发出呼叫，被叫台收到后发出应答信号，移动交换局收到应答后分配一个信道给该移动台并从此话路信道中传送一信令使其振铃。

1. 组成

移动通信系统由两部分组成：

① 空间系统；

② 地面系统　卫星移动无线电台和天线、关口站、基站。

2. 分类

按服务对象分　公用移动通信和专用移动通信；

按组网方式分　蜂窝状移动通信、移动卫星通信、移动数据通信、公用无绳电话、集群调度电话等；

按工作方式分　单向和双向通信方式两大类，双向通信方式可又分为单工、双工和半双工通信方式；

按采用的技术分　模拟移动通信系统和数字移动通信系统。

3. 特点

① 无线电波传播环境复杂　移动通信的电波处在特高频（300～3000MHz）频段，电波传播主要方式是视距传播。电磁波在传播时不仅有直射波信号，还有经地面、建筑群等产生的反射、折射、绕射的传播，从而产生多径传播引起的快衰落、阴影效应引起的慢衰落，系统必须配有抗衰落措施，才能保证正常运行。

② 噪声和干扰严重　移动台在移动时既有环境噪声的干扰，又有系统干扰。由于系统内有多个用户，必须采用频率复用技术，系统就有了互调干扰、邻道干扰、同频干扰等主要的系统干扰，这就要求系统有合理的同频复用规划和无线网络优化等措施。

③ 用户的移动性　用户的移动性和移动的不可预知性，要求系统有完善的管理技术对用户的位置进行登记、跟踪，不因位置改变中断通信。

④ 频率资源有限　ITU 对无线频率的划分有严格规定，要设法提高系统的频率利用率。

4. 工作方式

① 单工通信　指通信双方电台交替地进行收信和发信。根据收、发频率的异同，又可分为同频单工和异频单工。单工通信常用于点到点通信，参见图 2-49。

② 双工通信　指通信双方可同时进行传输消息的工作方式，有时亦称全双工通信。基站的发射机和接收机分别使用一副天线，而移动台通过双工器共用一副天线。双工通信一般使用一对频道，以实施频分双工（FDD）工作方式。如图 2-50 所示。

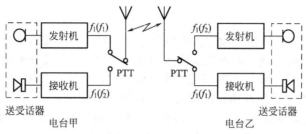

图 2-49　单工通信

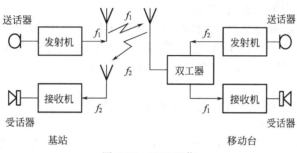

图 2-50　双工通信

③ 半双工通信　组成与图 2-49 相似，移动台采用单工的"按讲"方式，即按下按讲开关，发射机才工作，而接收机总是工作的。基站工作情况与双工方式完全相同。

④ 模拟网和数字网

数字通信系统的主要优点可归纳如下。

频谱利用率高，有利于提高系统容量。采用高效的信源编码技术、高频谱效率的数字调制解调技术、先进的信号处理技术和多址方式以及高效动态资源分配技术等，可以在不增加系统带宽的条件下增多系统同时通信的用户数。

能提供多种业务服务，提高通信系统的通用性。数字系统传输的是"1"、"0"形式的数字信号。话音、图像、音乐或数据等数字信息在传输和交换设备中的表现形式都是相同的，信号的处理和控制方法也是相似的，因而用同一设备来传送任何类型的数字信息都是可能的。利用单一通信网络来提供综合业务服务正是未来通信系统的发展方向。

抗噪声、抗干扰和抗多径衰落的能力强。这些优点有利于提高信息传输的可靠性，或者说保证通信质量。采用纠错编码、交织编码、自适应均衡、分集接收以及扩跳频技术等，可以控制由任何干扰和不良环境产生的损害，使传输差错率低于规定的阈值。

能实现更有效、灵活的网络管理和控制。数字系统可以设置专门的控制信道用来传输信令信息，也可以把控制指令插入业务信道的比特流中，进行控制信息的传输，因而便于实现多种可靠的控制功能。

便于实现通信的安全保密。

可降低设备成本以及减小用户手机的体积和重量。

5. 数字移动通信技术

① 数字调制技术

数字调制是使在信道上传送的信号特性与信道特性相匹配的一种技术；

模拟语音信号，经过语音编码所得到的数字信号必须经过调制才能实际传输；

无线传输系统中利用载波来携带语音编码信号，即用语音编码后的数字信号对载波进行调制。

数字调制方式：

- 移频键控（FSK）载波的频率按照数字信号"1"、"0"变化而对应变化；
- 移相键控（PSK）载波的相位按照数字信号"1"、"0"变化而对应变化；
- 振幅键控（ASK）载波的振幅按照数字信号"1"、"0"变化而对应变化。

GSM 移动通信系统采用高斯预滤波最小移频键控 GMSK。

移动通信使用的调制技术还有：二相移相键控（BPSK）、四相移相键控（QPSK）、正交调幅（QAM），频谱利用率较高，设计难度和成本较高。

② 多址技术　把多个用户接入一个传输媒质实现相互间通信时，给每个用户信号赋予不同的特征，以区分不同的用户的技术。

常用的多址方式：频分多址（FDMA）、时分多址（TDMA）和码分多址（CDMA）。GSM 系统使用频分多址（FDMA）与时分多址（TDMA）的混合多址方式，即 FDMA/TDMA。3G 系统多址方式使用码分多址（CDMA）方式。

③ 双工方式

频分双工（FDD）　收发信各占用一个频率。优点是收、发信号同时进行，时延小，技术成熟，缺点是设备成本高。

时分双工（TDD）　收发信使用同一个频率，但使用不同时隙。优点是频谱利用灵活，上、下行使用相同的频率，传输特性相同，有利于使用智能天线，无收发间隔要求，支持不对称业务，设备成本低等。缺点是小区半径小，抗快衰落和多普勒效应的能力低于 FDD，终端移动速度不能超过 120km/h。

④ 频率复用技术　移动通信系统中，频率资源有限，为提高频谱利用率，在相隔一定距离后重新使用相同的频率组，这种采用同频复用和频率分组来提高频率利用率方式，就是频率复用技术。实际应用中常采用 4/12 和 3/9 频率复用分组方式。即将 12 组频率轮流分配到 4 个基站和将 9 组频率轮流分配到 3 个基站，每个站点可用到 3 个频率组。频率复用会带来小区间的干扰，GSM 系统要求：同频干扰保护比 $C/I \geqslant 9dB$，邻频干扰保护比 $C/I \geqslant -9dB$。

6. GSM 系统

GSM 是全球第一个标准化的数字蜂窝移动通信系统，它对数字调制方式、网络结构和业务种类等进行标准化规范，GSM 系统可以提供全球漫游。

① 主要特点

频谱效率高　采用了高效调制器、信道编码和语音编码等技术，系统具有高频谱效率；

容量大　比 TACS（模拟移动通信系统）高 3～5 倍；

话音质量好　接收信号在门限值以上时，达到与有线传输相同的水平而与无线传输质量无关；

开放的接口　GSM 系统从空中接口到网络之间以及网络中各实体之间，提供的接口都是开放性的；

安全性高　通过鉴权、加密和 TMSI（临时用户识别码）号码的使用，实现了安全保护，鉴权用来验证用户的入网权力，加密防止有人跟踪而泄漏地理位置；

可与 ISDN（综合业务数据网）、PSTN（公用电话网）等互联　与其它网络互连是利用现有接口。在 SIM 卡基础上实现漫游，漫游是移动通信的重要特征，GSM 系统可以提供全球漫游。

② 结构　由移动台（MS）、基站子系统（BSS）和网络子系统（NSS）三部分组成。GSM 系统通过一定的网络接口和用户连接。其结构方框图见图 2-51。

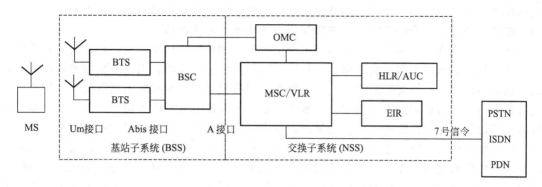

图 2-51　GSM 系统的结构图

MS—移动台；BTS—基站收发信系统；BSC—基站控制器；MSC—移动交换中心；VLR—来访位置寄存器；
HLR—归属位置寄存器；AUC—鉴权中心；EIR—设备识别寄存器；OMC—操作管理接口；
PSTN—公用电话交换网；ISDN—综合业务数字网；PDN—公用数据网

五、电话通信

电话通信网，包括本地电话网、长途电话网和国际电话网。是进行交互型话音通信，开放电话业务的电信网，简称电话网。它是一种电信业务量最大、服务面积最广的专业网，可兼容其它许多种非话业务网，是电信网的基本形式和基础。

电话通信网技术发展迅速，交换设备普遍采用数字程控交换技术，除了采用电路交换模式，还引入 ATM 交换模式。其传输系统不仅采用数字传输技术，而且逐渐采用现代的传送网技术，传输媒介也从单一的有限电缆转为采用有限电缆和光缆以及无线通信手段。用户终端不仅指单一的终端，还有用户驻地网。智能网能够向用户方便、快速地提供各类新型业务。电话网的交换节点可改造为智能网中的业务交换点（SSP），即具有业务交换功能。此外，电话网的信令系统逐渐摒弃了原有的随路信令，而采用公共信道信令——No.7 信令，以支持更多的业务和功能，实现大容量信令传送。电话通信网传输和交换采用同步时分复用方式，因此利用数字同步网保证电话通信网的时钟同步。与此同时，现代电话通信网需要现代化的网络管理，保证网络高效、可靠、经济地运行，因此电信管理网要实施对电话网的管理。综上所述，No.7 信令网、数字同步网、电信管理网是现代电话通信网不可缺少的支撑网络。

1. 构成

电话通信网由本地电话网和长途电话网构成。

本地电话网是由一个长途编号区内的若干市话端局和市话汇接局、局间中继线、长市中继线、用户接入设备和用户终端设备组成的电话网络，主要用于完成本地电话通信。

长途电话网又可分为国际长途电话网和国内长途电话网。国际长途电话网由分布在全球不同地理位置的国际交换中心以及它们之间的国际长途中继线路组成，范围覆盖全球，负责全球的国际通信。国内长途电话网由各个国家地理范围内的长途汇接局和长途终端局以及它们之间的国内长途中继线路、国内长途交换局到国际长途的长途中继线路组成，主要负责国内长途通信。

① 本地电话网的网络结构　本地电话网按照所覆盖区域的大小和服务区域内人口的多少采用不同的组网方式，主要可采用单局制、多局制和汇接制组网方式。

单局制电话网　由一个电话局，即一个交换节点构成的电话网，网拓扑结构为星型。只有一个中心交换局，其覆盖范围内的所有用户终端通过用户线与中心交换局相连。这种网络组网简单，覆盖范围小，使用于小城镇或县级的电话网。缺点是网络的可靠性较差，一旦中心交换局出现故障，全网瘫痪，网内任何用户无法进行电话通信。

多局制电话网　由多个电话局，即多个交换节点构成的电话网，网拓扑结构为互连状结构。多局制电话网设有多个交换局，交换局之间通过中继线互联，网络所覆盖范围内的用户终端通过用户线就近与交换局相连。多局制电话网覆盖范围比单局制电话网大，适用于中等城市的电话网。与单局制电话网相比，多个交换局有效地分散了话务量，因而对各交换局的容量可降低要求，用户线的平均长度缩短，节省了网络投资，网络的可靠性得到提高。

汇接制电话网　将本地电话网分为若干个汇接区，每个汇接区设置一个汇接局，该汇接局与该区内所有交换局相连，各汇接区的汇接局相连，这样位于不同汇接区的用户间通话，要通过汇接局来完成。汇接制电话网的拓扑结构为分层树型结构。分区汇接方式解决了大城市中分局过多，局间互联导致中继线路剧增的问题，分区汇接的方式适用于较大本地电话网。

② 国内长途电话网的网络结构　长途电话网相对于本地电话网覆盖面积更大，距离更长，服务的用户数量以及所需的交换设备也更多，因此在组建长途电话网时多采用分级分区汇接方式。国内长途电话网由 4 个等级的长途交换中心 C1、C2、C3、C4 和长途中继线路构成。

③ 国际电话网的网络结构　采用树型分层结构，由三级国际转接局 CT1、CT2、CT3 构成，CT1 之间呈网状连接，CT1 和 CT2 之间以及 CT2 和 CT3 之间采用分区汇接的连接方式。

2. 现代电话通信网的功能

① 语言信箱系统（VMS）　语言信箱系统是将公用电话网的语言信号经过频带压缩再经过模数转化后，存储于计算机中，以供用户提取语言信号。这种系统可提高接通率，充分利用线路和设备资源。

② 传真信箱系统（FMS）　传真信箱系统的工作原理和语言信箱系统类似，区别仅在于传真信箱系统存储于计算机中的是经过数字化和压缩处理的传真文件。

③ 数据信息处理系统（MHS）　数据信息处理系统是建立在计算机信息网上的，能实现如电子邮件、电子数据交换、传真存储转发、可视图文系统及可视电话系统等多种业务系统。

3. 现代电话通信网的组成

电话通信的目的是实现任意两个用户之间的信息交换。由终端设备、传输线路和交换设备三大部分组成的电话通信网就是完成信号的发送、接受、传输和交换任务而建立的。电话通信网的组成如下。

担任信号发送、接受任务的是终端设备，如电话机、传真机等；担任传输信号任务的是传输线路，如用户线、中继线、通信电缆等；担任信号交换任务的是交换设备，如程控电话交换机等。目前电话通信网络已成为世界上最大的分布交换网络，任何建筑物内的电话，都可以通过市话中继线拨通与全国乃至全世界电话网络中的其他电话用户并与之进行通话。随着信息技术的迅猛发展，电话通信网络所能发挥的作用已经远远超出了人们最初对它的期望。

① 程控交换机　程控交换机是接通电话用户之间通信线路的设备，正是借助于交换机，一台用户电话机才能拨打任意一台用户电话机，使人们的信息交流能在很短的时间内完成。数字式程控交换机是电话交换机发展的最新成果。它把电子计算机的存储程序控制技术引入到电话交换设备中来。这种控制方式是预先把电话交换的动作按顺序编成程序集中存放在存

储器中，当用户呼叫时，由程序的自动执行来控制交换机的连续操作，以完成其接续功能。它主要由话路系统、中央处理系统、输出输入系统三部分组成。

②电话机　电话通信网的终端设备。电话机的种类很多，常采用的电话机有拨号盘式电话机、脉冲按键式电话机、双音多频（DTMF）按键式电话机、多功能电话机、无绳式电话机等。

一般住宅、办公室、公用电话服务站等在无需要配合程控电话交换机时普遍选用按键式电话机，反之则应选用双音频按键式电话机。而对于重要用户、专线电话、调度、指挥中心等机构多选用多功能电话机。

③用户网络设备　从电信局的总配线架到用户终端设备的电信电路称为用户线路。建筑物内部的传输线路及其设备包括主干电缆、配线设备、配线电缆、分线设备、用户线和用户终端设备。如图 2-52 所示。

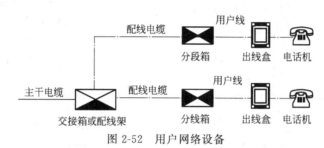

图 2-52　用户网络设备

图中可见，由市话局引入的电缆（称为主干电缆）不直接与用户联系，而是通过交接箱（或用户配线架）连接配线电缆；配线电缆根据用户分布情况，将其线芯分配到每个分线箱内；再由分线箱引出用户线通过出线盒连接用户终端设备（如电话机、传真机）。

交接箱　连接主干电缆和配线电缆的接口装置，由市话局引来的主干电缆在交接箱中与用户电缆相连接。交接箱主要由接线模块、箱架结构与机箱组装而成；

分线箱与分线盒　连接交接箱或上级分线设备来的电缆，并将其分给各电话出线盒，是在配线电缆的分线点所使用的分线设备；

电话出线盒　连接用户线与电话机的装置。按安装方式，电话出线盒可分为墙式和地式两种。

4. 现代电话通信网室内配线系统

室内配线系统是指由市话局引入的主干电缆直到连接用户设备的所有线路。电话系统的室内配线形式主要取决于电话的数量及其在室内的分布，并考虑系统的可靠性、灵活性及工程造价等因素，选用合理的配线方案。常见的大楼通信电缆的配线形式见图 2-53。

①单独式［图(a)］　从总交接箱（或总配线架、总配线箱）分别直接引出各个楼层的配线电缆（各楼层所需电缆对数根据需要确定）到各个分配线箱，然后采用塑料绝缘导线作为用户线从分线箱引至各电话终端出线盒。该方式的优点是各层电缆彼此相对独立，互不影响。缺点是电缆数量较多，工程造价较高。这种方式适用于各楼层需要线对较多且较为固定不变的建筑物，如高级宾馆或办公写字楼的标准层。

②复接式［图(b)］　由同一条上升电缆接出各个楼层配线电缆，电缆线对部分或全部复接。复接的线对根据各层需要确定。每线对的复接次数一般不超过两次。这种配线工程造价低，且可以灵活调度，缺点是楼层间相互影响、不便于维护检修。此方式一般适用于各楼层需要的线对不等、变化较多的场合。

③递减式［图(c)］　各个楼层的配线电缆引出后，上升电缆逐层递减，不复接。这种

配线方式容易检修，但灵活性不如复接式，一般适用于规模较小的宾馆、办公楼等。

④ 交接式［图(d)］　将整个建筑物分为几个交接配线区域，每个区域由若干楼层组成，并设一个容量较大的分线箱，再将出线电缆接到各层容量较小的分线箱。即各层配线电缆均分别经有关交接箱与总交接箱（或配线架）连接。这种方式各楼层配线电缆互不影响，主干电缆芯线利用率高，适用于大型办公写字楼、高层宾馆等场合。

⑤ 混合式　这种方式是根据建筑物内的用户性质及分区的特点，综合利用以上各种配线方式的特点而采用的混合配线方式。

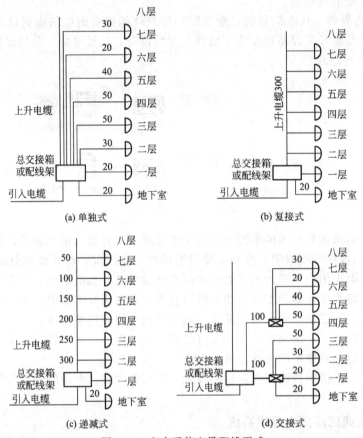

图 2-53　室内通信电缆配线形式

六、有线电视

有线电视 cable television（CATV）是一种使用同轴电缆作为介质直接传送电视、调频广播节目到用户电视的一种系统。

1. 结构组成

有线电视系统一般由三部分组成：前端部分、干线部分和分配部分，结构示意于图 2-54。

前端部分提供有线电视信号源，主要有卫星接收设备、采编、录放（节目制作）设备、调制器、混合器、光发射机等。有线电视信号源可以有各种类型，物业有线电视输出端是主要来源，根据需要，用户如果有自办节目，或者要接收上级有线电视台以外的卫星电视都要设置卫星接收设备和调制器，如果当卫星接收的频道与有线电台播放的频道有冲突的时候，应将卫星接收频道加频道转换器，转换到 1～64 频道中某一空余频道，如果制式不同还必须加制式转换器，最后与有线电视系统一起混合后传向用户电视系统。

干线主要设备是光发射机、光中继、光接收机、干线放大器，根据距离远近，有线电视用户总数不同，需要干线提供的信号大小也不一样，光发射机、光中继、光接收机、干线放大器用来补偿干线上的传输损耗，把输入的有线电视信号调整到合适的大小输出。

分配系统部分的设备包括接入放大器、分支分配器及用户盒。分支分配器属于无源器件，作用是将一路电视信号分成几路信号输出，相互组合直接接到终端用户的电视面板上，使电视机端的输入电平按规范要求应控制在 64dB±4dB。在用户终端相邻频道之间的信号电平差不应大于 3dB，但邻频传输时，相邻频道的信号电平差不应大于 2dB，将根据此标准采用不同规格的分支分配器。但分配出的线路不能开路，不用时应接入 75Ω 的负载电阻。

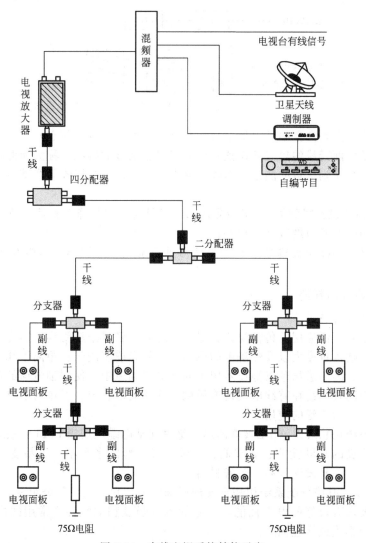

图 2-54 有线电视系统结构示意

2. 前端系统设备

卫星电视接收系统、采编录及播送设备、自动化管理及收费系统、调制器、混合器、前置放大器、光发射机、光分路器组成前端部分。

　　卫星电视接收系统是由抛物面天线、馈源、高频头、卫星接收机组成一套完整的卫星地面接收站，家用卫星接收系统及进 CATV 系统的方框示意图见图 2-55。

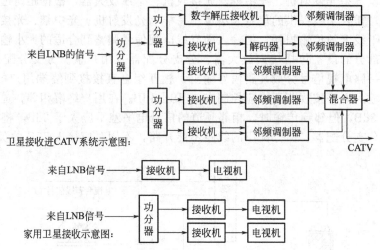

图 2-55　家用卫星接收系统及进 CATV 系统的方框示意图

　　抛物面天线　把来自空中的卫星信号能量反射会聚成一点（焦点）；

　　馈源　在抛物面天线的焦点处设置一个收集卫星信号的喇叭，称为馈源，意思是馈送能量的源，要求将会聚到焦点的能量全部收集起来。前馈式卫星接收天线基本上用大张角波纹馈源；

　　高频头（LNB 也称降频器）　将馈源送来的卫星信号进行降频和信号放大然后传送至卫星接收机。高频头的噪声度数越低越好；

　　卫星接收机　将高频头输送来的卫星信号进行解调，解调出卫星电视图像信号和伴音信号。

3. 干线同轴传输系统

（1）同轴电缆的特性

　　同轴电缆是被广泛应用的传输媒介。尽管光纤光缆已越来越受到人们青睐，但由于目前光缆的分支分配技术难度大以及经济上的原因，光纤光缆多用于长距离干线上，分配网络仍以同轴电缆为主。因引进物理发泡技术用于同轴电缆制造中，使同轴电缆的发展出现了崭新局面，物理发泡同轴电缆在有线电视传输领域、移动通信系统、卫星通信以及国防重点项目等领域都已获得较为广泛的应用。

　　电缆分配系统用物理发泡 PE（聚乙烯）绝缘同轴电缆应用于 CATV 系统和其它电子装置中，它具有优良的高频性能、衰减低、一致性好、弯曲半径小、不易受潮、结构性能稳定、使用寿命长，而且发泡度高、节省材料。

　　① 结构组成　电缆分配系统用物理发泡同轴电缆，它由四个部分组成。

　　内导体　要求有较好的电气性能，一定的机械强度和柔软性，常用的内导体是实心铜线，也可用铜包钢线或铜包铝线。

　　绝缘材料　绝缘材料和结构的选取应使电缆有尽可能低的传输损耗，足以保证内、外导体始终处于同轴位置，物理发泡 PE 绝缘是一种半空气绝缘结构，是目前绝缘形式的最佳选择。

　　外导体　要求有良好的机械、物理及密封性能，常用结构有两种：铝塑复合带纵包加镀锡铜线（或铝镁合金线）编织外导体；铝管外导体，这种结构屏蔽性能、机械性能及密封防潮性能都较好。

护层　常用护套料有聚乙烯和聚氯乙烯、防止护套受到机械外力、潮气、腐蚀、高低温环境等因素影响。

② 主要电气性能

特性阻抗　电缆分配系统用同轴电缆首先要考虑的主要参数就是特性阻抗。传输线匹配的条件是线路终端负载阻抗正好等于该传输线的特性阻抗，此时没有能量的反射，因而有最高的传输效率。在 CATV 系统中的标准特性阻抗为 75Ω。特性阻抗取决于电缆的结构尺寸和绝缘材料的介电常数。

衰减常数　反映了电磁波能量沿电缆传输时的损耗大小，通常要求电缆有尽可能低的衰减常数。衰减由内外导体的损耗与支撑该导体的绝缘材料的介质损耗之和构成，其中导体损耗占主要地位，尤以内导体的衰减最大，约占整个导体衰减的 80%。低频端主要是导体衰减，随着频率提高，介质衰减也随之增大，在高频端的导体衰减和介质衰减约各占 80%。

回波损耗　电缆制造过程中产生的结构尺寸偏差和材料变形，会使电缆的特性阻抗产生局部的不均匀，当电缆加上传输信号时，这些地方便会出现信号的反射。回波损耗越大，反射系数越小，则表示电缆内部均匀性越好。

工作电容　电容是同轴电缆重要参数之一，当应用同轴电缆传输脉冲信号时，为减少波形畸变，要求电缆具有尽可能低的电容值。

屏蔽性能　屏蔽性能不良的系统，会破坏信号的正常传输，影响通信业务的正常进行，降低系统的传输质量。电缆分配系统用同轴电缆屏蔽性能的好坏，可以用屏蔽系数、屏蔽衰减来反映。屏蔽衰减越大，屏蔽系数越小，表示电缆屏蔽性能越好。

③ 电缆的传输特性在系统中的影响　电缆对不同频率的高频信号有着不同的衰减量，单位长度（一般取 100m）的电缆，在其上面传输的信号频率越高，衰减就越大。电缆的损耗大小随频率变化的这种特性称为电缆的斜率特性，理想电缆的传输衰减量与传送信号频率的平方根成正比。由于电缆存在这种斜率特性，为此在 CATV 系统中，要进行斜率补偿或叫均衡处理。下面是几种常用电缆的传输特性，见表 2-13。

表 2-13　常用电缆的传输特性

频率 电缆型号	50MHz （100m）	200MHz （100m）	750MHz （100m）
QR540	1.5dB	3.2dB	6.07dB
SYWV-75-5	4.7dB	9dB	18dB
SYWV-75-9	2.4dB	5dB	9.5dB

通常我们都是以所传送信号的最高工作频率时电缆的衰减量来设计线路的。这里引入一个称为电长度的概念，在 CATV 系统中，常用电缆在最高工作频率下的损耗分贝数来表示电缆的长度，称之为电缆的电长度。

在网络中对电缆所产生的负斜率进行补偿的器件是均衡器，其均衡量一般有两种表示方式：一种是直接标注高低频参考点的损耗分贝差；一种是标注电长度，这种标注法称当量均衡值。

电缆的斜率曲线见图 2-56。

理想化的电缆斜率是线性的，如图中 a 线。电缆实际的斜率曲线呈非线性的弧形，如图中 b 线，此弧线的顶点在 400MHz 附近，也就是说在中间频段电缆的损耗实际上要比理想衰减曲线值要小，致使在线路较长时形成整个通道内靠近中间频段的电平发生凸起的现象。电缆对高频信号的衰减量与电缆的长度成正比。

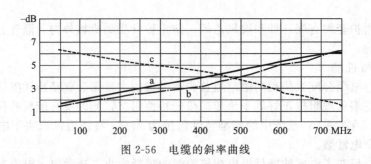

图 2-56   电缆的斜率曲线

温度特性在系统中的影响   电缆的斜率和损耗还与环境的温度有关。用一个温度系数参数来描述电缆的这种温度特性。一般电缆的温度系数是 0.2%/℃，即温度增加一度，损耗将增加 0.2%。在我国的大部分地区，气温对电缆所造成的损耗变化量为 ±5%，当电缆网较长时，电缆的温度特性所造成的影响就不容忽视。

阻抗特性在系统中的影响   常用的 CATV 电缆其标称特性阻抗均为 75Ω，当电缆因受长期的自身重量、风压负荷等作用使其机械特性变差时，电缆的特性阻抗将会发生变化，其结果使网络的反射损耗变小，严重时使图像产生重影现象。在网络的铺设施工中，常对电缆的弯曲程度和绑扎工艺都有一定的要求，其目的就是防止因为施工不当造成电缆的机械性能变差，使电缆的特性阻抗变值，从而使网络的反射损耗指标变差。

（2）放大器的作用

补偿信号在传输过程中因传输媒介引起的损耗（如同轴电缆、分支分配器、光纤等无源器件）。

① 放大器的增益   为保证 CTB 的指标正常，必须要降低放大器的输出电平，一般来说电平下降 1dB，CTB 的指标可提升 2dB。而放大器的输入电平则是由 C/N 来决定的，这些指标都和网络中所用的放大器台数 N 有关。把输入电平和输出电平及放大器台数 N 的关系画成曲线，就形成一个 V 字形曲线图，如图 2-57 所示。

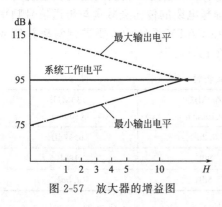

图 2-57   放大器的增益图

图中上下直线之差称为放大器的极限增益。可见随着台数 N 的增加，放大器的极限增益也将减少，即放大器的增益不能高于极限增益，否则将会不能满足指标的要求。对某一个 N 来讲就有一个极限增益与之对应，因此，正确选择放大器的增益是很重要的。

当两种放大器的增益不同（如一个为 35dB，一个为 27dB），但其最大输出电平和噪声系数相等时，如某 CATV 系统使用增益为 35dB 的放大器串接数为 10 个，那么同样一个系统，使用增益为 27dB 的放大器，其串接数则为 13 个。在两个系统的 CTB 相等下，那么后者的 C/N 将得到改善，其改善值为：35−27−20(lg13−lg10)＝5.8dB，如果在 C/N 相等的情况下，那么 CTB 指标可改善 5.8×2＝11.6dB。从分析可见，采用低增益的放大器对一般系统特性的改善有一定作用。那么是不是放大器的增益越低越好呢？回答是否定的。当干线放大器的增益降至 8dB 以下时，载噪比（C/N）、组合三次差拍比（CTB）都将会变坏，因为此时串接的放大器数增多，CTB 将由于 20lgN 的增加而变坏；C/N 也因为 10lgN 的增加而变差。另外，如果增益低，对于同一输出电平，在输入端输入的信号值要求变高，各级放大器也因此而容易产生非线性失真。为此，当线路较长时，干线放大器增益选取在 27dB

左右较为合适。

②放大器的工作方式　CATV网络中放大器的幅频特性必须与电缆传输特性相关，故放大器主要有三种工作方式，如图2-58所示。

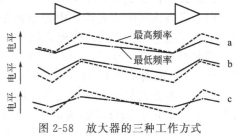

• 使干线放大器的输入信号电平与频率无关（即输入信号是平坦的），输出信号电平补偿电缆的衰减变化值，即输出信号的正斜率（高低端输出电平差为正值）刚好补偿电缆所产生的负斜率（高低端输出电平差为负值），该方式称为输出全倾斜方式；

图 2-58　放大器的三种工作方式

• 使干线放大器的输出信号电平与频率无关（即输出信号是平坦的），放大器的增益补偿电缆的衰减变化值（即放大器所产生的正斜率刚好补偿电缆所产生的负斜率），该方式称为平坦输出方式；

• 介于上述两者之间的方式，称为半倾斜输出方式。

工作于全倾斜方式的放大器出现在早期，这种放大器将整个传输频率范围分为高低两个通道分别进行放大，高端通道增益比低端通道高，现在已经很少采用。

工作于平坦输出方式的放大器是使用均衡与具有平坦特性的放大器组合在一起的，这种工作方式由于输入到放大模块的信号是平坦的，所以对改善非线失真有好处，但要使用大均衡量的均衡器，所以多使用在450MHz及以下的CATV系统。

现在的放大器由于其工作的最高频率达750MHz甚至860MHz，所以无论是干线放大器、延长放大器，基本上都采用半倾斜输出方式。这种放大器通常由两块以上的放大模块所组成，它内部设置了两个均衡器，一个是输入均衡器，它的作用是保证输入到第一块放大模块的信号是平坦的；一个是级间均衡器，它使输出信号产生所需要的斜率。放大器工作方式的选择并非是随意的。例如放大器在设计时确定为平坦输出工作方式，如在实际应用中，该放大器不是置于平坦输出状态下工作，而是在半倾斜输出方式下工作，这样在调试时势必通过加大放大器输入端的均衡器的均衡量来达到半倾斜输出方式，这将会导致低端信号的 C/N 严重劣化。

③放大器的增益控制功能　放大器对电平的波动控制方式有：手动控制（MGC）、自动增益控制（AGC）、自动电平控制（ALC）、自动斜率控制（ASC）。手动控制由手动控制增益及均衡所组成，控制单元可以是机械的，也可以是电调的，这种控制方式的放大器多用在网络较短的网络上。当网络较长时，由于电缆的温度特性影响，用户端的信号电平将会有较大的变化，这是不容许的，为此必须要采用具 AGC 控制的放大器，这类放大器是将工作频带内靠近中间点的频道载波作为参考导频，来控制放大器的增益，从而稳定放大器的输出电平。但是从电缆的温度特性可知，当温度变化时不只是信号的电平会发生变化，信号的斜率也会发生变化，为此引入了自动斜率控制（ASC），通常将既有 AGC 功能又具有 ASC 功能的称为自动电平控制（ALC），ALC 常采用如下两种方式。

• 用检温器，如使用热敏电阻或热敏半导体等温感元件取出温度的变化量来控制放大器的斜率和增益。

• 采用两个频率的导频信号，一个作 AGC 控制，而另一个作 ASC 控制。通常用低导频作 ASC（可采用我国标准频道1或3的载频）；用高导频信号作 AGC（可选标准频道42频的载频），这样使高端电平牢牢钳位不变，ASC 以此作为参考电平通过其控制使低导频点与高导频点的相对电平保持在最佳值。

第一种办法控制精度不高，但电路简单；第二种方法控制精度很高，但电路较复杂。通常高档的放大器均用第二种方法。

④ 放大器的供电　放大器的供电电压一般有两种：一种是交流 220V 供电，属于市电供电方式；另一种是交流 60V 供电，属于线路供电方式。

市电供电方式的放大器其电源电路结构是：变压器＋桥式整流＋简单的稳压电路所组成。它对市电电压变化的适应能力较差，在±10％范围内，当市电电压波动较大时会出现交流声调制指标下降，造成 50Hz 或 100Hz 的干扰，反映在电视屏幕上是一条上下滚动的黑带（50Hz）干扰或两条黑带（100Hz）干扰。

线路供电方式的放大器其电源电路一般是采用开关式稳压电源，其电路结构是利用一个振荡器，产生几十 kHz 的振荡信号，经放大、稳压、整流处理后，产生放大器所需的工作电压。这种电源电路稳压范围宽，当外电源在 35～90V 变化时都能输出稳定的工作电压，所以现在大多主干放大器或延长放大器都使用这种电源电路。

在线路供电方式中，在线路上还需安装供电器和电源插入器。供电器是供给放大器电源的一个设备，此设备实际上是一个铁磁式的交流稳压器，输入市电 220V 的交流电压后，在其输出端将输出稳定的 60V 交流电压。电源插入器是供电器与线路间的接口器件。

⑤ 放大器的几项重要参数

• 放大器的最大输出电平　指放大器在满负荷（对于 750MHz 系统为 78 个 PAL 频道）时，放大器在一定的失真指标下所输出的上限电平。

• 放大器的噪声系数　由于放大器是一个有源器件，自身也必会产生噪声，放大器在对信号进行放大的同时也将噪声叠加到输出端，这样输出信号的载噪比必然低于输入信号的载噪比，噪声系数是输入载噪比和输出载噪比的比值。

• CTB 与 CSO　这两个参数都是放大器的失真参数。CTB 称为组合三次失真，CSO 称为组合二次失真，它反映了满负荷下放大器在最大输出电平时所产生的失真状况。

• 增益　放大器对信号的放大能力。

以上几个参数在进行 CATV 网络设计和调试时都必不可少。

⑥ 放大器的放大模块　现在的 CATV 放大器内部都使用了放大模块，一般放大模块有三种：普通放大模块、功率倍增输出放大模块、四倍增功率输出放大模块。这些模块内部的放大电路均采用推挽型放大电路，这种电路能减少谐波失真，特别是二次失真。所以在进行系统设计时，只考虑 CTB 指标就行了，只要 CTB 指标达到了，CSO 指标也就达到了。功率倍增型是并联了两个或四个推挽电路同时工作，采用这种模块的放大器在同样的失真指标下，输出电平可提高 3dB 或 6dB。

⑦ 反向放大通道　由于多功能业务开展的需要，现在的放大器都设有反向通道，反向通道常采用手动增益控制，手动斜率控制电路和放大模块组成可根据系统是否需要反向功能而选择。反向放大器带宽根据双向分割频率分 3 种：低分割（5～30MHz）、中分割（5～42MHz）和高分割（5～65MHz）。

⑧ 放大器的应用总结　CATV 网络中放大器的主要作用是补偿电缆对传输信号所造成的损耗，根据电缆的传输特性和温度特性，放大器内设置了自动增益控制电路（AGC）、自动斜率控制电路（ASC）和温度补偿电路。放大器的输入电平大小由载噪比（C/N）指标来确定，放大器的输出电平则由组合三次失真（CTB）指标来确定，放大器的增益则由串接的级数来定。

放大器的工作方式有输出全倾斜方式、平坦输出方式、半倾斜输出方式三种，现在大多数主干放大器都是半倾斜输出方式，而楼层放大器多是平坦输出方式。

放大器的调整主要包括两个方面，一是电平的调整，二是均衡的调整。一般是先调整斜率再调整电平。如果放大器采用导频控制模块（ALC）则要合理选取高低端的导频信号，一般来说低端的导频信号是利用低端信号的视频载波频率，高端的导频信号是利用高端信号的视频载波频率。如果放大器采用温度补偿模块则要注意该模块所标定的温度补偿范围和该模块的控制量，然后根据这两个参数设置好余量值以便调试。

4. 光纤传输系统

光纤即为光导纤维的简称。光纤通讯是以光波为载频，以光导纤维为传输媒介的一种通信方式。

① 光纤的优点　光纤通讯之所以在最近短短的二十年中能得以迅猛的发展，是由于它具有以下的突出优点而决定。

• 传输频带宽、通讯容量大　光载波频率为 5×10^{14} MHz，光纤的带宽为几千兆赫兹甚至更高。

• 信号损耗低　目前的实用光纤均采用纯净度很高的石英（SiO_2）材料，在光波长为1550nm 附近，衰减可减至 0.2dB/km，已接近理论极限。因此，它的中继距离可以很远。

• 不受电磁波干扰　因为光纤为非金属的介质材料，因此它不受电磁波的干扰。

• 线径细、重量轻　由于光纤的直径很小，只有 0.1mm 左右，因此制成光缆后，直径要比电缆细，而且重量也轻。因此，便于制造多芯光缆。

• 资源丰富　光纤通讯除了上述优点之外，还有抗化学腐蚀等特点。当然，光纤本身也有缺点，如光纤质地脆、机械强度低；要求比较好的切断、连接技术；分路、耦合比较麻烦等。

② 光纤的分类

按照传输模式分　光纤中传播的模式就是光纤中存在的电磁波场场型，或者说是光场场型（HE）。各种场型都是光波导中经过多次的反射和干涉的结果。各种模式是不连续的离散的。由于驻波才能在光纤中稳定的存在，它的存在反映在光纤横截面上就是各种形状的光场，即各种光斑。若是一个光斑，称这种光纤为单模光纤，若为两个以上光斑，称之为多模光纤。

单模光纤（Single-Mode）　单模光纤只传输主模，也就是说光线只沿光纤的内芯进行传输。由于完全避免了模式散射使得单模光纤的传输频带很宽，因而适用于大容量、长距离的光纤通讯。单模光纤使用的光波长为 1310nm 或 1550nm。如图 2-59 所示单模纤光线轨迹图。

多模光纤（Multi-Mode）　在一定的工作波长下（850nm/1300nm）有多个模式在光纤中传输，这种光纤称之为多模光纤。由于色散或像差，因此，这种光纤的传输性能较差，频带比较窄，传输容量也比较小，距离比较短。单模/多模光纤光轨迹如图 2-59 所示。

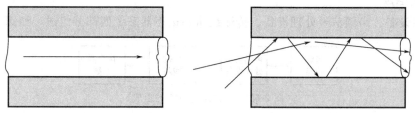

图 2-59　单模/多模光纤光轨迹

按照纤芯直径来划分　50/62.5/8.3（μm）均为光纤光芯直径数，125（μm）为光纤玻璃包层的直径数：

50/125（μm）缓变型多模光纤；

62.5/125（μm）缓变增强型多模光纤；

8.3/125（μm）缓变型单模光纤。

按照光纤芯的折射率分布分：

阶越型光纤（Step index fiber），简称 SIF；

梯度型光纤（Graded index fiber），简称 GIF；

环形光纤（ring fiber）；

W 形光纤。

③ 光缆　点对点光纤传输系统是通过光缆进行连接。光缆可包含 1 根光纤（有时称单纤）或 2 根光纤（有时称双纤），或者甚至更多（48 纤、1000 纤），光芯光缆结构如图 2-60 所示。

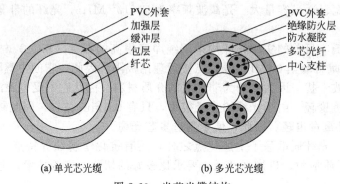

(a) 单光芯光缆　　　　　　　　(b) 多光芯光缆

图 2-60　光芯光缆结构

④ 光纤辅助器件

光纤配线架（Housing）　用于室内光纤网络配线系统。

光纤活动连接器（Connector）　用于各类光纤设备（如光端机等）与光纤之间的连接。

光纤适配器和衰减器（Adaptor and Attenuator）　光纤适配器用于各类光纤设备与光纤连接方式的转换。光纤衰减器用于对输入光功率的衰减，避免了由于输入光功率超强而使光接收机产生的失真。（对于光端机，无需用衰减器）

光分路器（Coupler）　适用于将一根光纤信号分解为多路光信号输出（如：计算机网络、CATV 系统）。

光波分复用器（WDM）　用于光路中不同波长的光的分离或混合。

七、广播音响

1. 系统组成

由音源设备、声频信号处理设备、传输线路和扬声器系统四部分组成，如图 2-61 所示。

图 2-61　广播音响系统的组成

① 音源设备　把声音信号转换成音响系统能处理的频率为 20Hz～20kHz 的电信号，包括 FM/AM 调谐器、电唱机、激光唱机和录音卡座，还有传声器（话筒）、影碟机、录像机、电子乐器等。

② 信号放大和处理设备　首要任务是信号放大，其次是信号的选择，包括调音台、前置放大器、功率放大器和各种控制器及音响加工设备等。调音台和前置放大器的作用和地位相似（调音台的功能和性能指标更高），其基本功能是通过选择开关选择所需要的节目信号，

进行音调、响度、音量、平衡控制和前置放大，是整个广播音响系统的"控制中心"。功率放大器则将前置放大器或调音台送来的信号进行功率放大，通过传输线去推动扬声器放声。

③ 传输线路　虽简单，但随着系统和传输方式的不同而有不同的要求。对礼堂、剧场等，由于功率放大器与扬声器的距离不远，一般采用低阻大电流的直接接送方式，传输线要求用专用喇叭线，而对公共广播系统，由于服务区域广、距离长，为了减少传输线路引起的损耗，往往采用高压传输方式，由于传输电流小，故对传输线要求不高。

④ 扬声器系统　声音的还原设备，其质量好坏直接影响系统的效果。主要包括扬声器、分频器和音箱。扬声器是电声转换器，高通、带通、低通分频器主要把频率分成几个频段，经功放放大后，送到主放音箱、高音音箱、低音音箱。音箱的功能之一是提高扬声器的电声转换效率。

2. 主要形式

① 公共广播　设于各种公共场所，可以放广播电台的节目、自制节目以及播送通知、报告等，当发生火灾事故，则兼作紧急广播用。背景音乐的音量一般高于现场噪声 $5\sim9dB$，这样能达到轻松悦身的效果。在背景音乐中插播通知、寻呼等广播时，一般插播"叮咚"或"钟声"等提示音，以唤醒公众注意。

② 客房广播　为房客提供高级音乐享受，营造舒适的休息环境，现代宾馆均设有。为满足人们的不同爱好，一般有多套节目供房客选择，客房广播选用带节目选择、音量控制和强切功能的节目开关，并安装在床头控制柜的面板上。扬声器一般安装在床头控制柜中，但高级宾馆一般把扬声器挂装于墙上或者镶嵌在天花板上。客房广播系统由宾馆中央控制室控制，并将紧急广播系统插入其中。当仅仅广播时，客房无论是在开或者关的状态，均能自动接通事故广播，向客房报警。

③ 会议室、报告厅广播　这类系统必须具备背景音乐和紧急广播功能，它们一般安装在有中央控制室控制的广播输出控制箱上，扬声器的音量是由控制面板上的开关控制。此外，这类场合一般备有功放，在控制箱的面板上有接功放的输出接孔。

④ 多功能厅音响　设有公众区域背景音乐，并设有音量调节开关。紧急情况下，公共广播自动接入事故广播。此系统除公共广播外，自身还有一套完整的播音、影视系统。大型礼堂、影剧院的音响系统与多功能厅类似，但输出功率更大，音质要求更高。

⑤ 同声翻译系统　会议厅、多功能厅一般均装有此系统，可将一种语言同时翻译成另一种或两种以上的语言。其信号传送方式分为有线传输和无线传送两种。

3. 分类方式

按工作环境可分为室外扩声系统和室内扩声系统两大类；按工作原理分为单通道系统、双通道立体声系统、多通道扩声系统；按声源性质和使用要求分为语言扩声系统、音乐扩声系统、语言和音乐兼用的扩声系统。

4. 广播音响系统的技术指标

① 最大声压级

② 传输频率特性

③ 传输增益

④ 声场不均匀度

⑤ 总噪声级

⑥ 失真度

不同的场所，技术指标要求各不相同。

5. 广播音响系统

① 从音响设备构成方式　基本为如下三类。

以前置放大器为中心　大多数公共广播（PA）、家庭放音系统和一些小型歌舞厅、俱乐部使用，组成如图 2-62 所示。

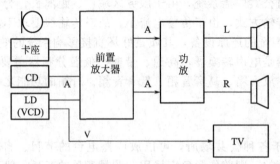

图 2-62　以前置放大器为中心的广播音响系统

以 AV 放大器为中心　音频信号线（A）和视频信号线（V）均汇接入 AV 放大器，以前置放大器为中心的系统音频信号线（A）和视频信号线（V）是分开的。KTV 包房、家庭影院系统等使用，组成如图 2-63 所示。

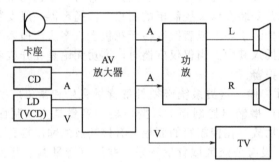

图 2-63　以 AV 放大器为中心的广播音响系统

以调音台为中心的专业音响系统　调音台是调节声音的控制台，是专业音响系统中重要的设备之一。组成如图 2-64 所示。

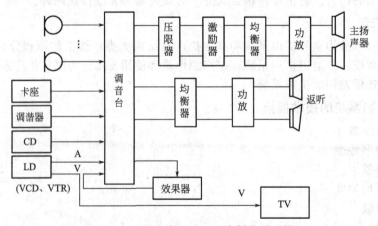

图 2-64　以调音台为中心的广播音响系统

② 音响系统配接实例——剧院扩音系统　组成如图 2-65 所示。

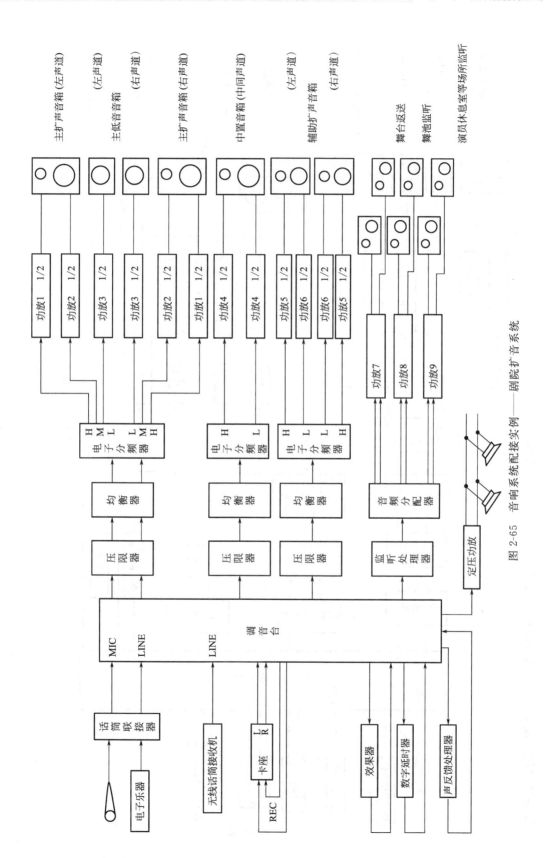

图 2-65 音响系统配置接实例——剧院扩音系统

③ 音响系统配接实例——歌舞厅扩音系统 组成如图 2-66 所示。

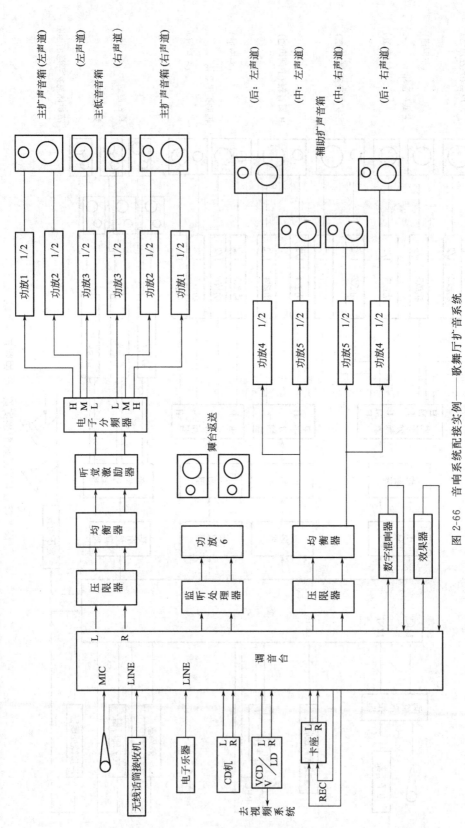

图 2-66 音响系统配接实例——歌舞厅扩音系统

④ 设备介绍

调音台　把各个节目源输出的音频信号汇集、控制、调整，进行音质加工，并分配到所需要的通路（或声道）（常用：八路、十二路、十六路、二十四路…）输出，是整个音响系统中的一个中心设备。无论是制作如电影、电视、音乐等节目录音，或是在剧场、歌舞厅等现场扩音，调音台都是一种对音频信号进行技术控制和艺术加工处理的重要音响设备。其作用主要有如下几方面。

输入信号（如话筒、激光唱机等）匹配；

信号放大；

信号高、中、低音音调效果的提升或衰减；

将各路输入信号送入左、右母线，以决定单声或立体声工作方式；

将各路输入信号送入预定工作的辅助母线，以满足艺术加工的需要；

根据现场使用情况调节信号输出电平。

音频处理设备　也叫周边设备，其意义是它们均环绕配接在调音台的四周。音频处理设备有很多类型，包括均衡器、压限器、效果器（延时器、混响器等）、激励器、降噪器、声反馈抑制器等。各种音频处理设备都有其不同的特点，但共同点是通过对音频信号的处理来修饰美化重现的声音。

压限器和激励器视使用场合可有可无，均衡器一般要用。若系统同时具有影像设备（如歌舞厅、卡拉 OK 厅），则与以前置放大器为中心的广播音响系统类似，音频信号线（A）和视频信号线（V）分开。

频率均衡器能对音频信号的不同频段进行提升或衰减，以补偿信号拾取、处理过程中的频率失真，可以对音源信号进行修饰和美化。

压限器是一种特殊放大器。有一个阈值，当输入信号低于这个阈值时，电路正常放大；当输入信号高于这个阈值时，电路按一定比例压缩放大。是一个自动音量控制的过程。

激励器又叫听觉激励器。在原音乐信号中加入适当的中高次谐波成分，使音色变亮更具穿透力，在没有加大音量的情况下声音的感觉响度提高，通过调节可突出某种乐器的音色成分，也可模拟现场演出的环境反射，使信号更具自然鲜明的现场感和细腻感。

效果器含有延时和混响两种效果成分，也有单独的延时器和混响器，它们也属于效果器的一种，效果器通过使用电子的方法（模拟或数字）来模拟闭室空间内声音信号的反射和混响特性从而构成声音的特定空间感并使乐音丰满和亲切，也可制造一些特殊的音响效果。延时器和混响器用机械的方法构成，但现在较少使用。

6. 厅堂扩声系统

① 作用　厅堂扩声的作用首先是用来增强听众席的响度，主要是提高听众席直达声的声压级。听众厅内合理的声压级：对于语言，平均值为 65～70dB 左右；对于音乐为 80～85dB 左右。当然还要考虑到它们的动态上限和有观众时的背景噪声级。

通过电声系统来改善厅堂音质也是一项重要措施。还借助电声系统来改变或控制厅堂的声场特性（如混响时间），以适应多功能厅堂的音质需要。

在建筑中扩声系统的设计已成为厅堂音质设计中的一个重要的组成部分。

② 组成　扩声系统包括声源及声场（传声器所处的声学环境）、传声器至扬声器这套扩声设备、扬声器和听众区的声学环境三个部分。

声反馈抑制器有移相器和移频器两种，其作用为抑制在现场扩音中由于话筒和音箱位置不当和现场空间反射过强而引起的啸叫。啸叫这个正反馈自激过程，可通过移相和移频来改变正反馈条件来抑制。

③ 扬声器的布置方式　室内布置扬声器是电声系统设计的重要问题，它与建筑处理的关系也最密切，要求是使全部观众席上的声压分布均匀；多数观众席上的声源方向感良好，即观众听到的扬声器的声音与看到的讲演者、演员在方向上一致；控制声反馈和避免产生回声干扰。

扬声器的布置方式，大体上可分三种。

集中布置方式　在观众席的前方或前上方（一般是在台口上部或两侧）设置有适当指向性的扬声器或扬声器组合。将扬声器的主轴指向观众的中、后部。这是剧场、礼堂及体育馆等常用的布置方式。优点是方向感好，观众的听觉和视觉一致，射向天花板、墙面的声能较少，直达声较强，清晰度高。见图 2-67。

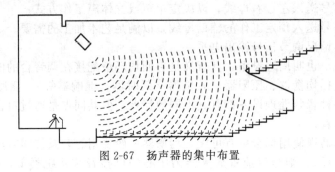

图 2-67　扬声器的集中布置

分散布置方式　在面积较大、天花板很低的厅，用集中式布置无法使声压均匀时，将许多个单个扬声器（一般是直射式扬声器）分散布置在顶棚上。这种方式可以使声压在室内均匀分布。但听众首先听到的是距自己最近的扬声器发出的声音，所以方向感不佳。若设置延时器，将附近的扬声器的发声推迟到一次声源的直达声到达之后，方向感可以明显改善。然而在这之后还会有远处的扬声器的声音陆续到达，使清晰度降低，为此必须严格控制各个扬声器的音量与指向性。但除非顶棚很低，否则这是很难做到的。见图 2-68。

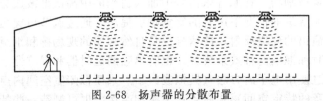

图 2-68　扬声器的分散布置

混合布置方式　在观众厅中，采用集中与分散并用方式有以下几种情况。

集中布置时，扬声器在台口上部，由于台口较高，靠近舞台的观众感到声音是来自头顶，方向感不佳。在这种情况下，常在舞台两侧低处或舞台的前缘布置扬声器，叫做"拉声相扬声器"。

厅的规模较大，前面的扬声器不能使厅的后部有足够的音量。特别是由于有较深的眺台遮挡，下部得不到台口上部扬声器的直达声。在这种情况下，常在眺台下顶棚上分散布置辅助扬声器，为了维持正常的方向感，辅助扬声器前加延时器。

在集中式布置之外，在观众厅顶棚、侧墙以至地面上分散布置扬声器。这些扬声器用于提供电影、戏剧演出时的效果声或接混音响，增加厅内的混响感。

7. 会议系统

与前面的厅堂扩声等系统不同，它有其特殊性。

① 讨论会议系统　供主席和代表分散手动或集中自动控制传声器的单通路扩声系统。

组成见图 2-69。

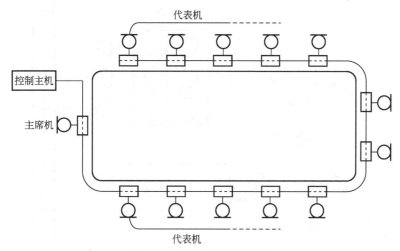

图 2-69　讨论会议扩声系统

系统中所有参加讨论的人，都能在其座位上方便地使用传声器，由一些发出低声级的扬声器组成，置于距代表大于 1m 处，通常是分散扩声。也可以使用集中的扩声，且应为旁听者提供扩声。

"主席优先"系统中，通常还设有主席"优先权"控制功能。主席通过运用"优先权"（用开关控制），可将与会者的传声器全部关闭，这便于会议主席控制发言次序，掌握会场气氛；并有利于减少噪声及声反馈啸叫的干扰。与会者经过主席"允许"（也用开关控制），即可在自己的位置上发言。系统还应具有供录音和接入扩声系统输出的功能。控制方式有三种。

手动控制　主席单元和代表单元通过母线连接起来，当某一代表需要发言时，可把自己面前的转换开关扳到"发言"位置，他的话筒即进入工作状态，而其扬声器则同时被切断，以减少声反馈干扰。代表发言结束后，将转换开关扳到"收听"位置，使话筒关闭，同时其扬声器进入工作状态。

半自动控制　也称为声音控制方式。当与会者对着代表单元的话筒讲话时，该单元的接收通路（包括接收放大器和扬声器）自动关断；讲话停止后，该单元的发言通路（包括话筒和话筒放大器）会自动关断。因这种控制方式的结构不太复杂，操作又比较方便，故适于中、小型会议室。

全自动控制　国外生产的大型会议系统多属此种方式，其自动化程度最高，而且往往兼有同声传译和表决功能。发言者可采取即席提出"请求"，经主席允许后发言；也可采取先申请"排队"，然后由计算机控制，按"先入先出"的原则逐个等候发言。

② 同声传译会议系统　同声传译系统是在使用不同国家语言的会议等场合，将发言者的语言（原语）同时由译员翻译，并传送给听众的设备系统。系统的构成如图 2-70 所示。

红外线同声传译系统是无线输送方式之一，图 2-71 为红外线同声传译会议系统示意图，图中只画出红外线发射、传输和接收部分。

四部分组成：

由话筒拾取发言者原语的拾音部分；

用扬声器将发言者声音如实地在厅内放送的部分；

译员由耳机收听由控制台来的发言者的原语，同时进行翻译并用话筒将译语送至控制

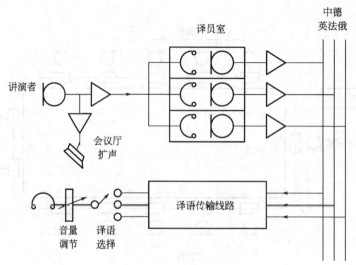

图 2-70　同声传译会议系统

图 2-71　红外线同声传译会议系统

台的部分；

译语由发射机向厅内发送及听众用耳机接受的部分。

译语的传输方式　分为有线式和无线式两类，而无线式又可分为感应天线式和红外线式两种，其中以红外线式较为先进。

翻译方式分三种形式：

直接翻译　在使用多种语言的会议系统中，此系统要求译音员懂多种语言。例如，在会议使用汉语、英语、法语、俄语四种语言时，要求译音员能听懂四国语言，这对译音员的要求太高了。

二次翻译　如图 2-72 所示。

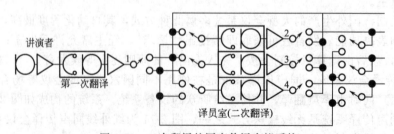

图 2-72　二次翻译的同声传译会议系统

混合方式　会议发言者的讲话先经第一译音员翻译成各个二次译音员都熟悉的一种语言，然后由二次译音员再传译成另一种语言。由此可见，二次翻译系统对译音员的要求低一些，二次译音员仅需要懂得两种语言即可。但它与直接翻译相比，译出时间稍迟，并且翻译质量会有所降低。

在使用很多种语言（例如 8 种以上）的同声传译系统时，采用混合方式较为合理。即一部分语言直接翻译，另一部分语言作二次翻译。

③ 会议表决系统　与分类表决终端网络连接的中心控制数据处理系统。每个表决终端至少设有三种可能选择的按钮：同意、反对、弃权。系统的构成如图 2-73 所示。

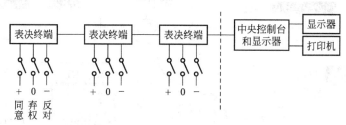

图 2-73　会议表决系统

中心控制台可供主席或工作人员来选择或开动表决程序。在表决结束时，最后的累计结果将清楚地显示给主席/工作人员和代表。

ⅰ 表决程序

秘密表决　不能逐个识别表决的结果；

公开表决　能鉴别出每个表决者及其表决结果。

ⅱ 表决结果的显示

直接显示　在表决进行中，显示各个中间结果，在预先选定的表决时间终止时，显示最后的结果；

延时显示　不显示中间结果，只在预先选定的表决时间终止时，显示表决最后的结果。可以预先选定表决的持续时间，可以把时间限定在 30s、60s、90s 等。或者不予限定（即由主席决定表决的终止）。

ⅲ 会议系统的安装方式

固定式　设备和电缆都是固定的，系统的单机是组合成整体的；

半固定式　设备是可移动的或固定的，电缆是固定安装的，系统的某些设备可固定安装在设施中，或放在桌子上；

移动式　系统所有的设备，包括电缆的敷设都是可接插的和可移动的。

八、视频会议

视频会议是指位于两个或多个地点的与会者，通过通信设备和网络，进行面对面交谈的会议。根据参会地点数目不同，视频会议可分为点对点会议和多点会议。日常生活中的个人，对谈话内容安全性、会议质量、会议规模没有要求，可以采用如腾讯 QQ 这样的视频软件来进行视频聊天。而政府机关、企业事业单位的商务视频会议，要求有稳定安全的网络、可靠的会议质量、正式的会议环境等条件，则需要使用专业的视频会议设备，组建专门的视频会议系统。由于这样的视频会议系统都要用到电视来显示，也被称为电视会议、视频会议。

使用视频会议系统，参会者可以听到其它会场的声音、看到其他会场现场参会人的形象、动作和表情，还可以发送电子演示内容，使与会者有身临其境的感觉。

1. 组成

视频会议系统的组成如图 2-74 所示。

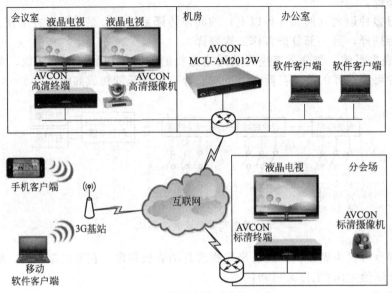

图 2-74　视频会议系统的组成

① 视频会议终端　位于每个会议地点的终端，主要工作是将本地的视频、音频、数据和控制信息进行编码打包并发送；对收到的数据包解码还原为视频、音频、数据和控制信息。终端设备包括视频采集前端（广播级摄像机或云台一体机）、显示器、解码器、编译码器、图像处理设备、控制切换设备等。

② 视频会议服务器（MCU）　作为视频会议服务器，MCU 为两点或多点会议的各个终端提供数据交换、视频音频处理、会议控制和管理等服务，是视频会议开通必不可少的设备。三个或多个会议电视终端就必须使用一个或多个 MCU。MCU 的规模决定了视频会议的规模。

③ 网络管理系统　会议管理员与 MCU 之间交互的管理平台。在网络管理系统上可以对视频会议服务器 MCU 进行管理和配置、召开会议、控制会议等操作。

④ 传输网络　会议数据包通过网络在各终端与服务器之间传送，安全、可靠、稳定、高带宽的网络是保证视频会议顺利进行的必要条件。传输设备主要是使用电缆、光缆、卫星、数字微波等长途数字信道，根据会议的需要临时组成。不开电视会议时，这些信道就是长途电信的信道。

2. 特点

① 使用方便　会议电视网本着面向用户的设计思路，全网采用 H.323 的技术体制，设计了友好的用户界面。使您可以在自己的办公室或自己公司的会议室里非常方便地自主召集会议并进行会议控制。

② 质量优异　会议电视网通过 ATM（QoS 保证）＋IP（灵活）的结合，在灵活地开展业务的同时，解决了传统 IP 网无法保证质量的问题，在时延抖动、丢包等参数上均能满足用户的要求。从直观来看，音质连续清晰、图像无马赛克、活动图像连续。同时，全网统一进行设备选型并进行整网设计，采用国际领先设备，主设备与世界主要运营商兼容，因此具有很好的互通性，可提供高质量的省内、省际电视会议。

③ 节约费用　与自行组建会议电视专网相比，使用会议电视业务无需投资购置 MCU 交换设备，无需对 MCU、会议电视承载网进行维护，无需为网络升级进行投资，因而极大地节约了费用。同时，会议电视网基于 H.323 技术体制，在一个接入点可以方便地实现多

台视讯终端的接入，方便扩容和减少设备投资。

④ 业务可扩　用户通过专线接入使用联通的会议电视业务，今后在这根物理的专线上可实现多种联通业务的接入，例如：内部局域网互联、使用互联网业务、使用 VOIP 业务等，方便地构建用户的内部通信网络。

3. 典型产品

硬件：Chevlen、美时通、三国会议、好会议、宝利通、会易通、3gmeeting、SAM-CEN、AVCON、TANdBERG、思科、华为、AVerComm（中国台湾圆展集团）、RADVI-SION、Lifesize利视高清、索尼、瑞视恒通、网动视频会议、紫南、HDCON、神州数码、华腾网讯、中兴、好会议、会易通、VidiNOW、webex、Mikogo、BeamYourScreen、SYNOD、海盟、瑞福特、ANYV、博雅全、华平、Cenwave、KEDACOM、Live UC、泰洋视讯等

软件：云会易视频会议、云屋视频会议、威速V2视频会议系统、Anychat视频会议、MeetingTel视频会议、三国会议、好会议、会易通、力天创视频会议、Saba centra、视高视频会议、全时视频会议、视维视频会议、SinC视频会议、好视通视频会议、红杉树视频会议、LiveUC视频会议、盘庚视频会议、高百特视频会议、中新凯润、Gensee展视互动、Firstv视频会议系统、视维视频会议、飞视美视频会议、VIDEO视频会议、SIP视频会议、365meeting视频会议、IOMeeting、FreePP、UBI Meeting，地球村（dqc）视频会议，美时通视频会议系统、PoloMeeting视频会议系统、LUC视频会议系统、泰洋视讯视频会议系统等

服务器：gomeetnow，vidyo，turbomeeting

网页版：SinC视频会议、V2网页版视频会议、高百特网络视频会议、PPMEET网页版视频会议、视维网页视频会议等

4. 视频会议软件

视频会议软件常用功能见表2-14。

表 2-14　视频会议软件常用功能

多方音视频交互
采用先进的 H.264 视频压缩算法、完美的高清晰画质、多方音视频交互、多屏输出画面显示、云台遥控功能
电子白板
可以在白板区域自由绘制、书写信息；支持多人同时操作；可方便灵活地使用荧光笔和激光笔等增强工具；支持对屏幕中的任意矩形区域进行截图，并将所抓的静态图片显示在一个新建的白板页上
动态 PPT
完美支持动态 PPT 的展示，还原高清晰、高保真动态画面和音频、视频效果
文件共享
支持普通的文档共享和基于浏览器的文件共享；可将普通文档放到白板页上共享，供所有与会者观看，支持多人同时进行标注、勾画等操作；也可将 IE 支持的多种格式文件和音视频文件共享；支持同时共享多个文档
协同浏览
可以使所有与会者在控制者的操作下，同步浏览网页；支持在网页上进行勾画，便于与会者讨论交流；支持同时打开多个网页
媒体播放
可将本地多媒体文件作为虚拟设备源，把音视频内容播放给会议中的其他用户

桌面共享	
会议控制人可将桌面操作情况和应用操作步骤共享给全体与会者,便于协同工作和应用培训;通过切换操作权,用户可将自己桌面的操作权交由其他远程用户进行远程控制	
文字交流	
与会者既可以进行对所有人的公开文字交流,也可发起与指定与会者之间的点对点私密交流	
文件传输	
会议过程中,可以方便地将某个文件实时传送给全体参会者或指定人;"文件传输管理"页面中,可以对本地用户上传与下载的文件进行管理;主席用户可以及时清除会议中的传输文件	
会议录制	
可以随时对进行中的会议过程进行录制,存储于本地电脑中;操作者可将会议录像进行剪辑,上传到系统,将链接发布到自己的网站供访问者进行点播观看	
会议控制	
管理员用户可以创建会议流程;通过申请为数据控制人后还可以控制会议流程;会议流程中,数据操作区中会显示相应添加的附件	
登录模式	
系统支持多种会议登录模式,包括 IM 登录、Web 登录、邮件登录等;支持匿名登录、电话邀请登录	
带宽适应	
采用质量反馈、语音优先、丢包补偿、自动降帧等技术,即使在网络丢包严重的情况下,也能获得很高的质量	
服务器备份及扩展	
服务器有相应的备份机制,可在一台不工作时另一台可用;同时在线用户可无限扩容满足大型应用的需要	
会议管理	
一般情况下会议都是有会议中的管理者来进行会场的管理	
若服务器支持监控转接服务,系统管理员可设置监控相关功能;在会议进行时主席用户可将监控点的用户视频接入会议室;监控用户没有普通用户的其他会议权限	
系统可对与会者的用户信息进行备份与恢复	

第五节　机房工程

一、概述

1. 定义

电子信息系统（electronic information system）由计算机、通信设备、处理设备、控制设备及其相关的配套设施构成,按照一定的应用目的和规则,对信息进行采集、加工、存储、传输、检索等处理的人机系统。

电子信息系统机房（electronic information system room）主要为电子信息设备提供运行环境的场所,可以是一幢建筑物或者建筑物的一部分,包括主机房、辅助区、支持区和行政管理区等。

主机房（computer room）主要用于电子信息处理、存储、交换和传输设备的安装和运行的建筑空间。包括服务器机房、网络机房、存储机房等功能区域。

2. 电子信息系统机房的分级

① 根据机房的使用性质、管理要求及其在经济和社会中的重要性分为 A、B、C 三级，参见图 2-75。

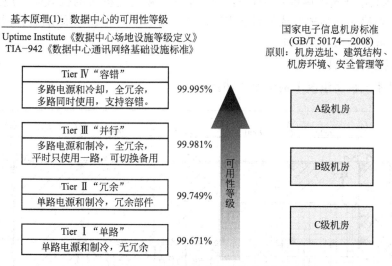

图 2-75　电子信息系统机房的分级

② A 级　符合下列情况之一的电子信息系统机房：
电子信息系统运行中断将造成重大的经济损失；
电子信息系统运行中断将造成公共场所秩序严重混乱。
③ B 级　符合下列情况之一的电子信息系统机房：
电子信息系统运行中断将造成较大的经济损失；
电子信息系统运行中断将造成公共场所秩序混乱。
④ C 级　不属于 A 级或 B 级者。
⑤ 异地建立的备份机房设计时应与原有机房等级相同。
⑥ 同一个机房内的不同部分可根据实际需求，按照不同的标准进行设计。

3. 机房内场地设施的性能要求

① A 级　按容错系统配置，在电子信息系统运行期间，场地设施不应因操作失误、设备故障、外电源中断、维护和检修而导致电子信息系统运行中断；
② B 级　按冗余要求配置，在系统运行期间，场地设施在冗余能力范围内，不应因设备故障而导致电子信息系统运行中断；
③ C 级　按基本需求配置，在场地设施正常运行情况下，应保证电子信息系统运行不中断。

4. 建设范围

数据中心机房建设规范标准给出了数据中心机房的建设要求，包括数据中心机房分级与性能要求，机房位置选择及设备布置、环境要求，建筑与结构、空气调节、电气技术，电磁屏蔽、机房布线、机房监控与安全防范、给水排水、消防的技术要求。
① 电子信息系统机房位置选择
电力供给应稳定可靠，交通通信应便捷，自然环境应清洁；

应远离产生粉尘、油烟、有害气体以及生产或贮存具有腐蚀性、易燃、易爆物品的场所；

远离水灾火灾隐患区域；

远离强振源和强噪声源；

避开强电磁场干扰。

② 多层或高层建筑物内的电子信息系统机房　确定主机房的位置时，应对设备运输、管线敷设、雷电感应和结构荷载等问题进行综合考虑和经济比较；采用机房专用空调的主机房，应具备安装室外机的建筑条件。

5. 电子信息系统机房组成

电子信息系统机房组成示例于图 2-76。

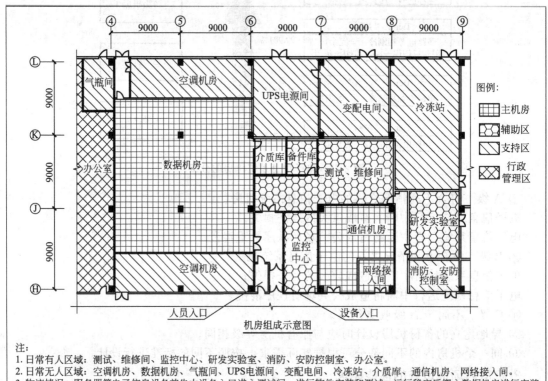

注:
1. 日常有人区域：测试、维修间、监控中心、研发实验室、消防、安防控制室、办公室。
2. 日常无人区域：空调机房、数据机房、气瓶间、UPS电源间、变配电间、冷冻站、介质库、通信机房、网络接入间。
3. 物流情况：服务器等电子信息设备首先由设备入口进入测试间，进行软件安装和测试，运行稳定后搬入数据机房进行安装。

图 2-76　电子信息系统机房组成

① 机房的组成应根据系统运行特点及设备具体要求确定，一般宜由主机房、辅助区、支持区和行政管理区等功能区组成。

② 主机房的使用面积应根据电子信息设备的数量、外形尺寸和布置方式确定，并预留今后业务发展需要的使用面积。在电子信息设备外形尺寸不完全掌握的情况下，主机房的使用面积可按下列方法确定。

当电子信息设备已确定规格时，可按下式计算：

$$A = K \sum S \tag{2-3}$$

式中　A——电子信息系统主机房使用面积，m^2；

　　　K——系数，取值为 5～7；

　　　S——电子设备的投影面积，m^2。

当电子信息设备尚未确定规格时，可按下式计算：

$$A = KN \tag{2-4}$$

式中　K——单台设备占用面积，可取 $3.5 \sim 5.5$，$m^2/$台；

　　　N——计算机主机房内所有设备的总台数。

辅助区的面积宜为主机房面积的 $0.2 \sim 1$ 倍。

用户工作室按每人 $3.5 \sim 4m^2$ 计算；硬件及软件人员办公室等有人长期工作的房间按每人 $5 \sim 7m^2$ 计算。

6. 设备布置

电子信息系统机房设备布置示例于图 2-77。

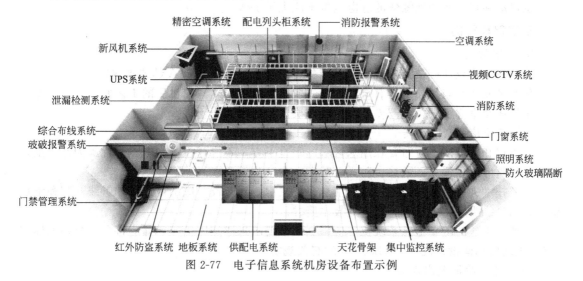

图 2-77　电子信息系统机房设备布置示例

① 设备布置应满足机房管理、人员操作和安全、设备和物料运输、设备散热、安装和维护的要求。

② 产生尘埃及废物的设备应远离对尘埃敏感的设备，并宜布置在有隔断的单独区域内。

③ 机柜或机架上的设备为前进风/后出风方式冷却机柜和机架的布置宜采用面对面和背对背方式。

④ 主机房内和设备间的距离应符合下列规定。

用于搬运设备的通道净宽不应小于 1.5m；

面对面布置的机柜或机架正面之间的距离不应小于 1.2m；

背对背布置的机柜或机架背面之间的距离不应小于 1m；

当需要在机柜侧面维修测试时，机柜与机柜、机柜与墙之间的距离不应小于 1.2m。

成行排列的机柜其长度超过 6m 时，两端应设有出口通道；当两个出口通道之间的距离超过 15m 时，在两个出口通道之间还应增加出口通道；出口通道的宽度不应小于 1m，局部可为 0.8m。

7. 环境要求

① 温度、相对湿度及空气含尘浓度

主机房和辅助区内的温度、相对湿度应满足电子信息设备的使用要求；无特殊要求时，应根据电子信息系统机房的等级，按照附录 A 的要求执行。

A 级和 B 级主机房的含尘浓度，在静态条件下测试，每升空气中大于或等于 $0.5\mu m$ 的尘粒数应少于 18000 粒。

② 噪声、电磁干扰、振动及静电

有人值守的主机房和辅助区，在电子信息设备停机时，在主操作员位置测量的噪声值应小于 65dB（A）。

主机房内无线电干扰场强，在频率为 0.15～1000MHz 时，主机房和辅助区内的无线电干扰场强不应大于 126dB。

主机房和辅助区内磁场干扰环境场强不应大于 800A/m。

在电子信息设备停机条件下，主机房地板表面垂直及水平方向的振动加速度值，不应大于 500mm/s^2。

主机房和辅助区的绝缘体的静电电位不应大于 1kV。

8. 建筑与结构

① 一般规定

建筑和结构设计应根据电子信息系统机房的等级，按照附录 A 的要求执行。

建筑平面和空间布局应具有灵活性。并应满足电子信息系统机房的工艺要求。

主机房净高应根据机柜高度及通风要求确定，且不宜小于 2.6m。

变形缝不应穿过主机房。

主机房和辅助区不应布置在用水区域的垂直下方，不应与振动和电磁干扰源为邻。围护结构的材料应满足保温、隔热、防火、防潮、少产尘等要求。

设有技术夹层、技术夹道的电子信息系统机房，建筑设计应满足风管和管线安装和维护要求。当管线需穿越楼层时，宜设置技术竖井。

改建和扩建的电子信息系统机房应根据荷载要求采取加固措施，并应符合现行国家标准《混凝土结构加固设计规范》GB50376 的有关规定。

② 人流、物流及出入口

主机房宜设置单独出入口，当与其它功能用房共用出入口时，应避免人流、物流的交叉。

有人操作区域和无人操作区域宜分开布置。

电子信息系统机房内通道的宽度及门的尺寸应满足设备和材料运输要求，建筑的入口至主机房应设通道，通道净宽不应小于 1.5m。

电子信息系统机房宜设门厅、休息室、值班室和更衣间，更衣间使用面积应按最大班人数的每人 $1～3\text{m}^2$ 计算。

③ 防火和疏散

电子信息系统机房的建筑防火设计，除应符合本规范外，尚应符合现行国家标准《建筑设计防火规范》（GB 50016—2014）的有关规定。

电子信息系统机房的耐火等级不应低于二级。

当 A 级或 B 级电子信息系统机房位于其它建筑物内时，在主机房和其他部位之间应设置耐火极限不低于 2h 的隔墙，隔墙上的门应采用甲级防火门。

面积大于 100m^2 的主机房，安全出口应不少于两个，且应分散布置。面积不大于 100m^2 的主机房，可设置一个安全出口，并可通过其他相邻房间的门进行疏散。门应向疏散方向开启，且应自动关闭，并应保证在任何情况下都能从机房内开启。走廊、楼梯间应畅通，并应有明显的疏散指示标志。

主机房的顶棚、壁板（包括夹芯材料）和隔断应为不燃烧体，且不得采用有机复合材料。

9. 室内装修

① 室内装修设计选用材料的燃烧性能除符合本规范的规定外，尚应符合现行国家标准《建筑内部装修设计防火规范》GB50222 的有关规定。

② 主机房内的装修，应选用气密性好、不起尘、易清洁，符合环保要求，在温、湿度变化作用下变形小、具有表面静电耗散性能的材料。不得使用强吸湿性材料及未经表面改性处理的高分子绝缘材料作为面层。

③ 主机房内墙壁和顶棚应满足使用功能要求，表面应平整、光滑、不起尘、避免眩光，并应减少凹凸面。

④ 主机房地面设计应满足使用功能要求：当铺设防静电地板时，活动地板的高度应根据电缆布线和空调送风要求确定，并应符合下列规定。

活动地板下空间只作为电缆布线使用时，地板高度不宜小于 250mm。活动地板下的地面和四壁装饰，可采用水泥砂浆抹灰。地面材料应平整、耐磨。

如既作为电缆布线，又作为空调静压箱时，地板高度不宜小于 400mm。

活动地板下的地面和四壁装饰应采用不起尘、不易积灰、易于清洁的材料，楼板或地面应采取保温防潮措施，地面垫层宜配筋，维护结构宜采取防结露措施。

⑤ 技术夹层的墙壁和顶棚表面应平整、光滑。当采用轻质构造顶棚做技术夹层时，宜设置检修通道或检修口。

⑥ A 级 B 级电子信息系统机房的主机房不宜设置外窗。当主机房设有外窗时，应采用双层固定窗，并应有良好的气密性，不间断电源系统的电池室设有外窗时，应避免阳光直射。

⑦ 当主机房内设有用水设备时，应采取防止水漫溢和渗漏措施。

⑧ 门窗、墙壁、顶棚、地（楼）面的构造和施工缝隙，均应采取密闭措施。

10. 设备布放的一般原则

① 承重安全：电池组一般需要布放在横梁上方，要是没有横梁就要选择容量小的电池组，选地板承重能力大的房间作为机房；

② 维护方便：要充分考虑设备的安装、维护、运输等因素；

③ 布局美观：设备要求安装整齐，以方便动力环境监控系统发挥作用；

④ 走线方便：设备布局要考虑走线的方便与路由最短。

二、电子信息系统机房的电气技术

1. 供配电

① 用电负荷等级及供电要求应根据机房的等级，按照现行国家标准《供配电系统设计规范》（GB50052）及《电子信息系统机房设计规范》GB50174 附录 A 的规定执行。

② 电子信息设备供电电源质量应根据电子信息系统机房的等级，按照《电子信息系统机房设计规范》GB50174 附录 A 的要求执行。

③ 供配电系统应为电子信息系统的可扩展性预留备用容量。

④ 户外供电线路不宜采用架空方式敷设。当户外供电线路采用具有金属外护套电缆时，在电缆进出建筑物处应将金属外护套接地。

⑤ 电子信息系统机房应由专用配电变压器或专用回路供电，变压器宜采用干式变压器。

⑥ 电子信息系统机房内的低压配电系统不应采用 TN-C 系统。电子信息设备的配电应按设备要求确定。

⑦ 电子信息设备应由不间断电源系统供电。不间断电源系统应有自动和手动旁路装置。

确定不间断电源系统的基本容量时应留有余量，不间断电源系统的基本容量可按下式计算：

$$E \geqslant 1.2P \tag{2-5}$$

式中　E——不间断电源系统的基本容量（不包含备份不间断电源系统设备），kW/kV·A；

　　　P——电子信息设备的计算负荷，kW/kV·A。

⑧ 用于电子信息系统机房内的动力设备与电子信息设备的不间断电源系统应由不同的回路配电。

⑨ 电子信息设备的配电应采用专用配电箱（柜），专用配电箱（柜）应靠近用电设备安装。

⑩ 电子信息设备专用配电箱（柜）宜配备浪涌保护器（SPD）电源监控和报警装置，并提供远程通信接口。当输出端中性线与 PE 线之间的电位差不能满足设备使用要求时，宜配备隔离变压器。

⑪ 电子信息设备的电源连接点应与其他设备的电源连接点严格区别，并应有明显标识。

⑫ A 级电子信息系统机房应配置后备柴油发电机系统，当市电发生故障时，后备柴油发电机能承担全部负荷的需要。

⑬ 后备柴油发电机的容量应包括 UPS 的基本容量、空调和制冷设备的基本容量、应急照明及关系到生命安全等需要的负荷容量。

⑭ 并列运行的发电机，应具备自动和手动并网功能。

⑮ 柴油发电机周围应设置检修用照明和维修电源，电源宜由不间断电源系统供电。

⑯ 市电与柴油发电机的切换应采用具有旁路功能的自动转换开关。自动转换开关检修时，不应影响电源的切换。

⑰ 敷设在隐蔽不通风空间的低压配电线路应采用阻燃铜芯电缆，电缆应沿线槽、桥架或局部穿管敷设；当电缆线槽与通信线槽并列或交叉敷设时，配电电缆线槽应敷设在通信线槽的下方。活动地板下作为空调静压箱时，电缆线槽（桥架）的布置不应阻断气流通路。

⑱ 配电线路的中性线截面积不应小于相线截面积；单相负荷应均匀地分配在三相线路上。

A、B、C 级机房供配电系统分别参见图 2-78～图 2-80。

2. 照明

① 主机房和辅助区一般照明的照度标准值宜符合表 2-15 的规定。

表 2-15　主机房和辅助区一般照明的照度标准值（参考平面为 0.75m 水平面）

房间名称		照度标准值 lx	统一眩光值 UGR	一般显色指数 Ra
主机房	服务器设备区	500	22	
	网络设备区	500	22	
	存储设备区	500	22	
辅助区	进线间	300	25	80
	监控中心	500	19	
	测试区	500	19	
	打印室	500	19	
	备件库	300	22	

② 支持区和行政管理区的照度标准值按现行国家标准《建筑照明设计标准》（GB50034）的有关规定执行。

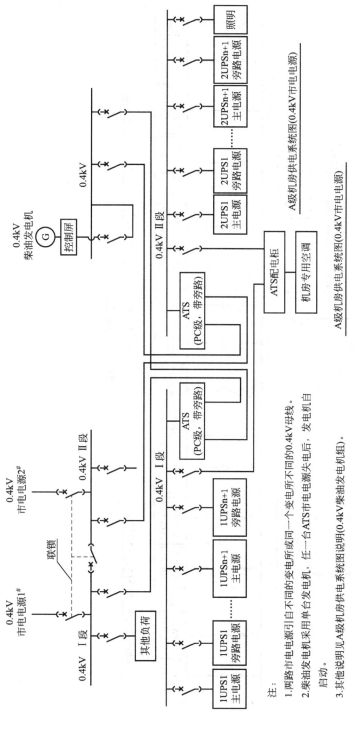

注：
1. 两路市电电源引自不同的变电所或同一个变电所不同的0.4kV母线。
2. 柴油发电机采用单台发电机，任一台ATS市电电源失电后，发电机自启动。
3. 其他说明见A级机房供电系统图说明(0.4kV柴油发电机组)。

图2-78 A级机房供配电系统示例

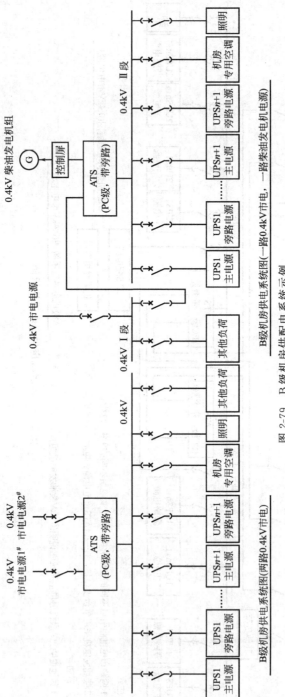

图 2-79 B 级机房供配电系统示例

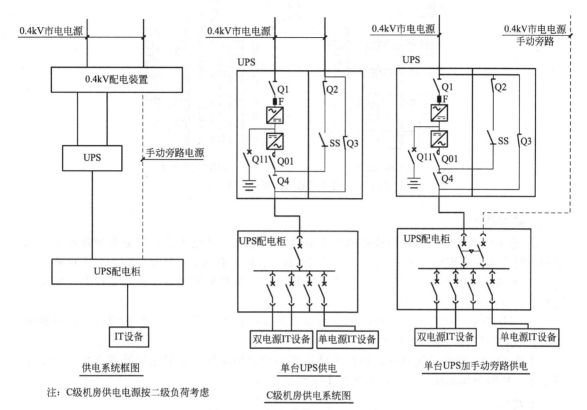

图 2-80 C级机房供配电系统示例

③ 主机房内的主要照明光源应采用高效节能荧光灯，荧光灯镇流器的谐波限值应符合国家标准《电磁兼容限值谐波电流发射限值》（GB17625.1）的有关规定，灯具应采用分区、分组的控制措施。

④ 辅助区 宜采用下列措施减少作业面上的光幕反射和反射眩光：

视觉作业不宜处在照明光源与眼睛形成的镜面反射角上；

宜采用发光表面积大、亮度低、光扩散性能好的灯具；

视觉作业环境内应采用低光泽的表面材料。

⑤ 工作区域内一般照明的照明均匀度不应小于 0.7，非工作区域内的一般照明照度值不宜低于工作区域内一般照明照度值的 1/3。

⑥ 主机房和辅助区内应设置备用照明，备用照明的照度值不应低于一般照明照度值 10%；有人值守的房间，备用照明的照度值不应低于一般照明照度值的 50%；备用照明可为一般照明的一部分。

⑦ 电子信息系统机房应设置通道疏散照明及疏散指示标志灯，主机房通道疏散照明的照度值不低于 5lx。其他区域通道疏散照明的照度值不应低于 5lx。

⑧ 电子信息系统机房内不应采用 0 类灯具，当采用 I 类灯具时，灯具的供电线路应有保护线，保护线应与金属灯具外壳做电气连接。

⑨ 电子信息系统机房内的照明线路穿钢管暗敷或在吊顶内穿钢管明敷。

⑩ 技术夹层内照明采用单独支路或专用配电箱（柜）供电。

⑪ 灯具布置参见图 2-81。

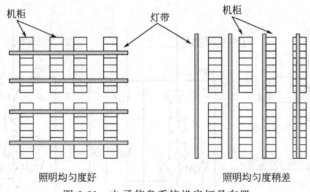

图 2-81　电子信息系统机房灯具布置

3. 静电防护

① 主机房和辅助区的地板或地面应有静电泄放措施和接地构造，防静电地板或地面的表面电阻或体积电阻应为 $2.5 \times 10^4 \sim 1.0 \times 10^9 \Omega$。且应具有防火、环保、耐污耐磨性能。

② 主机房和辅助区中不使用防静电地板的房间，可敷设防静电地面，其静电性能应长期稳定，且不易起尘。

③ 子信息系统机房内所有设备可导电金属外壳、各类金属管道、金属线槽、建筑物金属结构等必须进行等电位连接并接地。

④ 静电接地的连接线应有足够的机械强度和化学稳定性，宜采用焊接或压接，当采用导电胶与接地导体粘接时，其接触面积不宜小于 $20cm^2$。

4. 接地

① 电子信息系统机房的防雷和接地设计应满足人身安全及电子信息系统正常运行的要求。设计应符合现行国家标准《建筑物防雷设计规范》GB50057 和《建筑物电子信息系统防雷技术规范》GB50343 的有关规定。

② 保护性接地和功能性接地宜共用一组接地装置，其接地电阻按其中最小值确定。

③ 对功能性接地有特殊要求，需单独设置接地线的电子信息设备，接地线与其它接地线绝缘。

④ 电子信息系统机房内的电子信息设备应进行等电位连接，并应根据电子信息设备易受干扰的频率及电子信息系统机房的等级和规模，确定等电位连接方式，可采用 S 型、M 型或 SM 混合型。

⑤ 采用 M 型或 SM 型等电位连接方式时，主机房应设置等电位连接网格，网格四周应设置等电位连接带，并应通过等电位连接导体将等电位连接带就近与接地汇流排、各类金属管道、金属线槽、建筑物金属结构等进行连接。每台电子信息设备（机柜）应采用两根不同长度的等电位连接导体就近与等电位连接网格连接。

⑥ 等电位连接网格应采用截面积不小于 $25mm^2$ 的铜带或裸铜线，并应在防静电活动地板下构成边长为 $0.6 \sim 3m$ 的矩形网格。

⑦ 等电位连接带、接地线和等电位连接导体的材料和最小截面积应符合表 2-16 的要求。

表 2-16　等电位连接带、接地线和等电位连接导体的材料和最小截面积

名称	材料	最小截面积/mm²
等电位连接带	铜	50
利用建筑内的钢筋做接地线	铁	50

续表

名称	材料	最小截面积/mm²
单独设置的接地线	铜	25
等电位连接导体(从等电位连接带至接地汇集排或至其他等电位连接带;各接地汇集排之间)	铜	16
等电位连接导体(从机房内各金属装置至等电位连接带或接地汇集排;从机柜至等电位连接网格)	铜	6

三、空气调节

1. 机房空调

机房空调为专供机房使用的高精度空调,因其不但可以控制机房温度,也可同时控制湿度,因此也叫机房专用恒温恒湿空调。另因其对温度、湿度控制的精度很高,也称机房精密空调。

2. 作用

在计算机机房中的设备是由大量的微电子、精密机械设备等组成,而这些设备使用了大量的易受温度、湿度影响的电子元器件、机械构件及材料。

温度对计算机机房设备的电子元器件、绝缘材料以及记录介质都有较大的影响;如对半导体元器件而言,室温在规定范围内每增加10℃,其可靠性就会降低约25%;而对电容器,温度每增加10℃,其使用时间将下降50%;绝缘材料对温度同样敏感,温度过高,印刷电路板的结构强度会变弱,温度过低,绝缘材料会变脆,同样会使结构强度变弱;对记录介质而言,温度过高或过低都会导致数据的丢失或存取故障。

湿度对计算机设备的影响也同样明显,当相对湿度较高时,水蒸气在电子元器件或电介质材料表面形成水膜,容易引起电子元器件之间形成通路;当相对湿度过低时;容易产生较高的静电电压,试验表明:在计算机机房中,如相对湿度为30%,静电电压可达5000V,相对湿度为20%,静电电压可达10000V,相对湿度为5%时,静电电压可达20000V,而高达上万伏的静电电压对计算机设备的影响是显而易见的。机房精密空调是针对现代电子设备机房设计的专用空调,它的工作精度和可靠性都要比普通空调高得多。要提高这些机房设备使用的稳定及可靠性,需将环境的温度湿度严格控制在特定范围。机房精密空调可将机房温度及相对湿度控制于±1℃,从而大大提高了设备的寿命及可靠性。

3. 特点

机房空调的主要服务对象为计算机,为机房提供稳定可靠的IDC与检测机房工作温度、相对湿度、空气洁净度,具有高显热比、高能效比、高可靠性、高精度等特点。

机房空调应具有的功能:独立的制冷系统独立的加热系统独立的加湿系统、独立的除湿系统、高要求机房空气过滤系统、监控功能、MTBF(平均无故障时间)>10万小时。具体特点如下。

① 全年制冷　由于机房的发热量很大,发热量过高会导致一系列问题。有的IDC机房发热量更是达到300W/m²以上,所以全年都是制冷。

这里需要提到的一点是机房空调也有加热器,仅在除湿的时候启动。因除湿时出风温度相对较低,避免房间温度降低得太快(机房要求温度变化每10min不超过1℃,湿度每小时不超过5%)。

② 高显热比　显热比是显冷量与总冷量的比值。空调的总冷量是显冷量和潜冷量之和,其中显热制冷用以降温,而潜冷用以除湿。机房的热量主要是显热,所以机房空调的显热比

较高，一般在 0.9 以上（普通舒适型空调仅 0.6 左右）。大风量、小焓差是机房空调与其他空调的本质区别。采用大风量，可使出风温度不至于太低，并加大机房的换气次数，这对服务器和计算机的运算都是有利的。机房的短时间内温度变化太大会造成服务器运算错误，机房湿度太低会造成静电（湿度在 20% 的时候静电可以达到 1 万伏）。

③ 高能效比 能效比（COP）即使能量与热量之间的转换比率，1 单位的能量，转换为 3 单位的热量，$COP = 3$。由于大部分机房空调采用涡旋式压缩机（最小的功率也有 2.75kW），COP 最大可以达到 5.6。整机的能效比达到 3.0 以上。

④ 高精度设计 机房空调不仅对温度可以调节，也可以对湿度进行调节，并且精度都很高。计算机特别是服务器对温度和湿度都有特别高的要求，如果变化太大，计算机的计算就可能出现差错，对服务商很不利，特别是银行和通讯行业。机房空调要求一般在温度精度达±2℃，湿度精度±5%，高精度机房空调温度精度可达±0.5℃，湿度精度可达±2%。

⑤ 高可靠性 机房最注重的就是可靠性。全年 8760h 要无故障运行，就需要机房空调可靠的零部件和优秀的控制系统。一般机房多是 $N+1$ 备份，一台空调出了问题，其他空调就可马上接替其工作。

4. 组成

① 控制监测系统 通过控制器显示空气的温、湿度，空调机组的工作状态，分析各传感器反馈回来的信号，对机组各功能项发出工作指令，达到控制空气温、湿度的目的。

② 通风系统 机组对机房内空气进行处理的各项功能（制冷、除湿、加热、加湿等）均需空气流动来完成热、湿的交换，机房内气体还需保持一定流速，防止尘埃沉积，并及时将悬浮于空气中的尘埃滤除。

③ 制冷循环及除湿系统 采用蒸发压缩式制冷循环系统，它利用制冷剂蒸发时吸收汽化潜热来制冷。制冷剂是空调制冷系统中实现制冷循环的工作介质，它的临界温度会随着压力的增加而升高，利用这个特点，先将制冷剂气体利用压缩机作功压缩成高温高压气体，再送到冷凝器里，在高压下冷却，气体会在较高的温度下散热冷凝成液体，高压的制冷剂液体通过一个节流装置，使压力迅速下降后到达蒸发器内，在较低的压力温度下沸腾。构成基本的制冷系统主要有四大部件：压缩机、蒸发器、冷凝器、膨胀阀；机房专用空调除湿系统一般利用其本身的制冷循环系统，采用在相同制冷量情况下减小部分蒸发器的面积，当机组正常制冷循环工作时，电磁液阀和除湿电磁阀均处于开启状态，当机组进行除湿工作时，电磁液阀仍正常开启，除湿电磁阀关闭，使实际蒸发面积减小。单位面积蒸发器内的制冷剂的蒸发量增大，蒸汽过热度减小，在风量不变的情况下，蒸发器表面温度下降至露点温度以下，开始除湿。或是采用降低通过蒸发器表面的风量（降低风机转速）的方法，在原制冷量不变的情况下，制冷剂蒸汽的过热度减小，蒸发器表面温度下降至露点温度以下，开始除湿。

④ 加湿系统 通过电极加湿罐或红外加湿灯管等设备，对水加热形成水蒸气的方式来实现。

⑤ 加热系统 多采用电热管加热，作为热量补偿。

⑥ 水冷机组水（乙二醇）循环系统 水冷机组的冷凝器设在机组内部，循环水通过热交换器，将制冷剂气体冷却凝结成液体，因水的比热容很大，所以冷凝热交换器体积不大，可根据不同的回水温度调节压力控制三通阀（或电动控制阀控制通过热交换器的水量来控制冷凝压力）。循环水的动力由水泵提供，被加热后的水有几种冷却方式，较常用的是干冷器冷却，即将水送到密闭的干冷器盘管内，靠风机冷却后返回。干冷器工作稳定、可靠性高，但需一个较大体积的冷却盘管和风机。还有一种开放型冷却方式，即将水送到冷却水塔喷淋（靠水分本身蒸发散热后返回），这种方式需不断向系统内补充水，并要求对水进行软化。空气中的尘土等杂物也会进入系统中，严重时会堵塞管路，影响传热效果，因此还需定期除污。

5. 选型

自控新风冷气机设备进行选型过程时，机房的热负荷和换气次数先选定。因此两项重要参数决定了机房的温湿度能否得到恒定、机房的洁净度能否得到满足。然后再对选定的新风设备型号进行其它次要数据项的验证。根据机房热负荷及换气次数的计算，可对机房专用空调设备的设备型号进行选定。

① 混合制冷 传统机房常用的方式，俗称冰柜式制冷。传统的机房空调很少考虑机柜内部的温度，仅能保证机房内温度符合要求。传统混合制冷方式布局以整个房间作为冷却对象，造成冷、热气流混流运行，即前面的机柜排出的热风很容易进入后排机柜的进风口，由于冷、热风气流混合，从而造成精密空调制冷及机柜热交换效率降低。

② 垂直送风 一般指下送（上送）风，上回（侧回）风方式，通过送风管道或地板静压箱开口方式送风，垂直送风可减少冷热气流混流，大大提高空调效率，降低工程造价，这种方式是机房经济实用的送风方式。

上送风空调的精确送风系统：

方式一：通过上送风恒温恒湿空调、风管、风量调节阀、门板式送风器等设备把冷风直接输送至机柜内，可根据机柜的冷量需求合理分配风量，实现精确送风。精确送风系统示意如图 2-82 所示。

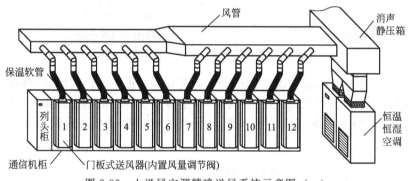

图 2-82 上送风空调精确送风系统示意图（一）

方式二：通过上送风恒温恒湿空调、风管、导风柜（通信设备统一朝向时选用）、封闭冷通道（冷池）等设备把冷风直接输送至冷通道区域内，实现区域精确送风。精确送风系统示意如图 2-83 所示。

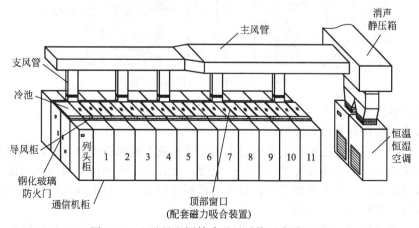

图 2-83 上送风空调精确送风系统示意图（二）

下送风空调的精确送风系统：

方式一：通过下送风恒温恒湿空调将冷风送至架空地板下，再利用架空地板形成的静压箱将冷风直接输送至下送风机柜内，带走通信设备内的热量，从机柜后部或上部排出，再回到空调机组上部回风口进行处理，实现精确送风。下送风机柜精确送风如图 2-84 所示。

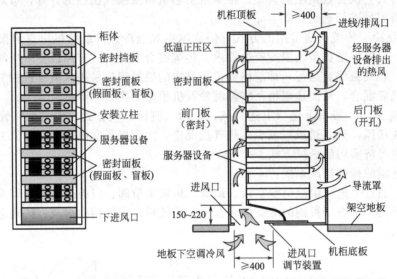

下送风机柜正视图　　　　下送风机柜侧向剖面示意图

图 2-84　下送风机柜正视图、下送风机柜侧向剖面示意图

方式二：通过下送风恒温恒湿空调将冷风送至架空地板下，再利用架空地板形成的静压箱将冷风直接输送至封闭冷通道（冷池）内，带走通信设备内的热量，从机柜后部或上部排出，再回到空调机组上部回风口进行处理，实现区域精确送风。封闭冷通道（冷池）如图 2-85 所示。

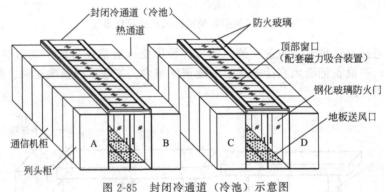

图 2-85　封闭冷通道（冷池）示意图

各类送风系统特点如下。

上送风空调的精确送风系统：

方式一：该系统设备机柜要求采用前进风后出风或上进风后出风方式，同时需明确机柜功耗，并根据单机柜最大功耗配置空调和主风管，随着通信设备同步增加支风管、门板式送风器来合理分配风量，实现精确送风，提高空调制冷效率，解决上送风气流不畅以及机柜统一朝向时导致"级联加热"的问题。

方式二：该系统设备机柜要求采用前进风后出风方式，同时需明确每列机柜功耗，并根据功耗情况配置空调和风管,该系统通过封闭冷通道(冷池)将冷热气流完全隔离,实现区域精确送风,提高空调制冷效率,解决上送风气流不畅以及机柜统一朝向时导致"级联加热"的问题。

下送风空调的精确送风系统:

方式一:该系统下送风机柜尺寸需根据装机设备功耗计算送风通道截面积后确定,一般单机柜功耗控制在 $4kV \cdot A$ 之内为宜,机柜深度应不少于 1100mm。该机柜将冷热气流完全隔离,采用下送上回方式,符合热空气上升,冷空气下降的空气梯度分布规律,气流组织合理,空调制冷效率高。

方式二:该系统设备机柜要求采用前进风后出风方式,同时需明确每列冷通道服务的机柜功耗,并根据功耗情况来确定封闭冷通道的尺寸(设备间距),该系统将冷热气流完全隔离,采用下送上回方式,符合热空气上升,冷空气下降的空气梯度分布规律,气流组织合理,空调制冷效率高,能有效解决高热密度机房的散热问题。相比上送风空调的精确送风系统,下送风空调的精确送风系统利用架空地板形成的静压箱送风,送风均匀且机房内空调相互备份性好,同时施工方便、机房扩展性强。

综上可知,每种精确送风系统都可将冷热气流完全隔离且符合"先冷设备,再冷环境"的原则,所以在"大机房,少设备"的情况下使用(当大型通信机房前期启用规模不大、安装设备较少时,针对启用区域采用精确送风系统),冷风直接送至机柜内部降温,也可提高空调制冷效率,降低能耗。

四、集中监控

1. 范围

机房综合监控系统包括机房环境、机柜微环境、漏水、新风、空调、空气采样、UPS、蓄电池组、配电柜(含配电开关检测)、视频、门禁、红外入侵、消防、防雷接地、设备集中等 15 个监控子系统。

2. 系统拓扑图

见图 2-86。

3. 原理

系统采用 C/S、B/S 分布模式的三层模块化结构,软件及硬件的安装与维护集中于集中管理服务器,易于实施和维护,降低了系统的总成本,提高管理效率。同时客户端可远程对监控系统进行查询和管理,满足用户实时监察需要。负责用户界面,业务规则的处理放在应用服务器端。当监控设备、监控点增加时,只需要对应用服务器进行升级或扩展成多个应用服务器,系统的可伸缩性大大加强。

系统现场输入输出设备及通讯接口设备为星型模块化结构,输入输出点通过 I/O 模块组合,完成对监控系统中需要被监控设备和控制点的匹配。

4. 搭建方式

① 全开放模式 系统具备优秀的开放性,不仅可向下集成各种软硬件接口(OPC、DDE、OdBC、API、RS232/485、TCP/IP、SNMP、BACnet 等),还可对外提供各种接口(OPC、DDE OdBC、API、TCP/IP 等),完全实现与其他平台的无缝对接,传递各种报警信息。

系统数据库开放,系统选用 SQL 数据库,完全免费,提供数据库结构说明,方便日后用户的扩展应用与自行二次开发。

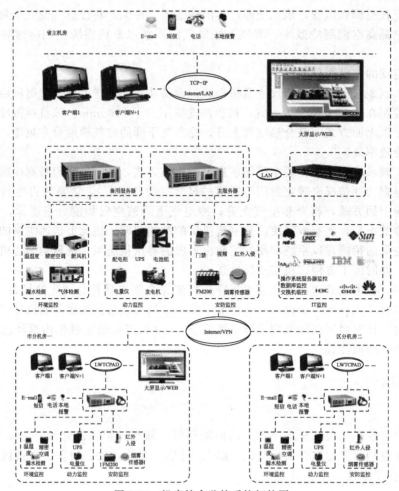

图 2-86　机房综合监控系统拓扑图

② 全面组态模式　系统具有信控科技专有的三层（页面、设备、策略）组态功能，而不只是传统软件的页面组态，组建过程无需进行任何编程操作，确保系统搭建时间短、人为干扰少、稳定性强。

页面组态：定制个性化界面，可根据用户的操作习惯制作界面，所有控件和组件开放，可由用户自己定义参数、属性。

设备组态：开发有大量的设备模板，可直接选择设备型号、数量添加组态，简单快速地完成设备通讯调试。

策略组态：制作联动无需进行任何编程，常用联动已制作为模块，只需设置逻辑关系即可完成联动制作，方便用户自行修改。

5. 功能描述

① 市电参数监测　机房配电柜供电电源质量的好坏直接影响机房设备的安全，因此需采用智能电量监测仪对机房市电进线的供电参数实行监测。通过监视各配电柜总进线三相电源的相电压、线电压、电流、频率、功率因数、有功功率、无功功率等参数（重要参数可作曲线记录），通过查看每天的电压、频率、有功、无功的最大值、最小值、当前值及电压、电流峰值的历史曲线图，通过分析有关参数的历史曲线，系统管理员和操作员能清楚地知道供电电源的质量是否完好、可靠，从而合理地管理机房电源。市电参数监测示例见图 2-87。

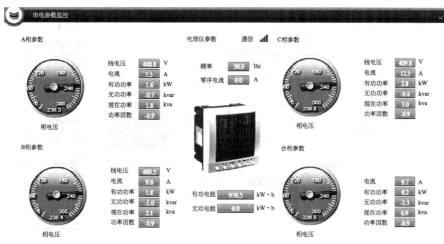

图 2-87　市电参数监测页面示例

② 配电开关监测　配电柜中有多路重要的配电开关，其开关状态直接影响整个机房设备的运行。往往设备断电情况下，管理人员无法准确、快捷地判断其开关的状态。通过对开关状态的检测，可实时掌握整个机房的供电情况。系统当检测到开关跳闸或断电时，自动切换到相应的运行画面，同时发出短信报警等，通知管理员尽快处理，并将事件记录到系统中。配电开关监测示例见图 2-88。

图 2-88　配电开关监测示例

③ UPS 监测　若机房中使用的 1 台 UPS 具备 RS232/RS485 接口，则可通过 UPS 的智能接口及通讯协议与现场监控服务器保持通信，可实现实时地监测输入/输出相电压、相电流，以及整流器、逆变器、旁路、负载等各部分的运行状态与参数。UPS 监测示例见图 2-89。

④ 蓄电池监测　蓄电池在线监测系统能监测、显示和记录蓄电池组的电压、充放电电流、各单体电压、单体内阻、可配置温度、电池间连接电阻和列间连接电阻、电池总电压、蓄电池运行环境温度或表面温度。并能按用户定义的时间间隔将参数值传送到监测中心计算机。设备提供 RS-232/RS485 以及 TCP/IP 通讯界面，可通过智能接口及通讯协议与现场监控服务器保持通信，可实现网络监控管理。蓄电池监测示例见图 2-90。

⑤ 漏水检测　鉴于机房设备的重要性，本系统在机房中安装的非定位式漏水检测系统，用于监测机房的空调有无漏水事件发生，确保设备不受水浸的危害。

机房内精密空调的冷凝水管都有可能出现漏水，或者由于空调的温度过低，导致空气凝聚成水滴，这些都将威胁着机房内各设备。设计通过在精密空调周围可能造成漏水的水源附近安装定位式漏水监测设备，每个区域各自安装 1 套漏水感应设备，在需要监测的区域敷设

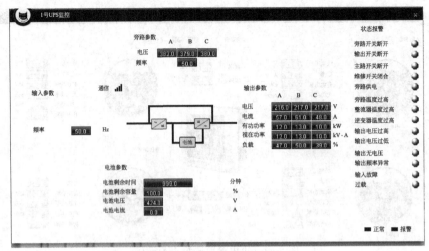

图 2-89 UPS 监测示例

单体电压1	13.8	V	单体电压11	13.7	V	单体电压21	13.7	V
单体电压2	13.7	V	单体电压12	13.7	V	单体电压22	13.5	V
单体电压3	14.0	V	单体电压13	13.5	V	单体电压23	13.7	V
单体电压4	13.8	V	单体电压14	13.7	V	单体电压24	13.4	V
单体电压5	13.6	V	单体电压15	13.5	V	单体电压25	13.8	V
单体电压6	13.8	V	单体电压16	13.7	V	单体电压26	13.7	V
单体电压7	13.7	V	单体电压17	13.7	V	单体电压27	13.6	V
单体电压8	13.6	V	单体电压18	13.9	V	单体电压28	13.9	V
单体电压9	13.5	V	单体电压19	13.6	V	单体电压29	13.8	V
单体电压10	13.8	V	单体电压20	13.7	V	单体电压30	13.7	V
电池电流	0.5	A	电池温度	23.5	℃			

图 2-90 蓄电池监测示例

漏水感应绳,一旦有泄漏水碰到漏水监测绳,感应绳通过漏水控制器将信号传输到现场监控服务器上,同时在远程浏览界面上形象、准确地反映漏水的具体位置,及时通知有关人员排除,并产生相关报警信息。漏水检测示例见图 2-91。

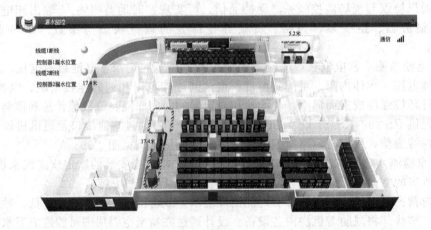

图 2-91 漏水检测示例

⑥ 温湿度检测 机房中有大量的服务器,设备对温、湿度等运行环境的要求非常严格,按照机房的实际面积,结合设备的密集情况,在机房内加装多个温湿度传感器,以实时检测机房和重要设备区域内的温、湿度。温湿度一体化传感器将把检测到的温湿度值实时传送到现场监控服务器中,并在监控界面上以图形形式直观地表现出来。一旦温、湿度值越限,系统将自动弹出报警框或发出短信报警,提示管理员通过调节空调温、湿度值给机房设备提供最佳运行环境。且还可以将一段时间内机房里的温湿度值通过历史曲线直观地对比出来,方便管理人员查看。温湿度检测示例见图 2-92。

图 2-92 温湿度检测示例

⑦ 红外报警系统 机房中使用的红外报警主机可对外提供有源接点或干接点信号,用于反映报警状态,监测红外报警系统的工作状态。设计采用开关量采集模块实时监测红外报警主机的接点变化信号,并传送到现场监控服务器,实时监测机房的红外报警系统运行情况及红外报警状况。

同时系统支持与视频、门禁系统的联动,可实现红外报警时相关位置的视频探头自动弹出打开、相关位置的门禁自动开启/关闭等。

⑧ 防雷报警系统 机房中使用的防雷系统可对外提供有源接点或干接点信号,用于反映报警状态,监测防雷报警系统的工作状态。设计采用开关量采集模块实时监测防雷报警主机的接点变化信号,并传送到现场监控服务器,实时监测机房的防雷报警系统运行情况及防雷报警状况。

⑨ 消防报警系统 限于消防法规,集成消防系统时只监测不控制。

机房中使用气体消防系统且提供有消防控制箱时,所使用的消防控制箱可对外提供有源接点或干接点信号,以用于反应报警状态。设计采用开关量采集模块实时监测消防控制箱的接点变化信号,并传送到现场监控服务器,实时监测机房的消防报警情况。

⑩ 灯光照明监控 可实时控制机房灯光的状态,也可进行远程控制机房的灯光照明。对于没有人在机房时,可进行远程操作。可做到很好的节约资源。

⑪ 机房运维监控 对于整个机房各方面运行状态能很好了解,如机房网络、交换机⋯工作状态异常情况,可及时提醒,便于尽快处理。

第六节　智能化集成系统

智能化系统集成工程是将建筑内不同功能的智能化子系统在物理上、逻辑上和功能上连接在一起，以实现信息综合、资源共享，它体现了人、资源与环境三者的关系。人是加工过程的操作者与成果的享用者，资源是加工手段与被加工对象，环境是智能化的出发点和归宿目标。由于建筑智能化系统是多学科、多技术的综合渗透运用，系统集成要体现总体规划和系统工程的思想。

一、概述

系统集成的本质就是最优化的综合统筹设计，一个大型的综合计算机网络系统，系统集成包括计算机软件、硬件、操作系统技术、数据库技术、网络通讯技术等的集成，以及不同厂家产品选型、搭配的集成，系统集成所要达到的目标——整体性能最优，即所有部件和成分合在一起后不但能工作，而且全系统是低成本的、高效率的、性能匀称的、可扩充性和可维护的系统，为了达到此目标，系统集成商的优劣是至关重要的。

利用系统集成方法，将计算机技术、通信技术，信息技术与建筑艺术有机结合，通过对设备的自动监控，对信息资源的管理和对使用者的信息服务及其与建筑的优化组合，所获得的投资合理，适合信息社会要求并且有安全、高效、舒适、便利与灵活特点的建筑物。包括五大主要特征：

① 楼宇设备自动化（BA，Building Automation）；

② 火灾自动报警与消防联动（FA，Fire Alarm and Unite Operation）；

③ 通信自动化（CAS，Communication Automation）；

④ 办公自动化（OAS，Office Automation）；

⑤ 安保自动化（SA，Security Automation）。

这些子系统作为一个个独立体，实现各自特定的功能，如果把它们统一协调、综合集成在一起，就能达到信息资源共享，跨系统的联动，形成整个大厦、小区的神经中枢。智能化系统集成不是智能建筑的目的，而是实现智能建筑安全、高效、便捷、舒适的工作和生活环境的重要技术方法和技术手段，它服务于智能建筑的社会效益、经济效益和环境效益。

二、构架

系统集成结构随智能化的设计深度不同，其形式也各不相同。一般分为两个层次。

BMS（Building Management System）楼宇管理系统是对建筑设备监控系统和公共安全系统等实施综合管理的系统；

IBMS（Intelligent Building Management System）在BAS的基础上更进一步地与通信网络系统、信息网络系统实现更高一层的建筑集成管理系统。

1. BMS集成系统

BMS——楼宇管理系统是在楼宇自动化系统的基础上构建起来的设备集成管理系统。

（1）互联模式（见图2-93）

（2）数据流程（见图2-94）

（3）特点

① 统一的接口首先要求各子系统设有统一的数据通信接口；

② 统一的格式并且把数据转换为统一的格式在网上发布；

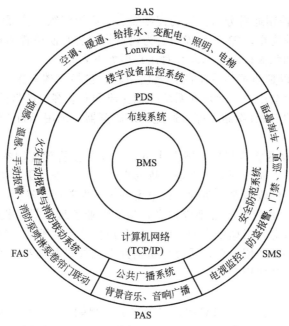

图 2-93 BMS 集成系统的互联模式

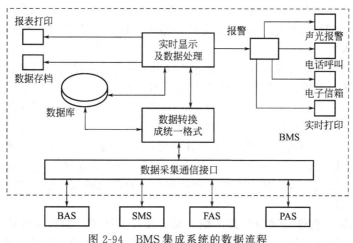

图 2-94 BMS 集成系统的数据流程

③ 统一的数据处理模式集成系统具有统一的数据处理模式；
④ 统一的实时显示模式集成系统具有统一的实时显示平台；
⑤ 及时归纳、随时打印对于重要信息能及时归纳、随时打印；
⑥ 敏捷的反应对报警信息能做出敏捷的反应；
⑦ 建立专门的数据库 按照数据结构来组织、存储和管理数据的仓库。
（4）实现
① 与 BAS 系统的信息共享互联；
② 与 SMS 系统的信息共享互联；
③ 与 FAS 系统的信息共享互联；
④ 与 PAS 系统的信息共享互联。

（5）实际应用

BMS 集成系统的控制通常分为：现场控制级、中心控制级、管理级三级。

按照新应用思路的构想，BMS 系统需要为建筑物的所有使用者和管理者提供访问服务。按照用户的访问需求和职责权限的不同，对用户做如下划分。

① 普通用户　可以是建筑物设施的普通使用者，包括大楼业主、租户、访客等，或者对智能建筑感兴趣的大众用户。无须在系统登记注册和安装客户端软件，用户只需登录到公网或内网上对外开放的 BMS 网站，即可通过网络浏览器，采用 Web 方式访问到智能化集成管理系统。

② 专业用户　大楼的物业租赁方或业主方，需要单独管理控制本办公区域或物业内的智能化系统和机电设备，能在网上提交物业维修申请单，可查询服务进度情况和故障处理结果，查看物业管理费用的收费账单明细、机电设备维护保养记录等。

③ 管理人员　建筑物设施的管理维护者，包括物业管理人员、机电设备维修人员、安全保卫人员、清洁人员等。根据用户的工作性质和角色分工的不同，授予相应的访问权限和用户等级。根据访问登录的用户名，系统可识别并自动提供相匹配的管理界面和操作权限，极大地方便了管理人员的使用。

（6）访问方式

① Web 页面访问（支持包括 PC 机、平板电脑、智能手机等多种访问终端）　用户无须安装任何软件，通过网页浏览器即可访问，适用于多种任何终端和所有类型用户。大多数 BMS 系统都提供 Web Service 访问服务，支持 B/S 架构，只需对 Web 服务端程序做适当修改，即可支持移动终端的 Web 访问，因此系统可移植性强，开发难度较小，但需要解决 Web 页面对不同访问终端屏幕尺寸和浏览器类型的适配性和兼容性，优化页面控制和操作流程，关注用户体验。

当用户在建筑物内的公共区域时，通过开放 WIFI 自动连接后，打开网络浏览器弹出页面提示，自动引导用户进入智能化系统的访问界面。如有必要，可考虑开放公网的 Web 服务，为用户提供远程的访问控制。相对而言，采用 Web 访问方式，因为网页加载和手机性能、网速等因素影响，程序运行速度和操作响应较慢。

② 移动终端软件　通过移动用户终端对系统进行访问，需安装专门客户端软件。例如智能手机、平板电脑等，支持常见的 Android、IOS、WP 等系统。此种访问方式的运行速度快、系统响应时间短、操作快捷方便、功能强大、有较高的安全性，可供物业管理人员和专业用户的移动使用。

③ 触摸控制屏　在建筑物的公共区域，如走廊，大厅等，墙面安装嵌入式的触摸屏终端，可实现多个智能化系统的控制管理功能。控制终端采用性能强劲的工业级平板电脑，高分辨率电容触摸屏，嵌入式操作系统，预装客户端管理软件，并提供用户验证、访问控制和设备接入认证等安全手段。

④ 管理客户端软件　传统 BMS 管理客户端软件功能强大、界面丰富，安装在 BMS 管理工作站上，由专业管理人员对系统进行控制和管理。

（7）功能和价值

① 实现对建筑物设备设施的移动管理、现场控制。通过建筑内的无线网络，管理人员利用手机、平板电脑，可随时随地的对建筑内的机电设备和系统进行实现监控，使管理人员不再被局限在大楼中央控制室内，而是能够去到用户现场解决问题，工作更加高效和便捷。

② 增加机电设备的控制方式，节省投资成本。采用手机终端、平板电脑访问 BMS 系统，利用其数据集成和跨系统的控制能力，实现智能化各个系统的常用控制和移动访问。

BMS 集成多个智能化子系统，支持实现跨系统的访问管理和控制，因此在一个终端管理界面完成多个系统专业终端的操作，可减少各系统的终端设备数量，降低投资成本。

智能建筑内运行有多个智能化子系统，通常每个系统都会有自己的控制面板和终端控制设备，例如：智能照明系统的控制面板，防盗报警的布撤防键盘，楼宇自控系统的触摸控制屏等，这些单个子系统的控制终端不仅价格昂贵、功能单一、通用性差，大多只能实现就地控制或本系统有限的控制管理功能，如果采用市场上嵌入式触摸操控工业平板电脑替代专用控制终端，即可实现方式多样、功能强大的移动控制管理功能。

③ 满足个性化控制需求　根据管理要求和用户需求情况，对于建筑物内的业主或租户来说，可开放私有区域内机电设备的部分控制权限，让其参与设备管理，并提供更加灵活的控制方式。

例如目前某些高档写字楼采用 VAV 地板下送风空调，办公室员工可单独调节办公位下送风板的开度，获得舒适的温度，用户需要安装 BAS 系统的专用客户端软件才能实现调控功能，用户办公网络与大楼的智能化专网互不联通，要实施跨网络、跨系统的访问控制难度非常大。但如采用 BMS 进行管理控制，用户只需访问本大楼的 BMS 门户网站，输入用户名和密码，验证通过后，就可在自己专属管理界面上对座位下空调方便地进行调节。这样不仅节省了终端管理软件的授权费用，而且使原来几乎不可能实现的控制管理变成现实。另外员工上班前可提前打开公司办公室空调，或者下班后忘记关空调，可通过 Web 页面查询设备运行状态，并远程控制关停。所有这些控制方式的实现，都依赖于 BMS 强大跨系统集成控制能力。

④ 提升物业管理能力和服务水平　BMS 集成了建筑物的设备设施和物业管理的功能，业主和租户可查询各类机电设备运行状态、使用时间和维修记录，统计不同时间段的水、电、气的消耗量以及记录设备故障申报、服务响应时间和处理进度等信息，使用户得到的不仅仅是一张物业收费单据，还有更多透明的数据和信息，从而提高用户对物业服务的满意度，对物业管理方的工作起到监督和促进作用。

2. IBMS 集成系统

IBMS（Intelligent Building Management System）是一种中央集成管理系统，通过楼宇设备管理系统（BMS）、办公自动化系统（OAS）、综合通信系统（CAS）三大系统的内部集成和三大系统相互间的系统集成，实现信息、资源共享，达到高效、经济的目标，提高系统运行效率和综合服务水平。

（1）特点

① 集中的管理　全面掌握建筑内的设备的实时状态、报警和故障；

② 数据的共享　由于建筑内的各类系统是独立运行的，通过 IBMS 集成系统连通不同通讯协议的智能化设备，实现不同系统之间的信息共享和协同工作，例如：消防报警时，通过联动功能实现视频现场的自动显示、动力设备的断电检测、门禁的开启控制等；

③ 能耗分析　通过采集设备的运行状态，累计各类设备的用电情况，超过计划用量时实时报警；统计分析各类设备的运行工况和用能情况；

④ 设备维护　通过统计设备的累计运行工况，及时提醒对各类设备进行维护，避免设备的故障。

（2）互联模式

IBMS 集成多采用 BACnet、native BACnet 互联协议，具有开放性、互联性。参见图 2-95。

（3）结构

IBMS 管理平台是一个开放式的、广泛兼容的智能建筑集成管理平台。平台中的所有子系统主机应采用分布式管理技术，通过系统的控制总线与中央主机联接，构成总线型网络拓扑结构。系统采用分布式 Client/Server 与 Browser/Server 两种程序架构，后台数据库服务

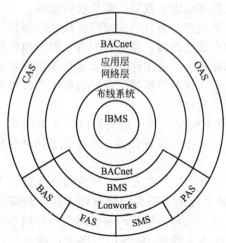

图 2-95　IBMS 集成系统的互联模式

端采用大型数据库,中间件应使用跨平台的 DCOM/COM 和 NET 技术,客户端采用专用客户端软件和浏览器的方式,用户能够在统一的操作平台界面通过简单的操作完成对各种设备子系统的监控。IBMS 管理平台基于先进的 SOA 面向服务架构和 OPC 工业标准,采用最新的 NET 平台开发,包括开发工具、运行系统、管理维护工具。包括多个层次:工具层、应用层、服务层、接口层和设备层。参见图 2-96。

① 工具层　包括系统接口工具(OPC 快速开发包、通讯插件接口包)、组态工具(数据库、界面组态)、图表工具(图形、报表),用于系统不同层面的配置、维护。

② 应用层　支持 B/S 和 C/S 应用模式,可提供基于 Web Service、HTML、XML、数据库记录集、视频文件等实时性和历史性的多种数据源的应用。

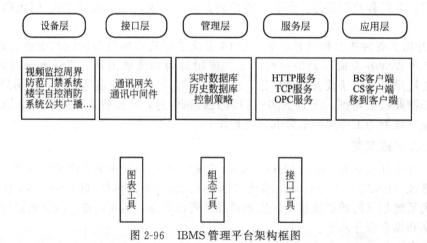

图 2-96　IBMS 管理平台架构框图

③ 服务层　系统运行的内核,聚合多种业务中间件服务,可以对数据进行采集、调度、分析、统计等处理,提供工业级实时/历史数据库,支持上层应用的高效访问。

④ 接口层　提供接口管理平台、接口插件等数据适配器,采用插件的方式易于集成多种通讯方式的智能设备工作状态数据。支持符合工业标准 OPC、BACNET 接口服务器的即插即用方式接入。

⑤ 设备层　提供接口管理平台、接口插件等数据适配器,采用插件的方式易于集成多种通讯方式的智能设备工作状态数据。支持符合工业标准 OPC、BACNET 接口服务器的即插即用方式接入。

(4) 功能

① 集中管理　对各子系统进行全局化的集中统一式监视和管理,将各集成子系统的信息统一存储、显示和管理在智能化集成统一平台上。准确、全面地反映各子系统运行状态,当某些事件发生后,系统中多个控制系统做出反应,具体体现在子系统的联动上。如:安防联动、消防联动、主要设备突发故障的全系统联动。

② 分散控制　对各子系统进行分散式控制,保持各子系统的相对独立性。协调各控制

系统的运行状态,需要能够同时与实时获取不同控制系统的各种运行数据,同时实时的对不同系统进行状态控制以分离故障、分散风险、便于管理。

③ 系统联动 以各集成子系统的状态参数为基础,实现各子系统之间的相关联动。当入侵报警、火警、重要设备故障等发生后,系统要做相应的动作。如非法闯入发生时,监控中心报警并自动连续切换画面以跟踪报警目标;如火灾发生时,监控中心报警并自动切换现场视频对现场进行实时监测,协助判断火情;启动紧急预案,保证人群能正确及时的疏散。

④ 优化运行 在各集成子系统的良好运行基础之上,能快速准确地满足用户需求以提高服务质量,增加设备控制、无人值守台、自动远程报警等功能,通过集成将楼宇主要耗能设备进行智能化联动控制,实现节能环保。

(5) 构成实例

IBMS 集成系统构成实例见图 2-97。

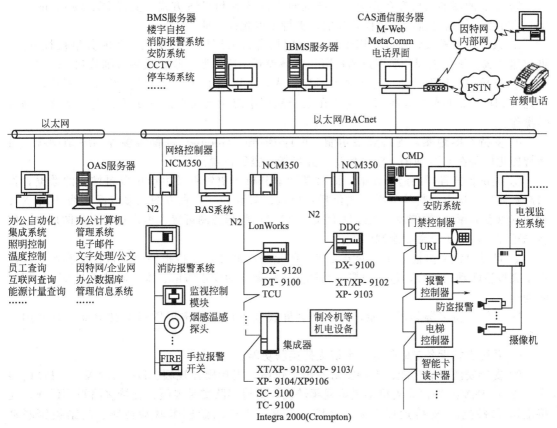

图 2-97 IBMS 集成系统构成实例

3. IBMS 智能建筑集成管理平台

IBMS 智能建筑集成管理平台是一套应用于智能建筑集成管理的高性能的管理平台软件,IBMS 智能建筑集成管理平台可以为建筑提供全面的设备监控与系统管理,同时使建筑的管理各部门运作完美地结合在一起。其模块化的监控组件和网络式的系统结构可适用于各种规模及要求的用户群。IBMS 系统提供了对设备进行管理的整体解决方案。IBMS 智能建筑集成管理平台遵循各种工业标准,并采用开放式的系统结构。系统的服务器用微软 windows server 2008 操作系统,客户可使用微软 win7、win8 操作系统。系统架构基于以太网(LAN/WAN),使用 TCP/IP 协议。IBMS 支持 ONVIF、BACnet、LonWorks、ModBus、

OPC 标准设备协议。

（1）集成的系统

① BAS Building Automation System　楼宇自动化系统

② CAS Communication Automation System　通信自动化系统

③ FAS Fire Automation System　消防自动化系统

④ OAS Office automation System　办公自动化系统

⑤ SAS Security Automation System　安保自动化系统

（2）产品特点

① 采用微软最新的 NET 架构，采用微软最新分步式通讯技术，系统支持 Sql Server、Oracle 等各种数据库。

② 热冗余功能，系统双机热备，主机和备机实时同步，主机发生故障自动切换到备机。

③ 专业的图形人机交互界面，系统同时支持 B/S 和 C/S 方式，支持 IE、Chrome、Safari、Firefox 等浏览器，支持移动终端，支持多点触控功能。

④ 系统用户授权管理可适用于复杂应用场合，采用用户、角色、功能分组授权方式，可按照区域、操作级别分配用户的权限。区域设置不限级数，操作级别可细分到 255 级。

⑤ 支持电子地图功能，支持多种图片格式，可以是 BMP、JPEG、PNG 的图片，也可以是 WMF、CAD 的矢量图形，支持在电子地图中对设备位置进行定位、支持平移、缩放等操作。

⑥ 支持 GIS 地图，支持鹰眼功能，可选 Baidu、Google、高德等多种 GIS 地图源，可将智能化设备在 GIS 地图上定位标注，并可指示报警位置。

⑦ 提供各式各样的趋势评估，即时准确地分析历史资料及由历史资料推演的数据，作出趋势评估。历史资料的分析形式包括：单点、双点、三点直方图、多点图（线图）、X-Y 标图（以点显示）、数值表（以表格形式显示），这些趋势图可置入客户自定义的图形中，使客户更容易获取历史数据绘制图表。

⑧ 可以自定义报警事件，可定义特定的报警时间段，支持报警执行自定义脚本，可以自定义报警联动的内容，包括报警联动视频、报警联动发送短信、报警联动语音拨号、报警联动灯光。

⑨ 系统支持多屏显示功能，可以是多屏视频也可以是多屏图形监视界面，方便用户管理。

⑩ 系统支持设备定时任务，系统支持换肤功能。

⑪ 支持安防集成功能、支持安防专用工作站，支持模拟视频、DVR、NVR、IPC 的接入，支持 ONVIF 协议，支持多媒体视频转发，支持多路实时视频，支持多路视频回放，支持虚拟报警键盘，支持远程布防、撤防、旁路，支持门禁刷卡联动视频、门禁报警联动视频。

⑫ 支持全局软件程序逻辑控制器，采用 FBD 功能块编程，可实现任意后台统计、计算、连锁动作。

⑬ 强大的报警管理，完善报警管理设备，确保操作人员迅速得到系统和运行中故障及其它异常情况。报警讯号会显示在操作人员电脑屏上的特定报警显示位置，并发出声音报警。支持报警优先级。

（3）实际应用

① IBMS 系统集成平台——BA 系统　BA 监控子系统包括：楼宇自控系统中空调、给排水、变配电、灯光照明、新风机等设备的运行状态、故障报警、远程设置操作等，并根据设定值完成相应的自动控制。IBMS 系统主画面参见图 2-98。

图 2-98 IBMS 系统主画面

空调系统 监测空调机组各测点的温度、压力、水阀开度等参数，出现异常状况时，系统会产生报警提示信息。根据设定的温度，完成空调机组的自动启停控制，以达到节能的目的。空调系统界面参见图 2-99。

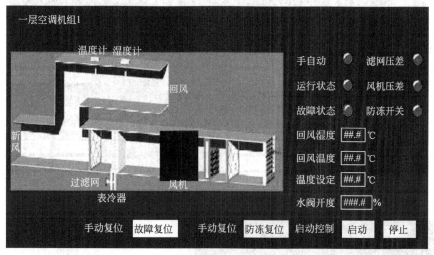

图 2-99 空调系统界面

新风系统 监测新风机手/自动转换状态、运行状态，确认新风机机组是否处于楼宇自控系统之下；当处于楼宇自控系统控制时，可控制风机的启停。当系统出现异常时，系统会发出警报。并根据设定的温度、送风温度、冬季和夏季等条件变化进行送新风量调节。新风系统界面图参见图 2-100。

给排水系统 监测各集水坑高液位、水泵运行状态、过载报警、高水位报警，并可手动/自动启停控、故障复位等。给排水系统界面图参见图 2-101。

照明系统 根据设定时间自动开启/关闭不同区域的灯光，达到节能的目的。照明系统界面图参见图 2-102。

供配电系统 实时监测楼宇内用电情况，过压、过流等故障报警提示，并生成用电量日报、月报、年报表等。供配电系统界面图参见图 2-103。

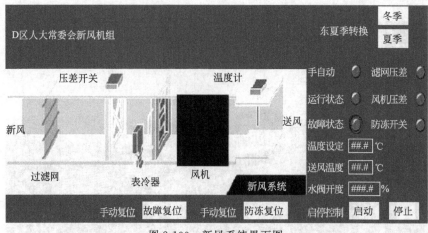

图 2-100 新风系统界面图

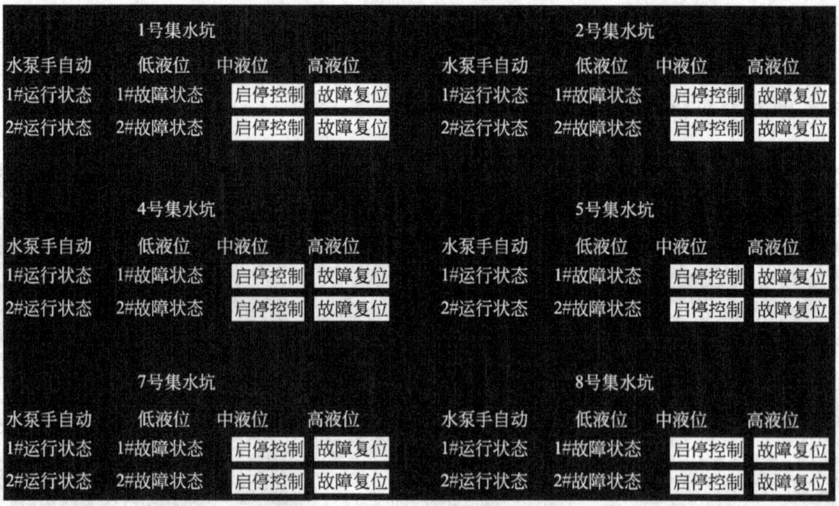

图 2-101 给排水系统界面图

图 2-102 照明系统界面图

1号柜	
A相电流(A)	0
B相电流(A)	0
C相电流(A)	0
电度(kW·h)	######

2号柜	
总有功电能(kW·h)	0
本月总有功电能(kW·h)	0
上月总有功电能(kW·h)	0
上上月总有功电能(kW·h)	0

图 2-103 供配电系统界面图

② IBMS 系统集成平台——SA 系统　IBMS 系统实时采集各安防前端的状态。当防区内危险源产生，自动开启对应的视频画面强切提醒及录像、报警。安防系统界面图参见图 2-104。

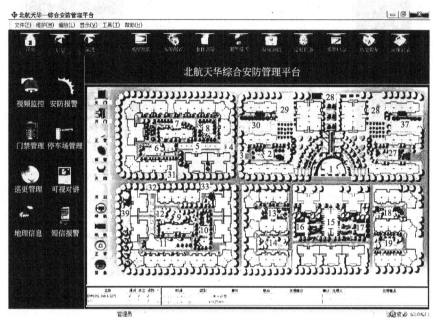

图 2-104　安防系统界面图

视频安防监控系统　平台实现了对视频安防监控系统的接处警管理、视频复核、预览回放、存储下载、报警联动、远程控制、信息转发、业务管理、增值服务等多项功能；将防盗报警、视频监控进行统一调度管理，并专门针对报警和监控功能整体设计需求，达到 1+1＞2 的设计目的。平台采用模块化设计，使用专业的大型数据库系统作为数据存储载体，整个系统能够长期高效地稳定运行。视频安防监控系统界面图参见图 2-105。

图 2-105　视频安防监控系统界面图

一卡通系统　IBMS 系统与一卡通系统通过标准数据接口通讯，通过对 IC 卡的监控，完成人员的考勤、门禁、停车场、消费等管理。了解人员考勤情况、门禁的状态、停车场车位和收费情况、消费情况等。一卡通系统界面图参见图 2-106。

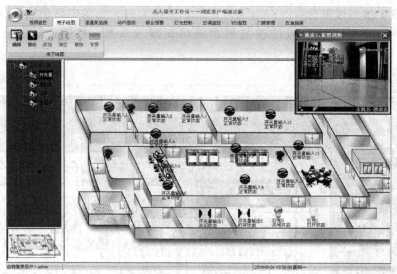

图 2-106　一卡通系统界面图

第七节　绿色智能建筑

一、概述

"智能与绿色建筑"将环保技术、节能技术、信息技术、网络技术渗透到居民生活的各个方面，即用最新的理念、最先进的技术和最快的速度去解决生态节能与居住舒适度问题。为人们提供健康、舒适、安全的居住、工作和活动空间，同时实现高效率地利用资源、最低限度地影响环境的建筑物。这是一个有机的整体概念，这一概念应贯穿于建筑物的规划、设计、建筑、使用以及维护的全过程，覆盖建筑物的整个生命周期。其内容包括：绿色建材、建筑设施、建筑智能化系统、智能化家居及小区管理系统、建筑和交通监控管理系统、建筑环保、管理和辅助决策系统。

智能技术是绿色建筑技术的主要技术手段，也是最重要的技术手段之一。绿色建筑智能技术的要点主要是引进和使用智能化的产品和系统，提高建筑的技术档次和使用性能。引进和使用节水和节约能源的产品和系统，引进和使用可以利用绿色能源和可再生能源的产品和系统，引进和使用可以对室内环境（即温度、湿度和空气质量等）进行综合控制的产品和系统。对于绿色建筑而言，"绿色"理念的实现不能简单地引进和使用智能化产品和系统，还必须实现建筑对能源和资源的节约使用，智能化技术采光、遮阳、室内环境分析与调控、绿色能源的利用、能源和资源使用量的自动分析与控制上都能发挥非常重要的作用。

二、政策与标准

1. 绿色建筑涉及的技术、工程与政策表

类别	内容
区域规划	城镇体系规划、城市总体规划、近期建设规划、控制性详规
建筑设计	自然采光、自然通风、室内设计、结构设计

续表

类别	内容
建筑材料	墙体保温材料、门窗、墙面材料、涂料、结构、隔墙材料、遮阳百叶
建筑设备	照明节能控制、空调节能控制、节水型设备控制，变频调速应用，热能回收
能源系统	太阳能/风能/地热利用、热电联产、区域供冷热、吸收式制冷、冰蓄冷、燃料电池
资源利用	雨污水再生回收、生活垃圾再生利用(沼气等)、建筑垃圾再生利用
管理信息	环境监测、生态监测、能源与资源综合管理信息、社区信息共享、建筑智能化系统、社区通信网络系统
生态	绿化设计、生态系统设计、环境设计
技术标准	建筑节能标准、建筑节能评估指标体系、绿色建材技术标准、绿色建筑评估标准、节能与环保设备技术标准
政策法规	建筑节能标准的执行条例,供电、供水、供热、污水处理等市政公用事业体制改革,新能源与可再生能源推广应用奖励制度

　　由表中所列项目可见，在建筑设备、资源利用、管理信息、生态等领域，有大量需要解决的智能控制与信息管理的课题。如果不能有效地实现各类设备系统的智能控制，不能完备地进行建筑物建设、运行与更新过程的信息管理，绿色建筑的主要目标是不可能达到。

　　2. 标准定义

　　我国发布的《智能建筑设计标准》GB/T50314—2006中对智能建筑定义如下。

　　① 智能建筑是指以建筑物为平台，兼备信息设施系统、信息化应用系统、建筑设备管理系统、公共安全系统等，集结构、系统、服务、管理及其优化组合为一体，向人们提供安全、高效、便捷、节能、环保、健康的建筑环境。

　　② 智能建筑以智能化技术为主要手段，配备相应的智能化系统，从而达到安全、高效、便捷、节能、环保、健康的建筑环境。

　　③ 智能化技术是智能建筑的必备技术，虽然智能建筑在设计时要求贯彻国家关于节能、环保等方针政策，但是智能建筑未要求达到绿色建筑"四节一环保"的要求。

　　④ 绿色建筑智能化是基于绿色建筑的基础上，采用智能化技术，使其具有环保化、节能化、信息化、自动化、网络化、集成化等诸多特点，是生态技术与智能化技术相结合的产物。

　　⑤ 绿色建筑是以实现"四节一环保"为主要目标，而智能化技术是必不可少的技术支撑，是实现绿色建筑总目标的手段。在智能化设计上，为了促进建筑绿色指标的落实，达到节能、高效、环保的要求，智能化技术服务于"四节一环保"，诸如开发和利用可再生能源、减少常规能源的消耗；实现对气、水、声、光环境的有效调控；对各类污染物进行智能化检测与报警；对火灾、安全进行技术防范；提供各种现代化的信息服务等。

三、物联网与绿色智能建筑

　　1. 从楼宇自控到绿色智能建筑

　　早期的楼宇自动化系统（BACS）通常只有以HVAC楼宇设备为主的自控系统，随着通讯与计算技术，尤其是互联网技术的发展，其他楼宇中的设备也逐渐地被集成到楼宇自动化系统中，如消防自动报警与控制、安防、电梯、供配电、供水、智能卡门禁、能耗监测等系统，实现了基于IT的物业管理系统、办公自动化系统等与控制系统的融合，形成智能建筑综合管理系统（IBMS）。现代智能建筑综合管理系统是一个高度集成、和谐互动、具有统一操作接口和界面的"高智商"的企业级信息系统，为用户提供了舒适、方便和安全的建筑环境，"智能建筑"概念由此大约于20世纪80年代初形成。在1973年石油危机之前，美国的建筑物往往采用宽敞夸张的设计，尤其在通风方面，基本不考虑能耗方面的可持续性。建筑节能的概念在危机之后开始在美国得到关注，一批厂家开始推出基于DDC、PLC、DCS、HMI、SCADA等技术的能耗管理系统（EMS），对建筑物的HVAC系统实施自动排程等管理，这也成为推动BACS发展的关键因素，由此可见，EMS一直是BACS和IBMS系统的关注点。在今天节能减排的大趋势下，建筑物的可持续性（Sustainability）受到广泛关注，绿色智能建筑（Green Intelligent Buildings）的概念重新被提上日程。绿色智能建筑的可持续性概念不仅仅包含了节能，还包括减排，以及建筑物的选址、朝向等考量，周边环境，交通状况，水资源利用，以及建筑材料的精心选择和循环利用等等（这些都是美国的USGBC提出的LEED绿色建筑分级系统中列举的衡量指标），是一个系统工程。

绿色智能建筑是构建智慧城市的基本单元，许多行业如智能交通、市政管理、应急指挥、安防消防、环保监测等业务中，智能建筑都是其"物联"的基本单元。国内外许多企业都在从事智能建筑业务，如华为、Honeywell、Johnson Controls等等，在物联网、智慧城市热潮推动下，以CISCO为代表的企业提出了"智能互联建筑"的口号。绿色智能建筑业务包含建筑智能化和建筑节能两大部分，同方泰德国际科技有限公司是国内绿色智能建筑领域领先的企业，在海外成功收购了加拿大Distech Controls和法国的Acelia和Comtec几家公司，成了该领域国际领先的全方位绿色智能建筑软硬件产品和服务提供商。

2. 从智能建筑到物联网

从上述智能建筑技术发展的描述中，处处体现"物联"的理念，早已存在的SCADA技术和理念，就已经初步实现了"两化融合"的物联网理念，与其说是现在是把物联网理念和技术在智能建筑中应用，还不如说智能建筑技术的发展丰富了物联网技术和理念。笔者对物联网/M2M理念和技术的探索，起始于2003年提出的ezIBS智能建筑综合集成软件的开发，在做了相关的研究以后，就正式提出了M2M（物联网）理念，是国内提出物联网理念最早的企业之一，并于2005年提出物联网DCM产业发展口号。在ezIBS软件平台的基础上，开发了更通用的ezM2M物联网业务基础中间件及一系列行业套件产品，这正是因为物联网与智能建筑技术和理念有很多的共性。ezM2M平台的应用被延伸到轨道交通、消防安防、市政管理、管网监控、工业自控、节能减排、水资源管理、能源环境等领域，已用到国内外600多个项目中，包括奥运RFID票务管理、中国移动M2M平台、国家应急平台、中移动e物流、中影集团移动放映机管理、上海虹桥交通枢纽、央视新址智能建筑集成、伊朗地铁、新加坡UBS大楼管理等等。在推动中国物联网产业发展过程中可以说起到了重要的作用。

3. 大集成应用与营运是目标和愿景

MAI大集成应用（ezIBS）与TaaS大联网营运是物联网，也是绿色智能建筑业务发展的目标和愿景。大规模的物联网/绿色智能建筑应用需要首先建立统一的数据交换标准以及打造开放的业务基础中间件平台，这无疑是核心技术，是一个"面"的问题，但这属于集成创新，体现总体"软实力"，难度在产品化。同时要发展传感器、控制器、RFID等末端技术及产品化、规模化生产，但这属于"点"的问题，在一些传感器（据有关研究指出，中国在传感器技术方面大约落后国外发达国家10年）等核心技术研发等难"点"上，可能需要技术攻关才能有所突破，但不会阻碍整个产业及应用的发展。物联网及绿色智能建筑整体产业的发展，都需要通过以"面"带"点"的方式推动发展，这在多年的业务实践（例如ezIBS智能建筑集成系统在一些总包项目中起到的作用）中已得到证实。

四、新能源技术应用

1. 太阳能节能技术

通常来讲，我们所说的太阳能节能技术主要是指太阳能集热器技术，太阳能集热器技术主要是通过吸收太阳能辐射，然后通过自身的转化产生的热能，之后将产生的热能传送给需要的物体，可以称之为是一种热传递。目前对于这种方式的应用是非常普遍的，对于太阳能集热器的广泛应用是非常有利于太阳能节能技术的发展，除此之外太阳能节能技术还可以用来进行采暖、提供热水等很多生活方面，对于工业生产上干燥、蒸馏、高温处理等也有着很好的作用。在这里主要就是针对采暖、提供热水和太阳能高温炉进行的，首先就是太阳能供热水。太阳能提供热水主要就是利用太阳能中的集热器对水温进行加热，然后对住户供应热水的一种方式，目前这种方式在城乡居民中得到了普遍使用。太阳能热水器主要就是有闷晒式、平板式以及较好一点的真空管式。其次就是太阳能的采暖作用。目前利用太阳能的采暖措施主要就是有两种，一种是主动式采暖，另外一种是被动式采暖，这里所讲的主动式采暖主要就是利用集热器，借助于供热管道和散热设备等构件组成的太阳能采暖系统，被动式采暖可以不需要集热器，主要就是通过建筑物的朝向来得到采暖的效果。

2. 水环热泵型空调系统的优势及其发展

目前的室内空气调节控制技术运用的较为普遍的就是水环热泵型空调技术，该技术主要就是需要有着成熟的空气源热泵技术，只有在空气源热泵技术的基础上才可以得到进一步的发展。所以对于热泵技术从一开始就得到了人们的青睐，对于这种技术的节能技术和环保技术也得到了人们的重视。目前的热泵技术是一种非常环保的节能技术，该技术作为空调系统的冷热源主要就是将自然界的一些废弃的低温废热通过一些转换技术变成较高温度，并且将之运用，以此来进一步地满足暖通空调系统的功能，更好地为人们开拓出一条节约燃料，以及合理利用燃料的新途径，国家的能源是相对短缺的，合理有效的运用水环热泵型空调系统就可以形成一种绿色环保、节能生态的系统，越来越得到人们的重视，在未来的发展和应用方面有着广泛的前景。

3. 地源热泵型空调技术

在上面讲到了水环热泵型空调系统，另外一种智能建筑节能技术就是地源热泵技术，该技术主要就是利用地下浅层的地热资源，通常称之为地能。主要就是包括地下水、土壤或地表水等，形成一种不仅可以供热还可以制冷的高效节能技术。一般来讲地能在冬季是可以有效地提供热源，在夏季可以提供空调的冷源，实现这一效果主要就是在冬季把地能中的热量合理地发掘出来，然后通过技术提高温度实现供暖，在夏季将室内的热量取出，通过技术释放到地能之中。

4. 绿色照明节能技术

(1) 高效利用自然光和太阳能照明

目前，很多的智能建筑中（例如一些公共建筑，智能小区的庭院照明以及道路照明等很多公共照明）都是采用了光电自动控制装置这一技术，也就是我们所讲的智能型亮度传感器，这种智能型亮度传感器主要会依据实时的天气情况来更好地发出指令，以便自动调节室外照明，对于照明灯的开或者关以及亮度的调节都是有着最佳效果的要求，不仅仅是有节能的效果。更重要的是可以运用传感器技术，及时有效地将传感器采集的室外信息发送给物业管理机构，还需要在室外照明的灯具上安置现场电流互感器设备，这样也可以将该设备采集的灯具的电流信号发送到物业管理机构进行及时有效的管理，这样物业管理机构就可以根据采集的信息对于室外的照明效果进行判断作出决定，决定是否需要照明灯的开关，此外当照度的数值设置小于0，这样一旦室外灯的电流小于等于0就可以发现问题及时采取措施，并且显示出具体的故障位置，更加有利于管理。

（2）合理选择高效的光源

各个场所对于照明的要求不尽相同，对于不同的场所照明设备也要有一定的区别，依据各个场所的性质、规模以及主要的使用功能等，进行区别对待，这样可以合理选择光源，不仅是节能，更加合理。一般对于居住区道路的照明首选就是寿命长、光效高并且显色性好的小功率金属卤化物灯。对于一些建筑物立面照明都会使用一些显色性好并且是光效高的高强度气体放电灯，针对这样的建筑物立面照明还可以有效的采用内光外透型照明，也是一种非常好的选择。还有就是目前比较广泛的建筑物轮廓照明，可以使用光效高、寿命长的优质发光二极管以及质量高的 LED 灯带等。

小结

本章是本书重点难点所在。本章内容在整个建筑电气工程专业基础中具有高新技术最密集、发展更新最迅速两大特点。本章共介绍了"楼宇自动化"（含火灾自动报警、安全技术防范、建筑设备监控三个系统）、"通信与信息"（含计算机网络、物联网、卫星通信、移动通信、电话通信、有线电视、广播音响及视频会议八个系统）及最新的"机房工程"、"绿色智能建筑"四大领域。

需要把握的是：主要功能、总体分类、基本构成及使用注意及发展动向五方面主要问题。读者按自己的需要及水平，可有选择地把握学习的针对点、层次和深度。必要时阅读对口专业杂志、参考书籍。

第三章

03

工程设计基础

第一节 电气绘图与识图

图纸是传达工程信息的技术文件，具有严格的格式、要求及约定，这就是制图规范——工程界画图、识图、用图共同遵循的技术交流的"工程语言的语法"，本书仅介绍与电气工程设计相关的部分。

一、绘图规则

（1）图纸及其幅面

图纸通常由边框线、图框线、标题栏、会签栏等组成，如图 3-1 所示。

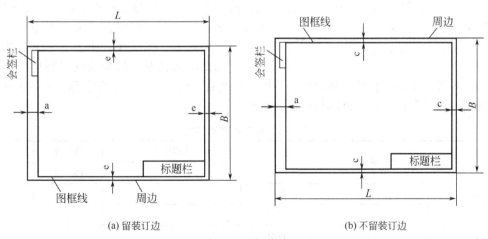

(a) 留装订边   (b) 不留装订边

图 3-1 图纸格式

注：装订边为保护图纸将其边缘折叠，以缝纫机订线的图纸边缘。

图纸的幅面指由边框线所围成的图面，分五类：A0～A4，尺寸见表 3-1。A0、A1、A2 号图纸一般不得加长，A3、A4 号图纸可根据需要加长，加长幅面尺寸见表 3-2。

表 3-1 基本幅面尺寸　　　　　　　　　　　单位：mm×mm

幅面代号	A0	A1	A2	A3	A4
宽×长($B \times L$)	841×1189	594×841	420×594	297×420	210×297
不留装订边边宽(C)	10	10	10	5	5
留装订边边宽(e)	20	20	20	10	10
装订侧边宽(a)			25		

表 3-2 加长幅面尺寸　　　　　　　　　　　单位：mm×mm

序号	代号	尺寸/mm×mm
1	A3×3(1.5A2)	420×891
2	A3×4(2.0A2)	420×1189
3	A4×3(1.5A3)	297×630
4	A4×4(2.0A3)	297×841
5	A4×5(2.5A2)	297×1051

（2）图幅的分区

图纸的幅面分区的数目视图的复杂程度而定，但每边必须为偶数，按图纸相互垂直的两边各自均等分区，分区的长度为25~75mm。分区代号竖向用大写拉丁字母从上到下标注，横向用阿拉伯数字从左往右编号，分区代号用字母和数字表示，字母在前，数字在后。如图3-2图样中线圈 K1 的位置代号为 B5，按钮 S3 位置代号为 C3。

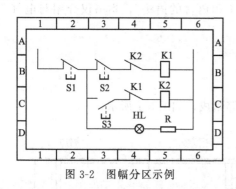

图 3-2 图幅分区示例

（3）图纸中的栏、表与图号

① 标题栏　用以确定图纸的名称、图号、张次更改和有关人员签署等内容的栏目，又名图标。标题栏的位置一般在图纸的下方或右下方，也可以放在其他位置。但标题栏中的文字方向为看图方向，即图中的说明、符号均以标题栏的文字方向为准。各设计单位的标题栏格式尚不一致，但应有：设计单位、工程名称、项目名称、图名、图别、图号等内容。常见的格式见表3-3。

表 3-3 标题栏常见格式

设计院名		工程名称	设计号	
			图　号	
审定	设计		项目	
审核	制图			
总责任人	校对		图名	
专业负责人	复核			

② 会签栏　供相关专业设计人员会审图纸时签名用，不要求会签的图纸可不设此栏。

③ 材料表　设计说明往往附有设备材料表，其序号自下而上排列，目的是便于添加。

④ 图号　位于标题栏，用以区分每类图纸的编号。编号中要按相应规定表达出工程（多另以工程号表示）、专业（电专业还多分为强电、弱电及智能）、设计阶段（"方案设计"、

"初步设计"、"施工图设计"、"修改设计"），甚至每类图纸的张次（多另以张次号表示）。

（4）图纸中的线与字

① 图线　图线宽分几种：0.25mm、0.3mm、0.5mm、0.7mm、1.0mm、1.4mm。一套图应事先确定线宽 2～3 种及平行线距（不小于粗线宽的 2 倍，且不小于 0.7mm）。电气工程制图中常用九种，见表 3-4。

表 3-4　电气工程中常用图线

序号	图线名称	图线形式	机械、建筑工程图中	电气工程图中	图线宽度
1	粗实线	——————	可见轮廓线	电气线路（主回路、干线、母线）	$b=0.5\sim2$mm
2	细实线	——————	尺寸线、尺寸界线，剖面线	一般线路、控制线	约 b/3
3	虚线	- - - - - - -	不可见轮廓线	屏蔽线、机械连线、电气暗敷线、事故照明线	约 b/3
4	点划线	—·—·—·—	轴心线，对称中心线	控制线、信号线、围框线（边界线）	约 b/3
5	双点划线	—··—··—	假想的投影轮廓线	辅助围框线、36V 以下线路	约 b/3
6	加粗实线	——————	无	汇流排（母线）	约 2～3b
7	较细实线	——————	无	建筑物轮廓线（土建条件）、用细实线时的尺寸线、尺寸界线、软电缆、软电线	约 b/4
8	波浪线	〜〜〜	断裂处的边界线、视图与剖视的分界线		约 b/3
9	双折线	—／\—	断裂处的边界线		约 b/3

注：建筑电气平面布置图中常用实线表示沿屋顶暗敷线，用虚线表示沿地面暗敷线。

图线上加限定符号或文字符号可表示用途、性质及电压等级，形成新的图线符号，见表 3-5。

表 3-5　增加符号或文字的图线

增加符号的图线	含义	增加文字的图线	含义
—×—×—×—	避雷线	—— 10.0kV ——	10.0kV 线路
—／—／—／—	接地线	—— 0.38kV ——	0.38kV 线路

② 字体　图面上汉字、字母及数字均是图的重要组成部分，书写必须端正、清楚，排列整齐，间距均匀。汉字除签名外，推荐用长仿宋简化汉字直体、斜体（右倾与水平线成 75°角）中的一种。字母、数字用直体。其字体大小视幅面大小而定，字高为 20mm、14mm、10mm、7mm、5mm、3.5mm、2.5mm 七种，字宽为字高的 2/3，汉字字粗为字高的 1/5，数字及字母的字粗为字高的 1/10。字体最小高度见表 3-6。

表 3-6　图纸中的字体最小高度

基本图纸幅面	A0	A1	A2	A3	A4
字体最小高度/mm	5	3.5	2.5	2.5	2.5

图线和字体在用 CAD 作图时，还必须符合计算机制图的有关规定。

（5）图的比例、尺寸及标注

① 比例　图纸所绘图形与实物大小的比值即比例。缩小比例的比例号前面的数字通常为 1，后面的数字为实物尺寸与图形尺寸的比例倍数。平面图中多取 1∶10、1∶20、1∶50、

1∶100、1∶200、1∶500 共六种缩小比例（建筑物总大于图纸）。供配电工程图中设备布置图、平面图、构件详图需按比例，且多用以 1∶100，其余图不按比例画。

② 尺寸　图纸中标注的尺寸数据是工程施工和构件加工的重要依据，由尺寸线、尺寸界线、尺寸起止点（实心箭头或 45°斜短划线构成）及尺寸数字四要素组成，如图 3-3。

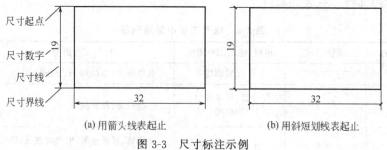

(a) 用箭头线表起止　　　　(b) 用斜短划线表起止

图 3-3　尺寸标注示例

CAD 作图时，须参照"计算机制图标准"执行。

③ 通用符号　各相关专业平面图用标志性通用的符号。

·方位标志　位于北半球的我国，多取"上北下南、右东左西"方式，平面图中采用"方位标志"表示北向，以定方位，见图 3-4(a)。

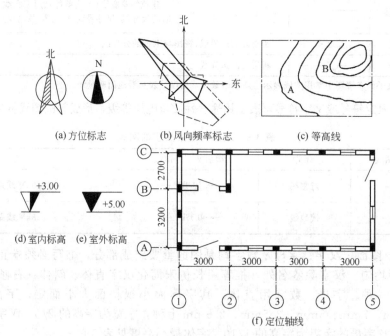

(a) 方位标志　　(b) 风向频率标志　　(c) 等高线

(d) 室内标高　(e) 室外标高

(f) 定位轴线

图 3-4　平面图通用标志示例

·风向频率标志　根据设备安装点所在地区多年四季风向的各向风次数的统计百分均值按比例绘制。图中实线表示全年，虚线表示夏季，又称风玫瑰图。如图 3-4(b)。

·等高线　以总平面图上绝对标高相同点连成的曲线的预定等高距的曲线族，表征地貌的缓陡及坡度特性，见图 3-4(c)。

·标高：

室内标高　设备、线路相对于室外基准地坪的安装高度，如图 3-4(d)。

室外标高　设备、线路相对于本安装层室内基准地坪的安装高度，如图 3-4(e)。

如层高 3m 的二层楼面板插座敷设标高为 0.3m，而相对室外地坪的相对标高则为 3.3m。

• 定位轴线：承重墙、柱、梁等承重构件位置，以点划线画出的辅助确定图上符号位置的辅助线。"定位轴线"水平方向以阿拉伯数字自左至右编号，垂直方向以拉丁字母（I、O、Z 除外）编号，外面多加小圆框。同时轴线作为尺寸线也便于标注尺寸。见图 3-4(f)。

附加轴线则是在主轴线间添加的轴线，以带分数的圆框表示。分母为前主轴线编号，分子为附加轴线编号。如 2/B，意为 B、C 轴线间第二条附加轴线。

④ 标注符号 见图 3-5。

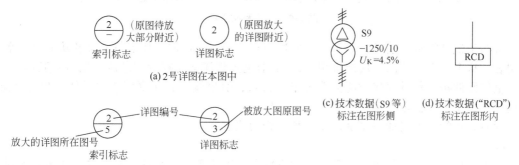

(a) 2号详图在本图中

(c) 技术数据（S9 等）标注在图形侧

(d) 技术数据（"RCD"）标注在图形内

(原图:第三张图,待放大部分附近)（详图所在图:第五张图,放大详图附近）

(b) 第三张图的2号详图在第五张图

图 3-5 注释、详图、索引及数据标注示例

• 注释 图示不够清楚、需补充解释时使用，可采用文字、图形、表格等能清楚说明对象的各种形式注释。用 CAD 作图时，详见有关章节的计算机作图规则的介绍。有两种方式：

直接放在说明对象附近；

加标记，注释放在图面适当位置。图中多个注释时，按编号顺序置于边框附近。多张图纸的注释，可集中放在第一张图内。

• 详图索引 详细表示装置中部分结构、做法、安装措施的单独局部放大图为详图。它与被放大图的索引方式是：被放大部分标以索引标志，置于被部分放大的原图上，详图部位以详图标志见图 3-5(a)、(b)。

• 技术数据 表示元器件、设备技术参数时用，有三种形式：

标注在图形侧，见图 3-5(c)；

标注在图形内，见图 3-5(d)；

加序号以表格形式列出。

⑤ 箭头和指引线

• 箭头

开口箭头 用于信号线或连接线，表示信号及能量流向；

实心箭头 用于表示力、运动、可变性方向及指引线、尺寸线。

• 指引线 用于指示注释对象，末端加注标志，首端指向被注释处；指向轮廓线内加一黑点；指向轮廓线外加实心箭头；指向电路线加短斜线，见图 3-6。

(6) 整图布局

① 要求 排列均匀，间隔适当，为计划补充的内容预留必要的空白，但又要避免图面出现过大的空白。

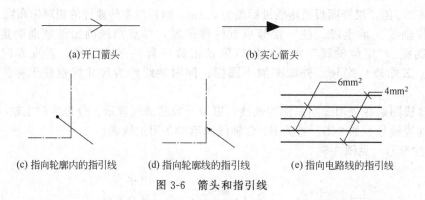

(a) 开口箭头   (b) 实心箭头

(c) 指向轮廓内的指引线   (d) 指向轮廓线的指引线   (e) 指向电路线的指引线

图 3-6   箭头和指引线

    有利于识别能量、信息、逻辑、功能这四种物理流的流向，保证信息流及功能流通常从左到右、从上到下的流向（反馈流相反），而非电过程流向与控制信息流的流向一般垂直。

    电气元件按工作顺序或功能关系排布。引入、引出线多在边框附近，导线、信号通路、连接线应少交叉、折弯，且在交叉时不得折弯。

    紧凑、均衡，留足插写文字、标注和注释的位置。

    ② 方法

    功能布局法   在功能布局的简图（如系统图、电路图）中元件符号位置只考虑彼此间的功能关系，不考虑实际位置来布局。功能相关的符号分组、位置靠近，电路图按顺序布局，控制系统图主控系统在被控系统左边或上边。

    位置布局法   在位置布局的简图（如平面图、安装接线图）中元件符号位置按元件实际位置布局。符号分组，图中位置对应元件的实际位置。

    (7) 元件的表示

    ① 集中表示   整个元件集中在一起，各部件用虚线表示机械连接的整体表示方法。直观、整体性好，适用简单图形。见图 3-7 的 QF 与 QF-1。

    ② 分开表示   把电气各部分按作用、功能分开布置，用参照代号表示之间的关系的展开表示方法。清晰、易读、适于复杂图形。见图 3-7 的 KV 与 KV-1、KS 与 KS-1。

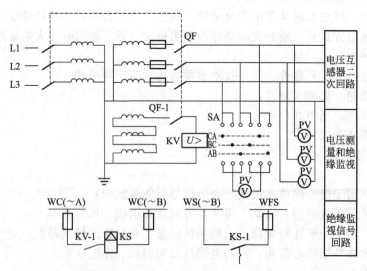

图 3-7   元件分开与集中表示示例（母线绝缘监视系统原理图）

图中集中表示：如 QF/QF-1；分开表示法：如 KV/KV-1、KS/KS-1

（8）线路表示

① 表示方法　图 3-8 为一照明配电箱供两路：一路有单相两孔及单相三孔插座各一个；另一路以一个双联开关分别控两盏双管日光灯及一个调速开关控吊扇，图（a）～图（c）为线路表示的三种方法的示例。

• 多线表示　见图（a），元件连线按导线实际布线根根画出，清楚，但繁复，尤其线多时。

• 单线表示　见图（b），走向一致的元件间连线合用一条线表示，走向变化时再分开画，常标出导线根数，简单，有时难理解。

• 综合表示：见图（c），多线与单线表示的综合，中途汇入、汇出时用斜线表示去向。简单、明晰、常用。

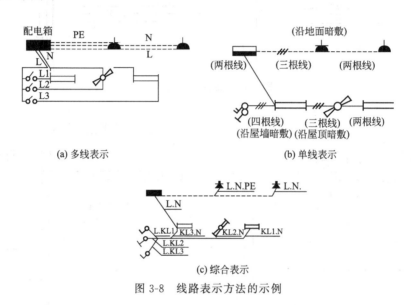

图 3-8　线路表示方法的示例

② 一般连接线

• 规定　除按位置布局的图外，连接线应画为水平或垂直取向的直线，且尽量避免弯曲和交叉。元件对称布局或改变相序时要用斜线，图 3-9 所示为带星-三角启动器的电动机电路示例。

• 接点　图 3-10 示出两种常用连接线接点处的跨越与连接的表示方式，只能选其一，二者不可混用，否则会混淆。

• 重要的电路　为突出或区分某些重要的电路（如电源电路），可采用粗实线（必要时允许采用两种以上的图线宽度）强化。

• 预留的连接线　用虚线表示。

• 标记　连接线需标记时，需沿着连接线水平线的上边、垂直线的左边或中断处标记，如图 3-11。

• 中断线　连接线需穿过图形稠密区或连到另一张图纸时可中断，中断点对于应连接点要作对应的标注，如图 3-12。

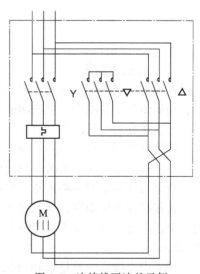

图 3-9　连接线画法的示例

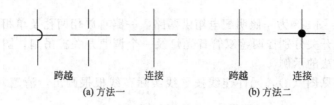

图 3-10　交叉线跨越与连接的两种常用表示法

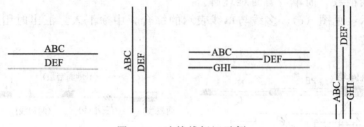

图 3-11　连接线标记示例

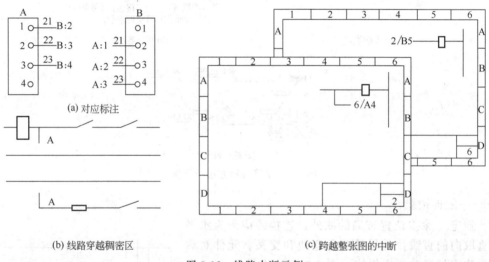

图 3-12　线路中断示例

③ 平行的连接线

• 线束　如果有六根或六根以上的平行连接线，则应将它们分组排列形成线束。在概略图、功能图和电路图中，应按功能来分组。不能按功能分组时，按不多于五根线分为一组。

• 表达方法　见图 3-13。

线束被中断，留一间隔，画上短垂线，其间隔之间的一根横线仍表示线束，如图 (a)；

单根连接线汇入线束时，以倾斜相接，如图 (b)；

线束与线束相交不必倾斜，见图 (c)；

连接线的顺序相同，但次序不明显时，须注明第一根连接线，如图 (d) 线束折弯时，用一个圆点标注（示线序折弯后颠倒）。如端点顺序不同，应在每一端标出每根连接线，如图 (b)；

线束中连接线的数量以相应数量的短斜线 [如图 (e)] 或一根短斜线加连接线的数字 [如图 (f)] 表示。

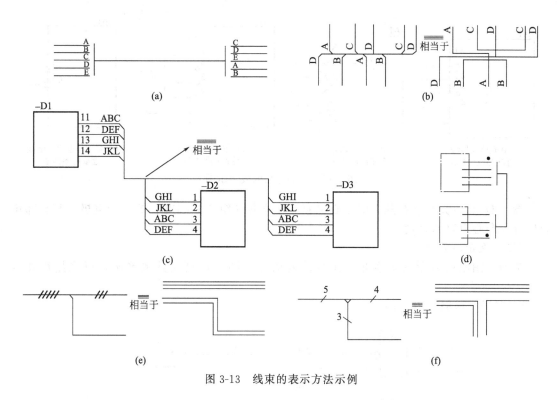

图 3-13 线束的表示方法示例

(9) 围框及壳架的表示

① 围框

• 多数情况下使用单点划线表示围框。

• 注意事项

除端子及端子插座外不可与元器件图形相交，而线可重叠；

框多为规则矩形，不影响读图，必要时才可为不规则矩形；

围框内不属于此单元的元件，以双点划线框住以区别；

应把此单元不可缺少的连接器的符号置于围框内，示例于图 3-14。

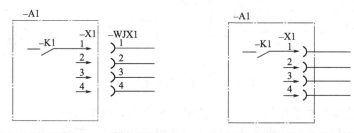

(a) 插头 "-X1" 在单元A1中，插座 "-WJX1" 是电缆 "-WJ" 的组成部分在A1外

(b) 插头及插座组 "-X1" 均在单元A1中

图 3-14 围框中连接器的表示示例

② 壳架 导电的机壳，机架与导线连线成等电位系统、屏蔽系统的表达示例见图 3-15。

图 (a) 为机壳连到导体成为与此导体电位相等的等电位系统；

图 (b) 为机架底盘，通过 PE 线作为保护体系一部分为零电位；

图 (c) 为壳架通过电缆外屏蔽线的连通，成为屏蔽系统的一部分；

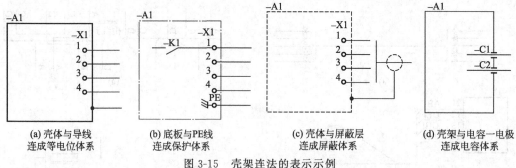

(a) 壳体与导线　　(b) 底板与PE线　　(c) 壳体与屏蔽层　　(d) 壳架与电容一电极
连成等电位体系　　连成保护体系　　连成屏蔽体系　　连成电容体系

图 3-15　壳架连法的表示示例

图 (d) 为机壳与连在其上的穿心电容外导体共同组成穿心电容的一个电极，其分布电容应计入穿心电容的容量。

(10) 表示的简化

为增加图纸所表示的信息量，减少重复信息对图纸清晰表达的影响，可采用简化的表示。

① 端子　示例于图 3-16：

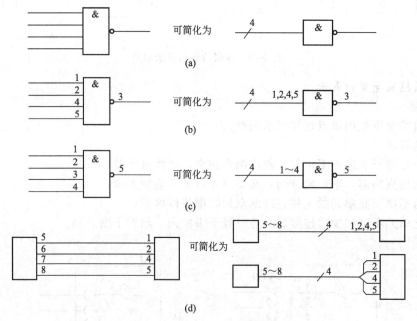

图 3-16　端子的简化表示示例

• 一个元件的多个端子可用一个端子的形式来表示，如图 (a)；

• 一个元件均有代号的多个端子，端子代号用逗号隔开，如图 (b)；

• 端子编号连续不会混淆时，只需按顺序标明第一个和最后一个端子代号，并用"…"符号隔开，如图 (c)；

• 两个或多个元件相互连接时，端子代号的顺序应：一个元件从上到下的顺序相应于其他元件的从左到右的顺序，如图 (d)。

② 符号组　数个相同符号构成的符号组简化不仅省时，更能保证图纸清晰，见图 3-17示例。

• 并联支路、并列元件可合并在一起，如图 3-17(a)；

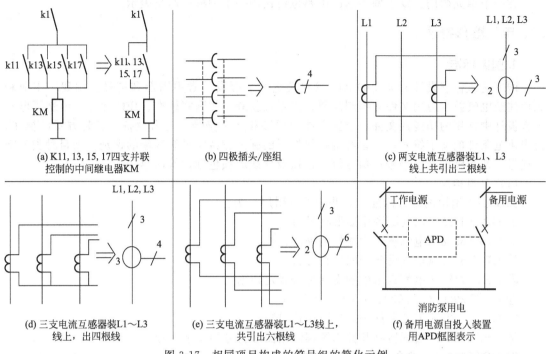

图 3-17 相同项目构成的符号组的简化示例

- 相同的独立支路，可详细画出一路后用文字或数字标注代替其余，如图 3-17(b)；
- 外部电路、公共电路可合并，但一定要标注正确，如图 3-17(c)～图 3-17(e)；
- 层次高的功能单元，其内部电路可用一图形符号框图代替，如图 3-17（f）。

③ 重复的简化 示例于图 3-18，此图（b）～图（d）将其上部与图（a）重复的部分省略表示。

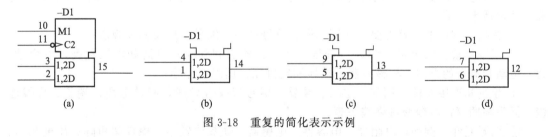

图 3-18 重复的简化表示示例

④ 围框的简化 围框内的连接器或端子板视为一个单元的整体部分，省略其符号。图 3-19(a) 及图（b）分别为图 3-19(a) 及图（b）省略连接器、端子板而成。

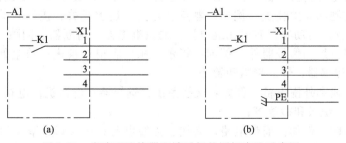

图 3-19 省略了连接器和端子板的围框表达示意图

在一个单元内用重复围框表示的电路也可仅用一个围框来简化表示。

二、电气图形符号

1. 国家标准

国家建筑标准设计图集 09DX001《建筑电气工程设计常用图形和符号》按我国工业和民用建筑电气技术应用文件的编制需要，依据最新颁布的国家标准、IEC 标准，编制了电气工程设计中常用的功能性文件、位置文件的图形和文字符号；电力设备、安装方式的标注；提出供电条件的文字符号；设备特定接线端子的标记和特定导线线端的识别；项目种类的字母代号；常用辅助文字符号；信号灯、按钮及导线的颜色标记等内容。

（1）引用标准

09DX001 引用的现行标准（有些为部分引用）为：

① GB/T4728《电气简图用图形符号》；

② GB/T6988《电气技术用文件的编制》；

③ GB/T5465《电气设备用图形符号》；

④ GB/T7159《电气技术中的文字符号制定通则》；

⑤ GB/T2900（IEC60050）《电工术语》；

⑥ GB/T4327《消防文件用设备图形符号》；

⑦ GB/T2625《过程检测和控制流程图用图形符号和文字代号》；

⑧ GB/T50311《综合布线系统工程设计规范》；

⑨ YD5082《建筑与建筑群综合布线系统工程设计施工图集》；

⑩ YD/T5015《电信工程制图与图形符号》；

⑪ GA/T74《安全防范系统通用图形符号》；

⑫ GA/T229《火灾报警设备图形符号》。

（2）GB/T 4728 的组成

作为《电气图形符号》核心标准的《电气简图用图形符号》GB/T 4728，采用 IEC 标准，共包括十三部分：

① 总则　本标准内容提要、名词术语、符号绘制、编号使用及其他规定；

② 符号要素、限定符号和其他符号　例如：轮廓和外壳；电流和电压种类；可变性；力、运动和流动的方向；机械控制；接地和接机壳；理想元件等；

③ 导线和连接器件　例如：电线、柔软、屏蔽或绞合导线，同轴电缆；端子、导线连接；插头和插座；电缆密封终端头等；

④ 无源元件　例如：电阻器、电容器、电感器；铁氧体磁芯，磁存储矩阵；压电晶体、驻极体、延迟线等；

⑤ 半导体和电子管　例如：二极管、三极管、晶闸管、电子管；辐射探测器件等；

⑥ 电能的发生与转换　例如：绕组；发电机、电动机；变压器；变流器等；

⑦ 开关、控制和保护装置　例如：触点、开关、热敏开关、接近开关、接触开关；开关装置和控制装置；启动器；有或无继电器；测量继电器；熔断器、间隙、避雷器等；

⑧ 测量仪表、灯和信号器件　例如：指示、积算和记录仪表；热电偶；遥测装置；电钟；位置和压力传感器；灯、喇叭和铃等；

⑨ 电信的交换和外围设备　例如：交换系统、选择器；电话机；电报和数据处理设备；传真机、换能器、记录和播放等；

⑩ 电信的传输　例如：通信电路；天线、无线电台；单端口、双端口或多端口波导管器件、微波激射器、激光器；信号发生器、变换器、阈器件、调制器、解调器、鉴别器、集

线器、多路调制器、脉冲编码调制；频谱图、光纤传输线路和器件等；

⑪ 电力、照明和电信布置　例如：发电站和变电所；网络；音响和电视的电缆配电系统；开关、插座引出线、电灯引出线；安装符号等；

⑫ 二进制逻辑单元　例如：限定符号；关联符号；组合和时序单元：如缓冲器、驱动器和编码器；运算器单元；延时单元；双稳、单稳及非稳单元；移位寄存器、计数器和存储器等；

⑬ 模拟单元　例如：模拟和数字信号识别的限定符号；放大器的限定符号；函数器；坐标转换器；电子开关等。

（3）分类

"电气工程设计常用图形符号"共分为以下三部分：

① 功能性文件用图形符号；

② 位置文件用图形文件；

③ 弱电功能性及位置文件用图形符号。

2. 应用

（1）选用

同一设备、元件，标准可能给出多于一种符号，为便读、易记，优先用一般符号。图形符号不够用时，优先采用国标、IEC、ISO、CEE、ITU 标准或我国行业标准。无相关内容时，可按 GB/T4728 组合原则派生；防混淆可用特定符号、一般符号加标注、一般符号加标注多字母代号或一般符号加标注型号规格区分。同一套图中仅使用同一种形式。

（2）大小

可根据图纸的布置缩小和放大，但符号比例不变。同张图的符号大小、线条粗细应一致。计算机绘图时应在模数 M＝2.5mm 的图网格中绘制。手工绘制时矩形长边和圆的直径应为 2M（5mm）之倍数。较小图形可选 1.5M 或 0.5M。

（3）状态符号

按无电压、无外力作用原始状态绘制，其原始状态含义是：

① 继电器、接触器，非激励态（常开/动合触点——断；常闭/动断触点——合）；

② 断路器、隔离开关在"断"状态；

③ 带零位手动开关在"零位"，不带零位则在"规定位置"；

④ 机械操作开关（如行程开关）在"非工作状态"；

⑤ 事故报警、备用开关在"设备正常时状态"（无事故报警、备用未投入）；

⑥ 多重组合开闭，各部分必须一致；

⑦ 非电、非人工设备，则在其附近表明运行方式。见图 3-20。

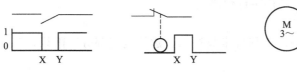
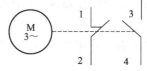

(a) 坐标状态表示：
　触点对在X-Y区间闭
　合其余位置断开(正逻辑)

(b) 几何位置表示：触点对
　在X-Y间(凸轮抬高滑轮)
　断开，其余位置闭合

(c) 文字标注表示：
　1-2 触点对：启动时断、平时闭合
　3-4 触点对：$n \geqslant 1400$r/min合，平时断

图 3-20　图形附近运行方式表示示例

（4）方位

不改变含义的前提下：可根据图面布置，镜像放置或 90°倍数的旋转，但文字和指示方向不得倒置。见图 3-21。

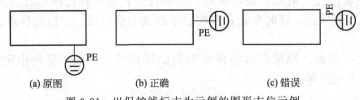

(a) 原图   (b) 正确   (c) 错误

图 3-21 以保护线标志为示例的图形方位示例

（5）引线

引线的变动不影响含义时叮改画其他位置，合则不能。

（6）组成

字母或特定标记为限定符号者，应视为其有机组成，漏缺会影响完整含义。这类字母的标记类型为：

① 设备、元件英文名称单词首字符 如 M——电动机；

② 物理量符号 如 φ——相位表；

③ 物理量单位 如 s——延时时段"秒"数；

④ 化学元素符号 如 Hg——汞灯；

⑤ 阿拉伯数字 如 3——三相、三个并联元件或物理量的值；

⑥ ♯ 如加在数字符号后表示编号。

（7）派生

为保证符号通用性，不允许对标准中符号任意修改、派生。仅允许标准中未给出的符号由已规定的符号按功能适当组合派生，且需图中标注，以免误解。

3. 建筑电气工程设计常用图形符号

见书配资源"第一章工程技术数据二、建筑电气部分"附录。

三、电气文字符号

1. 概念

（1）作用

① 在设备、装置、元件旁标明其名称功能、状态和特征；

② 作为限定符号与一般符号组合使用；

③ 作为参照代号提供其种类及功能字母代码。

（2）组成

① 基本符号见书配资源"第一章工程技术数据二、建筑电气部分"附录，基本符号常分为两类。

•单字母符号 按拉丁字母将电气设备、装置及各种元件分类，每类用一个字母表示（I、O、J 容易与 1、0 混淆，不用），划分为 21 大类。

组件及部件；

非电量到电量或电量到非电量变换器；

电容器；

存储器件；

　　其它元器件；

　　保护器件；

　　发电机、电源；

　　信号器件；

　　继电器；

　　电感器、电抗器；

　　电动机；

　　测量及试验设备；

　　电力电路的开关器件；

　　电阻；

　　控制、记忆、信号电路的开关器件选择器；

　　变压器；

　　调制器、变换器；

　　电子管、晶体管；

　　传输通道、波导、天线；

　　端子、插头、插座；

　　电气操作的机械器件。

　　• 多字母符号　表示种类的单字母符号与表示功能的字母组成，种类符号在前，功能符号在后。

　　仅在单字母符号不能满足要求，需将大类划分更详细，具体表达时，才用多字母符号。

　　② 辅助符号　表示设备、装置和元件及线路的功能、状态和特征，放在基本符号后，组成新文字符号。在设备上也可单独使用。

　　③ 供电条件的文字符号表示供电条件的各电气参数，见书配资源"第一章工程技术数据二、建筑电气部分"附录。

　　（3）补充

　　元器件、设备、装置的项目种类代码和辅助文字符号不够用时，可按 GB/T7159 补充。辅助符号不够用时，优先采用规定的单、双字母符号及辅助文字符号作补充。如补充标准中未列文字符号时，不能违反文字符号的编制原则。文字符号应按有关电气设备的英文术语缩写成。设备名称、功能、状态或特征为一个英文名词时，选第一字母为文字符号，也可用前二位字母。当其为两或三个英文单词时，一般由每个单词首字母构成文字符号。通常基本文字符号不超过两字母，辅助文字符号不超过三字母。（I、O 不可用）

　　（4）组合

　　形式为基本符号＋辅助符号＋数字符号。例如 KT2 表示第二个时间继电器。

　　2. 标记

　　标注、标记即文字符号的使用，见书配资源"第一章工程技术数据二、建筑电气部分"附录，包括：

　　① 电力设备的标注；

　　② 安装方式的标注；

　　③ 设备特定接线端子的标记和特定导线线端的识别；

　　④ 信号灯、按钮及导线的颜色标记；

　　⑤ 绝缘导线的标记　见表 3-7。

表 3-7 绝缘导线的标记

标记名称		意义	
		导线	线束(电缆)
主标记		只标记导线或线束的特征,而不考虑其电气功能的一种标记。必要时,可加补充标记,包括:功能标记——如注明用于测量;相位标记——如注明交流某相;极性标记——如注明正极、负极等	
从属标记	从属本端标记	位于导线的终端,标出与其所连接的端子的相同标记	位于线束的终端,标出与其所连接的项目的标记
	从属远端标记	位于导线的终端,标出与其另一端所连接的端子的相同标记	位于线束的终端,标出与其另一端所连接的项目的相同标记
	从属两端标记	位于导线的两端,每端都标出与本端-远端所连接的端子的相同标记	位于线束的两端,每端都标出与本端-远端所连接的项目的相同标记
独立标记		与导线或线束两端所连接的端子或项目无关的标记	

四、电气参照代号

1. 概述

（1）定义

根据 GB/T5094.1—2002：用以标识在设计、工艺、建造、运营、维修和拆除过程中的实体项目（系统、设备、装置及器件）的标识符号即参照代号，旧标准称其为"检索代号"，更早的标准称为"项目代号"。它将不同种类的文件中的项目以信息和构成系统的产品关联起来。可将参照代号或其部分标注在相应项目实际部分上方或近旁，以适应制造、安装和维修的需要。按从下向上的结构树层次分为：单层参照代号、多层参照代号、参照代号集、参照代号群。成套的参照代号，它作为一个整体唯一地标识所关注的项目，而其中无任何一个代号能唯一地标识该项目。

（2）作用

① 唯一地标识所研究系统内关注的项目；

② 便于了解系统、装置、设备的总体功能和结构层次，充分识别文件内的项目；

③ 便于查找、区分、联系各种图形符号所示的元件、器件、装置和设备；

④ 标注在相关电气技术文件的图形符号旁，将图形符号和实物、实体建立起明确的对应关系。

（3）电气技术文件的参照代号

电气技术文件的各种电气图中的电气设备、元件、部件、功能单元、系统等，不论其大小，均用各自对应的图形符号表示，称为项目。参照代号则提供项目的层次关系、实际位置，用以识别图、表图、表格中和设备上项目种类。电气技术文件的参照代号用到的多为单层参照代号，下面以此为对象分析。

2. 构成

单层参照代号由两部分构成。

（1）前缀

前缀符号分为三种：

① 功能面前缀 以项目的用途为基础，而不顾及位置或实现功能的项目结构，代码前缀为"＝"；

② 位置面前缀 以项目的位置布局和所在环境为基础，而不顾及项目结构和功能方面，

代码前缀为"＋"；

③ 产品面前缀　以项目的结构、实施、加工、中间产品或成品的方式为基础，而不考虑项目功能和位置，代码前缀为"-"。

（2）代码

代码有三种构成方式：

① 字母　包含多个字母时，"后一字母"为"前一字母"代表种类的"子类代码"。

• 按物体用途或任务的代码　"用途和任务"是主要特征，见书配资源"第一章工程技术数据二、建筑电气部分"附录，代码基本上是以"用途和任务"来划分种类的；

• 基础设施项目的代码　不同生产设备组成的工业综合体、由不同生产线和相关辅助设备组成的工厂，往往有相同的用途或任务。按"用途和任务"分类则数量有限，这种工业成套装置中的基本设备归于"基础设施项目分类"，它的分类及代码供配电工程中少用；

• 物理量的代码　当需详细说明测量变量或初始参数时，可见表 3-8。

表 3-8　测量变量或初始参数的字母代码（源于 ISO 14617-6 第 7.3.1 条表）

字母代码	测量变量或初始参数	字母代码	测量变量或初始参数
A		N	使用者选择
B		O	使用者选择
C		P	压力、真空（＊功率）
D	密度（＊＊差）	Q	质量（＊无功功率、＊＊综合或合计）
E	电气变量	R	辐射（＊电阻、＊＊剩余）
F	流速（＊频率、＊＊比率）	S	速度、频率
G	量器、位置、长度	T	温度
H	手	U	多参数
I	（＊电流）	V	使用者选择（＊V 或 U-电压）
J	功率	W	重力、力
K	时间	X	不分类的
L	物位	Y	使用者选择
M	潮湿、湿度	Z	事件数、量（＊阻抗）

注：1. 如温度传感器的代号只表示为 T 类，不足以表示其预定用途时，可定为 BT 类；
2. 括号内字母符号前带"＊"为电变量专用、"＊＊"为修饰词，非源于 ISO 14617-6。

② 数字

③ 字母加数字　以数字（包含前置"0"）区分字母代码项目的各组成项目，此组合有重要意义时，文件中应予说明。此组合宜短，便于识读。

3. 使用

（1）方法

参照代号层次多，排列长，不可能也不必将每个项目的参照代号全部完整标出。通常针对项目分层说明，适当组合，依据规范，按有利于阅图的方式就近选注。

① 功能面代号　常标注在概略图、框图、围框或图形近旁左上角。层次较低的电气图必须标注时，标注在标题栏上方或技术要求栏内；

② 位置面代号　多用于接线图中，高层电缆接线图中与功能面代码组合标在围框旁，其他图如需要时与功能面代码组合标注，则标注在标题栏上方；

③ 产品面代号　大部分的电路图使用，常标注在项目图形或框边；

④ 端子代号　只用于接线图中，标注在端子符号近旁，或靠近端子所属项目图形符号；

⑤ 多代号的组合　标注时必须标注出前缀，多层次同一代号可复合、简化。单代码段前缀除端子代码规定不注外，其余可注可不注。

（2）示例

电气项目参照代号以拉丁字母、阿拉伯数字、特定的前缀符号按一定规律构成代号段。四个代号段组成完整的单层参照代号，如图 3-22。

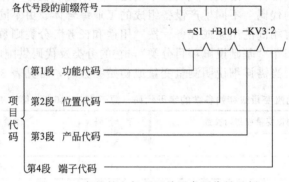

图 3-22　完整的电气项目单层参照代号示例

① 功能代码　系统或设备中较高层的表示隶属关系的代码。格式为：

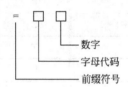

字母代码标准中未统一规定，可任选字符、数字，如"＝S"或"＝1"。图 3-22 中 S1 用来代表电力系统的 1 系统。

② 位置代码　表示项目在组件、设备、系统或建筑物中实际位置的代码。格式为：

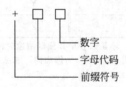

一般由自选定字符、数字来表示。如图 3-22 示例中项目在 B 分部 104 柜位置，表示为"＋B104"。

③ 产品代码　用在识别项目种类的代码，是整个项目代号的核心。格式为：

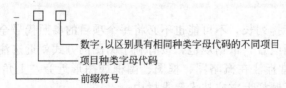

字母代码必须用规定的字母符号。数字用以区别具有相同种类字母代码的不同项目。图 3-22 中"－KV3"表示为第三个电压继电器。

④ 端子代码　用以同外电路进行电气连接的电器导电元件的代码。格式为：

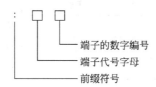

端子的数字编号
端子代号字母
前缀符号

数字为编号，代号字母用大写，也可以仅用其中一种。如图 3-22 中"2"表示 2 号端子。

于是图 3-22 示例的完整意思为：S1 电力系统，B 分部，104 柜，第三个电压继电器的第二个端子。

五、信息的标记与注释

1. 物理量标记

关于量和单位的字母符号应符合 IEC27-1：1971《电气技术文件用文字信号》（第一部分总则）；GB3102.1～13—1993 及《中华人民共和国法定计量单位》的规定。图形符号表示物理属性明显时，数值可简化，如电阻器 6.3kΩ、电容器 0.6pF 及电感 5mH 可分别标为 6.3k，0.6p 及 5m。物理量和对应单位的名称及符号见表 3-9。

表 3-9　物理量和对应单位的名称及符号

物理量的名称	符号	物理量的单位名称和符号
长度	$l(L)$	单位名称:米单位符号:m
宽度	b	单位名称:米单位符号:m
高度	h	单位名称:米单位符号:m
厚度	δ	单位名称:米单位符号:m
质量	m	单位名称:千克(公斤)单位符号:kg
		单位名称:吨单位符号:t
时间	t	单位名称:秒,分单位符号:s,min
		单位名称:小时,天,年单位符号:h,d,a
力	F	单位名称:牛单位符号:N
转速	n	单位名称:转/分单位符号:r/min
电流	I	单位名称:安单位符号:A
电压	U	单位名称:伏单位符号:V
功率	P	单位名称:瓦单位符号:W
电能	W	单位名称:焦单位符号:J
		单位名称:千瓦时单位符号:kW·h
相数	m	
极对数	p	
电阻	R	单位名称:欧单位符号:Ω
电导	G	单位名称:西单位符号:S
电容	C	单位名称:法单位符号:F
电感	L	单位名称:亨单位符号:H

物理量的名称	符号	物理量的单位名称和符号
电阻率	ρ	单位名称:欧·米单位符号:$\Omega \cdot m$
电抗	X	单位名称:欧单位符号:Ω
阻抗	Z	单位名称:欧单位符号:Ω
发光强度	$I(I_v)$	单位名称:坎单位符号:cd
光通量	$\Phi(\Phi_v)$	单位名称:流明单位符号:lm
(光)照度	$E(E_v)$	单位名称:勒单位符号:lx
光出射度	M	单位名称:流明/米^{2}单位符号:lm/m^2
(光)亮度	$L(L_v)$	单位名称:坎/米^{2}单位符号:cd/m^2
有功功率	P	单位名称:瓦单位符号:W
无功功率	$Q(P_q)$	单位名称:乏单位符号:var
视在功率	$S(P_s)$	单位名称:伏安单位符号:$V \cdot A$
瞬时功率	p	单位名称:瓦单位符号:W
有功电能	W_a	单位名称:瓦时单位符号:$W \cdot h$
无功电能	W_r	单位名称:乏时单位符号:$var \cdot h$
功率因数	cos	
面积	$A(S)$	单位名称:平方米单位符号:m^2
		单位名称:公亩单位符号:a
		单位名称:公顷单位符号:hm^2
体积	V	单位名称:立方米.升单位符号:$m^3 \cdot L$
密度	ρ	单位名称:千克/米^{3}单位符号:kg/m^3
速度	v	单位名称:米每秒单位符号:m/s
		单位名称:千米每小时单位符号:km/h
热力学温度	T	单位名称:开单位符号:K
摄氏温度	t	单位名称:摄氏度单位符号:℃
频率	f	单位名称:赫单位符号:Hz
系统的标称电压	U_n	单位名称:伏(千伏)单位符号:V(kV)
Q点的系统的标称电压	U_{nQ}	单位名称:伏(千伏)单位符号:V(kV)
设备的额定电压	U_r	单位名称:伏(千伏)单位符号:V(kV)
电动机额定电压	U_{rM}	单位名称:伏(千伏)单位符号:V(kV)
变压器额定电压	U_{rT}	单位名称:伏(千伏)单位符号:V(kV)
发电机额定电压	U_{rG}	单位名称:伏(千伏)单位符号:V(kV)
额定工作电压	U_e	单位名称:伏(千伏)单位符号:V(kV)
阻抗电压	u_{kr}	
电阻电压	U_{Rr}	
正序电压	$U(1)$	单位名称:伏单位符号:V
负序电压	$U(2)$	单位名称:伏单位符号:V
零序电压	$U(0)$	单位名称:伏单位符号:V

续表

物理量的名称	符号	物理量的单位名称和符号
额定电流	I_r	单位名称:安(千安)单位符号:A(kA)
额定工作电流	I_e	单位名称:安(千安)单位符号:A(kA)
电动机额定电流	I_{rM}	单位名称:安(千安)单位符号:A(kA)
变压器额定电流	I_{rT}	单位名称:安(千安)单位符号:A(kA)
发电机额定电流	I_{rG}	单位名称:安(千安)单位符号:A(kA)
额定短路分断电流	I_{cn}	单位名称:安(千安)单位符号:A(kA)
额定短路接通能力	I_{cm}	单位名称:安(千安)单位符号:A(kA)
额定运行短路分断能力	I_{sc}	单位名称:安(千安)单位符号:A(kA)
额定极限短路分断能力	I_{cu}	单位名称:安(千安)单位符号:A(kA)
额定短路时耐受电流	I_{cw}	单位名称:安(千安)单位符号:A(kA)
选择性极限电流	I_s	单位名称:安(千安)单位符号:A(kA)
对称短路电流初始值	I_k''	单位名称:安(千安)单位符号:A(kA)
流过 Q 点的对称短路电流初始值	I_{kQ}''	单位名称:安(千安)单位符号:A(kA)
对称开断电流	I_b	单位名称:千安单位符号:kA
稳态短路电流	I_k	单位名称:千安单位符号:kA
稳态短路电流最大值	I_{kmax}	单位名称:千安单位符号:kA
短路电流峰值	I_p	单位名称:千安单位符号:kA
短路电流非周期分量	i_{DC}	单位名称:千安单位符号:kA
二相不接地短路电流初始值	I_{k2}''	单位名称:千安单位符号:kA
二相不接地稳态短路电流	I_{k2}	单位名称:千安单位符号:kA
二相不接地短路开断电流	I_{h2}	单位名称:千安单位符号:kA
二相不接地短路电流峰值	i_{p2}	单位名称:千安单位符号:kA
二相接地短路电流初始值	I_{k2E}''	单位名称:千安单位符号:kA
二相接地短路流入地或中性线的电流初始值	I_{k2E}''	单位名称:千安单位符号:kA
二相接地短路电流峰值	i_{k2E}	单位名称:千安单位符号:kA
单相接地短路电流初始值	I_{k1}''	单位名称:千安单位符号:kA
单相接地短路电流峰值	i_{k1}	单位名称:千安单位符号:kA
最小对称短路电流初始值	I_{kmin}''	单位名称:千安单位符号:kA
短路阻抗	Z_k	单位名称:毫欧单位符号:mΩ
网络阻抗	Z_Q	单位名称:毫欧单位符号:mΩ
归算到变压器低压侧的网络阻抗	Z_{Qt}	单位名称:毫欧单位符号:mΩ
变压器阻抗	Z_T	单位名称:毫欧单位符号:mΩ
零序阻抗	$Z_{(0)}$	单位名称:毫欧单位符号:mΩ
短路电阻	R_k	单位名称:毫欧单位符号:mΩ

物理量的名称	符号	物理量的单位名称和符号
网络电阻	R_{Qt}	单位名称:毫欧单位符号:mΩ
变压器电阻	R_T	单位名称:毫欧单位符号:mΩ
线路电阻	R_L	单位名称:毫欧单位符号:mΩ
短路电抗	X_k	单位名称:毫欧单位符号:mΩ
网络电抗	X_{Qt}	单位名称:毫欧单位符号:mΩ
变压器电抗	X_T	单位名称:毫欧单位符号:mΩ
线路电抗	X_L	单位名称:毫欧单位符号:mΩ
馈电网络在节点 Q 的对称短路视在功率	S''_{KQ}	单位名称:千伏安单位符号:kV·A
电动机额定视在功率	S_{rM}	单位名称:千伏安单位符号:kV·A
变压器额定容量	S_{rT}	单位名称:千伏安单位符号:kV·A
异步电动机效率	η	
设备安装功率	P_N	单位名称:千瓦单位符号:kW

2. 位置标记

多张图中每张图都必须按彼此相关的方法编号,并标注在标题栏中,如图 3-23。同一张图有几个类型的图时,标注要清晰可辨,多用附图号区分。

如前述每张图均作图幅分区,图上任何位置可用"行"的字母、"列"的数字以及字母数字组合表示。图纸张号、图号或项目代号置于此标记前,便构成了"位置标记"。如 S1 系统全套概略图的第 34 张图上 B3 区的位置标记为:"=S1/34/B3"。而位置标记"简图 5796/34/D4",则表示图号为 5796 的第 34 张图上的 D4 区位置。

3. 技术数据标记

(1) 元件的技术数据标记

简图中元件的技术数据可标注在元件符号内、近旁,垂直布置元件之左,水平布置元件之上方。且置于符号外的技术数据,通常在项目代号下面,示例见图 3-23。

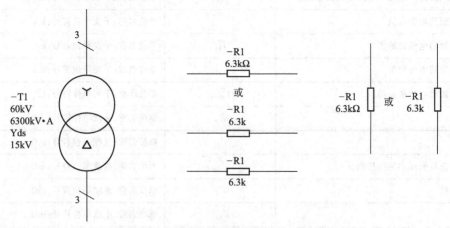

图 3-23　元件的技术数据标注位置示例

（2）设备的技术数据标记（见表3-10）

表 3-10 设备的技术数据标记

项目	标注方法	说明	示例
用电设备	$\dfrac{a}{b}$	用电设备： a—设备编号或设备位号 b—额定功率(kW 或 kV·A)	P12B/37kW 热媒泵的位号为 P12B 容量为 37kW
成套电器	$\dfrac{a}{b}$ 或 a/b	概略图中电气箱(屏,柜)： a—设备参照编号 b—设备型号	—AP2/XL21-30 或-AP2/XL21-30 动力配电箱产品面参照代号-AP2, 动力配电箱的型号为 XL21-30
变压器	ab/cd	照明变压器、控制变压器 a—设备参照编号 b/c——次/二次电压比 d—额定容量	—TL1/220/36V 250VA 照明变压器产品面参照代号-TL1,变压器电压比为 220/36V,额定容量为 250VA
灯具	$a-b\dfrac{c\times d\times l}{e}f$	照明灯具： a—灯数 b—型号或编号(无则省略) c—每盏灯具的灯泡数 d—灯泡安装容量 e—灯具安装高度(m)(换成"—"表示吸顶安装) f—安装方式、l-光源种类	5-BYS80,5 盏 BYS80 型灯具,光源为 2 根 40W 荧光灯;灯具链吊安装;安装高度距地 3.5m
屏、箱、柜	a	位置文件电气箱(屏,柜) a—设备参照代号	＝AP2 动力箱功能面的参照代号, — AP2 动力箱设备面的参照代号 ＋AP2 动力箱位置面的参照代号
交流电源	m—f * u	m—相数 f—频率(Hz), μ—电压,V	
动力照明设备	一般标注 $a-\dfrac{b}{c}$ 或 a—b—c 需标引入线规格时 $a\dfrac{b-c}{d(e\times f)-g}$	a—设备编号 b—设备型号 c—设备功率(kW) d—导线型号 e—导线根数 f—导线截面(mm²) g—导线敷设方式及部位	
开关及熔断器	一般标注 $a\dfrac{b-\dfrac{c}{i}}{d(e\times f)-g}$	a—设备编号 b—设备型号 c—额定电流(A) d—导线型号 e—导线根数 f—导线截面(mm²) g—导线敷设方式 i—整定电流(A)	

续表

项目	标注方法	说明	示例
断路器	$\dfrac{a}{b}c$	断路器整定值的标注： a—脱扣器额定电流(A) b—脱扣整定电流(A) c—短延时时限整定值(A)（瞬断不标注）	断路器脱扣器额定电流 500A 脱扣器整定电流为 500A×4 脱扣器短延时时限整定值为 0.2s
线路	$ab-c(d×e+f×g)i-jh$	线路的标注： a—线缆参照代号 b—型号(不需要可省略) c—线缆根数 d—电缆线芯数 e—线芯截面(mm^2) f—PE、N 线芯数 g—线芯截面(mm^2) i—线缆敷设方式 j—线缆敷设部位 h—线缆敷设安装高度(m) 上述字母无内容则省略	-WP210 YJV-0.6/1kV-2(3×150＋2×70)，SC80-WS3.5 电缆的参照代号为-WP210 电缆的型号、规格为：YJV-0.6/1kV-2(3×150＋2×70)，2 根电缆并联，电缆的敷设方式为穿 DN80 焊接钢管沿墙明敷，敷设高度距地 3.5m
电缆桥架	$\dfrac{a×b}{c}$	电缆桥架标注 a—电缆桥架宽度(mm) b—电缆桥架侧面高(mm) c—电缆桥架安装高度(mm)	$\dfrac{600×150}{3.5}$电缆桥架宽度 600mm；电缆桥架侧面高为 150mm；电缆桥架安装高度距地 3.5m
电缆	$\dfrac{a\text{-}b\text{-}c\text{-}d}{e\text{-}f}$	电缆与其他设施交叉点标注 a—保护管根数 b—保护管直径(mm) c—保护管长度(m) d—地面标高(m) e—保护管埋设深度(m) f—交叉点坐标	$\dfrac{6\text{-}DN100\text{-}1.1\text{—}0.3}{-1\text{-}A=174.235;B=243.621}$ 电缆与设施交叉，交叉点坐标为 $A=174.235；B=243.621$，埋设 6 根长 1.1m 的 DN100 焊接钢管。钢管埋设深度为 1m（地面标高为 -0.3m）
电话线路	$ab-(c×2×d)e-f$	电话线路的标注 a—电话线缆的参照代号 b—型号(不需要可省略) c—电话线对数 d—线芯截面(mm^2) e—敷设方式和管径(mm) f—敷设部位及安装高度(m)	-W1HPVV（25×2×0.5）M-MS3.5 电话线缆的参照代号为-W1；电话线缆的型号、规格为 HPVV(25×2×0.5)； 电话线缆的敷设方式为钢索敷设，敷设部位为墙，距地 3.5m
电话分线盒	$\dfrac{a\text{号}×b}{c}d$	电话分线盒、交接箱的标注 a—编号 b—型号(不需要可省略) c—线序 d—用户数	$\dfrac{3\text{号}×NF\text{-}3\text{-}10}{1\sim12}6$ 3 号电话线盒的型号、规格为 NF-3-10，用户数为 6 户，接线线序为 1～12
光纤	$a/b/c/d$	a—纤芯直径(μm) b—包层直径(μm) c——一次被覆层直径(μm) d—二次被覆层直径(μm)	

（3）信号的技术数据标记

信号波形可作为技术数据在简图中标注，波形形状可用标准化形式［如图 3-24(a)］，也可用实际波形，复杂的可补充文字说明。标注方法为：沿连线方向标注在水平连线上边，或垂直连线左边，均不得与连线接触或相交；将波形放在封闭符号（宜用圆形）内，通过一条引线连在连接线上，在连接处画短斜线［如图 3-24(b)］；单独置其他位置，通过标注、文字说明等方式，表示出连线上的相应信号波形。

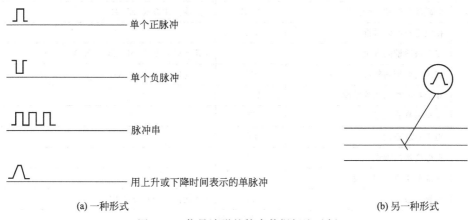

（a）一种形式　　　　　　　　　　　　　　　　（b）另一种形式

图 3-24　信号波形的技术数据标注示例

（4）二进制逻辑元件符号所含信息标记

二进制逻辑元件符号所含信息一般可标在符号轮廓线内，如图 3-25(a)。有关一般限定符号的补充信息标记应标在方括号内，如图 3-25(b)。上述规则对非标准的输入/输出标记及标记的补充信息同样适用。

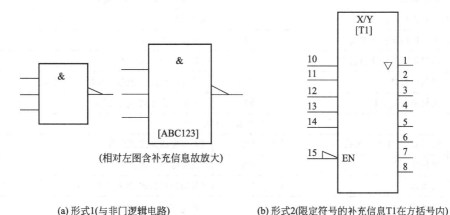

（a）形式1(与非门逻辑电路)　　　　　　　　　　（b）形式2(限定符号的补充信息T1在方括号内)

图 3-25　二进制逻辑元件符号所含信息标记示例

4. 注释与标识

（1）注释

"说明性信息"采用注释。注释应放在要说明的对象附近，或者放在图纸边框线边缘附近（加上标记，如脚注）。多张文件的一般性总注释应放在首张。

（2）敷设安装的标注

敷设安装的标注见表 3-11。

表 3-11   敷设安装的标注

序号	名称	标注字母	备注
		线路敷设方式	
1	穿焊接钢管敷设	SC	含其他厚壁管(其他标注方式:G、GG)
2	穿电线管敷设	MT	含其他薄壁管(其他标注方式:薄管 DG;厚管 G)
3	穿硬塑料管敷设	PC	(其他标注方式:VG)
4	穿阻燃半硬塑料管敷设	FPC	(其他标注方式:ZVG)
5	在电缆桥架内敷设	CT	
6	在金属线槽内敷设	MR	(其他标注方式:SR、GC、GXC)
7	在塑料线槽内敷设	PR	(其他标注方式:KRG)
8	穿塑料波纹电线管敷设	KPC	
9	穿金属软管敷设	CP	
10	地下直埋敷设	DB	
11	在电缆沟内敷设	TC	
12	在混凝土排管内敷设	CE	
13	用钢索敷设	M	(其他标注方式:SR、S)
		导线敷设部位	
1	沿或跨梁(屋架)敷设	AB	(其他标注方式:BE、LM)
2	暗敷在梁内	BC	(其他标注方式:LA)
3	沿或跨柱敷设	AC	(其他标注方式:CLE、ZM)
4	暗敷在柱内	CLC	(其他标注方式:ZA)
5	沿墙面敷设	WS	(其他标注方式:WE、QM)
6	暗敷设在墙内	WC	(其他标注方式:QA)
7	沿天棚或顶板面敷设	CE	(其他标注方式:PMW)
8	暗敷设在屋面或顶板内	CC	(其他标注方式:PA)
9	吊顶内敷设	SCE	(其他标注方式:能进入:ACE、PNM;不能进入:AC、PNA)
10	地板或地面下敷设	FC	(其他标注方式:DA、FR)
		灯具安装方式	
1	线吊式、自在器线吊式	SW	(其他标注方式:CP、X)
2	链吊式	CS	(其他标注方式:Ch、L)
3	管吊式	DS	(其他标注方式:P、G、DS)
4	壁装式	W	(其他标注方式:B)
5	吸顶式	C	
6	嵌入式	R	(其他标注方式:FR)
7	顶棚内安装	CR	(其他标注方式:DR)
8	墙壁内安装	WR	(其他标注方式:BR)
9	支架上安装	S	(其他标注方式:SP、J)
10	柱上安装	CL	(其他标注方式:Z)
11	座装	HM	(其他标注方式:ZH)
12	台上安装	T	

（3）颜色标识

颜色标识见表 3-12。

表 3-12 颜色标识

名称	编码颜色	备注
指示灯		
危险指示	红色	
警告指示	黄色	
安全指示	绿色	
事故跳闸	红色	
重要的服务系统停机	红色	
起重机停止位置超行程	红色	
辅助系统压力/温度超安全极限	红色	
高温报警	黄色	
过负荷	黄色	
异常指示	黄色	
正常指示	绿色	核准继续运行
正常分闸（停机）指示	绿色	设备在安全状态
弹簧储能完毕指示	绿色	设备在安全状态
开关的合（分）或运行指示	白色	单灯指示开关运行状态；双灯指示开关合时运行状态
电动机降压启动过程指示	蓝色	
操作按钮		
紧停按钮	红色	
合闸（开机）（启动）按钮	白色	允许使用绿色,但不得使用红色
分闸（停机）按钮	黑色	允许使用红色,但不得使用绿色
正常停和紧停合用按钮	红色	
电动机降压启动结束按钮	白色	
弹簧储能按钮	蓝色	
导体		
交流系统 L1 相	黄色	
交流系统 L2 相	绿色	
交流系统 L3 相	红色	
交流系统 N	淡蓝色黄色	
交流系统 PEN 导体	全长绿/黄双色,终端另外标出淡蓝色	两种标识仅选一种
交流系统 PEN 导体	全长淡蓝色,终端另外标出绿/黄双色	
PE 保护导体	绿/黄双色	
直流系统的正极	棕色	
直流系统的负极	蓝色	
直流系统的接地中线	淡蓝色	

续表

名称	编码颜色	备注
小母线		
L+　　（+）	红	控制小母线（正电源）
L−　　（−）	蓝	控制小母线（负电源）
L+（+700）	红	信号小母线（正电源）
L−（−700）	蓝	信号小母线（负电源）
M100	红,间绿	全长绿/黄双色,终端另外标出淡蓝色
L1—6□0	黄	电压小母线（L1 相）
L2—6□0	绿	电压小母线（L2 相）
L3—6□0	红	电压小母线（L3 相）
N	黑	电压小母线（N 线）

控制屏（屏台）上模拟母线

1	直流		褐	7	交流	10	绛红
2	交流	0.10	浅灰	8	交流	20	梨黄
3	交流	0.23	深灰	9	交流	35	鲜黄
4	交流	0.38	黄褐	10	交流	63	橙黄
5	交流	3	深绿	11	交流	110	朱红
6	交流	6	深蓝	12	交流	220	紫

注：1. 模拟母线的宽度宜为 12mm；
　　2. 励磁系统直流回路模拟母线的色别同序号 1；
　　3. 变压器中性点引线模拟母线的色别为黑色。

六、信号及连接线

GB/T16679—1996"信号与连接线代号"规定了用于标识电气技术及相关领域中信号与连接线的代号和名称的构成规则。

1. 信号代号

（1）功能

信号代号在以一批项目、组件、设备、工厂、成套装置或其它系统为对象所编制文件中，用来唯一标识其组成点（如端子、节点）间简单功能的连接或电连接。其中也包括电源和其它恒电平连接线的代号。

（2）构成

① 信号代号　包括信号名，必要时在信号名前增加项目代号。

② 信号名　包括基本信号名，亦可在其后增加信号形态识别符。对于电路图中采用极性指示符的二进制逻辑信号，信号名应包括置于最后的信号电平标记。

③ 完整的构成　见图 3-26。

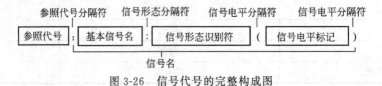

图 3-26　信号代号的完整构成图

（3）推荐字符

信号代号推荐由小写字母外的标准字符集组成。信号名中不同的助记符、编写、识别符、后缀等可用空格或下横线加以隔开，便于识读。为计算机处理兼容，组成信息代号的字符集限于 GB/T 1988 中规定的代码表，不包括控制字符。如计算机仅处理八位字符集，推荐采用如下字符。

① 大写字母 A～Z；

② 数字 0～9；

③ 否定符　上横线（￣），逻辑非（ㄱ），当必须使用七位字符时，则采用代字符（～）；

④ 分隔符　下横线（＿）或空格；

⑤ 项目代号分隔符　冒号（:）；

⑥ 算术运算符　短划或减号（－），加号（＋）；

⑦ 布尔运算符　上圆点（°）；

⑧ 特种字符　！"　％　&　'　（　）　＊　，　•　/　〈　＝　〉　？　。

（4）字长

计算机处理和文件编制的幅面经常限制信号代号的字长，要求其信号名部分应在 24 个字符内。

2. 参照代号

（1）组成和应用原则

按 GB5094《工业系统、装置与设备以及工业产品结构原则与参照代号》的原则规定。

（2）省略

不致引起混淆时，信号代号的项目代号部分可以省略，方法是：

① 整个文件某页的项目代号省略其公共部分，而列到标题中；

② 简图的边框线内，或信号表的某段的项目代号也可省略其公共部分。

3. 信号名

（1）功能

信号名在以一个项目、组件、设备、工厂成套装置或者其他系统为对象编制的文件中，唯一地标识其组件（如端子、接点）间简单功能的连接或电的连接。

（2）构成

① 基本信号　电路中传送一条信息所通过的若干物理信号的每一条物理信号的唯一标识名称。

• 命名方式

通告（或告示）性信号　根据运载的信息（如状态信息）来命名。图 3-27 中告示电机是否在运行的信号命名为 M1 _ RUNNING，告示 M2 是否在运行的信号命名为 M2 _ RUNNING。

命令（或控制）性符号　不是根据产生它们的符号及功能，而是根据它们所执行的功能来命名。如图 3-28 中信号 RUN _ EN 被 CLK6 选通后产生一信号去置位双稳态单元"RUN"，将该输出信号命名为 SET _ RUN，则功能显见。如命名为 RUN _ EN _ CLK6 则难见其功能。

• 表示方法

尽量采用助记符名称、标准缩写和标准文字符号。当采用助记符、缩写和文字符号命名的信号名出现在有关文件中时，应对其含义给予解释；

幅面如允许、应用易看懂的助记符，而不用过短的缩写。如 SELDEV1 比 SD1 更好地表达"选择设备 1"的含义。

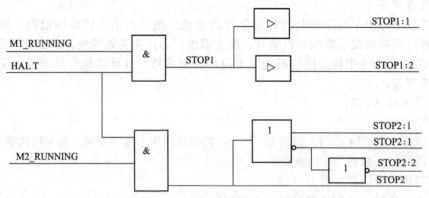

图 3-27 通告性及相似符号的符号名示例

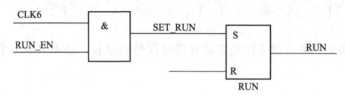

图 3-28 控制信号命名示例

• 分类

电源和其他恒定电源的连接线 命名原则同"模拟和二进制逻辑符号",每个代号只适用于成套装置或设备中的一种电源。应按照所运载的恒定电平物理量的特性命名。它可以是一个带有测量单位的数值，或是表示额定数值的缩写。缩写有可能包含误差或其他附加特性，如地线可命名为 OV 或 GND，TTL 供电电压连接线可命名为＋5V 或 VCC，主电源连接线可命名为 50Hz 220V L1。助记符和缩写应尽量采用已标准化的文字符号，表 3-14给出了特定导线线端和设备端子的识别标记。图 3-29 为交流供电系统的符号代号示例。

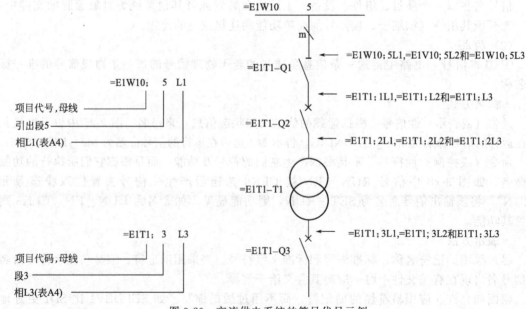

图 3-29 交流供电系统的符号代号示例

　　模拟符号　在可能的物理数值范围它是连续的。其命名应描述符号所代表的变量或功能，其名称以通用语言为基础，示例见图 3-30。对于变量的测量传感器的信号名称第一字母应该自表 3-13 中选取；对于电变量的测量传感器符号的首字母则取表 3-13 中带"＊"者；以上两种情况如需要第二个字母时，则应取表 3-13 中带"＊＊"者；

　　二进制逻辑信号　它是由两个不重叠的物理值所代表的具有两种"状态"的信号，此两值称为"电平"。它的基本信号名是能判别"真"或"假"（"1"或"0"）的某个语句或表达式的缩写。

　　否定信号　是含有反义的信号名。为便于理解，可能时尽量采用其正向信义的信号名表示，如用 STOP（停止）或 IDLE（静止）代替 NORUN。

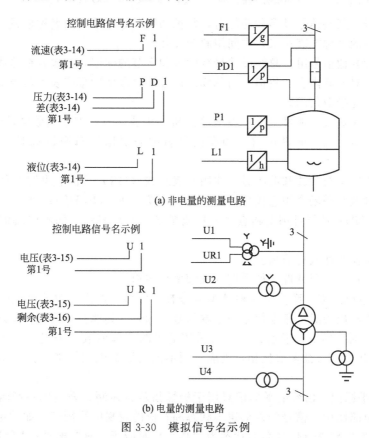

图 3-30　模拟信号名示例

表 3-13　测量或初始变量的字母符号（源于 ISO 14617-6 第 7.3.1 条表）

符号	测量或起始参数	符号	测量或起始参数
A		N	使用者选择
B		O	使用者选择
C		P	压力、真空（＊功率）
D	密度（＊＊差）	Q	质量（＊＊无功功率、＊＊综合或合计）
E	电气变量	R	辐射（＊电阻、＊＊剩余）
F	流速（＊频率、＊＊比率）	S	速度、频率
G	量器、位置、长度	T	温度
H	手	U	多参数

续表

符号	测量或起始参数	符号	测量或起始参数
I	（＊电流）	V	使用者选择（＊V 或 U-电压）
J	功率	W	重力、力
K	时间	X	不分类的
L	物位	Y	使用者选择
M	潮湿、湿度	Z	事件数、量（＊阻抗）

注：1. 如温度传感器的代号只表示为 B 类，不足以表示其预定用途时，可定为 BT 类；
2. 括号内字母符号前带"＊"为电变量专用、"＊＊"为修饰词，非源于 ISO 14617-6。

　　多功能信号　某些信号具多种功能时，每种功能最好用单独的名称描述。基本信号名中可包含可供选择的名称或表达式，中间用斜线隔开。

　　总线信号和其他信号组　总线或信号组中位和字节的标记，应包含在总线或信号组名称的数字后缀中。对于其内有加权信号的总线或信号组，数字后缀应表示信号实际的权，可用十进制数或 2 的幂指数表示。

　　算术和逻辑表达式　加号（＋）表示代数和，减号（－）表示代数减，如 AR＋1 可以作为"地址寄存器加 1"的助记符。如在信号名中需要用逻辑表达式时，则应遵循以下规则：

　　当加号（＋）不与代数和混淆时，才用它表示或（OR）功能。书写时如不要求表明其区别，可在一种或两种场合用它代替"或"（OR）或"加"（PLUS）；

　　逻辑与（AND）功能可用上圆点（•）或星号（＊）表示。如不引起混淆，也可按正常并列书写；

　　使用括号可使表达式更清晰。

　　时钟信号：包含主要特性，如周期（或频率）和相位。

　　② 信号形态识别符　系统中一种基本信号有时可多次产生、被放大或被电平移动，或通过导电器件多次出现时，基本信号用基本信号名标识，其他在不同场合出现的信号则用不同的信号形态识别符标识。形态识别符可采用适当的字母或数字来组合，并在前面加冒号（;）；若二进制逻辑信号被多次反相，则应采用不同的形态识别符来区分反相或不反相的不同形态的信号。

　　③ 信号电平标记　信号电平标记只用于极性指示符体制。采用单一逻辑约定（正逻辑或负逻辑）的电路图中，信号的外部逻辑状态和相应的逻辑电平固定。如"正逻辑"约定有效时，信号的"1"状态（信号名的状态为"真"）对应于"H"电平；"负逻辑"约定时，"1"状态对应于"L"电平。采用其他约定来表示电平且其含义不明确时，应在图中或有关文件中予说明。在一套文件中，应采用同一约定。

　　采用极性指示符的电路图中，逻辑符号没有外部逻辑状态，而只有逻辑电平。因此每个逻辑信号名应包括一个与信号"1"状态（"真"状态）相对应的逻辑电平符号。推荐的方法是在信号名的后面加逻辑电平符号（例如"H"或"L"），把它置于括号内或在它前面加一下横线或留一空格。

　　（3）使用规则

　　① 不管功能多相似，不同信号不能用同一信号名。控制电路中区别相似的不同电路，可加适当前缀；

　　② 信号被任何方式改变（如放大、反向、被另一个信号选通、延迟、斩波），信号名必须改变。可在基本信号名上加信号形态识别符，或改变基本信号名；

③ 同一信号多次产生、放大、电平移动或通过某导电元器件，其基本信号每次出现均应用同一基本信号名，但各具不同的信号形态识别符；

④ 二进制逻辑信号仅被否定或反相，除了添加或删去否定指示符，其基本信号名保持不变。若采用逻辑极性指示符，则可代之以相反的信号电平标记。若信号不止一次被反相，为区分反相或不反相的信号形态，可采用不同的形态识别符。

（4）信号名用助记符

为促进信号名的统一，常使用助记符组合起来表示复合名词或短语。如需要，又不会引起混淆时，对表中的助记符可赋予别的含义，也可赋予其他助记符以某种含义。注意在一套文件中应以同一含义赋予特定的助记符，同一助记符也只能用于一种特定的含义。信号名用助记符见本书配资源"第一章工程技术数据二、建筑电气部分"附录。

七、端子代码

1. 概述

（1）端子

物体（项目）与外部网络的连接点。与物体相关的连接可能有若干，设置端子便可与其逐一相连。

（2）端子的标识

为了无歧义地描述这些"连接"，对每个端子应相对于关注的项目本身和项目所属的系统作唯一的标记。方法如图3-31。

① 按图3-31所述方式构成的是相对于所关注项目的唯一端子标识的"端子代号"；

② "参照代号"与"端子代号"靠近，"："应示出。若不致混淆，如表中，则可略；

③ 强调或区分端子代号取定的依据时在"："后直接加上下述符号：

－端子根据产品方面标识，该端子被用来设计产品/组件网络；

＝端子根据功能方面标识，该端子被用来设计与功能相关网络；

＋端子根据位置方面标识。

图 3-31　系统内端子的标识

2. 端子代号

端子代号按 GB/T18656—2002 标准，由以下三种方式组成：

（1）产品面的端子代号

以实际的端子代号组成端子代号：

① 标在产品上的代号；

② 制造厂商给定的代号；

③ 根据惯例熟知的代号。

制造商未对端子给定代号或代号不全，产品标准未包含对端子标志要求时，图3-32为按惯例组成的示例。在图3-32（b）中惯例是一边为A，另一边为B；也可以一边为"·1"，另一边为"·2"。

（2）功能面的端子代号

以端子功能或内部与端子有关功能的信号名为依据。对于用数据单或类似有关文件描述器件功能者，应由数据单或类似有关文件中规定的端子名称构成。参见图3-33。

（3）位置面的端子代号

表示端子的位置，应由标在端子位置旁的代号或表示所在位置或位置名称的相对位置的其它字母数字代号构成。

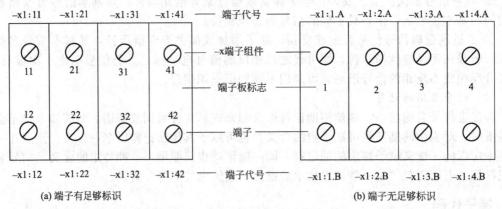

图 3-32 按惯例组成的端子代号示例

3. 端子代号集

正如可从不同方面研究项目一样，也可以不同方面研究项目的端子。于是为了某种目的需要，示出不同方面的端子代号集合，便是端子代号集。图 3-34 为其示例。

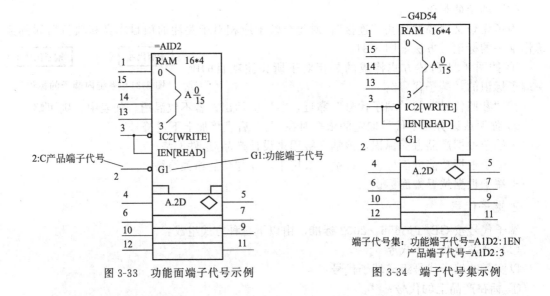

图 3-33 功能面端子代号示例　　　图 3-34 端子代号集示例

4. 与特定导体相连的设备端子

与特定导体终端相连接的标志见表 3-14。

表 3-14 特定导线线端和设备端子的识别标记

特定导体	导体[①]和导体中断的标记	设备端子标记	图形符号[⑤]
交流导体			~
第 1 线	L1[③]	U	
第 2 线	L2[③]	V[④]	
第 3 线	L3[③]	W[④]	
中性导体	N	N	

续表

特定导体	导体[1]和导体中断的标记	设备端子标记	图形符号[5]
直流导体			— — —
正极	L+	+或 C	+
负极	L−	−或 D	−
中间导体	M	M	
保护导体[2]	PE	PE	⏚
PEN 导体[2]	PEN	PEN	
PEM 导体[2]	PEM	PEM	
PEL 导体[2]	PEL	PEL	
功能接地导体[2]	FE	FE	⏚
功能等电位联结导体[2]	FB	FB	⏚

①见 GB7947 颜色标记。

②见 IEC60050-195 定义：保护导体：（195-02-09）；PEN 导体：（195-02-12）；PEM 导体：（195-02-13）；PEL 导体：（195-02-14）；功能接地导体：（195-01-13）；功能等电位联结导体：（195-01-16）。依据 IEC60050-195 中的规定，等电位联结和机架或机壳连接不再像以前那样有区别。功能等电位联结导体同时包含以上两个概念。图形符号▽（GB/T5465—1996 中 5021）不再使用。

③"L"之后的数字只是在多于单相的系统中需要。

④只是在多于单相的系统中需要。

⑤下列所示图形与 GB/T5465 中的符号相同：

～	GB/T5465 中的符号 5032	⏚	GB/T5465 中的符号 5019
— — —	GB/T5465 中的符号 5031	⏚	GB/T5465 中的符号 5018
+	GB/T5465 中的符号 5005	⏚	GB/T5465 中的符号 5020
−	GB/T5465 中的符号 5006		

注：电气工程图中亦常出现如下专用文字符号：E 接地；PU 不接地保护；TE 无噪声接地；MM 机壳或机架；CC 等电位；AC 交流电；DC 直流电。

八、识图要领

1. 电气工程图的特点

① 简图是表示的主要形式，简图是用图形符号，带注释的围框或简化外形表示系统或设备中各组成部分之间相互关系的一种图。

简化指的表现形式，而其含义确是极其复杂和严格的。阅读、绘制，尤其是设计电气工程图，必须具备综合且坚实的专业功底。简化也就使一些安装、使用、维修方面的具体要求未一一在图中反映，也没有必要条条注清。这部分内容在有关标准、规范及标准图中有明确表示。设计中可以"参照×××"等方式简略。

并非所有的电气工程图都是这种形式，如配电室、变压器室、中控室的平面布置、立面及剖面图应严格按比例、尺寸、形状绘制。这类图更接近建筑图纸。又如安装制造图，则接近机械图作法。

② 设备、元件及其连接是描述的主要内容，电路须闭合。其四要素是电源、用电设备或元件、连接导线及控制开关或设备。因此必须以基本原理、主要功能、动作程序及主体结构四个方面去构思。对动作元件、设备及系统的特点，功能往往是从应用角度，相对来说外部特性重于内部特性。

③ 功能方式及位置方式是两种基本布局方式。位置布局是表示清楚空间的联系，而功能布局时要注意表示跨越空间的功能联系。这是机械、建筑图比较直观的集中表示法所少出现的。设计时必须充分利用整套图纸。概略图（系统图）表示关系，电路图表示原理，接线图表示联系，平面布置图表示布局，文字标注及说明作补充。

④ 图形符号、文字符号和参照代号是基本的要素。为此必须明确和熟悉图、文、代号表示的相关规程、规范的内容、含义、区别，对比以及相互联系。只有在熟练的基础上才能做到不混淆，用得恰当。然后才有可能谈得上综合、巧用及优化。

⑤ 对能量流、信息流、逻辑流及功能流的不同描述构成其多样性。描述"能量流"和"信息流"的有系统图、框图、电路图和接线图；描述"逻辑流"的有逻辑图；描述"功能流"的有功能图、程序图、系统说明图等。能量、信息、逻辑及功能这几种物理流既有抽象的又有有形的，从而构成电气图的多样性。

复杂的四种物理流要分别表现在强电、弱电的各个不同子项的各张图上，这就有一个综合分配问题。这四项物理流还要由主体和配合的各种专业共同处理、安排，同时还得在本工程内部及外部环境间交递、转换、分配，这里还有一个协调、配合的问题。

2. 识图基础

① 从"标准代号"了解图纸所采用的标准。

② 熟悉"图形符号、文字符号、参照代号"标准与所用的表示方法。

③ 结合"土建工程及其它相关工程图样"及"建设方要求"。为了使阅读更为全面，还需了解建筑制图的基本知识及常用建筑图形符号。

④ 不同的读图目的有不同的要求。有时还必须配合阅读有关"施工及校验规范、质量检验评定标准及电气通用标准图"。

⑤ 电气工程图比较分散，不能孤立单独一张张看，应将多张图纸结合起来看：从平面图找位置，从概略图找联系，从电路图分析原理，从安装接线图理走线。其中特别注意将概略图与平面图这两种电气工程最关键、也是关系最密切的图对照起来看。

3. 识图顺序

应根据需要灵活掌握，必要时还需反复阅读。

① 标题栏及图纸目录　了解工程名称、项目内容及设计日期等。

② 设计及施工说明　了解工程总体概况及设计依据及图纸未能清楚表达的各事项。

③ 概略图（系统图）了解系统基本组成、主要设备元件、连接关系及它们的规格、型号、参数等，掌握系统基本概况及主要特征。往往通过对照平面布置图对系统构成形成概念。

④ 电路图和接线图　了解系统各设备的电气工作原理，用以指导设备安装及系统调试。一般依功能从上到下、从左到右、从一次到二次回路的顺序逐一阅读。注意区别一次与二次，交流与直流及不同电源的供电，同时配合阅读接线图和端子图。

⑤ 平面布置图　用来表示设备的安装位置、线路敷设部位及方法以及导线型号、规格、数量及管径大小，是电气工程的重要图纸之一，也是施工、工程概预算的主要依据，对照相关安装大样图阅读更佳。

⑥ 安装大样图　按机械、建筑制图方法绘制的详细表示设备安装，用来指导施工和编制工程材料计划的详图。本专业可借用通用电气标准图。

⑦ 设备材料表　提供工程所用设备、材料的型号、规格、数量及其它具体内容，是编制相关主要设备及材料计划的重要依据。

第二节　电气工程设计

一、设计的依据和基础资料

1. 基本依据

（1）项目批复文件

项目批复文件应包括：来源、立项理由、建设性质、规模、地址及设计范围与分界线等。初步设计阶段要依据正式批准的"初步设计任务书"。施工图设计阶段依据有关部门对初步设计的"审批修改意见"及建设单位的"补充要求"，此时不得随意增、减内容。如设计人员对某具体问题有不同意见时，通过双方协商，达成一致后，应以文字形式确定下来为设计依据。

（2）供电范围总平面图及供电要求

包括：电源、电压、频率、偏差、耗电情况、用电连续性、稳定性、冲击性、频繁性、连锁性及安全性、防尘、防腐、防爆、温度、湿度的特殊要求，建设方五年内用电增长及规划，工厂本身全年计划产量及计划用电量，对电气专业的要求——包括自动控制、连锁关系和操作方式等。

设计边界的划分要防止与土建混淆，土建是以国土规划部门划定的红线确定范围；电气通常是建设单位（俗称甲方）与供电主管部门商议，不以红线，而是以工程供电线路接电点来划定，它可能在红线内，也可能在红线外。另一点是与其他单位联合电气设计时，还必须明确彼此的具体分工、交接界限，本单位设计的具体任务及必须向合作方提供的条件（含技术参数）。所以往往又要区分内部线路与外部网络、设计范围与保护范围、建设范围与管属范围。

（3）地区供电可能性

① 电源来源——回路数、长度、引入方位、供电引入方式（专用或非专用、架空或埋地）；

② 供电电压等级、正常电源外的备用电源、保安电源以及检修用电的提供；

③ 高压供电时，供电端或受电母线短路参数（容量、稳态电流、冲击电流、单相接地电流）；

④ 供电端继保方式的整定值（动作电流及动作时间）、供电端对用户进线的继保时限及方式配合要求；

⑤ 供电计量方式（高供高量、高供低量或低供低量）及电费收取（含分时收费、分项收费）办法；

⑥ 对功率因数、干扰指标及其他方面的要求。

（4）当地公共服务设施情况

① 电信设备位置、布局及提供通讯的可能程度，如中继线对数、专用线申办可能、要求、投资，电话制式及未来打算、线路架设及引入方式。

② 电缆电视及宽带多媒体通信现状、等级、近期规划，在本工程位置地具体布局、安排、电视频道设置、电视台方位、工程所在地磁场强度，个别工程还要了解无线、卫星通讯及接收可能及电磁干扰状况。

③ 消防主管部门对当地消防措施的具体要求、地方性消防法规。环保要求中个别工程要注意电磁干扰的限制性指标。

④ 地区通信、宽带网系统的现状、等级、未来规划发展及在本工程位置具体布局、安排。电讯部门所能提供中继线的对数、专用线申办的可能性、要求及投资，消防、火灾报警

及数据通信的具体要求。

（5）气象资料

通常是向当地气象部门索取，近 20 年当地最新资料：

① 年均温　月均温的全年 12 个月的平均值，为全年气候变化中值，用于算变压器使用寿命及仪表校验用；

② 最热月最高温　每日最高温的月平均值，用于选室外导线及母线；

③ 最热月平均温　每日均温，即一天 24h 均值的月均值，用于选室内绝缘线及母线；

④ 一年中连续三次的最热日昼夜均温　用于选敷设于空气中的电缆；

⑤ 土壤中 0.7～1.0m 深处一年中最热月均温　用于考虑电缆埋地载流量；

⑥ 最高月均水温　影响水循环散热作用；

⑦ 土壤热阻系数　电缆在黏土和砂土中的允许载流量不同；前七项涉及设备的散热环境状况；

⑧ 年雷电小时及雷电日数　涉及防雷措施；

⑨ 土壤结冰深度　涉及线缆埋地敷设；

⑩ 土壤电阻率　关系接地系统接地电阻大小；

⑪ 五十年一遇最高水位　涉及工程防洪、防水淹措施，尤其是变配电所地址选择；

⑫ 地震烈度　关系变、配、输电建筑及设施抗震要求；

⑬ 三十年一遇最大风速　⑫及⑬两项涉及架空线（包括导线和杆塔）的强度；

⑭ 空气温度　离地 2m、无阳光直射空气流通处空气温度，用于考虑设备温升及安装；

⑮ 空气湿度　每立方米空气含水蒸气质量（g/m^3）或压力（mmHg）为绝对湿度。空气中水蒸气与同温饱和水蒸气密度或压力之比为相对湿度，用以考虑设备绝缘强度、绝缘电阻及材料防腐。

（6）地区概况

① 工程所在地段的标准地图。随工程大小及不同阶段，图纸比例不同。

② 当地及邻近地区大型设备检修、计量，调试的协作可能。

③ 当地电气设备及相关关键元件材料生产、制造情况，价格，样本及配套性。

④ 当地类似工厂电气专业技经指标，如全厂需要系数、照度标准、单产耗电及地区性规定及要求。

（7）涉及控制设计则需增加以下内容：

① 工艺对控制仪表的要求；

② 引进专用仪表有关厂商的技术资料（含接线、接管、安全、要求）；

③ 国内有关新型仪表技术资料，使用情况及供货情况；

④ 生产过程控制系统有关的自锁及联锁要求；

⑤ 仪表现场使用情况；

⑥ 机、电、仪一体化配套供应情况及接线要求。

（8）建筑物性质、功能及相应的常规要求

建筑的类型、等级、相适应的规程、规定、要求、电专业具备的功能，即是设计的内容及要求。如宾馆、饭店具何等星级，它的装修、配置差别很大。剧场、会场还应包括舞美灯光、扩声系统。学校建筑应有电铃、有线广播、多媒体教学，且照明也有特殊之处。

2. 签订合同

（1）与当地供电部门签订供电合同

① 可供电源电压及方式（专线或非专线、架空或电缆）、距离、路线与进入本厂线路走向。

② 电力系统最大及最小运行方式时供电端的短路参数。

③ 对用户的功率因数、系统谐波的限量要求。

④ 电能计量的方式（高供高量、高供低量、低供低量）、收费办法、电贴标准。

⑤ 区外电源供电线路的设计施工方案、维护责任、用法及费用承担。

⑥ 区内降/配电所继电保护方式及整定要求。

⑦ 转供电能、躲峰用电、防火、防雷等特殊要求。

⑧ 开户手续。

（2）往往还要与电信、电缆电视部门签订合同。

（3）倾听、征求消防、环保、交通、规划等相关部门之意见及要求，商议后签订合同。

3. 基础资料

（1）法规及技术标准

在工程建筑的勘测、设计、施工及验收等工作中，必须遵守的有关法规；正确执行现行的技术标准，这是确保工程质量最基本的，也是最重要的要求。

① 法规

• 由全国和地方（省、自治区、直辖市）人民代表大会制定并颁布执行的法律和各级政府主管部门颁布实施的规定、条例等统称为法规。

• 有关建设方面的法规是从事建设活动的根本依据，是规范行业活动的保障。因此法规在其行政区划内都是必须执行的。

• 法规通常制定的较为原则，有时还附有实施细则。各级政府主管部门是根据法律和其他有关规定，制定更具有针对性和可操作性的规定、条例。

• 法规通常由颁布部门负责解释。

• 建筑电气设计常用的法规见相关资料。

• 工作中还应遵守国家和地方的其他有关法规。

② 技术标准

• 标准的含义　"标准"是对重复性事物和概念所做的统一规定。它以科学、技术和实践经验的综合成果为基础，经有关方面协商一致，由主管机构批准，以特定形式发布，作为共同遵守的准则和依据。

• 标准的分级　按照"标准化法"，我国工程建设标准分国家标准、行业标准、地方标准和企业标准四级。

国家标准　由国家标准化和工程建设标准化主管部门联合发布，在全国范围内实施。1991 年后，强制性标准代号采用 GB，推荐性代号采用 GB/T；发布顺序号大于 50000 者为工程建设标准，小于 50000 者为工业产品等标准。例如 GB50034—2004，GB/T50326—2001（以前工程建设国家标准的代号采用 GBJ）。

行业标准　它由国家行业标准化主管部门发布，在全国某一行业内实施。同时报国家标准化主管部门备案。行业标准的代号随行业而不同。对"建筑工业"行业，强制性标准采用 JG，推荐性标准采用 JG/T；属于工程建设标准的，在行业代号后加字母 J。例如 JGJ/T16—92。另外，"城镇建设"行业标准代号为 CJJ（CJJ/T）。

地方标准　由地方（省、自治区、直辖市）标准化主管部门发布，在某一地区范围内实施。同时报国家和行业标准化主管部门备案。地方标准的代号随发布标准的省、市、自治区而不同。强制性标准代号采用"DB+地区行政区划代码的前两位数"，推荐性标准代号在斜线后加字母 T。属于工程建设标准的，不少的地区在 DB 后另加字母 J。例如北京市 DBJ01-608—2002。

企业标准　由企业单位制定，在本企业单位内实施。企业产品标准报当地标准化主管部门备案。企业标准代号为 QB（与轻工行业代号一样）。

标准的修改　当标准只做局部修改时，在标准编号后加（××××年版）。

四级标准的编制原则　下一级标准提出的技术要求不得低于上一级的标准，但可以提出更高的要求。即国家标准中的要求为最基本的要求，也可以看作市场准入标准。

•标准的分类　按照标准的法律属性，我国的技术标准分为强制性标准和推荐性标准两类。

强制性标准　凡保障人身、财产安全、环保和公共利益内容的标准，均属于强制性标准，必须强制执行。

推荐性标准　强制性标准以外的标准，均属于推荐性标准。

标准体制　我国实行的是强制性标准与推荐性标准相结合的标准体制。其中强制性标准具有法律属性，在规定的适用范围内必须执行；推荐性标准具有技术权威性，经合同或行政性文件确认采用后，在确认的范围内也具有法律属性。

•标准的表达形式　我国工程建设标准有以下三种表达形式：

标准　通常是基础性和方法性的技术要求；

规范　通常是通用性和综合性的技术要求；

规程　通常是专用性和操作性的技术要求。

•工程建设标准强制性条文　自2000年起，建设部开始发布《工程建设标准强制性条文》。对现行强制性国家和行业标准中涉及安全、卫生、环保、节能、公共利益等内容的强制性条文进行汇编。其目的是重新界定强制性条文的范围，它相当于WTO要求的"技术法规"。并通过"施工图审查和竣工验收"等环节确保贯彻执行。

•标准化协会标准　根据原国家计划委员会的要求，由中国工程建设标准化协会发布"协会标准"，在全国范围内实施。协会标准的代号一律采用CECS，如CECS154：2003。

③ 选用注意

•各级标准、规范（程）都由主管部门进行版本管理，必须选用当前有效版本才具有法律性。

•认真阅读"总则"，搞清其适用范围和技术原则。

•对于综合性规范（例如《建设设计防火规范》等）除本专业的章、节外，还应执行编写在其他专业的有关条文的内容。

•电气工程设计的技术标准按使用范围分为：

表达方式方面　主要是各种类型的图形符号、数字符号、文字及字母的表示，导线标记及接线端子标准，以及制定规则；

设计操作方面　按不同设计内容及对象有众多的规程、规范，可查出版的"…规程汇编"、"…常用规范选"；

设计深度方面　往往随不同行业而异；

施工及验收方面　这部分内容间接影响设计工作。

电气工程设计的技术标准目录见相关资料。

（2）标准设计图集

① 作用　工程建设标准设计（简称标准设计）是指国家和行业、地方对于工程建设构配件与制品、建筑物、构筑物、工程设施和装置等编制的通用设计文件。我国成立后不久就开展了各级标准图集的编制工作，它在几十年的工程建设中发挥了积极作用。

•保证工程质量　标准设计图集是由技术水平较高的单位编制，经有关专家审查，并报政府部门批准实施的，因此具有一定的权威性。大部分标准图集可以直接引用到设计工程图纸中。只要设计人员能够恰当选用，能保证工程设计的正确性。对于不能直接引用的图集，也对工程技术工作起到重要的指导作用，从而保证了工程质量。

• 提高设计速度 工程建设中存在着大量的施工（或加工）详图设计文件。当编制了标准设计图集后，设计人员将选择的图集编号和内容名称写在设计文件上，施工单位就可以按图施工，从而简化了设计人员的重复劳动。

• 促进行业技术进步 对于不断发展的新技术和新产品，一般会组织有关生产、科研、设计、施工等各方，经过论证后适时编制标准设计图集。工程界通常认为它的实施是技术走向成熟的标志之一。因此，标准设计图集对于促进科研成果的转化，新产品的推广应用和推动工程建设的产业化等方面起到了至关重要的作用。

• 推动工程建设标准化 标准设计图集一般是对现行有关规范（程）和标准的细化和具体化，对于有些工程急需，而规范（程）又无规定的问题，标准图补充了一些要求。贯彻了规范（程）和标准，又推动其发展。

② 分级

• 标准设计图集现依据建设部建设〔1999〕4 号文颁布的《工程建设标准设计管理规定》开展工作。

• 标准设计的分级和应用范围见表 3-15。

表 3-15 标准设计的分级和应用范围

标准设计分级	主管部门	使用范围
国家建筑标准设计	建设部	在全国范围内跨行业使用
行业标准设计	国务院主管部委	在行业内使用
地方建筑标准设计	省、自治区、直辖市的建设主管部门	在地区内使用

• 中国建筑标准设计研究院受建设部委托，负责国家建筑标准设计图集的组织编制和出版发行工作。

• 有些大型设计单位编制在本单位设计工程中使用的通用设计图。

③ 建筑电气国家标准设计图集

• 编制与管理 受建设部委托，由中国建筑标准设计研究院负责国家建筑标准图集的组织编制、出版发行及相关技术管理工作。

• 编号方法

1985 年以后采用的编号方法：

04	D (X)	2	02	3
↓	↓	↓	↓	↓
批准年代号	电气（弱电）专业代号	类别号	顺序号	分册号（不分册时无此项）

当一本图集修编时，只改变"批准年号"，其余不变。例如 90D701-1。

• 技术分类

2003 年以后国家建筑标准设计图集（电气专业）的技术分类见表 3-16。

表 3-16 国家建筑标准设计图集（电气专业）的技术分类

类别号	名称
0	综合项目
1	电力线路敷设及安装
2	变配电所设备安装及 35/6-10kV 二次接线

续表

类别号	名称
3	室内管线安装及常用低压控制线路
4	车间电气线路安装
5	防雷与接地安装
6	强、弱电连接与控制
7	常用电气设备安装
8	民用建筑电气设计与安装

2003 年以后国家建筑设计图集（智能化部分）的技术分类见表 3-17。

表 3-17　国家建筑设计图集（智能化部分）的技术分类

类别号	名称
1	通讯线路安装
2	建筑设备监控系统
3	广播与扩声系统
4	电视系统
5	安全防范系统
6	住宅智能化系统
7	公共建筑智能化系统
8	智能化系统集成

④ 选用注意　各级标准图集在编制原则和使用对象上类似，但在编制内容和编排方式上有差异。因此在选用上有共性的问题，也有个性的问题。

• 标准图集是随着技术的发展和市场的需要不断修编的，因此一定要选用有效（现行）版本。

• 使用标准图时必须阅读编制说明，重点明确：

标准图集一般依据现行有关规范（程）和标准编制，在编制说明中会列出它们的名称、编号和版本。这些规范（程）和标准随时可能修改，而标准图集的修编通常有滞后性，因此选用时必须核对其依据的规范（程）和标准是否为有效版本。

编制说明中会阐明该图集的适用范围和设定条件。选用时必须判断其是否适用于具体实际的工程。如不（完全）适用时，应修改或自行设计。

• 标准图集经常对一个问题给出几个做法（尤其国家标准图集要适用于不同的建设要求和不同的地域）。这时选用者应在设计文件中注明所选用的是哪种方法，以避免工程错误。

• 对于设备选用及安装类的标准图集，有些根据具体的产品编制。当工程中选用其他同类产品时，需注意核对技术参数和安装尺寸。发现矛盾后应在设计文件中说明。

• 对于涉及新技术（新产品），技术人员又普遍不熟悉的内容，或涉及跨专业的技术内容的标准图集，补充编写了产品结构及原理介绍、选用方法、设计例题、系统图示等技术指导方面的内容。

电气工程设计的相关标准设计图集目录见相关资料。

（3）工具性技术资料

在工程设计中除应当遵守标准规范、正确选用标准图集，还应参考、使用其他相关工具性技术资料。

① 技术措施类　以《全国民用建筑工程设计技术措施》（以下简称《技术措施》）为例。

• 编制内容　《技术措施》是由建设部批准发布执行的大型、以指导民用建筑工程设计为主的技术文件。由建设部工程质量安全监督与行业发展和中国建筑标准设计研究院等37家技术实力雄厚的单位精心编制完成。基本涵盖了民用建筑工程设计的全部技术内容：共有《规划·建筑》、《结构》、《给水排水》、《暖通空调·动力》、《电气》、《建筑产品选用技术》和《防空地下室》七个分册，其主要目的是保证全国建筑工程的设计质量。

② 主要特点和作用

• 紧扣规范，特别是强制性条文，围绕如何正确执行、贯彻规范提出相应的技术措施。

针对工程设计中的"通病"提出正确的处理解决措施，使设计人员在最容易出错的技术环节上得到有效的指导；

着重解决目前设计人员在新技术、新产品应用和选用中遇到的实际问题；

"措施"的编制在一定程度上结合地域特色和地方特点，尽可能加大使用覆盖面，以便更有效地服务于全国的建筑工程设计；

措施的编制将分散在各本标准、规范中部分条文适当图形化、表格化，使技术措施更加具体化和更具可操作性，以便于设计人员查找使用。

• 《技术措施》电气分册的主要内容　电气分册具有系列介绍各智能化系统及系统集成的功能要求、设计方法、系统配置、设备选型、信息网络接口、通信协议等新技术、新设备；综合介绍新兴的电气、智能化系统互为依存、互相融合的控制技术与控制设备；全面、具体、深入介绍民用建筑常规设计的程序、方法、内容、常用技术参数、规程规范的规定及其含义、设计注意事项等特点。

其内容包括：总则、供电系统、配变电所、低压配电、线路敷设、电气设备、电气照明、建筑物防雷、接地安全、灭火自动报警及联动系统、安全防范系统、综合布线系统、通讯网络系统、信息网络系统、建筑设备监控系统、有线电视系统、有线广播系统、扩声系统、呼应（叫）信号及公共显示装置、智能化系统集成、机房工程、住宅电气设计等二十二章。

③ 产品选用类　以《建筑产品选用技术》（以下简称《产品选用》）为例。

• 编制目的　《产品选用》编制目的是指导如何正确选用建筑产品，是工程设计指导文件在形式上的创新，也是对我国加入WTO后工程设计指导文件在形式、内容上与国际接轨的一种尝试和探索。

• 主要内容　《产品选用》由两大部分内容组成：

第一部分——"选用技术条件"，主要解决怎么选用产品的技术问题。其中系统地介绍了多类产品的技术性能，主要包括：

产品分类、适用范围；

执行标准；

主要技术性能参数；

选用应注意的问题；

技术经济性能分析；

选用实例。

第二部分——"企业产品技术资料"，主要解决选什么产品的问题。共选入几百家企业产品技术资料，主要包括：

产品特点、主要技术性能；

选用要点及订货要点；

外形照片及安装尺寸等。

- 《产品选用》电气部分的主要内容　高压配电装置、高压电器；低压配电装置及低压电器；变压器及电源系统；照明开关、插座；照明装置及调光设备；输、配电器材；电气信号装置及光电显示设备；电气消防及报警装置；建筑设备自动化系统；安全防范系统等。
- 产品设备的制造单位所出的产品介绍，应当是对产品及设备最为直接、最为明了、最为具体、最为权威，也是最为及时的技术资料。它们往往还介绍了自身产品的特点和使用中的特殊注意事项，不少厂将其产品资料集中为册集，更便于使用。但目前使用中要注意区分个别厂商旨在推销的炒作、夸大、不实部分。

④ 综合类——设计手册　它是以数据参量的表、图、式为主要表达方式的集上述"基础资料"全部或某方面内容的集成出版物。涉及电气工程设计的相关手册可参见本书参考文献末所列。

二、设计的阶段

1. 方案设计

方案设计是在项目决策前，对建设项目多个实施方案的技术经济以及其他方面的可行性的对比、选择所做的研究论证，又称"可行性研究"。它是建设项目投资决策的依据，是基本建设前期工作的重要内容，对于规模较小、投资不大的电气工程设计项目，上述过程也可从简、从略。

（1）方案设计的开展

① 工程项目的建设申请得到批准后，即进入可行性论证研究阶段。首先选定设计的规范依据及明了设计文件编制的深度要求。

② 紧接着是选定工程位置，并研讨建设规模、组织定员、环境保护、工程进度、必要的节能措施、经济效益分析及负荷率计算等。

③ 还要收集气象地质资料、用电负荷情况（容量、特点和分布）、地理环境条件（邻近有无机场和军事设施、是否存在污染源、需跨越的铁道、航道和通讯线）等与建设有关的重要资料。

④ 同时及时和涉及的有关部门或个人（如电管部门、跨越对象、修建时占用土地、可能损坏青苗的主人等）协商解决具体问题，并取得这些主管部门等的同意文件。

⑤ 设计人员还应提出设想的主结线方案、各级电压出线路数和走向、平面布置等内容，并进行比较和选择。并联合其它专业，将上述问题和解决办法等内容拟出"可行性研究报告"。还需协助有关部门编制"设计任务书"。

（2）电气专业的工作

① 根据使用要求和工艺、建筑专业的配合要求，汇总、整理、收集、调研有关资料，提出设备容量及总容量的各种数据。确定供电方式、负荷等级及供电措施设想，必要时此内容要做多方案的对比。

② 绘出供电点负荷容量的分布、干线敷设方位等的必要简图（总图按子项、单项以配电箱作供电终点）。

③ 工艺复杂、建筑规模庞大、有自控及建筑智能化时，需绘制必要的控制方案及重点智能化内容（如消控、安保、宽带）系统简图（或方框简图）。

④ 大型公共建筑还需与建筑专业配合布置出灯位平面图，甚至标出灯具型式。

⑤ 估算主要电气设备费用，多方案时应对比经济指标及概算。

（3）设计文件

该阶段设计文件以设计说明书为核心，电专业仅在"施工技术方案"章提供内容及设计文件附件。方案设计文字编制深度应满足下一步编制初步设计文件的需要。本专业仅在工程选址、供配电及智能化的工程需求与外部条件间的差距及解决可能、能耗、工期、技术经济等方面配合整个项目作好方案决策对比。

2. 初步设计（又称扩初设计）

初步设计是项目决策后根据设计任务书的要求和有关设计基础资料所作出的具体实施方案的初稿。当项目无方案设计阶段时，此初步设计就为扩大了的初步设计（包含方案设计），简称"扩初设计"。故此初步设计是基本建设前期工作的重要组成部分，是工程建设设计程序中的重要阶段，经批准的初步设计（含概算书）是工程施工图设计的依据。一般初步设计占整个电气工作量的30%～40%（施工图设计占60%～50%）。如果说施工图是躯体，则初步设计是灵魂。

（1）设计的依据

① 初步设计文件

- 相关法律法规和国家现行标准；
- 工程建设单位或其主管部门有关管理规定；
- 设计任务书；
- 现场勘察报告、相关建筑图纸及资料。

② 方案论证中提出的整改意见和设计单位做出的并经建设单位确认的整改措施。

（2）初步设计的步骤

根据上级下达的设计任务书所给的条件，各个专业开始进行初步设计。中型工厂变配电系统工程的初步设计步骤示例于图 3-35。

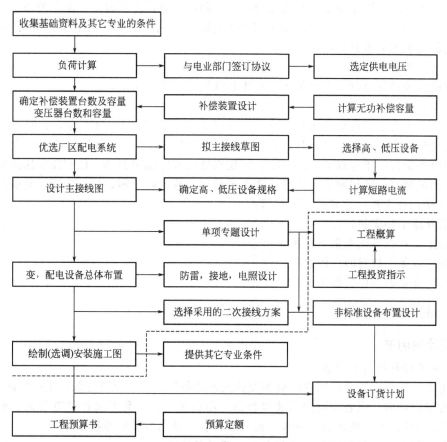

图 3-35 中型工厂变配电系统工程的初步设计步骤示例

图 3-35 中虚线上部为电气专业初步设计的内容，虚线下部为相关专业的后续工作。有可行性研究报告时，尽可能参照报告中的基础资料数据，从各个用电设备的负荷计算开始；无可行性研究报告时，需自行收集基础资料。图中各个环节皆需经过充分的计算、分析、论证和方案选择。最后提出经筛选的较优方案，并编写"设计说明书"。说明书中要详细列出计算、比较和论证的数据、短路电流计算用系统接线图及等效阻抗示意图、选用或设计的继电保护和自动装置的二次接线图、操作电源、设备选择、照明设计、防雷保护与接地装置、电气布置及电缆设施、通信装置、主要设备材料及外委加工订货计划、土地征用范围、基建及设备投资概算等内容。此外还要提出经过签署手续的必需图纸。初步设计只供审批之用，不做详细施工图。但也要按照设计深度标准的有关规定作出具有一定深度的规范化图纸，准确无误地表达设计意图。说明书还要求内容全面、计算准确、文字工整、逻辑严谨、词句精练。

3. 施工图设计

施工图设计是技术设计和施工图绘制的总称。本阶段首先是技术设计，把经审批的初步设计原则性方案作细致全面的技术分析和计算，取得确切的技术数据后，再绘制施工安装图纸。

（1）设计的做法

初步设计经审查批准后，便可根据审查结论和设备材料的供货情况，开始施工图设计。施工图设计时通用部分尽量采用国家标准图集中的对应图纸，设计省时省力、保证质量的同时也加快了设计进度。非标准部分则需设计者重新设计制图，并说明设计意图和施工方法。

设计中还要注意协作专业的互相配合，重视图纸会签，防止返工、碰车现象。对于规模较小的工程，可将上述三个阶段合并成 1～2 次设计完成。图纸目录中先列新绘制的图纸，后列选用的标准图或重复利用图。

（2）电专业的工作

此阶段图纸设计绘制工作量最大，具体数量随工程内容而定。

（3）设计文件

本阶段基本上是以设计图纸统一反映设计思想。"设计说明"分专业，有时还分子项编写，常在设计图中专列出一张，且通常为首页。"设计说明"往往包括对施工、安装的具体要求。尽管本阶段图纸量最大、最集中，但还得处理好标准图引用、已有图复用问题。因为此阶段的图纸将直接提供购买、安装、施工及调试，故严防"漏、误、含糊、重叠及彼此矛盾"。施工图设计文件应达到的深度要求：

① 指导施工和安装；

② 修正工程概算或编制工程预算；

③ 安排设备、材料的具体订货；

④ 非标设备的制作、加工。

三、设计的文件

1. 设计说明书

（1）方案设计阶段的内容

① 电源　征得主管部门同意的电源设施及外部条件、供电负荷等级、供电措施。

② 容量、负荷　列表说明全厂装机容量、用电负荷、负荷等级和供电参数。根据使用要求、工艺设计，汇总整理有关资料，提出设备容量及总容量各种数据。

③ 总变配电所　建所规模、负荷大小、布局和位置。

④ 供电系统 选择全厂到配电箱为止的供电系统及干线敷设方式。大型公共建筑还需要与建筑配合布置灯位，并提供灯具型式。

⑤ 主要设备及材料选型 按子项列出主要设备及材料表，说明其选用名称、型号、规格、单位、数量及供货进度。

⑥ 技经 需要时对不同方案提出必要的经济概算指标对比。

⑦ 待解决问题 需提请在设计审批时解决或确定的主要问题。

⑧ 其它 防雷等级及措施、环境保护、节能。

（2）初步设计阶段

① 设计依据 摘录设计总说明所列的批准文件和依据性资料中与本专业设计有关的内容、其它专业提供的本工程设计的条件等。

② 设计范围 根据设计任务书要求和有关设计资料，说明本工程拟设置的电气系统，本专业设计的内容和分工（当有其他单位共同设计时）。如为扩建或改建系统，还需说明原系统与新建系统的相互关系、所提内容和分工。

③ 设计技术方案 不同类型，工程不同。

• 变配电工程

负荷等级——叙述负荷性质、工作班制及建筑物所属类别，根据不同建筑物及用电设备的要求，确定用电负荷的等级。

供电电源及电压——说明电源引来处（方向、距离）、单电源或双电源、专用线或非专用线、电缆或架空、电源电压等级、供电可靠程度、供电系统短路数据和远期发展情况。备用或应急电源容量的确定和型号的选择原则。

供电系统——叙述高、低压供电系统结线形式、正常电源与备用电源间的关系、母线联络开关的运行和切换方式、低压供电系统对重要负荷供电的措施、变压器低压侧间的联络方式及容量。设有柴油发电机时应说明启动方式及与市电之间的关系。

变配电站所——叙述总用电负荷分配情况、重要负荷的考虑及其容量，给出总电力供应主要指标；变配电站的数量、位置、容量（包括设备安装容量、计算有功、无功、视在容量，变压器容量）及型式（户内、户外或混合），设备技术条件和选型要求。

继电保护与计量——继电保护装置种类及其选择原则，电能计量装置采用高压或低压、专用柜或非专用柜，监测仪表的配置情况。

控制与信号——说明主要设备运行信号及操作电源装置情况，设备控制方式等。

功率因数补偿方式——说明功率因数是否达到《供用电规则》的要求，应补偿的容量和采取补偿的方式及补偿的结果。

全厂供电线路和户外照明——高、低压进出线路的型号及敷设方式，户外照明的种类（如路灯、庭院灯、草坪灯、水下照明等）、光源选择及其控制地点和方法。

防雷与接地——叙述设备过电压和防雷保护的措施、接地的基本原则、接地电阻值的要求，对跨步电压所采取的措施等。

• 供配电工程

电源、配电系统——说明电源引来处（方向、距离）、配电系统电压等级、种类、系统形式、供电负荷容量和性质，对重要负荷如消防设备、电子计算机、通信系统及其他重要用电设备的供电措施；

环境特征和配电设备的选择——分述各主要建筑的环境特点（如正常、多尘、潮湿、高温或有爆炸危险等），根据用电设备和环境特点，说明选择控制设备的原则；

导线、电缆选择及敷设方式——说明选用导线、电缆或母干线的材质和型号、敷设方式（是竖井、电缆明敷还是暗敷）等；

设备安装——开关、插座、配电箱等配电设备的安装方式、电动机启动及控制方式的选择；

接地系统——说明配电系统及用电设备的接地形式、防止触电危险所采取的安全措施、固定或移动式用电设备接地故障保护方式、总等电位联结或局部等电位连接的情况。

• 照明工程

照明电源——电压、容量、照度标准及配电系统形式；

室内照明——装饰、应急及特种照明的光源及灯具的选择、装设及其控制方式；

室外照明——种类（如路灯、庭院灯、草坪灯、地灯、泛光照明、水下照明、障碍灯等）、电压等级、光源选择及控制方式等；

照明线路——截面及敷设方式选择；

照明配电设备——选型、定规格及安装方式；

接地——照明设备的接地体系。

• 建筑与构筑物防雷保护工程

确定防雷等级——根据自然条件、当地雷电日数和建筑物的重要程度确定防雷等级（或类别）；

确定防雷类别——防直接雷击、防电磁感应、防侧击雷、防雷电波侵入和等电位的措施；

确定防雷体系——当利用建（构）筑物混凝土内钢筋构成防雷体系时，应说明采取的具体措施和要求；

防雷接地电阻阻值的确定——如对接地装置作特殊处理时，应说明措施、方法和达到的阻值要求。当利用共用接地装置时，应明确阻值要求。

• 接地及等电位连接工程

接地要求——工程各系统要求接地的种类及接地电阻要求；

等电位要求——总等电位、局部等电位的设置要求；

接地装置要求——当接地装置需作特殊处理时，应说明采取的措施、方法等；

接地、等电位作法——等电位接地及特殊接地的具体措施。

• 自动控制与自动调节工程

系统组成——按工艺要求说明热工检测及自动调节系统的组成；

控制原则——叙述采用的手动、自动、远动控制、联锁系统及信号装置的种类和原则，设计对检测和调节系统采取的措施，对集中控制和分散控制的设置；

仪表和控制设备的选型——选型原则、装设位置、精度要求和环境条件，仪表控制盘、台选型、安装及接地；

线路——截面及敷设方式选择。

2. 设计计算书

主要供内部使用及存档，但各系统计算结果尚应标示在设计说明或相应图纸、表格中，且应包括下列内容：

① 各类用电设备的负荷及变压器选型的计算；

② 系统短路电流及继电保护的计算；

③ 电力、照明配电系统保护配合计算；

④ 防雷类别及避雷保护范围计算；

⑤ 大、中型公用建筑主要场所照度计算；

⑥ 主要供电及配电干线电压损失、发热计算；

⑦ 电缆选型及主要设备选型计算；

⑧ 接地电阻计算。

上述计算中的某些内容，如因初步设计阶段条件不具备不能进行，或审批后初步设计有较大的修改时，应在施工图阶段作补充或修正计算。

3. 设计图纸

（1）方案设计阶段

设计图纸通常在此阶段提供的是"可行性论证报告"中的附件，包括：

① 电气总平面图　仅有单体设计时可无此项，厂区总平面图中要示出总变/配电所的位置；

② 供电系统总概略图　表达系统总构架；

③ 供电主要设备表　供概算。

（2）初步设计阶段

设计图纸一般应包括概略图、平面图（变配电所、监控中心为布置图）、主要设备材料清单及必要说明，不同类型工程所画图纸内容及要求不同。

① 供电总平面规划工程　主要是总平面布置图，应包括的内容：

• 标出建筑物名称、电力及照明容量，画出高、低压线路走向、回路编号、导线及电缆型号规格、架空线路的杆位、路灯、庭院灯和重复接地等；

• 变、配电站所位置、编号和变压器容量；

• 比例、指北针。

有些工程尚需作出：平面布置图及主要设备材料清单。

② 变配电工程

• 高、低压供电概略图　注明开关柜及各设备编号、型号、回路编号，及一次回路设备型号、设备容量、计算电流、补偿容量、导体型号规格及敷设方法、用户名称，以及二次回路方案编号；

• 平面布置图　画出高、低压开关柜、变压器、母干线，柴油发电机、控制盘、直流电源及信号屏等设备平面布置和主要尺寸（图纸应有比例，并标示房间层高、地沟位置、相对标高），必要时还需画出主要的剖面图；

• 主要设备材料清单　应包括设备器材的名称、规格、数量，供编制工程概算书用。

③ 供配电工程

• 概略图　多为包括配电及照明干线的竖向干线概略图，需注明变配电站的配出回路及回路编号、配电箱编号、型号、设备容量、干线型号规格及用户名称；

• 平面布置图　一般为主要干线平面布置图，多只绘内部作业草图，而不对外出图。

④ 照明工程

• 概略图　复杂工程和大型公用建筑应绘制至分配电箱的概略图；

• 平面布置图　一般工程不对外出图，只绘内部作业草图。使用功能要求高的复杂工程则出表达工作照明和应急照明灯位、灯具规格、配电箱（或控制箱）位置的主要平面图，可不连线。

⑤ 自动控制与自动调节工程

• 自动控制与自动调节的方框图或原理图——注明控制环节的组成、精度要求、电源选择等；

• 控制室设备平面布置图。

⑥ 防雷及等电位联结工程　一般不绘图，特殊工程只出顶视平面图。图中画出接闪器、引下线和接地装置平面布置，并注明材料规格。

（3）施工图设计阶段

如前所述，此阶段设计说明已分专业，并作为设计图纸的一部分。而计算书也反映到图纸中设备、元器件的选型、规格。所以此阶段设计图纸量大，几乎是唯一的向外提交的设计文件。它包括三部分。

① 图纸目录　先列新绘制图纸，后列选用的标准图或重复利用图。

② 首页——设计说明　本专业有总说明时，在各子项图纸中可只加以附注说明。当子项工程先后出图时，分别在各子项首页或第一张图面上写出设计说明，列出主要设备材料表及图例。首页应包括"设计说明"、"施工要求"及"主要设备材料表"。"图例"往往嵌入"主要设备材料表"内，"主要设备材料表"又往往单列。"设计说明"应叙述以下内容：

- 施工时应注意的主要事项；
- 各项目主要系统情况概述，联系、控制、测量、信号和逻辑关系等的说明；
- 各项目的施工、建筑物内布线、设备安装等有关要求；
- 各项设备的安装高度及与各专业配合条件必要的说明（也可标注在有关图纸上）；
- 平面布置图、概略图、控制原理图中所采用的有关特殊图形、图例符号（也可标注在有关图纸上）。图纸中不能表达清楚的内容在此可做统一说明；
- 非标准设备等订货特殊说明。

③ 图纸主体

- 变配电工程

高、低压变配电概略图　又称一次线路图，原称系统图，为单线法绘制。图中应标明母线的型号、规格，变压器、发电机的型号、规格，在进、出线右侧近旁标明开关、断路器、互感器、继电器、电工仪表（包括计量仪表）的型号、规格、参数及整定值。图下方表格从上至下依次标注：开关柜编号、开关柜型号、回路编号、设备容量、计算电流、导线型号及规格、敷设方法、用户名称及二次结线图方案编号（当选用分格式开关柜时，可增加小室高度或模数等相应栏目）。

变、配电所平剖面图　按比例画出变压器、开关柜、控制屏、直流电源及信号屏、电容器补偿柜、穿墙套管、支架、地沟、接地装置等平、剖面布置及安装尺寸。表示进出线敷设、安装方法，标注进出线回路编号、敷设安装方法，图纸应有比例。标出进出线编号、敷设方式及线路型号规格。变电站选用标准图时，应注明编号和页次。

架空线路图　应标注：线路规格及走向、回路编号、杆型表、杆位编号、档数、档距、杆高、拉线、重复接地、避雷器等（附标准图集选择表）；电缆线路应标注：线路走向、回路编号、电缆型号及规格、敷设方式（附标准图集选择表）、人（手）孔位置。

继电保护、信号原理图和屏面布置图　绘出继电保护、信号二次原理图，采取标准图或通用图时应注明索引号和页次。屏面布置图按比例绘制元件，并注明相互间尺寸，画出屏内外端子板，但不绘背面结线。复杂工程应绘出外部接线图。绘出操作电源系统图、控制室平面图等。

变、配电站所照明和接地平面图　绘出照明和接地装置的平面布置，标明设备材料规格、接地装置埋设及阻值要求等。索引标准图或安装图的编号、页次。

- 供配电工程

供配电概略图　用竖向单线图绘制，以建（构）筑物为单位，自电源点开始至终端配电箱止，按设备所处相应楼层绘制。应包括变、配电站所变压器台数、容量、各处终端配电箱编号，自电源点引出回路编号、接地干线规格。标出电源进线总设备容量、计算电流、配电箱编号、型号及容量，注明开关、熔断器、导线型号规格、保护管径和敷设方法，对重要负荷应标明用电设备名称等。

供配电平面图 画出建筑物门窗、轴线、主要尺寸，注明房间名称、工艺设备编号及容量。表示配电箱、控制箱、开关设备的平面布置，注明编号及型号规格，两种电源以上的配电箱应冠以不同符号。注明干线、支线，引上及引下回路编号、导线型号规格、保护管径、敷设方法，画出线路始终位置（包括控制线路）。线路在竖井内敷设时应绘出进出方向和排列图。简单工程不出供配电概略图时，应在平面图上注明电源线路的设备容量、计算电流，标出低压断路器整定电流或熔丝电流。图中需说明：电源电压，引入方式；导线选型和敷设方式；设备安装方式及高度；保护接地措施。

安装图 包括设备安装图、大样图、非标准件制作图、设备材料表。

• 电气照明工程

照明系统概略图 原称照明系统图、照明箱系统图。图中应标注配电箱编号、型号、进线回路编号，各开关（或熔断器）型号、规格、整定值及配出回路编号、导线型号规格、用户名称（对于单相负荷应标明相别）。对有控制要求的回路还应提供控制原理图，需计量时也应画出电度表。上述配电箱（或控制箱）系统内容在平面图上标注完整的，可不单独出配电箱（或控制箱）系统图。

照明平面图 应画出建筑门窗、墙体、轴线、主要尺寸，标注房间名称、关键场所照度标准和照明功率密度，绘出配电箱、灯具、开关、插座、线路走向等平面布置，标明配电箱、干线、分支线及引入线的回路编号、相别、型号、规格、敷设方式，还要标明设备标高、容量和计算电流。凡需二次装修部位，其照明平面图随二次装修设计，但配电或照明平面图上应相应标注出预留照明配电箱及预留容量。复杂工程的照明应画局部平、剖面图，多层建筑可用其中标准层一层平面表示各层，此图纸应有比例。图中表达不清楚的可随图作相应说明，其需说明内容同供电总平面图、变配电平剖面图及电力平面图。

照明控制图 特殊照明控制方式才需绘出控制原理图。

照明安装图 照明器及线路安装图尽量选用标准图，一般不出图。

• 自动控制与自动调节工程 普通工程仅列出工艺要求及选定型产品。需专项设计的自控系统则需绘制检测及自动调节原理系统图、自动调节方框图、仪表盘及台面布置图、端子排接线图、仪表盘配电系统图、仪表管路系统图、锅炉房仪表平面图、主要设备材料表及设计说明：

概略图、方框图、原理图 注明线路电气元件符号、接线端子编号、环节名称，列出设备材料表；

控制、供电、仪表盘面布置图 盘面按比例画出元件、开关、信号灯、仪表等轮廓线，标注符号及中心尺寸，画出屏内外接线端子板，列出设备材料表；

外部接线图和管线表 平面图不能表达清楚时才出此图，图中应表明盘外部之间的连接线，注明编号、去向、线路型号规格、敷设方法等；

控制室平面图 包括控制室电气设备及管线敷设平、剖面图；

安装图 包括构件安装图及构件大样图。

• 建筑与构筑物防雷工程

建筑物顶层平面图 应有主要轴线号、尺寸、标高，标注避雷针、避雷带、接地线和接地极、断接卡等的平面位置，标明材料规格、相对尺寸及所涉及的标准图编号、页次。图纸应标注比例，形状复杂的大型建筑宜加绘立面图；

接地平面图 图中应绘制接地线、接地极、测试点、断接卡等的平面位置，标明材料型号、规格、相对尺寸等与涉及的标准图编号、页次。图纸应标注比例，并与防雷顶层平面对应。当利用自然接地装置时，可不出此图纸；

防雷体系 当利用建筑物（或构建物）钢筋混凝土内的钢筋作为防雷接闪器、引下线、接地装置时，应标出连接点、接地电阻测试点、预埋件及敷设形式，特别要注明索引的标准图编号、页次；

随图说明　可包括：防雷类别和采取的防雷措施（包括防侧击雷、防雷击电磁脉冲、防雷电波侵入），接地装置型式，接地极材料要求、敷设要求、接地电阻值要求。当利用桩基、基础内钢筋作接地极时，应表明采取的措施；

工作或安全接地　除防雷接地外的其他电气系统的工作或安全接地（如：电源接地型式、直流接地、局部等电位、总等电位接地）的要求。如果采用共用接地装置，应在接地平面图中叙述清楚，交代不清楚的应绘制相应的图（如局部等电位平面图等）。

4. 设计文件的比重

设计（文字）说明书、设计计算书及设计图纸三组成，在三个不同的设计阶段占有不同的比重。表 3-18 中按其比重的分量，以星号的多少表示。

表 3-18　设计技术文件在各阶段的比重

设计作法	方案设计	初步设计	施工图设计
设计说明书	＊　＊	＊　＊　＊	＊
设计计算	＊	＊　＊	＊
设计图纸	＊	＊　＊	＊　＊　＊　＊

设计三个阶段中，最后落实到施工的是施工图设计阶段。施工图设计阶段中设计图纸是最重要的设计技术文件。因此在整个设计全过程中，工程设计技术图纸是关键所在，是设计人员设计思想意图构思和施工要求的综合体现。

四、电气工程设计图的分类

电气工程设计图以"图形符号"、"带注释的图框"及"简化外形"的方式，将电气专业内各系统、设备及部件，以单线或多线方式连接起来，表示其相互联系，按 GB6988 分为 15 种。

① 概略图　表示系统基本组成及其相互关系和特征，如动力系统概略图、照明系统概略图。其中一种以方框简化表示的，又称为框图。

② 功能图　不涉及实现方式，表示功能的理想电路，供进一步深化、细致、绘制其它简图作依据的图。

③ 逻辑图　不涉及实现方式，仅用二进制逻辑单元图形符号表示的图。它绘制前必先作出采用正、负逻辑方式的约定，它是数字系统产品重要的设计文件。

④ 功能表图　以图形和文字配合表达控制系统的过程、功能和特性的对应关系，但是不考虑具体执行过程的表格式的图。实际上它是功能图的表格化，有利于电气专业与非电专业间的技术交流。

⑤ 电路图　详细表示电路、设备或成套装置基本组成和连接关系，而不考虑实际位置的，图形符号按工作顺序排列的图。此图便于理解原理、分析特性及参数计算，是电气设备技术文件的核心。

⑥ 等效电路图　将实际元件等效变换形成理论的或理想的简单元件，从而突出表达其功能联系，主要供电路状态分析、特性计算的图。

⑦ 端子功能图　以功能图、表图或文字三种方式表示功能单元全部外接端子的内部功能，是代替较低层次电路图的较高层次的特殊简化。

⑧ 程序图　以元素和模块的布置清楚表达程序单元和程序模块间的关系，便于对程序运行分析、理解的图。计算机程序图即是这类图的代表。

⑨ 设备元件表 把成套设备、设备和装置中各组成部分与其名称、型号、规格及数量对列而成的表格。

⑩ 接线图表 表示成套装置、设置或装置的连接关系，供接线、测试和检查的简图或表格。接线表可补充代替接线图。电缆配置图表是专门针对电缆而言，包含其间。

⑪ 单元接线图/表 仅表示成套设备或设备的一个结构单元内连接关系的图或表。是上述接线图表的分部表示。

⑫ 连接线图/表 仅表示成套设备或设备的不同单元间连接关系的图或表。亦称线缆接线图。表示向外连接的物性，而不表示内连接。

⑬ 端子接线图/表 表示结构单元的端子与其外部（必要时还反映内部）接线连接关系的图或表，它突出表示内部、内与外的连接关系。

⑭ 数据单 对特定项目列出的详细信息资料的，供调试、检修、维修用的表单。

⑮ 位置图/简图 以简化的几何图形表示成套设备、设备装置中各项目的位置，主要供安装就位的图。应标注的尺寸任何情况下不可少标、漏标。位置图应按比例绘制，简图有尺寸标注时可放松比例绘制要求。印制板图是一种特殊的位置图。

以上 15 种图表中：1～8 重在表示功能关系，9 是统计列表，10～13 重在表示位置关系，14、15 重在表达连接关系，对比于表 3-19。

表 3-19 电气技术文件种类表

种类		说明
功能文件	功能性简图 概略图	表示系统、分系统、装置、部件、设备、软件中各项目之间的主要关系和连接的相对简单的简图。原称为系统图，通常采用单线表示。其中：框图为主要采用方框符号的概略图，欠准确的俗称为"方框图"。网络图则在地图上表示诸如发电厂、变电所和电力线、电信设备和传输线之类的电网的概略图
	功能图	用理论的或理想的电路，而不涉及实现方法来详细表示系统、分系统、装置、部件、设备、软件等功能的简图。其中：等效电路图是用于分析和计算电路特性或状态的表示等效电路的功能图；逻辑功能图主要使用二进制逻辑元件符号的功能图，原称为"纯逻辑简图"，现不用原称谓
	电路图	表示系统、分系统、装置、部件、设备软件等实际电路的简图，采用按功能排列的图形符号来表示各元件和连接关系，以表示功能而无需考虑项目的实体尺寸、形状或位置。电路图可为了解电路所起的作用、编制接线文件、测试和寻找故障、安装和维修等提供必要的信息
	端子功能图	表示功能单元的各端子接口连接和内部功能的一种简图。可以利用简化的（假如合适的话）电路图、功能图、功能表图、顺序表图或文字来表示其内部的功能
	程序图（表）（清单）	详细表示程序单元、模块及其互连关系的简图、简表、清单,其布局应能清晰地识别其相互关系
	功能性表图 功能表图	用步或/和转换描述控制系统的功能、特性和状态的表图
	顺序表图［表］	表示系统各个单元工作次序或状态的图（表），各单元的工作或状态按一个方向排列，并在图上成直角绘出过程步骤或时间,如描述手动控制开关功能的表图
	时序图	按比例绘出时间轴的顺序表图
位置文件	总平面图	表示建筑工程服务网络、道路工程、相对于测定点的位置、地表资料、进入方式和工区总体布局的平面图
	安装图［平面图］	表示各项目安装位置的图(含接地平面图)
	安装简图	表示各项目之间的安装图
	装配图	通常按比例表示一组装配部件的空间位置和形状的图
	布置图	经简化或补充以给出某种特定目的所需信息的装配图。有时以表示水平断面或剖面的平、剖面图表示
	电缆路由图	在平面、总平面图基础上,示出电缆沟、槽、导管、线槽、固定体等,和/或实际电缆或电缆束位置

续表

种类		说明
接线文件	接线图[表]	表示或列出一个装置或设备的连接关系的简图、简表
	单元接线图[表]	表示或列出一个结构单元内连接关系的接线图、接线表
	互连接线图[表]	表示或列出不同结构单元之间连接关系的接线图、接线表
	端子接线图[表]	表示或列出一个结构单元的端子和该端子上的外部连接(必要时包括内部接线)的接线图、接线表
	电缆图[表][清单]	提供有关电缆,如导线的识别标记、两端位置以及特性、路径和功能(如有必要)等信息的简图、简表、清单
项目表	明细表	表示构成一个组件(或分组件)的项目(零件、元件、软件、设备等)和参考文件(如有必要)的表格。IEC 62027:2000《零件表的编制》附录 A 对尚在使用的通用名称,例如设备表、项目表、组件明细表、材料清单、设备明细表、安装明细表、订货明细表、成套设备明细表、软件组装明细表、产品明细表、供货范围、目录、结构明细表、组件明细表、分组件明细表等建议使用"零件表"这一标准的文件种类名称,而以物体名称或成套设备名称作为文件标题
	备用元件表	表示用于防护和维修的项目(零件、元件、软件、散装材料等)的表格
说明文件	安装说明文件	给出有关一个系统、装置、设备或文件的安装条件以及供货、交付、卸货、安装和测试说明或信息的文件
	试运转说明文件	给出有关一个系统、装置、设备或文件试运行和起动时的初始调节、模拟方式、推荐的设定值,以及为了实现开发和正常发挥功能所需采取的措施的说明或信息的文件
	使用说明文件	给出有关一个系统、装置、设备或文件的使用说明或信息的文件
	维修说明文件	给出有关一个系统、装置、设备或文件的维修程序的说明或信息的文件,例如维修或保养手册
	可靠性或可维修性文件说明文件	给出有关一个系统、装置、设备或文件的可靠性和可维修性方面的信息的文件
	其他文件	可能需要的其他文件,例如手册、指南、样本、图纸和文件清单

五、相关专业的协作

所有工程设计都有一个共同的特点就是综合性,任何一项工程设计都是相关专业共同协作完成的。不论哪一个专业,如果没有"团队"精神、"合作"态度,"单枪匹马"是无法完成工程中本专业的设计工作。

1. 相关的专业

① 工业建筑类电气设计中相关的专业　工艺、设备、土建、总图、给排水、自动控制,涉及供热的还有热力,涉及采暖、通风、制冷,换气的还有暖通、空调专业。其中以工艺专业为主导专业,供电及自控都要配合工艺专业的统一协调。

② 民用建筑类电气设计相关的专业　建筑、结构、给排水(含消防)、规划、建筑设备,涉及供热、供冷的还有冷热源、采暖、通风专业。其中以建筑专业为主导,电气、智能化专业都要配合其统一的构思。

③ 主与次　在某些特定的条件下,在某些子项中,电专业必须当仁不让地承担主导作用。另一方面在工程的控制水平、现代化程度、技术水准、智能化指标等方面必须以电气为主导。

2. 相关专业间的配合

相关专业间的工作是一个配合关系,包括四个方面。

① 互提条件　彼此提出对对方专业的要求，此要求成为本专业给对方设计的设计条件，称为"互提条件"。

② 分工协作　分工是按专业而进行的分工，分工后必须互相协作。就以工业工程的"电气"与"自控"，在不少设计单位分为两个专业。在实际工程实施中往往"电气"及"自控"都集中在总控室或中央控制室，往往电气的屏箱上有自控的设施，自控的操作台柜上要反映电气的参数，甚至要电气来实现。更不要说控制室的布局，屏、台的布置了。

③ 防止冲突　特别是位置的冲突。工业电气中电缆线、桥架等的架设，稍不留神，就会与热力管道毗邻，甚至设备管道的保暖层占据电缆桥架的架设位置。民用建筑中位于地下层的配电室、变压器室，它的上面房间布局还要避免水的滴漏，洗手间之类在其正上方是万不可的。变配电室门的大小除了换热、通风的要求外，还得考虑屏、箱、柜的搬进搬出，以及防止小动物进出及意外事故时的安全。

④ 注意漏项　往往在设计工作头绪多了以后，彼此都会认为对方在考虑，结果都未考虑，产生"漏项"。比如电气动作的某自控检测触点组，"自控"专业是否设置；给排水的消防加压泵，电气是否供给双电源；"建筑"的某个高耸突出物，是否"电气"给予防雷保护处理，都是要注意的地方。

六、设计的开展

电气工程设计作为工程设计的一个专业分支，设计的开展是一个包含设计（画图）的一个综合系统工作，以时间为序分六步。

1. 任务的承接

设计任务的承接又称为设计立项，是整个设计过程的开始。一方面在市场经济的今日，表明效益的车轮起航运转；另一方面在法制社会的当代，也表明相应的责任和义务亦开始承担。所以这是一个既慎重、周密又关键、严肃的事项。它主要解决5W1H。

① 与委托单位洽谈　通常情况下设计的委托方就是建设单位。对于电气工程设计，也有工程设计方总承包下来再与电专业合作的做法。尤以建筑电气为多，特别是装修工程的建筑电气、智能化工程。

洽谈中要充分明了设计任务的具体内容、要求、进度和双方责、权、利。相当于解决5W1H中的why（必要性）、what（目的性）、where（界限性）、when（时间性）四方面问题。双方分别作出，是否委托设计与是否承接设计的决定。

② 接受设计委任书　此委任书是由具有批准项目建议书权限的主管部门及相应独立法人作出。承接大的设计项目时，在当前设计市场竞争的条件下，还须清醒意识到这一点：在设计执行及款项交付有争议时，委任书（或称委托书）是具法律效力的文件，设计内容必须在设计委托书上写清楚。有时建设单位经办人对电气专业不太熟悉时，特别容易表达不确切。有时工程为多子项、多单位合作，又易造成漏项、彼此脱节。

另一易忽视的问题：按相应规章、规范需设置，而建设方无异议的倒不必一一写明，而是按规程、规范需设置，建设方因种种原因，而不予委托设计时，必须写明。同时还得写明缘由，并有其主管部门批复正式文件方可。

③ 任命设计项目负责人　设计单位普遍实行项目责任制，为此项目负责人便是这一设计任务执行和实施的独立负责人，直接决定整个项目的进展、质量和效益，至关重要。

④ 组织设计班子及专业负责人　根据任务的内容配齐相应的专业人员，根据任务各子项的轻重，慎选关键专业的专业负责人。确定各专业负责人、参与此项设计工作各专业人员，就组成了设计班子。三、四两项解决了who（责任人）的问题。

⑤ 签订设计合同　项目负责人主持以专业负责人为首的全体专业人员，即整个设计班

子共同会议协商分工、协调配合的时间和内容、开展的步骤，即落实设计进展，以解决 how（实施措施）的问题。

2. 设计前期

① 收资 收集第一章第四节一"基本依据"的 1～8 介绍的内容中的资料，有些资料还必须向有关部门索取。如当地的气象资料、规划资料。

② 调研 一方面是细化委托方对工程建设的具体要求及了解过去的条件、当地同类的水准。另一方面是向提供外围配套服务的部门协商，其至办理相关合同手续。

③ 选址 工程地址即厂址或楼址待定的需选址。尤其是某些行业的厂址选定极为复杂、综合、涉及面多，关系重大。

④ 立项 以会议形式各专业共同研讨后，书面布置各专业任务于分专业的"专业设计任务书"中。

3. 设计中期

（1）互提条件

专业间的协调配合是在相互支持的基础上，从互提条件的书面方式开始的。"专业间互提条件"是相互配合协调完成设计的基础，此过程既要保证全面、无遗漏，还得注意及时不延误。其互提条件的内容分两方面：

① 它专业→电气 所提条件要充分、明确，足够开展电气专业的设计工作，必要时要约定提交的时间和内容（包括文字、图纸、磁盘），而且签字存档。工业建筑以土建、设备、工艺为重点，民用建筑以建筑、结构为主，有时涉及给水、暖通专业。其中建筑的条件图或 CAD 文档可以处理后作为电气设计的框架。

② 电专业→它专业 电专业必须及时、认真、准确地向有关专业提供条件。首先是向项目负责人提供负荷方面及弱电的总需求，其次是向土建专业明确孔、洞、槽、沟及预埋等需配合的内容，以及对建筑布局、开间、层高、荷重方面的专业要求，还需要向技经专业提供大型设备材料主要清单以便订货。工业工程、智能工程将检测、控制内容与相关专业协调、统一。

（2）设计的三环节管理

① 事先指导

• 指导的作用

充分发挥各级的指导作用，防患于未然，预防为主，主动进行质量控制。

设计各阶段开始之初、构思之际，对控制设计成品最为有力。

贯彻执行国家有关方针、政策、法规，执行国家各部委规程、规范、标准及地方单位的规定要求。

• 指导的内容：控制 5W1H。

why——必要性：

上级机关审批文件；

设计依据；

方针、政策和各项规定。

what——目的性：

设计内容及深度；

应达到的技术水平，经济、社会及环境效益；

主导专业具体要求；

攻关、创优、科研、节能等相关课题；

建设、施工、安装单位的要求。

Where——界限性：

设计界限及分工；

联系及配合的要求；

会签要求。

when——时限性：

开工工期，设计总工时；

中间审查时间；

互提资料时间；

完工时间。

who——责任人：

确定设计的项目负责人；

确定设计的专业负责人；

确定设计的主要设计人员、校审人员及工地代表。

how——实施措施：

最佳技术方案；

专业间统一的技术规定；

出图张数；

设备、材料、行业方面的情报；

常见毛病、多发毛病及有关质量等信息。

·指导的重点

方案设计阶段 建设规模、产品方案、生产方式的预测，投资费用及经济效益的预算，厂址选择及设计方案的筛选；

初步设计阶段 针对项目特点的具体设计思想，各专业方案的配合和衔接，项目整体的先进性和实用性，以及三废治理和节能降耗的技术措施；

施工图设计阶段 总体设计方案的指导在于初级审批文件的贯彻落实，专业设计方案的指导在于实施方案的技术标准统一，常见和多发毛病的纠正。

② 中间检查

·作用

承上启下，检查"事先指导"的落实，规范下一步工作的开展；

对设计过程新出现问题进行补充指导；

根据项目层次的不同，执行具体的检查方案；

电专业的中间检查一般安排在向其它专业提供或返回条件时，以专业负责人与相关人员讨论方式进行。

·内容

"事先指导"的执行情况；

方案的可行性、经济性及先进性；

规程、规范及相关安全、环保、节能等规定的符合情况；

综合配合、布置选型以及是否存在遗留问题。

·作法 不定期，及时组织讨论："工程主要方案"、"关键技术"及"疑难问题"。

③ 成品校审以校审、会签制度进行，"三环节"中最为重要的终结环节。

·校审 依项目大小分级，逐级校审。

大、中型项目 三级校审：组——校核、审核；室（项目）——审查；院——审定、批准。

小型项目 二级校审：组——校核、审核；室——审查、审定。

所有项目发送建设单位前，须经院技术主管部门规格化审查，并由院负责。以院名义和署名义向外发送。

各级资格

校核：专业负责人或组长指定人担任；

审核：组长、专业室主任指定人担任；

审查：专业主任工程师、项目工程师担任，负责本专业技术原则和整个项目的协调统一；

审定：总工、副总（大项目）、室主任、项目负责人；

批准：院长（大项目），室主任（小项目）。设计人则不得兼校审，各级校审不得兼审。

校审签署范围 大、中型项目设计文件电专业校审签署范围见表 3-20。

表 3-20 大、中型项目设计文件电专业校审签署范围表

设计内容	签署范围	设计	校核	审核	审查	审定	批准
初设阶段	全厂高压供电系统图	△	△	△	△	△	
	总变(配)电所设备布置图	△	△	△	△	△	
	各车间变(配)电所供电系统图	△	△	△	△		
施工图设计阶段	全厂高压供电系统图	△	△	△	△	△	
	总变(配)电所设备布置图	△	△	△	△		
	各车间变(配)电所供电系统图	△	△	△	△		
	自控信号联锁原理图	△	△	△	△	△	
	大型复杂控制布置图	△	△	△	△		

校审的程序 见图 3-36。

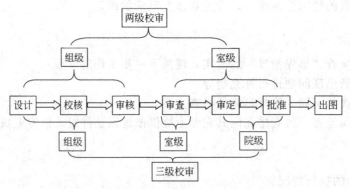

图 3-36 设计文件分级校审的程序

• 校审的职责 按各级职责完成后，填写"校审记录卡"。

设计：自校、签名、附上原始资料及调查报告、设计文件及计算书；

校核：校核图形符号、投影尺寸、文字、数据、计量单位、计算方法以及规范；

审核：对"设计原则意见"及"项目设计技术统一规定"符合性，完整性和专业技术相互协调性以及主任工程师未审的范围的技术经济合理性负责；

审查：审查是否符合"设计原则意见"及"事先指导意见"，复核"审核意见"，及"修改情况"处理校核、审核中出现的分歧意见。重点审查各专业协调统一，组织会签；

审定：终审是否符合"项目建议书"、"设计任务书"、"初设审批意见"、"事先指导意见"、"项目中审查意见"。审定人根据各级校审意见和质量评定等级，进行最终质量评定。

（3）专业间的会签 会签是保证专业间的协调统一不可或缺的重要环节。

① 各专业会签电专业图 主要考虑以下内容。

• 工艺专业→电

设备运行、检修对供电的要求；

照明、插座、开关的设置；

信号设置满足工艺操作的情况；

设备位置、编号、容量及要求；

线路与设备管道的调协；

防雷要求。

• 土建专业→电

电力设施安装对土建的影响；

土建对供电要求；

防雷接地等特殊要求。

• 总图专业→电

供电设施、线路、室外照明与综合管网关系；

跨越交通干道的电线满足交通要求的情况。

• 排水专业→电

信号联系要求；

供电、照明、防雷要求。

• 暖通专业→电

设备运行对供电、照明、信号的要求；

设施间安全距离。

• 动力专业→电

室内动力管道与线路空间协调；

对电源的要求、电缆进出建筑物位置及标高；

室内变电室所位置、门的方向及高度、电缆沟的走向；

检修和临时用电设施等要求；

照明、防雷、安全指示信号的要求；

外网协助。

② 电专业会签各专业 主要考虑以下内容。

• 电→土建专业

车间附设变电所位置、尺寸；

建筑平面轴线尺寸、剖面层高、朝向及门的开启方向；

支架、孔洞预埋件位置、尺寸、标高；

埋地线、管的地坪高、缆沟走向、屋面防雷设施对建筑物沉降缝的要求；

变配电所控制室对自然通风、采光、隔热、地坪的要求；

大型电气设备安装；

室内变电所电缆沟防潮。

• 电→总图专业

全厂建、构筑物的位置、名称、朝向及坐标；

埋地缆线、供电线路与室外综合管网有无矛盾。

• 电→暖通专业

通风设备及管道位置、标高与照明灯具、电气设备和线路相冲突否；

室内变电所、控制室对通风、标高之要求。

• 电→给排水专业

给排水管进车间平面位置、标高与电气设备线路相冲突否；

室内变电所、控制室对给排水管及其标高之要求。

• 电→动力专业

动力管道进车间位置、标高与电气设备线路相冲突否；

乙炔、煤气等易燃、易爆气体的用气点与电气设备安全距离。

会签由项目负责人组织，主导专业负责人提出，各专业负责人签署在相应图纸会签栏，表示认可同意。

4. 设计后期

（1）技术交底

施工图设计完成后，开始施工前，各相关人员已认真阅读施工图后，由设计人员向施工、制造及安装、加工队伍及监理单位的行政及技术负责人进行设计、施工及安装的技术交底。往往此时建设方也把消防、环保、规划及上级主管部门邀请来共同审计图纸，故有时也把此称为"会审"。

① 内容

• 介绍设计指导思想，充分说明设计主要意图；

• 设备选型、布置、安装的技术要求；

• 结构标准件选用及说明；

• 制造材料性能要求及质量要求；

• 施工、制造、安装的相应关键质量点；

• 步骤、方法的建议，强调施工中应注意的事项；

• 局部构造，薄弱环节的细部构造；

• 新工艺、新材料、新技术的相应要求；

• 补充修改设计文件中的遗漏和错误，并解答施工单位提出的技术疑问；

• 作出会审记录，并归档。

② 作法　设计人员就施工及监理单位对施工图的一些问题作出解答，设计需修改、变动的应及时写成纪要，由设计人员出具变更通知，甚至画出变更图纸。根据进度及需要可分段多次进行。

通常是由建设单位主持，按下列步骤进行：

• 设计方各专业人员介绍；

• 各到来单位质疑，提问及讨论；

• 设计方分专业解答，研讨所提内容；

• 对未能解决，而遗留问题归于会审纪要，安排逐项解决。会审纪要需归入技术档案。

（2）工地代表制

① 设计方工地代表　是设计单位根据工程项目的施工、安装、试生产及与设计衔接的需要，派驻现场代表设计单位全权处理设计问题，在工程施工、安装、试生产期间进行技术服务工作的代表。工地代表应派专业知识面广，具有设计及现场经验，参加过本工程某专业设计的技术人员担当。

② 工作要点

• 施工过程中负责解释设计内容、意图和要求，解答疑、难点，参加联合调度会及有关解决施工、安装问题的会议；

• 择要记录现场各种技术会议内容、技术决定、质量状况、设计修改始末，以及重要建、构筑物的隐蔽工程施工情况，以备归档；

• 因设计方原因修改设计时，须填发修改通知单，正式通知建设单位。其文字、附图必须清晰，竣工后需要归档；

• 现场发现施工、安装不符合原设计或相关规范要求时，应及时提出意见，要求纠正，重要问题书面记录；

• 建设、施工方涉及变更原设计要求的决定，如有不同意见，应向对方说明理由，要求更正。如意见不被接受，保留意见时，要向项目工程师报告并做好记录；

• 施工、安装方为条件限制等原因要求修改设计时，如影响质量、费用、其它专业施工进度时，不应接受修改要求。如确有必要修改，则应请示项目工程师按设计程序处理；

• 参加主要建筑、重要设备和管线安装的质检时，发现问题应通知有关方处理，并做好记录及汇报；

• 注意隐蔽工程的施工情况，参加施工前后的检查及记录工作，如修改，现场作修改图，并归档；

• 供应原因改变重要结构、设备时，要与有关方单位协商，必要时请示项目工程师，并由各方代表签署更改通知、归档；

• 难于处理的重大疑难问题，应立即请示项目负责人派员解决；

• 负有设计质量信息反馈职责。按本单位程序，如实、及时反馈技术管理部门；

• 应定期向技术管理部门、项目工程师汇报现场工作。

（3）设计修改

凡是修改设计均应以书面形式发出"修改通知"。修改人可以是原设计人，也可以不是，但原设计人要签字，然后专业负责人及项目负责人均要签字。"修改通知"中必须写明修改原因，修改内容要简单、明确，必要时要配合出修改图，此时还应指明替代作废的原图图号。

5. 设计收尾

（1）竣工验收

① 准备工作 "竣工验收"在整个工程施工结束后进行，验收前施工方及建设方应作下列工作，设计方应予以配合。

• 整理施工、安装中重大技术问题及隐蔽工程修改资料；

• 核对工程相对"计划任务"（含补充文件）的变更内容，并说明其原因。实事求是地合理解决有争议问题；

• 核查建设方试生产指标及产品情况与原设计是否有差异，并阐明原因；

• "三废"排放是否达标；

• 工程决算情况；

• 凡设计有改变且不宜在原图上修改、补充者，应重新绘制改变后的竣工图。设计原因造成，设计方绘制。其它原因造成，施工方绘制。

② 隐蔽工程验收 往往以施工、安装单位召集设计人员、建设单位及有关部门共同进行：

• 检查施工及安装是否达到设计（含设计修改）的全部要求。电气设备、材料选型是否满足设计要求；

• 查阅各种施工记录及工地现场，判别施工安装是否分别达到各专业、国家或相关部门的现行验收标准；

• 查阅隐蔽工程的施工、安装记录及竣工图纸，查看隐蔽部分、更改部分是否达到相关规定；

• 检查电气安全措施、指标是否达到要求。必要时甚至要复测（如对地绝缘电阻、接地电阻）、送"检"（个别有重大安全隐患嫌疑之元器件或设备送质检部门）以及"挖"（掘开土层，看隐蔽工程）、"剖"（剖开设备、拆检关键元器件）；

• 特殊工程还需检查调试记录、试运行（试车）报告，以及有关技术指标，以了解各系统运行是否正常；

• 检查结果逐项写入验收报告，提出需完善、改进和修改的意见。在主管部门主持下，工程设计人员应在验收报告上签字表示同意验收（如有重大不符设计及验收规范问题，设计人员不同意验收，则拒绝签字）；

• 全面鉴定设计、施工质量，恰如其分地作出工程质量评价。讨论后由建设方主笔，设计方协助编写"竣工验收报告"。其中要对工程未了、设计遗留事项提出解决方法。

（2）技术文件归档

工程文档管理是一门新兴、严肃而极为重要的工作。这里仅就设计角度在工程建设方面的技术性文档作介绍。"工程技术文件归档"（工程界简称"归档"）可以在自设计任务开始逐件、即时、分批进行。设计文件在设计完成、经技术管理部门质量工程师检查、办理入库归档手续后，方算完成设计。其归档范围如下。

① 有关来往的公文函件、设计依据性文件、任务书、批文、合同、会议纪要、谈判记录、设计委托、审查意见等；

② 设计基础资料：方案研究、咨询报价、收资选址勘测报告、气象、水文、交通、热电、给排水、规划、环境评价报告、新设备及引进产品的产品样本手册、说明书等；

③ 初步设计图纸、概算、有关的设计证书、方案对比及技术总结；

④ 施工图、预算及有关设计计算书；

⑤ 施工交底、现场代表、质量检查、技术总结……施工技术资料；

⑥ 竣工验收、试生产、投产后回访的报告；

⑦ 优秀工程、创优评选、获奖资料；

⑧ 合作设计时其它合作方的项目资料。

（3）试生产制

① 组织　大、中型项目的试生产由技术管理部门指派项目负责人组织有关专业设计负责人，组成试生产小组参加。小型、零星项目需要时，应临时派员参加。

② 准备　试生产前，协同建设、施工方进行工程质量全面检查，参加制订"空运转"和"投料试生产"计划，协助拟订操作规程，确定工序的技术参数，确定测试、投料程序，明确试生产前必须解决的问题。

③ 试生产　一般工业工程试生产为连续三个 24h 即 72h，并作"试生产测试记录及总结报告"，存入技术档案。

④ 资料　协同建设、施工及制造、安装单位解决"空运转"及"试生产"中的问题，记录相应资料。

（4）其它收尾工作

① 回访　是设计单位从实践中检查设计及服务质量，取得外部质量信息、提高设计水平的重要手段之一。回访时，要深入实际，广泛地向建设方、施工、制造及安装方，尤其是具体人员征询意见，收集整理成"回访报告"归档。

② 信息反馈的整理　凡收集的"设计质量信息"须经过鉴别，剔除无价值、重复的内容，整理归档，供新项目承接时查找、使用。

③ 设计总结

• 工程及设计概况；

• 各专业设计特点；

• 投产建成后的实际效果；

• 设计工作的优缺点和体会。

④ 质量评定　根据以下五方面对设计质量作出综合评定，给出等级：

• 符合规范和技术规定、技术先进，注意节能、环保；

• 供配电安全、可靠，动力、照明配电设备布置合理，计算书齐全、正确，满足使用要求；

• 线路布局经济合理，便于施工、管理和维修；

• 设备选型合理，选材恰当，各种仪表装置齐备；

• 图纸符号正确、设计达到深度、图面清晰、表达正确、校审认真、坚持会签，减少错、漏、碰、缺。

6. 全面质量管理

显然这里所讨论的设计工作的全面质量管理，仅针对"工程设计"，且并不涉及其后继实施的施工、制造、安装等方面。

（1）基本含义

全面质量管理就是全体设计人员及相关部门同心协力把专业技术、系统管理、数理统计和思想教育结合起来，建立起设计工作全过程的质量体系，从而有效地利用脑力、物力、财力、信息等资源，提供出符合现实要求和建设期望的设计服务，简称设计工作的 TQC。

（2）基本组成

① 一个过程　系统管理。

② 四个阶段　"PDCA"四个阶段构成循环，大循环套小循环螺旋上升。参见图 3-37。

P——计划、预测；D——实施、执行；C——核对、比较、检查；A——处理、总结。

③ 八个步骤

• 分析现状且找出问题，确定方针和目标。

• 分析影响因素，包括 4MIE：

MAN——人（执行者）；MACHINE——机（设备）；MATERIAL——料（材料）；METHOD——法（方法）；ENVIRONMENT——环（境）。

• 分析主要影响因素，确定主要矛盾。

• 提出措施，包括行动计划和预期效果，计划中包括 5W1H：

WHY——为什么；WHAT——达何目的；WHERE——在何处执行；WHO——谁执行；WHEN——何时执行；HOW——执行具体做法。

• 执行，即实施。

• 检查，即实际与计划对比。

• 标准化，将成功的经验加以标准化，以防止"旧病重犯"。

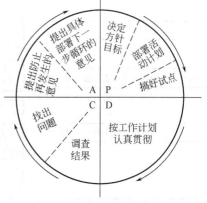

图 3-37　全面质量管理的 PDCA 循环图

· 遗留问题，输入下一步计划。

④ 七种工具　七种数理统计方法，常用②、③两种：

· 分层法；

· 排列图法；

· 因果分析图法（俗称鱼刺图法）；

· 直方图法；

· 控制图法；

· 相关分析图法；

· 检查表法。

（3）质量检查点的设置

设计阶段全质管理质量检查点的设置见图 3-38，图中 * 号为全质管理质量检查点。

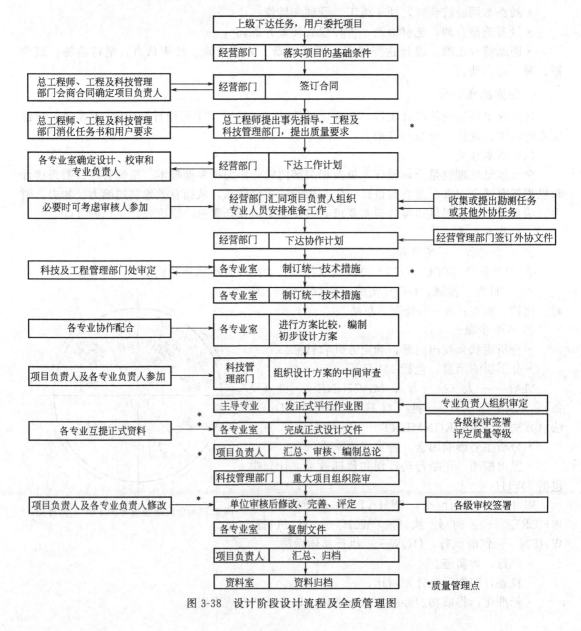

图 3-38　设计阶段设计流程及全质管理图

小结

工程设计作为"建筑电气及智能化工程"的一个引领性的最重要的工作门类，它以图纸为"工程语言"表达，贯穿运用了本专业涵盖的各个专业方向，也是各类基础的技术综合应用。

第一节以"绘图规则"介绍了这一"工程语言"的语法，以电气的"图形符号、文字符号、参照代号、信息的标记与注释、信号及连接线、端子代码"介绍其词汇，以"识图要领"概述"辨识语言"的概要。

第二节从设计的"依据和基础资料、阶段、文件、图纸分类、相关专业的协作"，直到"设计的开展"叙述了"电气工程设计"的全过程。

本章的学习要点是牢记诸多条款，并掌握其熟练运用。而不在"推理、论证"！

第四章

04

目录、说明、材料表

设计是建筑电气专业的设计工程技术人员遵照规程、规范的要求，按其规定的制图、图形及文字符号方式，以图形为主，文字等其余方式为辅的表达工程设计思想的方式和手段。所有各类设计均应遵循相应的规程、规范，相关规程、规范见书配资源。

本篇将以施工图设计阶段的各类设计图纸为实例，通过对实例的剖析进行讲述。各实例原则上选用成套图纸，个别取自不同的工程，所有图纸的 CAD 版见书配资源。

"目录、说明、材料表"这三样内容虽未以图形符号为主，但却构成了整套图纸的总体轮廓的引和序，是各类设计内各图纸中不可缺少的组成部分。

第一节　图纸目录

图纸目录是整套图纸按序排列的完整清单。先列出当前绘制图，后列出选用标准图或重复使用图，再列出设计修改图及修改通知书（单）。往往后面部分多有忽略。比较细的目录还列出图纸幅面及张数及总体幅面。

一套工程图纸包括的内容应以有关设计深度文件为准。如一般简单的民用住宅施工图便应包括：目录、设计施工说明、材料表、强/弱电干线及系统概略图、配电箱概略图、强/弱电平面布置图、防雷及接地平面图。有特殊控制、连锁要求时还应有相应控制原理图。总体与单体工程深度要求又有差别。

一、实例（见图 4-1）

二、剖析

本工程为一类高层商住楼，总建筑面积为 $20025.03m^2$，建筑高度 50.15m，结构类型为框剪结构，基础形式为独立基础。地下室为设备用房及汽车库，地上一至三层为商业空间；四至十五层为住宅。发电机房、水泵房、风机房、高低压变配电房等设在地下室。

本次图纸均遵循先系统后平面、先强电后弱电的原则。下面分别剖析如下。

（1）"2#楼子项"——电气专业施工图共四十七张图纸：

① 图纸目录及主要设备材料表——一张编号为：1；

② 电气设计说明——一张编号为：2；

图纸目录

图别	图号	图纸内容	图纸规格
现制图2号楼	1/47	图纸目录图例及主要设备表	A1
	2/47	电气设计说明	A1+1/4
	3/47	10kV高压系统图 柴油发电机房系统图	A1
	4/47	10/0.4kV变配电系统图（一）	A1+1/4
	5/47	10/0.4kV变配电系统图（二）	A1+1/4
	6/47	10/0.4kV变配电系统图（三）	A1+1/4
	7/47	10/0.4kV变配电系统图（四）	A1
	8/47	高低压配电房平面布置图 柴油发电机房平面布置图 高低压配电房、柴油发电机房接地平面图	A1
	9/47	电气火灾监控系统图 电视系统图 电话系统图 网络系统图 可视对讲系统图	A1
	10/47	火灾自动报警系统图 消防控制室平面布置图	A1
	11/47	视频监控总系统图 小区可视对讲系统图 停车场管理系统图	A1
	12/47	竖向配电系统图	A1+1/4
	13/47	消防水泵房配电系统图	A1
	14/47	强电系统图（一）	A1
	15/47	强电系统图（二）	A1
	16/47	强电系统图（三）	A1
	17/47	强电系统图（四）	A1
	18/47	强电系统图（五）	A1
	19/47	负一层照明平面图	A0
	20/47	负一层电力干线平面图	A0
	21/47	负一层弱电平面图	A0
	22/47	负一层火灾报警平面图	A0
	23/47	负一层火灾联动平面图	A0
	24/47	负一层接地平面图	A0
	25/47	首层照明平面图	A0
	26/47	二层照明平面图	A0
	27/47	三层照明平面图	A0
	28/47	四层照明平面图	A0
	29/47	五至十四层照明平面图	A0+1/4
	30/47	十五层照明平面图	A0+1/4
	31/47	屋面层照明平面图	A0+1/4
	32/47	一层电力平面图	A0
	33/47	二层电力平面图	A0
	34/47	三层电力平面图	A0
	35/47	四层插座平面图	A0
	36/47	五至十四层插座平面图	A0+1/4
	37/47	十五层插座平面图	A0+1/4
	38/47	屋面层电力平面图	A0+1/4
	39/47	一层弱电、火警平面图	A0
	40/47	二层弱电、火警平面图	A0
	41/47	三层弱电、火警平面图	A0
	42/47	四层弱电、火警平面图	A0
	43/47	五至十四层弱电、火警平面图	A0+1/4
	44/47	十五层弱电、火警平面图	A0+1/4
	45/47	屋面层弱电、火警平面图	A0+1/4
	46/47	四层屋面防雷平面图	A0+1/4
	47/47	屋面层防雷平面图	A0+1/4

选用标准图目录 （第 页 共页 1）

序号	图纸名称	图号	数量	备注
1	常用低压配电设备及灯具安装	D702-1-3	1册	
2	35kV及以下电缆敷设	94D101-5	1册	
3	电力电缆终端头及接头	93(03)D101-4	1册	
4	建筑物防雷设施安装	99(07)D501-1	1册	
5	接地装置安装	03D501-4	1册	
6	利用建筑物金属体做防雷及接地装置安装	03D501-3	1册	
7	等电位联结安装	02D501-2	1册	
8	干式变压器安装	99D201-2	1册	
9	应急柴油发电机组安装	00D272	1册	
10	预制分支电力电缆安装	00D101-7	1册	
11	电缆桥架安装	04D701-3	1册	
12	线槽配线安装	96D301-1	1册	
13	硬质料管配线安装	98D301-2	1册	
14	钢导管配线安装	03D301-3	1册	
15	电气竖井设备安装	04D701-1	1册	
16	电缆防火阻燃设计与施工	06D105	1册	
17	建筑电气工程设计常用图形和文字符号	00DX001	1册	

线路敷设方法的标注		导线敷设部位的标注		灯具安装方法的标注	
穿焊接钢管敷设	SC	暗敷在梁内	BC	线吊式	SW
穿电线管敷设	MT	沿或跨柱敷设	AC	链吊式	CS
穿硬塑料管敷设	PC	沿墙面敷设	WS	管吊式	DS
电缆桥架敷设	CT	暗敷设在墙内	WC	壁装式	W
金属线槽敷设	MR	沿天棚或顶板面敷设	CE	吸顶式	CE
塑料线槽敷设	PR	暗敷设在屋面或顶板内	CC	嵌入式	R
穿金属软管敷设	CP	吊顶内敷设	SCE	顶棚内安装	CR
电缆沟敷设	TC	地板或地面下敷设	FC	墙壁内安装	WR
穿聚氯乙烯塑料波纹电线管敷设	KPC	混凝土排管敷设	CE	支架上安装	S

图 4-1 电气专业施工图图纸目录示例

③ 10kV 高压系统图 柴油发电机房系统图——一张编号为：3；反映了变配电系统内 10kV 系统的各项参数及构成，同时反映作为备用电源的柴油发电机系统的各项参数及构成；

④ 10/0.4kV 变配电系统图——四张编号为：4～7，反映变配电系统的各级参数及其系统构成；

⑤ 高低压配电房平面布置图、柴油发电机房平面布置图、高低压配电房、柴油发电机房接地平面图——一张编号为：8，反映各个设备房间的平面布置及接地平面布置。本部分内容需结合规程规范要求、现场实际情况，以及设备的操作维护、运输安装等来综合体现各个设备的安装位置及接地位置，本部分内容也是电气部分的重要内容；

⑥ 电气火灾监控系统图、电视系统图、电话系统图、网络系统图、可视对讲系统图——一张编号为 9；

⑦ 火灾自动报警系统图、消防控制室平面布置图——一张编号为 10；

⑧ 视频监控总系统图、小区可视对讲总系统图、停车场管理系统图——一张编号为 11；

第⑥、⑦、⑧三张图为弱电部分的系统图纸，集中体现了弱电专业各个部分的系统构成；

⑨ 竖向配电系统图——一张编号为 12，该张图纸为前后衔接的一张图纸，在整个强电系统中十分重要，本张图纸不但全面地反映了从配电房低压配电屏引出至楼层内各个配电箱回路的名称、线径大小、负荷情况、同时也具体体现各个配电箱所在楼层及其负荷大小。本图是指引性图纸，对于理清图纸的条理十分重要；

⑩ 消防水泵房配电系统图——一张编号为 13，为水泵房内配电箱系统的体现；

⑪ 强电系统图——五张，编号为 14～18；

⑩、⑪为系统内各个强电配电箱的系统图，本部分内容也是"⑨竖向配电系统图"后端的内容体现，而其前端内容则体现在"③10kV 高压系统图　柴油发电机房系统图及④10/0.4kV 变配电系统图"中。

⑫ 负一层照明平面图、负一层电力干线平面图、负一层弱电平面图、负一层火灾报警平面图、负一层火灾联动平面图、负一层接地平面图——六张，编号为 19～24，本部分图纸为包含了负一层的强弱电两个大内容中各小部分内容平面图的描述；

⑬ 照明平面图——七张，编号为 25～31，本部分内容为整个项目从一层至屋面层的照明平面图；

⑭ 电力及插座平面图——七张，编号为 32～38，本部分内容为整个项目从一层至屋面层的电力及插座平面图；

⑮ 弱电、火警平面图——七张，编号为 39～45，本部分内容为整个项目从一层至屋面层的弱电、火警平面图；

⑯ 屋面防雷平面图——两张，编号为 46～47，本部分内容为整个项目屋面层的防雷平面图，根据项目具体情况不同，本次项目的屋面分别位于四层和屋顶层，所以两个位置分别体现。

（2）在图纸设计时，还列出对应选用的主要图集。由于国家规范图集众多，图纸的表达内容有限，所以本次列出所涉及的主要的标准图集，在实际施工过程中，图纸交待如未表达明确可以参考国家典设图集，也是作为对图纸描述的补充。

（3）对于敷设方式的描述，是作为后端对图纸内各种符号、代号的文字说明，在前端进行约定，便于后面的图纸表达及描述。

第二节　设计、施工说明

一、实例（见图 4-2）

二、剖析

1. 概述

设计、施工说明是整套图纸中不能或不便以图形或文字符号表达的文字的集中叙述及补充，作为成套图纸的首页。建筑电气工程要求包括以下内容。

① 工程概况及设计依据；

② 设计范围——缺项必阐述原因，合作的必明确分工及交界点；

③ 符合级别及电源；

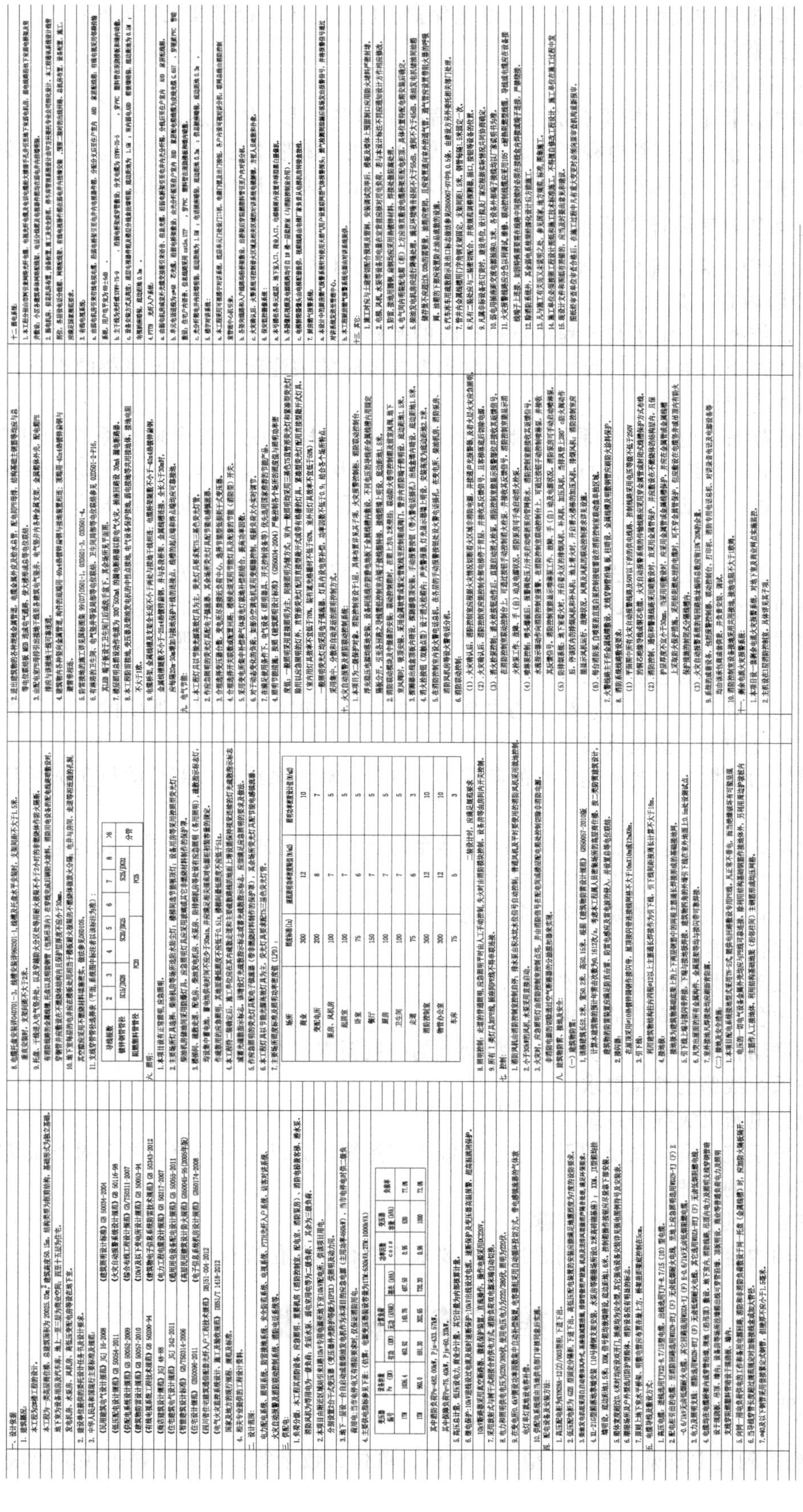

电气设计说明

图 4-2 电气设计说明(由于篇幅有限，详见光盘附录部分分图纸)

④ 变配电所主接线、运行方式、继电保护、应急电源、计量及无功补偿；

⑤ 线路敷设；

⑥ 设备安装；

⑦ 防雷及接地——按要求是两部分，简单工程多合为一体表述；

⑧ 人防、消防、有线电视、电话通信、综合布线、闭路监控、保安对讲、总体规划等。

各单项内容，有要求设计则表述，有要求交由合作单位进行，应明确。

2. 图 4-2 电气设计说明剖析

① 此图为某高层商住电气强电部分设计施工说明书。

② 说明内容　共十三点。

•设计依据　介绍了在工程项目设计时的基础设计依据及相关规程规范依据。本部分内容需列出所选用的主要的规程规范，同时也需要及时的关注新实施的及更替的规范，以作为设计最基本的依据。

•设计范围　电力配电系统、照明系统、防雷接地系统、安全防范系统、电视系统、FTTH 光纤入户系统、访客对讲系统、火灾自动报警及消防联动控制系统、消防电话系统等。

•供配电　包括负荷分级、外部电源、应急电源、主要供电指标、高压总计量、继电保护、无功补偿等内容。

•配电设备及安装方法　高低压设备及柴油发电机系统的安装方法及需要注意的事项。

•电缆导线及敷设方式　高低压电缆的敷设方式及其需要注意的事项。

•照明　对于项目照明的设置进行描述，包括正常照明及应急照明、交代各项灯具的选择要求、主要场所的照度要求。

•控制　对于这个供电系统中的水泵、风机以及火灾情况下应急照明的控制的描述。

•建筑物防雷、接地及安全。

建筑物的防雷　主要从建筑物的防雷等级、各个防雷系统组成部分的材质选择及做法要求进行描述。

接地及安全　接地系统的选择、系统中各个需接地的位置的做法及要求、接地电阻的要求。

•电气节能　对于工程节能的描述。

•火灾自动报警及消防联动控制系统：

火灾保护对象等级；

消防联动模块及中继器的安装；

系统中各个设备安装的要求；

消防联动控制中对于系统中各个控制点的控制要求进行描述；

消防系统线路的敷设要求。

•剩余电流火灾报警系统

•弱电系统　弱电系统的引入点、有线电视系统、光纤入户系统、楼宇对讲系统及弱电系统其它内容的描述。

•其它　其它补充说明的问题。

各单项内容，有要求设计则表述，有要求交由合作单位进行应明确。

第三节　材料表

一、实例（如图 4-3 所示）

① 列表阐述主要设备名称、型号、规格、单位、数量等。部分材料由预算解决或以施

工实测为准，但关键主要设备要明确数量，以控制投资。本次以地下室子项为实例。

序号	图例	名称	规格、型号	单位	数量	备注
1	MEB	总等电位端子箱	YLD-MEB	台	2	H=0.30 m暗设
2		电源自动切换箱	D1-APE* APE-XK	台	15	H=1.50m暗设
3		事故照明配电箱	ALEMD*	台	16	H=0.30m
4		照明配电箱	ALSMD* ALMD*	台	150	H=1.50m
5		动力照明配电箱		台	6	H=1.50m
6		应急天棚灯(节能灯)	1×25W～220V	盏	280	吸顶
7		应急照明灯	2×36W～220V	盏	36	吸顶
8		应急壁装双管荧光灯	2×36W～220V	盏	4	H=2.40m壁挂
9		安全出口标志灯	2×6W～220V	盏	56	详设计说明
10		单向疏散指示灯	2×6W～220V	盏	64	详设计说明
11		隔爆灯	1×36W～220V	盏	1	吸顶
12		按钮盒	10A～250V	个	12	H=1.50m暗设
13		双控开关	10A～250V	个	35	H=1.30m暗设
14		单极开关	10A～250V	个	398	H=1.30m暗设
15		双极开关	10A～250V	个	126	H=1.30m暗设
16		消火栓起泵按钮	JF-M16	个	123	H=1.30m
17		火灾声光警报器	JF-SG11	个	56	H=2.20m
18		输入出模块	JF-M02	个	125	设备旁
19		消防接线端子箱		个	16	H=1.50m
20		带电话插孔的手动报警按钮	JF-D13P	个	56	H=1.30m
21		感烟感温探测器	JF-D11/JF-D12	个	106	吸顶
22		感温探测器		个	114	吸顶
23		感烟探测器	JF-D11	个	297	吸顶
24		报警电话	HY2712D	个	5	H=1.30m
25		输入模块	JF-M01	个	38	设备旁
26		壁灯	1×25W～220V	盏	129	H=2.40m
27		防水防尘灯	1×25W～220V	盏	129	吸顶
28	⊖70℃	70℃动作的常开防火阀	详通施图	个	5	设备旁
29		三角型-星型连接变压器	SGB11-RL-630/10/0.4kV SGB11-RL-1000/10/0.4kV	台	2	落地安装
30		高压配电柜	KYN28A-12(Z)/031	台	5	落地安装
31		低压配电柜	GZH	台	14	落地安装
32	G	发电机	460kW 柴油发电机	台	1	落地安装
33		三联开关	10A～250V	个	18	H=1.30m暗设
34		四联开关	10A～250V	个	4	H=1.30m暗设
35	PS	气体喷洒指示灯		个	4	
36	QTK	气体灭火控制盘		个	2	
37	Q/T	紧急启动/停止按钮		个	4	

注：1.该主要设备表中的设备数量仅供参考，具体数量以现场为准；

2.所有安装高度小于18N的插座均为安全型插座。

图 4-3 材料表示例

②　一般同时附有对应的图形符号的图例，备注栏常注明安装、施工要求及设备，材料的具体细节及配套要求。

二、剖析

①　此为图 4-3 工程的"材料表"。分序号、图例、名称、规格型号、单位、数量及备注七栏列表表达主要材料的选用。

②　内容根据项目实际情况共 37 项。

05

第五章

变配电工程设计

第一节　高压配电系统的概略图

一、概述

概略图原称系统图，是电气工程的关键图纸，故为施工图审查的重点。概略图表现的主要内容为：

供电对象——供电的系统、设备的相应电气指标、参数特性；

馈送线路——线缆型号、规格及敷设方式（含穿管、桥架、缆沟的型号、规格、尺寸、特殊长度）；

输入线路——除上述馈送线路类似特性外，尚包括此系统总的装机功率、计算功率、计算电流以及系统的需要系数及功率因数等计算参数；

主要部件——输入及输出线路的控制、保护、启动、计量、显示各主要元件设备的型号、规格等参数。

在实用中概略图演变为干线式及配电箱式两种形式：干线式表达一个建筑物内电能分配输送的总关系，以各动力箱、配电箱为终点，俗称为干线图。配电箱式则以各用电负荷为终点，表达一个配电箱的进/出线路、控制及保护元、部件构成的表图，俗称配电箱接线图。

1. 供电电压

供电电压应根据用电容量、用电设备特性、供电距离、供电线路的回路数、当地公共电网现状及其发展规划等因素，经过技术经济比较确定。

① 用电设备容量在 250kW 或需用变压器容量在 160kV·A 以上者应以高压供电；

② 用电设备容量在 250kW 或需用变压器容量在 160kV·A 及以下者应以低压方式供电；

③ 特殊情况以高压方式供电。

2. 高压配电系统

① 根据对供电可靠性的要求、变压器的容量及分布、地理环境等情况，高压配电系统宜采用放射式，也可采用树干式、环式或其它组合方式。

② 两路高压电源供电分为：两电源来自不同的变电站（开闭站）或来自同一变电站（开闭站）的不同母线。多采用电缆埋地敷设至建筑物电缆分界室，再由电缆分界室提供两

路电源至变配电所内，变配电系统多设计为单母线分段。正常工作时两路电源同时供电、互为备用，各负担 50％ 负荷，一路电源故障时另一路电源供全部负荷。

③ 注意收集了解电力系统的中性点运行方式。

二、单电源供电

1. 实例（见图 5-1）

2. 剖析

图 5-1 为单路供电的 10kV 系统概略图，为单路供电高压系统概略图的示例。

① 直埋式钢带铠装交联聚乙烯电力电缆引入 10kV 电源；

② C2SR-12 系列五个 10kV 配电柜配电，其中 1AH1 为进线柜，1AH2 为计量柜，1AH3 为电压互感器柜，1AH4、1AH5 为馈电柜；

③ AH1 的核心部件为 C2Seb-12-630/25kA/4s 的真空断路器，配套操作机构为弹簧操作机构。此柜主要对进线电源进行控制和保护；

④ AH2 的核心部件为电流及电压互感器组成的计量装置，主要是对输入电量的计算，作为供电部门收费的依据；

⑤ AH3 的核心部件为电压互感器及氧化锌避雷器，为系统提供测量表计的电压回路、提供操作和控制电源、每段母线过电压保护器的装设、继电保护的需要，如母线绝缘、过压、欠压、备自投条件等等；

⑥ AH4 及 1AH5 的核心为 C2Sebe-12-630/25kA/4s 的真空断路器，配套操作机构为弹簧操作机构。此柜主要对馈出线进行控制和保护；

⑦ 系统为两路 10kV 输出，分别至两台变压器高压侧；

⑧ 计量型式为 10kV 供电 10kV 计量的高供高量方式。

三、双电源供电

1. 实例（见图 5-2）

2. 剖析

图 5-2 为两路供电的 10kV 系统概略图，为两路供电高压系统概略图的示例。

① 系统采用两路 10kV 高压进线，互为备用的体系。正常时两路高压各供电一段母线，彼此分段运行；一路电源故障而退出运行时，联络开关手动投入，两段母线连接在一起，由非故障电源单独供全部负荷。两台 10kV 高压进线柜和联络柜均作电气/机械联锁；

② 变电所共设 KYN（VE）系列柜十二面。除两路进线各有一段进线母线外，工作母线为单母线分段制，共分为左、右两段，相互连接；

③ AH1/AH12 分别为左/右两路进线的进线柜，核心部件为 JDZ 型电压互感器小车；

④ AH2/AH11 为左/右两路的进线保护柜，主要实施过流、速断及零序保护，核心元件为 1250A 的 VK 型断路器；

⑤ AH3/AH10 为左/右两路进线的计度柜，核心元件为 JDZ 型电流、电压互感器小车；

⑥ AH4、5/AH8、9 各为一路输出的馈电柜。除 AH8 作为备用外，AH4、5、9 分别供给 1#、3# 及 2# 变压器用电，同时对输出线路分别实施高温、超温（变压器）、过流、速断和零序保护。核心部件为 VK 断路器手车；

⑦ AH6/AH7 为左右两段 10kV 母线的联络柜，兼作彼此联络电量的计度，核心元件为 VK 型断路器手车。

主母线: GTNY-630A
一次接线图
额定电压12kV
C2SR-12型中式固体绝缘柜

名称	LAH1 型号及规格	数量	LAH2 型号及规格	数量	LAH3 型号及规格	数量	LAH4 型号及规格	数量	LAH5 型号及规格	数量
开关柜编号	LAH1		LAH2		LAH3		LAH4		LAH5	
开关柜型号	C2SR-12-V1		C2SR-12-M		C2SR-12-PT8		C2SR-12-V2		C2SR-12-C2	
开关柜外形尺寸(mm)	420×860×1450		750×860×1450		600×860×1450		420×860×1450		420×860×1450	
回路名称	电源进线柜		生活参考计量(住宅部分)		电压互感器柜		1T变压器高压馈电柜(住宅)		3T变压器高压馈电柜(住宅)	
回路负荷(kVA)	1430kVA						800kVA		630kVA	
回路电流(A)	83.6						46.1		36.4	
负荷开关	C2Seb-12-630/25kA/4s	1			C2Se-12-630/25kA/4s	1	C2Sebc-12-630/25kA/4s	1	C2Sele-12-630/25kA/4s	1
真空断路器										
真空断路器操作机构	弹簧操作机构	1					弹簧操作机构	1		
隔离刀闸										
接地刀闸							带独立下接地		带独立下接地	
电流互感器(厂配套)	150/5A 0.5/10P20	3	100/5A 0.2S/0.5	2			75/5A 0.5/10P20	3	50/5A 0.5/10P20	3
熔断器			XRNP-12 0.5A	3	XRNP-12 0.5A	3				
电压互感器			JDZ10-10 10/0.1kV 0.2级	2	JDZ10-10 10/0.1kV 0.5级	2				
避雷器	厂家配套	3			厂家配套	3	厂家配套	3	厂家配套	3
带电显示装置	DMN6-10	1	DXN6-10	1	DXN6-10	1	DXN6-10	1	DXN6-10	1
保护装置	DGR2301	1					DGR2334	1		
智能操控装置										
多功能电力仪表	VS194E-9×4	1			VS194E-9×4	1	VS194E-9×4	1	VS194E-9×4	1
智能数显温控器	DTCH-11A	1	DTCH-11A	1	DTCH-11A	1	DTCH-11A	1	DTCH-11A	1
二次原理图图号										
电缆型号	YJV22-8.7/15-3×120						YJV22-8.7/15-3×70		YJV22-8.7/15-3×70	
备注	由10kV专用环网柜AH3柜引来电源						至1T变压器高压侧		至1AH1柜	

说明:
1 计量柜1AH2内的计量装置及电流互感器变比由供电部门确定, 并预留负荷控制装置的安装位置。
2 计量柜与进线断路器柜应设置闭锁。
3 综合继电保护装置的整定值由供电部门门确定。
4 电源进线开关为一体式三工位操作机构, 接地开关操作机构加挂锁, 防止带电合接地开关。

图 5-1 单路供电的 10kV 系统略图

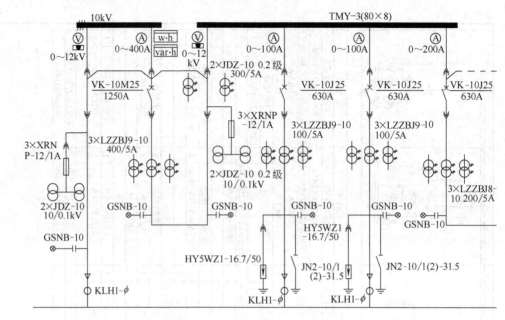

高压柜编号	AH1	AH2	AH3	AH4	AH5	AH6
高压柜型号	KYN(VE)-10	KYN(VE)-10	KYN(VE)-10	KYN(VE)-10	KYN(VE)-10	KYN(VE)-10
回路编号	WH1			WH3	WH5	
设备容量(kW)	2500			1250	630	
计算电流(A)	145			72.3	36.4	
电缆或导线型号及规格(mm²)	由当地供电局确定			YJV-10kV 3×150	YJV-10kV 3×95 CT	
继电保护		过流、速断、零序		高温、超稳、过流速断、零序	高温、超稳、过流速断、零序	过流、速断
用途	1#电源电压互感器	主进线	专用计量	1#变压器	3#变压器	联络
高压柜宽度(mm)	800	800	800	800	800	800
备注						

图 5-2　两路供电的 10kV

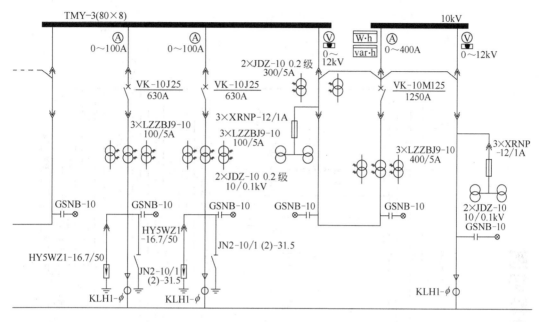

AH7	AH8	AH9	AH10	AH11	AH12
KYN(VE)-10	KYN(VE)-10	KYN(VE)-10	KYN(VE)-10	KYN(VE)-10	KYN(VE)-10
	WH6	WH4			WH2
		1250			2500
		72.3			145
		YJV-10kV 3×150			由当地供电局确定
	高稳、超稳、过流、速断、零序	高稳、超稳、过流、速断、零序		过流、速断、零序	
联络	备用	2#变压器	专用计量	主进线	2#电源电压互感器
800	800	800	800	800	800

系统概略图

第二节 低压配电系统的概略图

一、实例（见图 5-3）

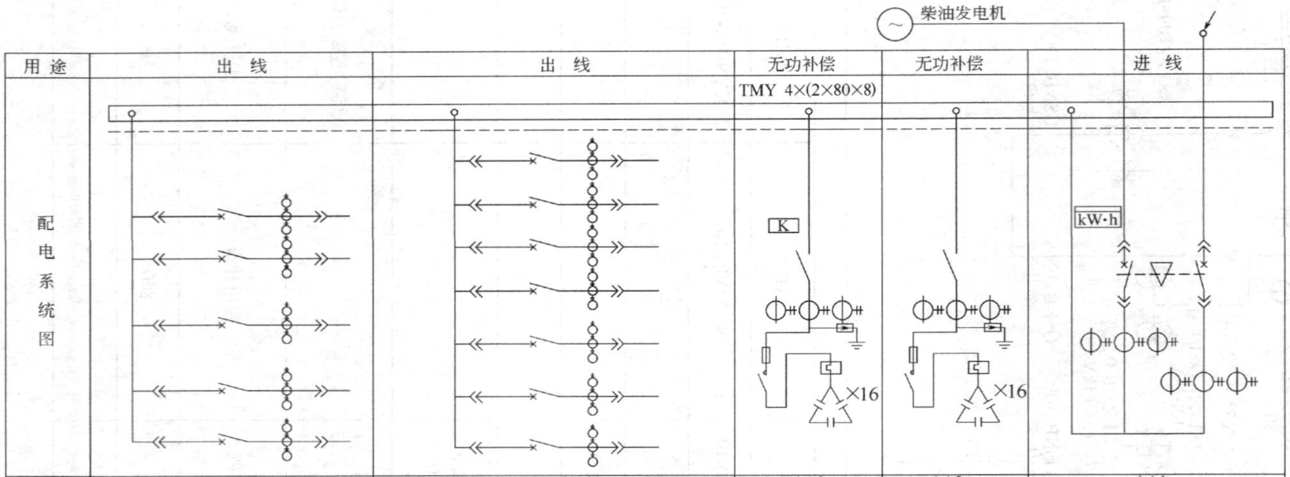

配电柜编号	AA5					AA4							AA3	AA2	AA1
配电柜型号	MNS-65	MNS-64	MNS-64	MNS-63	MNS-63	MNS-65	MNS-64	MNS-64	MNS-62	MNS-62	MNS-62	MNS-62	MNS-129	MNS-130	MNS-21（改）
回路号	WPE1	WPE2	WPE3	WPE4	WPE5	WPE6	WPE7	WPE8	WPE9	WPE10	WPE11	WPE12			EWP1
负荷	高区消防泵	低区消防泵	喷淋泵	低区给水泵	高压给水泵	群楼电梯、风机	A楼消防	B楼消防	A座中庭照明	B座中庭照明	消控中心	防火卷帘			ΣP_{js}:484.5kW
功率/kW	90.0	37.0	37.0	5.5	22.0	101	63	63	23.0	23.0	10.0	10.0			ΣQ_{js}:644.4kvar
电流/A	228.1	93.8	93.8	13.9	55.8	256	159.7	159.7	43.7	43.7	19.0	25.0	25kvar	256kvar	ΣS_{js}:806.3kV·A
柜宽/mm	600					600							600+400	600+400	800
柜深/mm	1000					1000							1000	1000	1000
小室高度	24E	16E	16E	8E	8E	24E	16E	16E	8E/2	8E/2	8E/2	8E/2	72E	72E	72E
导线规格 敷设方式	W-1kV 5×120 CT														补偿后ΣS_{js}：502.2kV·A
备注															
主要器件 刀开关													刀开关DCHR1-3	刀开关DCHR1-3	
熔断器													DCMJ3(16kvar)(16×16)	DCMJ3(16kvar)(16×16)	
													QM3-32	QM3-32	
自动开关	QTSM1-400L 300A	QTSM1-225L 125A	QTSM1-225L 125A	QTSM1-63L 25A	QTSM1-100L 80A	QTSM1-400L 300A	QTSM1-225L 180A	QTSM1-225L 180A	QTSM1-63L 63A	QTSM1-63L 63A	QTSM1-63L 40A	QTSM1-63L 40A	FYS-0.22	FYS-0.22	自动开关：QTSW2-2000 1000A
													交流接触器CJ20-160 380V	交流接触器CJ20-160 380V	
													热继电器 JR16D-150/3D	热继电器 JR16D-150/3D	
													DWB-2N	DWB-2N	
电流互感器													电流互感器：BH-40	电流互感器：BH-40	电流互感器：BH-100

图 5-3 0.4kV 系统概略图

二、剖析

1. 概述

构架低压配电系统应注意：

① 合理选用干线结构　低压配电系统干线结构有放射式、树干式、链式或其它组合方式，低压配电系统多采用树干式；

② 合理选用安全保护接地型式　多用 TN-C-S 及 TN-S 制。

2. 剖析

图 5-3 为 0.4kV 低压系统概略图，为低压系统概略图示例。

① 一个以柴油发电机为备用电源及一路低压进线的系统。用宽 80mm、厚 8mm 双层铜母排共四组，以 TN-C 系统单母线不分段方式供电。

② NS 柜五面配电：

• 线柜 AA1 核心部件为 QTSW2 系列自动切换开关，实现低压进线和柴油发电机供电间的自动切换；

• AA2/3 均为补偿容量为 (16×16) 256kvar 的无功功率补偿柜。AA2 为手动，AA3 为自动。共同实现系统低压侧无功功率集中浮动补偿；

• AA4/5 分别以抽屉单元实现七路及五路出线控制，核心部件为：

QTSM1 系列断路器实现输出回路的控制和保护；

每个输出回路三相各自装一个电流互感器，检测输出电流；并通过三相电流比对，反映负载三相平衡运行情况。

第三节　二次电路图

一、实例（见图 5-4）

二、剖析

1. 概述

信号、联动、联锁、继保等二次回路及防雷、防过压等安全技术措施应按相应规范设置。

2. 图 5-4 剖析

图 5-4 为 10kV 二次电路的典型形式，为高压二次电路的示例（这种方式实际已不采用，之所以仍采用这种旧方式，在于表述逻辑）。

① 图 5-4 为二次电路图的示例；

② 此二次图包括下列部分：

• 图（a）左上为"电流回路"　示出三条支路，分别接入有功、无功电度表电流线圈及电流表计；

• 图（a）左中为"电压回路"　示出电压母线三支点间分别接入有功、无功电度表电压线圈；

• 图（a）左下为"电流回路"　示出速断、过流及掉闸继电器线包及触点的接法；

• 图（a）右上为"串联中间继电器接线"　示出各中间继电器线包及触点的接法；

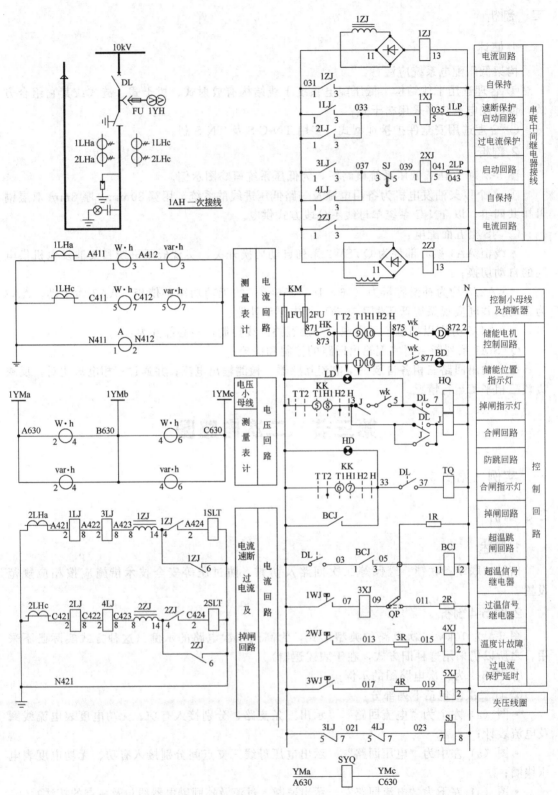

(a)

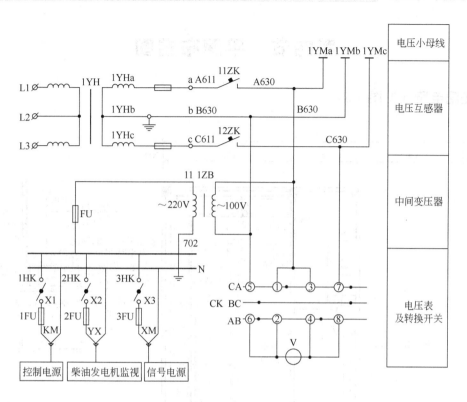

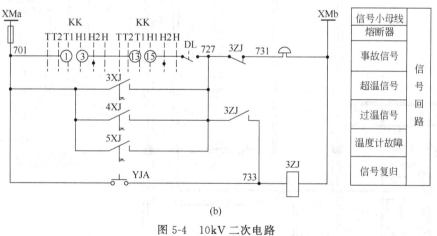

(b)

图 5-4　10kV 二次电路

- 图（a）右下为"控制回路"　示出通过组合开关及断路器实现各种保护控制功能的接法；
- 图（b）右上为"电压小母线"　示出监视、控制及信号的电源取得的接法；
- 图（b）右下为"信号回路"　示出通过组合开关及相应继电触点对发出各种报警信号及消除的接法。

③ 有现有标准图可供选用，尽可能使用。既省事，也保证图纸的正确性。

④ 注意区别

- 图功能　有测量、信号、保护控制回路；
- 图电源　信号、控制、电压小母线有电压大小、取点的差异。

第四节　平面布置图

一、变配电所（见图 5-5）

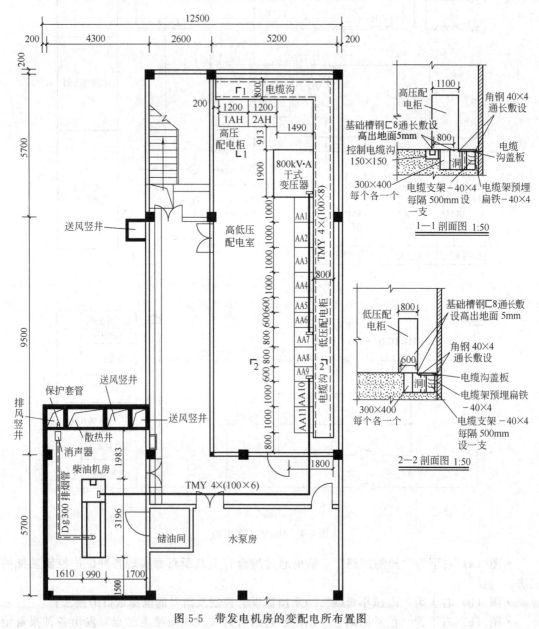

图 5-5　带发电机房的变配电所布置图

1. 概述

（1）应急电源设置

民用建筑多以柴油发电机为应急电源，其接入变电所低压配电系统时，应符合下列要求：

① 与外网电源间应联锁，不得并网运行；

② 避免与外网电源的计费混淆；

③ 结线上要具有一定的灵活性，以满足在非事故下能供给部分重负荷用电的可能。

（2）变配电所的布置

① 所址选择　应根据下列要求综合考虑确定：

- 接近负荷中心；
- 进出线方便；
- 接近电源侧；
- 设备吊装、运输方便；
- 不应设在有剧烈振动或高温的场所；
- 不宜设在多尘、水雾或有腐蚀性气体的场所；
- 不应设在厕所、浴室或其他经常积水场所的正下方，且不宜与其贴邻；
- 不应设在爆炸危险场所以内，不宜设在有火灾危险场所的正上方或正下方；
- 变配电所为独立建筑物时，不宜设在地势低洼和可能积水的场所；
- 高层建筑地下层变配电所的位置，宜选择在通风、散热条件较好的场所；
- 变配电所位于高层建筑（或其他地下建筑）的地下室时，不宜设在最底层。当地下仅有一层时应采取适当抬高该所地面等防水措施。

② 变配电所中消防设施的设置

- 一类建筑的变配电所，宜设火灾自动报警及固定式灭火装置；
- 二类建筑的变配电所，可设火灾自动报警及手提式灭火装置。

③ 平面布置

- 设备之间水平方向及竖向尺寸间隔要符合规范要求；
- 设备长度大于 7m 的配电室，应设两个出口，并宜布置在配电室的两端；
- 配电室若两个出口之间的距离超过 60m 时，尚应增加出口，且门向外开。

2. 实例

3. 剖析

① 图 5-5 是以一路高压进线，另一路柴油发电机作备用电源的带发电机房的变配电所布置图，作为变配电站布置的示例；

② 此变电所由变电所——高低压配电室及柴油机房组成：

- 柴油机房　近 30m² 的机房中置柴油发电机，侧面另设近 3m² 的储油间，其土建中的消噪及消防要求如前述，储油间及柴油机房门均按规定向外开。
- 变电所设备呈 L 形布局，彼此的平面间距及要求如前述，门亦向外开。

两个高压柜；

两个干式变压器；

11 个低压柜。

③ 为表明高/低压柜的安装作了 1—1 及 2—2 两个剖面，需注意电缆沟及配电柜基础施工细部要求。

二、变压器室（见图 5-6）

1. 概述

变压器选择、变压器室设置应注意：

① 根据情况选用油浸式还是干式变压器；

② 根据平面尺寸选择变压器室采用横向还是竖向推进式；

③ 根据环境温度及气象条件选择高式还是低式通风散热型式；

④ 注意变压器配套操作，安全措施的到位。

2. 实例

3. 剖析

图 5-6 为从标准图册摘下的两种最常见的变压器室平、剖面布置图，作为变压器室布置图的示例。

① 图（a）示出露天台式变压器室的布置及相应剖面及尺寸，其一次电路于图右上角。此露天变压器台有一路架空进线，高压侧装有可带负荷操作的 RW10-10F 型跌开式熔断器及避雷器，避雷器与变压器侧中性点及变压器外壳共同接地，并将变压器的接地中性线（PEN 线）引入低压配电室内。

② 图（b）示出室内低式纵向推进油浸式变压器室的平、剖面布置，相应部件及尺寸，中间为对应的一次图。高压电缆自左下引入，低压母线右上方引出。窄面推进，低式散热通风。开关电器装于室左侧墙上。

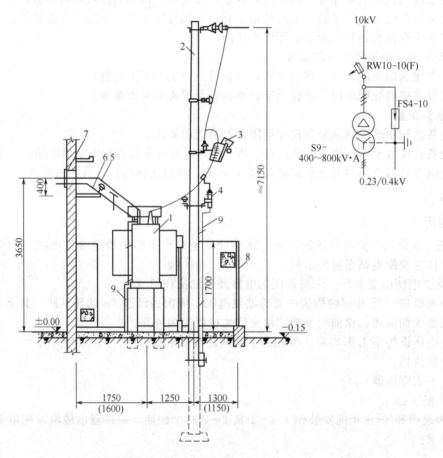

(a) 露天变压器室(括号内尺寸用于容量为800kV·A及以下的变压器)

1—电力变压器；2—电杆；3—RW10-10(F)型跌开式熔断器；4—避雷器；

5—低压母线；6—中性母线；7—穿墙隔板；8—围墙；9—接地线

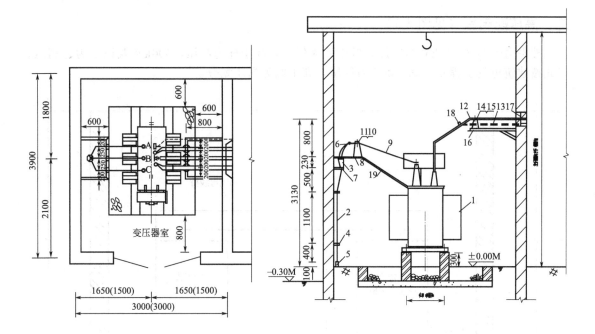

编号	名　　　称	型号及规格	单位	数量	备　注
1	电力夹压器	S9-[ ]/10	台	1	
2	10kv电力电缆	YJV22-8.7/10-3×[]	米	30	
3	高压电缆头	10kV	个	1	
4	高压电缆支架	L40×4 l=260 −30×4 l=230	套	2	
5	水煤气管	DN100	米	10	
6	电缆芯端接头	DL-[]	套	3	
7	电缆头支架	L40×4 l=410 −30×4 l=240	套	1	
8	高压母线支架	L50×50×5 l=2200	套	1	
9	高压母线	TMY-[]	米	10	
10	高压支柱绝缘子	ZB-10Y	只	3	
11	固定金具	MNP-[]	套	3	
12	低压母线	TMY-[]	米	30	
13	低压零母线和保护线	TMY-[]	米	30	
14	低压支柱绝缘子	ZB-6Y	只	3	
15	固定金具	MNP-[]	套	3	
16	低压母线支架	L50×50×5 l=3100	套	1	
17	穿墙隔板	1100×300×8	套	1	
18	低压母线夹板		套	1	
19	保护闸	网孔20×20 网丝1mm	套	1	

(b) 室内变压器室

图 5-6　变压器室平、剖面布置图

三、高压配电室（见图 5-7）

按电力部门 35/10kV 为中压，低于此为低压，高于此为高压，500kV 及以上为超高压。因此按建筑电气工程 0.4/0.23kV 为低压，高于此为高压划分。

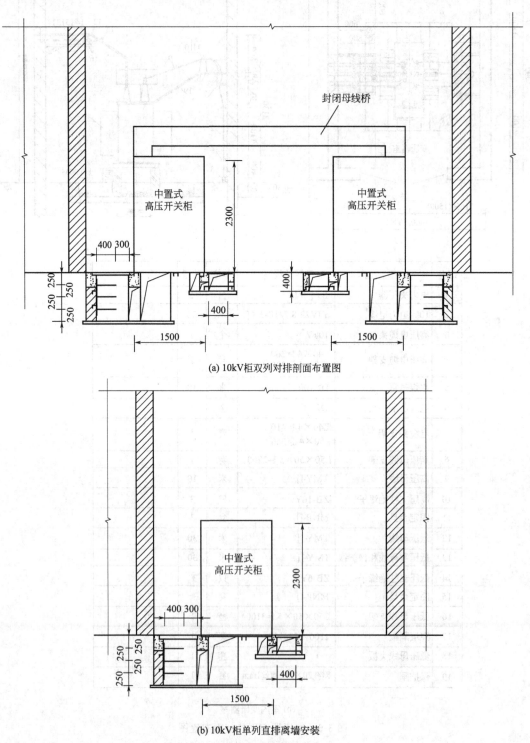

(a) 10kV 柜双列对排剖面布置图

(b) 10kV 柜单列直排离墙安装

图 5-7　10kV 柜双列对排剖面布置图

1. 概述

① 高、低压配电成套设备按环境状况、工作条件、短路稳定性要求及过电压能力尽可能采用成套设备，且型号规格应统一。应按主结线的要求，装设闭锁及联锁装置，以防发生误操作。供货应查验生产厂家的生产资质；

② 配电装置的布置应考虑便于设备的搬运、检修、试验和操作。各种通道的宽度不应小于表 5-1 所列的数值。

表 5-1　10kV 配电室内各种通道最小宽度　　　　　　　　　　单位：mm

通道分类	柜后维护通道	柜前操作通道	
		固定式	手车式
单列布置	800	1500	单车长＋1200
双列面对面布置	800	2000	双车长＋900
双列背对背布置	1000	1500	单车长＋1200

开关柜靠墙布置时，侧面离墙不应小于 200mm，背面离墙不应小于 50mm。配电装置长度大于 6m 时，其柜后通道应有两出口；两出口间的距离超过 15m 时，尚应增加出口；

③ 无功功率补偿　采用电力电容器作无功补偿装置时，宜采用就地补偿。

- 低压部分的无功负荷，由低压电容器补偿；
- 高压部分的无功负荷，由高压电容器补偿；
- 容量较大、负荷平衡、经常使用的用电设备的无功负荷，宜单独就地补偿；
- 补偿基本无功负荷的电容器组，宜在配变电所内集中补偿；
- 居住区的无功负荷，在小区变电所低压侧集中补偿；
- 高压供电的用电单位采用低压补偿时，高压侧的功率因数应满足供电部门的要求。

④ 线缆敷设　根据具体情况，选用普通母排、密集式母线、缆沟、缆架、缆管及缆线直埋等敷设方式。

2. 实例

3. 剖析

① 因 10kV 柜多前、后两面维护，故柜离墙安装。柜后为维护通道，柜前为运行、维护通道；

② 图（a）为 10kV 柜双列对排剖面布置图，作为高压配电室布置示例之一。柜下为一、二次电缆沟，柜上为两列柜间联络的母线桥架；

③ 图（b）为 10kV 柜单列直排离墙安装，作为高压配电室布置示例之二，图中主电缆沟为柜前下方，柜下方为进出柜缆线。

四、低压配电室（见图 5-8）

1. 概述

① 布置应便于安装、操作、运输、试验和监测，低压配电室的耐火等级不应低于三级。配电室门应向外打开，相邻配电室之间有门时，其门应能双向开启。顶棚、墙面及地面的建筑装修应少积灰或不起灰，顶棚不应抹灰；

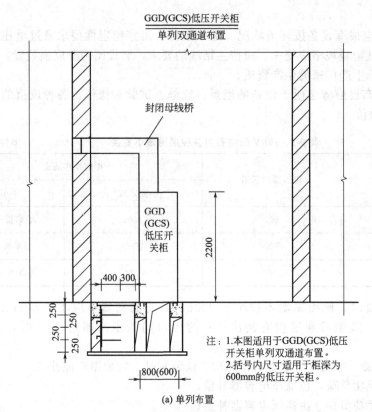

GGD(GCS)低压开关柜
单列双通道布置

封闭母线桥

GGD
(GCS)
低压开
关柜

2200

400 300

250
250
250
250
250

800(600)

注：1.本图适用于GGD(GCS)低压
开关柜单列双通道布置。
2.括号内尺寸适用于柜深为
600mm的低压开关柜。

(a) 单列布置

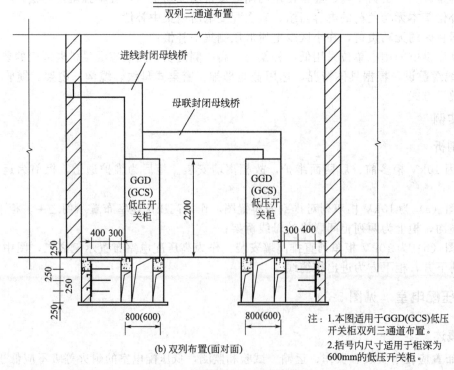

GGD(GCS)低压开关柜
双列三通道布置

进线封闭母线桥

母联封闭母线桥

GGD
(GCS)
低压开
关柜

GGD
(GCS)
低压开
关柜

2200

400 300

300 400

250
250
250
250

800(600)

800(600)

注：1.本图适用于GGD(GCS)低压
开关柜双列三通道布置。
2.括号内尺寸适用于柜深为
600mm的低压开关柜。

(b) 双列布置(面对面)

图 5-8　低压配电室剖面布置图

② 低压配电室的高度应与变压器室综合考虑，方便变压器低压出线。当配电室与抬高地坪的变压器室相邻时，配电室高度不宜小于 4m；与不抬高地坪的变压器室相邻时，配电室高度不应小于 3.5m。为了布线需要，低压配电柜下面也应设电缆沟；

③ 各种通道宽度不应小于表 5-2 所示的数值。

表 5-2　低压配电室内各种通道最小宽度　　　　单位：mm

布置方式	柜前操作通道	柜后操作通道	柜后维护通道
固定式柜单列布置	1500	1200	1000
固定式柜双列面对面布置	2000	1200	1000
固定式柜双列背对背布置	1500	1500	1000
抽屉式柜单列布置	1800		1000
抽屉式柜双列面对面布置	2300		1000
抽屉式柜双列背对背布置	1800		1000

注：当建筑物墙面有柱类局部凸出时，凸出处通道宽度可减少 0.2m。

2. 实例

3. 剖析

① 图（a）为低压柜双列对排、离墙安装的剖面布置，作为低压配电室布置示例之一。柜后为维护通道，柜前为运行、维护通道。柜下为一、二次电缆沟，柜上为两列柜间联络的母线桥架；

② 图（b）为低压柜单列直排、离墙安装，作为低压配电室布置示例之二。图中以金属封闭式母线电缆桥架出线；

③ 图（c）为图（b）的 1-1 剖面，表现电缆沟的做法。

第五节　综合实例

一、实例

二、简介

1. 工程概况

① 为完整性，图 5-9～图 5-13 取自 XX. XX 小区项目工程的局部套图。工程范围如下。

• 供电系统：电源分界点为进线配电箱进线开关的进线端。本设计提供室外手孔和进线管预埋；

• 照明系统；

• 建筑物防雷、接地与安全。

② 本工程为普通住宅，负荷种类为住宅照明，三级负荷。其低压配电系统由室外计量表箱引入 220V/380V 三相四线电源，接地采用 TN-C-S 系统，进户处 PEN 线作重复接地。

③ 本工程计量方式为：每户设住宅电度表，电度表于一层楼梯间外嵌墙安装。根据住宅设计规范及建设单位要求，本单体每户用电指标为 15kW。户内照明照度及功率密度值详见下表。

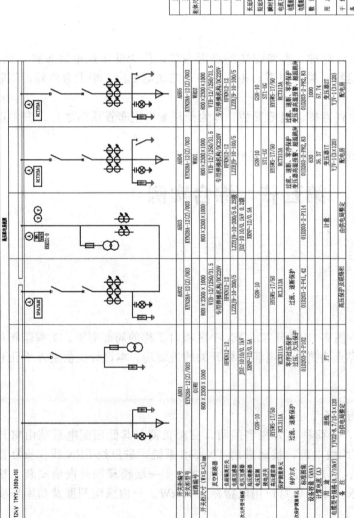

图 5-9 10kV 高压系统图及柴油发电机房系统图

说明：
1. 本图须经当地供电部门批准后方可制造安装。
2. 消防配电回路断路器均为三级电磁脱扣，以FAM2-E表示，消防回路只报警不跳闸。
3. 电流表量程与电流互感器变比相匹配。测量三相电流、电压、功率因数、电度量。电力仪表ACR多功能电力仪表或电量监测系统，由专业厂家完成。型号为开关及并母后台组网形成电量监测系统。请严格按照国家相关施工验收规范及标准执行，或与设计院协商解决。
4. 本说明中的未尽事宜，请与设计院协商解决。

注：
1. 图中所注电气参数尚应按系统图实际额定容量，继电保护配置及最终实际用电负荷进行校验订正。
2. 计量柜中电器参数及仪表型号由供电部门选定。
3. 高压计量柜内设置失压计时时装置，预留负控装置。
4. 断路器采用交流弹操机构，操作电源为AC~220V；
5. 变压器超高温信号引入对应的高压负荷开关分励脱扣。
6. 各柜内厂方自配除湿设备。
7. 进出线方式为下进下出。
8. 电源进线截面最终经供电部门确定为准。
9. 此供电方案应经终经供电部门审查通过后方可实施。

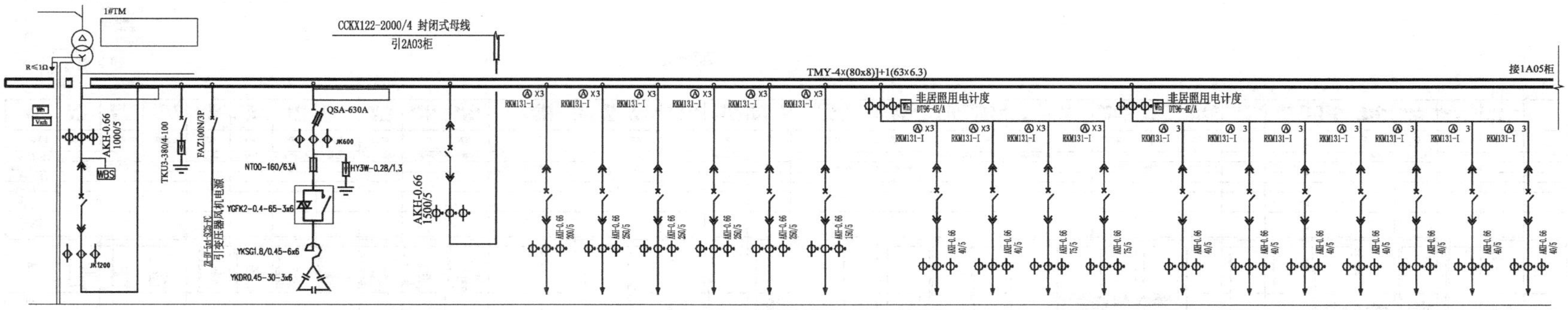

配电柜编号	1A01	1A02	1A03	1A04											1A05							
配电柜型号 (GZH-***)	GZH-007	GZH-007	GZH-007	GZH-007											GZH-007							
柜体尺寸 宽x高x深	800x2200x800	800X2200X800	800X2200X800	800X2200X800											800X2200X800							
断路器型号	FAW1-2000/3P I1 1000A I2 4000(0.2S)			FAM2-225L	FAM2-400L	FAM2-400L	FAM2-400L	FAM2-400L	FAM2-225L		FAM2-63L	FAM2-63L	FAM2-100L	FAM2-100L		FAM2-63M	FAM2-63M	FAM2-63M	FAM2-63M	FAM2-63M	FAM2-63M	FAM2-63M
脱扣器代号及脱扣电流				3300/160A	3300/225A	3300/225A	3300/225A	3300/225A	3300/160A		3300/40A	3300/40A	3300/80A	3300/80A		3300/40A	3300/40A	3300/40A	3300/40A	3300/40A	3300/40A	3300/40A
电流互感器 AKH-0.66	1000/5																					
表计 三相RKM131-I （单相RKM110-I）	0~3000A	0~800A																				
表计 三相RKM131-U （单相RKM110-U）	0~380V																					
表计 ACR802E/W 380V5A	DT862a 380V5A																					
设备容量 （KW）	1055.00	180kVar		76.0	180.0	180.0	180.0	180.0			10.0	10.0				5.0	10.0	10.0	10.0	10.0	10.0	
计算容量 （KW）	478.01			72.2	104.4	104.4	104.4	104.4			9.0	9.0				5.0	9.0	9.0	9.0	9.0	9.0	
计算电流 （A）	782.68			129.1	186.6	186.6	186.6	186.6			16.1	16.1				8.9	16.1	16.1	16.1	16.1	16.1	
出线编号				1A04-1	1A04-2	1A04-3	1A04-4	1A04-5	1A04-6	1A04-7	1A04-8	1A04-9	1A04-10	1A04-11		1A05-1	1A05-2	1A05-3	1A05-4	1A05-5	1A05-6	1A05-7
出线电缆型号及规格 YJV-0.6/1kV				4X70-FC																		
出线电缆型号及规格 WDZA-YJ (F) E-0.6/1kV					4X150+1X70-CT	4X150+1X70-CT	4X150+1X70-CT	4X150+1X70-CT			4X10+1X10-CT	4X10+1X10-CT										
出线电缆型号及规格 WDZN-YJ (F) E-0.6/1kV																4×10+1×10-CT	4×10+1×10-CT	4×10+1×10-CT	4×10+1×10-CT	4x10+1X10-CT	4x10+1X10-CT	
用 途	受电测量及联络	电容补偿	联络	1#住宅 3F-5F	2#一单元住宅 4F-9F	2#一单元住宅 10F-15F	2#二单元住宅 4F-9F	2#二单元住宅 10F-15F	备 用	非居照用电计度	地下室车库普通照明 B1XAL1	物管、业委会用房 2X2ALwg01、2X2ALyw01	备用	备用	非居照用电计度	地下室车库应急照明 B1XALE1	高低压配电室应急照明 B1XALEpdf	2号楼1单元应急照明 2X1ALE01、2X1ALE02	2号楼2单元应急照明 2X2ALE01、2X2ALE02	2号楼商业一区应急照明 2X1ALEs01~2X1ALEs03	2号楼商业二区应急照明 2X2ALEs01~2X2ALEs03	备 用
备 注			与2#变压器2A03柜联络	住宅照明配电						非居照明配电			景观照明配电			应急照明主电源						

图 5-10　10/0.4kV 变配电系统图

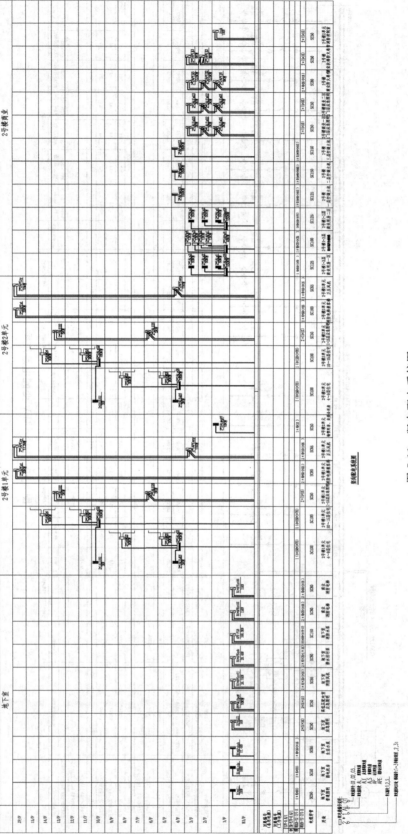

图 5-11 竖向配电系统图

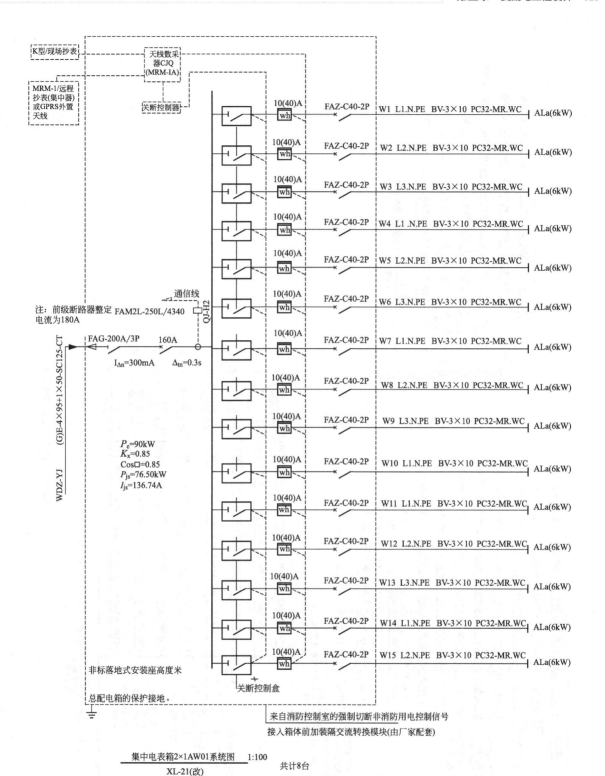

集中电表箱2×1AW01系统图　　1:100
XL-21(改)　　　　　　　　　共计8台

注：2×1AW02～2×LAW04表箱系统与2×LAW01表箱系统相同
　　2×2AW01～2×2AW04表箱系统与2×1AW01表箱系统相同
　　户表带RS485接口电子表，并配集中抄表器，此部分根据供电部门要求，由厂家成套。

图 5-12　配电箱系统图（一）

图 5-13 配电箱系统图（二）

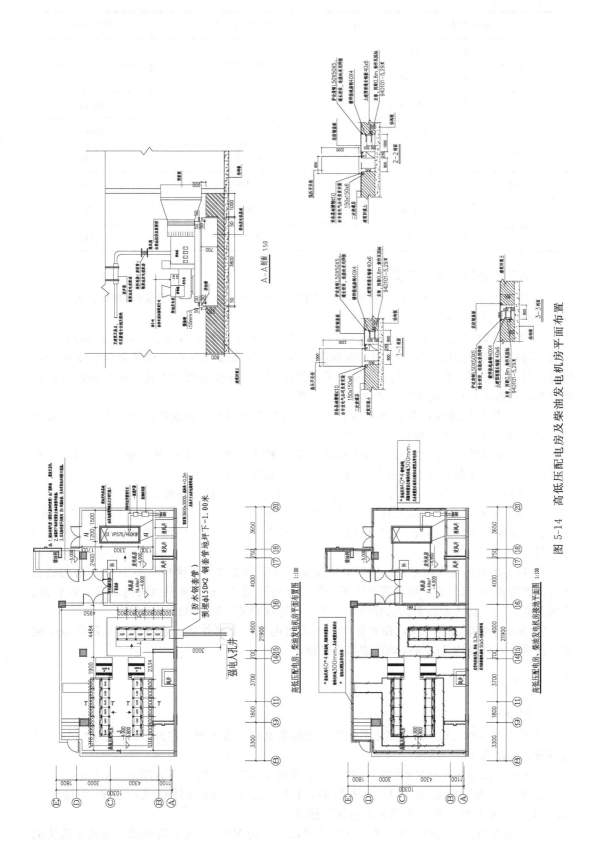

图 5-14 高低压配电房及柴油发电机房平面布置

房间或场所		参考平面及其高度	照度标准
起居室	一般活动	0.75m 水平面	100lx
	书写、阅读		150lx
卧室	一般活动	0.75m 水平面	100lx
	书写、阅读		150lx
厨房		0.75m 水平面	100lx
卫生间		0.75m 水平面	100lx
公共场所	走道	地面	50lx
	大厅	地面	100lx

2. 本工程防雷、接地与安全

① 按三类防雷建筑物考虑，各种接地共用接地装置，接地电阻按规范要求设置，达不到要求时增设接地装置。

② 利用混凝土柱内两条主筋（Φ16 以上）作为防雷引下线，要求引下线通长紧密绑扎，其底部与接地装置焊接，顶部与避雷带焊接；各引下线底部引出 Φ12 钢筋至外墙皮外 1m，供增设接地装置用；有 "T" 的引下线于室外距地坪 0.5m 处预埋 P-1 连接板，供测量接地电阻用，其做法详见国标图集 15D503 有关页次。

③ 接地极利用建筑物基础底梁的上下两层钢筋中的四根主筋通长焊接形成的基础接地网。并与防雷引下线可靠焊接。

④ 屋顶避雷带采用 Φ10 镀锌圆钢沿顶及屋面敷设，施工方法参见国标图集 15D503 有关页次。所有外露避雷带焊接处均应刷红丹一度、灰漆二度。

⑤ 屋面上凡外露的金属构件如水管、栏杆、爬梯等应就近与避雷带焊接。

⑥ 本工程采用总等电位连接，总等电位板由紫铜制成，应将建筑物内各类进线总管、给水管、排水管等进行连接，总等电位连接线采用 BV-25 穿 PC32 管，总等电位连接均采用等电位卡子。

⑦ 有淋浴室的卫生间采用局部等电位连接，从适当地方引出两根不小于 Φ16 结构钢筋至局部等电位箱（LEB），局部等电位箱暗装，底边距地 0.3m。将卫生间内所有金属管道、金属构件连接。具体做法参见国标图集《等电位连接安装》15D502。

⑧ 为防止雷电波的侵入，在建筑物入户端将电缆的金属外皮、金属管道及钢管与接地装置连接。室外接地凡焊接处均应刷沥青防腐。

三、剖析

1. 图 5-9

① 图 5-9 为本工程 10kV 高压系统图及柴油发电机房系统图，左部示出配套的 10kV 高压部分，其余为 400V 部分；

② 10kV 部分含五个 KYN28A-12（Z）系列的 10kV 柜，编号为 AH01～AH05；

③ AH01 为进线柜及电压互感器柜，10kV 高压电源由外供来；该柜内包含了 HFKN12-12 负荷开关及 JDZ 系列的电压互感器；

④ AH02 为高压保护及联络柜，该柜内核心元件为 VIB-12 真空断路器，主要为系统提

供保护功能；

⑤ AH03 为计量柜，通过电压互感器 JDZ10-10　10/0.1kV　0.2/0.5 及电流互感器 LZZBJ9-10　200/5A　0.2/0.5 取样至有功、无功、视在等四表计度；

⑥ AH04 及 AH05 为出线柜，为配电房内 2 台箱变供电；柜内以 VIB-12/1250/31.5 为核心元件，以 HFKN12-12 为隔离功能。

2. 图 5-10

① 图 5-10 为本工程 10/0.4kV 配电系统图的部分图纸，由于该变压器下负荷出线回路较多，所以截取部分做剖析；

② 变压器部分为 SGB11-RL-630/10/0.4kV 系列干式变压器，接线型式为 D，Yn11，视在功率为 630kV·A；

③ 400V 部分含五个 GCS 系列的低压柜：1A01 为进线柜，由变压器低压侧边供电；1A02 为无功功率补偿柜，装有六组 YKDR0.45-30-3 的金属化密封（无油）电力电容器；1A03 为低压联络柜，1A04 及 1A05 为出线柜，共出线十七回，具体的回路名称见图纸。

3. 图 5-11

① 此为本工程配电系统的竖向配电系统图，由三个系统构成；

② 本竖向干线图包含地下室、2 号楼 1 单元、2 号楼 2 单元、2 号商业几部分组成；系统图内标明了各个配电箱名称、所在的位置情况、功率大小以及各回路的电缆线径大小及型号规格，如图中地下室普通照明回路，该回路所到配电箱为 B1xAL1，功率大小为 10kW，该回路电缆型号为 WDZA-YJ（F）E-5x10，该配电箱位于 B1 层。

4. 图 5-12 及图 5-13

① 此为本工程配电箱的概略图，分别是地下室普通照明配电箱系统图、地下室弱电机房配电箱系统图、潜水排污泵配电总箱系统图。

② 普通照明配电箱进线电缆大小为 WDZA-YJ（F）E-4x10＋1x10-SC50，敷设方式为 CT，功率大小为 10kW，箱子内配备 11 个回路，其中 WL1～WL5 为照明回路，WL6～WL8 为插座回路，另外 WP1 为风机回路，WL9～WL10 为备用回路；地下室车道照明回路的开关大小为 FAZ-C16-1P，其出现大小为 BV-3x2.5，敷设方式可采用穿 PC20 电线管敷设，CT 敷设，敷设部位为 CC，即暗敷设于顶板内。普通照明配电箱内各回路均可按此理解。

③ 潜水排污泵配电总箱的负荷大小为 28.4kW，安装高度 1.5m 挂墙安装，进线为双电源进线，进线采用 WDZN-YJFE-4x35＋1x16 型电力电缆，敷设方式为穿 80 镀锌钢管敷设或沿桥架 CT，进线开关为 FATS2-80A/4P 型双电源开关，其余回路均可以按照照明配电箱内各回路理解。

④ 集中表箱系统图描述了该箱子的出线回路共计 15 回路，即后端对应为 15 个住户供电，负荷为 90kW 本箱子的进线电缆选用 WDZ-YJ（F）E-4x95＋1x50 型电力电缆，敷设方式先用穿 125 型镀锌钢管或桥架敷设，箱体内隔离开关型号为 FAG-200A/3P，剩余电流保护装置型号为 FAM2L-250L/4340/160A $I\Delta n＝300mA$ $\Delta t_n＝0.3s$，按照统一要求，15 回出线经开关控制盒出线至微型断路器，表的规格为 10（40）A，微型断路器的型号为 FAZ-C40-2P，其余参数均可按照照明配电箱内理解。

5. 图 5-14

① 此为本工程高低压配电房及柴油发电机房平面布置图，需注意各设备间距应符合规

范要求；

②图中 AH01～05 为五个并排的 10kV 高压柜，对室外引入及 1♯/2♯专用变压器引出回路实施控制、保护及计度；

③1♯专用变压器 0.4kV 经母线槽馈电至分列两段的 1A01～06，并由其控制、保护及计度；

④2♯专用变压器 0.4kV 直接馈电至并列的 2A01～06，并由其控制、保护及计度。

第六章
06
电气动力工程设计

第一节 概述

一、动力设备及供电

动力设备种类繁多，既有一般动力设备，如电梯、生活水泵、消防水泵、防排烟风机、正压风机等等；又有专用动力设备，如空调专用就有：制冷机组、冷冻水泵、冷却塔风机、新风机组等。按使用性质可分为建筑设备机械（如水泵、通风机等）、建筑机械（如电梯、卷帘门等）、专用机械（如炊事、制冷、医疗设备）等。按电价分为非工业电力电价和照明电价两种。动力设备的总负荷容量大，其中空调负荷的容量可占到建筑总负荷容量的一半左右，单台动力设备的容量大小也参差不齐，空调机组可达到 500kW 以上，而有些动力设备只有几百瓦至几千瓦的功率。对于不同的动力设备，其供电可靠性的要求也是不一样的。因此在进行动力设备的配电设计时，应根据设备容量的大小、供电可靠性要求的高低，结合电源情况、设备位置，并注意接线简单、操作维护安全等因素综合考虑来确定其配电方式。一般先按使用性质和电价归类，再按容量及方位分路，对负荷集中的场所（水泵房、锅炉房、厨房的动力负荷）采用放射式配电，对负荷分散的场所（医疗设备、空调机等）应采用树干式配电，依次连接各个动力分配电箱，而电梯设备的配电则由变电所专用电梯配电回路采用放射式直接引至屋顶电梯机房，且系统的层次不宜超过两级。对于用电设备容量大或负荷性质重要的动力设备宜采用放射式配电方式，对于用电设备容量不大和供电可靠性要求不高的各楼层配电点宜采用分区树干式配电。

二、动力供电的范畴

(1) 工业生产
① 动力——如传动，机床，起重；
② 工艺——电焊，电火花处理；
③ 电热——如烘烤，空调，加温，热处理；
④ 试验——如检测、校验、试验、计量。
(2) 民用建筑
往往将电气照明及小型的用电器（多以插座供电）归为电气照明，其余用电划归动力。

① 空调——如制冷/制热机组、冷却水泵、冷冻水泵、冷却塔风机、新风机、盘管风机。这是民用建筑用电量最大的部分，占总用电量的 40％～50％。随空调系统形式不同，耗电量大小有区别。一般应由设备专业提供用电量（估算法：空调面积与冷吨关系——0.04～0.05 冷吨/m²，冷吨与变压器装机容量关系——1.4～1.6kV·A/冷吨）；

② 消防——如消火栓泵、喷淋泵、正压送风机、抽/排烟机、消防电梯、防火卷帘门等；

③ 运输——如乘客梯、货梯、扶梯、人/货传送带；

④ 给/排水装置——如生活水泵、循环水泵、温水泵、排水泵、排污泵等。

三、动力供电的特点

动力电气工程图与后面将介绍的照明电气工程图是建筑电气工程图的最基本的两大构成。相对照明系统它具有下述特点。

(1) 表现型式更简单

① 相比分布普遍的灯具，用电设备的数量更少；

② 照明相对多以单相二线、单相三线供电；而动力多以三相四线、三相三线供电，设备、线路数更少。

(2) 技术更复杂

① 动力设备的控制及相应的指示要求更严格；

② 动力设备的保护要求更完善；

③ 大功率设备的启动还需要一定的专用启动设备；

④ 动力设备常加入自动及联动、联锁的要求；

⑤ 为满足不同需求，标准系列产品以外的非标准产品多种多样。

(3) 更突出节能

由于相对照明，动力耗能更大。在设计时更应充分考虑节能设备和节能技术的运用。

(4) 更要考虑适应环境

工厂生产的环境有时要考虑到防腐、防爆等特殊要求。民用建筑动力设备常集中底层、顶层，也有防潮、户外等特殊要求。

四、动力设备的配电要求

(1) 消防用电类设备

消防动力包括：消火栓泵、喷淋泵、正压送风机、防排烟机、消防电梯、防火卷帘门等。由于消防系统应用上的特殊性，要求它的供电系统要绝对安全可靠、便于操作与维护。我国消防法规定：消防系统供电电源应分为工作电源及备用电源，并按不同的建筑等级和电力系统有关规定确定供电负荷等级。

① 一类高层建筑（如高级旅馆、大型医院、科研楼等重要场所） 消防用电按一级负荷处理，即由不同高压母线的不同电网供电，形成一主一备电源供电方式；

② 二类高层建筑（如办公楼、教学楼等） 消防用电应按二级负荷处理，即由同一电网的双回路供电，形成一主一备的供电方式。

③ 有时为加大备用电源容量，确保消防系统不受停电事故影响，还应配备柴油发电机组。

④ 消防系统的供配电系统应由变电所的独立回路和备用电源（柴油发电机组）的独立回路，在负载末端经双电源自动切换装置供电，以确保消防动力电源的可靠性、连续性和安全性。

⑤ 消防设备的配电线路采用普通电线电缆时，应穿金属管、阻燃塑料管或金属线槽敷设。配电线路无论是明敷还是暗敷，都要采取必要的防火耐热措施。

（2）空调动力类设备

高层建筑的动力设备中，空调设备是容量最大的一类动力设备。不仅容量大，而且种类多，包括：空调制冷机组（或冷水机组、热泵）、冷却水泵、冷冻水泵、冷却塔风机、空调机、新风机、风机盘管等。

① 空调制冷机组（或冷水机组、热泵） 功率很大，大多在200kW以上，有的超过500kW。因此，其配电可采用从变电所低压母线直接引电源到机组控制柜；

② 冷却水泵、冷冻水泵 台数较多，且留有备用，单台设备容量在几十千瓦，多数采用降压启动。对其配电一般采用两级放射式配电方式，从变电所低压母线引来一路或几路电源到泵房动力配电箱，再由动力配电箱引出线至各个泵的启动控制柜；

③ 空调机、新风机 功率大小不一，分布范围比较大，可采用多级放射式配电，在容量较小时也可采用链式配电方式或混合式配电方式，应根据具体情况灵活考虑；

④ 盘管风机 为220V单相用电设备，数量多、单机功率小，只有几十瓦到一百多瓦，一般可以采用类似照明灯具的配电方式，一个支路可以接若干个盘管风机或由插座供电。

（3）给水排水类设备

建筑内除了消防水泵外，还有生活水泵、排水泵及循环泵等。

① 生活水泵 大都集中于泵房设置，一般从变电所低压出线引单独电源送至泵房动力配电箱，再以放射式配电至各泵控制设备；

② 排水泵 位置比较分散，可采用放射式或链式接线至各泵控制设备。

（4）电梯类设备（后专述）

第二节 竖向配电概略图

一、实例

二、剖析

图6-1表达了某15层大厦的电力供应分配情况，它属概略图的干线表达形式，因建筑为高层，电能输送自下向上，所以冠以"竖向"，故俗称为竖向配电干线图。图中对交由供电部门专门设计的高、低压配电所已省略，对于10kV电源进线，不在本张图纸中体现，本部分图纸主要对于配电房220/380V电源出线的低压电源进行描述。

（1）地下层

① 进线 本部分中的220/380V电源进线来源于负一层配电房。

② 双电源供电 实线为主电源线，虚线为应急电源线。供给：

• 地下室消防风机、消防电梯、地下室消防泵、地下室潜水排污泵、防电梯动力用电；

• 地下室应急照明、高低压配电室应急照明。

③ 动力供电 单电源供给

• 地下室普通照明；

• 地下室弱电机房；

• 地下室生活水泵。

（2）1～15层

① 双电源供电2号楼1单元1～15层应急照明；

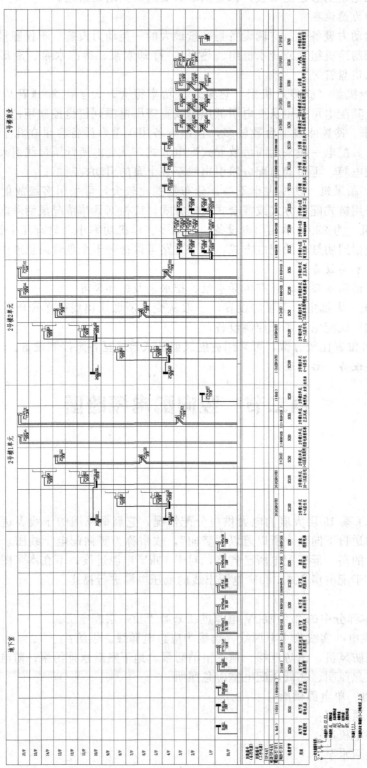

图 6-1 竖向配电系统图

② 动力供电　2号楼1~3层商业用房自动扶梯、2号楼一层空调主机、2号楼二层空调主机、2号楼三层空调主机的配电箱用电;

③ 照明用电　2号楼1单元4~9层住宅、2号楼1单元10~15层住宅、2号楼2单元物管用房、业委会用房、2号楼2单元4~9层住宅、2号楼2单元10~15层住宅、2号楼1~3层商业用房一区、2号楼1~3层商业用房二区的配电箱用电。

（3）顶层

2号楼1单元消防电梯兼客梯、2号楼1单元正压风机、2号楼2单元消防电梯兼客梯、2号楼2单元正压风机。

第三节　配电箱接线图

多为制造生产箱柜产品二次设计图纸,一般箱柜工程设计中此项略。照明箱的这种表图与动力箱完全一样。

一、实例

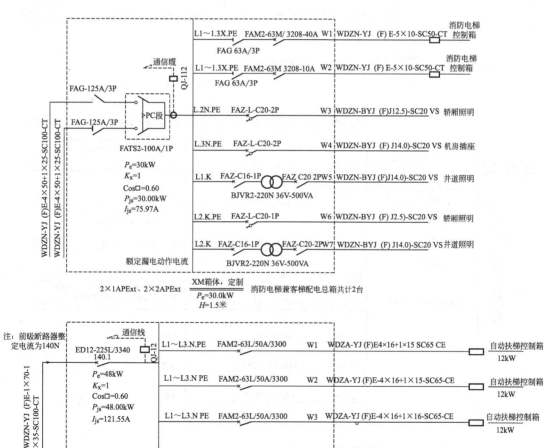

图 6-2

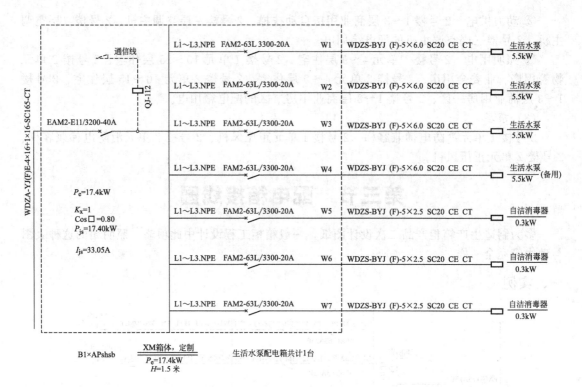

WDZA-YJ(F)E-4×16+1×16-SC165-CT

EAM2-E11/3200-40A

通信线

QJ-112

L1~L3.NPE	FAM2-63L 3300-20A	W1	WDZS-BYJ (F)-5×6.0 SC20 CE CT	生活水泵 5.5kW
L1~L3.NPE	FAM2-63L/3300-20A	W2	WDZS-BYJ (F)-5×6.0 SC20 CE CT	生活水泵 5.5kW
L1~L3.NPE	FAM2-63L/3300-20A	W3	WDZS-BYJ (F)-5×6.0 SC20 CE CT	生活水泵 5.5kW
L1~L3.NPE	FAM2-63L/3300-20A	W4	WDZS-BYJ (F)-5×6.0 SC20 CE CT	生活水泵(备用) 5.5kW
L1~L3.NPE	FAM2-63L/3300-20A	W5	WDZS-BYJ (F)-5×2.5 SC20 CE CT	自洁消毒器 0.3kW
L1~L3.NPE	FAM2-63L/3300-20A	W6	WDZS-BYJ (F)-5×2.5 SC20 CE CT	自洁消毒器 0.3kW
L1~L3.NPE	FAM2-63L/3300-20A	W7	WDZS-BYJ (F)-5×2.5 SC20 CE CT	自洁消毒器 0.3kW

P_e=17.4kW

K_x=1
Cos□=0.80
P_{js}=17.40kW

I_{js}=33.05A

B1×APshsb $\dfrac{\text{XM箱体，定制}}{P_e=17.4\text{kW}}$ 生活水泵配电箱共计1台
H=1.5 米

WDZA-YJ(F)E-4×50+1×25-SC100-CT

注：前级断路器
整定电流为35A

PAM2-225L/1340
100A

P_e=50kW

K_x=0.85
Cos□=0.85
P_{js}=42.50kW
I_{js}=75.97A

额定漏电动作电流30mA

通信线

QJ-12

L1.N.PE	FAZ-C16-1P	BV-3×2.5 PC20 WC CC	商业照明
⋮		注：备用回路供二装使用，具体配置由二装最终确定(三相平衡供电)	
L3.N.PE	FAZ-C16-1P	BV-3×2.5 PC20 WC CC	商业照明
L1.N.PE	FAZ-L-C20-2P	BV-3×4.0 PC20 WC FC	商业插座
⋮		注：备用回路供二装使用，具体配置由二装最终确定(三相平衡供电)	
L3.N.PE	FAZ-L-C20-2P	BV-3×4.0 PC20 WC FC	商业插座
L1~L3.N.PE	FAM2-100L/63A/3300		商业预留
⋮		注：备用回路供二装使用，具体配置由二装最终确定(三相平衡供电)	
L1~L3.N.PE	FAM2-100L/63A/3300		商业预留
L1.N.PE	FAZ C16 1P		备用
L2.N.PE	FAZ -L-C20 2P		备用
L3.N.PE	FAZ -L-C20 2P		备用

2×1ALS1 $\dfrac{\text{XM箱体，定制}}{P_e=50.0\text{kW}}$ 商业配电箱共计6台

注：2×1ALs1~2×1ALs3配电箱系统与2×1ALs1配电箱系统相同
2×2ALs1~2×2ALs3配电箱系统与2×1ALs1配电箱系统相同

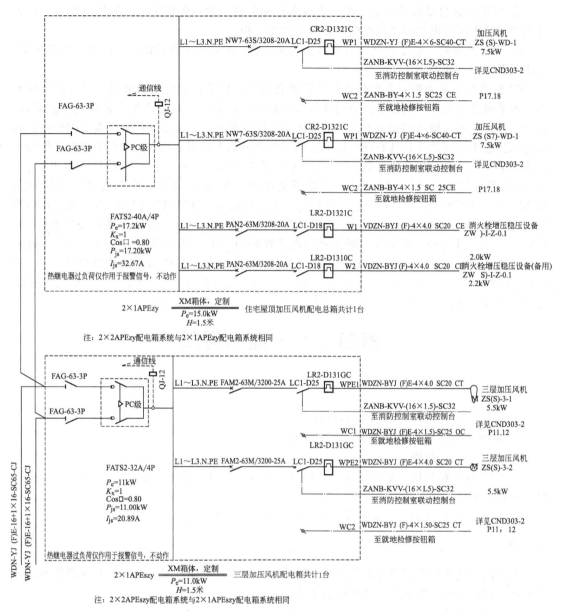

图 6-2 配电箱接线图

二、剖析

图 6-2 表达了各配电箱内系统的构成为概略图中的配电箱表现形式,称配电箱接线图。

① 加压风机配电箱系统图 为双电源供电给互为备用的两机,即一用一备的系统。均用断路器控制及保护,热继电器及交流接触器作过载保护及启停控制。并列二机的用/备自动切换选用的二次线路为标准图;

② 消防电梯兼客梯配电总箱 为双电源供电的单机运行方式;W1、W2 回路直接为消防电梯控制箱供电,为三相供电,W3、W4、W6 回路为单相供电,W5、W7 为井道照明供电,通过变压器 BJMB2-220V/36V-500VA 将电压从 220V 转换为 36V,便于电井检修时提供安全电压等级照明;

③ 商业一区自动扶梯配电总箱、生活水泵配电箱　为单电源供电的单机运行方式，为后端的生活水泵配电线提供供电电源，电源均为三相；

④ 商业配电箱　由于商业在后期需要二次装修，所以在本次设计时，仅做了回路预留，具体配置需要后期确定；

⑤ 每台配电箱均在左下角有负荷计算参数情况，且每台配电箱从电源来源点的电缆大小，所选取开关大小，及各个回路出线的参数情况，设备厂家可据此配置箱体大小；同时，图纸也交代了各个箱子的安装方式，电源来源点的电缆大小、安装高度及后端出线的设备名称等均为施工时提供连贯且有序的指引。如消防电梯兼客梯配电总箱所体现的该箱子的额定负荷为 $P_e=30kW$，其需要系数 $K_x=1$，功率因数 $\cos\phi=0.60$，据此参数计算得出 $P_{js}=30.0kW$ 及计算电流 $I_{js}=75.97A$；该箱子的电源为双电源进线，进线电缆大小为双回 WDZN-YJ（F）E-4X50+1X25 型电力电缆，敷设方式为穿镀锌钢管 $\phi100$（SC100）及沿桥架（CT）敷设；电源进线后其隔离刀型号为 FAG-125A/3P 型，其双电源开关为 FATS2-100A/4P 型；其出线回路如 W1 则为消防电梯控制箱供电，其电源为三相供电，该回路的电源隔离刀为 FAG-63A/3P 及 FAM2-63M/3208-40A 型微型断路器，通过 WDZN-YJ（F）E-5X10 型电力电缆通过穿 $\phi50$ 型镀锌钢管（SC50）及桥架（CT）敷设；其余回路均按此分别交代本回路的各个具体细节，为生产制造及施工提供各种详细数据。

第四节　平面布置图

一、实例

平面布置图（见图 6-3）表达的内容为：
① 用电设备（主要是电动机）安装位置；
② 设备型号、规格；
③ 供配电线路规格、型号（穿管、桥架、线槽、缆沟的规格、尺寸）、根数（管、架）、敷设方法及路径；
④ 配电、控制设备（主要是屏、箱、柜、台）的安装装置。

二、剖析

此为高层建筑地下层毗邻消防水池，附柴油发电机房的变电所。此平面布置图作为动力平面布置图的示例。它表达的主要内容如下。
（1）用电设备
① 风机四台　在排风及送风竖井侧，竖井在 1/E-2/E-2/F 轴线附近；
② 喷水泵、消防水泵、生活水泵各两台　均在水泵房，分别在 2/C-5/C 轴线及 4/D 轴附近；
③ 潜水泵四台　两两分在集水坑内，集水坑分别在 2/F 及 2/D 轴附近。
（2）配电设备
① 动力箱五台
1AP1：供生活水泵两台（水泵房内）；
1AP2：供双电源箱 1AF1～7 主电源（配电室内）；
1APE1：供双电源箱 1AF1～7 备用电源（配电室内）；
1WSL1：供潜水泵两台（水泵房内）排 2/D 集水坑集水；

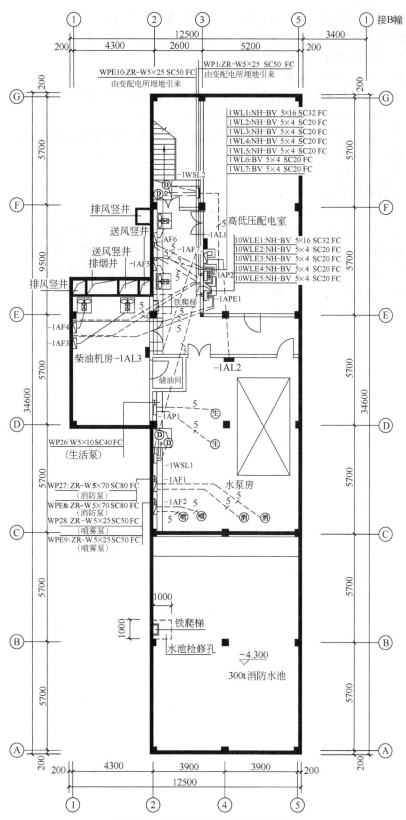

图 6-3　动力平面布置图（地下室）

1WSL2：供潜水泵两台（3/F 轴附近）排 2/F 集水坑集水；

② 双电源自动切换箱七台

1AF1：供消防泵两台（水泵房内）；

1AF2：供喷水泵两台（水泵房内）；

1AF3～6：各供排风竖井排风机各一台，共四台（两台在柴油机房，两台在地下室通道）；

1AF7：供照明箱 1AL1～3 三台（配电室内）。

③ 照明箱三台：由于供电的 1AF7 为双电源，保证此三箱为双电源配电。

1AL1：配电室照明；

1AL2：水泵房照明；

1AL3：柴油机房照明。

（3）供电线路　均用五芯线、穿钢管、地下暗敷：

① 消防设备供电四路——阻燃聚氯乙烯绝缘聚氯乙烯护套铜芯电力电缆；

② 生活水泵供电二路——一般聚氯乙烯绝缘聚氯乙烯护套铜芯电力电缆；

③ 应急照明电路五路——每路五根耐火单芯聚氯乙烯绝缘铜芯电线；

④ 其它设备供电七路——每路五根单芯聚氯乙烯绝缘铜芯电线组成；

⑤ 由配电所引来引出此区电源二路——阻燃聚氯乙烯绝缘聚氯乙烯护套电力电缆。

第七章

07

电气照明工程设计

第一节　概述

一、照度标准

照度标准值应按 0.5lx、1lx、2lx、3lx、5lx、10lx、15lx、20lx、30lx、50lx、75lx、100lx、150lx、200lx、300lx、500lx、750lx、1000lx、1500lx、2000lx、3000lx、5000lx 分级。

1. 住宅建筑照明标准值　应符合表 7-1 规定。

表 7-1　住宅建筑照明标准值

房间或场所		参考平面及其高度	照度标准值/lx	R_a
起居室	一般活动	0.75m 水平面	100	80
	书写、阅读		300 *	
卧室	一般活动	0.75m 水平面	75	80
	床头、阅读		150 *	
餐厅		0.75m 餐桌面	150	80
厨房	一般活动	0.75m 水平面	100	80
	操作台	台面	150 *	
卫生间		0.75m 水平面	100	80
电梯前厅		地面	75	60
走道、楼梯间		地面	50	60
车库		地面	30	60

注：* 指混合照明照度。

2.其他居住建筑照明标准值　应符合表7-2规定。

表7-2　住宅建筑照明标准值

房间或场所		参考平面及其高度	照度标准值/lx	R_a
职工宿舍		地面	100	80
老年人卧室	一般活动	0.75m 水平面	150	80
	床头、阅读		300 *	80
老年人起居室	一般活动	0.75m 水平面	200	80
	书写、阅读		500 *	80
酒店式公寓		地面	150	80

注：* 指混合照明照度

3.图书馆建筑照明标准值　应符合表7-3规定。

表7-3　图书馆建筑照明标准值

房间或场所	参考平面及其高度	照度标准值/lx	UGR	U_0	R_a
一般阅览室、开放式阅览室	0.75m 水平面	300	19	0.60	80
多媒体阅览室	0.75m 水平面	300	19	0.60	80
老年阅览室	0.75m 水平面	500	19	0.70	80
珍善本、舆图阅览室	0.75m 水平面	500	19	0.60	80
陈列室、目录厅(室)、出纳厅	0.75m 水平面	300	19	0.60	80
档案库	0.75m 水平面	200	19	0.60	80
书库、书架	0.25m 垂直面	50	—	0.40	80
工作间	0.75m 水平面	300	19	0.60	80
采编、修复工作间	0.75m 水平面	500	19	0.60	80

4.办公建筑照明标准值　应符合表7-4规定。

表7-4　办公建筑照明标准值

房间或场所	参考平面及其高度	照度标准值/lx	UGR	U_0	R_a
普通办公室	0.75m 水平面	300	19	0.60	80
高档办公室	0.75m 水平面	500	19	0.60	80
会议室	0.75m 水平面	300	19	0.60	80
视频会议室	0.75m 水平面	750	19	0.60	80
接待室、前台	0.75m 水平面	200	—	0.40	80
服务大厅、营业厅	0.75m 水平面	300	22	0.40	80
设计室	实际工作面	500	19	0.60	80
文件整理、复印、发行室	0.75m 水平面	300	—	0.40	80
资料、档案存放室	0.75m 水平面	200	—	0.40	80

注：此表适用于所有类型建筑的办公室和类似用途场所的照明。

5. 商店建筑照明标准值 应符合表 7-5 规定。

表 7-5 商店建筑照明标准值

房间或场所	参考平面及其高度	照度标准值/lx	UGR	U_0	R_a
一般商店营业厅	0.75m 水平面	300	22	0.60	80
一般室内商业街	地面	200	22	0.60	80
高档商店营业厅	0.75m 水平面	500	22	0.60	80
高档室内商业街	地面	300	22	0.60	80
一般超市营业厅	0.75m 水平面	300	22	0.60	80
高档超市营业厅	0.75m 水平面	500	22	0.60	80
仓储式超市	0.75m 水平面	300	22	0.60	80
专卖店营业厅	0.75m 水平面	300	22	0.60	80
农贸市场	0.75m 水平面	200	25	0.40	80
收款台	台面	500*	—	0.60	80

注：*指混合照明照度。

6. 观演建筑照明标准值 应符合表 7-6 规定。

表 7-6 观演建筑照明标准值

房间或场所		参考平面及其高度	照度标准值/lx	UGR	U_0	R_a
门厅		地面	200	22	0.40	80
观众厅	影院	0.75m 水平面	100	22	0.40	80
	剧场、音乐厅	0.75m 水平面	150	22	0.40	80
观众休息厅	影院	地面	150	22	0.40	80
	剧场、音乐厅	地面	200	22	0.40	80
排演厅		地面	300	22	0.60	80
化妆室	一般活动区	0.75m 水平面	150	22	0.60	80
	化妆台	1.1m 高处垂直面	500*	—	—	90

注：*指混合照明照度。

7. 旅馆建筑照明标准值 应符合表 7-7 规定。

表 7-7 旅馆建筑照明标准值

房间或场所		参考平面及其高度	照度标准值/lx	UGR	U_0	R_a
客房	一般活动区	0.75m 水平面	75	—	—	80
	床头	0.75m 水平面	150	—	—	80
	写字台	台面	300*	—	—	80
	卫生间	0.75m 水平面	150	—	—	80
中餐厅		0.75m 水平面	200	22	0.60	80
西餐厅		0.75m 水平面	150	—	0.60	80
酒吧间、咖啡厅		0.75m 水平面	75	—	0.40	80
多功能厅、宴会厅		0.75m 水平面	300	22	0.60	80

房间或场所	参考平面及其高度	照度标准值/lx	UGR	U_0	R_a
会议室	0.75m 水平面	300	19	0.60	80
大堂	地面	200	—	0.40	80
总服务台	台面	300*	—	—	80
休息厅	地面	200	22	0.40	80
客房层走廊	地面	50	—	0.40	80
厨房	台面	500*	—	0.70	80
游泳池	水面	200	22	0.40	80
健身房	0.75m 水平面	200	22	0.60	80
洗衣房	0.75m 水平面	200	—	0.40	80

注：* 指混合照明照度。

8. 医疗建筑照明标准值　应符合表 7-8 规定。

表 7-8　医疗建筑照明标准值

房间或场所	参考平面及其高度	照度标准值/lx	UGR	U_0	R_a
治疗室、检查室	0.75m 水平面	300	19	0.70	80
化验室	0.75m 水平面	500	19	0.70	80
手术室	0.75m 水平面	750	19	0.70	90
诊室	0.75m 水平面	300	19	0.60	80
候诊室、挂号厅	0.75m 水平面	200	22	0.40	80
病房	地面	100	19	0.60	80
走道	地面	100	19	0.60	80
护士站	0.75m 水平面	300	—	0.60	80
药房	0.75m 水平面	500	19	0.60	80
重症监护室	0.75m 水平面	300	19	0.60	90

9. 教育建筑照明标准值　应符合表 7-9 规定。

表 7-9　教育建筑照明标准值

房间或场所	参考平面及其高度	照度标准值/lx	UGR	U_0	R_a
教室、阅览室	课桌面	300	19	0.60	80
实验室	实验桌面	300	19	0.60	80
美术教室	桌面	500	19	0.60	90
多媒体教室	0.75m 水平面	300	19	0.60	80
电子信息机房	0.75m 水平面	500	19	0.60	80
计算机教室、电子阅览室	0.75m 水平面	500	19	0.60	80
楼梯间	地面	100	22	0.40	80
教室黑板	黑板面	500*	—	0.70	80
学生宿舍	地面	150	22	0.40	80

注：* 指混合照明照度。

10. 备用照明的照度标准值 应符合下列规定。

① 供消防作业及救援人员在火灾时继续工作场所，应符合现行国家标准《建筑设计防火规范》GB 50016 的有关规定；

② 医院手术室、急诊抢救室、重症监护室等应维持正常照明的照度；

③ 其他场所的照度值除另有规定外，不应低于该场所一般照明照度标准值的 10%。

11. 安全照明的照度标准值 应符合下列规定。

① 医院手术室应维持正常照明的 30% 照度；

② 其他场所不应低于该场所一般照明照度标准值的 10%，且不应低于 15lx。

12. 疏散照明的地面平均水平照度值 应符合下列规定。

① 水平疏散通道不应低于 1lx，人员密集场所、避难层（间）不应低于 2lx；

② 垂直疏散区域不应低于 5lx；

③ 疏散通道中心线的最大值与最小值之比不应大于 40 : 1；

④ 寄宿制幼儿园和小学的寝室、老年公寓、医院等需要救援人员协助疏散的场所不应低于 5lx。

二、照明节能

照明节能设计就是在保证不降低作业面视觉要求、不降低照明质量的前提下，力求减少照明系统中电能的损失，从而最大限度地利用光能。这是一项系统工程，要从提高整个照明系统的效率来考虑，对组成节能系统的各个因素加以分析，提出具体的节能措施与方法。

《建筑照明设计标准》GB50034—2013 规定了"照明功率密度（LPD）"最高限值指标，并作为强制性条文发布。规范规定的各种场所的照度标准、视觉要求、照明功率密度等标准，不可随意降低，也不宜随意提高。要实施这项指标，通常的节能措施有以下几种。

1. 充分利用自然光

照明电气设计中人员应多与建筑专业配合，做到充分合理地利用自然光使之与室内人工照明有机地结合，从而大大节约人工照明电能。这是照明节能的重要途径之一。

2. 要有效地控制单位面积灯具的安装功率

在满足照明质量的前提下，选用光效高、显色性好的光源及配光合理、安全高效的灯：一般房间（场所）应优先采用高效发光的 LED 灯及荧光灯（如 T5 管灯、T8 管灯及紧凑型荧光灯），高大车间、厂房及体育馆场的室外照明等一般照明宜采用高压钠灯、金属卤化物灯等高效气体放电光源。

3. 推广使用低能耗性能优的光源用电附件

如电子镇流器、节能型电感镇流器、电子触发器以及电子变压器等，公共建筑场所内的荧光灯宜选用带有无功补偿的灯具，紧凑型荧光灯优先选用电子镇流器，气体放电灯宜采用电子触发器。

4. 合理选择照明控制方式

采用各种节能型开关或装置，根据照明使用特点可采取各种类型的节电开关（如：定时开关、感应开关、智能开关），灯光分区控制或适当增加照明开关点。高级客房采用节电钥匙开关，公共场所及室外照明可采用程序控制或光电、声控开关，走道、楼梯等人员短暂停留的公共场所可采用节能自熄开关。

采用照明系统的节电运行管理系统，对其实施合理的运行、控制、管理，可根据不同的环境条件控制不同的照明方式，既可以达到照明要求，又可以有效地节约调节人工照明照度及加强照明设备的运行管理。

5. 照明用电监测

配置相应的测量和计量仪表，定期测量电压、照度和考核用电量。

6. 提高功率因数

一般气体放电灯的功率因数都比较低，仅为 $0.45 \sim 0.5$，应在气体放电光源就地进行无功补偿补偿，即在镇流器的输入端接入适当容量的电容器。

三、治理眩光

按眩光污染对人的心理和生理的影响程度分为两类。

1. 不舒适眩光

视野内使人们的眼睛感受不舒适，但并不一定降低视觉对象的可见度的眩光，也称心理眩光。

2. 失能眩光

视野内使人们的视觉功能有所降低，降低视觉对象的可见度，但不一定产生不舒适感的眩光。它对人眼的影响主要是可见度降低。

上述两种眩光效有时分别出现，但经常同时存在。对室内控制不舒适眩光更为重要，只要将其控制在允许限度内，失能眩光也就自然消除。其主要手段是布灯。

四、布灯

1. 要求

① 安全第一，并方便使用及维护；
② 应达到规定照度，并使工作面、生活活动区照度均匀；
③ 光线照射方向适当，无眩光、阴影；
④ 尽可能减小安装容量，以减少投资及节能；
⑤ 整齐、美观，与建筑空间协调一致。

2. 布置方式

（1）均匀布置

均匀布置的灯具间距与行距均保持一定，以使整个被照场所的照度均匀，示例见图 7-1。图中 h、l_1、l_2、l'、l'' 依次为灯距工作面、灯间长向、灯间宽向、灯与墙边长向及灯与墙边宽向的距离。

① 图（a）为直管荧光灯条形光源均匀布置。大空间办公室用直管荧光灯具宜采用多管组合灯具连续布灯，这是高照度的要求，同时也是创造整洁的办公环境所必需。布灯时应注意避免将其布置在柱网轴线位，且为了充分利用天然光效果，改善对比，灯具布置宜平行于外窗。也可按办公室基本单元布灯，但同一朝向的同类房间的布灯宜一致。

② 图（b）为点型光源菱形布置。此时采用纵横两向均方根值 $l_{av} = \sqrt{l_1 \times l_2}$，作为下面将介绍照明器布置距高比 L/h 值计算的 L。为使整个房间照度均匀，$l_1 = \sqrt{3}\, l_2$；与墙边距 l'、l'' 为：靠墙有工作面时为 $(0.2 \sim 0.3)\, l_2$；靠墙为通道时为 $(0.4 \sim 0.5)\, l_2$。等边三角形的菱形布置照度最均匀。

③ 图（c）为点型光源矩形布局。此时尽量使灯具 l_1 和 l_2 接近。

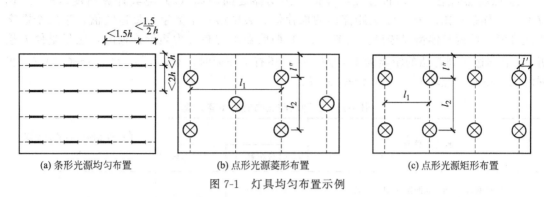

图 7-1 灯具均匀布置示例

（2）选择性布置

适用于设备家具分布不均匀，又高大而复杂，均匀布置得不到要求照度的场所。布置位置与工作面位置有关，大多对称于工作面。以实现工作面光通最有利，并最大限度地减少工作面阴影。

另外连续工作的应急照明，主工作面应急度应保持原有照明照度的 20%～30%。一般做法是：两列布置，应急灯、工作灯各一列相间布置；三列布置，中间列为应急灯、旁边两列为工作灯。

3. 布置尺寸

① 照明器的悬挂高度（H）照明器的悬挂高度以不发生眩光为限，表 7-10 给出了悬挂高度的最小值。照明器悬挂高度不应过高或过低。过高则为保证工作面一定照度需要加大电源功率，不经济，且也不便维修；过低则不安全。表 7-10 中 1000W 金属卤素灯有防紫外线措施时，悬高可酌降。

表 7-10 室内一般照明灯具距地面的最低悬挂高度

光源种类	灯具型式	灯光容量/W	最低离地悬挂高度/m
白炽灯	带反射罩	100 及以下	2.5
		150～200	3.0
		300～500	3.5
		500 以上	3
	乳白玻璃漫射罩	100 及以下	2.0
		150～200	2.5
		300～500	3.0
荧光灯	无罩	40 及以下	2.0
高压灯	带反射罩	250 及以下	5.5
		400 及以下	6.0
高压钠灯	带反射罩	250	6.0
		400	7.0
卤钨灯	带反射罩	500	6.0
		100～2000	7.0
金属卤素灯	带反射罩	400	6.0
		1000 及以下	14.0 以上

② 照明器间距　均匀布置照明器时，照明器之间距离（l）与其计算高度（h）之比（$l:h$），称距高比。表 7-11 为距高比的推荐值。表中第一个数字为最适宜值，第二个数字为允许值，可视具体情况选择。如图 7-1(c) 照明器均匀布置为矩形排列时，应尽量使 l' 接近 l，靠墙边一列距墙的距离为 $l''=\sqrt{l\times l'}$。还有工作面时，宜取 $l''=(0.25\sim0.3)\,l$。当靠墙为通道时，宜取 $l''=(0.4\sim0.5)\,l$。

表 7-11　各种照明器布置的距高比值

照明器类型	l/h 值		单行布置时房间最大宽度 /m
	多行布置	单行布置	
配照型、广照型、双照配照型工厂灯	1.8～2.5	1.8～2.0	1.2h
防爆灯、圆球灯、吸顶灯、防水防尘灯、防潮灯	2.3～3.2	1.9	1.3h
深照型、镜面深照型灯、乳白玻璃罩吊灯	1.6～1.8	1.5～1.8	1.0h
荧光灯	1.4～1.5		

4. 布灯数量

可采用下述两种方法之一求得：

① 利用系数法　建筑物内的平均照度 E 为

$$E_{av}=\frac{N\Phi U}{SK} \tag{7-1}$$

式中，N 为照明灯具数，由布灯方案确定或计算安排；Φ 为每个照明灯具的光通 lm（查表或计算得出）；S 为被照建筑/被照水平工作面积，m^2；K 为考虑灯具使用自身衰减及环境污染因素的照度补偿系数，查表得；U 为利用系数，它取决于灯具自身结构形式、房间室空间比（RCR）及表面反射系数（P）三项。

② 单位容量法　又称比功率法，按下式计算：

$$P_{\Sigma}=\omega S \tag{7-2}$$

$$N=\frac{P_{\Sigma}}{P_i} \tag{7-3}$$

式中，P_{Σ} 为总照明功率（W、不计镇流器损耗）；P_i 为单套灯具容量/功率（W，不计电流器损耗）；N 为规定照度下所需灯具数；ω 为规定照度下单位面积安装功率。

五、照明设计的步骤与原则

1. 步骤

① 充分了解建设方要求、投资水平、建筑期望值，并参照国家、行业相关规定、规范定出设计水准；

② 分析土建专业条件：建筑平、立面，结构及空间，环境及外在条件，以及当地电力等相关环境条件，参照有关技术资料，定出初步方案；

③ 初步方案返回建筑方认可。复杂大型工程尚需进行方案比较，评价技术、经济情况，确定最佳方案；

④ 对需照明的大面积区域、重要地段进行照度计算，参照产品资料选定光源、灯具，计算书存档备查；

⑤ 拟出屏/箱/柜的接线方案，对重要设备、线缆造型、计算，进而作出支线和干线概略图（详见动力部分）；

⑥ 考虑设备、器件及线缆的布局安装及敷设，作出平面图，必要时绘制大样图。同时要注意土建孔、洞、槽、沟的预埋；

⑦ 编制材料设备表及设计施工说明，送交校审及工程预算等后续处理。

2. 照明设计的普遍性原则

（1）安全供电，安全用电

除了前面章节已叙述的安全要求外，照明系统特有的共通性原则如下。

① 电源进户应装设带有保护装置的总开关，道路照明除回路应有保护装置外，每个灯具应有单独保护装置，装有单独补偿电容的灯具应装设保护装置。

② 由公共低压电网供电的照明负荷，线路电流不超过 30A 时，可用 220V 单相供电。否则应以 380/220V 三相五线供电。室内照明线路每一单相分支回路的电流，一般情况下不应超过 15A，所接灯头数不宜超过 25 个，但花灯、彩灯、多管荧光灯除外。插座宜单独设置分支回路。

③ 对高强气体放电灯的照明每一单相分支回路的电流不宜超过 30A，并应按启动及再启动特性，选择保护电器和验算线路的电压损失值。对气体放电灯供电的三相照明线路，其中线截面应按最大—相电流选择。

（2）合理设置应急照明电源

① 应急照明的电源，应区别于正常照明的电源。不同用途的应急照明电源，应采用不同的切换时间和连续供电时间。

② 地下室、电梯间、楼梯间、公共通道和主要出入口等场所设应急疏散指示照明及楼层指示灯均自带蓄电池，应急时间不少于 30min。

③ 地下室、电梯间、办公室、餐厅、变配电所、发电机房、消防控制室、水泵房、电梯机房、避难层、电话站等场所均设应急照明并兼工作照明用，应急照明分别占工作照明 25%～100%。

④ 应急照明的供电方式，按二章要求选用。

（3）正确考虑照明负荷

① 照度的合理利用。照明负荷约占建筑总用电量 30% 左右，设计时按照度标准来推算照明负荷。但因装修时往往只考虑使用功能和环境设置的要求，故应预留足照明电源，以便将来装修单位的具体设计；另外选用的光源和灯具不一样，用电量的大小会有很大的差别。因此一般情况下对于局部照明区域尽量按大一级的照度负荷密度做估算，而对整个大楼的照明负荷再考虑一个同期系数。

② 气体放电灯宜采用电容补偿，以提高功率因数。

（4）提高照明质量

① 为减少动力设备用电对照明线路电压波动的影响，照明用电与动力用电线路尽量分开供给。

② 在气体放电灯的频闪效应对视觉作业有影响的场所，其同一或不同一灯具的相邻灯管（灯泡），宜分别接在不同相位的线路上。

③ 应采用新型灯具、光源，用三基色荧光灯、金属卤化物灯、高压钠灯合理取代白炽灯，将是照明工程节约能源的潜力所在。光纤照明器的发热少，并可隔离紫外线的特点很适宜在商品陈列和博展馆的展示品照明选用。同时光纤照明器除了光源发生器外均不带电的优势，特别适宜潮湿场所应用。

第二节　单元住宅标准层照明设计

一、住宅照明设计的要点

1. 负荷及计量合理　参见表 7-12。

表 7-12　用电负荷标准及电能表规格（使用面积均未包括阳台面积）

套型	居住空间个数/个	使用面积/m²	用电负荷标准/kW	电能表规格/A
一类	2	34	2.5	5(20)
二类	3	45	2.5	5(20)
三类	3	56	4.0	10(40)
四类	4	68	4.0	10(40)

根据现在实际使用的情况，现在供电主管部门所选用的电能表均为 5（60）A 宽幅电能表。

2. 适宜的照度水平

① 照度水平对室内气氛有着显著影响，照度选择与光源色温的合理配合有利于创造舒适感；

② 不必强调房间内照度的均匀，居住功能需在房间内创造一个照明的中心感；

③ 为满足不同需要，住宅的起居室、卧室等宜选用具有调光控制功能的开关；

④ 住宅一般照明的照度水平　见表 7-13。

表 7-13　住宅建筑照明的照度值

房间名称	参考平面及其高度	建议照度值/lx	国标设计标准/lx
卧室	0.75m 水平面	50-75-100	20-30-50/75-100-150
起居室(厅)、书房	0.75m 水平面	150-200-300	20-30-50/150-200-300
餐厅	0.75m 水平面	50-75-100	20-30-50
厨房	0.75m 水平面	75-100-150	20-30-50
健身房	地面	30-50-75	
卫生间	0.75m 水平面	50-75-100	10-15-20
车房	0.75m 水平面	20-30-50	

注：1. 国际—设计标准—栏中，分子指一般活动区，分母指书写阅读（床头阅读）；
2. 起居室、书房、卧室宜另配有落地灯、台灯灯局部照明；
3. 阳台如设照明时，照度值宜为 20-30-50lx；
4. 设有洗衣机的卫生间。且卫生间无天然采光窗时，照度值宜取 100-150-200lx；
5. 配合防范系统的照明，其照度宜不低于 2lx，但采用特殊低照度摄像机时可不受此限。

3. 合理选择光源

① 主要房间的照明宜选用色温不高于 3300K、显色指数大于 80 的节能型光源（如紧凑型荧光灯、三基色圆管荧光灯等）；

② 眩光限制质量等级，不应低于 Ⅱ 级；

③ 应选用可立即点燃的光源，以利于安全；

④ 为协调室内生态环境，可选用冷光束光源。

4. 不同房间的不同要求

（1）起居厅

① 灯具造型，布局活泼，以体现个性；

② 以房间净高定布灯方式：净高 2.7m 及以上可用贴顶或吊灯；低于 2.3m 宜用檐口照明；吊装灯具应装在餐桌、茶几上方，人碰不到处；

③ 灯具简洁易修，突出艺术性；

④ 宜采用可调光控制。

（2）卧室

① 照明宜设在床具靠脚边缘上方；

② 灯具宜深藏型，以防眩光；

③ 供床上阅读，应用冷光源，根据不同需要选用壁灯或台灯；

④ 除特殊需要不设一般照明。如设一般照明，宜遥控，且宜平滑调光。

（3）卫生间

① 避免在便器上方或背后布灯；

② 以镜面灯照明，宜布在镜前上部壁装或顶装；

③ 布灯应避免映出人影及视觉反差；

④ 开关、插座及灯具应注意防潮。

（4）插座配置

① 位置设置　应方便使用。非照明使用的电源插座（包括专用电源插座）或通信系统、电视共用天线、安全防范等专用连接插件近旁，有布灯可能或设置电源要求时，应增加配置电源插座。不要被柜、桌、沙发等物遮挡，影响使用；

② 数量充足，除空调制冷机、电采暖、厨房电器具、电灶、电热水器等应按设备所在位置设置专用电源插座外，一般在每墙面上的数量不宜少于 2 组，每组由单相二孔和单相三孔插座面板各一只组成；

③ 插座间间距　两组电源插座的间距不应超过 2～2.5m，距端墙不应超过 0.5m；

④ 型式　电源插座皆应选用安全型，一般可采用 10A。

5. 电气安全

① 电源进线处设总等电位联结，住宅卫生间宜作辅助等电位联结；

② 配电干、支线适当的配电线路上，应设预防电气火灾的 RCD。其动作电流为 0.3～0.5A，动作时间为 0.15～0.5s；

③ 每套住宅设有可同时通/断相线与中性线的电源总开关；

④ 每套住宅的照明与空调制冷机用电源插座、电采暖用电源插座、厨房电器具、电灶电源插座、电热水器电源插座以及一般电源插座等应分路设计；

⑤ 每套住宅的电源插座电路应设置动作电流为 30mA、动作时间为 0.1s 的 RCD；

⑥ 卫生间的照明、排气扇控制开关面板，宜设置在卫生间外。灯具、电源插座等电器的安装选型，应符合特殊场所（潮湿场所）的安全防护要求；

⑦ 合理配线。住宅照明灯具及电源插座回路，应单相三线（即带有保护线）。分支回路导线截面不宜小于 $2.5mm^2$ 铜芯绝缘导线。厨房和卫生间的配电线路宜为回路的末端。

二、实例

三、剖析

① 图 7-2 为普通单元住宅楼标准层的电气照明平面布置图。

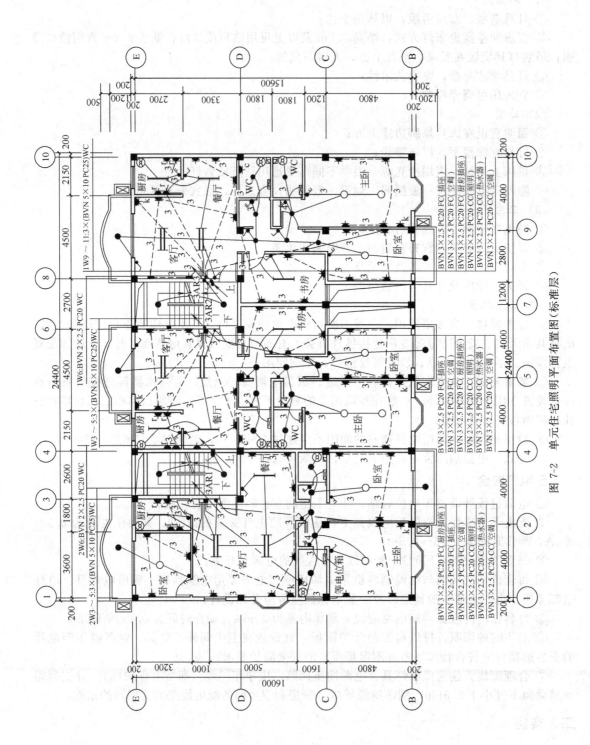

图 7-2 单元住宅照明平面布置图(标准层)

② 标准层共两个楼梯，三户户型各异，以右边户为代表叙述。右边户共设主卧、普卧、书房及客厅、饭厅及一个厨房、两个卫生间（一个带盥洗室）为俗称的三室二厅二卫型。

③ 电源以五根单芯尼龙护套聚氯乙烯绝缘铜芯 $10mm^2$ 电线，自下向上沿楼梯间墙暗敷引入到每套的用户带漏电保护的配电箱。

④ 此套房间供电为六路：

Ⅰ 插座电路：穿 PVC 管理地暗敷供室内 18 个普通插座用电；

Ⅱ 空调插座电路：共两回，按Ⅰ方式敷设，分别供客厅和主卧空调用（主卧空调为沿墙板暗敷）；

Ⅲ 厨房插座回路：按Ⅰ方式敷设，供给厨房三个插座用电；

Ⅳ 照明回路：穿 PVC 管，沿墙板暗敷供以下照明用电——客厅两个双管日光灯，厨房、饭厅及书房各一支单管日光灯，两个阳台、两个卫生间、盥洗间、两卧室进门区各一盏，过道共两盏吸顶灯，主卧两个、卧室一个待接线灯头引线；

Ⅴ 热水器电路：按Ⅳ方式敷设，供公共卫生间热水器用电；

Ⅵ 两卫生间照明电路，还各供一换气风扇用电。

⑤ 所有灯具以单联、双联暗装面板开关控制其亮/熄。

⑥ 插座按使用功能及安装位置分类：

• 厨房插座：供电炊具及抽油烟机用，防溅式，安装高度便于使用；

• 卫生间插座：供电热水器，高位防溅；

• 空调插座：供分体空调用电，大功率，高位便于与空调连用；

• 普通插座：双孔及三孔组合式面板插座（俗称"二加三"）低位安装，方便使用。

第三节　宾馆标准客房照明设计

一、实例

二、剖析

1. 宾馆酒店照明设计的要点

① 光源选择色温要求：3000K 左右。在卧室用 3500K 以下的光源，在洗手间用 3500K 以上的光源。在卧室需要暖色调，在洗手间需要高色温，以显清洁和爽净。照度要求：一般照明取 50～100lx，客房的照度低些，以体现静谧、休息甚至懒散的特点；但局部照明，比如梳妆镜前的照明、床头阅读照明等应该提供足够的照度，这些区域可取 300lx 的照度值。

② 照度水平高、限制眩光、以获取视觉舒适感，条件允许时应由一般照明获得必要的照度水平。推荐照度值见表 7-14。

表 7-14　旅馆建筑照明的照度值

房间或场所		参考平面及其高度	照度标准值/lx	UGR	U_0	R_a
客房	一般活动区	0.75m 水平面	75	—	—	80
	床头	0.75m 水平面	150	—	—	80
	写字台	台面	300*	—	—	80
	卫生间	0.75m 水平面	150	—	—	80
中餐厅		0.75m 水平面	200	22	0.60	80

续表

房间或场所	参考平面及其高度	照度标准值/lx	UGR	U_0	R_a
西餐厅	0.75m 水平面	150	—	0.60	80
酒吧间、咖啡厅	0.75m 水平面	75	—	0.40	80
多功能厅、宴会厅	0.75m 水平面	300	22	0.60	80
会议室	0.75m 水平面	300	19	0.60	80
大堂	地面	200	—	0.40	80
总服务台	台面	300*	—	—	80
休息厅	地面	200	22	0.40	80
客房层走廊	地面	50	—	0.40	80
厨房	台面	500*	—	0.70	80
游泳池	水面	200	22	0.60	80
健身房	0.75m 水平面	200	22	0.60	80
洗衣房	0.75m 水平面	200	—	0.40	80

注：＊指混合照明照度。

③ 旅馆的每间（套）客房应设置节能控制型总开关；楼梯间、走道的照明，除应急疏散照明外，宜采用自动调节照度等节能措施。

④ 三相配电干线的各相负荷宜平衡分配，最大相负荷不宜大于三相负荷平均值的115%，最小相负荷不宜小于三相负荷平均值的85%。

⑤ 正常照明单相分支回路的电流不宜大于 16A，所接光源数或发光二极管灯具数不宜超过 25 个；当连接建筑装饰性组合灯具时，回路电流不宜大于 25A，光源数不宜超过 60个；连接高强度气体放电灯的单相分支回路的电流不宜大于 25A。

⑥ 电源插座不宜和普通照明灯接在同一分支回路。

2. 剖析

图 7-3 所示为一组宾馆标准客房的照明平面布置（为便于表达，特分成照明及插座两图）及电路接线图，作为宾馆标准客房照明电气图的示例。

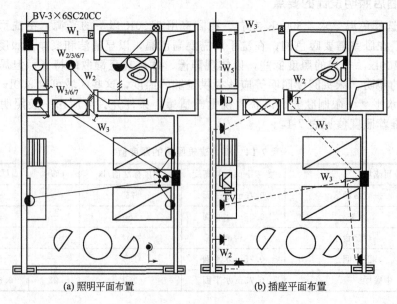

(a) 照明平面布置　　　　(b) 插座平面布置

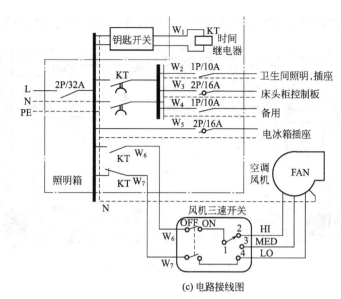

(c) 电路接线图

图 7-3 某宾馆标准套房照明平面布置及电路接线图

（1）图（a）为照明平面布置图

① 此房从层楼配电箱用 BV-3×6 穿 SC20 按 CC 方式引至此室暗装于衣柜的配电箱；

② 配电箱共出七回线，此图表现了：

· W1 为引到匙板开关，实现客人离房抽匙板对 W2～W4 断电节能：

· W2 引至衣柜、吧台、过厅及卫生间照明及排气扇用电；

· W3 穿过过厅引至床头控制柜控制，再接至床灯、壁灯、左/右床头灯及地脚灯（床头柜下鞋室顶）及电视柜镜前灯；

· W6/W7 为空调盘管风机供电回路。

（2）图（b）为插座平面布置图

图中虚线区别照明图实线（屋顶、墙面安装）为埋地安装。此图表现了：

· W2 为卫生间及室内插座回路；

· W3 为受床头控制柜控制的"请勿打扰/请作清洁"门外告示灯、电视柜侧电视机及窗前落地灯插座回路；

· W5 供不受匙板开关节能断电的电冰箱插座用电。

（3）图（c）为电路接线图，它表现了：

· 节能匙板插入，KT 各常开触点闭合，W2～W4 得电。抽匙板，经 KT 延时（数秒）断电。

· 节能匙板插入时，空调盘管风机由 W6 供电，如开空调经三速开关选择控制到高、中、低速运转。抽匙板后，空调盘管风机由 W7 供电，如开空调此风机保持低速运转。

· W5 不受匙板开关节能断电控制，电冰箱插座由配电箱直供，以保证水箱用电不间断。

第四节　办公照明设计

一、实例

二、剖析

图 7-4 所示实例为小学综合楼中的教师办公室电气照明设计工程中的灯具布置，重点不

在于图，而在于作图前照明方案、灯具选用及照度计算。办公照明设计的要点如下。

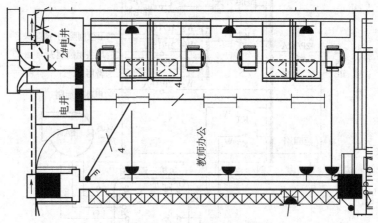

图 7-4　办公室灯具布置示意图

1. 光源

选择色温在 3300～5300K（宜选用 4000～4600K）范围内的 T8 或 T5 型直管荧光灯，照明光源的显色指数应在 60～80（宜为 80），灯具截光角应控制在 50°以内，宜选用直接型、蝠翼式配光荧光灯具。

2. 照度

照度水平要高、限制眩光，以获取视觉舒适感，条件允许时应由一般照明获得必要的照度水平。推荐照度值见表 7-15。

表 7-15　办公建筑照明的照度值

房间名称	参考平面及其高度	建议照度值/lx	国标—设计标准/lx
办公室	0.75m 水平面	500—750—1000	100—150—200（150—200—300）
大会议室	0.75m 水平面	200—300—500	—
会议室	0.75m 水平面	150—200—300	100—150—200
设计室	0.75m 水平面	200—300—500	200—300—500
多功能厅	0.75m 水平面	150—200—300	100—150—200
档案、复印、传真室	0.75m 水平面	100—150—200	75—100—150

注 1. 一般办公室照度可为 200—300—500lx；
2. 办公室通道照明照度宜为办公室照度的 1/5～1/10；
3. 办公室、会议室的垂直照度不宜低于水平照度的 1/2；
4. 表中括号内照度值系指有视觉显示屏作业的办公室。

3. 布灯

布灯方案关系到限制直接眩光和反射眩光，灯具的布置排列一定要与工作人员的工作位置联系起来考虑。为此应将灯具布在工作台的两侧，并使荧光灯具的纵轴与水平视线相平行。当难于确定工作位置，可选用发光面积大、亮度低的双向蝠翼式配光灯具。

4. 插座

照明插座数量不应少于工作位置或人员数量。信息电子设备应配置的电源专用插座数量应符合相关规定标准。办公室的供电质量应予以重视。

第五节　体育场馆照明设计

一、实例

二、剖析

图7-5所示实例为体育场馆中的网球场电气照明设计工程中的灯具布置，重点不在于图，而在于作图前照明方案、灯具选用及照度计算。

1. 设计要点

① 照度　体育场馆设计中不同运动项目对照度的要求取决于许多因素。网球场属于空中多方向的运动，要求有适当的水平和垂直照度，且照明设备必须避免对运动员和观众的直接眩光，所以：

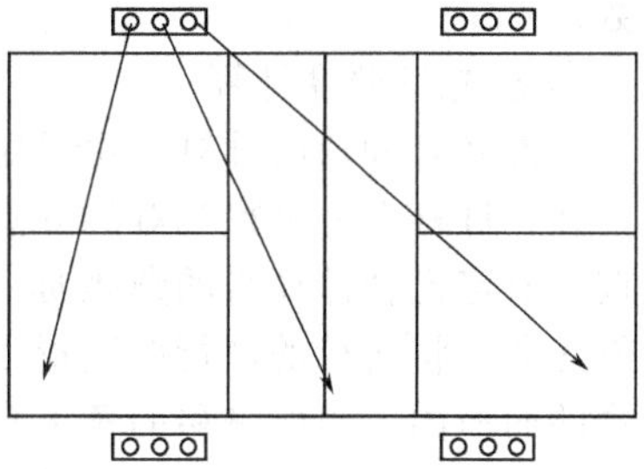

• 照明范围狭窄，投光距离短，采用近距离、宽配光投光灯；

• 避免运动员和球产生强烈的阴影，且要求在运动员和视线方向上不出现强光，故采取两侧对称排列灯具；

• 球网附近照度要特别提高。

图 7-5　网球场灯光布置示意图

根据《民用建筑照明设计标准》及《民用建筑电气设计规范》，将网球项目参考平面定为地面。其照度标准值及目前国内外网球场标准值见表7-16及表7-17。

表7-16　网球场照度标准

训练			比赛		
低	中	高	低	中	高
150lx	200lx	300lx	300lx	500lx	750lx

表7-17　国内外网球场照度标准对比　　单位：lx

级别	国内现状	CIE	英国	美国	日本
训练	132～195	500	500	750	200
比赛	286～791	750	750	1000	500～1000

② 电光源的选择　根据规范，体育场地照明光源宜选用金属卤化物灯、高显色高压钠灯。上海地方标准中对体育场馆光源性能的要求见表7-18。

表7-18　体育场馆光源性能的要求

要求的光源性能			推荐光源	
光输出/lm	显色性能	色温	一般选用	优先使用
3000～10000	80＞Ra＞40	＜5300K	卤钨灯、标准荧光灯、高压钠灯	金属卤化物灯

2. 工程处理

① 照明器布置　单个场地双侧布置，投光灯离边线距离应大于 2m。

② 灯杆高确定　投光灯灯杆的高度，由下式初步计算：

$$H \geqslant (D + W/3)\tan 30° \tag{7-4}$$

式中，D 为灯杆与边线的距离；W 为场地的宽度。

综合考虑 CIE 规定，避免眩光和得到合适的均匀照度，此娱乐性球场的灯杆高度定为 8m。

③ 泛光灯数量　根据利用系数法，将已知条件代入式（7-1），即可估算照明器的灯数。

④ 投光灯照度计算

• 投光灯仰角的计算　由已定的安装高度和布灯情况，确定每个灯杆上各灯光轴的投射点，并将灯杆上一个投光灯的立点与灯具的等光强曲线图中的 0 点重合，并将网球场四个角点按对所定光轴计算得的角坐标（V 角、H 角）画到等光强曲线图上。为了利用投光灯的有效光通，将所得的平行四边形沿纵轴平移，以便被照面积尽可能多地落在泛光灯的有效光通量的面积内。而所平移的角度正是所求的仰角 β。

• 确定点照度验算　通过确定投光方向的所有投光灯在确定点的照度，验算是否达到《民用建筑照明设计标准》的要求。计算所需的数据包括计算点的坐标、点到投光灯的距离、投光灯灯杆高度和指向计算点的光强值。公式如下：

$$V = \phi - \beta \tag{7-5}$$
$$\phi = \tan^{-1}(y_g/h) \tag{7-6}$$
$$H = \tan^{-1}(X_G \cos\phi/h) \tag{7-7}$$
$$E_h = I_{HV}h/r^3 \tag{7-8}$$

第六节　应急照明设计

一、实例

二、剖析

（1）概述

① 应急照明的分类

• 备用照明——正常照明中断时，为继续工作或暂时继续工作而设置的照明；

• 疏散照明——在火灾情况下，为使人员安全撤离、疏散而设置的照明；

• 安全照明——正常照明中断时，为确保处于潜在危险的人员安全而设置的照明。

② 应急照明的电源

• 浮充蓄电池——优点是：使用灵活、蓄电池与灯间互不干扰、免去双电源供电设计及施工的麻烦，甚至可实现远程监控及疏散走向设定。缺点是：价高、易损坏、维修、保养工作量大、维护成本高、寿命相对较短、实现远程控投资大、对使用管理人员的素质要求较高。所以此法较适用于面积较小、双电源难解决，以及对疏散照明要求极高的场合。

• 末端切换的双电源切换箱——优点是：成本较低、寿命较长、单箱控制面积较大、供电时间长，可在箱二次回路加远程监其下属的分支回路，也可实现多台监控、系统易用。缺点是：对供电电源和线路的可靠性要求较高、切换的间隙应急照明短暂间断。此法适用于双电源易解决、面积较大、非重要的建筑。

• 双电源切换箱浮充蓄电池——是前两种方法的集成，故同时具前两法的优点，且性能非常可靠，但成本比前两种都高。此法适用于双电源容易解决、面积较大、非常重要的建筑。

• 集中浮充应急照明箱——优点是：成本较低、寿命较长、单箱控制面积较大，也可在箱二次回路加远程监、设计及施工易、电源部分设计灵活、使用用途可以延伸。此法相对投资更高，但适用范围广、可靠性高，对于不同类型的建筑有很强的通用性，应用灵活。

（2）图 7-6 剖析

图 7-6 是某工程应急照明系统的概略图，包括以下三部分。

① 配电干线系统　包括四个子系统。

• 战时（主用/人防区域备用）双电源供电给地下室人防配电总箱 1RAP1/2，由它再配电给"第一/二防护单元"两个区域的排风机/污水泵控制箱、人防照明/排风/水泵控制箱及人防信号箱 1PFL1/2、1WSL1~11、1RAL1/2、1RFL1/2、1RSL1/2、1RX1/2；

• 由动力配电箱 1APE1 一路电源与人防总动力箱 1RAP1/2 的各一路电源构成双回路供电给两个通风控制箱 1FL1/2；

• 由变配电室引来的主要/备用电源构成的双回路供电给消防泵和喷淋泵控制箱 1AF1/2；

• 单回路供电给生活泵控制箱和水泵房照明箱 1AP1/1AL1。

② 配电箱系统　包括五个子系统。

• "一/二防护单元"的地下室人防配电总箱 1RAP1/2——其进线为主用/人防备用双电源自动切换供电；出线除人防信号为单相外，其余均为三相供电的 16 路配电线路，其中备用（3~4 路），照明、热水器、信号各一路，余为动力配电。

• 人防照明配电箱 1RAL1/2——单电源供电，出线九回：疏散及事故为应急照明方式，供电、备用两路（一路带漏保），其余为照明配电。

• 污水泵配电箱 1WSL1~11——单回进线，一用一备方式配电。

• 人防风机/排风机/给水泵/污水泵配电箱 1RFL1/3，1RFL2/4，1RSL1/2，1WSL1~11——均以交流接触器控制、断路器控制保护、热继电器保护对设备动力供电。

• 消防设备配电箱 1APE1——以断路器对设备配电实行控制保护。

③ 电路图　表达了应急、疏散指示控制的电气原理。

当 KA 继电器线包得直流 24V 吸合，或紧急按钮 SBS 按下，K 得电、自保，信号灯绿灯灭，红灯亮，直至按下解除按钮 SB。右侧为其接线端子排接线图。

（3）图 7-7 剖析

图 7-7 为图 7-6 对应的地下室平/战时应急照明平面布置图。

① 配电枢纽——由设在 5/E 及 10/D 附近的 1RAL1/2 照明配电箱对应分别控制和保护第一/二防护单元的急照明配电；

② 电源进线——它们分别由在其附近的人防配电总箱 1RAP1/2 各出一回供电；

③ 供电对象——双/单管应急日光灯（占两个区域绝大多数的应急照明）、防水防尘应急灯（供位于 24/J—28/J—28/G—24/G 区的水泵房应急照明）、应急吸顶灯（供位于 8/E 及 25/F 附近的楼梯进口侧及 14/N 附近车道进口侧的战时出入口应急照明），共三类。

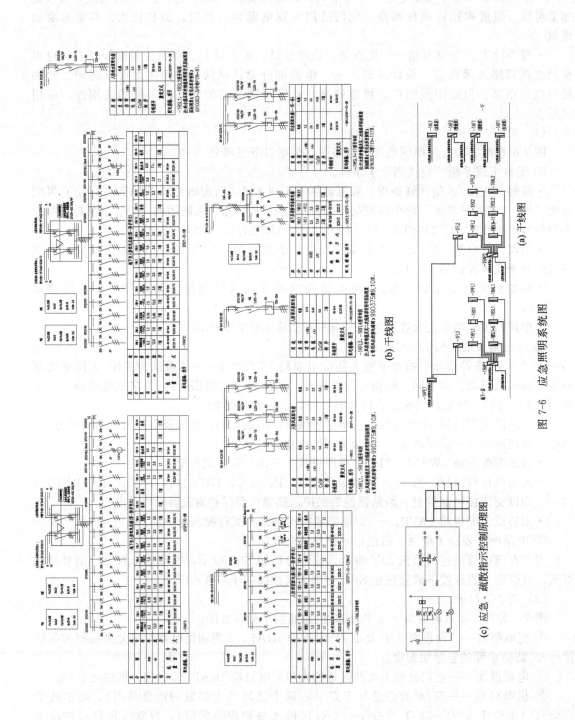

图 7-6　应急照明系统图

(a) 干线图

(b) 干线图

(c) 应急、疏散数指示控制原理图

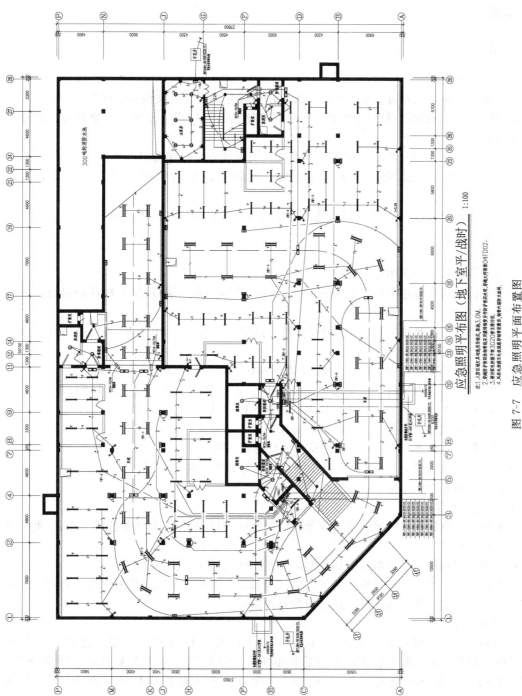

应急照明平面布置图

图 7-7 应急照明平面布置图

第七节　景观照明设计

一、实例

二、剖析

(1) 图纸组成

这是某市夜晚景观照明体系中的一个大厦的景观照明设计。共包括三张图。

① 图 7-8 为景观照明系统概略图，反映的是照明系统构成、原理及主要设备。各种灯的具体接法参考第二章第三节。

② 图 7-9 反映了南立面照明布置，为景观照明系统立面布置图的示例。

③ 图 7-10 为景观照明系统平面布置图，反映了总平面照明布置，反映细节的详图略。

④ 景观照明需配效果图以反映最终效果是否达到建筑的整体要求，此图略。

(2) 电路构成

电路构成共九路。

① W0 给屋顶广告照明用电预留；

② W1 供给门厅外地上草坪内设置的 [3×400W 圆形高压钠灯/组] 组成的组合立杆泛光灯六组；

③ W2 供给南侧裙楼三组组合立杆灯/组，其中一组为 [3×1000W 圆形高压钠灯/组] 外，其余两组设置均同 W1；

④ W3 供给西侧裙楼的 [单支 1800W 圆形高压钠灯] 为光源的泛光灯共三支；

⑤ W4 供给观光电梯自上而下的 2.5kW，以三芯 LED 构成的超亮光带照明；

⑥ W5 供给各层阳台 250W 蓝色金卤灯泛光照明，共 21 支；

⑦ W6 供给檐口下部窗户 100W 圆形高压钠灯泛光照明，共 14 支；

⑧ W7 供给南面檐口以 T8 荧光灯作檐板灯的轮廓照明共 2.8kW；

⑨ W8 供给北面檐口以 T8 荧光灯作檐板灯的轮廓照明共 2.3kW。

(3) 控制体系

① 控制方式有两种。

• 遥控——以遥控方式接收全市夜景照明控制中心按"平时/双休及普通节假日/重大节假日"三种类型的

全市统一布局的自动控制指令的控制，这是系统的通常工作方式。

• 手控——遥控失灵及特殊状况的人为的非自控、本系统单独工作的方式。它此时脱离全市布局独自控制，是上述遥控方式的应急补救措施。

② 作用过程如下。

• 遥控——当 SM 组合开关置于 A 挡位：L1 供电到 L1A 线上。来"遥控信号"→KT 得电，动作→KT 常开触点闭合→总控继电器 KA 得电→各 KA 常开触点闭合→KA 自保、1～8KM 得电→电源线 L1A 向 W1-8 供电、各 HR 指示灯亮。按下 4KB 各路同灭；

• 手动总控——SM 置 M 挡位：L1 供电 L1M 线上。按下 3KB→KA 从 L1M 得电→仅由 L1M（而不是 L1A）供电外，余同上；

设备材料表

图例	名称	适用光源	数量	备注
	组合立杆泛光灯	3×400W	6	圆形高压钠灯
	组合立杆泛光灯	3×1000W	3	圆形高压钠灯
	组合立杆泛光灯	2×1000W	10	圆形高压钠灯
	泛光灯	1800W	3	圆形高压钠灯
	泛光灯	250W	21	蓝色卤钨灯
	泛光灯	100W	14	圆形高压钠灯
	T5荧光灯	28W/m		详预算
	冷阴胶管照明灯	10W/m		详预算
	电缆	W-3×4		详预算
	电缆	W-5×6		详预算
	电缆	W-5×10		详预算
	电缆	W-5×16		详预算
	电缆	W-5×35		详预算
	动力配电箱		1	

电源由配电房引至:YJV-1kV-4×70+1×35-SC100-CT

LFZB6-200/5 Φ Φ Φ

kW·h　DT862-4-2.5(10)A

LH/3P/C　$I_n=160A$

AP1

$P_c=66.4kW,\ P_{js}=66.4kW,\ I_{js}=118.8A\ (K_c=1.0;\cos\varphi=0.85)$

回路编号	W1	W2	W3	W4	W5	W6	W7	W8
相序	L_1,L_2,L_3 N,PE	L_1,L_2,L_3 N,PE	L_1,L_2,L_3 N,PE	L_1,L_2,L_3 N,PE	L_1,L_2,L_3 N,PE	L_1,L_2,L_3 N,PE	L_1,L_2,L_3 N,PE	L_1,L_2,L_3 N,PE
计算容量/kW	30	7.2	9.0	5.4	2.5	1.4	2.8	2.3
功率因数cosφ	0.9	0.85	0.85	0.85	0.85	0.85	0.85	0.85
计算电流/A	50.7	12.9	16.1	9.6	4.5	2.5	5.0	5.0
导线类型及截面	W-5×35	W-5×10	W-5×6	W-5×6	W-5×6	W-5×6	W-5×6	W-5×6
敷设管径	SC70	SC32	SC32	SC32	SC32	SC32	SC32	SC32
敷设方式	WE	FC	WE	WE	WE	WE	WE	WE
备注	平日	平日	一般节日	重大节日	重大节日	重大节日	平日	平日

(断路器回路) L7/2P，L7/3P……

CJ20-20/1　CJ20-20/3　CJ20-20/3　CJ20-20/3　CJ20-20/3　CJ20-20/3　CJ20-20/3　CJ20-20/3

20A　32A　20A　20A　20A　20A　20A　20A

(a) 配电系统图

(b) 配电箱灯光控制原理图

开关	遥控	信号	总控及遥控	W1	W2	W3	W4	W5	W6	W7	W8
控制电源	遥控		总控及遥控	手动及遥控	手动及遥控	手动及遥控	手动及遥控	手动及遥控	手动及遥控	手动及遥控	手动及遥控

SM 为万能转换开关 LW5-15D3462/17
SM1 为主令令开关 LS2-2

图7-8　景观照明系统图

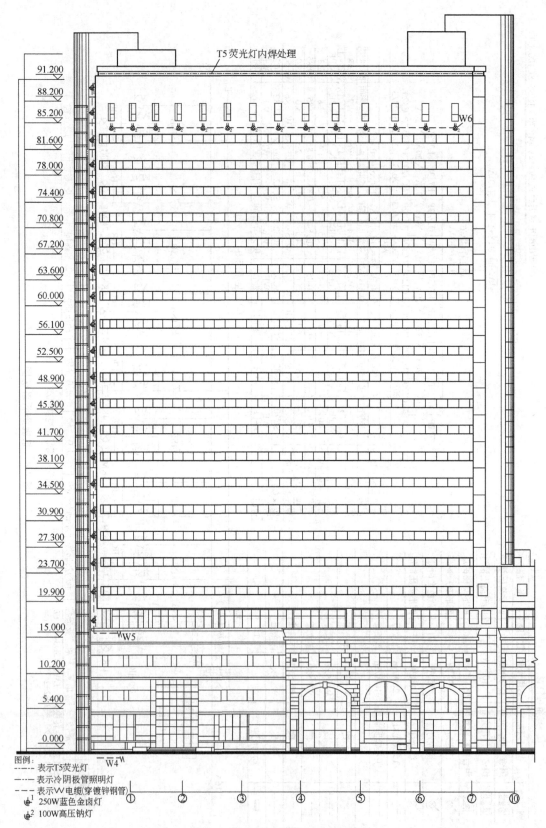

图 7-9 景观照明系统立面布置图

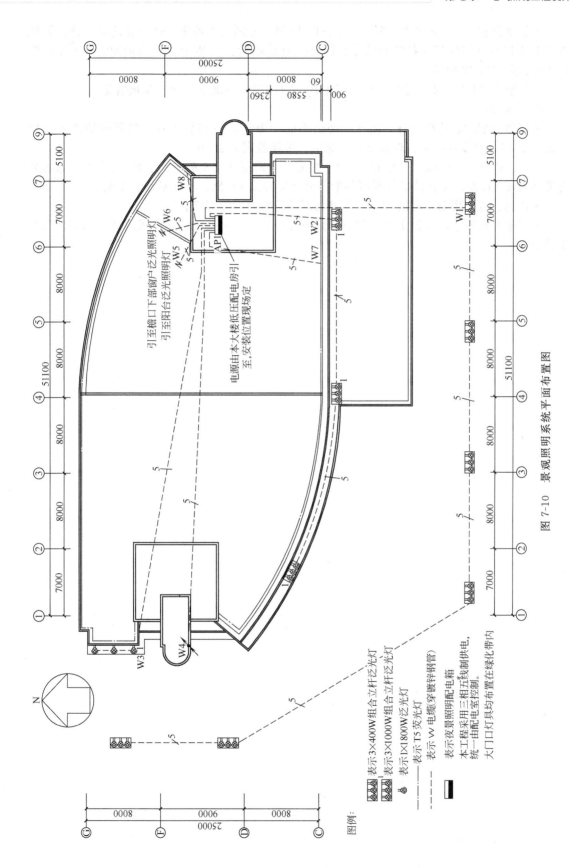

图 7-10 景观照明系统平面布置图

图例：

⊞ 表示3×400W组合立杆泛光灯
⊞ 表示3×1000W组合立杆泛光灯
& 表示1×1800W泛光灯
—— 表示T5荧光灯
---- 表示 VV 电缆穿镀锌钢管
▮ 表示夜景照明配电箱

本工程采用三相五线制供电，统一由配电室控制。
大门口灯具均布置在绿化带内

• 手动分控——SM 置 M 挡位：L1 供电 L1M。分别按下各路 2KB→相应的分路控制继电器 KM 得电→相应 KM 各常开触点自保→L1M 供电给相应 W 回路，余同前。按下相应的 1SB 可关灭相应 W 回路。

• 位于 L1M 上 SM 附近的常闭触点 KA 为自动时，不能手动的"互锁措施"。

③ 注意事项

• 灯具要耐腐、绝缘良好，防水、防尘不低于 IP55，气体放电灯在灯具内功率补偿到不低于 0.85，安装时水平、垂直方向均灵活，可调范围大于 90°；

• 以 BV-500/VV-1kV 的单相三线/三相五线，采用 TN-S 系统，穿 SC 管供电。除超亮光带外均设 PE 线，所有设备外露可导电部分要良好接 PE 线，且注意三相平衡；

• 灯具、线管要防雷电波侵入，作好与层的防雷带良好焊接；

• 三遥系统安于配电箱上部，与下部强电部分应以良好接地的金属板隔开，以防干扰产生误动作。

第八章

防雷与接地工程设计

"接地"比"防雷"包容更多的内容与概念，但"防雷"的实施又离不开"接地"。鉴于彼此的联系和区别，归为一章分节叙述。

第一节　概述

一、防雷设计

由于智能大厦、智能小区的普及，由于计算机信息系统的广泛应用，也由于电视、电信为首的民用电子装置深入千家万户，"电子信息系统"的含义已极为广泛，所以防雷设计遵循的《建筑物防雷设计规范》GB50057—2010 的同时还要遵循《建筑物电子信息系统防雷技术措施》GB50343—2012。

1. 防雷电气工程图的种类

（1）**防直击雷的设备平面布置及保护范围图**

防直击雷的设备是避雷针、避雷带类，多针对发电厂、变电所、通信站及工业生产关键建筑物类有露天电气装置场所。按滚球法确定的保护范围多与平布图合一表达，有时还需作出竖向保护范围图予以配合。

（2）**防雷电波侵入的电气设备设置的系统电路图**

防雷电波侵入灾害的电气设备是避雷器，分为间隙式、阀式及防浪涌式。避雷器必须针对所保护的电路方能表示清楚，故此多与概略图、电路图合并表达。因其主要表示系统防雷，故称为电气装置防雷系统电路图。它多针对关键、要害、易受侵入雷伤害的敏感电子设备和系统。

（3）**建筑物防雷工程图**

建筑物防雷工程图为电气设计中最常用，见下述分析。

2. 各类建筑物的防雷要求

① 当第一类防雷建筑物的面积占建筑物总面积的 30% 及以上时，该建筑物确定为第一类防雷建筑物；

② 当第一类防雷建筑物的面积占总面积的 30% 及以下，且第二类防雷建筑物的面积占建筑物面积的 30% 以上时，或当这两类防雷建筑的面积均小于建筑物总面积的 30%，但面

积之和又大于 30％时，该建筑物确定为第二类防雷建筑物。但对第一类防雷建筑物的防雷电感应和防雷电波侵入，应采用第一类防雷建筑物的保护措施；

③ 当第一、二类防雷建筑物的面积之和小于建筑物总面积的 30％，且不可能遭直接雷击时，该建筑物可确定为第三类防雷建筑物。但对第一、二类防雷建筑物的防雷电感应和防雷电波侵入，应采取各自类别的防雷措施。当可能遭直接雷击时，应按各自类别采取防雷措施。

以上三类防雷建筑物的防雷措施可具体见《建筑物防雷设计规范》GB50057—2010 上的详细阐述。

防雷系统设计步骤见图 8-1。

二、接地设计

1. 接地设计的等级及相应措施

这也是一个涉及防雷、安全保护、系统正常工作、抗干扰、防静电等多项内容的广范围、严要求的工作，现行涉及的规范如下。

① 《建筑物电气装置》第 5-54 部分："接地配置、保护导体和保护联结导体" GB16895.3—2004；

② 《建筑物电气装置》第 707 节："数据处理设备用电气" GB 16895.19—2002；

③ 《电气装置安装工程　低压电器施工及验收规范》"接地装置施工及验收规范" GB 50254—2014；

④ 各通用和专项工程规范规程中的接地及防雷的相关章节。

2. 工程接地的种类

① 防雷接地　构成上述的防雷体系；

② 系统接地　电源系统的功能接地（如电源系统接地）。多指发电机组、电力变压器等中性点的接地，也称作系统工作接地。除 0.23/0.4kV 系统提供单相供电的中性线回路外，其主要目的为：

• 为大气或操作过电压提供对地泄放的回路——避免电气设备绝缘被击穿；

• 提供接地故障电流回路——当发生接地故障时，产生较大的接地故障电流迅速切断故障回路；

• 给中性点不接地系统提供故障信号——此系统当发生接地故障时，虽供电连续，但非故障相对地电压升高 1.73 倍，在中性点不接地的系统中，应该装置专门的接地保护或绝缘监察系统，在发生单相接地时，给予报警信号，以提醒值班人员注意及时处理。按我国规程规定：中性点不接地电力系统发生单相接地故障时，允许暂时运行 2h。运行维修人员应争取在 2h 以内查出接地故障，予以排除。

③ 保护接地　它是对电气装置平时不带电，故障时可能带电的外露导电部分起保护作用的接地。主要目的为：

• 降低预期接触电压；

• 提供工频或高频泄放回路；

• 为过电压保护装置提供电回路；

• 等电位联结。

另外尚有屏蔽接地、逻辑接地、防静电接地、功率接地等多种。

3. 建筑物的接地电阻值

① 仅用于高压电力设备的接地装置——接地电阻≤10Ω；对 10kV 不直接接地系统，其值应≤5Ω，即 50/10，10 为 10A；

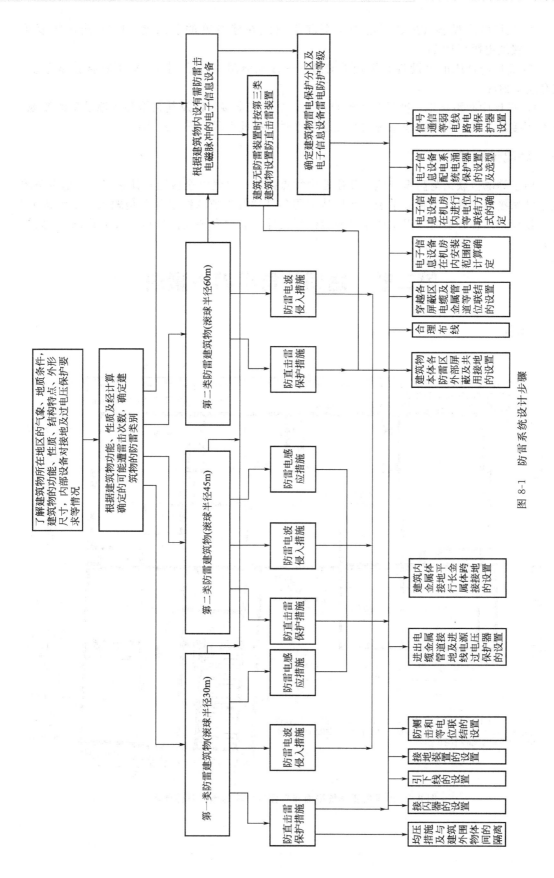

图 8-1 防雷系统设计步骤

② 低压电力设备 TN-C 系统中电缆和架空线在建筑物的引入处，PEN 线应重复接地——接地电阻≤10Ω；

③ 高压与低压电力设备共用接地装置——接地电阻≤4Ω；对 10kV 不直接接地系统，其值应≤2Ω；

④ 设计中防雷接地、变压器中性点接地、电气安全接地以及其它需要接地设备的接地，多共用接地装置。多种接地系统共用接地装置时，接地电阻取其中最小值。

三、等电位联结设计

由于等电位联结与防雷接地、变压器中性点接地、电气安全接地及其它需要接地设备的接地共用接地装置，无独立系统。所以从工程角度"等电位联结设计"是融入"工程接地"一起设计，只在必要时才提供属于"安装位置文件"的"安装简图"或"安装详图"（大样图）。

第二节　屋顶防雷平面布置图

一、实例

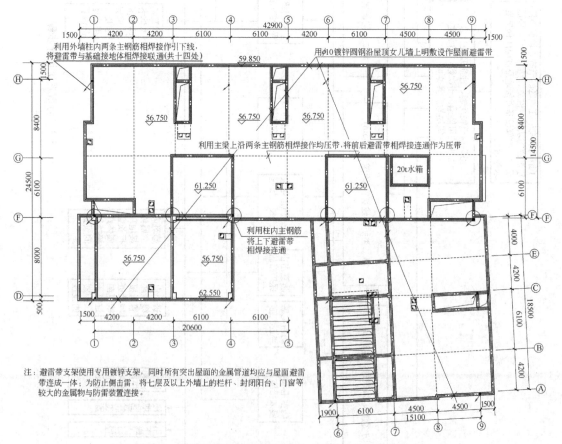

图 8-2　屋顶防雷系统平面布置图（图注为施工具体要求）

二、剖析

图 8-2 所示为一个按二类防雷建筑要求，利用建筑物内金属物构筑成法拉第防雷笼式体系，高层建筑不等高屋顶面的屋顶防雷系统接闪器的平面布置图，简称为屋顶防雷系统平面布置图。

1. 接闪器

① 沿屋顶女儿墙设置避雷带；

② 将不等高屋顶利用构造柱主筋彼此电气连通；

③ 利用主梁内主筋作均压带，形成二类防雷尺寸要求的 10m×10m 防雷屋面网格；

④ 将突出屋面的金属体与此系统连通，形成防雷等位体。

2. 引下线

① 共利用了 14 根位于屋架边沿及拐角处的外墙柱内主筋自下而上电气焊通；

② 按要求高度将圈梁与系统连通作均压带防侧击雷；

③ 高楼层建筑物外露建筑金属体与系统连通，共同构筑法拉第防雷笼网。

第三节 接地平面布置图

一、实例

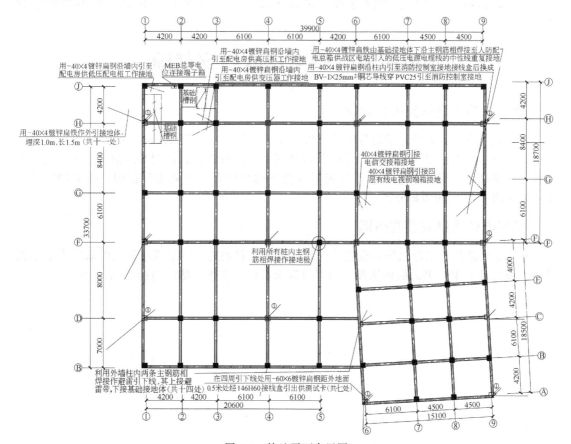

图 8-3 接地平面布置图

二、剖析

图 8-3 与图 8-2 配套的同一建筑的基础接地平面布置图，简称为接地平面布置图。

1. 引下线

由图 8-3，14 根焊通的构造柱主筋引入待泄放的雷电，在此泄放。

2. 接地体

① 利用所有桩内主筋焊接联通作接地极；
② 利用所标地梁主筋焊通作均压带构成接地网；
③ 利用外引埋地扁钢，以备外引接地体。

在四周引下线近地处设测阻卡，供测量此接地网的接地电阻。

3. 工作接地

用扁钢将变压器、高压柜、低压柜的基础槽钢及战区电站引入的低压电源电缆线的中性线接通上述接地系统。

4. 等电位接地

设总等电位联结端子箱 MEB 与其它各层分等电位联结端子箱 LEB 共同构成安全保护接地体系。

5. 弱电接地

以扁钢将消防、电信、闭路电视有关箱体接入此接地系统达到安全和屏蔽抗干扰作用。

第四节　等电位联结安装图

一、等电位系统联结安装剖面图

图 8-4 立剖面示出某高层的等电位、接地体系安装作法。建筑 D2 层内设总等电位联结端子板，每层竖井内设置楼层局部等电位联结端子板，各设备、设置及进出管线都与此等电位接地体系联结，屋顶以避雷针作接闪器（也可酌情以女儿墙避雷带接闪，略去避雷针）。图中还标出了 IEC 的防雷分区。

二、总等电位联结安装立体图

图 8-5 为某住宅工程总等电位联结安装立体图，它表达了该工程总等电位联结安装的具体做法及尺寸要求。更详细作法参见国家建筑标准设计图集《防雷与接地》15D500。

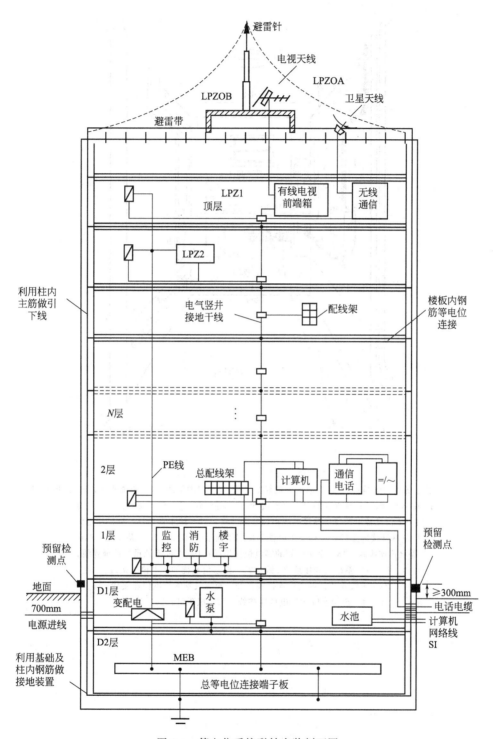

图 8-4 等电位系统联结安装剖面图

▱━配电箱；PE━保护接地线；SI━进出电缆金属护套接地；MEB━总等电位连接端子板；

⌐ ┐━楼层等电位联结端子板 LPZ（IEC 防雷分区）；OA━不在防雷体系防护范围；

OB━在防雷体系防护范围；1━雷电场经初步衰减的后续防雷区域；

2━雷电场经进一步衰减的后续防雷区域

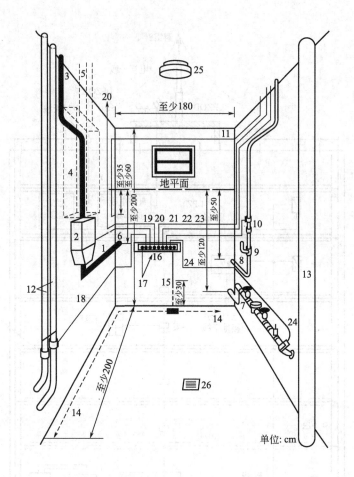

图 8-5　等电位连接安装立体图

1—引入住宅的电力电缆；2—住宅总电源进线配电箱；3—电源干线；4—电能表箱；5—配电回路；
6—防水导管；7—带水表的自来水连接管；8—煤气管；9—煤气总阀；10—绝缘段；
11—通信设备用的住房连接电线；12—暖气管；13—排水管；14—基础接地体；
15—基础接地连接线；16—等电位连接端子板（MEB）；17—至防雷引下线的
等电位连接线；18—至暖气管的等电位连接线；19—TN 系统重复接地连线；
20—TT 系统共同接地 PE 线；21—至通信系统的等电位连接线；
22—天线系统的等电位连接线；23—至煤气管的等电位连接线；
24—至给水管的等电位连接线；25—吸顶灯；26—地漏

第九章

消防监控工程设计

消防监控工程是建筑物、建筑群以及在其中生活、工作的人群对火灾这一重大灾害产生的尽早预知、及时扑灭、安全逃生的至为关键技术保障，故有如下设计要点。

① 必须严格遵循各项相关规程、规范，尤其是《建筑设计防火规范》、《民用建筑设计规范》及《火灾自动报警系统设计规范》。

② 根据建筑使用性质，火灾危险性及扩散、扑救程度，按规定确立消防等级，再根据此选定恰当的、达到要求的消防体系。

③ 火灾初期探测、感知灵敏及初始灭火的尽早与否，尤其取决火灾探测器、火灾手动报警按钮及消火栓配套的紧急按钮及电话。要慎重确定这三种设备的探测部位、数量、类型及布局。

④ 消防体系包括"报警控制、声光报警及紧急广播"、"联动控制"、"消防通讯"及"应急供电及照明"五个主要系统，必需齐备。

⑤ 消控中心（又称消防控制室）平时是监控中心，灾时是指挥中心，其位置、布置、设施的安装必须基于此两个中心的作用来考虑。

⑥ 线路敷设要保证做到：初警即可靠传达信息，灾害时能维持消防开展、确保联动部位的正常运作。

第一节　消防监控系统概略图

一、实例

消防监控、报警及联动系统概略图如图 9-1 所示。

二、剖析

这是一幢地下一层、地上八层带餐饮的综合服务楼，消防等级为二级的宿舍类建筑。图 9-1 是它的消防监控系统概略图，左部为报警系统，中部为控制、显示系统，右部为联动系统。

（1）核心设备

核心设备为产品配套设备，集中安放于一楼消控中心，共四台。

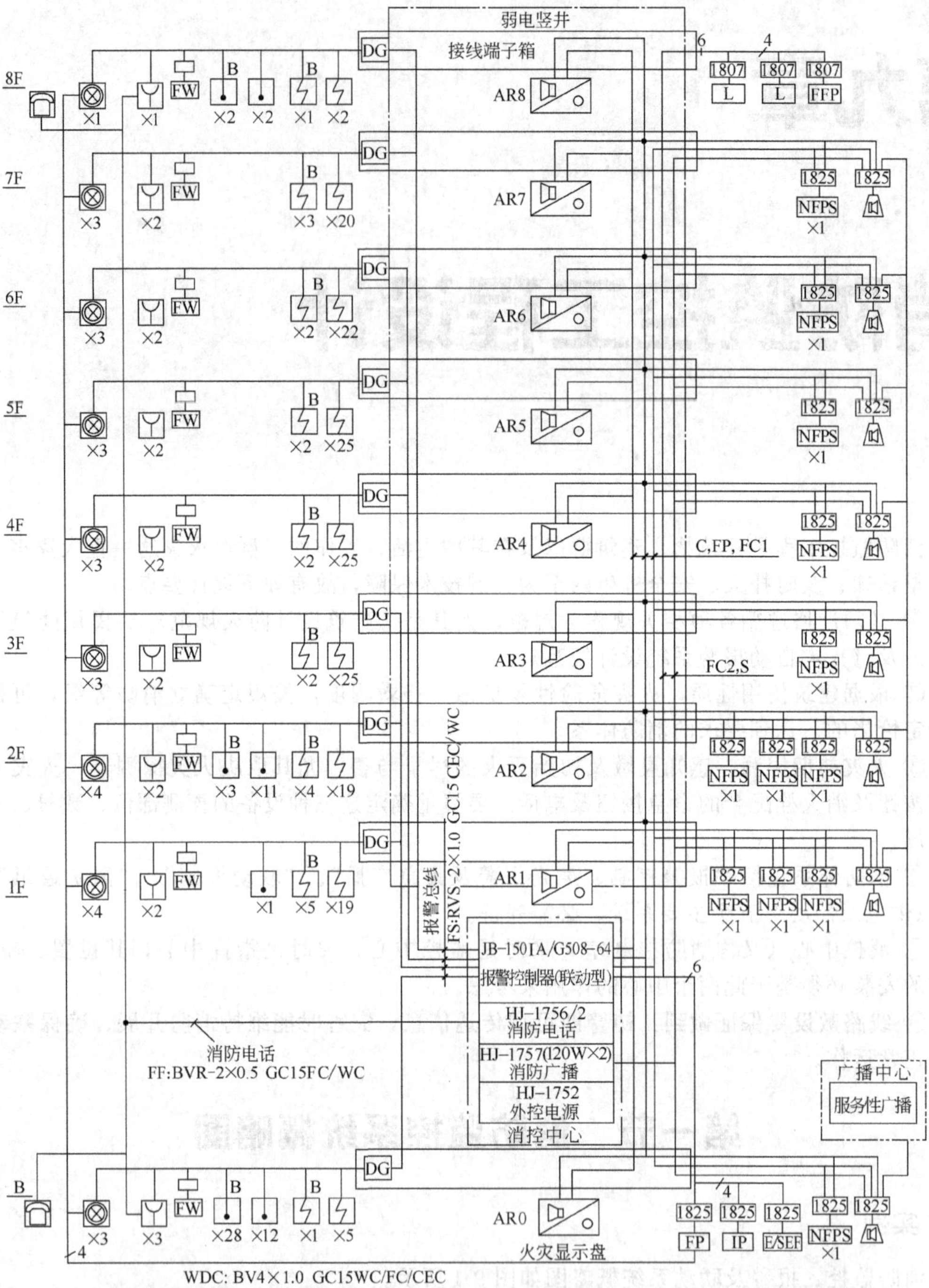

图 9-1 消防监控、报警及联动系统概略图

WDC：去直接起泵 RVS-2×1.0GC15WC/FC/CEC；FC1：联动控制总线 BV-2×1.0GC15WC/FC/CEC；

S：消防广播线 BV-2×1.5GC15WC/CEC；C：RS-485 通信总线 BV-2×4GC15WC/FC/CEC；

FC2：多线联动控制线 BV-2×1.5GC20WC/FC/CEC；FP：主机电源总线 24VDC

① 火灾报警与联动控制设备——JB1501A/G508-64 一台；

② 消防电话设备——HJ-1756/2 一台；

③ 消防广播设备——HJ-1757　120W×2 一台；

④ 外控电源设备——HJ-1752　一台。

（2）探测及报警设施

① 感烟探测器——每层均设，用得广泛；

② 感温探测器——仅在火灾时少烟，平时烟干扰，烟感易误/漏报的底层车库/一、二层厨房/八层空调机房使用；

③ 水流指示器——每层设有自动喷淋灭火系统，水流指示器为自动喷淋灭火系统动作的信号反馈器件；

④ 消火栓报警按钮——人工启用喷水枪灭火时，击碎装于消火栓箱内的报警按钮玻面，启动灭火栓泵同时，发出报警信息；

⑤ 火警按钮——防火分区内任何地方至此按钮不超过 30m，也"破玻"发信方式，且按钮板同设报警电话插孔；

⑥ 消防电话——地下层（设备层）、顶层（空调间）各安消防电话一部。

（3）报警及联动设备

① 火警显示盘——与接线端子箱安装在一起（在其前面）作声光报警；

② 消防广播——所有的广播喇叭均通过"强切控制模块 1825"以四线并接于服务性广播与火警广播间，平时作背景音响，火警时强切至火警广播；

③ 电源设备——火灾时系统通过"1825 总线制控制模块"关断自底层至七层的各层非消防电源（消防电源及紧急照明由应急电源系统供电）；

④ 垂直运输设备——火灾时通过"多线制控制模块 1807"，将非消防电梯返至底层并开门（消防电梯保持运行，供消防使用）；

⑤ 泵类设备——通过"1807 模块"启/停位于地下层的消防泵、喷淋泵及位于顶层的加压泵，保证消防用水；

⑥ 通风、排烟及空气处理——通过"1807"启/停地下层的排烟风机，通过"1825"启/停位于一层的新风机和空气处理机。

（4）连接线缆

竖向排布共七种线缆。

① FF——将消防电话及消防报警按钮侧的电话插孔与消防电话设备连通的二线制电话线；

② FS——分为底层、1～3 层、4～6 层、7～8 层四路，将各区探测器及按钮经过短路隔离器接到火灾显示盘后的接线端子箱，最终连到报警联动控制器的四组二线制总线。为节省部分探测器采用非编址型小底座共同使用同一区域的编址母底座的同一编码（图中带符号"B"），除了此混合编址外，其它设备均编有一一对应的地址码；

③ C 及 FP——为了对每层的火灾显示盘提供控制信号及声/光电源，以 RS-485 通讯总线 C 及主机电源总线 FP，将其与控制、联动设备相连；

④ FC1——二线型控制总线 FC1 将报警控制中心通过总线制模块"1825"与各编有地址码的总线制设备相连；

⑤ FC2——联动控制线 FC2 将报警控制中心与"多线制模块 1807"连接，再连到相应设备，FC2 的线对数（每对两根）随设备数递增；

⑥ S——前述消防广播线，二线组成；

⑦ WDC——将消火栓报警按钮不经消防控制中心，直接与消防泵相连的直接启泵线。

第二节　消防监控平面布置图

一、地下层

图 9-2 与图 9-1 同一工程的地下层消防监控平面布置图，地下层是车库兼设备层。

① 本层以位于 1/D-2/D 的车库管理室为中心，各探测器联成带分支的环状结构，探测器除两个楼梯间、配电间及车库管理间为感烟型外，均为感温型；

② 其人工报警有报警按钮、消防栓按钮及消防电话分别为三、三及一处。

③ 联动设备为五处：

- FP——图 9-2 位于 10/E 附近的消防泵；
- IP——图 9-2 位于 11/E 附近的喷淋泵；
- E/SEF——图 9-2 位于 1/D 附近的排烟风机；
- NFPS——图 9-2 位于 2/D 附近的非消防电源箱；
- 位于车库管理间的火灾显示盘及广播喇叭。

④ 上引线路共五处：

- 2/E 附近——图 9-2 上引 FS、FC1/2、FP、C、S；
- 2/D 附近——图 9-2 上引 WDC；
- 9/D 附近——图 9-2 上引 WDC；
- 10/E 附近——图 9-2 上引 FC2；
- 9/C 附近——图 9-2 上引 FF。

⑤ 图中文字符号前缀含义为：ST—感温探测器、SS—感烟探测器、SF—消防栓报警按钮、SB—火灾报警按钮；后缀为破折号后加数字，表示相连共用标有 B 的母底座编址的多个探测器序号。除标有 B 的母底座独立编址外，其余均为非编址的子底座。母/子底座共同组成混合编址。

二、一层

图 9-3 为图 9-1 同一工程的一层消防监控平面布置图，一层是含大堂、服务台、吧台、商务及接待在内的服务层。

① 自下向上引入线缆五处及本层的检测控制线以四路集中于位于 3/F-4/F-4/E-3/E 的消防及广播值班室，以此为中心形成树状放射结构。

② 本层引上线共五处：

- 在 2/D 附近——继续上引 WDC；
- 在 2/D 附近——新引 FF；
- 在 4/D 附近——新引 FS、FC1/2、FP、C、S；
- 9/D 附近——移位，继续上引 WDC；
- 9/C 附近——继续上引 FF。

③ 联动设备共四台：

- AHU——在 9/C 附近空气处理机一台；
- FAU——在 10/A 附近新风机一台；
- NFPS——在 10/D-C 附近非消防电源箱一个；
- 消防值班室的火灾显示盘及层楼广播。

④ 检测、报警设施为：

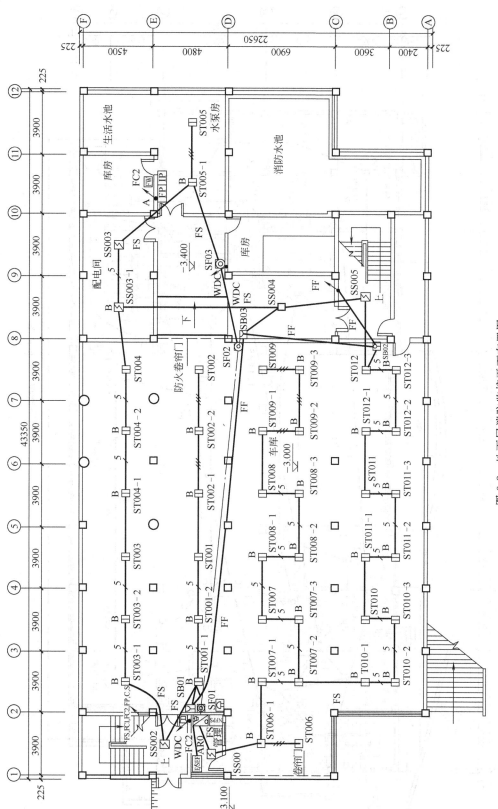

图 9-2 地下层消防监控平面布置图

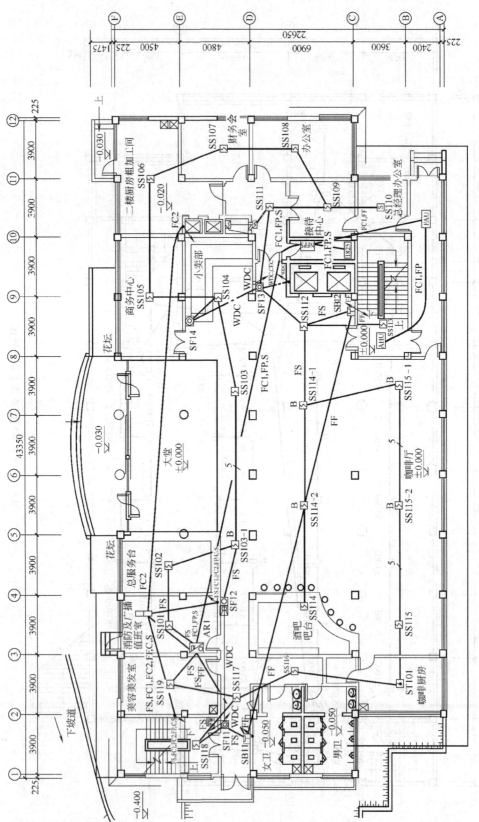

图9-3 一层消防监控平面布置图

- 探测器——除咖啡厅、厨房用感温型外均为感烟型；
- 消防栓按钮及手动报警按钮分别为 2 点及 4 点。

三、二层

图 9-4 与图 9-1 为同一工程的二层消防监控平面布置图，二层是以大、小餐厅及厨房为主的餐厨层。

① 自下向上引入的五条线中有两条 WDC 及两条 FF 为直接启泵及按钮报警信号的从下至上的贯通与本层的连接。主要的层间消防信号是集中于 4/D 轴附近引来的 FS、FC1/2、FD、C、S，并传输到 8/2-C 附近本层火灾显示盘后接线端子箱，并以此为中心。

② 本层上引线共五回：

- 2/D 附近——继续上引 WDC；
- 2/D 附近——继续上引 FF；
- 9/D 附近——继续上引 WDC；
- 9/C 附近——继续上引 FF；
- 8/2-C 附近——上引 FS、FC1/2、FD、C、S。

③ 联动设备共四台：

- 1/D 附近——新风机 FAU；
- 8/C-B 附近——空气处理机 AHU；
- 10/2-C 附近——非消防电源箱（层楼配电箱）NEPS；
- 8/2-C 附近——层楼火灾显示盘及楼层广播。

④ 检测、报警设施为：

- 层右部厨房部分——以感温探测为主，层左部餐厅部分以感烟探测为主，构成环状带分支结构；
- 消防按钮及手动报警按钮——布置在两个楼梯间经电梯间的公共内走道内，也分别为二点及四点。

四、三层

图 9-5 与图 9-1 为同一工程的三层消防监控平面布置图。三层除及电梯、服务间及电梯前厅外，均为前述标准式一室客房共 18 间。此布局代表建筑结构相同的以上各层，俗称标准层。

① 自二层引来的五回中，四回同二层一样不变的 WDC 及 FF，层间信号主传渠道为 8/3-C 附近引来的 FS、FC1/2、FD、C、S，传到 9/D-C 附近的楼层火灾显示盘后接线端子处形成中心。

② 本层上引线共四回，相比二层少掉 9/C 引线外，均相同。

③ 联动设备相比二层少 AHU 及 FAU，余相同。

④ 检测、报警设施：

- 各房间设一感烟探测器——北、南向及中间过道构成"日"字环形结构；
- 按钮同二层——为三点加二点。

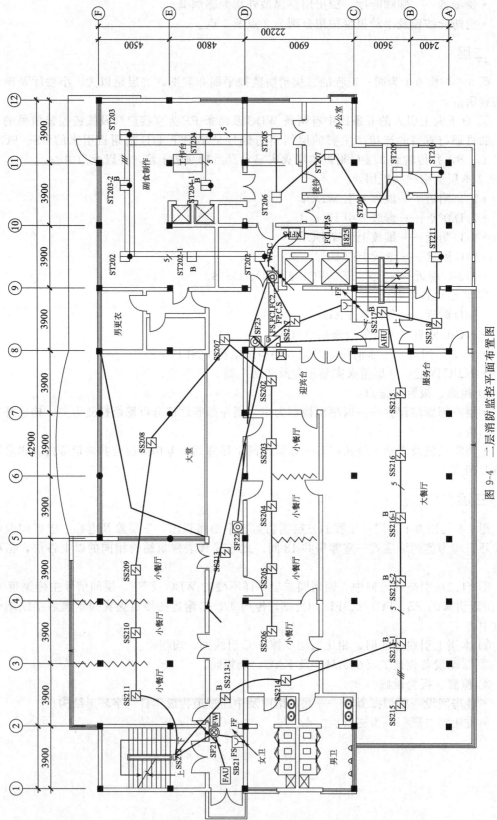

图 9-4 二层消防监控平面布置图

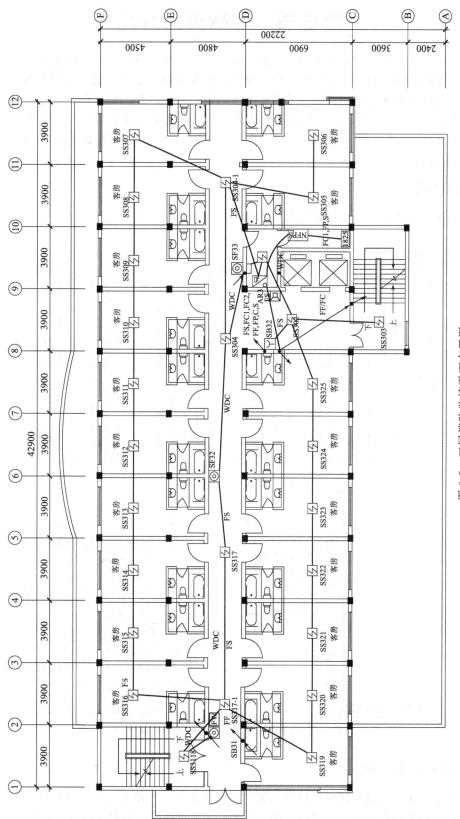

图 9-5 三层消防监控平面布置图

第三节　特殊灭火方式

　　以某工程人防地下室变配电房、高压配电房、发电机房的干粉灭火系统为示例，它为固定式燃气型超音速干粉灭火及相对应的火灾自动报警及联动系统。此工程保护等级为二级，报警区域按防火分区划分。设计时参照的规程规范有：民用建筑电气设计规范 JGJ 16、《建筑设计防火规范》GB 50016、《火灾自动报警系统设计规范》GB50116、《固定式燃气型干粉灭火装置系统设计、施工验收规范》DB45/T385、《火灾自动报警系统施工及验收规范》GB50166。

一、系统概略图

　　超音速干粉灭火装置控制系统概略图如图 9-6 所示。

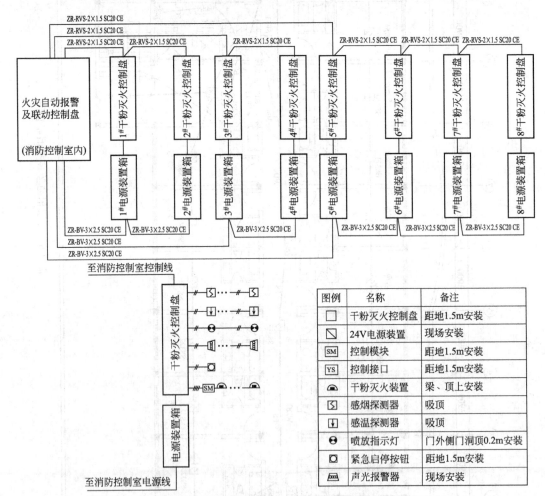

图 9-6　超音速干粉灭火装置控制系统概略图

二、系统动作程序图

　　在喷射灭火剂前须关闭配电房内的影响灭火效果的空调通风设施、门窗等。在任何情况下应能从防护区内打开疏散通道门。图 9-7 所示系统消防联动控制包括以下内容。

① 自动工况——当火灾确认后，自动启动灭火程序，防护区内的声光报警器发出声光报警信号，提醒防护区内的所有人员在 30s 内撤离防护区。系统延时 30s 后启动干粉灭火系统实施灭火。

② 手动工况——火灾确认及工作人员无法用别的方法灭火时，直接在控制器操作面板按下启动按钮启动灭火程序。防护区内的声光报警器发出声光报警信号，提醒现场工作人员撤离防护区。系统延时 30s 后启动干粉灭火系统实施灭火。

③ 喷射灭火剂的同时——防护区门口上方的喷放指示灯点亮，提醒工作人员防护区内部正在喷射干粉灭火。

④ 在防护区门口外——设置一个手动紧急启动/停止按钮，用于启动灭火系统或当已经启动，但发现不必启动灭火系统时按下停止按钮终止启动程序。

⑤ 消防控制室——能控制系统的启/停和显示系统的工作状态。

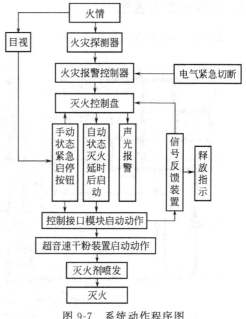

图 9-7 系统动作程序图

三、系统电缆路由图

如图 9-8 所示该系统采用公用接地方式，接地良好，电阻值不应大于规定值。灭火系统中不带电的设备金属外壳应接地保护，并与接地干线连接。

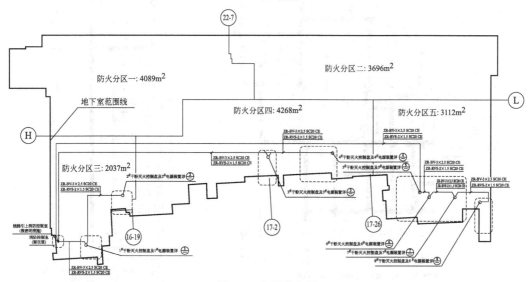

图 9-8 电缆路由图

报警信号线用阻燃铜芯双绞线 ZR-RVS 2×1.0。灭火装置启动线选用 ZR-BVR-1.0。所有的管线明敷，金属电线管加防火措施。其余线路详见有关图纸。

四、系统平面布置图

系统平面布置图如图9-9所示。

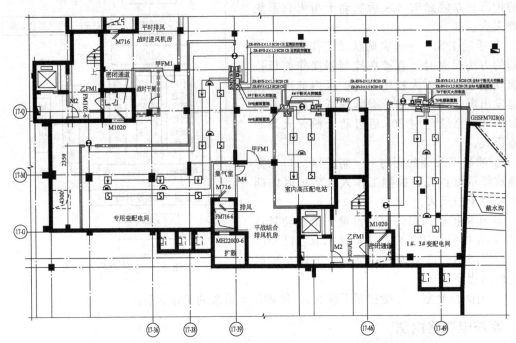

(a) 1#、3#变配电间/专用变配电间/室内高压配电站干粉灭火设备布置图

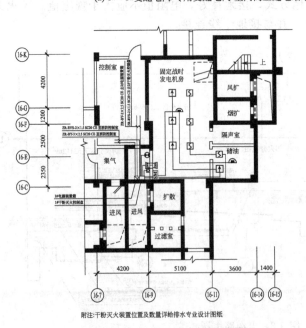

(b) 固定战时发电机房干粉灭火设备平面布置图

(c) 发电机房干粉灭火设备平面布置图

图9-9 系统平面布置图

第十章

安全技术防范工程设计

第一节 概述

小区安全技术防范系统应由周界报警系统、视频安防监控系统、出入口控制系统、入侵报警系统、电子巡更系统、实体防护装置以及小区监控中心组成。其中出入口控制系统由楼宇（可视）对讲系统和识读式门禁控制系统组成。

一、基本要求

① 安全技术防范系统应与小区的建设综合设计、同步施工、独立验收，同时交付使用。

② 小区安全技术防范工程程序应符合 GA/T75 的规定，安全防范系统的设计原则、设计要素、系统传输与布线以及供电、防雷与接地设计应符合 GB50348 第 3 章的相关规定。

③ 安全技术防范系统中使用的设备和产品，应符合国家法律法规、现行强制性标准和安全防范管理的要求，并经安全认证、生产登记批准或型式检验合格。

④ 小区安全技术防范系统的设计宜同当地市监控报警联网系统的建设相协调、配套，作为社会监控报警接入资源时，其网络接口、性能要求应符合 GA/T 669.1 等相关标准要求。

⑤ 各系统的设置、运行、故障等信息的保存时间应不小于 30 天。

⑥ 小区技防设施基本配置应符合表 10-1 的规定。

表 10-1　住宅小区安全技术防范系统基本配置

序号	项目	设施	安装区域或覆盖范围	配置要求
1	周界报警系统	入侵探测装置	小区周界（包括围墙、栅栏、与外界相通的河道等）	强制
2			不设门卫岗亭的出入口	强制
3			与住宅相连，且高度在 6m 以下（含 6m），用于商铺、会所等功能的建筑物（包括裙房）顶层平台	强制
4			与外界相通用于商铺、会所等功能的建筑物（包括裙房），其与小区相通的窗户	推荐
5		控制、记录、显示装置	监控中心	强制

续表

序号	项目	设施		安装区域或覆盖范围	配置要求
6	视频安防监控系统	彩色摄像机		小区周界	推荐
7				小区出入口[含与外界相通用于商铺、会所等功能的建筑物（包括裙房），其与小区相通的出入口]	强制
8				地下停车库出入口（含与小区地面、住宅楼相通的人行出入口）、地下机动车停车库内主要通道	强制
9				地面机动车集中停放区	强制
10				别墅区域机动车主要道路交叉路口	强制
11				小区主要通道	推荐
12				小区商铺、会所与外界相通的出入口	推荐
13				住宅楼出入口[4户住宅（含）以下除外]	强制
14				电梯轿厢[2户住宅（含）以下或电梯直接进户的除外]	强制
15				公共租赁房各层楼梯出入口、电梯厅或公共楼道	强制
16				监控中心	强制
17		控制、记录、显示装置		监控中心	强制
18	出入口控制系统	楼宇（可视）对讲系统	管理副机	小区出入口	强制
19			对讲分机	每户住宅	强制
20				多层别墅、复合式住宅的每层楼面	强制
21				监控中心	推荐
22			对讲主机	住宅楼栋出入口	强制
23				地下停车库与住宅楼相通的出入口	推荐
24			管理主机	监控中心	强制
25		识读式门禁控制系统	出入口凭证检验和控制装置	小区出入口	推荐
26				地下停车库与住宅楼相通的出入口	强制
27				住宅楼出入口、电梯	推荐
28				监控中心	强制
29			控制、记录、装置	监控中心	强制
30	室内报警系统	入侵探测器		装修房的每户住宅（含复合式住宅的每层楼面）	强制
31				毛坯房一、二层住宅，顶层住宅（含复合式住宅每层楼面）	强制
32				别墅住宅每层楼面（含与住宅相通的私家停车库）	强制
33				裙房顶层平台起一、二层住宅	强制
34				水泵房和房屋水箱部位出入口、配电间	强制
35				小区物业办公场所，小区会所、商铺	推荐

续表

序号	项目	设施	安装区域或覆盖范围	配置要求
36	室内报警系统	紧急报警(求助)装置	住户客厅、卧室及未明确用途的房间	强制
37			卫生间	推荐
38			小区物业办公场所,小区会所、商铺	推荐
39			监控中心	推荐
40		控制、记录、显示装置	安装入侵探测器的住宅	强制
41			多层别墅、复合式住宅的每层楼面	强制
42			小区物业办公场所,小区会所、商铺	推荐
43			监控中心	强制
44	电子巡更系统	电子巡更钮	小区周界,住宅楼周围,地下停车库,地面机动车集中停放区,水箱(池),水泵房、配电间等重要设备机房区域	强制
45		控制、记录、显示装置	监控中心	强制
46	实体防护装置	电控防盗门	住宅楼栋出入口(别墅住宅除外)	强制
47		内置式防护栅栏	与小区外界相通的商铺、会所(包括裙房)等,其与小区或住宅楼栋内相通的一、二层窗户	强制
48			住宅楼栋内一、二层公共区域与小区相通的窗户	强制
49			与小区相通的监控中心窗户	推荐
50			与小区外界相通的监控中心窗户	强制

二、系统的要求

1. 周界报警系统的要求

① 系统的前端应选用不易受气候、环境影响,误报率较低的入侵探测装置。

② 当系统的前端选用无物理阻挡作用的入侵探测装置时,应安装摄像机,通过视频监控与报警的联动,对入侵行为进行图像确认、复核。系统的联动、图像确认、复核、记录等应符合 DB31/294《住宅小区安全技术防范系统要求》5.3"视频安防监控系统要求"的相关规定。

③ 系统的防区应无盲区和死角,且应 24h 设防。

④ 系统的防区划分,应有利于报警时准确定位。各防区的距离应按产品技术要求设置,且最大距离应不大于 70m。

⑤ 实体墙、栅栏围墙、与住宅相连的裙房顶层平台,宜在墙或裙房外沿顶端安装入侵探测装置。

⑥ 张力式电子围栏入侵探测装置的系统报警响应时间应≤5s,其它类型入侵探测装置的报警响应时间应不大于 2s。

⑦ 系统报警时,小区监控中心应有声光报警信号。周界报警系统报警主机应符合 DB31/294《住宅小区安全技术防范系统要求》5.5.10"小区监控中心报警主机应符合要求",并应在模拟显示屏或电子地图上准确标识报警的周界区域。

⑧ 周界报警系统可与室内报警系统共用报警主机。

⑨ 系统的其他要求应符合 GB50394 的规定。

2. 视频安防监控系统的要求

① 摄像机安装基本要求：

• 出入口、通道应安装固定焦距摄像机；

• 监控区域应无盲区，并应避免或减少图像出现逆光现象；

• 固定摄像机的安装指向与监控目标形成的垂直夹角宜≤30°，与监控目标形成的水平夹角宜≤45°；

• 摄像机工作时，监控范围内的平均照度应≥50lx，必要时应设置与摄像机指向一致的辅助照明光源；

• 摄像机应采用稳定、牢固的安装支架，安装位置应不易受外界干扰、损伤，且应不影响现场设备运行和人员正常活动；

• 带有云台、变焦镜头控制的摄像机，在停止云台、变焦操作 2min±0.5min 后，应自动恢复至预置设定状态；

• 室外摄像机应采取有效防雷击保护措施。

② 小区出入口摄像机的安装应符合以下要求：

• 摄像机朝向应一致向外；

• 人行道、机动车行道应分别安装摄像机；

• 每条机动车行道应至少安装一台摄像机。

③ 同一建筑物所有与外界相通的出入口（含楼梯出入口）、建筑物内同一个层面所有通（楼）道，摄像机的安装朝向应一致。

④ 设于小区内的地下停车库机动车辆出入口摄像机朝向应一致向内。

⑤ 电梯轿厢的摄像机应安装在电梯轿厢门体上方一侧的顶部或操作面板上方，且应配置楼层显示器。

⑥ 视频监控图像 24h 内均应符合以下要求：

• 小区周界的视频图像应清晰显示人员的体貌行为特征；

• 小区出入口进出人员的面部有效画面宜≥显示画面的 1/60，并应清晰地显示进出人员面部特征和/或机动车牌号；

• 设于小区内的地下停车库车辆出入口，应清晰地显示进出的机动车牌号和走进（出）人员的体貌行为特征；

• 地下停车库与小区地面及住宅楼相通的人行出入口、地下非机动车停车库与地面相通的出入口、住宅楼出入口，以及小区商铺、会所与外界相通的出入口，应清晰地显示进出人员面部特征；

• 地面机动车集中停放区、地下机动车停车库主要通道、别墅区域机动车主要道路交叉路口、小区主要通道，应清晰显示过往人员的体貌行为特征和机动车的行驶情况；

• 公共租赁房各层楼梯出入口、电梯厅或公共楼道，应清晰地显示过往人员的体貌行为特征。

⑦ 摄像机在标准照度下，视频安防监控系统图像质量主观评价 4、5 级以上，系统显示水平分辨力宜≥350 TVL。

⑧ 系统所有功能的控制响应时间、图像信号的传输时间不应有明显时延。

⑨ 具备视频监控与报警联动的系统，当报警控制器发出报警信号时，监控中心的图像显示设备应能联动切换出与报警区域相关的视频图像，并全屏显示。其联动响应时间应不大于 2s。

⑩ 视频图像应有日期、时间、监视画面位置等的字符叠加显示功能，字符叠加应不影响对图像的监视和记录回放效果。字符时间与标准时间的误差应在±30s 以内。

⑪ 系统具有 16 路以上的视频图像在单屏多画面显示的同时，应按不小于摄像机总数

1/16（含）的比例另配图像显示设备，对其中重点图像（例如出入口）进行固定监视或切换监视。操作员与屏幕之间的距离宜为监视设备屏幕对角线尺寸的 3～6 倍。

⑫ 应配置数字录像设备，对系统所有摄像机摄取的图像进行 24h 记录。数字录像机设备应符合 GB 20815-2006 标准中Ⅱ、Ⅲ类 A 级机的要求，图像信息保存时间和回放应同时符合以下要求：

• 以 2frame/s 帧速记录的图像保存时间应≥30d；
• 图像记录应在本机播放，或通过其它通用设备在本地进行联机播放。

⑬ 系统由多台数字录像设备组成并同时运行时，在确保图像不丢失的前提下，宜配置统一时钟源对所有数字录像设备进行时钟同步。

⑭ 系统宜采用智能化视频分析处理技术，具有虚拟警戒、目标检测、行为分析、视频远程诊断、快速图像检索等功能。

⑮ 系统终端宜留有上传图像信息的标准接口，并公开通信协议。

⑯ 系统其他要求应符合 GB50395 的规定。

3. 出入口控制系统的要求

（1）楼宇（可视）对讲系统要求

① 小区出入口的管理副机应能正确选呼小区内各住户分机，并应听到回铃声。

② 楼栋出入口和地下机动车、非机动车车库与住宅楼相通的出入口的对讲主机应能正确选呼该楼栋内任一住户分机，并应听到回铃声。

③ 别墅住宅应选用楼寓可视对讲系统。且当别墅住宅内有多个对讲分机时，至少应有 1 个具备可视对讲功能。

④ 其他住宅宜选用楼寓可视对讲系统。

⑤ 楼寓（可视）对讲系统的通话语音应清晰，图像能分辨出访客的面部特征，开锁功能应正常，提示信息应可靠、及时、准确。

⑥ 楼寓可视对讲系统的对讲分机宜具有访客图像的记录、回放功能，图像记录存储设备的容量宜≥4G。

⑦ 住宅楼单元门的电控防盗门，应以钥匙或识读式感应卡和通过住户分机遥控等方式开启。不应以楼栋口对讲主机数字密码按键方式开启电控防盗门。

⑧ 管理主机应能与小区出入口的管理副机、楼栋口的对讲主机及住户对讲分机之间进行双向选呼和通话。

⑨ 每台管理主机管控的住户数应≤500，以避免音（视）频信号堵塞。

⑩ 管理主机应有访客信息（访客呼叫、住户应答等）的记录和查询功能，以及异常信息（系统停电、门锁故障时间、单元电控防盗门开启状态的持续时间≥120s 等）的声光显示、记录和查询功能。信息内容应包括各类事件日期、时间、楼栋门牌号等。

（2）识读式出入口控制系统要求

① 识读式出入口控制系统应根据小区安全防范管理的需要，按不同的通行对象及其准入级别进行控制与管理，对人员逃生疏散口的识别控制应符合 GB50396-2007 第 9.0.1 条第 2 款的相关规定。

② 出入口控制器应设置在受控门以内。

③ 小区出入口、地下机动车停车库出入口宜安装防冲撞道闸，并应有清晰的警示标志。道闸应有防止由于误操作造成伤人、砸车等事故发生的安全措施。

④ 系统其它要求应符合 GA/T72、GA/T678、GB50396 的规定。

4. 室内报警系统的要求

① 入侵探测器的选用和安装应确保对非法入侵行为及时发出报警响应，探测范围应有

效覆盖住宅与外界相通的门、窗等区域，但同时应避免或减少因室内人员正常活动而引起误报的情况发生。

② 报警防区的设置应符合以下要求：

- 每户的每个卧室、客厅（起居室）、书房等区域应分别独立设置报警防区；
- 与别墅住宅相通的私家车库应独立设置报警防区；
- 住宅内相邻且同一层面的厨房、卫生间等可共用一个报警防区；
- 紧急报警（求助）装置可共用一个报警防区，但串接数≤4个；
- 水泵房和房屋水箱部位出入口、配电间、电信机房、燃气设备房等重要机房应分别独立设置报警防区；
- 防盗报警控制器的防区数应满足防区设置的需要；
- 防盗报警控制器、操作键盘应设置在防区内。

③ 住宅内入侵探测器报警信号可采用有线或无线方式传输。

④ 紧急报警信号应采用有线方式传输。

⑤ 住宅与监控中心的报警联网信号应采用专线方式传输。

⑥ 住宅内防盗报警控制器应能通过操作键盘按时间、部位任意设防和撤防；紧急报警防区应设置为不可撤防模式；无线入侵探测器应有欠压报警指示功能。

⑦ 防盗报警控制器操作键盘宜安装在便于操作的部位。在满足基本配置要求的前提下，可以根据需要增加防盗报警控制器操作键盘，并统一控制所有防区，或分别控制不同防区。

⑧ 当住宅内选用含有楼寓（可视）对讲设备的报警控制器操作键盘时，其报警部分应符合 GB 12663 的要求，楼寓（可视）对讲部分应符合 GA/T 72 的要求。设备和系统传输网络均应采用防止信号干扰影响的物理隔离措施。

⑨ 以毛坯房交付的住宅，除一、二层及顶层住宅外，其它住宅应预留与监控中心报警联网的信号接口。

⑩ 小区监控中心报警主机应符合以下要求：

- 应有显示（声光报警）、存储、统计、查询、屏蔽（旁路）、巡检和打印输出各相关前端防盗报警控制器发来的信息的功能，信息应包括周界防区、各住户和相关用户的名称、部位、报警类型（入侵报警、求助、故障、欠压等）、工作状态（布防、撤防、屏蔽、自检等）所发生的日期与时间；
- 应具备支持多路报警接入、处理多处或多种类型报警的功能；
- 应有密码操作保护和用户分级管理功能；
- 应配置满足系统连续工作≥8h 的备用电源；
- 无线和总线制入侵报警系统报警响应时间应≤2s，电话线报警响应时间应≤20s；
- 应留有与属地区域安全防范报警网络的联网接口。

⑪ 系统其他要求应符合 GB/50394 的规定。

5. 电子巡查系统的要求

① 电子巡查系统设置应符合以下要求：

- 在小区的重要部位及巡查路线上设置巡查点，巡查钮或读卡器设置应牢固；
- 巡查路线、时间应根据需要进行设定和修改；
- 能通过电脑查阅、打印各巡查人员的到位时间，具有对巡查时间、地点、人员和顺序等数据的显示、归档、查询和打印等功能；
- 具有巡查违规记录提示。

② 采集器数量配置数应≥2。

③ 采用在线式巡查系统，应对保安人员进行实时监督、记录。

④ 当发生漏巡查或未按规定时限巡查时，系统终端应有报警功能。

⑤ 系统其他要求应符合 GA/T644 的规定。

6. 监控中心的要求

① 监控中心宜独立设置，面积宜$\geqslant 20m^2$。

② 监控中心设在门卫值班室内的设施，应设有防盗安全门与门卫值班室相隔离。

③ 监控中心应配备有线、无线通信联络设备和消防设备。

④ 监控中心的入侵报警系统、视频安防监控系统、出入口控制系统的终端接口及通信协议应符合国家现行有关标准规定，可与上一级管理系统进行更高一级的集成。

⑤ 监控中心室内宜设置空调设施，且应具有良好的照明和通风环境。温度宜为 17～27℃，相对湿度宜为 30％～65％，照明应$\geqslant 200lx$。

⑥ 监控中心设备布置应符合以下要求：

• 各设备在机房内的布置应符合"强弱电分排布放、系统设备各自集中、同类型机架集中"的原则；

• 机柜（架）设备排列与安放应便于维护和操作，各系统的设计装机容量应留有适当的扩展冗余，机柜（架）排列和间距应符合 GB50348-2004 中 3.13.10、3.13.11 的相关规定，且安装的设备具有良好的通风散热措施。

⑦ 机房布线应符合以下要求：

• 便于各类管线的引入；

• 管线宜敷设在吊顶内、地板下或墙内，并应采用金属管、槽防护；

• 监控中心设置在地下室时，管线引入时应做防水处理；

• 金属护套电缆引入监控中心前，应先作接地处理后引入；

• 监控中心的线缆应系统配线整齐，线端应压接线号标识；

• 机房内宜设置接地汇流环或汇集排，接地汇流环或汇集排应采用铜质线，其截面积应$\geqslant 35mm^2$。

⑧ 监控中心其他要求应符合 GB50348-2004 的规定。

7. 系统管网和配线设备的要求

① 系统管槽、线缆敷设和设备安装，应符合 GB50303 中的相关规定。

② 由安防中继箱/中继间至各住宅安防控制箱的管线，多层建筑宜采用暗管敷设，高层建筑宜采用竖向缆线明装在弱电井内、水平缆线暗管敷设相结合的方式。

③ 中继箱/中继间应便于维修操作并有防撬的实体防护装置。

8. 防雷与接地

① 安装于建筑物外的技防设施应按 GB50057 的要求设置避雷保护装置。

② 安装于建筑物内的技防设施，其防雷应采用等电位连接与共用接地系统的原则，并应符合 GB50343 的要求。

③ 安全技术防范系统的电源线、信号线经过不同防雷区的界面处，宜安装电涌保护器，电涌保护器接地端和防雷接地装置应做等电位连接，等电位连接应采用铜质线，其截面积应$\geqslant 16mm^2$。

④ 监控中心的接地宜采用联合接地方式，其接地电阻参见第一章第五节二相应部分。

9. 实体防护的装置

① 小区设有周界实体防护设施的，应沿小区周界封闭设置。周界实体离地高度应$\geqslant 2000mm$，上沿宜平直。其建筑结构设计应为入侵探测装置安装达到规定要求提供必要条件。

② 实体墙应采用钢筋混凝土或砖石构筑；栅栏围墙应采用单根直径$\geqslant 20mm$、壁厚$\geqslant$

2mm 的钢管（或单根直径≥16mm 的钢棒、单根横截面≥8mm×20mm 的钢板）组合制作。竖杆间距应≤150mm，栅栏 1000mm 以下不应有横撑等可助攀爬的物饰。

③ 电控防盗门应符合 GA/T 72 及安全管理的相关规定。

④ 内置式防护栅栏应采用单根直径≥15mm、壁厚≥2mm 的钢管（或单根直径≥12mm 的钢棒、单根横截面≥6mm×16mm 的钢板）组合制作。单个栅栏空间最大面积应≤600mm×100mm。

三、布线设计的要求

1. 一般规定

① 同轴电缆宜采取穿管暗敷或线槽的敷设方式。当线路附近有强电磁场干扰时，电缆应在金属管内穿过，并埋入地下。

② 路由应短捷、安全可靠、施工维护方便。

2. 线缆敷设的要求

① 室内

• 无机械损伤的线缆、改扩建工程使用的线缆，可采用沿墙明敷。新建的建筑物内、要求管线隐蔽的线缆，应采用暗管敷设。

• 易受外部损伤，在线路路由上其他管线和障碍物较多、不宜明敷的线路，易受电磁干扰或易燃易爆等危险场所，可采用明管配线。

• 电缆和电力线平行或交叉敷设时，间距不得小于 0.3m；电力线与信号线交叉敷设时，宜成直角。

• 采用综合布线传输安全防范系统的线缆敷设，应符合现行国家标准《综合布线系统工程设计规范》GB50311—2006 的规定。

② 敷设多芯电缆的最小弯曲半径，应大于其外径的 6 倍；敷设同轴电缆的最小弯曲半径应大于其外径的 15 倍。

③ 敷设面利用率，线缆槽不应大于 60%；线缆管不应大于 40%。

④ 电缆沿支架或在线槽内敷设时应在下列各处牢固固定：

• 电缆垂直排列或倾斜坡超过 45°时的每一个支架上；电缆水平排列或倾斜坡度不超过 45°时，在每隔 1～2 各支架上；

• 在引入接线盒及分线箱前 150～300mm 处。

⑤ 明敷的信号线路与具强磁（电）场的电气设备之间净距宜大于 1.5m；当采用屏蔽线缆或穿金属保护管或在金属封闭线槽内敷设时，宜大于 0.8m。

⑥ 导线在管内或线槽内不应有接头和扭结，导线的接头应在接线盒内焊接或用端子连接。

3. 光缆敷设的要求

① 敷设光缆前，应对光纤进行检查。光纤应无断点，其衰耗值应符合设计要求。核对光缆长度，并应根据施工图的敷设长度来选配光缆。配盘时应使接头避开河沟、交通要道和其他障碍物。架空光缆的接头应设在杆旁 1m 以内。

② 敷设光缆时，其最小弯曲半径应大于光缆外径的 20 倍。光缆的牵引端头应做好技术处理，可采用自动控制牵引力的牵引机进行牵引。牵引力应加在加强芯上，其牵引力不应超过 150kg；牵引速度宜为 10m/min；一次牵引的直线长度不宜超过 1km，光纤接头的预留长度不应小于 8m。

③ 管道敷设光缆时，无接头的光缆在直道上敷设时应有人工逐个入孔同步牵引；预先做好接头的光缆，其接头部分不得在管道内穿行。光缆端头应用塑料胶带包扎好，并盘圈放

置在托架高处。

④ 在光缆的接续点和终端应做永久性标志。

4. 传输方式的选择

取决于系统规模、系统功能、现场环境和管理工作的要求。一般采用有线传输为主、无线传输可采用专线传输、公共电话网、公共数据网传输等多种模式。选用的传输方式应保证信号传输的稳定、准确、安全、可靠，且便于布线、施工、检验和维修。

① 可靠性要求高或布线便利的系统，应优先选用有线传输方式，最好是选用专线传输方式；

② 布线困难的地方可考虑采用无线传输方式，但要选择抗干扰能力强的设备；

③ 报警网的主干线（特别是借用公共电话网构成的区域报警网），宜采用有线传输为主、无线传输为辅的双重报警传输方式，并配以必要的有线/无线转接装置。

5. 传输部件的要求

（1）视频电缆传输方式

① 位置宜加电缆均衡器：黑白电视基带信号在 5MHz 时的不平坦度不小于 3dB；彩色电视基带信号在 5.5MHz 时的不平坦度不小于 3dB 处。

② 位置宜加电缆放大器：黑白电视基带信号在 5MHz 时的不平坦度不小于 6dB 处；彩色电视基带信号在 5.5MHz 时的不平坦度不小于 6dB 处。

（2）射频电缆传输方式

① 摄像机在传输干线某处相对集中时，宜采用混合器来收集信号；

② 摄像机分散在传输干线的沿途时，宜选用定向耦合器来收集信号；

③ 控制信号传输距离较远，到达终端已不能满足接受电平要求时，宜考虑中途加装再生中继器。

（3）无线图像传输方式

① 监控距离在 10km 范围时，可采用高频开路传输；

② 监控距离较远且监视点在某一区域较集中时，应采用微波传输方式；

③ 需要传输距离更远或中间有阻挡物时，可考虑微波中继；

④ 无线传输频率应符合国家无线电管理的规定，发射功率应不干扰广播和民用电视，调制方式宜采用调频制；

⑤ 光端机、解码箱或其他光部件在室外使用时，应具有良好的密封防水结构。

6. 传输电缆的要求

① 传输线缆的衰减、弯曲、屏蔽、防潮等性能应满足系统设计总要求，并符合相应产品标准的技术要求。在满足上述要求的前提下，宜选用线径较细、容易施工的线缆。

② 报警信号传输线的耐压应不低于 AC250V，应有足够的机械强度；铜芯绝缘导线、电缆芯线的最小截面积应满足下列要求：

• 穿管敷设的绝缘导线，线芯最小截面积不应小于 $1.00mm^2$；

• 线槽内敷设的绝缘导线，线芯最小截面积不应小于 $0.75mm^2$；

• 多芯电缆的线芯最小截面积不应小于 $0.50mm^2$。

③ 视频信号传输电缆应满足下列要求：

• 应根据图像信号采用基带传输或射频传输，确定选用视频电缆或射频电缆；

• 所选用电缆的防护层应适合电缆敷设方式及使用环境的要求（如气候环境、是否存在有害物质、干扰源等）；

• 距离不超过 300m 时，宜选用外道外导体内径为 5mm 的同轴电缆，且采用防火的聚氯乙烯外套；

- 终端机房设备间的连接线距离较短时，宜选用外导体内径为 3mm 或 5mm，且具有密编铜网外导体的同轴电缆；
- 电梯轿厢的视频同轴电缆应选用电梯专用电缆；
- 同轴电缆的最大传输距离：75-5/7/9 分别对应为 300/500/800m；
- 网络型视频信号、联网信号等传输选用双绞线，传输距离及线缆选型参照综合布线系统标准要求。

④ 光缆应满足下列要求：

- 光缆的传输模式，可依传输距离而定。长距离时宜采用单模光纤，距离较短时宜采用多模光纤；
- 光缆芯线数目，应根据监视点的数量、监视点的分布情况来确定，并注意留有一定的余量；
- 光缆的结构及允许的最小弯曲半径、最大抗拉力等机械参数，应满足施工条件的要求；
- 光缆的保护层，应适合光缆的敷设方式及使用环境的要求。

7. 传输线缆的抗干扰设计

① 电力系统与信号传输系统的线路应分开敷设；

② 信号电缆的屏蔽性能、敷设方式、接头工艺、接地要求等应符合相关标准的规定；

③ 当电梯轿厢内安装摄像机时，应有防止电梯电力电缆对视频信号电缆产生干扰的措施。

8. 监控中心的设置

① 应设置为禁区，应有保证自身安全的防护措施和进行内外联络的通讯手段，并应设置紧急报警装置和留有向上一级接处警中心报警的通信接口。

② 面积应与安防系统的规模相适应，不宜小于 $20m^2$，应有保证值班人员正常工作的相应辅助设施。室内地面应防静电、光滑、平整、不起尘。门的宽度不应小于 0.9m，高度不应小于 2.1m。

③ 监控中心内的温度宜为 $16\sim30℃$，相对湿度宜为 $30\%\sim75\%$，并应有良好的照明。

④ 室内的电缆、控制线的敷设宜设置地槽；当不设置地槽时，也可敷设在电缆架槽、电缆走廊、墙上槽板内，或采用活动地板。根据机架、机柜、控制台等设备的相应位置，应设置电缆槽和进线孔，槽的高度和宽度应满足敷设电缆的容量和电缆弯曲半径的要求。

⑤ 室内设备的排列应便于维护与操作，并应满足《安全防范工程技术规范》GB50348 和消防安全的规定。控制台的装机容量应根据工程需要留有扩展余地。控制台的操作部分应方便、灵活、可靠。

第二节　小区安防系统

一、视频安防监控、周界防范及无线巡更系统

图 10-1 为某小区的视频安防监控、周界防范及无线巡更系统概略图，它的网络系统接入小区物业管理网络局域网。

（1）视频安防监控系统

① 前端监控点主要设置在地下停车场、主要出入口、主干道、主要交叉路口等处。

② 考虑到系统造价及系统清晰度，摄像机选择要素：图像质量、系统的扩展、图像压缩格式、升级软件、网络性能、图像传感器、以太网供电（PoE）、视频智能化分析等进行综合考虑。

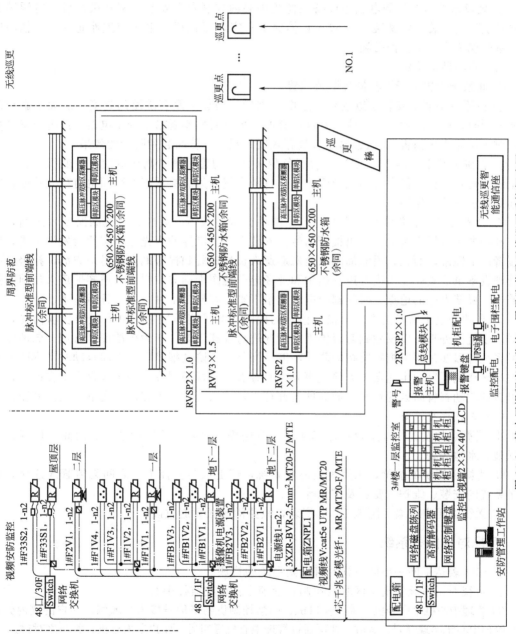

图 10-1 某小区视频安防监控、周界防范及无线巡更系统概略图

③ 监控显示器、控制器、录像设备及主控多媒体电脑设置在监控中心内，可与其他各保安室利用园区局域网进行信息交流。室内（车库）摄像机宜用彩色枪式摄像机，成联网型监控系统。视频网络信号连接接入层交换机进入局域网，由监控中心的监控计算机及视频数据管理服务器进行视频数据的管理，通过设于监控中心的监视器进行视频监视。系统配备数字存储录像设备，实现对所有前端图像不少于 15 天 720P 格式的录像。

④ 硬盘录像机及控制电脑等设备在监控中心内控制台上安装，室外摄像机、电源装置在立杆上顶端安装，电源装置设防水箱体保护；室内摄像机、电源装置距地 2.8m 挂墙安装，室外线缆作防雷保护措施。

（2）周界防范系统

① 此系统设置电子围栏周界防范装置。

② 在原有围墙上安装 4 道或者 6 道电子围栏，增加了原有围墙的高度，加大了翻越的难度。同时，电子围栏的合金线上有高压脉冲，可以对攀爬者给予安全电击（此电压安全可靠，对人体无直接伤害），逼迫攀爬者放弃入侵的想法，从而起到防护的效果。

③ 在围栏线上每隔 10m 安装一块黄色醒目标志的警示牌"高压危险，请勿攀爬！"，告诫企图入侵者，让入侵者心理上产生恐惧，打消入侵行为。警示牌在夜间也有夜光功能，同样起到警示和威慑作用。

④ 当入侵者执意要攀爬进入时，电子围栏会遭到破坏，造成合金线断路或者短路，此时，脉冲电子围栏主机就会发出报警信号。安装在现场围界的声光报警装置会发出声光，使入侵者产生慌乱，而且，提醒周围的值班巡逻人员快速赶到报警地点。另一方面，报警中心的管理设备也会立即发出报警声音提示和现场电子地图准确方位提示，通知值班人员前去处理警情。报警发生的地点、时间都会电脑记录下来，存储 1 个月，用于日后备查。

⑤ 当脉冲电子围栏主机发出报警信号的同时，为了能够快速看到入侵的现场情况，方便对现场情况处理，以及做到对报警现场情况进行快速录像，作为事故证据备用。脉冲电子围栏系统可以实现跟踪视频监控的联动功能，当某一个防区报警后，立即自动联动本防区的摄像机转移到报警发生地点，方便值班人及时查看现场视频图像。如果报警发生在夜间，还可以自动联动报警防区的灯光，即立即打开灯光，使入侵者暴露在灯光之下，难以逃脱。

（3）无线巡更系统

① 巡更点的设置位置主要在停车场所、各楼栋入口处、园区内边角、道路、周界、公共绿地、水池等处。

② 为降低系统的造价，采用离线巡更系统，巡更点与监控中心之间无需管线连接，以便于系统的安装、维护、变更及扩充等。

③ 无线巡更点在墙上距地 1.3m 安装，线路沿园区管道敷设。

二、可视对讲门禁系统

图 10-2 表达了同一小区可视对讲门禁系统的构成。

① 可视对讲系统实现小区联网控制，管理主机设在监控中心。

② 管理中心机室内分机、单元梯口机、门禁控制机网络信号接入局域网，住户的室内分机可与管理中心机实现呼叫、对讲，并可通过管理中心机呼叫另一住户室内分机，并与之对讲。

③ 管理中心机可与室内分机、单元主机、其他管理中心机双向对讲，接收室内分机、单元主机发出的报警信息、单元主机的开门信息并记录保存。视频自动/手动切换监视单元主机所摄的图像。

④ 管理中心机等设备在机柜内安装，机柜距地 1.3，挂墙安装，线路沿园区管道敷设。

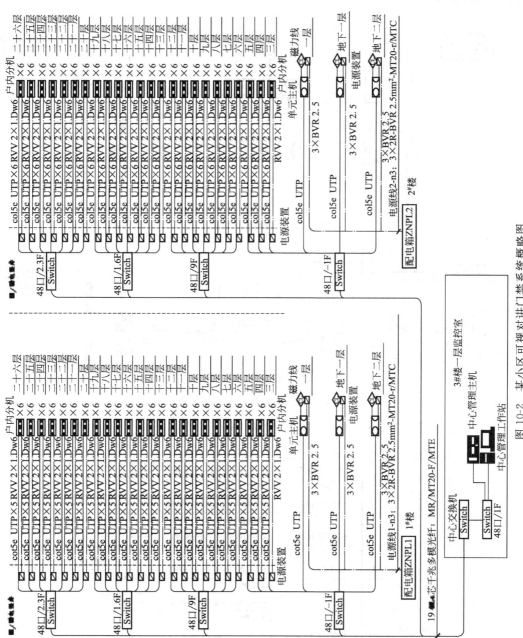

图 10-2　某小区可视对讲门禁系统概略图

三、停车场管理系统

图 10-3 与图 10-4 为同一小区停车场管理系统的构成及配电。从图 10-3 为单入、单出、单收费亭的停车场体系，从图 10-4 配电箱置收费亭内：单路供电，出线七回，五用二备，箱内并有浪涌吸收装置。

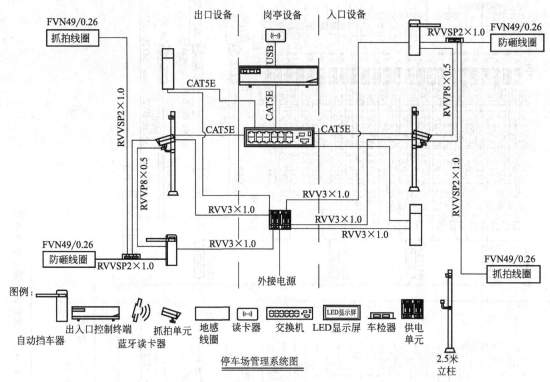

图 10-3 停车场管理系统概略图

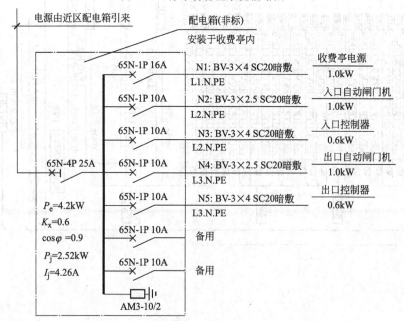

图 10-4 停车场管理系统的配电概略图

第三节 平面布置图

一、停车场

图 10-5 与图 10-6 为同一小区停车场管理系统的平面布置图：图 10-5 为局部，表达各设施安装位置；图 10-6 为总平面布置图，表达系统整体在小区的布局。

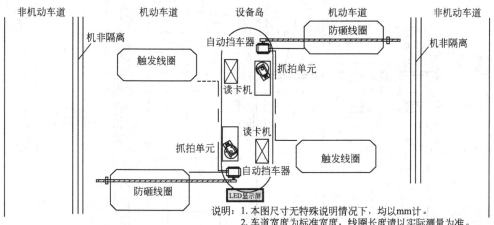

说明：1. 本图尺寸无特殊说明情况下，均以mm计。
2. 车道宽度为标准宽度，线圈长度请以实际测量为准。
3. 虚框内设备共用立杆，频闪灯有效范围内不得有障碍物。
4. 抓拍单元触发标准距离为4m，可以实际情况在3.5～5m间调整。
5. 本图纸中线圈宽度适用于普通车，如轿车等，如现场有特殊车辆(含但不限于挂车、油罐车等高底盘车)请适当加宽。

图 10-5 停车场局部平面布置图

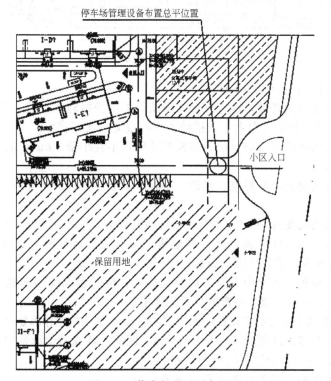

图 10-6 停车场总平面布置图

二、安控中心

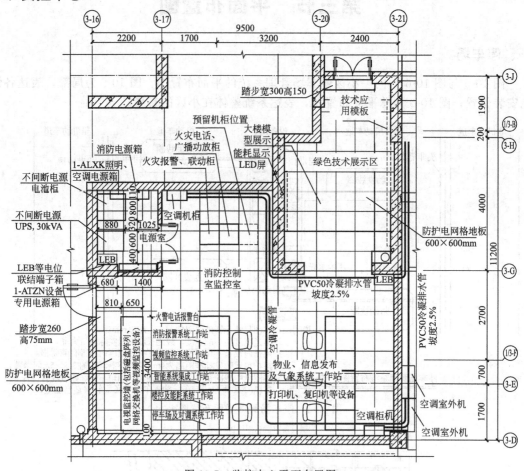

图 10-7　监控中心平面布置图

监控中心平面布置图如图 10-7 所示。

① 监控中心应设置为禁区,应有保证自身安全的防护措施和进行内外联络的通讯手段,并应设置紧急报警装置和留有向上一级接处警中心报警的通信接口。

② 监控中心的面积应与安防系统的规模相适应,不宜小于 20m²,应有保证值班人员正常工作的相应辅助设施。

③ 监控中心室内地面应防静电、光滑、平整、不起尘。门的宽度不应小于 0.9m,高度不应小于 2.1m。

④ 监控中心内的温度宜为 16~30℃,相对湿度宜为 30%~75%,及良好的照明。

⑤ 室内的电缆、控制线的敷设宜设置地槽;当不设置地槽时,也可敷设在电缆架槽、电缆走廊、墙上槽板内,或采用活动地板。

⑥ 根据机架、机柜、控制台等设备的相应位置,应设置电缆槽和进线孔,槽的高度和宽度应满足敷设电缆的容量和电缆弯曲半径的要求。

⑦ 控制台的装机容量应根据工程需要留有扩展余地。控制台的操作部分应方便、灵活、可靠。

⑧ 控制台正面与墙的净距离不应小于 1.2m,侧面与墙或其他设备的净距离,在主要走道不应小于 1.5m,在次要走道不应小于 0.8m。

⑨ 机架背面和侧面与墙的净距离不应小于 0.8m。

第十一章

建筑设备监控工程设计

第一节　概述

一、特点

BAS 系统设计与一般建筑电气系统的设计有明显的区别。

建筑电气的一般设计围绕施工图进行，其主要任务是对其工程进行设备选型、位置安装和管线敷设的设计，选定几乎所有设备，使系统合理运行并指导工程安装。而 BAS 系统设计前，所有水、电、暖设备的设计都已完成（包括设备选型、位置安装、管线敷设）。BAS 系统设计的主要任务是给这些水、电、暖设备配置硬件控点，即在这些设备的施工图上按相应控制原理设计传感器、执行器类主要器件。因此 BAS 系统的施工图上的许多内容并不属于 BAS 系统的设计内容，但 BAS 系统设计并非因此而简单。因为 BAS 系统设计不仅要进行施工图设计，且要进行控制方案设计。施工图设计是给安装人员提供指导其施工的图纸，控制方案设计则是给 BAS 系统制造商提供指导其软件编程控制方案的要求。

二、设计步骤及原则

它的一般性设计原则按其三大步骤分述如下。

1. 了解建筑及设备

在 BAS 系统开始设计之前不仅要了解所设计建筑物的面积、高度、地理位置、用途、造价、内部设备的概况和预测此建筑未来，掌握建筑配置的水、暖、电设备及系统的工作原理和技术参数，以对 BAS 的规模、现场设备合理选型和配置。

2. 方案设计

确定 BAS 系统方案是 BAS 系统设计中重要的环节，包括以下内容。

（1）网络系统设计

BAS 系统是构筑在计算机局域网系统基础上的实时过程控制系统。网络系统的设计主要指：BAS 系统的网络硬件拓扑结构形式、网络软件结构和网络设备的设计。

① 网络硬件拓扑结构形式设计的原则：

• 满足集中监控的需要；

- 与系统规模相适应；
- 尽量减少故障波及面；
- 减少初投资；
- 便于增容；
- 管线总长度尽量要短。

② 网络软件层次结构设计的原则：

- 具有良好的开放性；
- 具有良好的安全性；
- 具有良好的容错性；
- 具有良好的二次开发环境。

③ 网络设备设计的原则：

- 服务器、工作站机型——根据系统级别和规模确定，且人机交换界面好、容错性好、易扩展。
- 服务器、工作站数量——根据用户对 BAS 系统管理需求而定的。
- 服务器、工作站安装位置——应符合安全可靠、便于管理的原则。通常是：服务器在 BAS 系统监控室内（也可将其与消防、安保系统共室）；工作站在有人值班的地点（如变配电房），值班人员在工作站屏幕上更直观、清楚地观察相应数据，以便对系统进行相应的辅助管理。
- DDC（直接数字控制器）——机型是根据系统模拟量或数字量"测量点"和"控制点"的控制要求确定，并符合可靠性高、响应快、易维修三原则。
- DDC 数量——根据 BAS 系统模拟量或数字量"测量点"和"控制点"的数量确定。
- DDC 集成箱体安装位置——除安全、便于管理，还应使它和建筑物内模拟量或数字量"测量点"和"控制点"的管线尽可能短。必要时增加 DDC 数量，缩短建筑物内"测量点"、"控制点"的管线长度。

（2）与"一般设备"的硬件接口设计

系统中大多数设备是内部不含控制系统的"一般设备"，它们只与外部 BAS 系统构成"测控"关系，BAS 系统与"一般设备"的硬件设计内容是：规定接口的连接要求；规定接口的容量；设计控制柜。

（3）BAS 系统与"智能设备"的软件接口的设计

系统中有些设备是内部含有单片机或 PLC 为核心的内部控制器的"智能设备"（如蓄冰制冷系统、基载制冷系统、锅炉系统、变配电系统、电梯、柴油发电机等）。其中一类"智能设备"（如：变配电系统、锅炉系统、电梯、柴油发动机）的内部控制器的监控参数全在设备内部，只引出一组通信线和 BAS 系统连接；另一类"智能设备"（如：蓄冰制冷系统、基载制冷系统）内部控制器的一部分测控参数在设备内部，另一部分测控参数在设备外部的管路上。这类设备除引出一组通信线外，还要引出若干路测控线与设备外部的管路上的测控元器件（如水泵、阀门、传感器等）连接。

目前很多厂家既生产"一般设备"又生产"智能设备"。对出厂的"智能设备"厂家配置了串行通信接口，并提供用户相应的和 BAS 系统服务器通信的通信协议。这些设备与 BAS 系统间除有一路通信线的硬件连接外，还需设计"通信软件"，俗称"软接口"。一般"软接口"的安装是由 BAS 系统厂家完成。在设计"软接口"时需要生产"智能设备"的厂家提供以下内容：

① 该设备的控制系统通信联网方案及系统图；
② 该设备的控制器技术资料及其 RS232 通信接口和 RS485 通信接口的技术资料及接线图；
③ 通信接口的控制方式；

④ 详细的接口通信协议内容、格式和访问权限。

（4）BAS 各子系统的"监控方案"设计

各现场设备的监控方案分别根据其工作原理和监控要求设计，为实现相应的监控方案需对各设备配置监控点：根据各设备的工作原理和控制要求设计对各设备的监控方案，设计出各子系统的控制原理图；根据不同的控制参数确定调节规律；设计 BAS 系统对相应子系统的控制功能或 BAS 系统与智能设备的总体控制功能；根据监控方案在相应的设备和管道上配置"测量点"（即安装传感器）和配置"控制点"（即安装执行器）。并对这些器件进行选型；BAS 系统与智能设备之间配置串行通信接口线（通常称为软线口）。

3. 施工图设计

施工图主要内容是设计和画出一套 BAS 系统的施工图，包括：施工说明、材料表、网络系统图、施工平面图、DDC 控制箱安装图、DDC 控制箱电源接线图、DDC 控制端与系统中测控器件的接线图、DDC 测控点数分布图、BAS 设备测控点数总表、其他（施工设备材料表、应用模块的引脚说明和技术参数）。

（1）设计目标

① 使施工人员照图安装即能按设计意图安装此实际系统。

② 使管理人员在系统初始化过程中，能对软件界面上菜单进行选项。

③ 使维修人员照图能了解设备的安装地点、安装方式和调试方法。

（2）设计步骤

① 确定系统的网络结构，画出网络系统图；

② 画出各子系统的控制原理图。

③ 编制 DDC 测控点数表（分表）。

④ 编制 BAS 系统设备监控点数表（总表）。

⑤ 设计 DDC 控制箱内部结构图和端子排接线图。

⑥ 确定中央站硬件组态、设计监控中心（设计内容有：供电电源、监控中心用房面积、环境条件、监控中心设备布置）。

⑦ 画出各层 BAS 系统施工平面图（设计内容有：线路敷设、分站位置、中央站位置、监控点位类型）。

注意：

• 以上七步主要是从硬件角度提出，而软件设置也不能忽视。可在上述第③、第⑤步考虑，也可集中提出软件设置要求。

• 每一步内容上并没有明确的层次，相互间有关联，应兼顾考虑。

• 此七步的顺序并非唯一，前后反复不可避免，往往也必需。

（3）I/O 设备

即输入/输出设备，施工图设计中即为测控器件——传感器和阀门。

① 传感器的选择　主要考虑"量程"和"精度"间的矛盾。一般"量程"范围越大，其测量"精度"就越低。设计中在满足被测量物理量范围的条件下尽量选择量程小的传感器。传感器的最大量程一般确定为被测物物理量范围最大值的 1.3 倍。

② 阀门选择　应根据设计最终确定的表面冷却器和热水加热盘管的设计流量和压差值（此技术参数由水、暖专业提供）进行计算，计算出设计的 C_v 值（C_v 值表示的是元件对介质的流通能力，即：流量系数），根据 C_v 值选出最匹配的阀门。

下面从两个工程设计图中选出七张实例，从五方面摘要体现上述内容。

第二节　系统概略图

一、实例

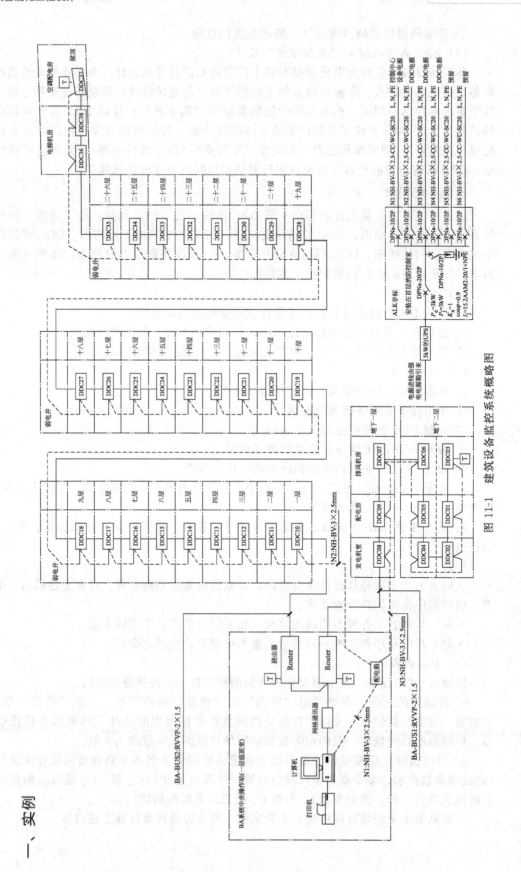

图 11-1　建筑设备监控系统概略图

二、剖析

图 11-1 为某水电公司某基地业务大楼工程的楼宇自控系统概略图，以此作为建筑设备监控工程概略图设计示例。

系统采用中央操作站、分布式智能分站（DDC）及设备监控站的三级结构。在楼宇自控系统 BMA 的管理下，系统对冷/热源、空调、通风、变配电、给/排水、电梯等进行监控、实时记录及报表打印。

中央操作站设于一层值班室，室内设监控工作站一台、图形显示系统、备用电源、打印机等设备各一套。DDC 分站设在各楼层弱电井内，设备监控站装在各设备现场。

右下图为此楼宇自控系统的供电系统概略图。强弱电间转换采用继电器来实现，供电控制箱还需提供与此系统相关的中间继电器、热继电器、接触器以及万能转换开关。系统的逻辑控制功能及编址应由系统集成商根据本系统设计说明要求及现场情况进行编制。

第三节　原理图

一、实例

1. 制冷系统

2. 空气处理、风机、水泵、变配电系统

二、剖析

如图 11-2、图 11-3，构成整个系统的九个子系统的功能为：

（1）楼宇自控系统（BMA）

① 通过图形显示监测和控制楼宇环境；

② 计划和修改机电设备的工作；

③ 搜集和分析趋势数据；

④ 根据信息和报表能力制作管理决策；

⑤ 完成系统统计与报表文件；

⑥ 存储和恢复长期信息。

（2）冷源系统

① 制冷机组——启停控制、运行状态反馈、故障报警，进水蝶阀的开/关阀与开量控制、开/关阀与开量状态；

② 冷冻泵——手/自动切换、启停控制、水泵故障、水泵状态、水泵转速控制、转速状态、工频状态；

注：采集及控制变频器状态。

③ 冷冻水——供/回水压力、温度、流量、水流状态监测；

④ 冷却泵——手/自动切换、启停控制、水泵故障、水泵状态、水泵转速控制、转速状态、工频状态；

注：采集及控制变频器状态。

⑤ 冷却水——供/回水压力、温度、水流状态监测；

⑥ 冷却塔——冷却塔风机启停控制、进水蝶阀控制、风机状态、风机故障。

注：采集及控制变频器状态。

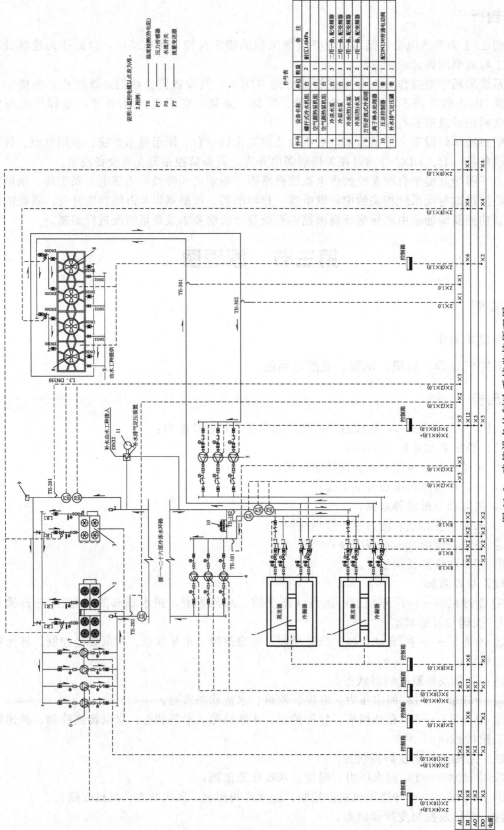

图 11-2 建筑设备的制冷系统监控原理图

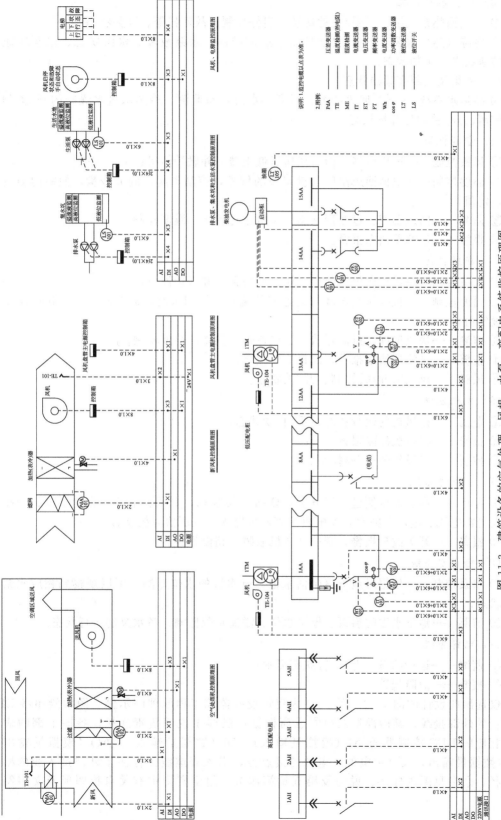

图 11-3 建筑设备的空气处理、风机、水泵、变配电系统监控原理图

（3）冷、热源系统

① 空气源热泵机组——手/自动切换、启停控制、故障报警、开关状态；

② 冷冻（热）水泵——手/自动切换、启停控制、水泵故障、水泵状态、水泵转速控制、转速状态、工频状态；

注：采集及控制变频器状态。

③ 冷热水系统——供/回水压力、温度、水流状态监测、冷热水进水蝶阀的开/关阀与开量控制、开/关阀与开量状态。

（4）空调机组

① 风机控制——风机启停，前后风压过低报警，并联锁停机；

② 温度控制——根据回风温度与设定值的偏差，控制水阀，调节冷量，使室内温度维持在设定值；

③ 监测——回风温度、过滤器状态、风机运行状态，温度检测；

④ 报警——过滤器堵塞报警。

（5）新风机组

① 风机控制——风机启停，前后风压过低报警，并联锁停机；

② 温度控制——根据送风温度与设定值的偏差，控制水阀，调节冷量，使送风温度维持在设定值；

③ 监测——送风温度，过滤器状态、风机运行状态、温度检测；

④ 报警——过滤器堵塞报警，风机故障报警；

⑤ 风阀——风阀的开/关控制、开/关状态。

（6）风机系统

① 监视——排风机的运行状态、手/自动状态；

② 报警——排风机故障报警；

③ 控制——排风机的启/停控制。

（7）变配电系统

① 监测——高、低压侧进出线开关，联络开关状态，电压、电流、有功电度、功率因数、发电机电流、电压及频率，发电机油箱液位监视，变压器风机状态；

② 报警——开关故障报警，变压器风机故障、超温报警。

（8）给排水系统

① 水泵控制——根据对地下室生活水池、排水坑的水位监测，可以观察到相应水泵的运行状态；

② 监测——地下水池的启泵、停泵水位、溢流水位监测、各水泵的运行状态。

（9）电梯系统

① 监测——运行状态、上/下行状态显示；

② 报警——故障报警。

仅选出此设计的图 11-2、图 11-3 为建筑设备监控工程原理图示例。图中绘出各 DDC 控制器的外部接线，其内部接线由集成商根据产品样本说明负责连接。各图下部的表表达了相应的 DDC 控制器的 AI（模拟量输入）、DI（数据量输入）、AO（模拟量输出）、DO（数据量输出）及（供电的）电源的接点数，引入表虚线侧标注了外部接入线的根数及线径，余参见图内标注、说明及第五章第四节、附配资源中有关自控图形及文字符号识别。

（10）新风机组控制柜接口要求（设备配套控制柜）

监控类型	启停	运行状态	故障状态	自动状态
要求	二次回路启停信号	接触器辅助常开或状态扩展常开干接点	热继电器辅助常开或状态扩展常开干接点	手自动转换开关的一副常开干接点

① 启停控制接口为：在控制柜内增加一个 AC24V 的中间继电器（备注：线圈电压 AC24V，额定电流 10A），继电器的线圈作为 BA 的远程启动接口，AC24V 电源由 BA 控制柜提供，要求每台设备单独配备一个 BA 启停接口，同时要求厂家将该接口接线引到相应端子排上并标注相应的标识。

② 如果运行状态接口需要扩展，具体做法如下：在控制柜内增加一个 AC220V 的中间继电器（备注：线圈电压 AC220V，额定电流 10A），继电器的一对常开或常闭无源触点作为运行状态接口，要求每台设备单独配备一个运行状态接口，同时要求厂家将该接口接线引到相应端子排上并标注相应的标识。

③ 如果故障状态接口需要扩展，具体做法如下：在控制柜内增加一个 AC220V 的中间继电器（备注：线圈电压 AC220V，额定电流 10A），继电器的一对常开或常闭无源触点作为故障状态接口，要求每台设备单独配备一个故障状态接口。

④ 同时要求厂家将相应接口接线引到相应端子排上并标注相应的标识。

（11）冷却塔风机控制柜接口要求（设备配套控制柜）

监控类型	启停	运行状态	故障状态	自动状态
要求	二次回路启停信号	接触器辅助常开或状态扩展常开干接点	热继电器辅助常开或状态扩展常开干接点	手自动转换开关的一副常开干接点

① 启停控制接口为：在控制柜内增加一个 AC24V 的中间继电器（备注：线圈电压 AC24V，额定电流 10A），继电器的线圈作为 BA 的远程启动接口，AC24V 电源由 BA 控制柜提供，要求每台设备单独配备一个 BA 启停接口，同时要求厂家将该接口接线引到相应端子排上并标注相应的标识。

② 如果运行状态接口需要扩展，具体做法如下：在控制柜内增加一个 AC220V 的中间继电器（备注：线圈电压 AC220V，额定电流 10A），继电器的一对常开或常闭无源触点作为运行状态接口，要求每台设备单独配备一个运行状态接口，同时要求厂家将该接口接线引到相应端子排上并标注相应的标识。

③ 如果故障状态接口需要扩展，具体做法如下：在控制柜内增加一个 AC220V 的中间继电器（备注：线圈电压 AC220V，额定电流 10A），继电器的一对常开或常闭无源触点作为故障状态接口，要求每台设备单独配备一个故障状态接口。

④ 同时要求厂家将相应接口接线引到相应端子排上并标注相应的标识。

（12）冷却水泵控制柜接口要求（设备配套控制柜）

监控类型	启停	运行状态	故障状态	自动状态
要求	二次回路启停信号	接触器辅助常开或状态扩展常开干接点	热继电器辅助常开或状态扩展常开干接点	手自动转换开关的一副常开干接点

① 启停控制接口为：在控制柜内增加一个 AC24V 的中间继电器（备注：线圈电压 AC24V，额定电流 10A），继电器的线圈作为 BA 的远程启动接口，AC24V 电源由 BA 控制柜提供，要求每台设备单独配备一个 BA 启停接口，同时要求厂家将该接口接线引到相应端子排上并标注相应的标识。

② 如果运行状态接口需要扩展，具体做法如下：在控制柜内增加一个 AC220V 的中间继电器（备注：线圈电压 AC220V，额定电流 10A），继电器的一对常开或常闭无源触点作

为运行状态接口，要求每台设备单独配备一个运行状态接口，同时要求厂家将该接口接线引到相应端子排上并标注相应的标识。

③ 如果故障状态接口需要扩展，具体做法如下：在控制柜内增加一个 AC220V 的中间继电器（备注：线圈电压 AC220V，额定电流 10A），继电器的一对常开或常闭无源触点作为故障状态接口，要求每台设备单独配备一个故障状态接口，要求厂家将该接口接线引到相应端子排上并标注相应的标识。

④ 同时要求厂家将相应接口接线引到相应端子排上并标注相应的标识。

（13）热水循环泵控制柜接口要求（设备配套控制柜）

监控类型	启停	运行状态	故障状态	自动状态
要求	二次回路启停信号	接触器辅助常开或状态扩展常开干接点	热继电器辅助常开或状态扩展常开干接点	手自动转换开关的一副常开干接点
	频率控制 0～10V 或 2～10V 直流电压信号	频率反馈 0～10V 或 2～10V 直流电压信号	变频故障状态 变频器故障常开干接点或变频器故障扩展常开干接点	

① 启停控制接口为：在控制柜内增加一个 AC24V 的中间继电器（备注：线圈电压 AC24V，额定电流 10A），继电器的线圈作为 BA 的远程启动接口，AC24V 电源由 BA 控制柜提供，要求每台设备单独配备一个 BA 启停接口，同时要求厂家将该接口接线引到相应端子排上并标注相应的标识。

② 如果运行状态接口需要扩展，具体做法如下：在控制柜内增加一个 AC220V 的中间继电器（备注：线圈电压 AC220V，额定电流 10A），继电器的一对常开或常闭无源触点作为运行状态接口，要求每台设备单独配备一个运行状态接口，同时要求厂家将该接口接线引到相应端子排上并标注相应的标识。

③ 如果故障状态接口需要扩展，具体做法如下：在控制柜内增加一个 AC220V 的中间继电器（备注：线圈电压 AC220V，额定电流 10A），继电器的一对常开或常闭无源触点作为故障状态接口，要求每台设备单独配备一个故障状态接口，同时要求厂家将该接口接线引到相应端子排上并标注相应的标识。

④ 如果变频器故障状态接口需要扩展，具体做法如下：在控制柜内增加一个 AC220V 的中间继电器（备注：线圈电压 AC220V，额定电流 10A），继电器的一对常开或常闭无源触点作为变频器故障状态接口，要求每台设备单独配备一个变频器故障状态接口，同时要求厂家将该接口接线引到相应端子排上并标注相应的标识。

⑤ 同时要求厂家将相应接口接线引到相应端子排上并标注相应的标识。

（14）送、排风机控制柜接口要求（设备配套控制柜）

监控类型	启停	运行状态	故障状态	自动状态
要求	二次回路启停信号	接触器辅助常开或状态扩展常开干接点	热继电器辅助常开或状态扩展常开干接点	手自动转换开关的一副常开干接点

① 启停控制接口为：在控制柜内增加一个 AC24V 的中间继电器（备注：线圈电压 AC24V，额定电流 10A），继电器的线圈作为 BA 的远程启动接口，AC24V 电源由 BA 控制柜提供，要求每台设备单独配备一个 BA 启停接口，同时要求厂家将该接口接线引到相应端子排上并标注相应的标识。

② 如果运行状态接口需要扩展，具体做法如下：在控制柜内增加一个 AC220V 的中间继电器（备注：线圈电压 AC220V，额定电流 10A），继电器的一对常开或常闭无源触点作为运行状态接口，要求每台设备单独配备一个运行状态接口，同时要求厂家将该接口接线引

到相应端子排上并标注相应的标识。

③ 如果故障状态接口需要扩展，具体做法如下：在控制柜内增加一个 AC220V 的中间继电器（备注：线圈电压 AC220V，额定电流 10A），继电器的一对常开或常闭无源触点作为故障状态接口，要求每台设备单独配备一个故障状态接口。

④ 同时要求厂家将相应接口接线引到相应端子排上并标注相应的标识。

（15）排烟风机控制柜接口要求（设备配套控制柜）

监控类型	运行状态	故障状态
要求	接触器辅助常开或 状态扩展常开干接点	热继电器辅助常开或 状态扩展常开干接点

① 如果运行状态接口需要扩展，具体做法如下：在控制柜内增加一个 AC220V 的中间继电器（备注：线圈电压 AC220V，额定电流 10A），继电器的一对常开或常闭无源触点作为运行状态接口，要求每台设备单独配备一个运行状态接口，同时要求厂家将该接口接线引到相应端子排上并标注相应的标识。

② 如果故障状态接口需要扩展，具体做法如下：在控制柜内增加一个 AC220V 的中间继电器（备注：线圈电压 AC220V，额定电流 10A），继电器的一对常开或常闭无源触点作为故障状态接口，要求每台设备单独配备一个故障状态接口。

③ 同时要求厂家将相应接口接线引到相应端子排上并标注相应的标识。

（16）消防风机控制柜接口要求（设备配套控制柜）

监控类型	运行状态	故障状态
要求	接触器辅助常开或 状态扩展常开干接点	热继电器辅助常开或 状态扩展常开干接点

① 如果运行状态接口需要扩展，具体做法如下：在控制柜内增加一个 AC220V 的中间继电器（备注：线圈电压 AC220V，额定电流 10A），继电器的一对常开或常闭无源触点作为运行状态接口，要求每台设备单独配备一个运行状态接口，同时要求厂家将该接口接线引到相应端子排上并标注相应的标识。

② 如果故障状态接口需要扩展，具体做法如下：在控制柜内增加一个 AC220V 的中间继电器（备注：线圈电压 AC220V，额定电流 10A），继电器的一对常开或常闭无源触点作为故障状态接口，要求每台设备单独配备一个故障状态接口。

③ 同时要求厂家将相应接口接线引到相应端子排上并标注相应的标识。

（17）生活水泵控制柜接口要求（设备配套控制柜）

监控类型	运行状态	故障状态
要求	接触器辅助常开或 状态扩展常开干接点	热继电器辅助常开或 状态扩展常开干接点

① 如果运行状态接口需要扩展，具体做法如下：在控制柜内增加一个 AC220V 的中间继电器（备注：线圈电压 AC220V，额定电流 10A），继电器的一对常开或常闭无源触点作为运行状态接口，要求每台设备单独配备一个运行状态接口，同时要求厂家将该接口接线引到相应端子排上并标注相应的标识。

② 如果故障状态接口需要扩展，具体做法如下：在控制柜内增加一个 AC220V 的中间继电器（备注：线圈电压 AC220V，额定电流 10A），继电器的一对常开或常闭无源触点作为故障状态接口，要求每台设备单独配备一个故障状态接口。

③ 同时要求厂家将相应接口接线引到相应端子排上并标注相应的标识。

（18）排污泵控制柜接口要求（设备配套控制柜）

监控类型	运行状态	故障状态
要求	接触器辅助常开或 状态扩展常开干接点	热继电器辅助常开或 状态扩展常开干接点

① 如果运行状态接口需要扩展，具体做法如下：在控制柜内增加一个 AC220V 的中间继电器（备注：线圈电压 AC220V，额定电流 10A），继电器的一对常开或常闭无源触点作为运行状态接口，要求每台设备单独配备一个运行状态接口，同时要求厂家将该接口接线引到相应端子排上并标注相应的标识。

② 如果故障状态接口需要扩展，具体做法如下：在控制柜内增加一个 AC220V 的中间继电器（备注：线圈电压 AC220V，额定电流 10A），继电器的一对常开或常闭无源触点作为故障状态接口，要求每台设备单独配备一个故障状态接口。

③ 同时要求厂家将相应接口接线引到相应端子排上并标注相应的标识。

（19）补水泵控制柜接口要求（设备配套控制柜）

监控类型	运行状态	故障状态
要求	接触器辅助常开或 状态扩展常开干接点	热继电器辅助常开或 状态扩展常开干接点

① 如果运行状态接口需要扩展，具体做法如下：在控制柜内增加一个 AC220V 的中间继电器（备注：线圈电压 AC220V，额定电流 10A），继电器的一对常开或常闭无源触点作为运行状态接口，要求每台设备单独配备一个运行状态接口，同时要求厂家将该接口接线引到相应端子排上并标注相应的标识。

② 如果故障状态接口需要扩展，具体做法如下：在控制柜内增加一个 AC220V 的中间继电器（备注：线圈电压 AC220V，额定电流 10A），继电器的一对常开或常闭无源触点作为故障状态接口，要求每台设备单独配备一个故障状态接口。

③ 同时要求厂家将相应接口接线引到相应端子排上并标注相应的标识。

（20）吊顶式热回收机组控制柜接口要求（设备配套控制柜）

监控类型	送风机启停	送风机运行状态	送风机故障状态	送风机自动状态
要求	二次回路启停 信号	接触器辅助常开或状 态扩展常开干接点	热继电器辅助常开或 状态扩展常开干接点	手自动转换开关的一副常 开干接点
	排风机启停	排风机运行状态	排风机故障状态	排风机自动状态
	二次回路启停 信号	接触器辅助常开或状 态扩展常开干接点	热继电器辅助常开或 状态扩展常开干接点	手自动转换开关的一副常 开干接点

① 启停控制接口为：在控制柜内增加一个 AC24V 的中间继电器（备注：线圈电压 AC24V，额定电流 10A），继电器的线圈作为 BA 的远程启动接口，AC24V 电源由 BA 控制柜提供，要求每台设备单独配备一个 BA 启停接口，同时要求厂家将该接口接线引到相应端子排上并标注相应的标识。

② 如果运行状态接口需要扩展，具体做法如下：在控制柜内增加一个 AC220V 的中间继电器（备注：线圈电压 AC220V，额定电流 10A），继电器的一对常开或常闭无源触点作为运行状态接口，要求每台设备单独配备一个运行状态接口，同时要求厂家将该接口接线引到相应端子排上并标注相应的标识。

第四节 节点表（监控点位表）

一、实例

设备名称	新数量	数字量输出				模拟量输出					数字量输入									模拟量输入											
Equipment	Qty	DO				AO					DI									AI											
		设备启停控制	加湿控制	加湿阀控制	风阀开关控制	调节阀调节	加湿阀调节	旁通阀调节	变频调节	风阀调节	运行状态表示	故障报警	手自动状态	滤网压差开关报警	风机压差	水阀开/关状态	风阀状态	防冻开关	高/低液位	风管温度	风管湿度	频率反馈	CO监测	CO2监测	水管流量	水管温度	水管压力	室内温度	风阀状态反馈	水阀状态反馈	室外温湿度
吊顶式热回收机组(一段)	2	4			4						4	4	2	2				2		2	2			2							
1层VRF	1										1																				
送风机(一段)	2										2	2																			
DDC-X		8				0					19									6											
吊顶式热回收机组(二段)	2	4			4						4	4	2	2				2		2	2			2							
DDC-XX		8				0					14									6											
立式新风机组	1	1	1		1						1	1	1	1				1		1	1			1							
排风机	2	2									2	2	2																		
DDC-XXX		5				0					11									3											
排风风机	1	1									1	1	1																		
送风风机	3	3									3	3	3																		
排烟风机	1	1									1	1	1																		
水箱	1																		2												
DDC-XXX		5				0					17									0											
冷却水泵	4	4									4	4	4																		
空调系统水系统	1																									2	2				
空调系统循环泵	4	4							4		4	4	4									4									
空调系统换热器	4					4																				4					
DDC-XXXX		8				8					24									12											
散热器采暖及新风加热水系统	1																									2	2				
散热器采暖新风加热水循环泵	2	2							2		2	2	2									2									
散热器采暖新风加热水换热器	2					2																				2					
2号新风采暖水系统	1																									2	2				
2号新风采暖系统热水循环泵	2	2							2		2	2	2									2									
2号新风采暖系统热水换热器	2					2																				2					
DDC-XXXXX		4				8					12									16											
冷却塔	4	4	8								4	4	4			16															
冷却水供/回水总管	2																									2					
室外温湿度	1																														2
DDC-XXXXXX		12				0					28									4											

图 11-4 建筑设备监控系统监控节点表

二、剖析

图 11-4 为另一工程的建筑设备监控系统监控点一览表（原工程大，节点表过多），作为设计建筑设备监控工程节点表的示例。表中列出监控设备所属区域、地点、名称、控制箱、盘编号、监控点类型、监控线路的编号、导线型号规格、现场自控接口设备及型号规格系列监控点相关信息，是监控线路施工的重要依据。

第五节　平面布置图

一、地下二层（见图 11-5）

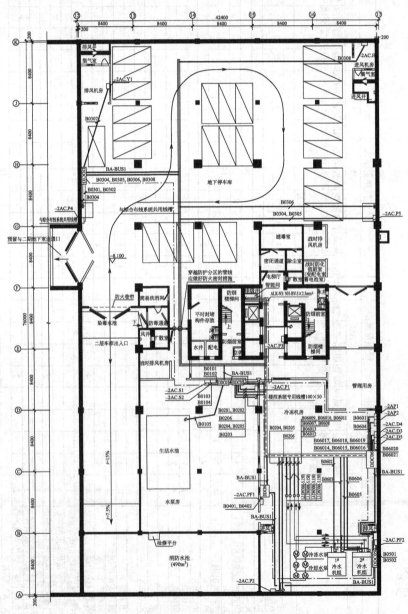

图 11-5　建筑设备监控系统地下二层平面布置图

二、一层（见图 11-6）

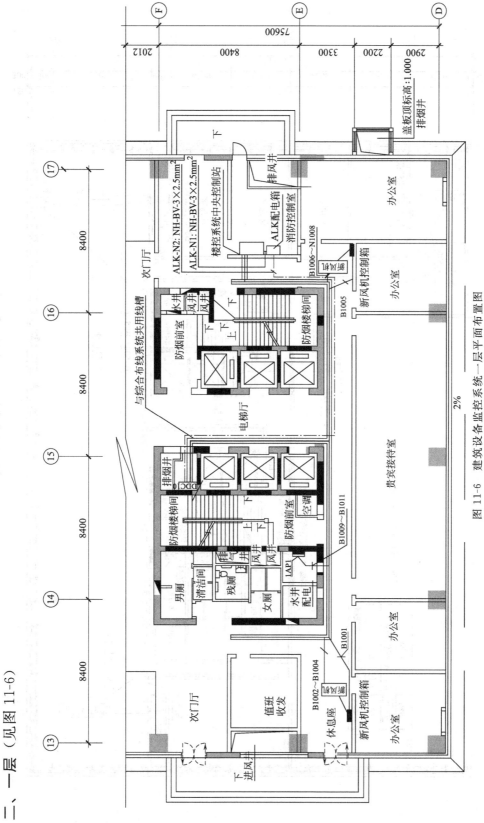

图 11-6 建筑设备监控系统一层平面布置图

三、二十六层（见图 11-7）

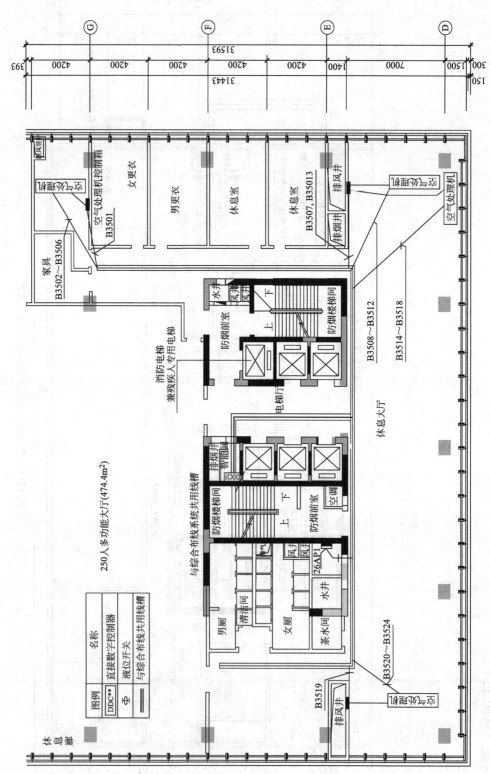

图 11-7 建筑设备监控系统二十六层平面布置图

四、说明

与以往平面布置图类同处不再述，仅说明两项。

1. 线路敷设

① 除平面图特别注明者外，所有 BA 系统监控和通讯线路均采用金属线槽或穿镀锌钢管敷设。金属线槽在竖井或楼层吊顶内敷设，与综合布线系统共用线槽。无吊顶处则沿梁底明敷。DDC 电源线单独穿镀锌钢管敷设。

② 平面图中线路编号对应的电线规格详见各系统图和接线点表。

2. 设备安装

① 监测工作站、打印机设于专用控制桌上，各 DDC 控制器均底边距地 1.5m 挂墙明装。

② 各温度传感器、液位传感器、压力传感器、流量传感器、压差开关、流量开关、电压变送器、电流变送器、功率变送器、有功电度变送器、功率因数变送器、执行器的安装及具体做法详见产品安装说明。

③ 平面图上的室内温湿度传感器仅为示意，具体安装方式参照产品安装说明。

④ 各开关设备的监控根据具体需要加装接触器、辅助触头组、分励元件以实现各开关设备的远程遥控、监测。

⑤ 智能系统设备及管线安装完毕后，所预留的板洞、墙洞等应按防火要求采用防火堵料进行填堵；穿越人防区域的管线应作好密封措施；配合土建施工，做好管线预埋、留洞等措施；图中未标注或说明者，其安装均按国标的要求进行。建议所有的系统在施工验收前由国家认可的专业检测机构进行检测。

第十二章

通信与信息工程设计

第一节　会议音频系统

本节以数字会议音频系统为代表叙述，它是用数字会议网络服务管理系统 DCN（Data Communication Network）来实现。

一、概述

1. DCN 系统

DCN 数字会议网络服务管理系统把数字技术引入到大型国际会议、研讨会、代表会的音频系统中，不仅改进了音质，也简化了安装和操作。

① 构成　DCN 产品系列包括会议装置、中央控制装置、同声传译和语言分配设备、适于各种应用场合的软件模块、信息显示系统以及安装设备。此外，此产品系列也可根据具体需求由外部设备加以补充，例如 PC、监视器、功率放大器、扬声器和打印机，所有这些设备都可以轻松方便地集成到新一代 DCN 系统。其构成框图如图 12-1 所示。

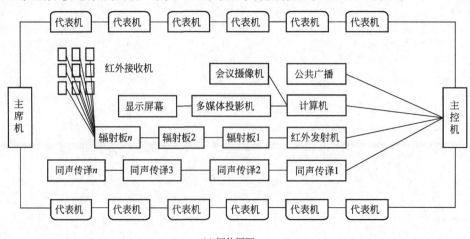

(a) 拓扑框图

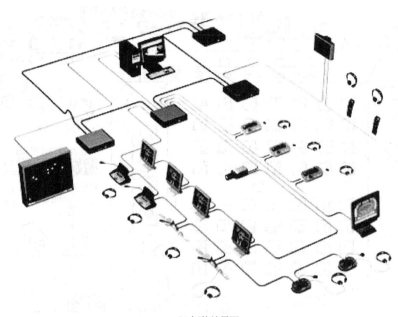

(b) 拓扑效果图

图 12-1 数字会议网络服务管理系统 DCN 构成框图

② 先进的音频耦合功能 通过光纤网络，可实现多种形式的音频耦合，包括将多个具有几种语言的小型系统耦合在一起，形成多达 31 种语言的大型系统。另外，它还可以提取和插入数字（AES/EBU 或 SPDIF）和模拟音频。其他先进的音频耦合技术包括 CobraNet™。CobraNet™ 由软件、硬件和网络协议共同组成，它允许使用 CAT5 电缆通过以太网来传播多个实时、高品质的数字音频通道。CobraNet™ 便于用户在建筑物内传播音频，并将新一代 DCN 连接到其他音频 CobraNet™ 兼容设备，例如录音机和混音器。

③ 卓越非凡的音质 先进的数字技术不仅实现了卓越非凡的音频性能，而且在传输期间不会损失信号的质量或电平。因此，每个装置都可以接收稳定的高品质音频信号，从而显著提升语音清晰度。DCN 有效消除了与传统系统相关的问题，如背景噪音、干扰、失真和串话等。

④ 降低安装成本 快速经济的安装是 DCN 数字技术的一项重要优势。纤细灵活的双同轴电缆和双光纤即可承载系统的所有数字信号，因此无需使用传统模拟安装中所用的价格昂贵且易于损坏的多芯电缆。电缆和光纤可以轻而易举地穿过现有的布线管道和电缆导管。它们可以同时承载多达 32 个高品质的馈送通道和 32 个高品质的传播通道。

⑤ 简单方便的布线 穿过繁多的布线管道进行复杂的布线已经成为历史。DCN 双同轴电缆采用模制的六针连接器，而双光纤带有易于安装的连接器。这两种电缆用于将信号输送到系统中的所有装置，并且可在任意一点搭线以接入附加设备（树形拓扑）。通过这种方法，用户可在以后对系统容量进行灵活的扩展（例如添加其他装置或增加语言通道的数量），而且不需要更改现有的系统布线。另外，它还通过同一电缆中的两条导线为所有装置供电。通过使用分路器和带稳固连接器的现成电缆，用户可以方便地将设备接入系统布线网络的任何位置，进一步简化了安装，使安装速度大大提升。这些易于连接的附件既适用于固定式安装场合，也适用于便携式安装场合，从而在任何情况下均可进行快速有效的安装。

2. 同声传译系统

大型国际会议多语种同声翻译系统平面布置示意图见图 12-2。

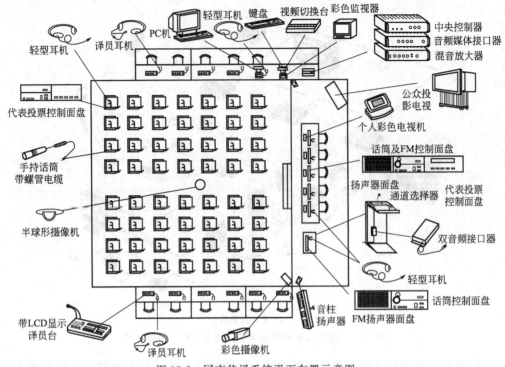

图 12-2 同声传译系统平面布置示意图

同声传译系统有直接翻译和二次翻译两种形式。直接翻译要求译音员懂多种语言，二次翻译译音员仅需要两种语言即可。同声传译系统的设备及用房宜根据二次翻译的工作方式设置，同声传译系统应满足语言清晰度的要求。翻译语言多通过电缆分配，可连接一套红外发射系统，实现无线语言分配。红外线不能穿透墙壁，可保证会议的保密性。

二、系统概略图

图 12-3 为某医科大学图书馆讲演厅按一级指标设计的会议扩声及显示系统概略图，作为声频扩声系统概略图示例。它分为以下几部分。

1. 技术控制部分

（1）**声控室**

① 会议控制主机——输入 主席及代表两类话筒语音信号、输出：同声翻译/主持控制/调音台各一路（实际为双向）；

② 全彩控制器＋控制用电脑——图像控制 输出到现场、主席台（经调音台）及音视频插座盒（经切换/转换）；

③ 调音＋声/像源——音频加工 24 路调音台（反馈抑制处理、数字效果、数字音频处理两路、图示均衡）、双卡录音座、影碟机（专业 CD/CATV）＋两台无线话筒接收器（四路输入——输出、十六路音频至功放）。

（2）**功放室** 共有功率放大器十三台：

① 左/右声道低频功率放大器——两入两出 $2 \times 1800\text{W}/4\Omega$；

② 左声道高频主扩音功率放大器——单入两出 $2 \times 175\text{W}/8\Omega$；

③ 右声道高频主扩音功率放大器——单入两出 $2 \times 175\text{W}/8\Omega$；

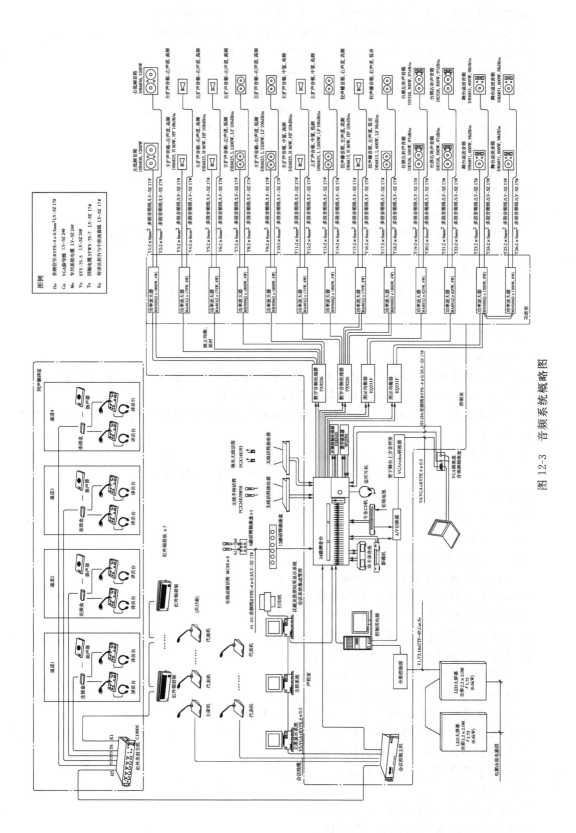

图 12-3 音频系统概略图

④ 左声道低频主扩音功率放大器——单入两出　2×1800W/4Ω；

⑤ 右声道低频主扩音功率放大器——单入两出　2×1800W/4Ω；

⑥ 中置高频主扩音功率放大器——单入两出　2×175W/8Ω；

⑦ 中置低频主扩音功率放大器——单入两出　2×1800W/4Ω；

⑧ 拉声像高频左/右声道功率放大器——两入两出　2×175W/8Ω；

⑨ 拉声像低频左/右声道功率放大器——两入两出　2×1800W/4Ω；

⑩ 台唇左补音功率放大器——单入两出　2×425W/4Ω；

⑪ 台唇右补音功率放大器——单入两出　2×425W/4Ω；

⑫ 舞台返送功率放大器——两入两出　2×(2×1200W/8Ω)。

2. 会议主持部分

(1) 主持控制分部

① 构成　主席显示系统＋主控系统＋议题/投票的集成/显示/处理系统；

② 功能　会议管理及发布。

(2) 主席/主持分部

① 构成　主席机＋代表机（共15套）＋2×话筒插座盒（每盒六路）；

② 功能　主席、代表的语声输入。

3. 同声翻译部分

(1) 收/发分部

① 红外发射主机——H5　自会议控制主机输入的待翻译语音 T1～4、去译员的四路双向通道 K1、去红外辐射版的已翻译的各种语音的输出回路；

② 红外辐射版——共七块　向会场发射已翻译的各种语音的红外信号，供不同语言接收耳机对应收听。

(2) 翻译分部

① 按语种不同由不同通道分送至相应译员，此系统设四个通道；

② 各通道由接线盒连至各译员耳机、话筒及扬声器。

4. 会场现场部分

(1) 音响分部

① 左/右声道低频音箱　1200W、各一个；

② 左声道高频主扩声音箱　80W、共两个；

③ 右声道高频主扩声音箱　80W、共两个；

④ 左声道低频主扩声音箱　1200W、共两个；

⑤ 右声道低频主扩声音箱　1200W、共两个；

⑥ 中置高频主扩声音箱　80W、共两个；

⑦ 中置低频主扩声音箱　1200W、共两个；

⑧ 拉声像高频左/右声道音箱　80W、各一个；

⑨ 拉声像低频左/右声道音箱　600W、各一个；

⑩ 台唇左补音音箱　300W、共两个；

⑪ 台唇右补音音箱　300W、共两个；

⑫ 舞台返送音箱　600W、共四个。

(2) 显示分部

① LED2.2m×2.0m 大屏幕　全彩两个；

② 功耗　6.6kW 均由强电部分提供；

③ 信号 由全彩控制器 $16\times$UTP-4P，Cat.5e 提供。

（3）发言分部

① 手执无线话筒 PGX24E/SM58；

② 领夹无线话筒 PGX14E/93。

三、平面布置图

以图 12-4～图 12-6 依次为图 12-3 对应的讲演厅会议扩声及显示系统的平面/天面/剖面布置图为音频系统布置示例。

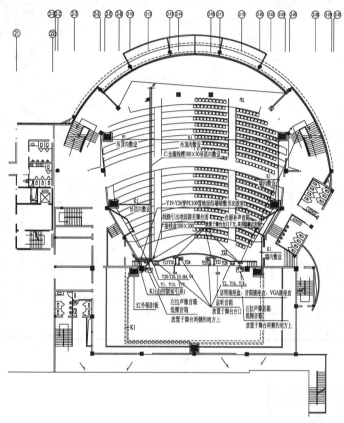

图 12-4 音频系统平面布置图

① 主扩声音箱需设延时，延时值在测试中定。主扩声音箱、台唇音箱、拉声像音箱及舞台返送音箱在处理器中分开均衡。

② 音频系统须经调整、测试，合格后方可验收。为保证系统有较高的清晰度，应控制满场混响时间在 1.2～1.5s。

③ 话筒输入线采用双屏蔽话筒线，音箱输入线采用 $2\times6\text{mm}^2$ 多股音箱线，各线路采用金属线槽于吊顶内敷设或地面下暗敷，引出线穿可挠金属管敷设。

④ 主扩声音箱、低频音箱安装于音柱槽内，其安装角度待调试定。台唇补音音箱嵌入台唇墙内安装，拉声像音箱安装于舞台两侧台面，舞台返送音箱安装于舞台台面中央及两侧。

⑤ 所有设备及元件的接线必须严格同相。所有设备、机架及钢管均要求一点接地。话筒线屏蔽层单端接地，接地电阻不大于 1Ω。

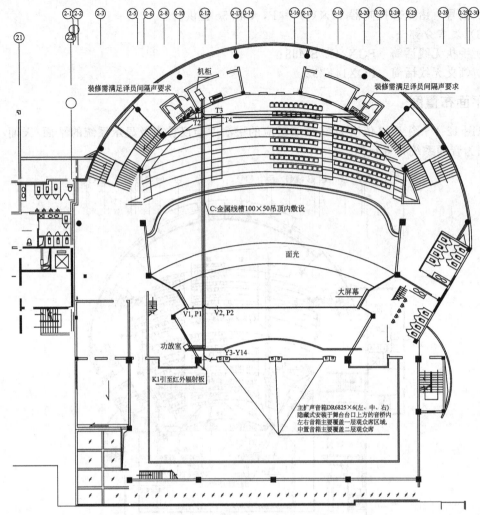

图 12-5 音频系统天面布置图

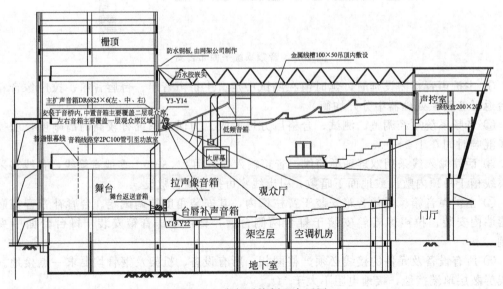

图 12-6 音频系统剖面布置图

第二节　综合布线

一、实例

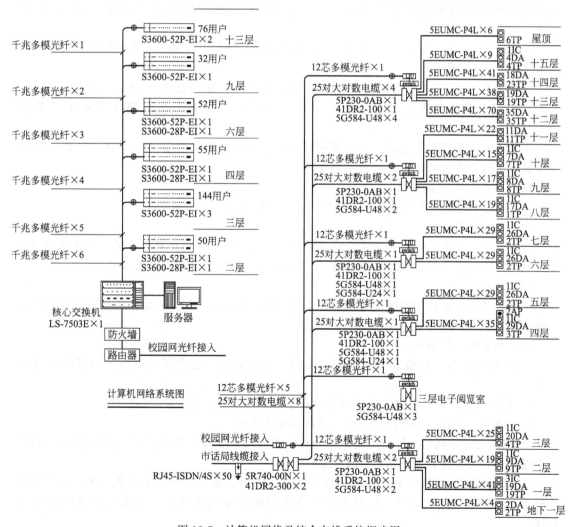

图例	名　　称
⊙nTP	语音信息插座, n为信息孔数量
⊡nIC	IC语音信息插座, n为信息孔数量
⊡nDA	数据信息插座, n为信息孔数量
⬤nAP	无线通信接入点
⬚⬚⬚	光纤配线架
switch	网络交换机
⬚⬚⬚	主配线架
⬚⬚	楼层配线架

图 12-7　计算机网络及综合布线系统概略图

二、剖析

1. 概述

（1）工作区

一个独立的需要设置终端设备的区域可划分为一个工作区。其服务面积可按 $5\sim30\,\text{m}^2$ 估算，或按建筑物的功能区域及不同的应用场合调整面积。

（2）信息插座的布置方案

根据建筑物的功能及用户的实际需要确定：

① 使用功能较明确的专业性建筑物　如电信、外交、航空、铁道、电力、金融、厂矿、医院、住宅；

② 机关、企事业单位的普通办公楼　综合布线系统的配置分为：最低、基本、综合三种标准；

③ 房地产商开发的办公楼、综合楼等商用建筑物　由于在系统设计期间对所出售或出租对象不明确和隔墙位置不确定，可采用开放办公室综合布线结构，并符合下列要求：

• 采用多用户信息插座时　插座可装在墙面或柱子等固定结构上。每个插座内最多包含 12 个 RJ45 信息插座；

• 采用集合点（CP）时　集合点应安装在距离楼层配线设备（FD）不小于 15m 的墙面、柱子上或吊顶内。集合点采用 IDC 卡接模块，且无容量限值（可从 4 对至几百对）；

• 上述两方案均难实施时　将需要的容量预留在楼层配线设备（FD）内，待确定使用对象后、进行二次装修时再布放水平缆线。

（3）水平配线子系统

1 条 4 对的双绞电缆应全部固定终接在 1 个 8 位模块信息插座上。

（4）干线子系统

应选择干线缆线较短、安全及经济的路由。干线缆线应采用点对点端接，宜选取不同的干线电缆（大对数电缆或 4 对对绞电缆）、光缆来分别满足话音和数据的需要。

（5）跳线

配线设备交叉连接的跳线应选用综合布线专用的插接软跳线，在电话应用时也可选用双芯跳线或 3 类 1 对电缆。

（6）弱电间、设备间

① 位置及大小　根据设备的数量、规模、安装形式、最佳网络中心等因素综合考虑确定；

② 配线机架、柜　按实际需要布置、安装，如有发展应预留发展的空间。

（7）电缆、光缆、各种连接电缆、跳线等硬件设施

① 应结合通信网络、计算机网络的构成情况及需要选用，选用产品的各项指标一般高于系统指标，才能保证系统指标得以满足；

② 对于链路所选用的配线电缆、连接硬件、跳线、连接线等类别必须一致。如选用 6 类标准，则缆线、连接硬件、跳线连接等全系统必须都为 6 类，才能保证系统链路达到 E 级。

（8）公用配线网

系统与外界通信网连接应符合所连接的公用配线网标准，并按支持多个电信运营商的安

装场地、需求，预留安装相应配线和接入设备及通信设施的位置，对于进入建筑物管道也应考虑上述因素。

（9）布线网络的拓扑结构

采用开放式星型拓扑［主要有以太网（Ethernet）、光缆分布数据接口（FDDI）］，可支持当前普遍采用的计算机系统。

（10）干扰

当综合布线区域内存在的干扰源场强高于规范规定或用户对电磁兼容性有较高要求时，应采用屏蔽缆线和屏蔽配线设备进行布线，或采用屏蔽措施及光缆布线系统。

① 良好的接地　采用屏蔽措施时必须有良好的接地系统，并应符合下列规定：

• 保护地线的接地电阻值，单独设置接地体时不应大于 4Ω；采用联合接地体时不应大于 1Ω；

• 所有屏蔽层与金属保护管应保持连续性；

• 屏蔽的配线设备（FD 或 BD）端必须良好接地，用户（终端设备）端视具体情况宜接地；

• 接同一接地体，若接地系统中存在两个不同的接地体时，其接地点电位不应大于 $1Vr.m.s.$。

② 配线柜接地　每一楼层的配线柜都应采用适当截面的铜导线单独布线至接地体，也可采用竖井内集中用铜排或粗铜线引到接地体。不管采用何种方式，导线或铜导体的截面应符合标准，接地电阻也应符合规定。

③ 信息插座的接地　可利用电缆屏蔽层连至每层的配线柜上，工作站的外壳接地应单独布线连接至接地体。一个办公室的几个信息插座可合用一条接地导线，该接地导线应选用截面不小于 $2.5mm^2$ 的绝缘铜导线。

（11）光缆布线

当综合布线区域内存在的干扰源场强高于规范规定时（3V/m），或用户对电磁兼容性有较高要求时，也可采用光缆系统。光缆布线具有最佳的防电磁干扰性能，既能防电磁泄漏，也不受外界电磁干扰影响。在电磁干扰较严重的情况下，光缆是比较理想的防电磁干扰的布线系统。

（12）屏蔽缆线、屏蔽配线设备与光缆系统的选用

本着技术先进、经济合理、安全适用的原则，在满足电气防护各指标的前提下，进行工程性能价格比较后，可选屏蔽缆线和屏蔽配线设备或采用必要的屏蔽措施进行布线，也可用光缆系统。

（13）两个以上组网时

应考虑用以太网光纤、铜缆、光纤、电话网（PSTN、ISDN）接入方式。

2. 图 12-7 剖析

此图为某大学国际教育综合楼计算机网络及综合布线系统概略图，拟作综合布线系统概略图示例。

（1）此工程计算机网络采用两层结构

① 核心层　1000Mbit/s 千兆位以太网模块的快速以太网交换机；

② 接入层　100Mbit/s 以太网接入交换机，用户独占 100Mbit/s 带宽。

（2）网络安全及网络互连

① 核心层与接入层的主干交换机间　1000BASE 千兆光纤连接，通过设置大楼的防火墙和边界路由器实现内部网和互联网的互连；

② 内部网络　按具体应用性质或部门用虚网（VLAN）进一步划分成不同子网，不同子网的通讯通过基于策略的路由和访问进行控制实现。

（3）信息传输

① 计算机网络系统主配线间、电话交换系统主配线间设在一层网络间，内设 1 个建筑物配线设备（BD）。

② 由网络间的电话主配线架和计算机网络主配线架至（BD）配线架的连接　分别采用大对数线缆和 12 芯室内多模光缆。

③（BD）配线架与接入层配线架之间的连接　采用 3 类大对数线缆（语音）及多模光缆（数据）连接。

④ 水平子系统　采用超 5 类非屏蔽双绞线，通过配线架上跳线连接。

⑤ 水平区内各数据点及语音点　灵活组合互换，实现可视电话、电视电话会议、远程数据通讯等各种现代化信息交换。

（4）工作区子系统

工作区的划分根据房间的不同用途采用了不同布点方式：

① 教师办公室　按 5～10m 为一个工作区，教研室按 10～20m² 为一个工作区，每个工作区设置一个数据信息点和一个语音信息点；

② 教室　为一个工作区，每个工作区设置两个数据信息点，或按照使用需求设置适当数量的超五类语音、数据信息点；

③ 电子阅览室　预留交换机及配线架。

（5）水平子系统

水平线缆均采用阻燃低烟无卤超五类 4 对非屏蔽双绞线。

（6）垂直干线子系统

使用光缆＋大对数铜缆的星形拓扑结构实现水平线缆与主设备间的连通：

① 语音干线　采用三类大对数铜芯电缆；

② 数据干线　则采用 12 芯室内多模光纤。

（7）管理间子系统

置于弱电竖井，由配线架以及相关跳线组成。

（8）设备间子系统

① 数据部分　利用主配线架、光纤配线架进行进线与楼层配线架光纤的跳接；

② 语音部分　利用 300 对语音配线架进行语音线缆的跳接，进线电话线路数由甲方与电信部门协商确定。

（9）管理及设备间内配线架

均配 19″机柜落地或挂墙安装，IC 电话插座距地 1.3m 暗装，无线通信接入点距地 2.3m 挂墙安装，地下一层信息插座距地 1.3m 暗装，其余信息插座距地 0.3m 暗装。

（10）线缆敷设

① 竖井内的线路　沿金属线槽敷设；

② 线路公共走向（走道）的部分线路　在吊顶内沿金属线槽敷设；

③ 由线槽引出至信息插座的 UTP　配阻燃硬塑料管在吊顶内或沿墙暗敷，每根 PC20 管内 UTP 敷设数量为 1～2 根。

第三节　电子大屏幕

一、实例

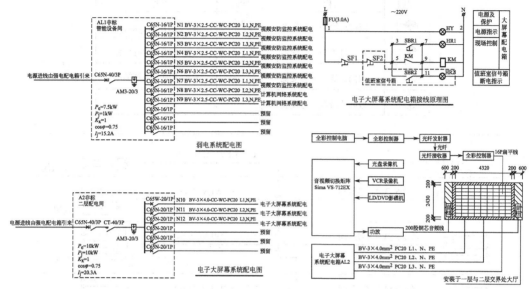

图 12-8　电子大屏幕系统概略图

二、剖析

图 12-8 为与图 12-3 同一工程电子大屏幕系统概略图，拟作大屏幕系统设计的示例。

① 大屏幕　设置在一层，用以提供文字和图像的显示。

• 4320mm×2430mm 全彩色 16：9 的全彩屏由 81 块 480mm×270mm LED 显示单元板组成；

• 像素距离要求为 P5、点阵密度（点数/m²）40000，LED 大屏幕最大亮度不小于 1000cd/m²；

• 控制方式要求与视频同步、有效通讯距离（不加中继）不小于 100m、帧频大于 128Hz；

• 平均无故障工作时间不小于 1 万小时，屏幕寿命不小于 10 万小时，可视角度：水平 160°、垂直 110°。

② 控制计算机　设置在一层值班室。

• 要求为酷睿 2.4G 双核、1G 内存、160G 硬盘、100M 网卡、17″LCD 显示及以上；

• 计算机与屏幕通过光收光发机连接，光发器设在网络间机柜内，光收器设置在二层电子大屏幕附近，光收器与光发器间采用 4 芯多模光缆连接，光收器与全彩控制器及全彩屏之间采用 16P 扁平线缆连接，线路在综合布线的线槽内敷设；

• 从线槽引出至屏幕段线路配阻燃硬塑料管敷设，电源线路从智能设备间配置的配电箱引接，电源线路在吊顶内敷设。

③ 设备安装注意尺寸、间距、支架荷载外，尚需注意整屏平整度。

第四节　有线电视

一、实例

图例	名称	图例	名称
![]	双向过流型二分配器	8	8路无源集中分配器
![]	双向过流型三分配器	12	12路无源集中分配器
![]	双向过流型一分支器	—○	系统出线至电视插座
![]	双向过流型二分支器		

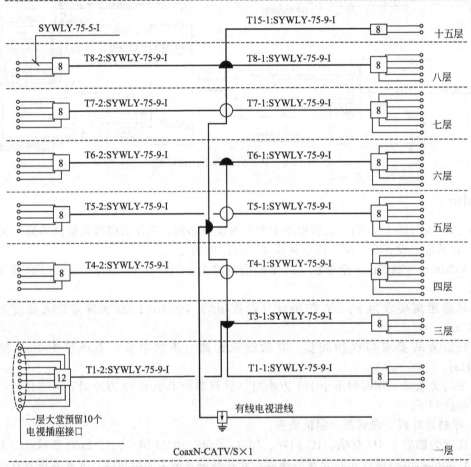

图 12-9　有线电视系统概略图

二、剖析

图 12-9 为与图 12-3 同一工程有线电视系统概略图，拟作有线电视系统设计的示例。

① 系统组成

• 节目源为城市有线电视信号，按数字电视要求的双向传输网络设计，故系统设备均选用双向传输器件；

· 有线电视终端插座主要设置在大厅、接待室、教室、实验室及会议室等公共区域，在一层大堂处预留 10 个电视插座接口，待装修确定插座安装位置后引接。

② 设备安装方式　分支器及分配器箱体在走廊吊顶内安装，有线电视插座底距地 0.3m 暗装。

③ 管线选择及敷设

· 电视主干线缆 SYWLY-75-9-I 电缆，在竖井及走廊穿阻燃硬塑料管敷设；

· 从分配器到电视插座的线路 SYWLY-75-5-I 电缆，穿阻燃硬塑料管 PC20 敷设；

· 有线电视系统在十五层卫星接收室到屋顶电梯机房处预埋 3 根 SC25 镀锌钢管作为卫星天线接收信号馈线的管道。

第五节　公共广播

一、实例

实例见图 12-10。

二、剖析

图 12-10 为图 12-3 同一工程的公共广播系统概略图，拟作公共广播系统设计的示例。

① 此系统作为一个独立的广播系统，负责此建筑内的公共广播，也可引入校园广播系统进行校园广播。功能包括事故紧急广播及背景音乐广播。

② 设于教室、实验室的音量开关除带强切功能外还可进行节目源的选择。

· 本地功放　可由设于教室、实验室的本地功放、麦克风进行本地广播。

· 背景音乐模式　音量调节器可调整播放音量大小。

· 紧急广播模式　在来自消防控制室的联动信号控制下，无论音量控制器在开、关的任何状态下，可将音量控制器音量切换至最大，并可按选择的区域进行事故广播。广播设备电源由消防控制室的消防配电箱引接。

③ 设备安装

· 音源设备、纯功放等设备在机柜内安装，控制机柜在一层消防控制室落地安装；

· 吸顶扬声器于吊顶上嵌装；壁挂式扬声器底距地 2.3m 壁装；

· 教室及实验室的共用功放机底距地 1.8m 壁挂安装；音量调节开关底距地 1.4m 壁装。

④ 线路敷设

· 公共走向的广播线路（如机房至管井段、管井垂直部分的线路）在封闭式防火金属线槽内敷设；

· 其余线路配镀锌钢管暗埋或吊顶内敷设，均采用阻燃型线缆，广播线路应作防火保护措施。

第六节　综合平面布置图

图 12-11～图 12-13 为与图 12-3 同一工程，且包括所有这些智能系统的综合平面布置图，作为智能系统平面布置图的示例。剖析见前，此略。

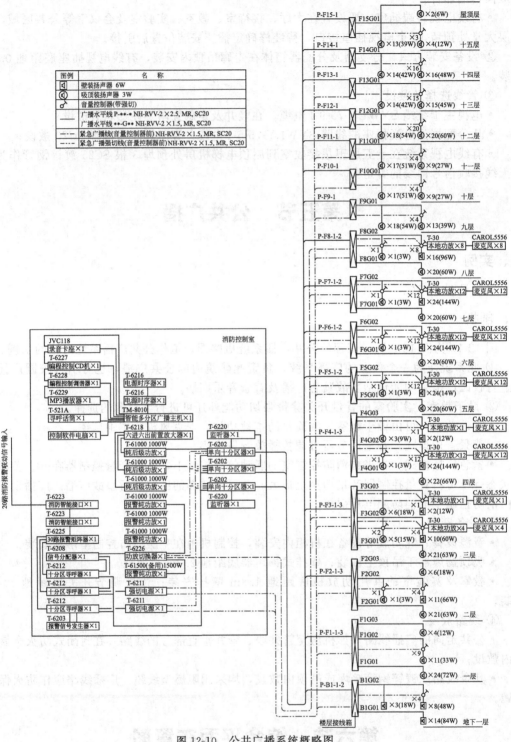

图 12-10 公共广播系统概略图

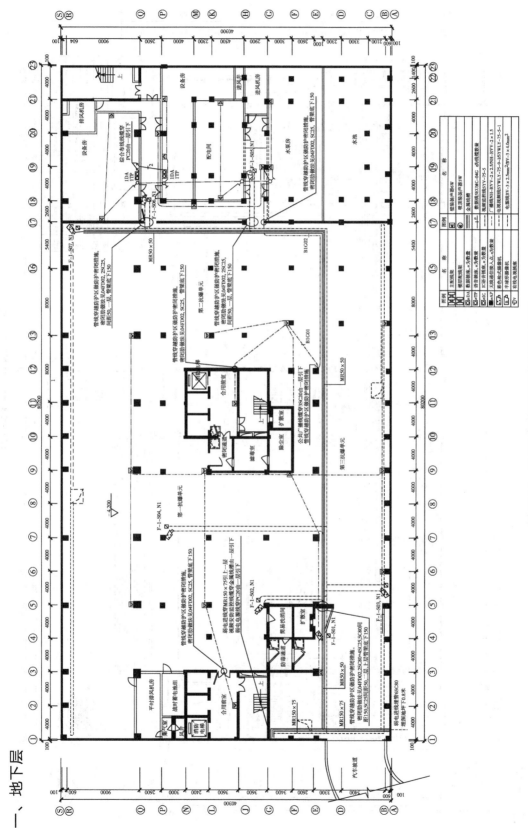

图 12-11 地下室智能平面及控制室布置图

一、地下层

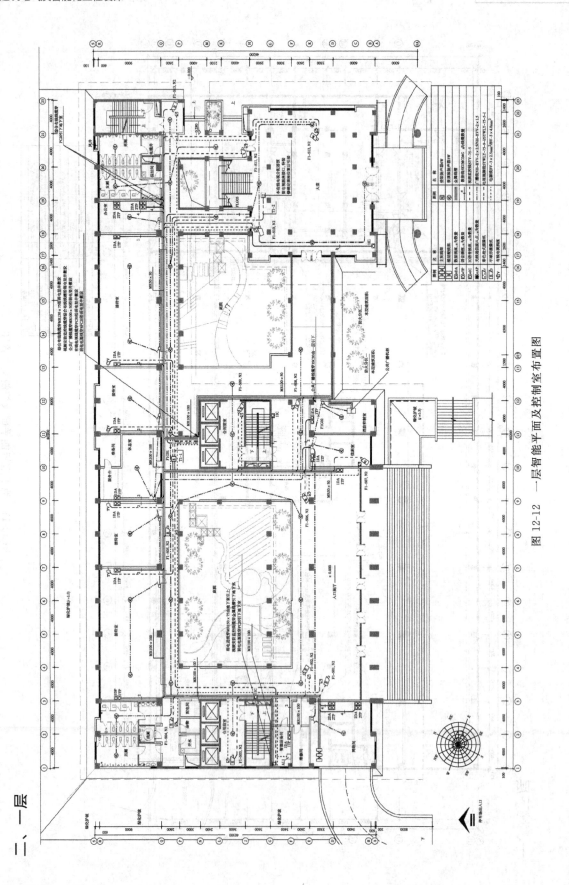

图 12-12　一层智能平面及控制室布置图

二、一层

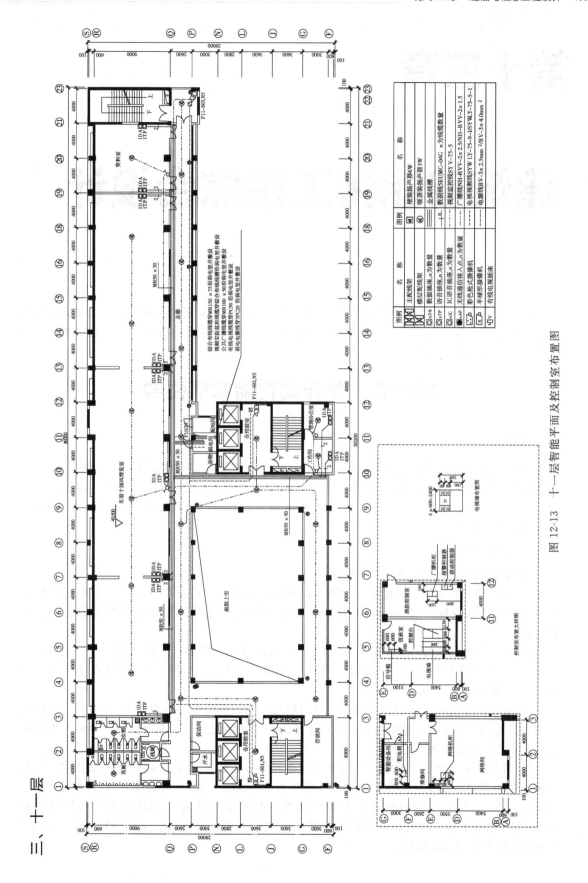

图 12-13 十一层智能平面及控制室布置图

三、十一层

第十三章

建筑智能化工程综合设计

前面分专业类别介绍了各类建筑智能化工程的设计，本章则针对单元式、公寓式家居及大厦三大类民用建筑工程，从综合角度展示建筑智能化工程的整体设计。基于前面理论及分类叙述，本章将以图为主，特殊处才辅以文字。

第一节　单元式智能家居住宅

一、概述

本节图摘自某苹果园金色阳光 14♯ 工程，这是一幢单元式智能家居住宅。图 13-1 概略图表达它的智能化共七部分，对应各分图为：（a）综合布线系统；（b）弱电配电系统（为辅助）；（c）远程抄表系统；（d）有线电视系统；（e）/（f）跃层/标准户型家庭安防系统；（g）可视对讲系统。

1. 综合布线系统

包括数据网络系统和语音系统布线。

① 各户型主卧室及书房配置一个数据点和一个语音点，其余客厅及卧室设置一个语音，跃层上层的活动空间设置一个数据点；屋顶层消防电梯机房及普通电梯机房设置一个语音点；

② 多媒体接线箱按户型配置：A1/B1 户型为语音一进四出、数据一进二出、电视一进二出；A1′/B1′ 户型为语音一进五出、数据一进四出、电视一进四出（箱体参考尺寸：长 320mm，宽 214mm，深 185mm）；

③ 宽带网络机柜于五层、十五层电井内墙装；电话分线箱于四层、十四层电井内墙装；信息插座底边距地 0.3m 嵌墙安装；多媒体接线箱底边距地 0.3m 嵌墙安装；弱电配电箱底边距地 1.5m 挂墙安装；

④ 语音线采用四芯电话线；数据线采用超五类非屏蔽双绞线。水平线路：均穿 PC20 管暗敷，连接单口面板模块的穿管方式为一根四芯电话线穿一根 PC20 管，一根超五类线穿一根 PC20 管；连接双口面板模块的穿管方式为一根超五类线和一根四芯电话线同穿一根 PC20 管；垂直干线：在电井沿金属线槽敷设；多媒体接线箱电源线采用 BV-500V 3×2.5 穿 PC20 暗敷至附近电源插座。

2. 远程抄表系统

① 在一层、七层、十三层电井电表箱内配置 16 户采集器箱，各采集器通过 RS485 通讯线连接对应住户的电表，实现对各住户电表信息的采集。楼内采集器再通过 RS485 通讯总线联网并接入指定的集中器，实现住户电表信息的集中采集、存储。集中器又通过调制解调器直接并入市话网或利用 GPRS 网络，实现对电表信息的远程发送。

② 采集终端器箱在电井内壁装，与电表通过 RS485 通讯线连接，线路穿 PC20 管接至电表箱。上行 RS485 通讯线路在电井内穿 PC20 管沿电井敷设，穿 SC80 钢管接至室外手孔，沿室外路由引至集中器（数据管理机）（集中器位置由总平面图定）。

③ 各层水井内竖向敷设 2 根 PC20 管，在各层 1.6m 处串接接线盒，预留水系统远程抄表。

3. 可视对讲及家庭安防系统

① 对讲系统与小区对讲系统联网控制，住户的室内分机可与管理中心主机、可视对讲单元主机实现呼叫、对讲，住户的室内分机可通过管理中心呼叫另一住户室内分机，并与之对讲。

② 可视对讲室内分机还实现监看和安防功能。标准层住户于厨房设置一个可燃气体探测器，主卧室设置一个紧急求助按钮，走廊设置一个红外线探测器。跃层户型住户于厨房设置一个可燃气体探测器，跃层下层主卧室设置一个紧急求助按钮，跃层下层的走廊设置一个红外线探测器；跃层上层主卧室设置一个紧急求助按钮，跃层上层的走廊设置一个红外线探测器。

③ 可视对讲单元主机设在架空层和一层单元入口处（单元主机电源由架空层电表房内弱电配电箱提供），各单元标准层住户及跃层下层设置一台可视对讲室内分机（跃层上层设一台非可视对讲室内分机）。

④ 层间分配器于电井内底边墙装，室外主机分配器、联网器于架空层电表房内挂墙安装，可视对讲单元主机与单元防盗门配合施工，可视对讲室内分机、非可视对讲室内分机及紧急求助按钮均嵌墙安装，红外探测器吸顶安装，可燃气体探测器于厨房燃具及厨具上方安装（电源由附近电源插座引接）。

⑤ 对讲联网进线穿 SC80 管敷设至室内后经金属线槽引至联网器，层间分配器之间的接线分穿 PC20 管沿电井内敷设，层间分配器与每户可视对讲室内分机、每户可视与非可视对讲室内分机、可视对讲单元主机与电控锁及电源箱、可视及非可视对讲室内分机与紧急求助按钮、可视对讲室内分机与红外线探测器、可视对讲室内分机与可燃气体探测器间接线均穿 PC20 管于墙内或楼板内暗敷。

4. 有线电视系统

① 信号源由总平光端机引接，传输主干经楼层分支器接入各个多媒体接线箱。各户客厅、主卧室及跃层上层活动空间各设一有线电视插座，保证用户终端电平在 64dB 范围。

② 楼层分支器在二层、六层、十层、十三层、十七层、二十一层电井分支器箱内安装，分支器箱挂墙安装，电视插座嵌墙安装。

③ 传输干线采用 SYWV-75-7P 同轴电缆，在电井内穿 PC50 管敷设，多媒体接线箱到电视插座的分支线均采用 SYWV-75-5 同轴电缆，穿 PC20 管在地板、墙内暗敷。

5. 视频监控系统

① 车库视频监控此设计仅包括摄像机的布置及车库内传输线路的安装，其控制、显示、记录部分设备在小区入口处的保安值班室，其相关设备及室外传输线路及设备材料详见总平面图设计，线路从管线出入口进出。

② 摄像机电源由电设备房内的弱电配电箱提供，从金属线槽引出的摄像机线路配 PC20 管明敷，设备配电线路单独穿管明敷，T 形连接处配明装接线盒。

各楼层电井、设备间内所有不带电的金属外壳和各段金属线槽均须与专用接地干线可靠连接，进出建筑物的管线应作防雷防涌保护措施、防止感应过电压损坏器件。

二、系统概略图

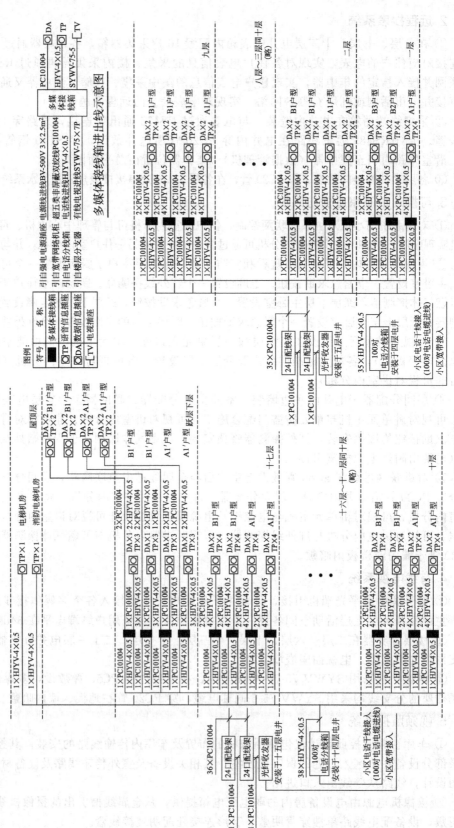

(a) 综合布线系统

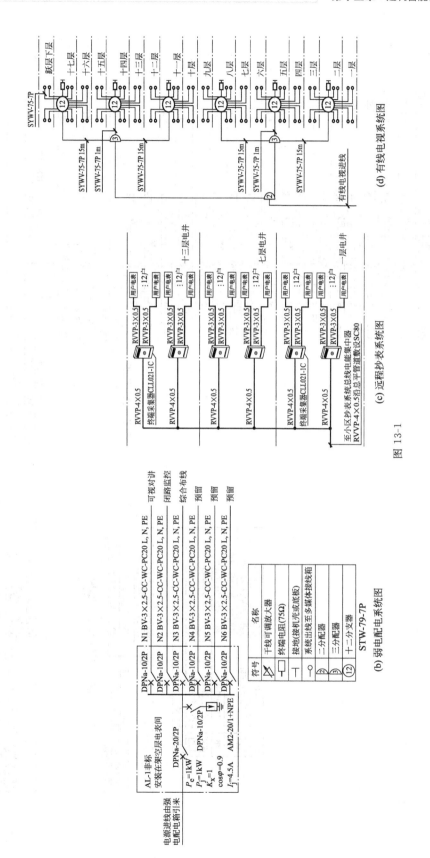

图 13-1

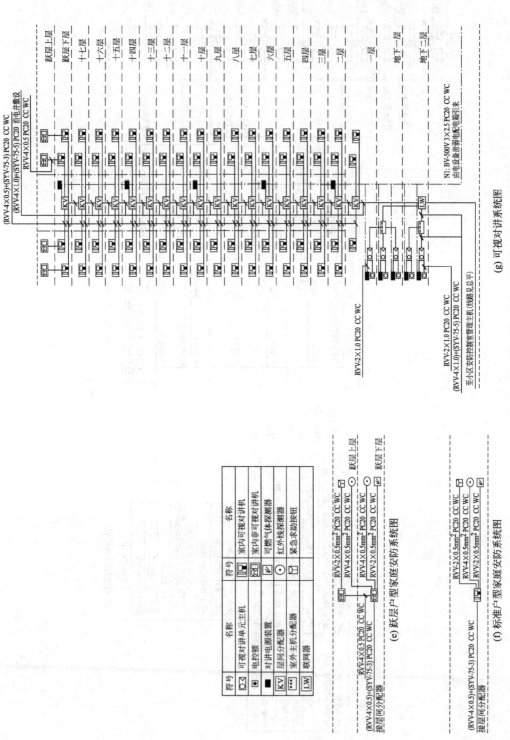

(g) 可视对讲系统图

(e) 跃层户型家庭安防系统图

(f) 标准户型家庭安防系统图

图 13-1   单元式家居住宅建筑智能化系统概略图

符号	名称	符号	名称
📹	可视对讲单元主机	📺	室内可视对讲机
⬛	电控锁	📞	室内非可视对讲机
⬛	对讲电源装置	🔲	可燃气体探测器
KV	层间分配器	⊙	红外线探测器
⋯	室外主机分配器	📧	紧急求助按钮
LW	联网器		

平面布置图与图 13-2 与图 13-3 重复的 "图例及部分标注" 均略，参见此两图。

三、车库平面布置图

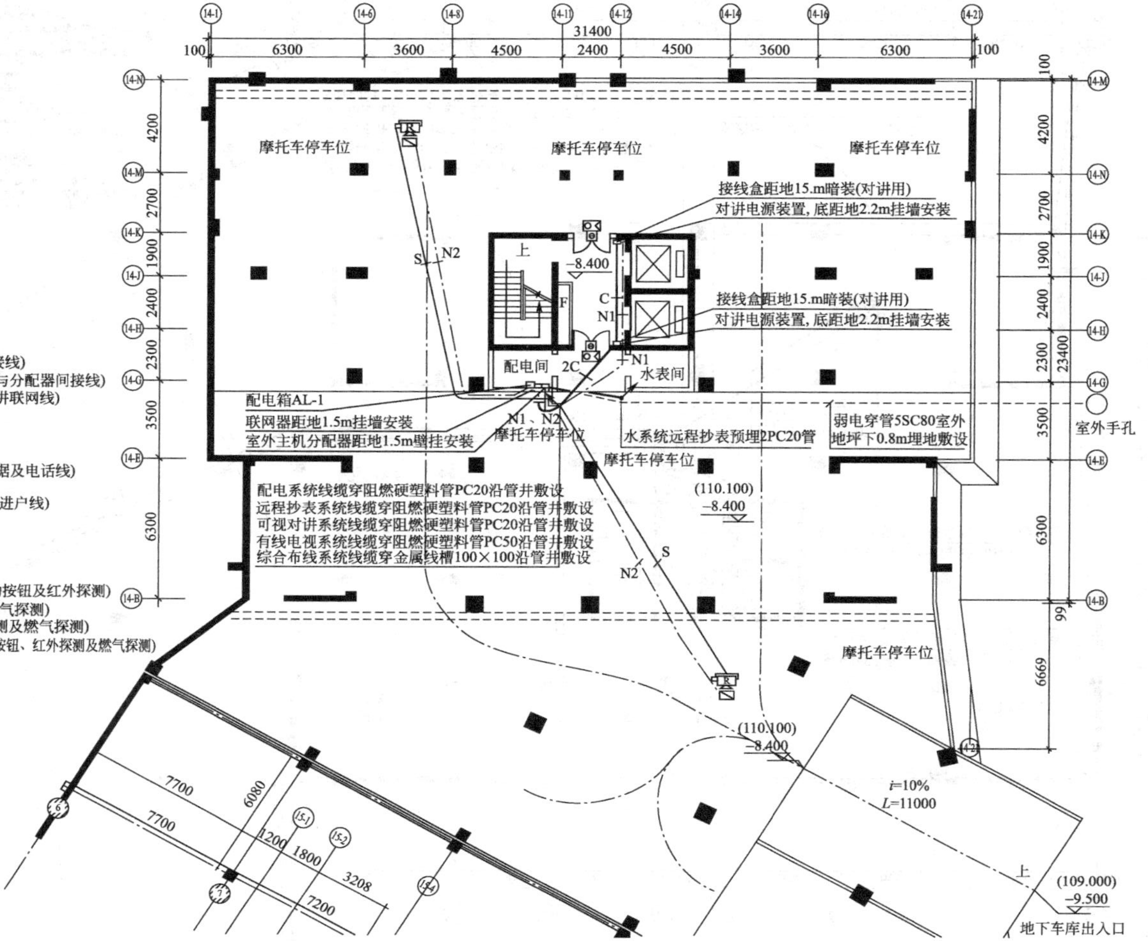

图 13-2　地下二层车库智能平面布置图

图例：

符号	名称	安装方式
	多媒体接线箱	底边距地0.3m暗装
◎TP	语音信息插座	底边距地0.3m暗装
◎DA	数据信息插座	底边距地0.3m暗装
◻TV	电视插座	底边距地0.3m暗装
	室内车可视对讲机	底边距地1.4m嵌墙安装
	电控锁	防窒门配合安装
	紧急求助按钮	底边距地1.1m暗装
	红外线探测器	壁装（见说明）
	可燃气体探测器	底边距地1.4m嵌墙安装
	室内可视对讲机	防窒门配合安装
	可视对讲单元主机	底边距地1.5m嵌墙安装
	层间分配器	底边距地1.5m壁装
	快球摄像机	吸顶安装
	摄像机灯电源装置	摄像机旁安装

S	—	(SYV-75-7)+(RVVP-2×1.0)PC20(摄像机接线)
C	—	(RVV4×1.0)+(SYV-75-5)PC20(单元主机与分配器间接线)
D	—	(RVV-4×0.5)+(SYWV-75-5)PC20(可视对讲联网线)
F	—	SYWV-75-5 PC20(有线电视分支线)
	—	1×(HJYV-4×0.5)PC20(电话线)
— TV —	—	1×PC101004 PC20(数据线)
—F—	—	1×PC101004+1×(HJYV-4×0.5)PC20(数据及电话线)
	—	1×PC101004+1×(HJYV-4×0.5)PC20
—YTF	—	SYWV-75-5 PC20(数据、电话及有线电视进户线)
FS1	—	RVV-2×0.5 PC20(数据、求助按钮)
FS2	—	RVV-2×0.5 PC20(红外探测)
FS3	—	RVV-2×0.5 PC20(燃气探测)
FS4	—	RVV4×0.5 PC20(非可视对讲)
FS1、FS2	—	RVV-2×0.5)+(RVV-4×0.5)PC20(紧急求助按钮及红外探测)
FS2、FS3	—	2×(RVV-2×0.5)PC20(紧急求助按钮及燃气探测)
FS1、FS2、FS3	—	2×(RVV-2×0.5)+(RVV-4×0.5)PC20(红外探测及燃气探测)
~220V	—	2×(RVV-2×0.5)+(RVV-4×0.5)PC20(电源求助按钮、红外探测及燃气探测)
N	—	BV-500V 3×2.5 PC20(电源进线)
N	—	BV-500V 3×2.5 PC20(电源线)

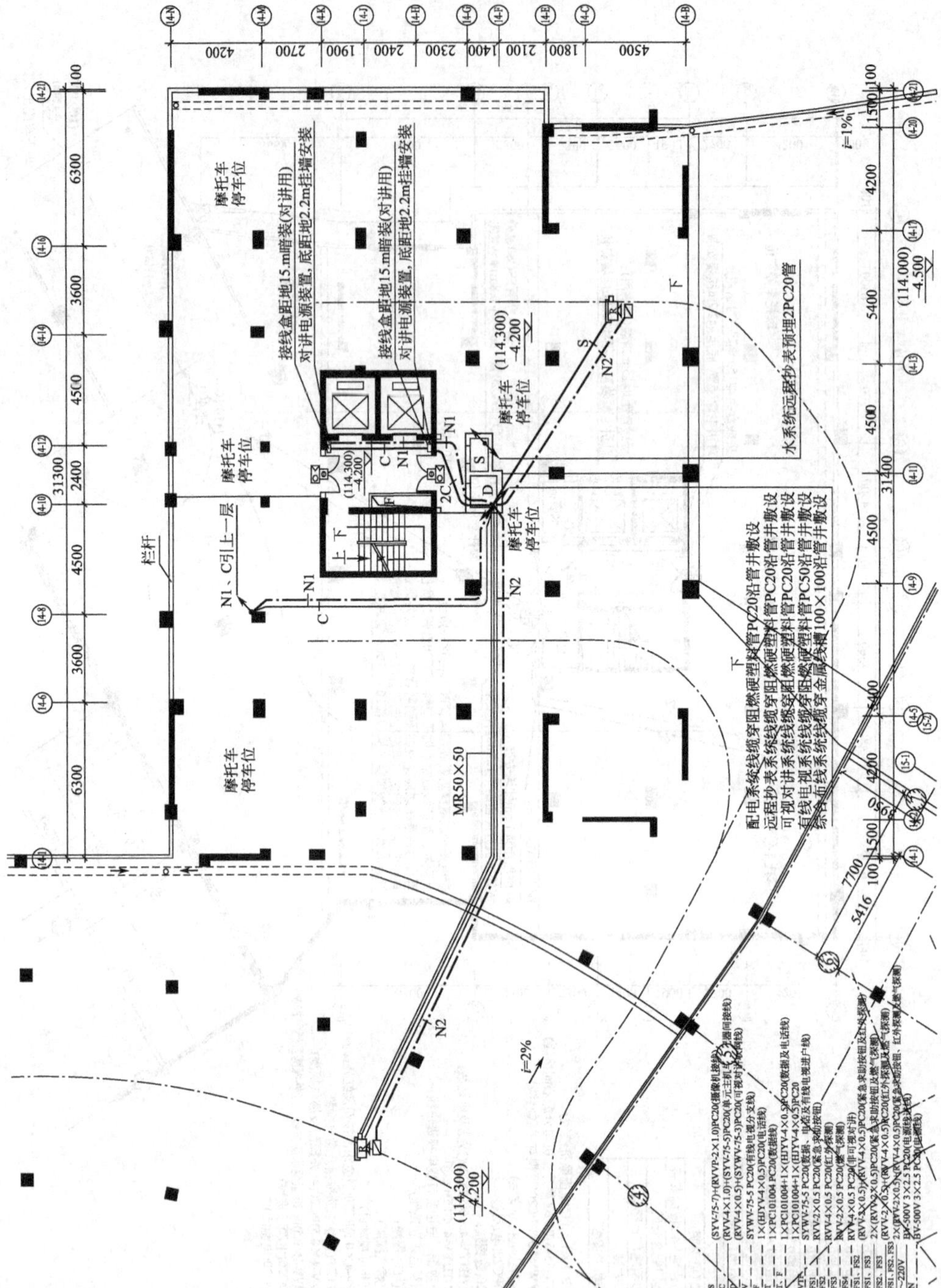

图 13-3 地下一层车库智能平面布置图

四、标准层平面布置图

标准层平面布置图如图 13-4 和图 13-5 所示。

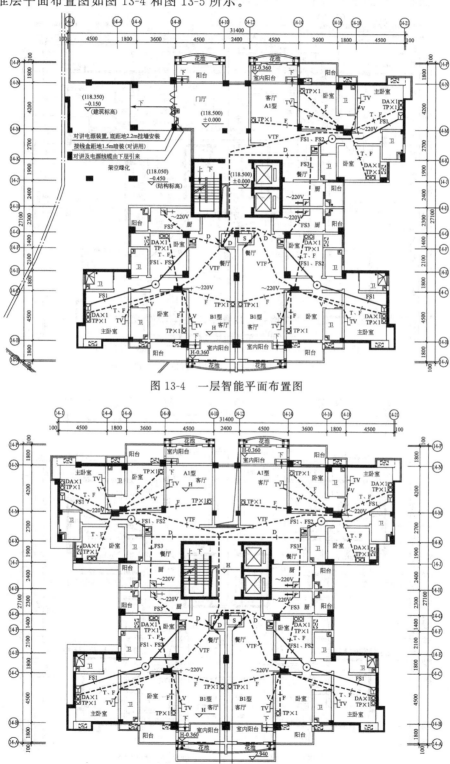

图 13-4 一层智能平面布置图

图 13-5 二～十七层智能平面布置图

五、跃层平面布置图

跃层平面布置图如图 13-6 和图 13-7 所示。

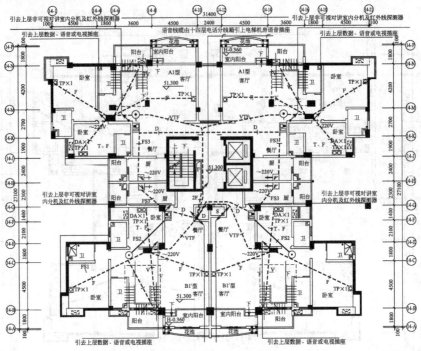

图 13-6　十八层（跃层下层）智能平面布置图

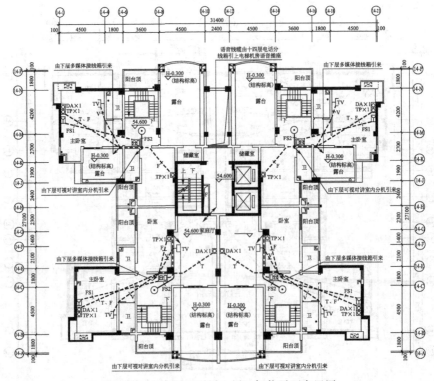

图 13-7　十九层（跃层上层）智能平面布置图

第二节 公寓式智能家居住宅

一、概述

图 13-8～图 13-11 为摘自第一节同小区 30♯工程，这是一幢公寓式智能家居住宅。相对单元式智能化家居，其特色如下。

1. 智能电器控制

用开关直接实现对家居传统电器（如灯光、电视以及电动窗帘等设备）进行一对一的全开、全关及智能控制。智能控制采用电力载波和总线技术两种方式，分遥距、电话手机、电脑远程、定时和场景多类。

2. 智能安防报警

有防盗、防火以及防煤气泄漏功能，可设置两状态。

① 离家报警——所有设备均工作，无论室内还是室外，只要发生情况主机本地报警、电话或者手机报警。在报警情况下，终端设备带有方向识别功能，可分辨出人体是进还是出，以防止小偷有可乘之机；

② 在家报警——当家里出现火灾或者煤气泄漏时，主机会自动联系主人，且通过传感器自动将煤气总阀门关闭。

3. 智能背景音乐

系统不仅能够输出音乐，且能够实现音源共享，还可将音源输出给多个播放器，每个播放器可以单独控制，并可通过遥控器控制播放器切换不同的 DVD。

4. 智能视频共享

系统通过遥控器切换有线电视信号、卫星电视信号、DVD、数字电话（语音），且可将每种视频信号（也称 AV 信号）最多可输出至四台电视。

5. 系统整合

系统根据需要在整合产品里面可将灯光控制、电气控制、安防报警、背景音乐、视频共享以及弱电信息六大功能整合控制。

6. 设备安装

① 家庭控制器暗装在住户入户门附近且易操作的墙内，可燃气体探测器装在房内燃气管道、厨房灶具附近。

② 通讯总线采用 $1.0mm^2$ 的电缆，各设备与总线采用 T 接方式连接。

③ 从音视频交换机处的墙壁插座设音视频输出线和视频线，到每个房间的音箱/喇叭和墙上音视频插座，音视频交换机的音视频输出线也要通过墙壁插座连接。

④ 线路吊顶暗敷时通讯总线布线要求与强电分离。

二、系统概略图

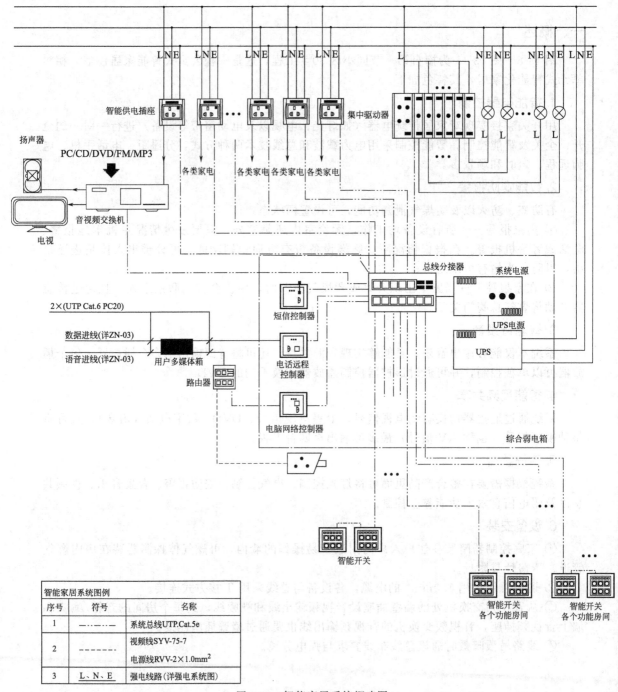

智能家居系统图例			
序号	符号	名称	
1	—··—··—	系统总线UTP.Cat.5e	
2	------	视频线SYV-75-7	
		电源线RVV-2×1.0mm²	
3	L、N、E	强电线路(详强电系统图)	

图 13-8　智能家居系统概略图

三、平面布置图（见图 13-9～图 13-11）

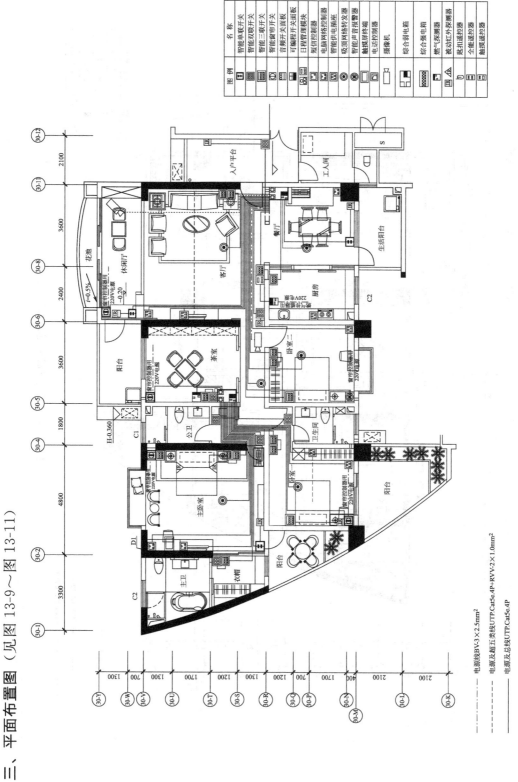

图 13-9 智能家居平面布置图（一）

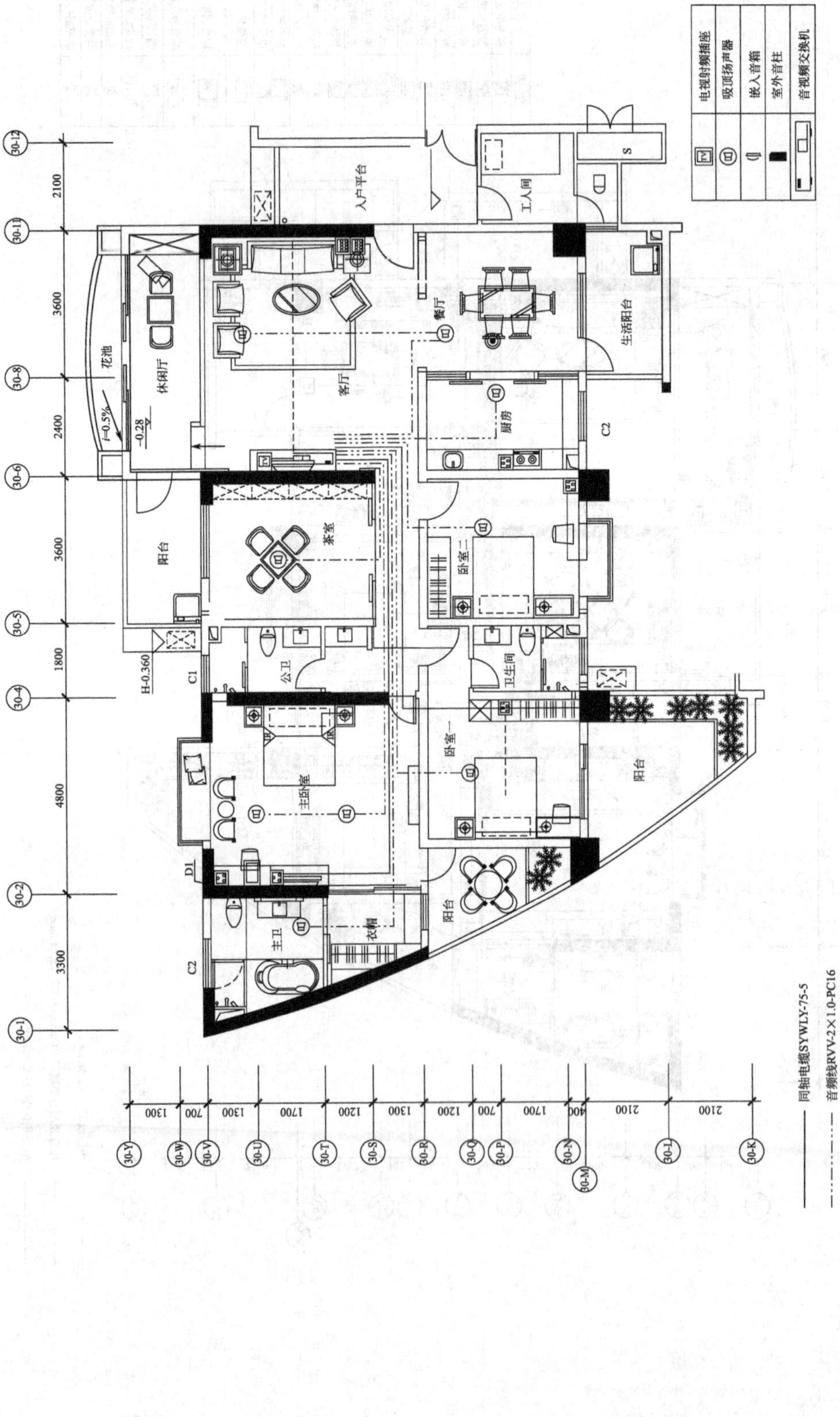

入户平台
工人间
餐厅
生活阳台
客厅
休闲厅
花池
厨房
茶室
阳台
卧室二
公卫
卫生间
主卧室
卧室一
主卫
衣帽
电视射频插座
吸顶扬声器
嵌入音箱
室外音柱
音视频交换机
同轴电缆SYWLY-75-5
音频线RVV-2×1.0-PC16

图 13-10 智能家居平面布置图（二）

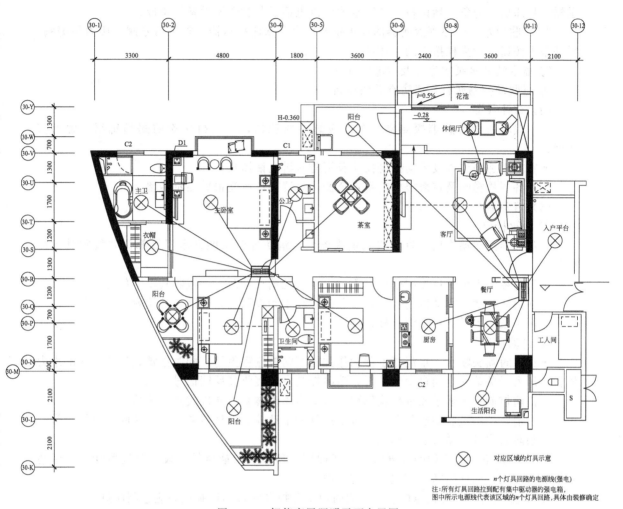

图 13-11　智能家居照明平面布置图

第三节　智能大厦

一、概述

图 13-12～图 13-21 为摘自某假日酒店，工程总建筑面积 17981.31m^2、十九层、67m 高，属二类高层。

1. 消防报警及联动系统

（1）系统

① 本工程为二类防火建筑，火灾自动报警系统的保护等级按二级设置，采用两总线制集中制报警系统；

② 系统由火灾自动报警、消防联动控制、火灾应急广播、消防直通对讲电话及应急照明控制系统五部分组成。

（2）消防控制室

① 设在一层，并设直接通往室外的出口。由火灾报警控制主机、联动控制台、CRT 显

示器、打印机、应急广播设备、消防直通对讲电话设备和电源设备等组成；

②　接收感烟、感温等探测器的火灾报警信号及水流指示器、安全信号阀、压力报警阀、手动报警按钮、消火栓按钮的动作信号；

③　显示消防水泵的运行及故障状况；

④　可联动控制所有与消防有关的设备。

（3）信号设备

• 一般场所设置感烟探测器，车库设感温探测器，发电机房设防爆型感温、感烟探测器；

• 在本楼适当位置设手动报警按钮及消防对讲电话插孔；

• 在各层楼梯间及疏散楼梯前室走道侧，设置火灾声光报警显示装置。

（4）消防联动

①　消火栓泵

• 消火栓按钮动作后，直接启动消火栓泵，消防控制室能显示报警部位并接收其反馈信号；

• 消防控制室可通过控制模块编程，自动启动消火栓泵，并接收其反馈信号；

• 在消防控制室联动控制台上，可通过硬线手动控制消火栓泵，并接收其反馈信号；

• 消防泵房可手动启动消火栓泵。

②　自动喷淋泵

• 火灾时喷头喷水，水流指示器动作并向消防控制室报警；同时报警阀动作，击响水力警铃，压力开关动作启动自动喷淋泵，消防控制室能接收其反馈信号；

• 消防控制室可通过控制模块编程，自动启动喷淋泵，并接收其反馈信号；

• 在消防控制室联动控制台上，可通过硬线手动控制自动喷淋泵，并接收其反馈信号；

• 消防泵房可手动启动喷淋泵。

③　非消防电源　工程的部分低压出线回路及所有各层插接箱内设有分励脱扣器，由消防控制室在火灾确认后断开相关非消防电源。

④　应急照明　平时就地控制，火灾时由消防控制室自动控制点亮应急照明灯。

（5）火灾应急广播系统

①　消防控制室设置总线制定压输出式火灾应急广播机柜，各楼层设广播切换模块。

②　火灾时消防控制室值班人员可根据火灾发生的区域，自动或手动进行火灾广播，及时指挥、疏导人员撤离火灾现场：地下一层着火时，启动地下一层及首层火灾应急广播；首层着火时，启动首层、二层火灾应急广播；二层以上着火时，启动本层及相邻上、下层火灾应急广播。

（6）消防直通对讲电话系统

①　消防控制室内设消防直通对讲电话总机，除各层手动报警按钮处设消防直通对讲电话插孔外，在变配电室、消防水泵房、备用发电机房、消防电梯轿厢、电梯机房、值班室等处设置消防直通对讲电话分机；

②　消防控制室内设置直接报警的119外线电话。

（7）电源及接地

①　所有消防用电设备均采用末端自动切换的双路电源供电，所有消防配电箱（控制箱）面板均有"消防"标志。消防控制室设备还设置蓄电池作备用电源；

②　消防系统接地设独立引下线，引下线采用两根铜芯，利用大楼综合接地装置作为其接地极。

（8）线路敷设及设备安装

① 平面图中所有火灾自动报警线路及 50V 以下的的供电线路、控制线路均用耐火（阻燃）线，穿热镀锌钢管，在楼板或墙内暗敷。由顶板接线盒至消防设备一段线路穿耐火型可挠金属管。其消防中心及管井内所用线槽均为防火线槽，耐火极限不低于 1.0h；

② 楼层管井内模块接线箱、楼层显示器、火灾对讲电话、手动报警按钮及对讲电话插孔壁装；

③ 消火栓箱内设消火栓报警按钮，接线盒设在消火栓的开门侧。单个设置的控制模块靠近被控对象壁装或吸顶安装；就地模块箱、火灾壁挂扬声器、火灾声光报警器壁装，吸顶扬声器吊顶内嵌装，气体灭火警铃挂墙明装，电控箱、配电箱处切换模块数量见系统图。

2. 综合布线系统

① 工作区划分 普通客房设一个工作区：书桌设一个数据点，床头设一个语音点，卫生间设一个语音点；其余场所按需求设置信息点。同一间客房内电话使用一根电话进线。

② 采用星型布线结构 水平布线线缆采用超五类布线器件，信息点接线采用非屏蔽超五类线缆，垂直线缆数据传输部分采用六芯多模光纤，市内电话传输部分采用三类 25 对大对数电缆。

③ 设备安装 信息点安装于墙面暗装的标准 86 面板内。非屏蔽系统水平线缆由楼层配线架经弱电线槽引出，水平线槽吊顶内安装。楼层配线架 FD1～FD6 分别安装于挂墙装于系统图所示楼层配电间的 12U 非屏蔽机柜内，配电间有多个挂墙机柜时，机柜可竖向对齐排列安装。系统主机柜在六层总服务室。

3. 视频安防监控系统

① 半球摄像机、吸顶、固定式枪机挂墙安装于监视各楼层主要出入口。

② 监控中心在一层消防控制室，采用 96×4 路矩阵管理各监控摄像机；5 台 16 路硬盘录像机加 1 台 12 路硬盘录像机通过视频环路输出存储 7 日的摄像机监视信息（每台 16 路硬盘录像机配 300G 硬盘，12 路硬盘录像机配 200G 硬盘）。

③ 摄像机供电电源由消防控制室配电箱 2 个备用回路引出 220V 电源线沿强电桥架或线管敷设至监控电源转换箱：1 条回路供地下层至 9 层直流电源；另一条供 10 层至 19 层直流电源。AC220V/DC12V 电源（监控电源转换箱）吊顶内壁挂安装。

④ 楼层弱电间设置供摄像机使用的直流电源，直流电源线 RVV-2x1.5mm^2 与同轴电缆以 PVC20 或金属软管共管敷设。

4. 有线电视系统

① 节目源为城市有线电视节目，前端箱安装在 11 层配电间。

② 信号传输线分三级，第一级为传输干线，采用 SYWV-75-9 同轴电缆配 PVC32 或沿垂直线槽敷设；第二级为楼层电视分配器，用 SYWV-75-7 配 PVC32 管或沿水平线槽在吊顶敷设；第三级为终端电视分配器，用 SYWV-75-5 同轴电缆，沿水平线槽或配 PVC20 管墙内暗敷至电视插座。

③ 第一、二级电视分配器装设于挂墙明装的电视器件箱，第三级终端电视分配器在走廊吊顶内壁装于分配线路的中心位置，安装地的吊顶处预留活动维护口。

二、消防系统

1. 系统概略图

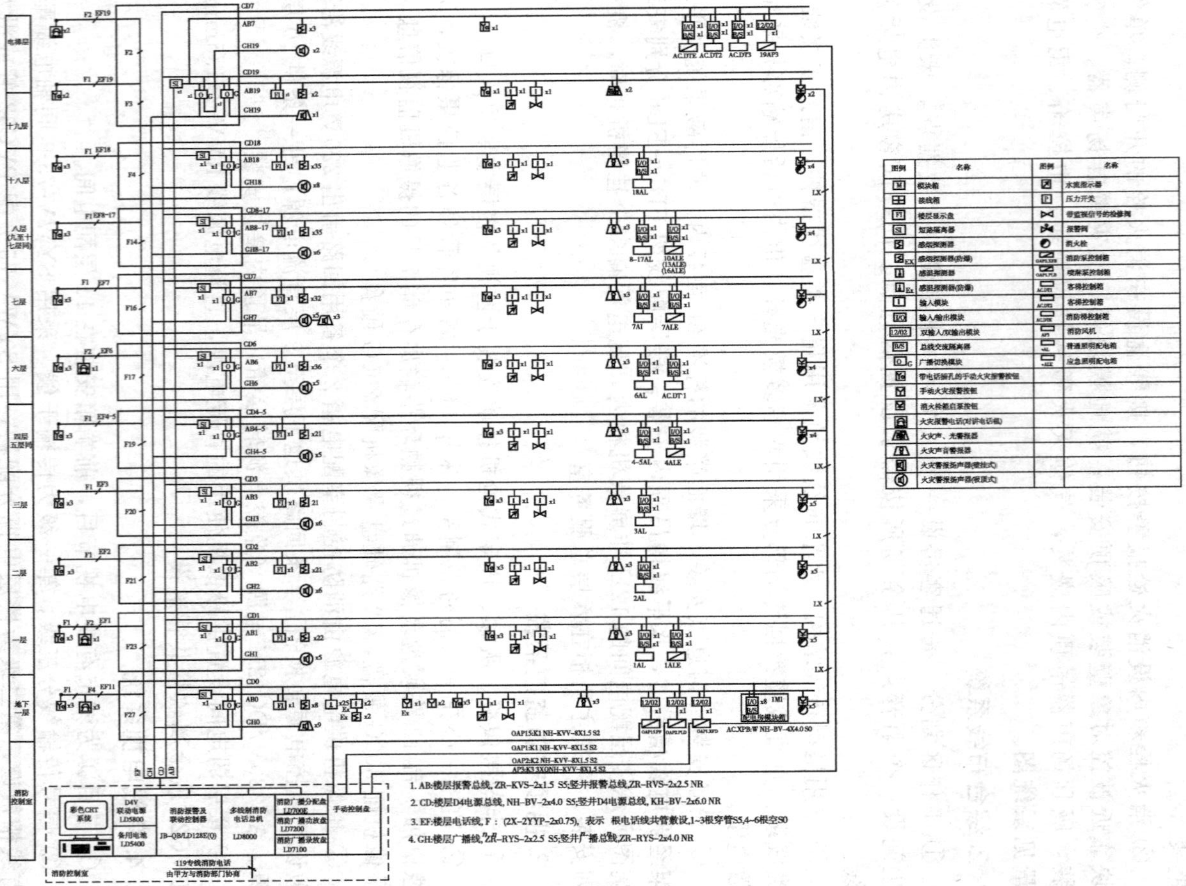

图 13-12 智能大厦消防系统概略图

2. 平面布置图

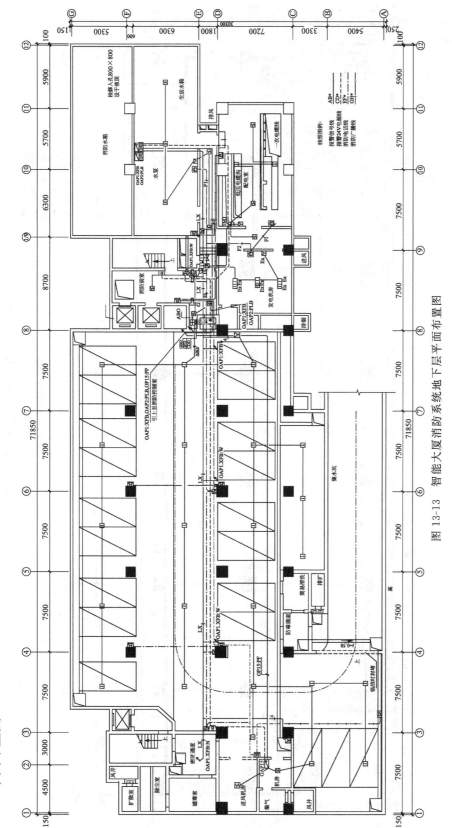

图 13-13 智能大厦消防系统地下层平面布置图

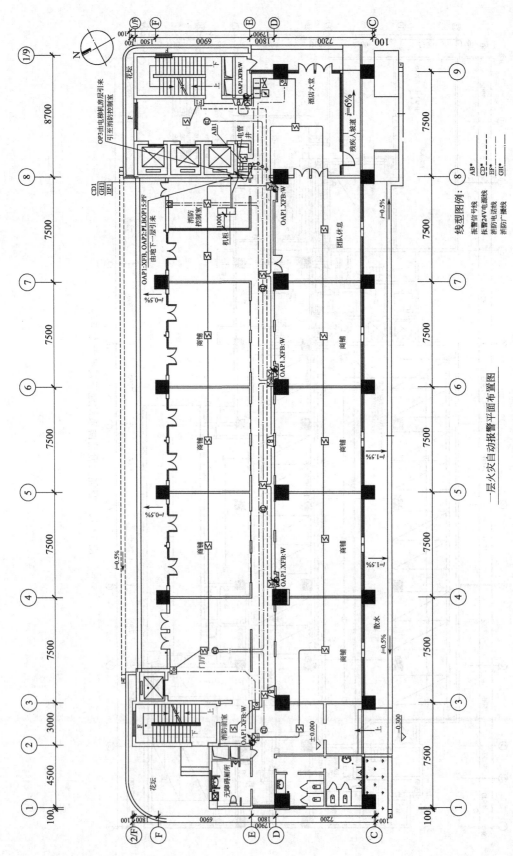

一层火灾自动报警平面布置图

图 13-14 智能大厦消防系统一层平面布置

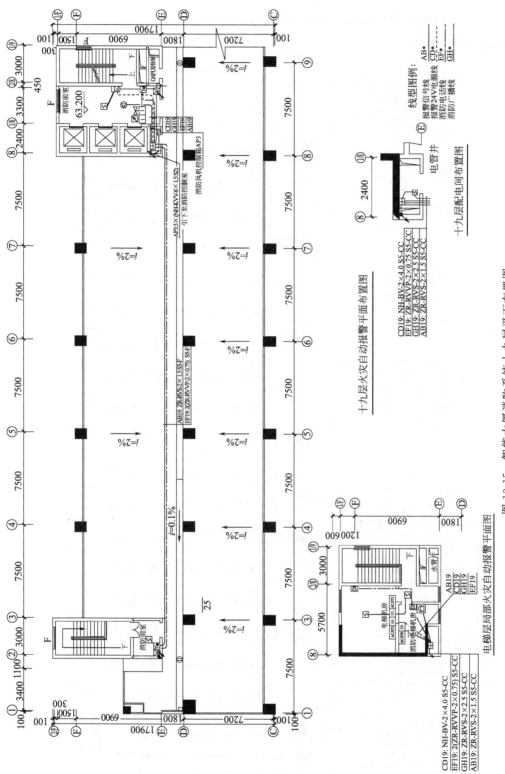

图 13-15 智能大厦消防系统十九层平面布置图

三、其它智能化系统概略图

其它智能化系统概略图见图 13-16～图 13-21。

1. 综合布线系统

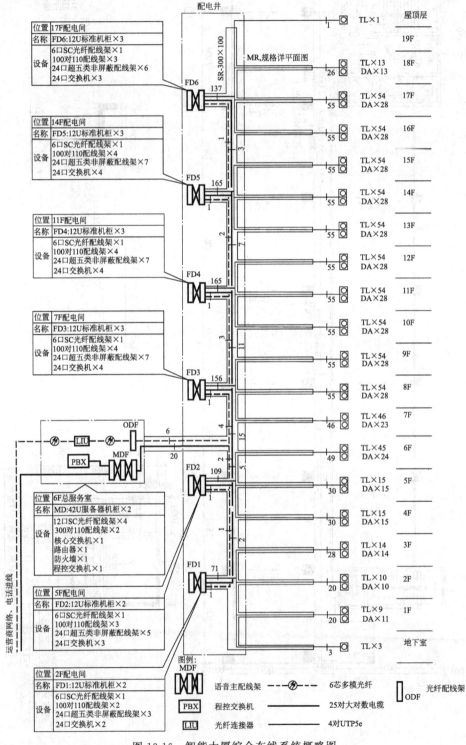

图 13-16 智能大厦综合布线系统概略图

2. 视频监控系统

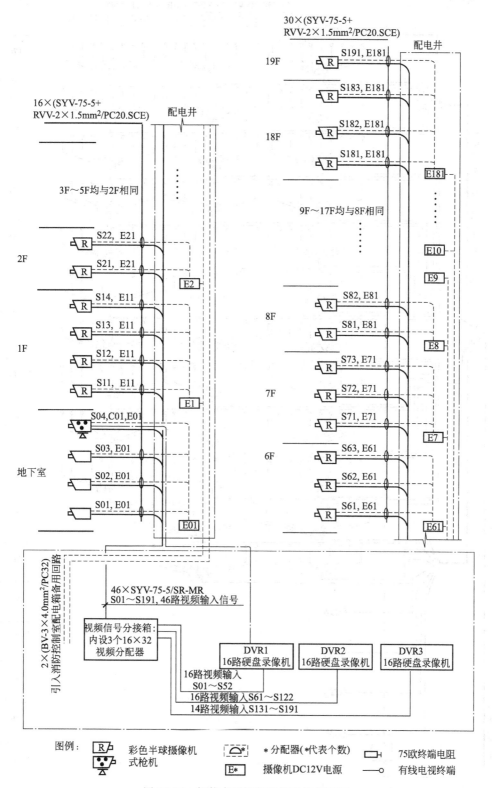

图 13-17　智能大厦视频监控系统概略图

3. 有线电视系统

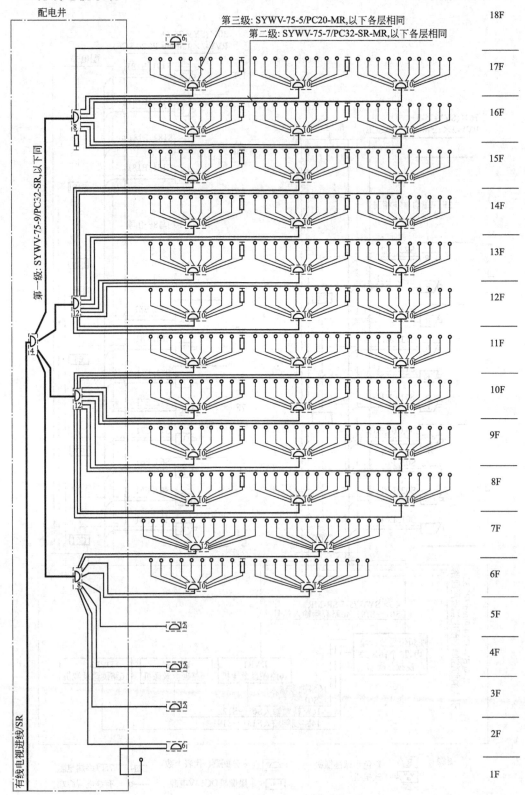

图 13-18　智能大厦有线电视系统概略图

四、其它智能化系统平面布置图

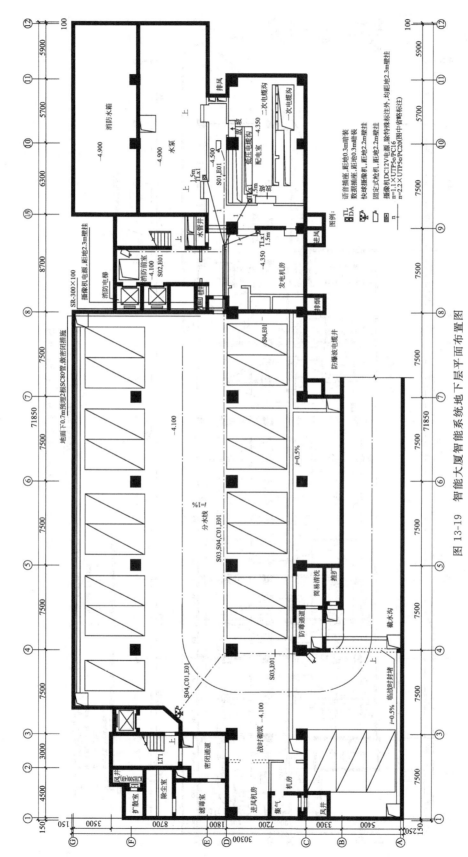

图 13-19　智能大厦智能系统地下层平面布置图

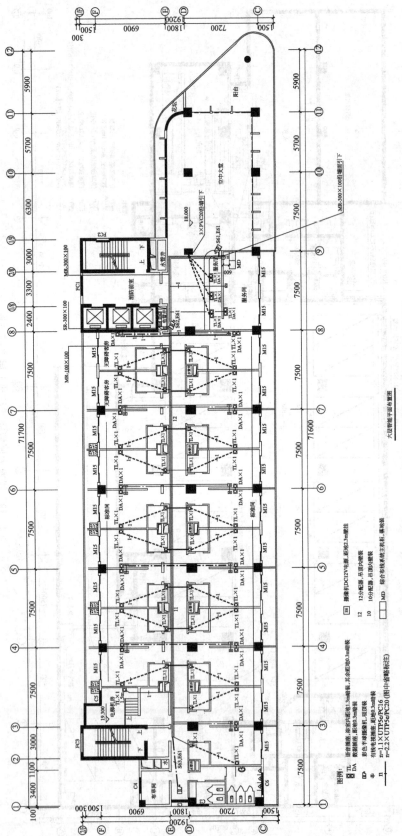

图 13-20 智能大厦智能系统六层平面布置图

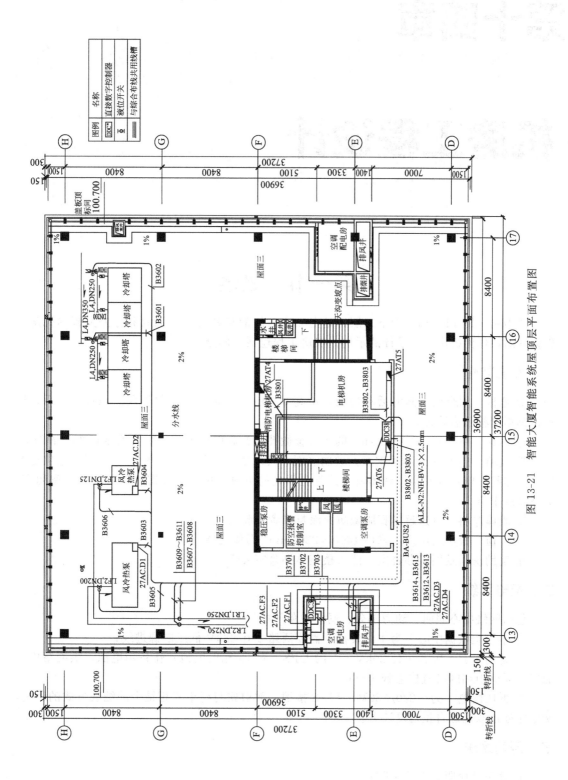

图 13-21　智能大厦智能系统屋顶层平面布置图

第十四章

机房工程设计

第一节　概述

图 14-1～图 14-6 摘自地下二层、地上二十七层的某公司某基地业务办公大楼的机房工程设计图，作为机房工程设计的示例。机房工程包括六部分。

一、建筑装修

① 地板　用全钢抗静电活动地板，垫高 0.30m，地板下粘贴保温层。地板安装后，用不锈钢踢脚板压边装饰；

② 吊顶　用 $600 \times 600 \times 8mm^3$ 的铝合金微孔吸音乳白色天花，距楼顶板 0.30m 吊顶；

③ 隔墙　用 12mm 不锈钢框大玻璃隔断，玻璃隔墙以复合塑铝板边框饰面。主机房和网管工作间外窗用双层金属密闭窗，并避免阳光的直射。用铝合金窗时，可用单层密闭窗，但玻璃应中空；

④ 墙体涂料　可选超薄膨胀型防火涂料或者乳胶漆；

⑤ 门窗　机房内出入门采用 $1400 \times 2200mm^2$ 钢化玻璃门；

⑥ 辅助房间及网管办公室　照大楼整体办公室装修。

二、配电系统

包括网络中心照明、动力部分、网络设备用电：

① 本工程数据中心　为 1 级负荷，需要两路 220/380V 低压电源进线；

② 备用电源　配置一台 20kV·A 的 UPS（配 1h 充电电池）作备用电源，供网络中心的服务器机柜和网络监控电脑用电；

③ 低压配电　为～220/380V、TN-S 接地、放射式与树干式相结合的结线方式的系统，配电箱处设双电源自投自复装置。

三、照明系统

① 分正常照明、应急照明；

② 照度标准　办公室：300lx；机房：300lx；疏散通道处的应急照明照度不小于 0.5lx；

主机房、网管工作间的应急照明照度与正常照明照度相同；其余备用照明为双头应急灯，照度按不小于正常照明照度的10%；

③ 光源及灯具　采用 T5 型三基色荧光灯配格栅灯盘，通过墙壁装设翘板开关就地控制。主机房和网管间的照明回路采用双控开关：平时供正常照明，就地控制；火灾时作应急照明，由消防控制室自动控制强制点亮全部应急照明回路；

④ 照明节能　用 T5 型三基色荧光灯，光源显色指数 $Ra \geqslant 80$，配高品质电子镇流器，就地补偿功率因数达 0.9 以上。主要房间或场所照明功率密度 $<11\text{W/m}^2$，满足照明标准表要求；

⑤ 照明、插座分别由不同回路供电　照明用 ZR-BV-3×2.5mm^2 穿管敷设。插座用 ZR-BV-3×4mm^2 穿管敷设。

四、空调系统

主机房内的设备间对温湿度要求较高，采取恒温恒湿空调措施。用一台 12.5kW 的风冷型恒温恒湿专用柜式精密空调置主机房，满足网络设备散热要求，空调通风采用下送风方式。

五、环境监控系统

① 集中监控：涵盖动力监控、环境监控、安全监控、IT 业务、能耗监控、微环境安全，配置监控工作站；

② 综合报警：现场声音、电话、短信、彩信、图像、声光、邮件多种报警方式，配置报警服务器；

③ 远程运维：通过电话、短信、视频、IE 终端、移动终端实现远程管理和控制，配置远程控制器；

④ 独立运行：断电、入侵破坏等异常情况下，内置的后备电源、GSM、电话模块提供主机及传感器供电和报警信息发布，采集并记录现场图像；

⑤ 全景视频：全景视觉系统提供机房全貌，配置网络型全景摄像机接入平台及存储设备；

⑥ 行为分析：实现非法入侵、物品搬移、遗留物检测、烟火检测等行为分析及报警；

⑦ 数图融合：融合参数、状态、图像、视频等信息于一体；

⑧ 移动平台：内置安卓和苹果移动管理平台；

⑨ 信息推送：报警信息、定制信息推送到管理人员桌面、手机。

六、设备接地保护

配电系统为 TN-S 接地，所有电气装置正常不带电的金属部分（配电箱、插座箱外壳等）及各插座接地孔均与 PE 线可靠连接。地板及其支架、吊顶及骨架、玻璃隔断及铝窗、墙板及墙龙骨均与环绕机房的等电位接地铜排可靠连接。为保护电气系统和重要设备免受雷电危害，低压配电系统装设电涌保护器 SPD。

第二节　系统概略

机房工程水泄漏检测系统及配电系统的概略图见图 14-1。

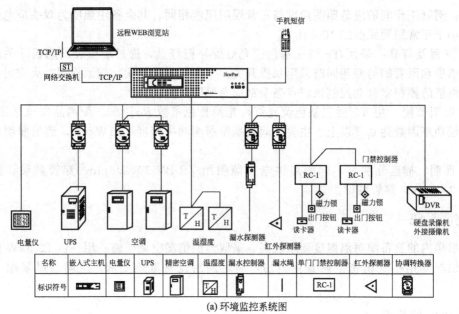

图 14-1 机房工程系统概略图

第三节　平面布置

机房平面布置见图 14-2～图 14-5。

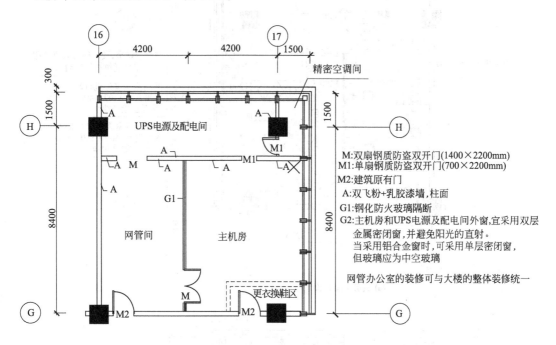

M:双扇钢质防盗双开门(1400×2200mm)
M1:单扇钢质防盗双开门(700×2200mm)
M2:建筑原有门
A:双飞粉+乳胶漆墙,柱面
G1:钢化防火玻璃隔断
G2:主机房和UPS电源及配电间外窗,宜采用双层
　　金属密闭窗,并避免阳光的直射。
　　当采用铝合金窗时,可采用单层密闭窗,
　　但玻璃应为中空玻璃
网管办公室的装修可与大楼的整体装修统一

(a) 机房隔断平面

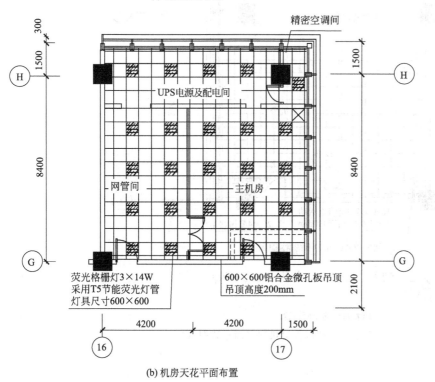

(b) 机房天花平面布置

图 14-2　智能大厦机房平面布置图（一）

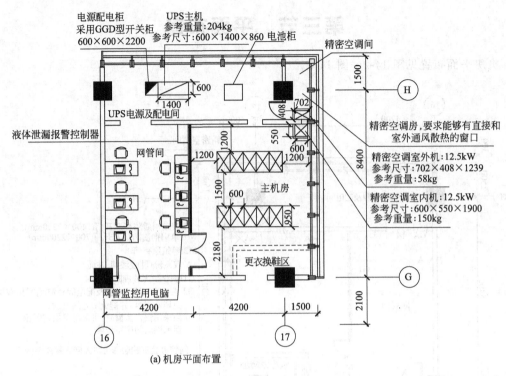

(a) 机房平面布置

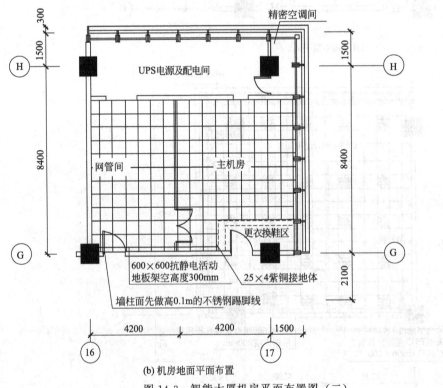

(b) 机房地面平面布置

图 14-3　智能大厦机房平面布置图（二）

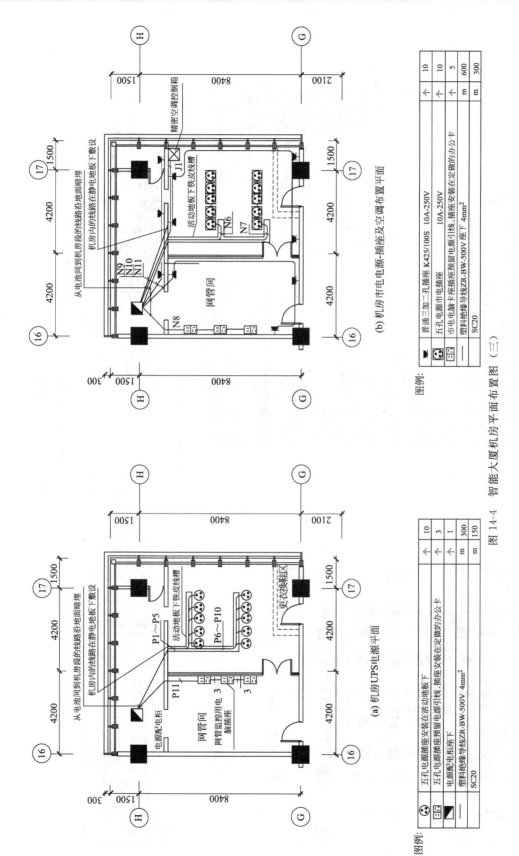

图 14-4 智能大厦机房平面布置图（三）

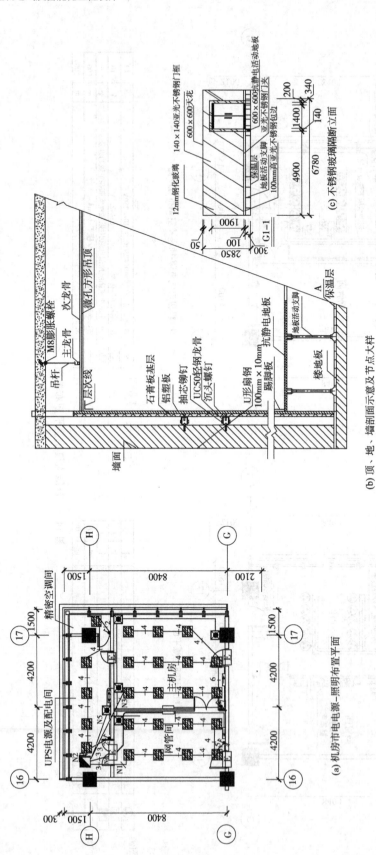

(b) 顶、地、墙剖面示意及节点大样

(c) 不锈钢玻璃隔断立面

(d) 防静电地板安装

机房智能化平面布置图(四)

(a) 机房市电电源-照明布置平面

图 14-5　智能大厦机房平面布置图（四）

图例:

	单联单控开关	K31/1/2A	16A~250V	个	2
	双联双控开关	K31/1/2A	16A~250V	个	1
	三联双控开关	K33/1/2A	16A~250V	米	500
	塑料绝缘导线	ZR-BV-500V	2.5mm²	米	200
		SC20			

	防爆光灯盘	3×14W·FL	个	24
E	安全出口标志灯	带蓄电池	个	4
	疏散指示灯	带蓄电池	个	5
	双头应急灯	带蓄电池	个	4

第四节 消防系统

如前述机房怕水，不能用水灭火系统。因此机房广泛采用气体灭火系统，示例见图14-6。

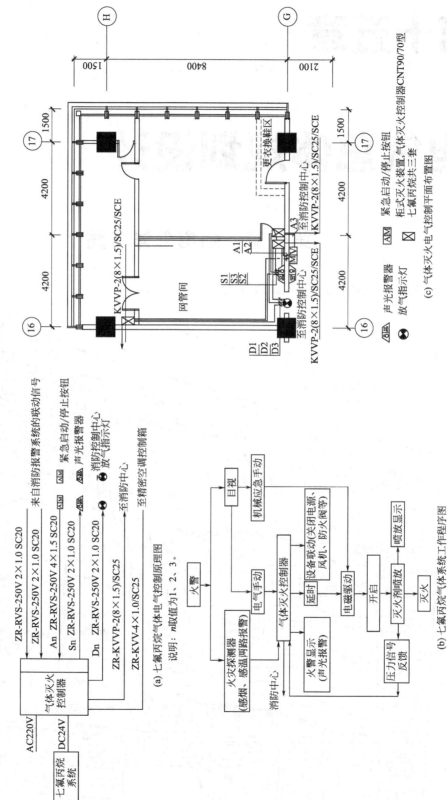

图 14-6 智能大厦机房消防系统程序、原理、平布图

(a) 七氟丙烷气体电气控制原理图
说明：n取值为1、2、3。

(b) 七氟丙烷气体系统工作程序图

(c) 气体灭火电气控制平面布置图

第十五章

电气总体规划设计

第一节　强电总体布局

一、供配电中长期规划总平面布置图（见图 15-1）

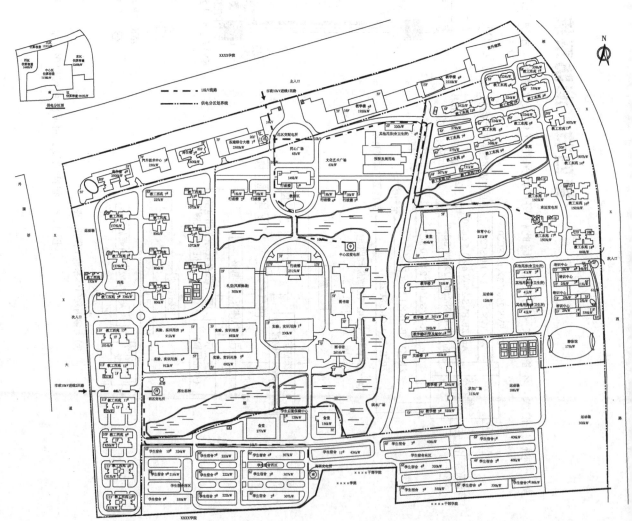

图 15-1　××机电职业技术学院中长期规划总平面布置图

二、电气管网总平面布置图（见图 15-2）

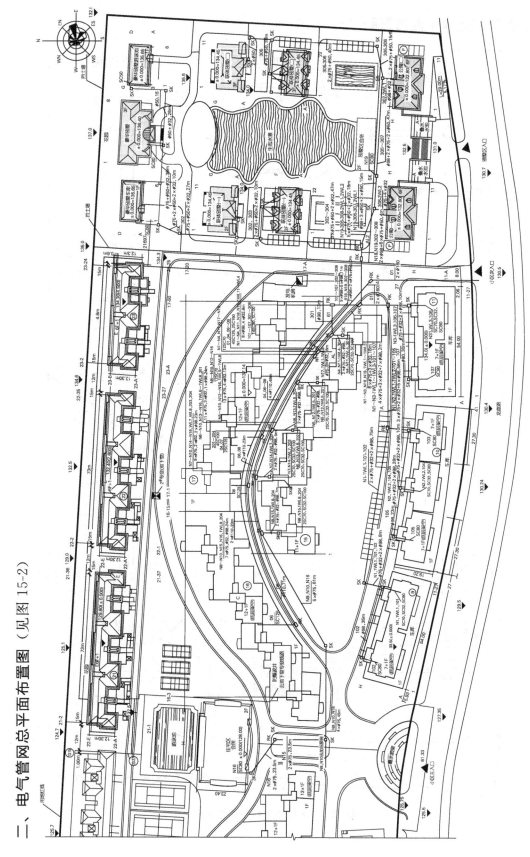

图 15-2　小区电气管网总平面布置图

三、区域接地网平面布置图（见图 15-3）

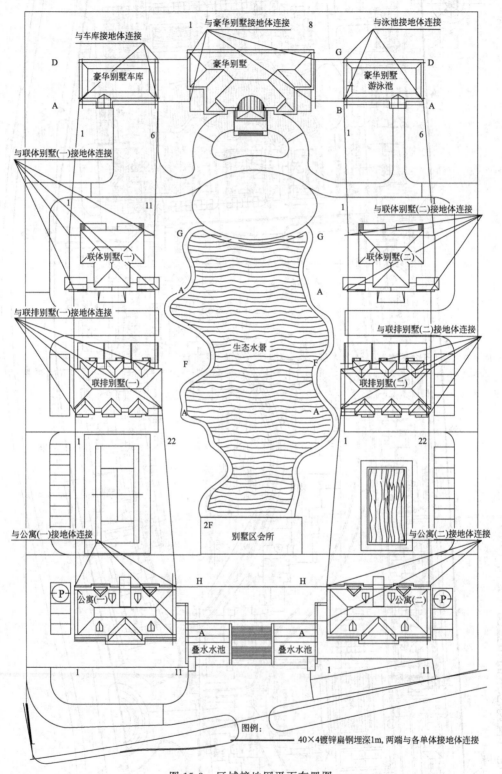

图 15-3　区域接地网平面布置图

四、剖析

按理本节应称为"电气总体布局",为与下节按习惯俗称的"弱电总体布局"相呼应,故称"强电总体布局"。

1. 图 15-1

此图为某机电职业技术学院建校五十周年时在供配电原有基础上的中长期改扩建规划方案。思路如下。

(1) 保证供电 教学用电划为三级负荷,这样科研开发、实践实训教学,尤其是学生课余用电,市电中断校自备柴油发电机组无法保证备用供电时,突然停电则会造成混乱。为此,规划方案中将 10kV 电源从某路北侧及某大道西侧(图中分别标为市政 10kV 进线 1 回及 2 回)各引一路电源,以直埋电缆线路分供不同变电所,变电所间建立互联,实现对上述特殊用电的暗备用方式的双电源供电。

(2) 合理分区

① 兼顾地域 以东、南、西、北、中五个地域分区,以减小供电半径、降低输电损耗及减少线缆敷设距离;

② 功能考虑 区分学生生活、教工生活、综合(含商业)运行、行政办公及教学(含实训)的不同供电需求,以利假期与上课,限电投切,应急供电的分别处理。

五个变电所分别供电的长方形校园的东、西、南、北、中五个分区,图中以双点划线标注。

• 北区变电所——接收市政 1 回进线 10kV 供电,以 10kV 放射式供电给东、中及本区用电;

供电范围 沿大学东路南侧沿街综合楼群(六栋中可能含有个别教学楼)。

功能 商业营运、试验综合楼及教学。

负荷估算 共 11270kW,1~6♯综合楼 10770kW;校外建筑买电估 500kW。

变电所型式 建筑内附式。新建 1♯综合楼时,要求设置在新建 1♯综合楼的地下层内附。

• 西区变电所——接收市政 2 回进线 10kV 供电,以 10kV 放射式供电给南及本区用电。

供电范围 教工西苑(含集资建房六栋)及体育场馆Ⅱ(网球场)用电,本区为教工两生活区中大者;

功能 教工生活及活动;供电负荷共 14481kW,教工西苑 14455kW(集资建房 9~10♯计 2456kW、集资建房 11~13♯计 2900kW),网球场 26kW。

变电所型式 室外独立变电所,设在静思湖西南端水塔西侧原生态林内,不影响校容,但略偏西区中心。

• 南区变电所——接收市政 2 回进线由西区变电所 T 接的 10kV 供电,以 10kV 放射式供电给本区用电。

供电范围 学生宿舍、中运动场、南运动场、求知广场、保卫中心及二食。

功能 学生生活及活动。

负荷估算(kW) 共 6464kW,学生宿舍西区 3040kW;二食 433kW;中运动场 188kW;南运动场 300kW;求知广场 113kW;学生宿舍东区 2390kW。

变电所型式 户外独立式变电所,学生宿舍西区东南靠社会主义学院墙边一字排开,不占地,不影响校容,亦处学生生活东西区之中间位置。

• 东区变电所——接收市政 1 回进线由北区变电所 T 接的 10kV 供电,以 10kV 放射式供电给本区用电。

供电范围　教工东苑、一食、体育馆、北运动场、卫生所、培训中心、游泳馆。

功能　教工生活及公共设施。

负荷估算　共 12698kW，教工东苑 10366kW；一食 464kW；体育馆 211kW；卫生所（含其它）123kW；培训中心 1233kW；北运动场 128kW；游泳馆 173kW。

变电所型式　建筑内附式变电所。

•中区变电所——接收市政 1 回进线由北区变电所 T 接的 10kV 供电，以 10kV 放射式供电给本区用电。

供电范围　行政办公、实训（含图书馆）、教学（含实验、实训）及景观。

功能　教学及办公——学校核心工作。

负荷估算　共 11385kW，行政办公（含艺术广场及同心广场）567kW；教学西区（实训、图书馆、行政教学及礼堂）5669kW；教学东区（教学楼 3 栋、实验楼 3 栋）2149kW。

变电所型式　两种方案。

方案 1——室外独立式，置于行政楼东原生态林内，略影响校容，但便于增设；

方案 2——建筑内附式，图书馆新楼设计时，要求在地下层内附。不影响观瞻，但影响更替柴油发电机。

（3）充分利用　校园区域未变，只在原生态区新建校内未有的高层，原有变压器：油浸一台、干式两台。充分利用，节省投资。

（4）适应教学　设置各种常用变电所形式，便于使用校园内真实的供电设施进行相应教学参观及现场讲课类实践教学：

①北、东两区变电所用干变，为室内变电所，置高层建筑底层；

②南区变电所用预装式的箱式变电站，置于较密集的学生宿舍楼栋间；

③中、西区变电所为独立式变电所，置于静思湖畔的原生林内。

（5）便于管理　按功能兼地域的分区，使昼/夜、上课/假期、供电紧/缺时的压荷、减载、节能、调控提供方便，降低彼此的影响。整个设置也考虑了新旧变电所交替，便于分期整改施工。

（6）变电所设置见下表（估算负荷中未考虑路灯及景观照明用电，可从该区变电所引出。）

名称	供电对象	型式	位置（见规划图）	容量估算/kW	变压器设置个数（1600kV·A）	备用柴油发电机设置	市网取电
北变电所	综合、商业及公共生活	建筑内附式	1＃综合实训大楼底层	11300	八个	SNG 2200 SNP 1800 SNC 2000	北开闭所
西变电所	师舍西苑及六栋集资楼	室外独立式	静思湖西端北岸水塔南	14500	五个	SNG 700 SNP 720 SNC 700	西开闭所
南变电所	生舍南区（含新增二区 3 栋）及运动场区	欧式箱变	生舍南区 3＃楼东侧	6500	三个	SNG 200 SNP 220 SNC 220	西开闭所

续表

名称	供电对象	型式	位置(见规划图)	容量估算/kW	变压器设置个数(1600kV·A)	备用柴油发电机设置	市网取电
东变电所	师舍东苑及生舍东区	建筑内附式	师舍东苑新增17#住宅楼	12700	五个	SNG 600 SNP 640 SNC 660	北开闭所
中变电所	教学、办公及实训(校核心)	室外独立式或建筑内附式	新图书馆北侧静思湖南岸	11400	七个	SNG 2200 SNP 1800 SNC 2000	北开闭所

(7) 关键设备推荐选型 (按序选用)

① 油浸式变压器

- 三维立体卷铁芯全封闭油浸式变压器 S13-M·RL、S11-M·RL;
- 非晶合金铁芯(低压箱式绕组油浸式)变压器 S(B)H15;
- 普通节能油浸式变压器 S9(环型铁芯)S11、S10、S9——M·R。

② 干式变压器

- 三维立体D型卷铁芯干式变压器 SGB11-RL;
- H级树脂绝缘干式变压器 SG(B)10、SG(B)11;
- 普通节能干式变压器 SCB10、SCB11。

③ 柴油发电机

- 康明斯 SNC系列;
- 柏金斯 SNP系列;
- 国产 SNG系列。

2. 图 15-2

此图表现了××城住宅一期及别墅小区工程的10及0.4kV缆线、电气管网路由(区内路灯已委另方设计):

① 电力电缆线路穿PVC-C电缆管埋地0.7m敷设,进入建筑物、变电站、室外配电箱附近处设人/手孔井;

② 电缆保护管内径不小于电缆外径的1.5倍,电缆转弯半径不小于其最小允许转弯半径;

③ 室外排管利用自然坡度找坡,无自然坡度段则按最近人/手孔井找坡,坡度大于0.5%;进入建筑物后管道端口露出地面0.2m,转弯半径大于10倍D,进入建筑物管线需做好防水防潮处理;

④ 进入建筑物管线方向遵本图,建筑物配电箱以单体设计为准。室外配电箱防护等级为IP54,落地安装(基础高地0.3m),做好接地,2m半径内做等电位连接。

3. 图 15-3

此图表现了此小区别墅区域的接地网布置:整个区域南为公寓及会所;东/西分别为联体别墅(一)/(二);北为豪华别墅(其西车库、东游泳池);中间为生态水景。每个建筑单体各按前述要求作好自身接地体系,此区域的接地网就是以埋地1m的两条40×40镀锌扁钢从两端将各单体接地体连接起来形成环形。尤易忽略的是此连接必为可靠的电气连接,严格按相应规范执行。

一、实例（见图 15-4～图 15-6）

第二节 弱电总体布局

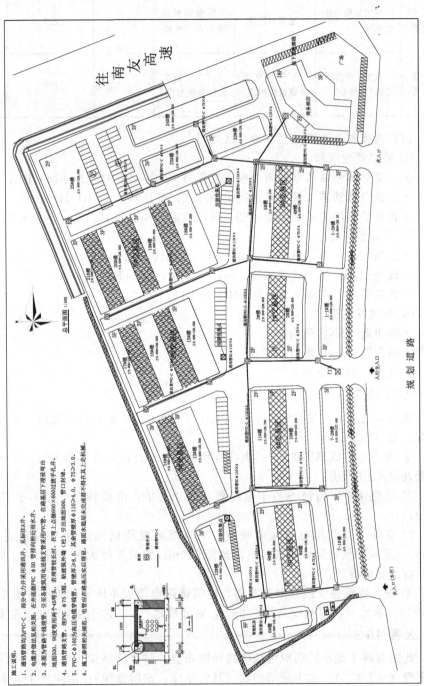

图 15-4 园区智能管网平面图

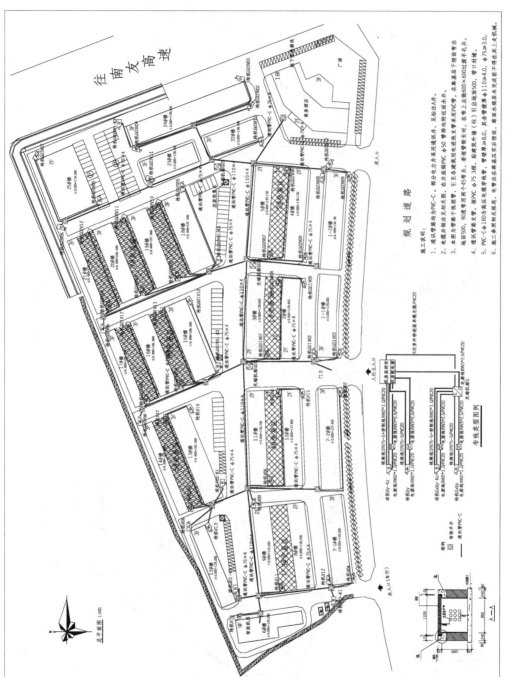

图 15-5 园区视频监控系统平面图

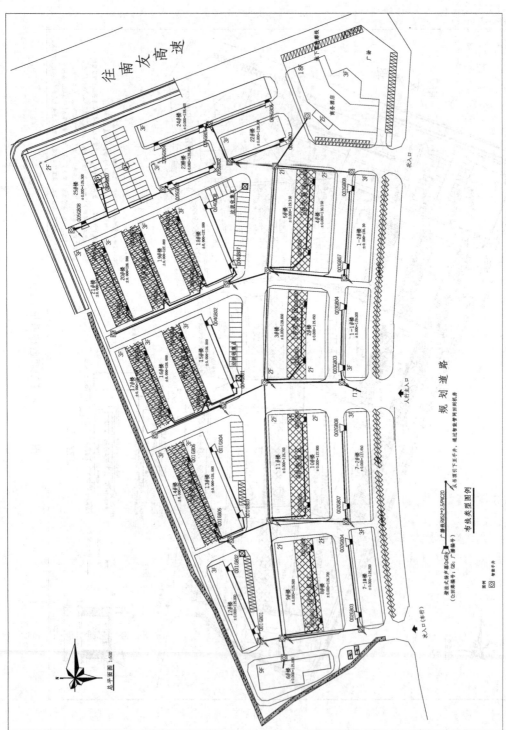

图 15-6 园区广播系统平面图

二、剖析

此为某国际农产品综合批发市场项目园区布局图，作为园区智能化部分（俗称"弱电"）总平面布置示例。

① 小区智能化部分包括：视频监控、停车管理、电子巡更、背景音乐及可视对讲六个系统；

② 系统室外管网采用 PVC 电力管、钢管（过路）暗敷，埋地深度：小区周边 0.3m；内部 0.4m；

③ 除图上标注外，每台摄像机、每个室外音箱均敷设 PVC25 管一根至就近手孔井；

④ 室外手孔井采用方井，其长 mm×宽 mm×深 mm 为：大井 500×500×600；小井 400×400×500；

⑤ 除图上标注外，室外手孔井实际施工还应增设过线手孔井：直线每超过 30m、直角弯一个；每超过 20m、直角弯二个；每超过 15m、直角弯三个；每超过 8m 均增加一个手孔井；

⑥ 支线通道是连接主干通道和单体之间的通道，直接和建筑结构相关联，结合建筑内部（设备间或机房）的位置进行路由预埋；

⑦ 进户管道指建筑单体内部的走线通道，一般有弱电井、桥架、预埋管、预埋点、线路标记等方式。进户管道根据室内的要求进行设计，除弱电井和预埋管道外，其他路由方式是后期设计建设，弱电井和预埋是前期基础设计建设。

三、园区智能管网设计要求

1. 园区整体规划

园区整体规划有多套信息化管理系统，规划建设范围的系统有以下几个：

① 园区互联网接入规划；
② 园区局域网组建规划；
③ 园区程控电话系统规划；
④ 园区一卡通建设规划（含考勤、门禁、道闸、食堂、其他限制）；
⑤ 园区监控系统规划；
⑥ 园区弱电建设规划；
⑦ 园区机房规划（包括主机房和分机房）；
⑧ 园区安防规划（门禁、道闸须与一卡通系统一起使用，其他包括围墙上的安防措施，保安巡更系统设计等）；
⑨ 园内其他多媒体信息中心规划设计（包括会议室、展示中心、接待中心等）；
⑩ 楼宇对讲系统与消防弱电规划（电梯对讲、访客系统、楼宇自控等）。

以上各系统均需要用通信管道进行布线组网，通信管网内敷设的线缆包括有良好绝缘和磁场处理的 220V 及以下电源走线、所有光缆、其他信号连接线（网线、232、485、集束线等）。根据规划该管道系统为以上所有系统服务，提供各系统的走线通道，强电和高压走线不涉及，所有通信线缆电压低于 48V，部分预警和经过处理的高压（大于 48V 并低于等于 220V）线缆可在该管网内敷设。

2. 管网布置分析

园区属于一个高度集中的建筑群，为实现各单体之间形成联系，管网建设可以参照道路规划来进行，凡是有道路的地方就有管网通道。园区内的道路属于硬质路面，建成后非特殊情况不得开挖，硬质道路两侧均需敷设管道，中间在道路交接和建筑汇集点要设置交叉通道，园区管道网络的设计遵循以下原则：

① 所有管道有终点（汇集点）；

② 道路两侧尽量都布置管道；

③ 在道路汇集和建筑物交叉汇集点设置过街管道；

④ 人（手）孔的直线间隔 50～80h，弯度直径大于 30h 的线路可视为直线；

⑤ 管道转弯和直径小于 30 米的线路，在弯道处应设置人（手）孔；

⑥ 所有管道延伸到建筑物内部管道接口处；

⑦ 管网的建设纳入园区基础建设，应为园区标准配套基础建设；

⑧ 主干管道和园区内其他线缆管道可重合，支线管道不重合；

⑨ 管道设计从办公楼主机房向外延伸，管道空间要求逐渐按需递减。

3. 园区各管道分类

（1）园区主干管道路由

主干管道路由是可以为园区内所有线缆提供管道服务的通道，通常可以是线缆沟、砖砌通道、预埋管，位于道路两侧。

（2）支线管道

支线管道是从主干道出来后连接到各单体建筑之间的通道，通常比主管道规模小。

（3）进户管道

管道内的线缆都需要接入到各机房，而机房大部分都分布在建筑物内，所以管道必须要同建筑物进行对接，保证网络畅通和连接。

4. 实现目标

园区内的各个体之间通过管道内的各种线缆进行连接，实现了众多系统对网络的需求，主要要达成以下目的：

① 先进性，园区内网络的结构完整、通畅，园区内可以通过管道任意组网；

② 扩展可持续性，管道内通道空间合理，可满足园区扩展需求；

③ 优越性，管道内走线减少掩埋和架空带来的干扰和维护困难；

④ 高效性，快速布局、维护、检修等。

第四～十五章总结

"第四～十五章"归为"设计篇"，讲述十一类的"建筑电气及智能化工程设计"。每章均以笔者亲临的在建或已建真实工程为案例，给出使用的工程图，并给予重点剖析。

"第四章"介绍了"目录、说明、材料表"三种各类电气工程设计均要遇到的技术文件范例；

"第五章"则讲述了"变配电工程设计"的"高、低压配电系统、二次电路、平面布置"的工程设计作法，最后还给出"综合实例"；

"第六章"先概述了"动力供电的设备、范畴、特点及配电要求"，接着介绍"竖向配电概略图、配电箱接线图及平面布置图"三种动力工程设计案例；

"第七章"则先概述了"照度标准、节能、治理眩光、布灯及照明设计的步骤与原则"，接着介绍"单元住宅、宾馆标准客房、办公、体育场馆、应急照明及景观照明"六类电气照明工程设计案例；

"第八章"概述了"防雷、接地及等电位连接"三种设计，接着给出了"屋顶避雷、接

地平面布置"及"等电位连接安装"三种"防雷与接地工程设计";

"第九章"介绍了"监控系统概略图、监控平面布置图及特殊灭火方式"三大类"消防监控工程设计案例;

"第十章"则先概述了"基本、系统及布线设计"的三种要求后,接着介绍"小区安防系统及平面布置"共七类"安全技术防范工程设计"案例;

"第十一章"概述其"特点、设计步骤及原则",而后讲述了"系统概略图、原理图、节点表及平面布置图"共七种"建筑设备监控工程设计"案例;

"第十二章"先后共提供了"会议音频系统、综合布线、电子大屏幕、有线电视、公共广播及综合平面布置"十张"通信与信息工程设计"案例图并剖析;

"第十三章"介绍了"单元式智能家居住宅、公寓式智能家居住宅及智能大厦"三大类二十一张"建筑智能化工程综合设计"案例图并剖析;

"第十四章"先概述了"建筑装修、配电系统、照明系统、空调系统、环境监控系统及设备接地保护",接着介绍了"系统概略、平面布置及消防系统"二十七张"机房工程设计"案例图并剖析;

"第十五章"实例出强、弱电总体布局规划设计共四张图并剖析。

其中"第四~八章"属于"建筑电气工程设计","第九~十四章"属于"建筑智能化工程设计","第十五章"兼含两者。

本章的学习应:一、思前——结合"第一~三章"的基础知识及表达方式对照、理解;

二、望今——面向当前工程案例的处理,找出特色及长处;

三、想后——归纳此类工程的做法要点,注意事项;

四、针对——个人过去已作、当前正作及将来即作;

五、切忌——走马观花、不求甚解、过眼烟云;

六、还忌——贪全求大、面面俱到、毫无重点!

案例工程的 CAD 图见配套光图,只供参考、借鉴。个别图纸中用的图形符号、选用设备、器材,仍有个别来不及更改的旧痕迹,切勿全盘照搬!!

参 考 文 献

[1] 马誌溪等.建筑电气工程·基础、设计、实施、实践.第2版.北京：化学工业出版社，2011.

[2] 李英姿.住宅电气与智能小区系统设计.北京：中国电力出版社，2013.

[3] 陆地等.建筑供配电与照明技术.北京：中国水利水电出版社，2011.

[4] 江萍等.智能建筑供配电系统.北京：清华大学出版社，2013.

[5] 马誌溪.供配电工程.北京：清华大学出版社，2009.

[6] 洪元颐等.建筑电气工程手册.北京：中国电力出版社，2010.

[7] 关光福等.建筑电气.重庆：重庆大学出版社，2010.

[8] 马誌溪等.供配电技术基础.北京：机械工业出版社，2014.

[9] 韩磊等.建筑电气工程消防.北京：清华大学出版社，2015.

[10] 张九根等.公共安全技术.北京：中国建筑工业出版社，2014.

[11] 林火养等.智能小区安全防范系统.第2版.北京：机械工业出版社，2015.

[12] 曹晴峰等.建筑设备自动化工程.北京：中国电力出版社，2013.

[13] 张辉等.智能建筑通信网络.北京：机械工业出版社，2016.

[14] 王娜等.智能建筑信息设施系统.北京：人民交通出版社，2008.

[15] 岳经伟等.综合布线技术与施工.第2版.北京：中国水利水电出版社，2015.

[16] 邓泽国等.综合布线设计与施工.北京：电子工业出版社，2016.

[17] 王建章等.实用智能建筑机房工程.南京：东南大学出版社，2010.

[18] 陈虹等.楼宇自动化技术与应用.第2版.北京：机械工业出版社，2015.

[19] 杨绍胤等.建筑自动化系统工程及应用.北京：中国电力出版社，2015.

[20] 王正勤等.楼宇智能化技术.北京：化学工业出版社，2015.

[21] 赵乃卓等.楼宇自动化工程.北京：机械工业出版社，2011.

[22] 祝敬国等.楼宇自动化工程.北京：中国电力出版社，2010.

[23] 马誌溪.电气工程设计与绘图.北京：中国电力出版社，2007.

[24] 樊伟樑.智能建筑（弱电系统）工程设计方法及示例.北京：中国建筑工业出版社，2007.

[25] 马誌溪.电气工程设计.第2版.北京：机械工业出版社，2012.

[26] 张志宏等.建筑电气工程施工.北京：清华大学出版社，2015.

[27] 马誌溪.供配电技术实训.北京：机械工业出版社，2014.

[28] 沈瑞珠等.楼宇智能化技术.第2版.北京：中国建筑工业出版社，2013.

[29] 刘宪文等.智能建筑百问.北京：中国建筑工业出版社，2011.

[30] 班建民等.建筑电气与智能化工程项目管理.北京：中国建筑工业出版社，2011.

[31] 中国建筑工业出版社.现行建筑施工规范条文说明大全.北京：中国建筑工业出版社，2009.

[32] 中国建筑工业出版社.新版建筑工程施工质量验收规范汇编（2014年版）.北京：中国建筑工业出版社，2014.